AF249677

ENCYCLOPÉDIE

MÉTHODIQUE,

OU

PAR ORDRE DE MATIÈRES,

PAR UNE SOCIÉTÉ DE GENS DE LETTRES, DE SAVANS ET D'ARTISTES.

Précédée d'un Vocabulaire universel, *servant de Table pour tout l'Ouvrage*; ornée des Portraits de *DIDEROT* & de *D'ALEMBERT*, *premiers Editeurs de l'Encyclopédie.*

ENCYCLOPÉDIE
MÉTHODIQUE.

DICTIONNAIRE
DES
JEUX MATHÉMATIQUES,
CONTENANT

L'*ANALYSE*, les *Recherches*, les *Calculs*, les *Probabilités* & les *Tables numériques*, *publiés par plusieurs célèbres Mathématiciens*, *relativement aux Jeux de* HASARD & *de* COMBINAISONS;

ET SUITE DU

DICTIONNAIRE DES JEUX.

A PARIS,

Chez H. AGASSE, Imprimeur-Libraire, rue des Poitevins, n° 18.

AN VII.

AVERTISSEMENT.

APRÈS la publication, en 1792, du *Dictionnaire des Jeux*, plusieurs de nos Souscripteurs ont témoigné le désir que ce Traité fût plus étendu & devînt plus complet :

1°. En faisant connoître, d'une manière particulière, les Problèmes, l'Analyse, les Calculs & les Probabilités des *jeux mathématiques* ;

2°. En rassemblant, dans un Recueil, nombre de ces petits *jeux familiers*, où l'on se divertit franchement, sans retour de peine & de chagrin, où même l'on s'instruit en s'amusant.

Nous satisfaisons à-la-fois à de si justes demandes, par la publication de ce demi-volume divisé en deux parties, dont l'une est consacrée aux *Jeux mathématiques*, & l'autre aux *Jeux familiers*.

De grands Mathématiciens, tels que les *Pascal*, les *Fermat*, les *Montmort*, les *Moivre*, les *Bernoulli*, les *d'Alembert*, les *Euler*, & autres, ont plié leur génie & employé leur savoir à la recherche des calculs, des probabilités, & des chances si nombreuses & si variées que présentent les jeux de *hasard* & de *combinaisons*. Dans les jeux même d'*adresse* & d'*industrie*, il y a un concours d'accidens & de circonstances singulières qui n'ont point échappé à la sagacité & à l'esprit d'analyse de ces illustres savans.

Il est sans doute curieux & utile de connoître quelle multitude effrayante de suppositions & de conditions, il faut concilier, avant de parvenir au but que l'on se propose dans les jeux de hasard. Ces tables de nombres, de calculs & de combinaisons doivent épouvanter le joueur le plus intrépide, en lui montrant les dangers infinis, & prefque certains, auxquels il expofe fon repos & fa fortune, lorfqu'il s'engage dans l'immenfe labyrinthe des hafards & des chances qui doivent tôt ou tard l'accabler. C'eft la meilleure leçon qu'on puiffe donner contre la paffion du jeu, & la plus capable d'en préferver les hommes raifonnables.

Les mêmes motifs nous ont engagé à faire quelques obfervations fur les préjugés fuperftitieux du *bonheur* & du *malheur* dans les jeux de hafard.

Ces raifons nous déterminent auffi à donner un avis falutaire aux joueurs crédules & confians, en leur découvrant, dans un article de ce Dictionnaire, fous le titre de *Combinaifons frauduleufes*, la plupart des préparations, des rufes & des piéges que de prétendus *grecs* ou *fripons* au jeu, favent imaginer, pour s'emparer fûrement de l'argent de leurs dupes.

Enfin, ceux qui fe plaifent aux jeux de pures combinaifons, trouveront dans ce Dictionnaire, les coups les plus brillans des *dames à la polonoife*, & d'autres jeux femblables; ils pourront encore y contempler la marche favante des *échecs*, que Philidor, le joueur le plus habile & le plus extraordinaire, a tracée dans fa *Méthode*. Nous la rapportons ici en entier, parce qu'il faut la fuivre & l'étudier dans tout fon enfemble; & que d'ailleurs, étant imprimée en pays étranger, elle eft devenue rare & difficile à rencontrer.

N. B. On trouvera dans la feconde partie de ce demi-volume, le *Dictionnaire de Jeux familiers.*

TABLE
DES JEUX MATHÉMATIQUES,

Traités par ordre alphabétique dans ce volume.

FIN DE LA TABLE DES JEUX MATHÉMATIQUES.

A

AVANTAGE.

DANS les jeux de hasard, un joueur a de *l'avantage* lorsqu'il y a plus à parier pour son gain que pour sa perte, c'est-à-dire lorsque son espérance surpasse sa mise. Pour éclaircir cette définition par un exemple très-simple, je suppose qu'un joueur A parie contre un autre B d'amener *deux* du premier coup avec un dez, & que la mise de chaque joueur soit d'un écu, il est évident que le joueur B a un grand avantage dans ce pari; car le dez ayant six faces peut amener six chiffres différens, dont il n'y en a qu'un qui fasse gagner le joueur A. Ainsi, la mise totale étant deux écus, il y a cinq contre un à parier que le joueur B gagnera. Donc l'espérance de ce joueur est égale à $\frac{5}{6}$ de la mise totale, c'est-à-dire à $\frac{10}{6}$ d'écu, puisque la mise totale est deux écus. Or, $\frac{10}{6}$ d'écus valent un écu & deux tiers d'écu: donc puisque la mise du joueur B est un

écu, son avantage, c'est à-dire l'excès de ce qu'il espère gagner sur la somme qu'il met au jeu est $\frac{2}{3}$ d'écu; de façon que si le joueur A, après avoir fait le pari, vouloit renoncer au jeu, & n'osoit tenter la fortune, il faudrait qu'il rendît au joueur B son écu, & outre cela 2 liv., c'est-à-dire $\frac{2}{3}$ d'écu.

AVANTAGE, en terme de jeu, se dit d'un moyen d'égaliser la partie entre deux joueurs de force inégale. On donne la *main* au piquet; le pion & le trait, aux échecs; le dez, au trictrac.

Le même terme se prend dans un autre sens à la *paume*. Lorsque les deux joueurs ont *trente*, tous les deux au lieu de dire de celui qui gagne le *quinze* suivant, qu'il a *quarante-cinq*, on dit qu'il a l'*avantage*.

B

BARAÏCUS.

BARAÏCUS; jeu de dez célèbre par les oracles qu'il rendoit dans un temple d'Hercule en Achaïe. Ceux qui venoient consulter les volontés de ce héros, après avoir fait leur prière dans le temple, prenoient quatre dez qu'ils jettoient ensuite au hasard. Les faces de ces dez étoient toutes empreintes de figures hiérogly-phiques; on remarquoit bien les figures que les dez représentoient, et l'on alloit aussi-tôt en chercher l'interprétation sur un tableau exposé dans le temple, où la

plupart de ces hiéroglyphes étoient appliqués. Cette interprétation étoit respectée comme un oracle, & regardée comme la réponse du dieu.

Si l'on examine en combien de façons quatre dez, à six faces chacun, peuvent être combinés, on trouvera par les tables de combinaisons rapportées dans ce Dictionnaire, que le nombre de ces combinaisons est 1296.

L'oracle *Baraïcus* auroit donc dû donner

autant de réponfes ou d'interprétations, mais il en avoit beaucoup moins ; ainfi il y avoit beaucoup de queftions qui reftoient indécifes & fans réponfes : il eût fallu compter jufqu'à 1296 pour fentir la fauffeté de l'oracle, or le peuple dévot ne fait pas compter fi loin ; & quand il le fauroit, il s'en feroit un fcrupule. Il aime mieux croire que le défaut des tables eft lui-même un oracle, & un refus du dieu qu'il eft lui-même venu confulter.

BASSETTE. (*jeu de la*)

A ce jeu, comme à celui du Pharaon, le banquier tient un jeu entier. compofé de cinquante-deux cartes. Après qu'il les a mêlées, & que chaque joueur ou ponte a mis une certaine fomme fur une carte prife à volonté, le banquier tourne le jeu, mettant le deffous deffus, enforte qu'il voit la carte de deffous. Enfuite il tire toutes fes cartes deux à deux jufqu'à la fin du jeu, en commençant par la feconde. Voici les autres règles du jeu.

1°. La premiere carte eft pour le banquier, mais il ne prend que les deux tiers de la mife du ponte lorfqu'il amene fa carte, et cela s'appelle *facer*. La feconde eft entièrement pour le ponte, la troifième entièrement pour le banquier ; & ainfi de fuite alternativement. Il faut remarquer que lorfqu'une carte a gagné ou perdu, elle n'appartient plus au jeu, à moins qu'on ne la remette de nouveau. Ainfi, par exemple, la carte du ponte étant un roi, fi la première carte du jeu eft une dame, la feconde un roi, & la troifième auffi un roi, le banquier qui dit, en tirant les cartes, *roi a gagné*, *roi a perdu* (cela s'entend des pontes), perdra la mife du ponte, quoique naturellement le fecond roi l'eût fait gagner, fi la premiere carte de la taille n'eût point été un roi.

2°. Quand les pontes veulent prendre une carte dans le cours du jeu, il faut que la taille foit baffe, c'eft à-dire que le banquier les tirant, comme j'ai dit, deux à deux, ait pofé la dernière taille ou couple de cartes fur le tapis, enforte que la carte qui refte découverte foit perdante pour les pontes. Alors fi un ponte prend une carte, la première carte que tirera le banquier fera nulle à l'égard de ce ponte, quoiqu'elle foit favorable aux autres joueurs ; fi elle vient la feconde, elle fera *facée*, c'eft-à-dire que le banquier prendra les $\frac{2}{3}$ de ce que ce ponte aura mis fur la carte : fi elle vient dans la fuite, elle fera en pur gain ou en pure perte pour le banquier, felon qu'elle viendra la première ou la feconde d'une taille.

3°. La dernière carte qui devrait être pour le ponte eft nulle.

Ier. CAS. « On fuppofe que le banquier ayant fix cartes entre les mains, le ponte en prenne une qui foit une fois dans ces fix cartes, c'eft-à-dire dans les cinq cartes couvertes. On demande quel eft le fort du banquier par rapport à cette carte du ponte. Par exemple, fi le ponte met un écu fur fa carte, on demande à quelle partie de l'écu peut s'évaluer l'avantage du banquier ».

Si l'on conçoit les cent vingt arrangemens différens que cinq cartes exprimées par les lettres *a*, *b*, *c*, *d*, *f*, peuvent recevoir, pofées fur cinq colonnes, de vingt-quatre arrangemens chacune ; on remarquera, 1°. que celle où la lettre *a* occupe la première place donne A au banquier ; 2°. que dans chacune des quatre autres colonnes la lettre *a* fe trouve fix fois à la troifième place, fix fois à la quatrième, & fix fois à la cinquième. Or, fi A défigne un écu valant foixante fous, Paul prenant une carte dans les conditions du préfent problême, feroit à Pierre le même avantage que s'il lui donnoit huit fous en pur don.

On peut encore confidérer la chofe

autrement, en prenant garde que de ces cinq colonnes, la première donnera 24 A; la seconde, 24 × $\frac{1}{3}$ A; la troisième 24 × 0; la quatrième, 24 × 2 A; & la cinquième, 24 A.

IIe. CAS. « L'on suppose que le banquier tenant six cartes, le ponte en prend une. Or, comme la carte du ponte se peut trouver, ou deux fois, ou trois fois, ou quatre fois dans ces six cartes, & que cela diversifie l'avantage du banquier, il est à propos de chercher quel est son sort dans toutes les variations de ce second cas. Commençons par examiner quel est son sort dans la supposition que la carte du ponte soit deux fois dans la main du banquier ».

Soient les cinq cartes couvertes du banquier, désignées par les lettres a, b, c, d, f, dont deux quelconques, par exemple, a & f expriment celle du ponte. On remarquera, 1°. que les cent vingt différens arrangemens possibles que les cinq cartes peuvent recevoir étant posés sur cinq colonnes de vingt-quatre arrangemens chacune, dont la première commence par a, la seconde par b, la troisième par c, &c., les deux colonnes qui commencent par a & par f donnent A au banquier, puisqu'elles sont indifférentes pour le banquier & pour le ponte. 2°. Que chacune des trois autres colonnes contient douze arrangemens qui donnent au banquier $\frac{1}{3}$ A; ce sont ceux ou a & f sont à la deuxième place, & quatre arrangemens qui donnent 2 A au banquier, c'est-à-dire qui le font gagner. Cela se découvrira aisément par la table ci-jointe qui représente la seconde colonne qui est celle où b tient la première place.

$bacdf$	$bcadf$	$bdacf$	$bfadc$
$bacfd$	$bcafd$	$bdafc$	$bfacd$
$badcf$	$bcdaf$	$bdcaf$	$bfcad$
$badfc$	$bcdfa$	$bdcfa$	$bfcda$
$bafcd$	$bcfad$	$bdfac$	$bfdac$
$bafdc$	$bcfda$	$bdfca$	$bfdca$

Il est clair que la première & la dernière de ces quatre colonnes donnent $\frac{1}{3}$ A au banquier, & que chacune des deux autres contient deux arrangemens qui donnent 2 A au banquier; ce sont ceux-ci $bcdaf$, $bcdfa$, $bdcaf$, $bdcfa$.

2°. Pour trouver quel est le sort du banquier lorsque la carte que prend le ponte est trois fois dans les cinq cartes du banquier, on observera que des cinq colonnes susdites il y en a trois qui donnent A au banquier, & deux qui contiennent chacune dix-huit arrangemens qui donnent $\frac{1}{3}$ A au banquier. Cela n'a pas besoin de preuves.

3°. Pour trouver quel est le sort du banquier lorsque la carte que prend le ponte est quatre fois dans les cinq cartes couvertes du banquier, on observera que des cinq colonnes susdites il y en a quatre qui donnent A au banquier, & une qui lui donne $\frac{5}{3}$ A.

IIIe. CAS. « L'on suppose que le talon étant composé de huit cartes, dont la première est découverte, le ponte en prend une qui soit deux fois dans ces huit cartes. On demande quel est le sort du banquier par rapport à cette carte ».

Soient exprimées les sept cartes couvertes par les sept lettres a, b, c, d, f, g, h, dont deux, savoir a & f, désignent celle du ponte. Soit aussi comme ci-devant, S le sort cherché, & A la mise de Paul. Cela posé, on observera, 1°. que posant les cinq mille quarante arrangemens différens que les sept lettres peuvent recevoir sur sept colonnes de sept cents vingt arrangemens chacune, la colonne qui commence par a & celle qui commence par f donneront chacune A au banquier. 2°. Que si l'on conçoit chacune des cinq autres partagées de nouveau en six autres de cent vingt arrangemens chacune, les deux d'entre ces six, ou a & f occupent la seconde place donneront $\frac{1}{3}$ au banquier. 3°. Que les quatre autres colonnes d'entre ces six ont chacune quarante-huit arrangemens qui donnent 2 A au banquier. Pour le voir aisément, il faut supposer qu'une des cinq colonnes subdivisée en six autres est celle qui commence par *b*, & consulter la table qui a servi à la solution du cas précédent. On remarquera d'abord que la première & la dernière colonne de cette table étant variée autant qu'il est possible avec les deux nouvelles lettres *g* & *h*, *a* restant à la seconde place, elles fourniront chacune cent vingt arrangemens qui donneront $\frac{1}{3}$ A au banquier. A l'égard des quatre autres colonnes de cent vingt arrangemens chacune, dans lesquelles les lettres *c*, *d*, *g*, *h* occuperoient la seconde place après *b*, il est aisé de voir qu'il suffit d'en examiner une, puisque toutes les quatre donnent le même sort au banquier. Soit la colonne troisième de la table, celle qu'on veut examiner, il faut prendre garde que chacun des quatre arrangemens *bcadf*, *bcafd*, *bcfda* étant variés avec les deux nouvelles lettres *g* & *h*, autant qu'il est possible, ensorte néanmoins que *c* reste à la seconde place, c'est-à-dire immédiatement après *b*, donnent six nouveaux arrangemens qui font gagner le banquier, & lui donnent 2 A. Par exemple *bcadf* fournit ceux-ci:

bcgadfh　*bchadfg*
bcagdhf　*bchagfd*
bcgahdf　*bchafgd*

Il est ainsi des trois autres, puisque *g* étant devant *a* ou *f* se peut trouver en trois différentes places, & que *h* étant devant *a* ou *f* se peut trouver en trois places différentes, *a* ou *f* restant toujours à la quatrième.

On trouvera de même que les deux arrangemens *bcdaf*, *bcdfa* étant variés autant que possible avec *g* & *h*, ensorte que *c* soit toujours à la seconde place, fournissent chacun douze arrangemens qui donnent 2 A au banquier; car dans *bcdaf*, *g* & *h* peuvent s'arranger en six façons avec *d*, & en six façons différentes avec *f*, *a* restant à la quatrième place, & de même dans *bcdfa*, *g* & *h* peuvent s'arranger en six façons avec *d*, & en six façons différentes avec *a*, *f* restant toujours à la quatrième place.

1°. Pour trouver quel est le sort du banquier, lorsque la carte que prend le ponte est trois fois dans les sept cartes couvertes du banquier; soient exprimées comme ci-devant les sept cartes du banquier par les lettres *a*, *b*, *c*, *d*, *f*, *g*, *h*, dont trois quelconques, par exemple, *a*, *d*, *f*, désignent la carte du ponte. Cela posé, on observera, 1°. que posant les cinq mille quarante arrangemens différens que les sept lettres peuvent recevoir sur sept colonnes de sept cents vingt arrangemens chacune, les trois qui commencent par les lettres *a*, *d*, *f* donnent A au banquier; ce qui est évident.

2°. Que distribuant chacune des quatre autres en sept colonnes de cent vingt arrangemens chacune, les trois colonnes d'entre ces six, où les lettres *a*, *d*, *f* tiendront la seconde place, donnent $\frac{1}{3}$ A au banquier.

3°. Que chacune des trois autres colonnes contiendra trente six arrangemens qui donneront 2 A au banquier. Pour s'en assurer on peut consulter l'avant-dernière table ci-dessus, et remarquer que chacun des arrangemens de la seconde colonne de la table, où *b* est à la première place, & *c* à la seconde, ne peut, par le mélange des deux nouvelles lettres *g* & *h*, recevoir que six arrangemens qui donnent 2 A au banquier, les deux premières restant à leur place. Ce qui paraîtra évident, si l'on considère que dans les six arrangemens

bcadf　*bcdaf*　*bcfad*
bcafd　*bcdfa*　*bcfda*

g ou *h* étant devant l'une des trois lettres *a*, *d*, *f*; *h* ou *g* peuvent s'arranger en trois façons différentes avec les deux dernières.

Il est visible qu'il en seroit de même des trois autres colonnes de cent vingt arrangemens où les deux premières lettres seroient *b d*, *b g*, *b h*.

4°. Pour trouver quel est le sort du banquier lorsque le talon étant composé de sept cartes couvertes, le ponte en prend une qui est quatre fois dans ces sept cartes, en observant, 1°. que concevant les cinq mille quarante arrangemens possibles de sept cartes posés sur sept colonnes de sept cents vingt arrangemens chacune, dont l'une commence par *a*, la seconde par *b*, &c. , comme ci-devant, il y en aura quatre de ces sept qui donneront A au banquier.

2°. Que distribuant chacune des trois autres sur six colonnes de cent vingt arrangemens chacune, quatre de ces six fourniront chacune cent vingt arrrangemens qui donneront $\frac{1}{3}$ A au banquier, & les deux autres vingt-quatre arrangemens chacune qui lui donneront 2 A.

Remarque I. A ce jeu comme à celui du Pharaon, le plus grand avantage du banquier est quand le ponte prend une carte qui n'a point passé, & son moindre avantage est quand le ponte en prend une qui a passé deux fois ; son avantage est aussi plus grand lorsque la carte du ponte a passé trois fois, que lorsqu'elle a passé seulement une fois.

Remarque II. Au jeu de la Bassette, l'avantage du banquier est moindre qu'au jeu du Pharaon, ce que l'on reconnaîtra aisément en comparant l'avantage du banquier au jeu de la Bassette, lorsque tenant douze cartes le ponte en prend une qui s'y trouve ou une, ou deux, ou trois, ou quatre fois, avec son sort dans ce même cas au jeu du Pharaon.

L'on trouvera que le ponte mettant une pistole sur sa carte à la Bassette, l'avantage du banquier sera 13 sous 4 den. lorsque la carte du ponte sera quatre fois dans les

douze cartes du banquier ; 12 sous 1 den., lorsqu'elle y sera une fois ; 9 sous 8 den. , lorsqu'elle y sera trois fois ; & 7 sous 3 d., lorsqu'elle y sera deux fois ; au lieu qu'au Pharaon l'avantage est 19 sous 2 den. $\frac{10}{33}$ dans le premier cas ; 16 sous 8 deniers, dans le second ; 13 sous 7 $\frac{7}{11}$ deniers, dans le troisième ; & 10 sous 7 $\frac{1}{11}$ den., dans le quatrième ; ce qui donne 3 liv. 1 den. d'avantage au banquier pour les quatre cas, au lieu qu'à la Bassette, les quatre ensemble ne donnent que 2 liv. 2 s. 4 den. ; ce qui n'est à-peu-près que les deux tiers de l'avantage du banquier au jeu du Pharaon.

Remarque III. Ce jeu est beaucoup moins en usage que le Pharaon. Les cartes qui ne vont pas font perdre au jeu quelque chose de sa vivacité. D'ailleurs, il y a souvent des disputes pour savoir si la carte du ponte va ou ne va pas. On ne peut remédier à ces inconvéniens qui sont fondés sur la nature du jeu, mais on pourroit rendre ce jeu plus égal en convenant que les cartes facées ne payassent que la moitié de la mise du ponte, alors l'avantage du banquier seroit fort peu considérable ; & si le banquier ne prenoit qu'un tiers pour les faces, ce jeu lui seroit désavantageux.

La plupart des remarques qu'on a faites sur le jeu du Pharaon peuvent avoir lieu à l'égard de celui-ci, & il ne sera pas inutile de les consulter.

BILLARD. (*Jeu de*)

Il est inutile de rappeler ici les règles du jeu de billard, dont le *Dictionnaire des Jeux* donne l'explication. Tout consiste dans ce jeu à reconnoître de quelle manière il faut frapper avec sa bille celle de son adversaire, afin de faire tomber celle-ci dans une des belouses, en évitant de s'y perdre soi-même. Ce problême, comme presque tous les autres propres au jeu de billard, reçoivent leur solution des deux principes suivans:

1°. L'angle d'incidence de la bille contre une des bandes ou rebords du billard est égal à l'angle de réflection.

2°. Lorsqu'une bille en rencontre une autre, si l'on tire une ligne droite entre leurs centres, laquelle conséquemment passera par le point de contact, cette ligne sera la direction de la ligne frappée après le coup. Cela supposé, voici quelques-uns de ces problêmes que ce jeu présente.

Fig. I. Les deux billes M N étant posées, la première vers la bande au haut du billard, & la seconde vers le milieu du bas; il faut frapper en o la bille M, ensorte que celle-ci soit chassée dans la belouse B de l'angle à droite du haut du billard.

Solution. Par le centre de la belouse donnée & celui de la bille N, menez ou concevez une ligne droite, le point où elle coupera la surface de la bille M, du côté opposé à la belouse, sera celui où il faudra la toucher pour lui donner la direction cherchée. En concevant donc la ligne ci-dessus prolongée d'un rayon de la bille, le point où elle se terminera sera celui par lequel devra passer la bille choquante. On sent aisément que c'est en quoi consiste l'habileté dans ce jeu : il ne s'agit que de frapper la bille convenablement; mais s'il est facile de voir ce qu'on doit faire, il ne l'est pas autant de l'exécuter.

Fig. II. Il s'agit de *frapper une bille de bricole.* La bille M est cachée ou presque cachée derriere le fer, à l'égard de la bille N, en sorte que cherchant à la toucher directement, il seroit impossible de le faire, ou qu'il y auroit grand danger de rencontrer le fer & de la manquer. Il faut alors chercher à toucher la bille de bricole ou par réflection. Pour cela, concevez du point M sur la bande D C la perpendiculaire M O prolongée en *m*, de sorte que O *m* soit égale à O M, visez à ce point *m*; la bille N, après avoir touché la bande D C, ira choquer la bille M.

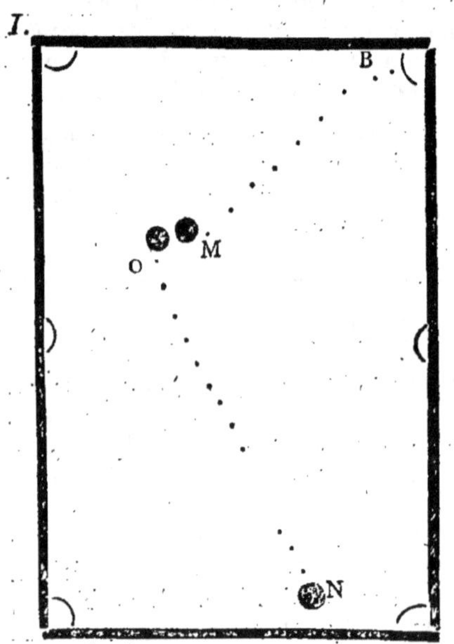

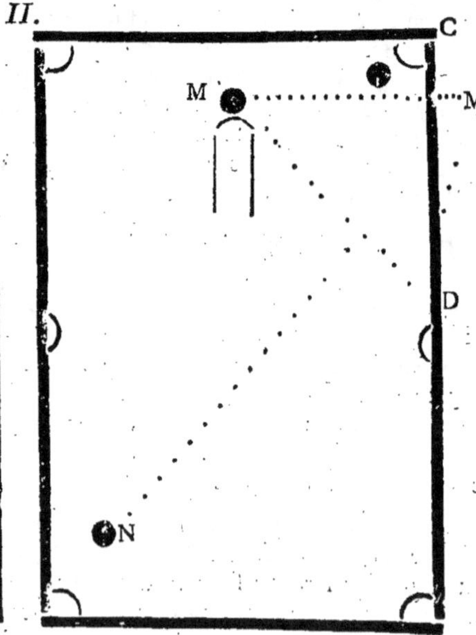

Fig. III. Si l'on vouloit *frapper la bille* M *par deux bricoles* ou après deux réflexions, en voici la solution géométrique *fig. 3.* Du point M concevez fur la bande B C la perpendiculaire M O prolongée, en forte que O *m* foit égale à O M du point *m* foit conçue fur la bande D C prolongée en *q*, la perpendiculaire *m* P prolongée en *q*, de forte que *q* P foit égale à P *m* : la bille N dirigée à ce point *q* ira, après avoir frappé les bandes DC CB, choquer la bille M.

Fig. IV. Une bille venant d'en choquer une autre felon une direction quelconque, quelle eft après ce choc la direction de la bille choquante ?

Il eft important dans le jeu de billard de reconnoître quelle fera, après avoir tiré fur la bille de fon adverfaire, & l'avoir choquée obliquement, la direction de fa bille propre : car tout le monde fait qu'il ne fuffit pas d'avoir touché la première,

ou de l'avoir pouffée dans la belouse ; il faut ne pas y tomber foi-même.

Soit les billes M N dont la dernière va choquer la première, en la touchant au point O (*fig. IV*), par ce point O foit tirée la tangente O P, et par le centre *n* de la bille N arrivée au point de contact, foit menée ou conçue la parallèle *n p* à o P : la direction de la bille choquante fera, après le choc, la ligne *n p*. On iroit ici fe perdre infailliblement, & c'eft en effet ce qui arrive fréquemment dans cette pofition des billes. Les joueurs qui femblent avoir à faire à des novices dans ce jeu, leur donnent même fouvent cet acquit captieux, qui les fait perdre dans une des beloufes des coins. Il faut, dans ce cas, fe bien garder de prendre la bille de fon adverfaire de moitié, fuivant le terme du jeu, pour la faire à un des coins de l'autre bout du billard ; car en l'y faifant, on ne manque guères de fe perdre foi-même dans l'autre coin.

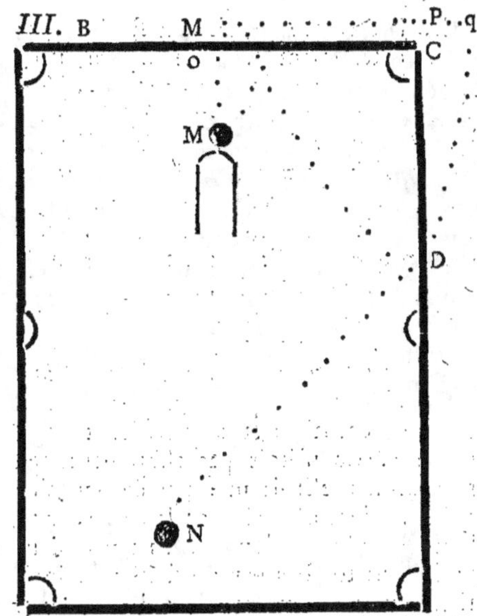

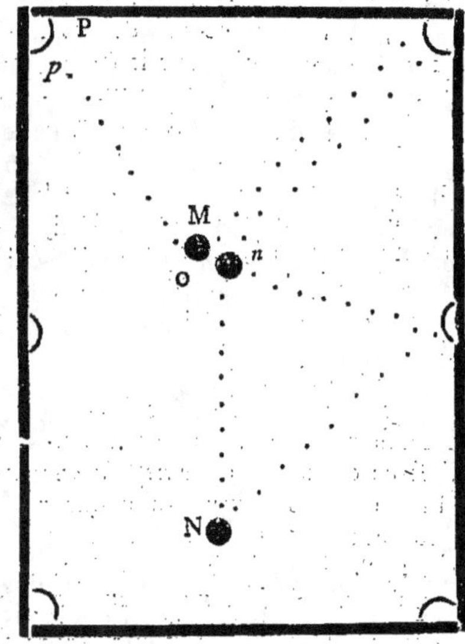

BONHEUR ou MALHEUR *dans les jeux de hafard.*

On appelle proprement *bonheur* un évènement favorable qui n'eſt point une ſuite des ſoins ou de la prévoyance du joueur. Ainſi, lorſque quelqu'un joue à un jeu de haſard, comme aux dez, et qu'il gagne, on s'écrie qu'il a du *bonheur*. On ſe ſert du mot *malheur* pour ſignifier le contraire.

On dit qu'un homme eſt *heureux* aux jeux de haſard, non-ſeulement pour faire entendre qu'il y a ſouvent gagné, mais encore qu'il gagnera lorſqu'il voudra jouer. Sur ce pied-là, on parie volontiers pour lui, ou l'on s'aſſocie à ſa bonne fortune, s'il le veut. Au lieu que ceux que l'on nomme *malheureux* en cette ſorte de choſes, ſont regardés comme des gens qui perdront toujours, ou très-ſouvent, & l'on craint de participer à leur mauvaiſe fortune. Mais ces qualifications de *bonheur* & de *malheur*, ſont-elles en effet bien fondées; & ne ſont-ce pas de ces mots oiſifs que l'on emploie dans la langue vulgaire, & auxquels on donne un ſens qui n'a point de réalité? C'eſt un problême à examiner, qui n'eſt point étranger au plan de ce Dictionnaire. C'eſt de toute antiquité que l'on ſe ſert de mots qui répondent à ceux de *bonheur* ou de *malheur*, pour ſignifier je ne ſais quoi qui eſt attaché à certaines perſonnes, au moins pendant quelque temps, & qui fait réuſſir ou échouer ce qu'elles entreprennent, ſoit que leur prudence ou leur imprudence ſoit cauſe du bon & du mauvais ſuccès. Qu'eſt-ce donc que ce *je ne ſais quoi* qui rend les hommes heureux ou malheureux? Ce ne peut être que l'une de ces quatre cauſes : 1°. *La deſtinée* que quelques-uns ont cru autrefois, & que bien des gens croient encore être la raiſon de tout ce qui arrive.

2°. Ou la *fortune*, qu'on nomme autrement le haſard.

3°. Ou ce que l'on nommoit, parmi les anciens peuples, le *bon* ou le *mauvais génie*; & chez quelques nations modernes, le *bon* ou le *mauvais ange*.

4°. Ou enfin Dieu lui-même.

Tâchons de déſabuſer le monde, en faiſant voir qu'aucune des quatre cauſes qu'on vient de nommer n'eſt le principe du bonheur ou du malheur, dans toutes les choſes qui ne dépendent ni de l'adreſſe ni de la prudence des hommes.

I. *De la deſtinée.*

Pluſieurs d'entre les anciens philoſophes, & particulièrement les ſtoïciens, prétendoient qu'il n'arrive rien qui ne ſoit un effet inévitable de la *deſtinée*. Il y a encore des gens auxquels on entend ſouvent dire que *perſonne ne peut éviter ſa deſtinée*, & qui attribuent une infinité de choſes à je ne ſais quelle fatalité.

Lorſqu'on demandoit aux ſtoïciens ce qu'ils entendoient par cette *deſtinée*; ils répondoient que *c'eſt une certaine diſpoſition de toutes choſes qui ſe ſuivent les unes les autres de toute éternité, ſans que rien puiſſe interrompre la liaiſon qu'elles ont entre elles.* Ainſi, ſelon eux, tout ce qui arrive doit néceſſairement arriver. Mais tout ce que l'on dit de cette deſtinée n'eſt qu'une pure ſuppoſition, & une ſuppoſition qui ne peut ſervir à éclaircir aucune difficulté. Car enfin, qui avoit dit aux ſtoïciens que tout arrive inévitablement? D'où ſavoient-ils que toutes les cauſes étoient néceſſaires et tous les effets inévitables? Ce n'étoit pas aſſurément par révélation; c'étoit une penſée vulgaire qu'ils avoient adoptée par fantaiſie, auſſi bien que pluſieurs autres. Ils n'y étoient nullement tombés par un ſentiment intérieur qu'ils euſſent de la fatalité de leurs actions. Si l'on rentre en ſoi-même,

peut-on

peut-on dire que l'on eſt convaincu que toutes les réſolutions que l'on prend ſont néceſſaires & inévitables ? Il n'y a per-ſonne qui puiſſe le dire, ſi l'on veut parler ſincèrement. Or, ſi l'intelligence que nous appellons notre ame eſt libre, comme nous le ſentons, au moins dans une infi-nité d'occaſions, il ne faut donc point donner à la *deſtinée* ou à la *fatalité*, une influence & un pouvoir ſur nos actions, que ces êtres imaginaires & ſuppoſés ne peuvent exercer. La ſuppoſition de la deſtinée eſt d'autant moins ſoutenable, qu'elle ne ſert de rien dans la philoſophie, c'eſt-à-dire qu'en l'admettant, on ne rend raiſon d'aucun effet de la nature, dont ceux qui rejettent la deſtinée ne puiſſent rendre des raiſons beaucoup plus vrai-ſemblables.

On doit bien prendre garde de ne pas confondre la définition d'une idée abſ-traite, avec celle qui développe une idée d'une choſe qui exiſte. Autrement il eſt viſible, non-ſeulement que l'on attribuera aux choſes exiſtantes ce qu'elles n'ont point, mais encore que l'on prendra des idées abſtraites & arbitraires pour des por-traits de choſes qui exiſtent. C'eſt juſte-ment ce qu'ont fait les ſtoïciens à cette occaſion. Ils n'ont rien vu dans la nature qui ait pu les engager à s'imaginer qu'il y ait une deſtinée en toutes choſes : on ne peut pas dire que l'idée qu'ils s'en ſont voulu former ſoit copiée d'après nature, comme lorſqu'on décrit un arbre que l'on a vu. C'eſt donc une idée abſtraite qu'ils ont eſſayé de fabriquer ſans raiſon. Concluons que la deſtinée ou la fatalité ſtoïque ne ſignifie rien, ni dans les livres de ces an-ciens philoſophes, ni dans ceux que l'on écrit aujourd'hui, non plus que dans la bouche du peuple.

II. *De la bonne ou mauvaiſe fortune ou du haſard.*

La ſeconde cauſe à laquelle on a accou-tumé d'attribuer le *bonheur* ou le *malheur*, *Jeu x mathématiques.*

eſt ce qu'on appelle la *bonne* ou la *mauvaiſe fortune*, ou autrement le *haſard*. Il eſt facile de prouver que ces mots & ceux qui leur répondent dans les autres langues, n'ont pas de ſignification plus claire que ceux examinés ci-deſſus. Mais avant que de réfuter l'uſage moderne des mots de *fortune* & de *haſard*, il faut examiner ce que l'antiquité grecque & romaine en a cru, parce que c'eſt d'elle que nous avons adopté l'emploi que nous en faiſons. Or, ſi elle n'a ſu ce qu'elle vouloit dire en ſe ſervant des mots qui répondent aux nôtres, ou dont les nôtres ſont dérivés, il n'y a pas d'apparence que nous nous entendions mieux qu'elle.

Le mot Τύχη, chez les Grecs, & *fortuna*, parmi les Latins, ne ſignfioient autre choſe non plus que celui de fortune en fran-çois, ſi ce n'eſt je ne ſais quel principe par lequel il arrivoit mille choſes, ſans qu'il fût néanmoins néceſſaire qu'elles arri-vaſſent ; & c'eſt en quoi la *fortune* diffère de la *deſtinée*, celle-ci étant réputée une cauſe néceſſaire des effets qu'elle produit.

Pour conſidérer la choſe en elle-même, & pour voir en quel ſens on peut ſe ſervir des mots de *fortune* & de *haſard*, il faut obſerver que nous ne pouvons connoître que deux ſortes d'êtres capables de con-tribuer à un accident. La première eſpèce eſt celle des corps, qui agiſſant ſeuls & ſans l'intervention d'aucune autre cauſe viſible, ne donnent aucun lieu à la for-tune ni au haſard, parce qu'ils agiſſent par des règles de mécanique qui ſont toujours les mêmes, comme ceux qui ont quelque teinture de la phyſique ou de la mécanique le ſavent. Le peuple dit à la vérité qu'un corps tombe tout ſeul, lorſqu'aucun homme ni aucune autre cauſe ſenſible que l'on ait pu remarquer ne s'en eſt mêlée. On dit communément que ces choſes ſont tombées d'elles-mêmes, & quelquefois par *haſard*. Mais il eſt faux que rien ne ſoit intervenu, & qu'aucune cauſe exté-rieure n'y ait contribué. L'air, le poids de ces corps, l’attraction, pour ne pas parler de plufieurs autres caufes particulières, les ont fait tomber. Un corps demeureroit éternellement dans l’état où il eft, fi quelque caufe active ne le forçoit d’en fortir. C’eft un axiôme de phyfique qu’il n’eft pas befoin de prouver ici.

La feconde efpèce d’êtres eft de ceux que nous appellons efprits qui, entre diverfes facultés, ont une liberté qu’ils exercent dans une infinité de rencontres. Ils peuvent à tous momens faire ou ne faire pas ce qu’ils font, le faire d’une manière ou d’une autre, & ils fe déterminent dans les chofes obfcures & indifférentes, ou qu’ils regardent comme telles par caprice & fans aucune raifon, fi ce n’eft parce qu’ils le veulent, & fans qu’il intervienne quoi que ce foit qui les engage néceffairement à juger ou à vouloir. A cet égard, on peut dire que la détermination libre d’une intelligence eft un effet du hafard, parce qu’aucune caufe néceffaire ne le produit; & comme les efprits agiffent beaucoup fur les corps, il arrive que leur intervention fait qu’il y a du hafard dans des mouvemens, où autrement il n’y en auroit point. Par exemple, fuppofons qu’une boîte foit pleine de billets, ils demeureront dans la même fituation jufqu’à ce qu’on la remue, & celui qui fe trouvera au-deffus des autres fera infailliblement pris. Il n’y a point là de *hafard*. Mais fi l’on fecoue plufieurs fois cette boîte, fans favoir quel changement cela fait à l’ordre des billets; la volonté des hommes intervenant dans cette rencontre, & d’une manière tout-à-fait libre, dès-lors il y a quelque hafard. Il eft en leur difpofition de fecouer la boîte ou de ne la fecouer pas, de la fecouer plus ou moins & de la tourner de diverfes manières : en la fecouant & en la tournant, ils fuivent purement leur caprice, fans favoir l’effet que cela produira; après quoi l’on prend le billet qui fe trouve au-deffus des autres, fans favoir non plus quel il fera.

C’eft ainfi que fe tirent les billets d’une loterie, & l’on peut dire que c’eft le pur hafard qui fait que le billet d’un certain homme fe trouve combiné avec un lot. On voit par-là que le hafard n’eft proprement rien, & que quand on dit que le hafard a produit cette combinaifon, on ne veut dire autre chofe fi ce n’eft qu’elle ne s’eft pas faite feulement par un effet mécanique du mouvement des billets, mais par le concours de quelques intelligences qui y ont aidé librement, & fans favoir qu’elles le faifoient ni comment elles le pouvoient faire. Ainfi le mot de hafard eft plutôt un mot *négatif*, s’il faut ainfi dire, qu’*affirmatif*, ou le nom d’une idée *négative*. Il marque feulement qu’il n’eft intervenu aucune caufe qui ait produit néceffairement un certain effet, ou qui feroit fortie de fon intelligence pour le produire.

Furetiere remarque que *le hafard fe perfonnifie quelquefois, & fe prend pour certain être chimérique auquel on attribue fottement les effets dont nous ne connoiffons point la caufe.*

Avouons que l’on peut quelquefois attribuer au hafard des effets qui ont une caufe déterminée & néceffaire; mais c’eft par pure ignorance que l’on parle ainfi, à moins qu’on ne voulût abufer de ce mot. Du refte il eft certain, comme on vient de le dire, que c’eft un être chimérique, & que l’on ne peut perfonnifier que par une licence poétique, qui eft néanmoins fi autorifée par l’ufage, qu’il y a peu d’expreffions propres qui le foient plus.

Cela étant ainfi, il eft vifible que le *bonheur*, qui eft une fuite de ce hafard, eft une pure chimère dans le fens où on l’entend. On prétend que le *bonheur* eft attaché à certaines gens, & en même-temps que ce bonheur eft un effet du *hafard*; ce qui eft contradictoire. La nature du hafard confifte, difons-nous, en ce qu’il

dépend de quelque caufe libre , & qui fe détermine par pur caprice , de forte qu'il ne peut rien avoir de réglé : & l'on prétend néanmoins que le *bonheur* dont il s'agit eft fixé en telle manière qu'il arrive à un certain homme. C'eft manifeftement fe contredire , puifque c'eft affurer qu'un effet eft déterminé & non déterminé en même temps. Ainfi le *hafard* n'étant rien en foi, le *bonheur* attaché à quelqu'un eft moins que rien, s'il eft permis de parler de la forte. Le premier eft le nom d'une idée négative , & le fecond celui d'une idée contradictoire.

Il faut faire le même jugement du mot de *fortune*, dont on fait tantôt une caufe obftinée à bien faire aux uns & à perfécuter les autres, & tantôt une caufe qui n'a rien de fixe ni d'arrêté. Enfin, les auteurs anciens & modernes font pleins d'expreffions oppofées les unes aux autres, lorfqu'ils parlent de la conftance ou de l'inconftance de la fortune. Il n'y en a point d'autre raifon, fi ce n'eft que c'eft un fantôme auquel l'imagination ajoute & retranche ce qu'elle veut & quand elle le trouve à propos. On dit ordinairement que les hommes font le jouet de la *fortune* ; mais on parleroit beaucoup mieux fi l'on difoit que la fortune eft notre jouet, puifque nous lui donnons & que nous lui ôtons tout ce que nous voulons.

Ce qui vient d'être dit des mots de *hafard* & de *fortune*, peut auffi s'appliquer à celui du *fort*, qui fignifie la même chofe, mais qu'on emploie plus frequemment dans la poéfie que dans la profe. Tous ces mots ne font que des termes *négatifs* qui ne fervent qu'à faire comprendre que l'effet dont on parle, n'eft pas la conféquence d'une caufe néceffaire & déterminée à la produire.

On ne peut rien répliquer de raifonnable à ce qui vient d'être dit du *bonheur* que l'on prétend venir de la *deftinée* ou du *hafard*. Cependant une infinité de gens qui ne fauroient rien établir de contraire,

en raifonnant fur des principes intelligibles, perfifteront à foutenir que, quoi qu'on puiffe dire , il y a du bonheur & du malheur dans ce qui dépend du hafard. Ils croiront toute leur vie que certaines gens font *heureux* ou *malheureux*, en des jeux où ils avouent que le hafard regne. Ils diront à la vérité qu'ils ne favent ce que c'eft que ce *bonheur* ou ce *malheur*, ni d'où ils viennent; mais qu'une longue expérience leur a appris que l'un & l'autre font des chofes qui ne font que trop réelles. Ils tomberont d'accord qu'ils ne fauroient montrer que les raifons que nous avons rapportées font fauffes; mais appuyés de leur prétendue expérience , ils demeureront opiniâtrement attachés à leurs préjugés. Cette efpèce de gens qui ne raifonne que peu ou point, n'embraffe point une opinion à-demi , ni dans la difpofition de l'abandonner fi on lui apprend quelque chofe de meilleur. Auffi ce n'eft pas dans l'efpérance de gagner cette forte de gens qu'on écrit ceci. Mais il y en a d'autres qui entendent raifon & qui ne veulent rien croire fans favoir pourquoi, qui ont néanmoins de la peine à fe démêler de l'objection que l'on tire de ceux qui gagnent prefque toujours aux jeux de hafard , ou au moins à qui il entre un jeu fi beau qu'il n'y a point d'adreffe qui puiffe réfifter à leur bonheur ; & d'autres, au contraire, à qui il vient prefque toujours un fi mauvais jeu qu'ils perdent néceffairement. Il n'y a prefque perfonne qui ne croie connoître quelqu'un qui ne foit un exemple de ce bonheur ou de ce malheur. Il faut donc tâcher de faire voir que cette objection n'eft d'aucun poids.

On ne difconvient pas qu'il n'arrive fouvent que pendant une heure , une après-dînée ou une foirée, un joueur gagne aux dez , aux cartes & aux autres jeux , qui font tous de hafard ou dans lefquels il y a de l'adreffe mêlée. J'avoue auffi qu'il y a eu des gens qui , avec peu de billets, ont plus gagné aux loteries que ceux qui y en avoient mis beaucoup. Je tombe encore d'accord que bien des gens perdent souvent en tout cela. Mais il y a à faire quelque distinction à l'égard de ces exemples.

Dans les jeux qui dépendent purement du hasard, comme dans celui des dez & dans les loteries (supposé qu'on n'y trompe point), on n'a jamais vu personne qui ait été constamment heureux, ou même long-temps. Il n'y a personne qui ait tiré les gros lots ou des lots considérables de plusieurs loteries de suite, & l'on connoît des gens qui, ayant gagné en quelques loteries, & s'imaginant ridiculement que leur *bonheur* continueroit, ont beaucoup perdu en d'autres, bien loin d'augmenter leur capital comme ils l'espéroient. Il faut nécessairement que les gros lots viennent à quelqu'un, mais ce quelqu'un-là s'imagineroit mal-à-propos, à cause de cela, d'être *heureux*, c'est-à-dire d'avoir je ne sais quoi d'attaché à sa personne qui lui en fera avoir d'autres. Il faut nécessairement qu'il y ait beaucoup plus de gens qui perdent qu'il n'y en a qui gagnent; & l'on conclut sans raison que l'on est *malheureux*, parce qu'on a été plusieurs fois du plus grand nombre. Cependant ceux qui ont gagné en sont si satisfaits, & ceux qui ont perdu en sont si fâchés, qu'ils ne cessent de parler de leur *bonheur* ou de leur *malheur*, sans savoir ce qu'ils veulent dire.

Il n'en est pas tout-à-fait de même des jeux dans lesquels il y a quelqu'adresse mêlée. Supposé que des joueurs entendent aussi bien le jeu les uns que les autres, & y apportent une égale attention, sans qu'il se commette de fourberie, il arrivera, je l'avoue, que quelques-uns perdront quelquefois, pendant que les autres gagneront; mais s'ils jouent souvent ensemble, ils partageront le gain & la perte. On ne pourra pas nommer les uns *heureux* & les autres *malheureux*, parce que dans la variété infinie des chances du jeu, ils au-

ront beau jeu tour-à-teur, pourvu qu'ils continuent de jouer pendant quelque temps. Il peut arriver par la combinaison fortuite des cartes que les uns gagneront une heure, un jour, une semaine; mais les autres auront infailliblement leur tour, quoique sans règle & sans ordre.

Une preuve de cela, c'est qu'il est très-souvent arrivé que des joueurs que l'on avoit estimés les plus heureux joueurs du monde, parce qu'ils avoient gagné pendant quelque temps, sont venus à perdre tout d'un coup de très-grandes sommes, et sont enfin morts dans la pauvreté. D'où vient que le *bonheur* a paru attaché à eux pendant les premières années de leur vie, & que le *malheur* les a persécutés sur la fin de leurs jours? Il n'y en a point de raisons, sinon qu'encore qu'il ne soit pas impossible que le hasard favorise quelqu'un qui s'y expose très-souvent pendant toute sa vie, à cause des variétés infinies qui s'y trouvent, & de la multitude prodigieuse de gens qui s'y livrent à tous momens, il est pourtant très-rare que cela arrive pendant long-temps: il peut se faire, absolument parlant, qu'un homme qui joue aux dez amène douze fois de suite les trois six, cela est peut-être arrivé plus d'une fois depuis qu'on a inventé ce jeu, et a fait la fortune à plus d'un joueur; mais il faut avouer que cela est extrêmement rare, & qu'il n'y a jamais eu personne qui ait pu se promettre rien de semblable. Ainsi, c'est se moquer que de dire que le *bonheur* ou le *malheur* est attaché à quelqu'un, lorsque parmi les combinaisons infinies de ce qui dépend du hasard, comme des cartes & des dez, il arrive qu'il gagne pendant quelquet ems.

Cependant on objecte que l'on connoît bien des gens qui gagnent ordinairement aux cartes, & à qui il n'arrive pendant longues années aucune perte considérable, d'où l'on conclut que le *bonheur* leur en veut; comme il y en a d'autres qui sont presque toujours *malheureux*, sans qu'aucun *bonheur* leur arrive. Je ne redirai pas ce que je viens de remarquer, mais je prie le lecteur de s'en ressouvenir. Je dirai seulement qu'il s'agit d'un jeu où le hasard a beaucoup de part, mais où l'adresse n'en a pas moins ; car je ne parle pas ici de ces sortes de jeux de cartes qui dépendent du pur hasard. Il est certain, par exemple, que si l'on joue mal à l'*ombre* ou au *piquet*, on perd pour peu que l'on joue long-temps avec de bons joueurs, quoiqu'il puisse arriver que l'on gagne quelquefois, malgré les fautes que l'on commet. Ainsi, je soutiens que pour gagner le plus souvent, ou pour être heureux, il faut savoir bien jouer, sans quoi il n'y a point de *bonheur* qui dure.

Un joueur *heureux* dans l'idée qu'on ajoute vulgairement à ce mot, doit être un joueur à qui il entre beau jeu, et qui gagne sans adresse ; car là où il y a de l'adresse, on ne peut plus parler de *bonheur*. On doit donc bien se garder de confondre un *bon joueur* avec un *joueur heureux* ; le premier l'étant par son adresse, & l'autre par hasard. Cependant il est certain que les joueurs *heureux*, comme on les appelle, sont généralement bons joueurs. Mais on parle peu de leur adresse, pendant que l'on vante leur *bonheur* ; & il arrive souvent que l'on confond l'un avec l'autre. En voici les raisons. C'est premièrement qu'un bon joueur ne perd point par des fautes qu'il fasse ; au lieu qu'un mauvais joueur en commet qui le font paroître plus malheureux que les autres, en le faisant souvent perdre. Secondement, un bon joueur ne hasarde que le moins qu'il peut. Quand il a trop mauvais jeu, ou qu'il y a de certaines circonstances qui lui font juger qu'il ne vaudra rien, il passe. Il y va au contraire lorsqu'il a en main de quoi y aller, ou qu'il juge qu'il lui entrera quelque chose. Ceux qui ont beaucoup d'expérience de cette espece de jeu savent qu'il y a une adresse infinie ; et ceux qui ne l'entendent

pas bien, ne peuvent souvent comprendre la raison de la conduite des bons joueurs ; c'est ce qui fait qu'il semble qu'ils sont *heureux*, quoiqu'ils aient plus d'adresse que de *bonheur*. Le gain est clair sur-tout lorsqu'il est fréquent ; & l'adresse n'est pas connue de tout le monde, de sorte qu'on ne s'en apperçoit pas si facilement.

Comme on parle plus de ce qu'on sait que de ce qu'on ne sait pas, on ne s'entretient presque que de leur *bonheur*. Ainsi, l'on appelle très-souvent *heureux* joueurs des gens qui doivent leur gain principalement à leur adresse. C'est le contraire de ceux qui jouent mal, & dont les fautes ne sont quelquefois pas si grossières, que tout le monde puisse les connoître. On les nomme ensuite *malheureux*, au lieu de les nommer mauvais joueurs ; & ils contribuent autant qu'ils peuvent à entretenir les autres dans cette opinion. Ils ne veulent pas passer pour des joueurs maladroits, parce qu'il y a quelque honte à se mêler d'une chose qu'on ne sait pas bien, contre des gens qui l'entendent mieux, & à se laisser ainsi gagner son argent. Pour s'excuser ils rejettent avec soin leurs fautes sur leur *malheur*, comme s'ils n'avoient rien oublié de ce qu'on doit faire pour gagner ; & pour diminuer le plaisir des autres, & quelquefois même l'honneur chimérique qu'ils se font de gagner, ils attribuent leur gain à leur *bonheur*.

Voilà ce qu'on peut dire du bonheur du jeu, & qui est, ce me semble, convainquant pour ceux qui y feront quelque attention. Ainsi, le *bonheur* à cet égard n'est pas moins le nom d'une idée contradictoire, qu'à l'égard des autres choses. Il en faut dire de même du mot de *fortune*, quoiqu'on s'en serve plus fréquemment en d'autres occasions, et comme l'observe l'ingénieux Lafontaine dans l'une de ses fables :

Il n'arrive rien dans le monde
Qu'il ne faille qu'elle en réponde ;

Nous 'a faifons de tous écots.

Elle eft prife à garant de toutes aventures :

Eft-on fot, étourdi, prend-on mal fes mefures ?

On penfe en être quitte, en accufant fon fort.

    Bref, la Fortune a toujours tort.

III. *Le bon ou mauvais génie, le bon ou mauvais ange.*

Les anciens ont cru que chaque homme en naiffant avoit un bon & un mauvais génie ; & parmi quelques nations modernes, les gens crédules attribuoient à un bon ou mauvais ange tout ce qui leur arrivoit. On prétendoit même que fi l'on gagnoit au jeu, c'étoit par la force du bon génie, enforte que ceux dont le bon génie, ou le bon ange, était fupérieur à celui des autres, les gagnoient infailliblement. Ces idées fuperftitieufes n'ont pas fans doute befoin d'être réfutées, & nous ne devons pas nous y arrêter. Il n'y a perfonne aujourd'hui qui croie qu'il y ait un génie, ou un ange, qui faffe gagner dans des jeux de hafard ou dans les loteries.

IV. *Dieu eft-il l'auteur du* bonheur *ou du* malheur *dans les jeux de hafard ou dans les loteries ?*

Cette propofition peut avoir trois fens différens qu'il eft néceffaire de bien diftinguer, fi l'on veut entendre ce que l'on dit. 1°. Elle peut fignifier non que Dieu intervient d'une manière particulière pour faire que le foit foit en faveur de quelqu'un, mais fimplement que Dieu ayant fait toutes chofes, les confervant comme elles font, & les conduifant comme il le trouve à propos, on doit regarder les fuites du fort, de même que tout le refte, comme un effet de la providence générale. Dans ce fens, on peut dire de ce qui nous arrive enfuite du fort ou de quelqu'autre accident que ce foit, cela nous vient de Dieu, quoique nous ne croyions pas que l'Être fuprême y foit intervenu particulièrement.

2°. Cette propofition fignifie que Dieu fachant tout ce qui arrive, à quelqu'occafion que ce foit, n'a pas voulu arrêter le cours des caufes naturelles pour créer ou pour arrêter le *bonheur* de quelqu'un.

3°. La propofition peut faire entendre que Dieu intervient fi particulièrement dans les effets du fort, qu'il agit lui-même immédiatement pour les produire. Mais il feroit abfurde de faire intervenir Dieu comme l'auteur immédiat, & agiffant d'une manière furnaturelle, du bonheur & du malheur des joueurs. Si l'on veut que Dieu préfide fur toutes fortes de forts & les faffe tomber par des volontés particulières, il faut donc en même - temps fuppofer que l'Être fuprême fait des miracles tous les jours en faveur de gens qui affurément n'en font pas dignes, & dans des lieux où perfonne de raifonnable n'oferoit penfer que ceux qui jouent aux dez & aux cartes engagent tous les jours la puiffance divine à fe déclarer en leur faveur.

Concluons que les mots de *bonheur* & de *malheur* ne fignifient rien du tout dans les différens fens qu'on leur donne ordinairement. La fuppofition du *bonheur* ou du *malheur* de tel ou tel joueur eft une abfurdité. Parce qu'il aura fouvent tenté la fortune avec fuccès on ne peut pas en conclure qu'il réuffira toujours. On peut dire qu'il a été heureux, mais non pas qu'il l'eft, ce prétendu bonheur pouvant l'abandonner à l'inftant.

BRELAN. (*jeu du*)

Brelan, jeu de cartes de hafard, d'autant plus dangereux qu'il eft très-attrayant par l'efpérance qu'il donne au joueur, de faire un gain fans bornes, ou de réparer en un coup la perte de dix féances malheureufes.

Le Dictionnaire des *Jeux* & le Dictionnaire des Mathématiques donnent l'un & l'autre une connoiffance exacte des regles, de la marche & des chances de ce jeu ; c'eſt pourquoi nous nous bornerons ici à rapporter les obſervations de Montmor à l'égard de ce jeu. Le brelan & généralement tous les jeux où l'on renvie, ſont ſujets aux mêmes inconvéniens mentionnés au jeu d'*ombre*, & même à de plus grands. Suppoſons, par exemple, qu'il y ait trois joueurs, Pierre, Paul & Jacques ; Pierre paſſe, Paul tient le jeu, & Jacques renvie ; Paul tient le renvi, & va de tout ce qu'il a devant lui : ce ſera, par exemple, 30 A, le jeu étant A. On demande ſi Jacques, que l'on ſuppoſe avoir quarante-un en main, & qui eſt dernier, doit tenir ou abandonner ce qu'il a déjà mis au jeu, par exemple 14 A. Je ſais que bien des perſonnes n'héſiteroient pas à décider là-deſſus pour ou contre, chacun conſultant ſon humeur plutôt que l'évidence. Pour moi, dit Montmor, je crois pouvoir aſſurer qu'il eſt impoſſible de déterminer exactement quel parti Jacques doit prendre, & ma raiſon eſt qu'il ne ſuffit pas à Jacques, pour ſe déterminer avec raiſon, de ſavoir qu'entre 134596 façons différentes dont les cartes de Pierre & de Paul peuvent être diſpoſées, il n'y en a que 3041 qui puiſſent faire perdre Jacques. Il faudroit qu'il y eût des règles certaines & connues aux deux joueurs, pour ſavoir à quelle carte il faut tenir le jeu, & juſqu'où il eſt à propos de tenir ou de pouſſer pour chaque jeu. Alors Jacques pourroit compter que Paul a l'un des jeux qui ont pu lui permettre d'aller de tout, & ſur cela il pourroit à-peu-près ſe déterminer ; je dis à-peu-près, car il ne ſeroit pas ſûr que Paul, pour lui donner le change, ne pouſſât à un jeu fort inférieur à celui qu'il devroit avoir pour forcer avec raiſon, & par-là Jacques ſeroit expoſé à manquer de gagner, & même à perdre ſes avances lorſqu'il auroit dû gagner. Ces réflexions & quelques autres pareilles que tout le monde peut faire, ſont ſuffiſantes pour faire connoître qu'il

y a en ces matières des problêmes qu'il eſt difficile de réſoudre.

PROBLÊME. *Pierre , Paul & Jacques jouent au brelan ; Pierre & Paul tiennent le jeu, & Jacques paſſe. La carte qui retourne eſt le roi de cœur ; Pierre eſt premier, il a l'as & le roi de carreau, & l'as de cœur ; Paul a l'as, le neuf & le huit de trefle. Deux des ſpectateurs qui ont vu chacun les jeux de Pierre et de Paul, & n'ont point vu celui de Jacques, diſputent pour ſavoir lequel des deux joueurs, Pierre & Paul, a le plus beau jeu & le plus d'eſpérance de gagner. L'un des deux, Jean, parie pour Pierre : l'autre, nommé Thomas, parie pour Paul. L'argent de la gageure eſt nommé A. On demande quel eſt le ſort des deux ſpectateurs, Jean & Thomas, & ce qu'ils devraient mettre chacun au jeu pour parier, ſans avantage, ni déſavantage.*

R. Il faut remarquer, 1°. que Jean gagnera ſi les trois cartes de Jacques ſont ou trois cœurs, ou trois carreaux.

2°. Qu'il gagnera encore ſi l'une des trois étant un pique ou un trefle, les deux autres ſont ou deux cœurs, ou deux carreaux.

3°. Que ſi l'une des trois cartes de Jacques eſt un cœur ou un carreau, les deux autres étant des piques, Jean aura gagné.

4°. Qu'il gagnera encore ſi les trois cartes de Jacques ſont un carreau, un cœur & un pique, & que dans toute autre diſpoſition des cartes de Jacques il a perdu.

Cela poſé, il ne reſte plus qu'à examiner combien il y a de haſards différens qui donnent chacune de ces quatre diſpoſitions différentes des trois cartes de Jacques. Or, on trouvera par les tables qu'il y en a vingt pour la premiere, deux cents vingt pour la ſeconde, deux cents dix pour la troiſième, & cent ſoixante quinze pour la quatrième, & par conſéquent le fort de Jean fera $\frac{131}{266}$ A $= \frac{1}{2}$ A $- \frac{4}{133}$ A, ce qui fait voir que la condition de Pierre eſt moins avantageuſe que celle de Paul, & que Jean, pour parier également contre Thomas, doit mettre au jeu 125 contre 141.

C

CARREAU.

CARREAU. (*jeu du franc*)

Ce jeu conſiſte à jetter en l'air une pièce de monnoie ou une médaille, & la faire tomber ſur des carreaux égaux & réguliers d'un appartement. Celui-là gagne lorſque la pièce eſt tombée franchement ſur un carreau, & qu'elle s'y fixe.

Le célèbre Buffon a examiné dans un mémoire lu à l'Académie des ſciences en 1733, combien on peut parier que le palet d'un des joueurs tombera ſur un ſeul carreau ſans toucher à ſes bords. Cet académicien, pour réſoudre ce problême, ſuppoſe que le carreau ſoit carré, & dans ce carré il en inſcrit un autre diſtant par-tout du demi-diamètre de la pièce. Il conclut que toutes les fois que le centre du palet, qui eſt rond, tombera ſur le petit carré, ou ſur la circonférence, ce palet tombera franchement, & qu'au contraire la pièce ne tombera pas franchement ſi ſon centre tombe hors du carré inſcrit. Il ſuit de l'examen de ce problême ainſi poſé, que la probabilité que la pièce tombera franchement eſt à la probabilité contraire, comme l'aire du petit carré eſt à la différence de l'aire des deux carrés.

Si le palet au lieu d'être rond était carré, & par exemple égal au carré inſcrit dans la pièce circulaire dont on vient de parler, il eſt alors évident que la probabilité de tomber franchement ſur l'un des carreaux deviendroit plus grande, d'autant que le palet pourroit tomber franchement hors du petit carré; mais le problême propoſé devient en ce cas plus difficile à réſoudre à cauſe des diverſes poſitions que ce palet peut prendre; ce qui n'a pas lieu quand la pièce eſt circulaire, toutes les poſitions étant alors indifférentes. *Voyez l'article* Franc-Carreau, *Dictionnaire des Mathématiques.*

CARTES. (*jeu de*)

Les cartes ſervent par leurs combinaiſons à différens jeux, entre leſquels il y en a qui ſont purement de haſard, et d'autres qui ſont *mixtes*, c'eſt-à-dire de haſard et de combinaiſon. Quelques jeux conſervent une égalité parfaite entre les joueurs par une juſte compenſation des avantages & des déſavantages. Il y a auſſi des jeux qui offrent évidemment de l'avantage pour certains joueurs, & du déſavantage pour d'autres. Au reſte, il n'y a preſqu'aucun de ces jeux qui ne montre de l'eſprit, ſoit dans ſon invention, ſoit dans la manière de le jouer. On peut conſulter dans ce dictionnaire l'analyſe de divers jeux de cartes. *Voyez* Baſſette, Brelan, Ombre, Pharaon, Piquet, &c.

Voici quelques problêmes qui ont été propoſés ſur les cartes.

Iᵉʳ. Problême. Pierre tient dans ſes mains huit cartes qu'il a mêlées, ſavoir; un as, un deux, un trois, un quatre, un cinq,

cinq, un six, un sept, un huit. Paul parie qu'il devinera ces cartes en les tirant une après l'autre ; on demande combien Pierre doit parier contre un que Paul ne réussira pas dans son entreprise.

Par l'énoncé de la proposition, Paul s'engage de tirer toutes les cartes, l'une après l'autre, sans les remettre dans le jeu, & sans manquer une seule fois à deviner la carte qu'il tirera.

Dans cette supposition, en suivant les règles ordinaires des probabilités, l'espérance de Paul, au premier coup, est $\frac{1}{2}$; au second, $\frac{1}{7}$; d'où il suit que son espérance pour les deux premiers coups est $\frac{1}{8} \times \frac{1}{7}$; en effet, il est aisé de voir que le premier coup ayant huit cas possibles, & le second sept, la combinaison des deux aura 8×7 coups, dont il n'y en a qu'un seul qui fasse gagner Pierre, c'est-à-dire le coup où il devinera juste deux fois de suite. Par la même raison, l'espérance de Paul, pour trois coups, sera $\frac{1}{8} \times \frac{1}{7} \times \frac{1}{2}$; pour quatre, $\frac{1}{8} \times \frac{1}{7} \times \frac{1}{2} \times \frac{1}{5}$; & pour sept (car il n'y en peut avoir huit, attendu qu'après sept tirages il ne reste plus de cartes à tirer, & il n'y a plus de jeu), elle sera $\frac{1}{8} \times \frac{1}{7} \dots \times \frac{1}{2}$; donc l'enjeu de Pierre sera à celui de Paul comme $8 \times 7 \times \dots 2 - 1$ est à 1, c'est-à-dire comme $56 \times 720 - 1$ est à 1, ou comme 40319 est à 1.

Voyez l'article Cartes, *Dictionnaire des Mathématiques.*

II. Problème. 1°. *Pierre parie contre Paul que tirant, les yeux fermés, quatre cartes : entre quarante, savoir dix carreaux, dix cœurs, dix piques & dix trefles, il en tirera une de chaque espèce. On demande quel est le sort de ces deux joueurs, ou ce qu'ils doivent mettre au jeu pour parier également.*

Solution. Quarante cartes peuvent être prises quatre à quatre, en quatre-vingt-onze mille trois cents quatre-vingt-dix façons différentes. Or dans ce nombre, qui exprime toutes les manières possibles dont quarante cartes peuvent être prises différemment quatre à quatre, il y en a dix mille favorables à Pierre. Pour le voir, il faut remarquer que, s'il n'y avoit que dix carreaux & dix cœurs, il y auroit cent manières possibles de prendre dans ces vingt cartes deux cartes de ces deux espèces ; car chacun des dix carreaux pourroit être pris avec l'as de cœur, ce qui fait dix, ou bien avec le 2, ce qui fait encore dix, & ainsi de suite. Chacun des dix carreaux pourroit donc être pris avec chacun des dix cœurs, ce qui fait cent. Présentement, si à ces dix carreaux & à ces dix cœurs on ajoute dix trèfles, il est clair que pour avoir toutes les manières possibles de prendre trois cartes de différentes espèces entre ces trente, il faut multiplier par dix les cent manières dont deux cartes de différente espèce peuvent être prises entre vingt, dont dix soient des carreaux & dix soient des cœurs.

Pour le comprendre plus facilement, on peut imaginer une carte qui ait cent points à la place des cent manières différentes, dont deux cartes de différente espèce peuvent être prises dans vingt cartes, dont dix soient des carreaux & dix soient des cœurs : alors on remarquera sans peine que chacun de ces cent points se pourra trouver avec l'as de trèfle, ce qui fait cent ; ensuite chacun de ces cent points avec le deux de trèfle, ce qui fera deux cents, & enfin les cent points successivement avec les dix trèfles, ce qui fera mille. Cela étant conçu, on observera aisément que la quatrième puissance de dix qui est dix mille, exprime en combien de manières on peut prendre quatre cartes de différente espece entre quarante qui soient dix carreaux, dix cœurs, dix trèfles & dix piques.

On aura donc le sort de Pierre $= \frac{10000}{91390} A$, & par conséquent celui de Paul $= \frac{81390}{91390} A$.

2°. Si l'on demandoit combien il y a à parier que Paul, tirant treize cartes au hasard dans cinquante-deux, ne tirera pas toute une couleur, on trouveroit qu'il y à à parier 158,753,389,899 contre 1.

3°. Si l'on demandoit combien il y a à parier que Pierre, tirant dix cartes au hafard entre quarante cartes, favoir un as, un deux, un trois, un quatre, un cinq, un fix, un fept, un huit, un neuf & un dix de carreaux, autant de cœurs, de piques & de trèfles, il tirera une dixaine complette, on trouveroit qu'il a à parier 1,048,576 contre 846,611,952, à-peu-près 1 contre 808.

Jeu de cartes numérique.

Voici une combinaifon numérique de cartes, qui a le double avantage d'être facile & infaillible dans fon exécution. On fait choifir à une perfonne trois cartes dans un jeu de piquet, en la prévenant que l'*as* vaut onze points, les *figures* dix, & les autres cartes felon les points qu'elles marquent. Ces trois cartes étant choifies, on les fait pofer fur la table féparément, & l'on met au-deffus de chaque tas autant de cartes qu'il faut de points pour aller jufqu'à quinze ; c'eft-à-dire que fi la première carte eft un neuf, il faut mettre fix cartes par-deffus ; fi la feconde eft un dix, cinq cartes ; fi la troifième eft un valet, auffi cinq cartes. Voilà donc dix-neuf cartes employées ; il en doit par conféquent refter treize que vous redemanderez, & paroif-

fant les examiner, vous les compterez pour vous affurer du nombre qui refte, & ajoutant mentalement feize à ce nombre, vous aurez vingt-neuf, nombre de points que formoient les trois cartes choifies, & qui fe trouvent deffous les trois tas.

Si l'on fe fervoit d'un jeu de cadrille, il faudroit, au lieu de feize, ajouter huit au nombre de cartes qui reftent.

Combinaifon.

On entend quelquefois par ce terme *combinaifon*, la manière dont plufieurs chofes peuvent être prifes différemment deux à deux. On lui donnera ici une fignification plus étendue, & l'on entendra par ce mot la manière de trouver généralement toutes les difpofitions que peuvent avoir, foit deux, foit plufieurs chofes, felon qu'on les voudra prendre, ou deux à deux, ou trois à trois, ou quatre à quatre, ou cinq à cinq, ou enfin de toutes les manières poffibles.

PROBLÊME. *Un nombre de chofes quelconque étant propofé, par exemple, les lettres a, b, c, d, f, g, h, &c., on demande combien il y a de façons différentes de les prendre ou une à une, ou deux à deux, ou trois à trois, ou enfin de toutes les manières poffibles ?*

Pour réfoudre ce problême, on fe fervira de la table ci-jointe, dont on va expliquer la formation, & dont on démontrera enfuite l'ufage par rapport aux combinaifons.

Table de Pafcal pour les Combinaifons.

1.	1.	1.	1.	1.	1.	1.	1.	1.	1.	1.	1.	1.
1.	2.	3.	4.	5.	6.	7.	8.	9.	10.	11.	12.	13.
	1.	3.	6.	10.	15.	21.	28.	36.	45.	55.	66.	78.
		1.	4.	10.	20.	35.	56.	84.	120.	165.	220.	286.
			1.	5.	15.	35.	70.	126.	210.	330.	495.	715.
				1.	6.	21.	56.	126.	252.	462.	792.	1287.
					1.	7.	28.	84.	210.	462.	924.	1716.
						1.	8.	36.	120.	330.	792.	1716.
							1.	9.	45.	165.	495.	1287.
								1.	10.	55.	220.	715.
									1.	11.	66.	286.
										1.	12.	78.
											1.	13.
												1.

On appelle *bandes horifontales* celles où les chiffres vont de gauche à droite ; & *bandes perpendiculaires*, celles où les chiffres vont de haut en bas. On nomme *cellule* la pofition d'un chiffre renfermé entre deux points.

La feconde bande horifontale eft la fuite des nombres naturels, un, deux, trois, quatre, &c.

La troifieme bande horifontale eft formée fur la feconde en cette manière :

1°. Je rétrograde de gauche à droite d'une cellule ;

2°. Pour former le chiffre de chaque cellule de cette bande, j'ajoute tous les chiffres qui le précèdent à gauche dans la bande fupérieure horifontale. Ainfi, le nombre fix, troifième chiffre de la troifième bande horifontale, eft égal à la fomme du premier, du fecond & du troifième chiffre de la feconde bande horifontale.

La quatrième bande horifontale fe forme fur la troifième en la même maniere que la troifième fe forme fur la feconde. Ainfi, on trouvera que le nombre 20, qui eft le quatrième de la quatrième bande horifontale, eft égal à la fomme des quatre chiffres qui le précèdent dans la bande fupérieure horifontale qui eft la troifième. Il en feroit de même de tous les autres chiffres de cette quatrième bande.

On formera les chiffres qui compofent les autres bandes horifontales de la même manière que l'on a formé la feconde fur la première, & la troifième fur la feconde, obfervant toujours de rétrograder chaque bande d'une cellule avançant vers la droite ; c'eft ce qu'on pourra aifément découvrir en confidérant la table qu'on pourra continuer à l'infini.

Les nombres qui compofent la première bande horifontale font appellés nombres du premier ordre ; ceux qui compofent la feconde bande horifontale font appellés nombres du fecond ordre ; ceux qui compofent la troifième bande font appellés nombres du troifième ordre, &c.

Ces nombres, à qui on donne auffi les noms d'unités, de nombres naturels, nombres triangulaires, pyramidaux, triangule-pyramidaux, &c., à caufe de certains rapports qu'ils ont aux triangles, aux pyramides, &c., ont des propriétés fort fingulières, que Fermat, Defcartes, Pafcal & plufieurs autres grands géomètres françois & étrangers ont recherchés avec grand foin. Une des principales, & dont il s'agit ici, eft que par leur moyen on peut trouver d'un coup en combien de manières différentes un nombre quelconque de jettons, ou de cartes, ou de toute autre chofe, peut être combiné ; c'eft-à-dire, pris ou un à un, ou deux à deux, ou trois à trois, ou quatre à quatre, &c., dans un plus grand nombre de jettons & de cartes.

Par exemple, fi l'on demande en combien de façons différentes fix chofes différentes peuvent être prifes deux à deux, on trouvera que le nombre quinze, qui répond à la troifième bande horifontale & à la feptième bande perpendiculaire, eft le nombre que l'on cherche : & de même fi l'on veut favoir en combien de façons différentes onze chofes peuvent être prifes quatre à quatre, on trouvera que le nombre 330, qui répond à la cinquième bande horifontale & à la douzième bande perpendiculaire, eft le nombre que l'on demande. On trouvera de même toutes les autres combinaifons imaginables en cherchant le nombre qui répond à une colonne perpendiculaire, dont le quantième furpaffe de l'unité le nombre de chofes propofé, & à une colonne horifontale qui foit la troifième fi les chofes fe combinent deux à deux ; la quatrième, fi les chofes fe combinent trois à trois, &c.

Pafcal eft le premier qui ait découvert cet ufage des nombres de différens ordres,

& on peut en voir la démonſtration dans le traité qu'il a fait , intitulé *Triangle-arithmétique*, où il applique ces nombres, tant aux combinaiſons , qu'à trouver les partis que doivent faire deux joueurs qui jouant en un certain nombre de points à un jeu égal , ont plus ou moins de points.

Pour me faire plus facilement entendre , je prends un exemple , & je ſuppoſe que l'on veuille ſavoir en combien de façons différentes ſix choſes peuvent être priſes, ou une à une, ou deux à deux, ou trois à trois, ou quatre à quatre, ou cinq à cinq, ou ſix à ſix, ſoient ces ſix choſes quelconques exprimées par les ſix lettres , *a, b, c, d, f, g*.

Premièrement, il eſt évident que ſi l'on cherche en combien de façons ces ſix lettres peuvent être priſes une à une, le nombre ſix ſera celui qui ſatisfait au problême. Or, il eſt évident que les termes de la première bande horiſontale qui précèdent le nombre ſix de la ſeconde, étant ajoutés en une ſomme, font le nombre ſix.

Suppoſons enſuite que l'on veuille ſavoir en combien de façons différentes ces mêmes lettres peuvent être priſes deux à deux.

Pour le trouver, on obſervera , 1º. que la lettre *a* peut ſe combiner avec les cinq ſuivantes, *b, c, d, f, g*.

2º. Que la lettre *b* peut ſe combiner différemment avec les quatre ſuivantes , *c, d, f, g*, ce qui donne quatre combinaiſons différentes, *b c, b d, b f, b g*; car *b a* ſeroit bien un arrangement différent de *a b*; mais non pas une combinaiſon différente.

3º. Que *c* ne ſe combine qu'avec les lettres *d, g, f*; car *c a, c b* ne feroient point de combinaiſons différentes.

4º. Que *d* ne ſe combine qu'avec les deux lettres *f & g*; car *d a, d c, d b* ne feroient point de combinaiſons différentes.

5º. Que *f* ne ſe combine qu'une fois avec *g*; car *f a, f b, f c, f d* ſeroient des répétitions des combinaiſons précédentes; ce qu'il faut obſerver avec ſoin, car c'eſt-là le principal fondement de la démonſtration.

Toutes ces combinaiſons enſemble de ſix lettres, priſes deux à deux, ſont:

$$a\,b, \quad a\,c, \quad a\,d, \quad a\,g, \quad a\,f,$$
$$b\,c, \quad b\,d, \quad b\,g, \quad b\,f,$$
$$c\,d, \quad c\,g, \quad c\,f,$$
$$d\,g, \quad d\,f,$$
$$f\,g,$$

dont la ſomme $5 + 4 + 3 + 2 + 1 = 15$.

Par conſéquent le nombre 15 qui ſe trouve dans la ſeptième bande perpendiculaire & dans la troiſième bande horiſontale , eſt la ſomme des nombres qui le précède à gauche dans la bande ſupérieure horiſontale, & eſt en même temps le nombre qui exprime en combien de façons différentes ſix lettres peuvent être priſes deux à deux.

Suppoſons mantenant que l'on veuille trouver en combien de façons différentes ces ſix lettres peuvent être priſes trois à trois.

On remarquera 1º. que *a b* peut ſe combiner en quatre façons avec les lettre *c, d, f, g*; *a c* en trois façons, *a d* en deux façons, & *a f* ſeulement d'une façon.

2º. Que *b c* ſe combine en trois façons avec les lettres *d, f, g*; *b, d* en deux façons avec les lettres *f & g*, & *b, f* ſeulement d'une façon avec *g*.

3º. Que *c d* ſe combine en deux façons avec les lettres *f g*, & *c f* ſeulement d'une façon avec *g*.

4°. Il est évident que df ne peut se combiner que d'une façon avec g. Toutes ces combinaisons ensemble de six choses prises trois à trois, sont :

$$abc, \ abd, \ abf, \ abg, \ acd, \ acf, \ acg, \ adf, \ adg, \ afg,$$
$$bcd, \ bcf, \ bcg, \ bdf, \ bdg, \ bfg,$$
$$cdf, \ cdg, \ cfg,$$
$$dfg,$$

dont la somme $10 \times 6 - \times 3 \times 1 = 20$.

Et par conséquent le nombre 20, qui se trouve dans la septième bande perpendiculaire, & dans la quatrième bande horisontale, est la somme des nombres qui le précèdent à gauche, dans la bande supérieure horisontale, & est en même-tems le nombre qui exprime en combien de façons différentes six lettres peuvent être prises trois à trois.

Supposons encore que l'on veuille savoir en combien de façons différentes ces six lettres peuvent être prises quatre à quatre.

On observera 1°. que abc peut se combiner en trois façons différentes avec les lettres dfg ; abd en deux façons avec f & g ; abf seulement avec g ; que acd peut se combiner en deux façons avec les lettres f & g ; que acf & adf se combinent seulement d'une façon.

2°. Que bcd se combine en deux façons avec f & g ; & que bcf, bdf & cdf ne se combinent que d'une façon avec g.

Toutes ces combinaisons ensemble sont :

$$abcd, \ abcf, \ abcg, \ abdf, \ abdg, \ abfg, \ acdf, \ acdg, \ acfg, \ adfg,$$
$$bcdf, \ bcdg, \ bcfg, \ bdfg,$$
$$cdfg,$$

dont la somme $10 + 4 + 1 = 15$.

Et par conséquent le nombre 15, qui est dans la septième bande perpendiculaire & dans la cinquième bande horisontale, est la somme des nombres qui le précèdent à gauche, dans la bande supérieure, & est en même-temps le nombre qui exprime en combien de façons différentes six lettres peuvent être prises quatre à quatre.

Si l'on veut encore savoir en combien de façons différentes ces six lettres peuvent être prises cinq à cinq,

On remarquera 1°. que $abcd$ ne peut se combiner différemment qu'avec les deux lettres f & g ; $abcf$ qu'en une seule façon avec g ; $abdf$ en une seule façon avec g, & $acdf$ qu'en une seule façon avec g.

2°. Que $bcdf$ ne se combine que d'une façon avec g.

La somme de ces combinaisons de six choses prises cinq à cinq, sera donc $abcdf$, $abcdg$, $abcfg$, $abdfg$, $acdfg$, $bcdfg$, $= 6$.

Et par conséquent le nombre six, qui est dans la septième bande perpendiculaire & dans la sixième bande horisontale, est la somme des nombres qui le précèdent dans la bande supérieure horisontale, qui est celle des nombres du cinquième ordre, & est en même-temps le nombre qui exprime en combien de façons différentes six lettres peuvent être prises cinq à cinq.

Enfin, il est évident que six lettres ne peuvent être prises que d'une façon, six à six.

De tout cela, il faut conclure que la septième colonne perpendiculaire exprime toutes les manières possibles dont six choses peuvent être prises, ou une à une, ou deux à deux, ou trois à trois, ou quatre à quatre, ou cinq à cinq, ou six à six.

On trouvera de même que la huitième colonne perpendiculaire exprime toutes les manières possibles dont sept choses peuvent être prises, ou une à une, ou deux à deux, ou trois à trois, ou quatre à quatre, ou cinq à cinq, &c. ; & enfin que cette table étant continuée à l'infini, donneroit toutes les manières possibles dont un nombre quelconque de jettons ou de cartes pourroit être pris, ou un à un, ou deux à deux, ou trois à trois, &c. , dans un nombre plus grand de jettons ou de cartes ; ce qu'il falloit démontrer.

On tire de la démonstration précédente une manière aisée & courte de former la table, c'est à savoir d'ajouter en une somme le chiffre qui précède le nombre cherché à gauche dans la même bande horisontale, & le chiffre qui est supérieur à celui qui est à gauche ; ainsi, pour former la troisième bande horisontale, j'ajoute le nombre qui est à la gauche (c'est zéro) & le nombre au-dessus ; cela me donne un pour le premier terme de cette bande. Pour avoir le second, j'ajoute le nombre 1 qui est à la gauche du nombre cherché avec le nombre 2 qui lui est supérieur ; la somme $2 \times 1 = 3$ sera le second de la troisième bande horisontale ; le troisième terme de cette bande sera $3 \times 3 = 6$; le quatrième sera $6 \times 4 = 10$, & ainsi de suite. Si l'on veut, par exemple, trouver le nombre qui répond à la neuvième bande perpendiculaire & la sixième bande horisontale, j'ajoute 35 à 21 ; la somme qui est 56 est le nombre cherché.

Autre démonstration. Soit supposé que l'on veuille prendre cinq choses, par exemple, de toutes les manières possibles, ou deux à deux, ou trois à trois, ou quatre à quatre, ou cinq à cinq,

Il est clair 1º. que cinq choses, $abcde$, peuvent être prises deux à deux en autant de façons que quatre choses ont été prises en cette manière, (or les lettres $abcd$ ont pu être mises deux à deux en six façons, savoir, ab, ac, ad, bc, bd, cd,) & qu'elles peuvent être prises outre cela en autant de façons que quatre choses peuvent être prises une à une, savoir, ae, be, ce, de; ce qui donne dix combinaisons de cinq choses prises deux à deux.

2º. Cinq choses peuvent être prises trois à trois en autant de façons que quatre choses ont été prises trois à trois & deux à deux. Or quatre choses peuvent être prises trois à trois en quatre façons, abc, acb, abd, bcd; & deux à deux en six façons, ab, ac, ad, bc, bd, cd. Donc si on ajoute la lettre e à ces six dernières façons différentes, on trouvera que le nombre 10 exprime en combien de façons différentes cinq choses peuvent être prises trois à trois, & est en même-temps la somme du nombre qui le précède à gauche, & de celui qui est au-dessus de ce nombre. Cette démonstration s'étend à tous les nombres de la table, & est fondée sur ce qu'un nombre quelconque p peut être pris dans un autre nombre quelconque, mais plus grand, q en autant de façons que p & $p - 1$ peuvent être pris dans $q - 1$. Or cette proposition est évidente à l'égard du nombre qui est à gauche, puisque le petit est contenu dans le plus grand ; elle est vraie aussi à l'égard de celui qui est supérieur au nombre de la gauche, puisqu'en y joignant la lettre qui n'est point entrée dans les combinaisons qu'exprime le nombre de la gauche, il en fournit de nouvelles, & supplée à celles qui manquent au nombre de la gauche.

Ajoutons 1º. que si l'on cherche en combien de façons le nombre q peut être pris dans un autre nombre plus grand qui foit apppellé p, le nombre cherché fera exprimé par une fraction dont le numérateur fera égal à autant de produits de p, $p-1$, $p-2$, $p-3$, $p-4$, &c. que q exprime d'unités, & dont le dénominateur fera compofé d'un égal nombre de produits des nombres naturels 1, 2, 3, 4, 5, 6, &c.

2°. Si l'on veut prendre ou p ou q dans un nombre exprimé par m, je dis que fi $p \times q = m$, le nombre qui exprimera en combien de façons on peut prendre p dans m, fera le même que celui qui exprime en combien de façons on peut y prendre q. Ainfi, par exemple, m étant $= 7$, le nombre qui exprimera en combien de façons on peut prendre trois chofes dans fept, fera le même que celui qui exprime en combien de façons on y en peut prendre quatre; & de même le nombre qui exprimera en combien de façons on peut prendre deux chofes dans fept, fera le même que celui qui exprime en combien de façons on y en peut prendre quatre; & de même le nombre qui exprimera en combien de façons on peut prendre deux chofes dans fept, fera le même que celui qui exprimera en combien de façons on y en peut prendre cinq; & le nombre qui exprimera en combien de façons on peut prendre une chofe dans fept, exprimera en combien de façons on y en peut prendre fix.

Il fuit de-là 1°. que fi m exprime un nombre impair, les deux nombres de la colonne perpendiculaire, qui font les plus éloignés des extrémités, font égaux & les plus grands entre tous ceux de la colonne; & que fi m exprime un nombre pair, celui du milieu fera le plus grand d'entre tous les nombres de cette colonne.

2°. Que les nombres qui font à égale diftance, ou de celui du milieu, fi m eft un nombre pair, ou des deux moyens s'il eft impair, feront égaux l'un à l'autre.

3°. On peut obferver que la fomme de tous les termes d'une bande perpendiculaire quelconque, eft égale au terme correfpondant d'une progreffion géométrique double, dont le premier terme foit l'unité.

Ainfi, par exemple, on trouvera que le huitième terme d'une progreffion géométrique double, qui eft 128, fera égal à la fomme de tous les nombres que contient la huitième bande perpendiculaire. *Voyez la table de Pafcal ci-deffus.*

PROPOSITION. *Pierre tenant entre fes mains un nombre quelconque de jettons de toutes couleurs, blancs, noirs, rouges, &c., parie contre Paul que, tirant au hafard un nombre quelconque déterminé de jettons, il en tirera tant de blancs, tant de noirs, tant de rouges, &c. On demande quel eft le fort de Pierre & celui de Paul dans tous les cas poffibles.*

R. Il faut mutiplier le nombre qui exprime en combien de façons les jettons blancs que Pierre doit prendre au hafard peuvent être pris différemment dans le nombre de jettons blancs propofés; par le nombre qui exprime en combien de façons les jettons noirs que Pierre doit prendre au hafard, peuvent être pris différemment dans le nombre entier de jettons noirs propofés; multiplier enfuite ce produit par le nombre qui exprime en combien de façons différentes les jettons rouges que Pierre fe propofe de tirer peuvent être pris dans les jettons rouges propofés; multiplier de nouveau ce produit, &c., & divifer tous ces produits par le nombre qui exprime en combien de façons différentes tous les jettons enfemble de différentes couleurs que l'on doit prendre, peuvent être pris dans tous les jettons propofés.

L'expofant de cette divifion exprimera le fort de Pierre, ou ce que Pierre devroit parier contre Paul, pour que le parti fût égal.

Pour rendre la démonftration plus facile

& moins abſtraite , je vais l'appliquer à quelques exemples particuliers.

EXEMPLE I. *Pierre tient deux jettons blancs, deux jettons noirs & deux jettons rouges. Il parie que les ayant mêlés, & tirant enſuite trois jettons au haſard entre ces ſix, il en tirera un blanc, un noir & un rouge.*

R. Il faut remarquer que s'il n'y avoit au jeu que deux jettons noirs & deux jettons blancs, il y auroit quatre manières différentes de prendre dans ces quatre jettons deux jettons de différentes couleurs ; car chacun des deux jettons blancs pourroit être pris avec chacun des deux jettons noirs, ce qui fait quatre façons. Maintenant ſi à ces quatre jettons on en ajoute deux autres rouges, il eſt clair que les quatre façons différentes que l'on vient de trouver , pouvant ſe rencontrer chacune avec chacun des deux jettons rouges, le produit qui exprime tous les coups que Pierre a pour tirer trois jettons de différentes couleurs entre ces ſix , ſera le cube de deux, c'eſt-à-dire qu'il faudra multiplier le nombre qui exprime en combien de façons différentes un jetton noir peut être pris dans deux jettons noirs, & multiplier ce produit par le nombre qui exprime en combien de façons un jetton rouge peut être pris différemment dans deux jettons rouges ; *ce qu'il falloit démontrer.* Or, l'on trouvera par la table rapportée ci-deſſus, que ſix choſes peuvent ſe prendre différemment trois à trois en vingt façons, & par conſéquent le ſort de Pierre ſera exprimé par la fraction $\frac{8}{20}$ ou $\frac{2}{5}$; le ſort de Paul ſera donc exprimé par la fraction $\frac{3}{5}$, & par conſéquent le ſort de Pierre ſeroit au ſort de Paul comme deux eſt à trois ; *ce qu'il falloit trouver.*

EXEMPLE II. *Pierre tient cinquante-deux jettons entre ſes mains , ſavoir ; treize blancs, treize noirs, treize rouges , & treize bleus ; ou, ce qui revient au même, un jeu entier compoſé de cinquante - deux*

cartes. On demande en combien de façons différentes il peut, tirant quatre cartes au haſard dans ces cinquante-deux , en tirer un carreau, un cœur, un pic & un trefle.

R. S'il n'y avoit que treize carreaux & treize cœurs, il y auroit cent ſoixante-neuf façons différentes de prendre dans ces vingt ſix cartes deux cartes de ces deux eſpeces ; car chacun des treize carreaux pourroit être pris avec l'as de cœur, ce qui fait treize , ou avec le deux de cœur, ce qui fait encore treize ; & ainſi de ſuite, chacun des treize carreaux pourroit être pris avec chacun des treize cœurs ; ce qui fait 13×13, c'eſt-à-dire cent ſoixante-neuf façons de prendre un carreau & un cœur dans vingt-ſix cartes.

Préſentement ſi à ces treize carreaux & à ces treize cœurs on ajoute treize trèfles, il faudra , pour avoir toutes les façons poſſibles de prendre un carreau, un cœur & un trèfle, dans ces trente-neuf cartes, multiplier par treize les cent ſoixante-neuf façons précédentes ; car chacune de ces cent ſoixante neuf façons différentes pourra ſe trouver avec l'as de trèfle ; ce qui fait $13 \times 13 \times 1$, et avec les deux, ce qui fait $13 \times 13 \times 2$, c'eſt-à-dire trois cents trente - huit façons différentes, & avec les trois, ce qui fait cinq cents ſept façons différentes ; & ainſi ſucceſſivement chacune des cent ſoixante-neuf façons précédentes pourra ſe trouver avec chacun des treize trèfles ; ce qui fait $13 \times 13 \times 13$, c'eſt-à-dire deux mille cent quatre-vingt-dix-ſept façons différentes de prendre un carreau, un cœur & un trèfle dans cent trente-neuf cartes.

On obſervera de même que la quatrième puiſſance de treize exprimera en combien de façons différentes quatre cartes de différentes eſpèces, ſavoir ; un carreau, un cœur, un pic & un trèfle peuvent être priſes dans les cinquante-deux cartes ; *ce qu'il fallait démontrer.*

Or, l'on trouvera par le problême pré-

cédent

cédent & par la table que cinquante-deux cartes peuvent être prises quatre à quatre en deux cents soixante dix mille sept cents vingt-cinq façons ; & par conséquent le sort de Pierre sera exprimé par cette fraction $\frac{134}{270725} = \frac{28561}{270726}$; & le sort de Paul par cette autre $\frac{242164}{270725}$; & par conséquent le sort de Pierre sera au sort de Paul :: 28561 :: 242164 à-peu-près :: 1 : 8, en sorte qu'il aura de l'avantage à parier un contre neuf, & du désavantage à parier un contre huit.

Voyez, pour les combinaisons & les probabilités des jeux de hasard, *l'article* Arithmétique du Dictionnaire des amusemens des sciences.

Combinaisons frauduleuses.

Il n'est pas indifférent pour les joueurs honnêtes & de bonne foi d'être avertis des préparations frauduleuses que de prétendus *grecs*, ou fripons, ont de tout temps combinées entre eux pour faire disparaître les hasards du jeu, & s'assurer l'argent de ceux dont ils veulent faire leurs dupes.

Les joueurs prudens savent se précautionner contre les coups du sort, ou du moins en diminuer les atteintes ruineuses en se réglant sur les probabilités des événemens. C'est même ce que les calculs & les recherches de plusieurs célèbres mathématiciens, tels que les Pascal, les Fermat, les d'Alembert, les Montmor & autres, pourront leur apprendre, en partie, dans plusieurs articles de ce dictionnaire.

Mais nous avons aussi pensé que l'habileté de certains joueurs peu scrupuleux, devenant funeste pour l'homme confiant qui s'abandonne témérairement à la fortune, il n'y avoit d'autre moyen de le garantir des pièges secrets qui lui sont tendus, que de manifester les manœuvres ténébreuses de ces *grecs* perfides. C'est dans cette vue que nous avons cru devoir rassembler sous l'article de *combinaisons*

Jeux mathématiques.

fraudeleuses, les tours, les astuces, les tromperies, les diverses inventions & les dispositions mystérieuses que nous avons pu découvrir dans quelques traités imprimés, principalement dans un manuscrit ancien & singulier d'un joueur, sur le danger de risquer sa fortune contre des inconnus ou des étrangers qui circulent dans toutes les académies de jeux de l'Europe.

Or, voici plusieurs de ces tours dangereux que nous avons recueillis.

Il y a des chambres disposées d'une certaine façon par l'artifice de ceux qui en font le théâtre de leur tromperie ; enforte que tout l'argent qu'on y joue est un argent sûr pour eux.

A quelques-uns de ces réduits se trouvent de petites fentes cachées dans la muraille, par lesquelles un espion qui est secrettement placé derrière voit toutes les cartes de celui qu'on veut duper, & en tirant une petite corde qui fait remuer un long ressort ajusté par dessous la table sur lequel le trompeur a le pied appuyé ; selon qu'il la tire une, deux, trois & quatre fois, & de la manière dont il a été convenu entre eux, il lui fait comprendre aisément les cœurs, les carreaux, les trèfles & les piques que l'autre a dans sa main. Cela s'appelle le *jeu d'orgues*. On le diversifie de plusieurs manières, tantôt faisant cacher l'aide-trompeur dans une armoire faite exprès, tantôt sur le plafond d'un entresol, quelquefois lui mettant une lunette d'approche à la main, ou enfin le postant si bien qu'il puisse découvrir facilement, par l'optique & les miroirs placés à cet effet, tout ce qu'a la dupe, pour l'apprendre, par l'invention que nous avons marquée, ou quelqu'autre semblable, au compagnon qu'il attrape.

Tous lieux sont propres à qui cherche à tromper. Par-tout un miroir est aisé à mettre derrière la tête de celui qu'on veut prendre au trébuchet ; & même s'il est assez simple pour laisser voir son jeu à quelqu'un qui foit de la coterie de l'autre, bien qu'il faffe mine de ne le pas connaître, fa bourfe recevra de rudes attaques par les fignes que les deux camarades s'entreferont.

En outre, le traître qui eft auprès de vous raifonnant de chofes indifférentes, demandant un verre de vin à un valet, commandant qu'on ferme la porte, qu'on ouvre les fenêtres, qu'on apporte de la lumière, s'étudiera de commencer fon difcours par de certaines lettres fignificatives entre eux, pefant fur les mots myftérieux; il affectera d'entremêler dans fes expreffions certains petits juremens qui font d'ordinaire l'embelliffement des périodes de ces fortes de fripons là, & par cette rufe découvrira à celui qui vous triche (au piquet, par exemple,) quel fera votre port, afin qu'il ne fe défaffe pas de fa garde pour gagner les cartes, & de quelle couleur vous manquerez afin qu'il écarte plus hardiment, lui donnant enfuite les avis néceffaires pour jouer par votre côté le plus foible, & principalement pour éviter le capot quand le cas y échet.

Morbleu, parbleu, fangbleu, ventrebleu, fignifieront le *cœur,* le *carreau,* le *tréfle,* le *pique.*

Vertubleu fera un quatorze de dix ou de valets, *par la ventrebleu* fera celui de dames, de rois ou d'as.

Ma foi fera une quinte de dix ou de valets, *par ma foi* fera la quinte-major ou de roi; enforte que le drole qui aura vu votre jeu pour donner à entendre à l'autre qu'il doit porter à la quinte-major de pique grondera après le valet qui lui aura verfé à boire; *ventrebleu,* dira-t-il, *foit du coquin; ce vin là par ma foi n'eft que du vinaigre;* ou bien, fi c'eft en hiver, *pefte!* dira-t-il, de la canaille fe retournant vers la cheminée. Quoi! Manquerons-nous de feu tout aujourd'hui? Le P marque le pique, le Q & l'M la quinte-majeure, & ainfi de même à tout propos, felon le jeu auquel on joue, & le fignal dont ils feront convenus.

Empêchera-t-on un feint ami qui eft auprès de vous, qui parie même pour vous comme c'eft la coutume de tels pendards de demander à boire, de dire qu'il fait beau temps, qu'il a le pied engourdi, & qu'il a mal à la tête; cependant tout ce qu'il prononce porte coup, & il ne dit jamais de paroles inutiles.

Un de ces jafeurs à profit feignoit un jour de revenir d'un inventaire où l'eftimation, difait il, étoit faite de plufieurs nippes, & s'étant affis auprès de la dupe enfeignoit à l'autre jufqu'à la moindre carte de fon jeu par le récit qu'il faifoit de la prifée de chaque tableau, de chaque tenture de tapifferie, de chaque montre, de chaque pierrerie.

Ils étoient convenus enfemble que les cœurs s'exprimeroient par les *écus;* les carreaux, par les *louis d'or;* les trèfles, par les *piftoles* d'Efpagne. Le fix valoit dix louis ou dix piftoles, felon fa couleur; le fept, vingt; le huit, trente; le neuf, quarante; & le dix, cinquante; le valet, cent; la dame, deux cents; le roi, trois cents; & l'as, quatre cents. Un filet de perles de quatre cents louis, c'était l'as de cœur; des pendans d'oreilles de rubis de deux cents piftoles d'Efpagne, c'étoit la dame de pique, & ainfi du refte. Maintenant, pour marquer qu'il avoit trois as ou trois dix, il triploit le nombre de l'un, & exprimoit la couleur de celui qui manquoit. Il y avoit, par exemple, difoit-il, un beau diamant de douze cents louis d'or, cela vouloit dire qu'il portoit dans fon jeu l'as de cœur, l'as de trèfle & l'as de pique, & que celui de carreau lui manquoit; & ainfi de même pour les trois rois, les trois dames & les trois dix, à l'exception des trois valets qu'ils ne mettoient qu'à deux cents cinquante, pour ne point confondre par le nombre de trois cents celui de chaque roi. La tierce & la quarte s'entendoient par l'addition de ces mots *beau &*

bon, devant chaque louis ou piſtole. Beau marquait la tierce ; trois cents belles piſtoles, la tierce de roi de trèfles ; bon, la quatrième ; quarante bons louis, la quatrième baſſe de cœur. Ces autres mots ajoutés *ſur table*, *ſur le bout de la table*, *argent ſur table*, *argent ſur le bout de la table*, & *argent comptant* marquoient la quinte, la ſixième, la ſeptième, la huitième & la neuvième. Trois cents piſtoles ſur table, c'étoit la quinte du roi de trèfle ; cent louis ſur le bout de la table, c'étoit la ſixième du valet de cœur ; quatre cents louis d'or argent comptant, c'était la neuvième de carreau ; & pour les quatorze, comme il n'eſt pas beſoin d'exprimer la couleur, mille louis marquoient celui d'as ; mille louis d'or, celui de rois ; mille piſtoles, celui de dames ; mille piſtoles d'Eſpagne, celui de valets ; & mille écus, celui de dix ; & afin que rien ne manquât pour circonſtancier tout ce qui eſt du jeu de piquet, cent écus exprimaient la blanche.

Un jeune ſeigneur qui entendoit la muſique en perfection, & avoit l'oreille excellente, complotte avec ſon maître à jouer du luth pour gagner les piſtoles du fils d'un financier logé dans la même auberge ; c'étoit d'ordinaire au piquet qu'ils paſſoient enſemble les après-dînées. Le maître ne manque pas de paſſer dans la chambre de ſon écolier, comme il commençait avec l'autre la première partie, & feignit de vouloir s'en retourner, puiſqu'il le voyoit engagé au jeu ; mais le jeune ſeigneur, après bien des excuſes de ne pouvoir pour l'heure recorder ſa leçon, le prie de remettre à ſon luth une corde qui s'étoit rompue ; celui-ci le prend auſſi-tôt ſur le ciel du lit, & accordant cet inſtrument en ſe promenant dans la chambre, voit les cartes du financier, & ſuivant les tablatures qu'il avait faites à ce ſujet avec ſon diſciple, à meſure qu'il touche à la chanterelle ou aux autres cordes, il lui indique le fort & le foible du jeu de l'autre, ſon port & quel doit être le ſien. Le maître

& l'écolier s'étoient formés entre eux une mémoire artificielle de chaque commencement de pluſieurs petits airs nouveaux ſur le luth, par leſquels ſe marquoient & la couleur, & la carte, & la quinte, & le quatorze, en telle ſorte que le financier ayant joué & le tout, & le tout du tout, perdit une ſomme aſſez conſidérable pour remettre en fonds le jeune marquis qui étoit entré au jeu bien plus fourni de malice que d'argent.

Autres remarques.

Il n'y a pas une ſeule carte qui, en ſortant des mains de l'ouvrier, n'ait quelque petite tache fortuite, blanche, rouſſe ou griſâtre, que peuvent fort bien remarquer ceux qui y regardent de près, & qui ſavent prendre le jour pour les appercevoir. De plus, ſi un fourbe s'entend avec un cartier qui ſe prête à ſes friponneries, il lui fera coller ſon papier de deſſus de telle manière, qu'au lieu qu'il a coutume d'être de droit fil par le long, il ne laiſſera que les cœurs avec les petites veines ; ainſi montant en pal qu'on appelle, & les carreaux les auront facés en large, les trèfles un peu biaiſant de l'angle droit vers le bas en bande, & les piques au contraire biaiſant de l'angle gauche vers le droit en barre ; ou ſi la conſéquence, ſelon le jeu auquel on joue, ne va qu'à diſtinguer les as & les peintures d'avec les petites cartes, celles-ci auront les veines du papier en large & les autres en long, en ſorte que le fourbe qui, en donnant, reconnoît l'as ou la peinture, fait filer ſubtilement une autre carte de deſſous à la place de la première ; & il y a des joueurs ſi ſtilés à faire ainſi filer les cartes, que ceux-mêmes qui les ſurprennent de cette tricherie, y prenant garde, ne peuvent pas les en convaincre, tant ils la ſont adroitement.

Un étymologiſte ne manquera pas de dire que c'eſt pour cela, ſans doute, qu'on nommé *filoux* ces fileurs de cartes.

Une autre supercherie qu’on appelle *cartes coupées*, se fait encore chez les cartiers, ou bien les trompeurs la sont eux-mêmes, passant délicatement les ciseaux en droite ligne de l’un & l’autre côté de chaque quinte basse qui, restant par cette rognure plus étroite que les as & peintures, non-seulement ils les sentent sous la main, mais encore ils sont sûrs, en donnant à couper, qu’on coupera les plus larges qui leur demeureront au talon. Et quand leur tour vient de couper, ou ils changent de cartes en prenant de non coupées, ou bien des coupées à rebours, c’est-à-dire qui aient les as & peintures rognés, ou quand ils ne peuvent se dispenser de jouer avec les premières, ils coupent d’une certaine manière, enfonçant les doigts entre les cartes, qu’ils ne donnent point dans le piège qu’ils tendent aux autres.

Si le hasard veut que dans un jeu il y ait une ou deux cartes plus larges ou plus épaisses que les autres, le joueur fripon qui y aura pris garde en fait son profit ; car sous prétexte de démêler le jeu, il aura mis au-dessous de la carte la plus large, deux as ou deux peintures, afin que l’autre en les coupant les lui donne ; ou au-dessus si c’est l’autre qui est le premier, afin que lui en coupant s’en assure.

Une autre tricherie qu’on appelle le *pont*, est lorsqu’on voûte une partie des cartes en dessus & l’autre en dessous, pour faire couper dans l’entre-bâillure la dupe qui ne s’en méfie point. Pour y remédier, & pour empêcher qu’en coupant on ne vous attrape de cette façon ou d’autre, le meilleur secret est de bien mêler après celui avec qui l’on joue ; par là on renverse & on rend inutiles les *pâtés* qu’il auroit pu faire, en entrelaçant & assemblant des cartes par le dessus, par le dessous & dans le milieu, & même en dernier, on ne doit pas négliger non plus de bien battre devant que de leur présen-

ter à couper, afin de se mettre à couvert de toutes les tromperies de la coupe.

Autres ruses.

Celui qui veut filouter, ayant préparé dans les plis de sa main un peu d’encre de la Chine, tâche en la mouillant de sa salive, à en noircir furtivement un as ou peinture, qu’il en approchera par un endroit de la tranche de l’un & de l’autre côté. Il lui sera alors fort facile, prenant ses mesures en coupant, de s’assurer cet as ou peinture ; & quand bien même il auroit oublié sa provision de la Chine, il ne laissera pas, feignant de mêler, de faire par un coup de doigt de petites oreilles aux as ou peintures, par le moyen desquelles non-seulement en coupant, s’il est le premier, il se fera venir dans son jeu ces cartes qu’on appelle *tacquées* ; mais même en donnant, s’il est dernier, il se les réservera faisant filer la suivante ; car les doigts d’un pipeur sont aussi souples & aussi plians que les mains des joueurs de gobelets.

Quelques-uns de ces filoux de jeu, trouvant trop difficile la grande attention qu’il faut avoir pour distinguer & retenir les différens petits seings qui paroissent sur les cartes à l’instant de leur formation, se sont avisés de les imiter par d’autres signes ajoutés exprès, qu’ils placent avec ordre pour s’en faire une mémoire locale. La *Croix-de-Malthe* est le nom de cet artifice, parce que quatre petits tirets ainsi croisés ✳ en cachent tout le secret. Pour le bien comprendre, imaginez-vous une carte coupée par la tête en quatre parties égales, comme pour faire quatre longues fiches qui se tiendroient pourtant encore ensemble par les bouts, & l’ayant ainsi séparée dans votre pensée, quand vous verrez l’un de ces petits tirets sur le haut de l’espace de la première fiche que vous mesurerez en votre idée, ce sera cœur : si c’est vers le milieu de la carte en-deçà sur l’espace de la deuxième fiche, ce sera la marque du carreau ; fi c'eft vers le milieu en-delà fur l'efpace de la troifième fiche, ce fera la marque du trèfle ; & fi enfin tout joignant l'angle gauche fur l'efpace de la quatrième fiche, ce fera la marque du pique.

Et pour compaffer plus jufte les tirets fur les cartes il en faut couper une effectivement par la tête, l'évidant jufqu'à un pouce loin du bord en quatre compartimens égaux, & y laiffant, pour faire leur féparation, un petit entre-deux étroit en forme de herfe à cinq dents ; cette carte ainfi évidée, & préfentée fur toutes les trente-fix & cinquante-deux, l'une après l'autre, fervira d'un modele pour trouver fans fe méprendre la place de chaque tiret qu'on tracera avec un morceau de pierre de ponce taillé en crayon épointé, ou même, fi l'on veut, avec de la paille mouillée, ou encore avec du jus de limon. Maintenant pour reconnoître par ces tirets, outre la couleur, qu'elle eft encore la carte qu'ils fignifient, vous remarquerez que quand le premier tiret \, qui eft droit & pointu par en bas, fera placé au milieu de l'un de ces quatre efpaces imaginés, le bout large tout contre le haut de la carte, ce fera affurément l'as de cœur, de carreau, de trèfle ou de pique, felon l'efpace qu'il occupera. Quand le fecond tiret ↖ qui fait le bras droit de la croix fera auffi tracé, tout joignant le haut de la carte, la pointe regardant l'angle gauche de l'efpace où il fera pofé, il marquera le roi de la couleur.

Et lorfque le troifième tiret ↘ qui fait le bras gauche de la croix fera auffi tracé tout en haut de la carte en face, la pointe regardant l'angle droit de fon efpace, il marquera la dame de fa couleur.

Semblablement le quatrième tiret ╱ qui fait le bas de la croix tracé tout droit la pointe en haut, joignant le bord de la carte au milieu de fon efpace, marquera le valet de fa couleur.

Ces mêmes quatre tirets, difpofés de la même manière, mais tant foit peu alifés, c'eft-à-dire n'approchant pas tout contre le bord du haut de la carte, marqueront pareillement le dix, le neuf, le huit & le fept de leur efpace ; & même encore, fi befoin étoit, le cinq, le quatre, le trois & le deux feroient marqués des mêmes quatre tirets, avec cette différence que le premier, par exemple, marqueroit l'as quand il joindroit tout contre le haut de la carte ; marquerait le dix, quand il s'en faudroit de l'épaiffeur d'un tefton ; & le cinq, quand il feroit loin dudit bord d'en haut de l'épaiffeur d'un écu ou de deux teftons, & ainfi de même du fecond tiret, pour le roi, le neuf & le quatre ; du troifième, pour la dame, le huit & le trois ; & du quatrième, pour le valet, le fept & le deux, chacun dans l'efpace de fa couleur.

Refte à parler du fix qu'on repréfenteroit par un petit point ● en forme de la boule faifant le milieu de la croix qui feroit tracé en haut de l'efpace de la couleur, & tout cela pour être obfervé aux deux extrémités de la carte au bout d'en bas, comme à celui d'en haut, enforte que plufieurs jeux, marqués de femblables tirets, faciliteront au fourbe qui les aura aprêtés une parfaite connaiffance de toutes les cartes qu'il touchera.

De la même pierre en crayon dont ces pipeurs marquent d'ordinaire leurs petits tirets prefqu'invifibles, ils s'en fervent encore pour poncer les as, de manière qu'étant plus coulans, & gliffans plus aifément, ils ont l'adreffe en coupant de fe les affurer. Quand la carte après avoir été poncée eft encore liffée par deffus la ponce avec la pierre à liffer, cela devient plus fenfible au tact.

On emploie encore la preffe, & je ne fais quelle autre herbe à cet effet ; mais furtout les pipeurs n'oublient guères de faire la *réferve* autant qu'ils le peuvent.

La *réserve* est une tricherie qui se peut appliquer à toutes sortes de jeux , que quelques-uns font très-subtilement , cachant deux ou trois cartes sous la main qu'ils tiennent appuyée, moitié dessous, moitié dessus la carne de la table , & en reprenant de l'autre les cartes après qu'on a remêlé, ou même qu'on a coupé. Ils savent, approchant leur main droite de leur gauche, donner le tour & placer la *réserve* à leur avantage ; que s'ils la mettent en dernier en battant les cartes avant que de donner à couper, ils vous en laisseront en dessus une ou deux de travers, s'avançant plus que les autres, afin que ce soit par-là qu'on coupe, comme il arrive d'ordinaire. Ou bien, vous bâtiront le *pont*, comme il a été ci-dessus remarqué, ce qui fait qu'il faut toujours se défier de ceux qui en jouant vous courbent les cartes, parce qu'ils le font rarement sans sujet, & que c'est le plus souvent parce que celles qu'ils ont en réserve étant ainsi pliées sous leurs mains , ils accommodent de même les autres cartes, de peur que la fourbe ne perçât par la disparité. Combien en voit-on de ces adroits fripons qui en coupant tiennent leur *réserve* sous la droite vers le poignet, & la font subtilement glisser en posant la coupe en bas sur l'autre monceau de cartes qui reste auprès, ce qui leur seroit encore bien plus facile, coupant en long si on ne s'en donnoit de garde.

Un Napolitain avoit rafiné sur cette subtilité, & portoit attaché à son bras gauche une certaine pincette de fer, qui par le moyen d'un ressort qu'il faisoit jouer, appuyant le coude sur le bout de la table , s'avançoit jusqu'au milieu de la paume de la main , lui apportoit sa carte de réserve, & lui remportoit sa carte de rebut selon le jeu où tel échange pouvait lui être le plus profitable, observant de souvent changer de cartes pour éviter la rencontre qui se feroit pu faire de deux pareilles, quand il auroit pris d'un autre jeu de quoi faire sa réserve.

Voici une machine qui avoit quelque rapport avec celle du Napolitain. Un drole l'avoit fait faire exprès pour tricher au jeu du hocca ; le bout, au lieu d'être en forme de pincettes , étoit comme une cuiller qui s'avançoit aussi jusqu'au milieu de la paume de la main , & se retiroit dans sa manche par le moyen d'une détente qui étoit sous le busc de son pourpoint ; & quand c'étoit son tour de tirer une boule du sac, feignant de la remuer il en faisoit entrer une dans sa cuiller , qui se recouloit dans sa manche, & en aveignoit une autre dans sa main , qu'il donnoit au maître de la banque ; & tandis que chacun s'empressoit pour voir le point de cette boule tirée , lui ne s'occupoit qu'à reprendre de la cuiller , sous son manteau, celle qu'il avoit remise en réserve dans son bras ; un camarade affidé qu'il avoit à ses côtés alloit dehors en aveindre le billet pour en savoir le point, & la lui rapportoit aussi-tôt pour la replacer dans la cuiller jusqu'à ce que son tour revînt de remettre le bras dans le sac, qui alors rendoit à la main dans la cuiller la boule qu'on lui avoit confiée. Cependant le compagnon, assuré du point qui s'alloit tirer , ne s'étoit pas épargné à le charger sur le tableau, en plein, en deux, en quart, en tiers sur sa raie dans la licorne, & de toutes les manières. Ils avoient encore un autre moyen pour attraper le banquier , avec gros comme une noisette d'une espèce de poix mastic noire, préparée de la couleur du bois des boules dont on se servoit, qu'ils étendoient avec le pouce sur l'une en l'aveignant, à un doigt près de son embouchure, & prenoient soin de bien retenir le nombre de son billet ; puis quand le bras se remettoit dans le sac, & qu'on parvenoit en tâtant à sentir sous sa main la boule gaudronnée, le mot du signal concerté se donnoit à l'autre de la coterie, qui , devant que la boule fût hors du sac, plaçoit son argent au lieu où l'attendait la recette.

On invente quelquefois des jeux tou

exprès pour attraper ceux qui s'y laisse-ront embarquer ; témoin le *trut-à-vent* que cinq ou six seigneurs de la cour d'un grand prince qui étoit en l'une des villes de son appanage, supposerent être un jeu étranger qui se jouoit avec trois flambeaux arrangés d'une certaine symétrie, & un quatrième qu'on plaçoit plus ou moins loin des autres, en disant *trut*. Les termes les plus communs en ce jeu mystérieux étoient *trenet* & *truvet*, pour dire j'ai gagné ; *bredouille*, quand la partie étoit double ; & *farfaille*, qui signifioit que le coup étoit manqué. Cependant ceux qui s'entendoient avec le prince pour le di-vertir, avoient mis comme lui bon nombre de pistoles sur la table, dont le tas croissoit & diminuoit à chacun à mesure que le flambeau les faisoit *trevet*, *bredouille*, ou *farfaille* ; sur quoi ils feignoient quelque-fois de grandes disputes entre eux, sou-tenant que le coup n'étoit pas *farfaille*, & alors les autres, après avoir soigneuse-ment considéré la position des flambeaux, décidoient s'il étoit *farfaille* ou non. Quelques-uns des survenans tentés, & par l'envie qu'ils avoient de jouer à quelque jeu que ce fût, & par l'éclat de l'argent comptant, se mirent du pari, & y per-dirent assez considérablement sans avoir pu comprendre aucune règle du jeu.

Quant au *quinze*, il peut y avoir autant de tricheries à ce jeu qu'à pas un autre ; car outre les générales qui peuvent s'y appliquer, au lieu du miroir qu'on cachoit anciennement dans le pommeau de son épée (ce qui passeroit à cette heure pour une finesse trop grossière) on se sert main-nant de petites glaces mises en œuvre dans des bagues qui, tournées en dedans de la main, représentent parfaitement la carte de dessous ; même pour lisser les cartes basses, on a trouvé l'usage d'un cer-tain vernis âpre qui se sent sous le doigt aussi bien que se sentent les peintures par ceux qui s'y sont stilés. En tout cas, une aiguille est bientôt fichée en-dessous de la

carte sans la percer ; & selon l'endroit où se sent sous la main la piquûre qui est ra-boteuse, on juge d'abord quelle carte on manie ; il y a même encore la bosse qu'on fait sur une carte en y enfonçant le doigt, ce qui se remarque pareillement en-dessous au toucher.

Un joueur qui estimoit tout son temps perdu lorsqu'il ne se donnoit point au quinze, au brelan, ou à la prime, ne s'em-barquoit pourtant jamais au jeu qu'avec un masque sur le visage, parce qu'il étoit défiant au possible, & qu'il appréhendoit qu'on ne reconnût à sa mine & au chan-gement de sa couleur s'il avoit de quoi soutenir les défis qu'on lui faisoit ; ce qu'il connoissoit bien admirablement aux autres, remarquant bien à celui-ci que les veines du nez lui enfloient quand il avoit beau jeu ; & à celui-là, qu'il rougissoit ou qu'il blé-missoit lorsqu'il se sentoit engagé mal-à-propos à risquer de trop grosses vades. Une longue étude des différens signes de har-diesse, de confiance, d'incertitude & de timidité en de pareilles rencontres l'avoit rendu infaillible par de telles conjectures.

Il ne faut pas jouer si on ne sait toutes les ruses du jeu, non pas pour s'en servir, cela seroit d'un malhonnête homme, mais pour se garder qu'on ne s'en serve contre vous.

Un pipeur assez connu & fort dangereux a fait beaucoup de dupes par ses subtilités qu'il est bon de dévoiler.

Le piquet sans six est le jeu où il ra-fine davantage. Quand il est en dernier, il tâche à faire la réserve en-dessous, se servant de sa grand'main gauche pour couvrir trois as ou trois rois ; la peinture vers la paume ; & quand on a coupé, reprenant le jeu de la droite, il le remet subtilement sur sa gauche ; ensuite de quoi non content de cet avantage, s'il reconnoît en donnant l'une des cartes qu'il a mar-quées par le coin avec un coup d'ongle, il fait adroitement filer celle de deſſous, retenant pour lui la première qui devoit venir à l'autre ; même ſi le cas y échet, il écarte deux fois mettant les trois cartes de ſon premier écart vis-à-vis du talon, duquel & de ſes neuf autres cartes il fait un ſecond écart, reprenant hardiment le premier, comme s'il ne commençoit qu'à écarter ; & à la fin du coup comptant ſes levées pour voir s'il gagne les cartes, il en garde ſouvent quelques bonnes par devers ſoi pour le coup ſuivant. Il aura treize cartes en premier ; mais que lui importe, il ſait bien à quoi s'en ſervir, ne fût-ce que d'un prétexte pour rebattre lorſqu'il lui arrive l'un de ces jeux miſérables qui ne fourniſſent pas deux cartes à porter. Hors cela il met la troiſième à profit, & pourvu qu'il y ait dans les autres la moindre diſpoſition à quelque choſe, ſa main couronne l'œuvre ; auſſi eſt-ce en premier qu'il fait ſes meilleurs coups. Il prend toujours tout ce qu'il peut prendre, & n'en laiſſe jamais à l'autre.

S'il avoit huit belles cartes à porter, pour aller juſqu'au fond il ne rendroit point ſon jeu imparfait ; il gardera toutes ces huit cartes, mettant ſon écart bien plié à ſon côté droit, la tête ou pointe de cartes qu'on appelle bord à bord de la table ; puis agençant ſecrettement ſur la paume de ſa grande patte droite, la peinture en dehors, une carte ou deux qu'il a de trop, tandis qu'il montre de ſa gauche ce qu'il doit compter, & qu'il voit l'autre occupé à cela, il vous plaque & étale ſa droite garnie en deſſous de ſon rebut ſur ſon écart défectueux, & le tire à lui pour le regarder, en gliſſant ſa main qui le conduit hors de deſſus la table, comme s'il y tenoit en couliſſe ; & pour que cette action d'appliquer ainſi ſa main ſur ſon écart pour le tirer, ne puiſſe le convaincre de tricherie, il affecte de faire toujours cela, quand même ſon écart eſt le plus complet, avec cette différence pourtant qu'alors le dedans de ſa main eſt ouvert,

& qu'elle paroît toute entière quelquefois, quoiqu'avec plus de circonſpection ; il ſe ſert du même artifice, & n'en écarte que trois, bien qu'on lui en laiſſe une, ſûr de prendre ſon temps pour gliſſer la quatrième. Si l'autre joueur venant à s'appercevoir de la tricherie met la main ſur l'écart avant que le pipeur y ait fait ſon application, qu'aura-t-il à répondre ? Je ne compterai rien, monſieur, lui dira-t-il, ſi j'ai trop de cartes ; & pendant qu'il voit ſon adverſaire occupé à vérifier qu'il lui en a laiſſé une, il coule furtivement de l'autre côté quatre cartes ſur la table, n'oubliant pas de mettre en-deſſus celle qu'on lui aura laiſſée, puis ſoutient qu'il n'a pas encore pris, montrant le talon en ſon entier, & à moins qu'en ſe précipitant il n'ait fait un paquet de cinq au lieu de quatre, la raiſon paroîtra pour lui, & la dupe ſera contrainte d'avouer ſa mépriſe.

Si le ruſé fraudeur n'avoit en premier que quatre bonnes cartes à porter, que fera-t-il ? Avec ces quatre bonnes cartes, il en garde encore trois autres les plus méchantes de ſon jeu, & après avoir compté deux fois ſur la table avec affectation les cinq de ſon écart qu'il laiſſe éparpillées, en comptant les ſept autres, il réſerve adroitement les trois méchantes ſous ſa main gauche, la peinture contre la paume, & mettant devant lui les quatre bonnes bien pliées, de peur qu'on ne s'apperçoive de la fraude, il ſoulève de deux doigts de ſa droite le talon, & plus preſtement qu'il ne peut ſe dire, le poſe ſur ſa gauche, couvrant les trois méchantes cartes réſervées, leſquelles il tire tout auſſi tôt en-deſſous de ſa droite, en les comptant une, deux & trois, & les remet ſur la table pour ſervir de talon ; puis ſoudain mêle les huit ſans perdre de temps à les compter avec les quatre de ſon jeu qu'il doit rendre par cet artifice, d'autant meilleur que celui de l'autre en eſt appauvri s'il arrive, par un haſard extraordinaire, que malgré toutes ſes ruſes il ne rencontre que du fretin dans ſes huit, & que l'autre, ſans rien attendre du talon, ait déja un jeu tout fait qui lui donne la partie, il a recours à des emportemens affreux.

Le pipeur a cela de bon, qu'il eſt fort fidele à poſer le jeton quand on le regarde faire ; mais après le jeu marqué, pendant qu'il occupe les yeux en montrant de ſa main gauche ce qu'il a, pour lors ſa droite, négligemment étendue ſur la table avec un jeton ſous le pouce, s'approche petit à petit des dixaines marquées pour y faire l'addition préparée, ne laiſſant pas au ſurplus de tâcher en comptant de gagner deux ou trois points de plus, & quelquefois même de compter, comme par inadvertance, ſur le jeu de l'autre, quand il en a compté davantage que lui, ſauf à ſe rétracter s'il s'en apperçoit.

Les tromperies que nous venons de rapporter ſe peuvent appliquer à toutes ſortes de jeux, & au lanſquenet comme aux autres. Cependant on n'y peut ajouter la tromperie des cartes arrangées, à moins qu'on ne ſoit, par exemple, huit ou neuf à l'entour d'une table à jouer au lanſquenet. Si quelque filou eſt de la compagnie, quand il aura la main il eſcamotera adroitement le jeu de cartes en en ſubſtituant un autre qu'il aura tout prêt à ſa place, lequel il débattra ſi bien, les démêlant une à une à pluſieurs repriſes, que cela ôtera l'envie aux autres de les rebattre après lui ; il les donnera enſuite à couper à qui il appartiendra, & pourra ſans aucun riſque parier de faire toutes les huit devant la ſienne, ſûr qu'il ſera de la ſuite des cartes qu'il aura ainſi diſpoſées.

Les cartes, quoique battues & coupées, ne laiſſeront pas que de demeurer dans le même ordre auquel elles auront été miſes. En voici le ſecret en trois petits dictons qui en facilitent l'arrangement.

Le roi veut l'as ;

La dame dîme les ſiens,

Et le valet ſuit les nouvelles.

Jeux mathématiques.

On fait ſuivre le huit après le roi, puis l'as, la dame, le dix & le ſix ; le valet, le ſept & le neuf entremêlant les quatre couleurs à ſa fantaiſie, pique après cœur, & enſuite trèfle & carreau. Les trente-ſix cartes ainſi arrangées, on les mêle & démêle, de manière qu'elles ſe trouvent toujours en même ſituation, & pour la coupe, cela n'y fait rien, quand bien même on les recouperoit dix fois ; car par quel bout qu'on commence neuf cartes ſe ſuivront toujours, toutes différentes l'une de l'autre, & reviendront au même ordre. Cependant quand chacun des huit voit que celui qui a la main n'a point carte double, c'eſt à qui recouchera ſur la ſienne & ſur celle de ſon compagnon, & il n'y en a point qui ne veuille bien gager le double contre le ſimple qu'il n'achevera pas la main : le filou fait mine d'abord de refuſer le pari, puis enfin l'accepte, & leur en fait tâter juſqu'à la dernière.

C'eſt à faire payer que triomphent d'ordinaire les pipeurs. Mais pour amorcer la happelourde, ils font quelquefois des gageures qu'ils ſont aſſurés de perdre, principalement quand par de telles gageures ils peuvent engager le joueur à apporter ſur-le-champ quelque ſomme conſidérable. Suppoſons qu'on joue au grand piquet, & que celui qu'on veut duper ſoit premier en cartes, & qu'il ne lui faille plus que ſept ou huit points, & à l'autre un repiqué, lui venant en main une blanche dans laquelle ſoient les quatre dix & une quinte baſſe, vous voyez bien qu'il a gagné ſur table, ſa blanche ſe comptant devant tout autre choſe, & quand bien même l'autre l'auroit auſſi, ſa quinte baſſe lui donne la partie : cependant le filou qui a les deux quatorze d'as & de roi, une quatrième majeure & cinquante-huit de points, & tout cela devant que d'écarter, dit qu'il n'a pas encore perdu, & propoſe le pari demandant, parce qu'il n'en faut plus guères à l'autre, qu'il mette cinquante piſtoles contre dix, & ſur ce qu'il replique peut-être n'avoir pas tant d'argent sur lui , le filou offre de consigner les dix piſtoles qu'il met en mains tierces, juſqu'à ce que l'autre ait été querir les cinquante ſiennes, & conſent cependant que les jeux & le talon ſoient cachetés avec des écriteaux qui marquent qui eſt premier ou dernier, & ce qu'il en faut à chacun. La dupe ſe défie, mais comme il ne met point au jeu, il accepte le pari, va prendre conſeil, trouve qu'on ne peut l'empêcher de gagner, & cherche dans ſa bourſe, ou celle de ſes amis, de quoi apporter pour conclure la gageure. Qu'eſt-il arrivé de tout ceci? Le filou qui s'étoit bien attendu à perdre ſes dix piſtoles , avoue, quand les jeux ſont décachetés, qu'il a perdu, & engage l'autre ſeulement à lui donner ſa revanche d'un écu la partie, comme ils jouoient auparavant. Ainſi, ils joueront trois ou quatre parties but à but ; tantôt le filou en gagnera une, tantôt l'autre la regagnera ; enfin, viendra quelque coup où le filou n'ayant que vingt points de marqués, l'autre ſera au pique, & ſe verra dans la main, en premier, avant que d'écarter, une ſeptième major de carreau , l'as & le valet de trèfle, l'as & la dame de cœur , & le dix de pique.

Avoir une ſeptième major en premier, trois as, & rompre de tout à qui ne faut qu'un ſoixante ; il ſemble que ſi l'adverſaire vouloit bien encore haſarder un pari on ſeroit volontiers de moitié de l'autre près de cent piſtoles contre dix. Qu'arrivera-t-il ?

On n'en gagera que ſoixante contre le filou qui en mettra quinze des ſiennes. Chacun écartera. Le filou ne pourra pas rompre la ſeptième, ni les trois as , mais il aura tous les piques, hormis le dix, & par ſon point empêchera le pique à l'autre qui en comptera ſeulement quarante de ce coup-là avec les quarante-cinq qu'il avait auparavant, enſorte qu'il lui en faudra encore quinze pour achever la partie ; le

filou n'en comptera lui que ſuit ou neuf, & comme par méprife ſera encore l'autre premier. Alors le filou mêlera les cartes , les fera couper à l'autre , & lui donnera une quinte de valet de trèfle avec l'as , le roi & le valet de cœur, le roi & le ſix de pique, l'as & le dix de carreau. L'écart eſt bien aiſé à faire en portant la quinte & l'as de trèfle. Dans les ſix cartes qui entreront au premier, ſe trouvera le roi de trèfle & celui de carreau ; mais malheureuſement la première des deux qu'il laiſſera ſera la dame de trèfle. Cependant le filou ne ſauroit faire plus de points que l'autre joueur, mais il en fera autant ayant tous les piques, hormis le roi & le ſix. Ainſi, le point égal, il aura la ſixième de dame bonne, & un quatorze de dames que l'autre ne pourra empêcher ayant écarté celui de rois.

C'eſt-là ſans doute un coup ſurprenant, & qui ſuppoſe que les filous, au jeu de piquet, ſavent auſſi arranger les cartes d'une manière infaillible pour faire donner les gens dans le panneau. Voici comment ils s'y prennent. Ils ont pluſieurs jeux de cartes tout prêts, tellement diſpoſés , & la blanche ſi bien circonſtanciée , & le ſornante rompu nonobſtant la ſeptième major & trois as, & le quatorze de rois néceſſité d'être écarté ; tout cela eſt auſſi arrangé par avance dans de certains cartouches de fer blanc, où chaque jeu a ſon réſervoir & ſa layette ſéparée. Ce cartouche qui ſera de quatre jeux de cartes ſéparées ſe peut attacher en deſſus du genou , à l'abri de larges haut-de-chauſſes, ou d'un long vêtement ; & à toutes les niches & enchauſſures de chaque jeu il y a une eſpèce de reſſort qui le pouſſe dehors quand l'on veut, enſorte que le filou qui feint pour l'ordinaire d'être eſtropié de la main gauche, & qu'il ne peut pas aiſément s'en aider , après qu'il vous aura laiſſé mêler les cartes quand il vous les donne à couper de ſa droite, il couvre de ſon coude cette main gauche retirée vers la carne de la table, & occupée à s'y fournir d'un autre jeu, & en rapprochant la droite, il coule si subitement au-dedans de son manteau, ou dans le bord du tapis replié en forme de sac, le jeu qu'on vient de couper, faisant semblant de le mettre dans sa gauche en laquelle ce jeu escamotté paroît au moment que l'autre disparoît si subtilement, qu'il n'y a personne qui n'y fût trompée, à moins d'être avertie d'avance de la ruse. Ou bien encore, le filou ayant donné les cartes à couper, il les reprend de la main gauche, les tenant négligemment la pointe des cartes penchée vers lui, & se garnissant le dedans de la droite d'un jeu préparé qu'il a tout-prêt sur ses genoux, ou que lui donne un adjoint qu'il a à ses côtés, & ayant l'index de cette main droite appuyé sur la carne de la table; pendant qu'il amuse les yeux de l'autre par quelqu'incident, il soulève sa main droite comme pour donner des cartes, & tandis qu'il l'approche de sa gauche lui portant le jeu escamotté, elle laisse prestement tomber l'autre qu'on a coupé, ou dans son chapeau qu'il auroit mis renversé sur ses genoux comme pour y jetter son argent; ce qu'il fait si adroitement, qu'il seroit très-difficile de s'en appercevoir. Quelquefois, pour plus grande sûreté, il s'est muni d'une machine semblable au cartouche qu'il attache avec deux vis sous la table, auprès de lui, & de son pied (comme un gagne-petit) fait tourner le ressort qui lui pousse dans la main, quand il en est temps, le jeu arrangé, prenant toujours garde aux yeux de celui qu'il veut duper, & faisant naître quelque conteste, si besoin est, sur les marques, afin de mieux prendre son temps pour son escamotterie; & non-seulement au piquet, mais même aux autres jeux, cette finesse peut avoir lieu; au brelan, par exemple, le tricheur qui aura mis ordre à ses affaires donnera (lorsqu'on sera le plus échauffé) trois tricons, & aura pour lui celui de la carte tournée, avec quoi il remportera tous les restes d'un chacun.

Il seroit sans doute à desirer qu'on pût prendre un tel fripon sur le fait; & pour s'en assurer, on avoit imaginé de passer le doigt mouillé de sa salive sur le coin de l'une des cartes en-dedans, & si l'on ne trouve plus en jouant sa marque on se le tiendra pour dit; mais le plus sûr est de ne jouer qu'avec des gens qu'on connoît particulièrement, malgré l'attrait que les cartes ont pour ceux qui ont la passion du jeu.

La combinaison d'un jeu de cartes a quelquefois révélé des secrets par la dénomination des lettres de l'alphabet que l'on est convenu de donner aux différentes cartes, suivant leur rang & leur couleur.

Il y a des coupes de piquet qu'on peut regarder comme des demi-tricheries, & qui pourtant sont permises. Par exemple, il arrivera quelquefois que qui n'aura qu'une quinte major en premier, & voudra faire cartes égales, prendra son temps comme l'autre qui a trois as, s'en ira de la couleur dont celui-ci pourroit avoir le roi gardé, de jetter prestement ce roi au lieu de l'autre de la quinte; & si on ne s'en apperçoit qu'après la carte lâchée, ce sera six levées d'assurées.

Autre exemple. Il falloit à un joueur de piquet un picque, ou un capot, pour gagner une partie considérable; or, il faisoit le picque sans une dame qu'il avoit écartée, & qui encore par malheur étoit la seule carte qui pouvoit mettre l'autre joueur (à qui il ne falloit plus que deux points) en balance pour s'empêcher du capot; le premier joueur voyant le danger, joue sans compter les trois dames qu'il n'avoit pas effectivement; puis en jettant, les compte, & feint d'aller au pique; l'adversaire le lui dispute, & lui soutient qu'il ne les avoit point comptées; lui, affirmant le contraire, demande à parier (mais une somme légère) qu'il les a comptées, & offre de s'en rapporter aux affistans ; le pari eſt auſſi-tôt conſigné qu'accepté , & ce premier joueur eſt condamné comme véritablement ne les ayant point comptées ; cependant l'autre s'attendant toujours à cette dame eſt capot, & perd la partie, qu'il eût gagnée ſans ce tour d'adreſſe.

Dans une autre partie de conſéquence au piquet, il s'agiſſoit encore du capot. Le moins opulent des deux joueurs avoit mis l'autre à la dernière, enſorte qu'il ne lui reſtoit plus que deux as en main qu'il préſentoit l'un après l'autre comme les allant lâcher ſur la carte jettée, afin de tâcher de découvrir à la contenance du compagnon le fort & le foible de ſon jeu ; mais lui qui voyoit ſon adverſaire entouré de tant de gens qui s'attachoient à ſa fortune, s'aviſa de lever la jambe par-deſſous la table, à côté de ſon joueur, & de le pouſſer quand il préſentoit l'as qui lui nuiſoit au capot, ne remuant point quand il montroit celui qu'il appréhendoit qu'il ne gardât : le joueur aux deux as ſe ſentant pouſſé crut que c'étoit par quelqu'un de ceux qui étoient auprès de lui qui auroit vu le jeu de l'autre, & ſe défait du bon as, non ſans peſter, quand en perdant la partie il reconnut le panneau dans lequel il avoit donné.

Les pipeurs ont inventé les *dez de pâtes,* ainſi qu'ils les appellent ; les *dez de corne de cerf,* porreuſe par un côté, & ſerrée par l'autre ; les *dez chargés* & *à bouton,* & les *dez de pierre* qui ne ſont marqués que de cinq & ſix, & encore les *cornets à double fond,* qui ſe tournant en deſſous ont par dedans un entre deux, comme la coque d'une noix, recouvert à moitié, enſorte que le même mouvement de la main qui met au jeu les dez pipés, renferme les bons qu'on vient de ſervir dans le cornet.

Quand on joue aux cartes avec quelqu'un dont on ſoupçonne la fidélité, il faut ſur-tout prendre garde au mouvement

de ſes mains lorſqu'il tient jeu. En effet, il y a des eſcamoteurs qui ſont d'une adreſſe infinie à ce qu'ils appellent *faire paſſer la coupe.* Il eſt bon d'être averti de la manière dont ils s'y prennent pour réuſſir dans leur deſſein.

On entend par *faire paſſer la coupe,* la dextérité des mains pour faire venir deſſus le jeu une certaine quantité de cartes du deſſous. Le jeu de cartes étant placé dans la paume de la main droite de l'eſcamoteur, eſt embraſſé, d'un côté, par le pouce qui revient en-deſſus, & de l'autre par les deux, trois & quatrième doigts qui reviennent auſſi en-deſſus vis-à-vis du pouce : le petit doigt eſt plié dans l'endroit où l'on veut faire paſſer la coupe : la main gauche couvre & embraſſe le jeu dans toute ſa longueur, enſorte que le pouce eſt au bas du jeu, le ſecond doigt tombe à côté du pouce de la main droite, & les trois autres doigts au haut du jeu. Les deux mains & les deux parties du jeu ainſi diſpoſées, on tire avec le petit doigt & les autres de la main droite la partie du jeu qui eſt deſſus, & on y remet avec la main la partie de deſſous ſur le deſſus du jeu. L'eſcamoteur a ſoin de faire ſauter cette coupe ſans que les cartes faſſent aucun bruit, & ſans faire trop de mouvement ; l'habitude lui donne cette facilité. Il y a même tel eſcamoteur qui parvient à faire paſſer ſubtilement la coupe d'une ſeule main, ſans ſe ſervir de la main gauche.

On peut être auſſi dupé au *jeu du domino,* comme aux cartes. Defiez-vous, par exemple, de ces prétendus myopes qui baiſſent ſouvent la tête, pour examiner, ſous un jour favorable, certaines petites taches accidentelles, ou tracées à deſſein ſur le dos des dez de *domino ;* leſquelles échappent aux regards de l'adverſaire que l'on a eu ſoin de placer à contre-jour. Il ſe commet auſſi des infidélités par un joueur aviſé qui s'eſt exercé, en brouillant les dez, à écarter avec un pouce les nombres qui lui déplaifent , & à attirer avec l'autre pouce les dez qui lui font favorables.

Cornet , c'eft une forte de gobelet rond & oblong , fait de cuir , ou de corne , dont on fe fert pour agiter les dez avec lefquels on joue.

Les cornets en ufage chez les anciens avoient la forme d'une petite tour , plus large par le bas que par le haut , avec un col étroit , ayant au-dedans plufieurs dé-grés qui faifoient faire aux dez plufieurs cafcades , avant de tomber fur la table de jeu ; c'eft ce qu'expriment ces deux vers d'Aufone :

Alternis vicibus, quos præcipit ante rotatu,

Fundunt excuffi per cavabuxa gradus.

Les pipeurs , c'eft-à-dire les fripons au jeu , ont fouvent inventé des cornets à double fond , qui ont en-dedans un entre-deux , dont ils favent fe fervir dans l'oc-cafion.

Voyez à l'article *Combinaifons fraudu-leufes.*

CROIX *ou* PILE. (*jeu de*)

Ce jeu confifte à jetter en l'air une pièce de monnoie , ou une médaille , dont on convient d'appeller un côté *croix*, & l'autre côté *pile*. Cette pièce étant tombée pré-fente une de fes deux faces ; & l'un des deux joueurs gagne lorfque la face , dite *croix*, ou *pile*, répond au nom que ce

joueur a défigné ; il perd lorfque c'eft le contraire. On examine dans le *Dictionnaire des Mathématiques*, combien il y a à pa-rier qu'un joueur amènera *croix* en jouant deux coups de fuite. Or, fuivant les prin-cipes ordinaires, il y a quatre combinai-fons ,

Premier coup.	Second coup.
Croix.	Croix.
Pile.	Croix.
Croix.	Pile.
Pile.	Pile.

De ces quatre combinaifons une feule fait perdre , & trois font gagner. Il femble donc qu'il y ait trois contre un à parier en faveur du joueur qui jette la pièce. Si l'on parioit en trois coups , on trouveroit huit combinaifons , dont une feule fait perdre & fept font gagner ; ainfi, il y auroit fept contre un à parier ; mais cela eft-il bien exact , fuivant la remarque de d'Alem-bert ; & pour ne prendre ici que le cas de deux coups , ne faut-il pas réduire à une , dit ce favant géomètre, les deux combi-naifons qui donnent *croix* au premier coup ; puifque dès qu'une fois *croix*, par exemple , eft venu , le jeu eft fini , & le fecond coup eft compté pour rien. Il s'en-fuit de là que , fuivant fon opinion , il n'y a dans cette hypothèfe que deux contre un à parier. Il faut dire , par la même raifon , que dans le cas de trois coups au lieu de fept il n'y a que trois contre un à parier. Sur le furplus de ce problême , voyez l'ar-ticle *Croix ou Pile*, dans le *Dictionnaire des Mathématiques*, d'après l'article *Ency-clopédie.*

D

DAMES.

DAMES A LA POLONOISE. (*jeu de*)

Supplément au traité du jeu de Dames inféré dans le Dictionnaire des Jeux.

QUOIQUE ce jeu foit parfaitement expliqué dans le Dictionnaire des Jeux, qu'il nous foit permis d'ajoúter ici un fupplément de quelques coups brillans & favamment combinés de ce jeu, & des différentes façons de le jouer, d'après l'excellent traité de Manoury.

Parties combinées.

Outre le jeu de dames à la polonoife, qui eft le plus connu, & le plus généralement en ufage, il y a différentes façons de le jouer qu'on appelle *parties combinées*.

1°. La plus ufitée eft celle où des joueurs, égaux en force, fe donnent réciproquement, en commençant, une *dame* pour deux pions, quelquefois pour trois. Quand l'un eft plus fort que l'autre il donne plus de pions.

2°. Une autre eft celle où l'un des joueurs, toujours d'égale force, a cinq *dames* & dix pions contre l'autre vingt pions.

Ces deux efpèces de parties, fur-tout la dernière, font beaucoup plus difficiles que la partie ordinaire, parce qu'elles font plus compliquées, & qu'elles exigent par conféquent plus d'attention & plus de calcul.

3°. Il y a une autre partie qu'on appelle la *partie diagonale*, dans laquelle les pions font rangés de façon que c'eft la ligne du milieu qui eft vide en commençant, & qui tient lieu des deux lignes qui le font ordinairement. Cette façon de jouer eft affez amufante.

4°. Deux joueurs de dames à la polonoife inventèrent en y jouant, & à l'occafion d'un coup, une nouvelle marche & une combinaifon nouvelle. Dans leur manière, on marchoit & on prenoit en tout fens, en avant, en arrière, de côté & en face.

Cette manière, qu'on appelle *à la babylonienne*, étoit fufceptible de beaucoup plus de combinaifons, & occafionnoit des coups finguliers. Ce nouveau jeu a fait pendant quelque temps négliger celui à *la polonoife*, & peut-être l'auroit-il fait oublier fi l'on eût fait pour lui un damier particulier qui répondît à l'étendue de fa marche. Le terrein lui manque fur les damiers actuels, il faudroit auffi augmenter le nombre des pions à proportion, comme on a fait quand on a fubftitué le jeu polonois au jeu françois; le champ de bataille trop refferré, le nombre des combattans trop borné, ne permettant pas les évolutions que la marche néceffite, le jeu n'a pas fon intégrité, ni par conféquent fes agrémens; peut-être auffi ne l'a-t-on pas continué à caufe de fes difficultés. Le jeu polonois a enfin triomphé de ce nouveau jeu, comme il avoit fait du jeu à la françoife qui devoit bien lui céder à tous égards.

5°. Enfin, il y a la partie qui *perd-gagne*; ces mots l'expliquent affez. Mais ce n'eft pas en tout l'inverfe de l'autre, comme son titre semble l'annoncer. Quoique le gain d'un pion soit une perte, ainsi que celui de la partie, il faut savoir jouer le pion, & savoir gagner le coup comme à la partie ordinaire, pour savoir faire des pertes, & sur-tout à la fin, où l'on se trouve forcé de prendre sans pouvoir l'éviter, si l'on n'a pas su se ménager de loin le moyen de se débarrasser de tous ses pions.

Il n'est pas si aisé qu'on se l'imagine de donner à prendre sans s'exposer à avoir soi-même à prendre plus qu'on ne voudroit. Il s'en faut au surplus que cette partie soit aussi savante & aussi intéressante que l'autre; cependant elle peut accoutumer à bien compter & à la précision du coup. Un bon joueur la joue ordinairement ayant ses vingt pions contre un autre joueur qui n'en a qu'un, & fait faire prendre ses vingt pions. En l'essayant de cette manière, les commençans pourront en tirer quelque profit pour la partie ordinaire.

Différentes positions dans lesquelles il a été fait des coups brillans & savamment combinés.

Ces coups ne sont pas tous de la même force, mais il n'y en a aucun qui ne dénote un habile joueur.

(1)   *Coup de* MARCHAND.

On le met le premier à cause de l'ancienneté, quoique la partie soit plus avancée que plusieurs de celles qui suivent.

Les blancs. 17, 22, 23, 27, 31, 33, 36, 37, 38, 40, 44, 50.

Les noirs. 1, 5, 6, 7, 8, 9, 10, 13, 20, 25, 26, 30.

EXÉCUTION.

Les blancs.	*Les noirs.*
I. coup. 23 à 19	13 à 24.
II. 33 à 29	24 à 42.

Les blancs.	*Les noirs.*
III. coup. 37 à 48	26 à 37.
IV. 17 à 11	6 à 28.
V. 36 à 31	37 à 26.
VI. 27 à 21	26 à 17.
VII. 40 à 34	30 à 39.
VIII. 44 à 24 ...	*perdu.*

(2)   17 contre 17.

Les blancs. 26, 27, 28, 29, 31, 32, 33, 35, 36, 37, 38, 39, 40, 42, 43, 45, 49.

Les noirs. 2, 3, 4, 6, 7, 8, 9, 10, 11, 12, 13, 15, 16, 17, 18, 19, 22.

Le coup est beau; mais un fort joueur ayant les noirs, & jouant contre son inférieur, pourroit remettre la partie.

EXÉCUTION.

Les blancs.	*Les noirs.*
I. coup. 29 à 23	p. de 18 à 29.
II. 33 à 24	p. de 22 à 44.
III. 35 à 30	p. de 44 à 35.
IV. 27 à 22	p. de 17 à 28.
V. p. de 32 à 5	*ont perdu.*

(3)   15 contre 15.

Les blancs. 25, 26, 27, 28, 30, 31, 32, 33, 35, 36, 37, 40, 41, 45, 48.

Les noirs. 6, 7, 8, 9, 11, 13, 14, 15, 16, 17, 18, 19, 21, 23, 24.

Très-beau coup, & fort compliqué.

EXÉCUTION.

Les blancs.	*Les noirs.*
I. coup. 25 à 20	p. de 14 à 34.
II. 40 à 20	p. de 15 à 24.
III. 35 à 30	p. de 24 à 35.
IV. 45 à 40	p. de 35 à 44.

Les blancs.	Les noirs.
V. coup. 33 à 29.....	p. de 23 à 34.
VI. 28 à 22.....	p. de 17 à 28.
VII. p. de 32 à 1. D...	p. de 21 à 32.
VIII. p. de 1 à 27.....	*perdu.*

(4)　　15 contre 15.

Les blancs. 27, 28, 32, 33, 35, 36, 37, 38, 39, 40, 42, 43, 44, 45, 48.

Les noirs. 3, 6, 7, 8, 9, 12, 13, 14, 16, 17, 18, 19, 23, 24, 26.

Moins compliqué que le précédent.

E X É C U T I O N.

Les blancs.	Les noirs.
I. coup. 35 à 30........	p. de 24 à 35:
II. 33 à 29.....	p. de 23 à 34.
III. p. de 39 à 30.....	p. de 35 à 24.
IV. 27 à 22.....	p. de 18 à 27.
V. p. de 32 à 21.....	p. de 16 à 27.
VI. 28 à 23.....	p. de 19 à 28.
VII. 37 à 32.....	p. de 28 à 37.
VIII. p. de 42 à 2.....	*on voit qu'ils ont perdu.*

(5)　　*Position.* 16 à 16.

Les blancs. 22, 25, 27, 28, 30, 32, 33, 34, 35, 37, 38, 39, 40, 43, 45, 47.

Les noirs. 2, 6, 7, 8, 9, 10, 11, 13, 14, 15, 16, 18, 19, 21, 24, 26.

Le coup est beau, quoiqu'il ne finisse pas la partie; mais l'on verra que, malgré les pions qui restent de part & d'autre, les noirs ont gagné forcé.

E X É C U T I O N.

Les blancs.	Les noirs.
I. coup. 25 à 20.....,	p. de 14 à 25.
II. 28 à 23.....	p. de 19 à 17.
III. p. de 30 à 19.....	p. de 13 à 24.

Les blancs.	Les noirs.
IV. coup. 34 à 30.....	p. de 25 à 34.
V. p. de 40 à 20.....	p. de 15 à 24.
VI. 37 à 31.....	p. de 26 à 28.
VII. p. de 33 à 15.....	p. de 21 à 32.
VIII. p. de 38 à 27.....	*ont perdu.*

Il reste aux noirs huit pions contre sept blancs, mais vous voyez que rien n'empêche les blancs d'aller à dame.

(6)　　*Position.* 15 contre 15.

Les blancs. 14, 24, 25, 30, 32, 33, 35, 37, 38, 41, 42, 46, 47, 48, 49.

Les noirs. 1, 3, 4, 5, 6, 7, 8, 11, 15, 16, 18, 21, 23, 26, 27.

Coup très-compliqué.

E X É C U T I O N.

Les blancs.	Les noirs.
I. coup. 14 à 10.....	p. de 5 à 14.
II. 24 à 20.....	p. de 15 à 24.
III. 30 à 10.....	p. de 4 à 15.
IV. 33 à 29.....	p. de 23 à 34.
V. 37 à 31.....	p. de 26 à 28.
VI. 38 à 32.....	p. de 27 à 38.
VII. p. de 42 à 2.....	*ont perdu.*

(7)　　*Position.* 14 contre 13.

Les blancs. 18, 22, 28, 32, 33, 35, 36, 37, 38, 42, 43, 48, 49.

Les noirs. 6, 8, 9, 10, 11, 14, 16, 17, 19, 20, 21, 24, 25, 26.

Combinaison assez difficile à trouver.

E X É C U T I O N.

Les blancs.	Les noirs.
I. coup. 33 à 29.......	p. de 24 à 33.
II. 28 à 39.....	p. de 17 à 28.

Les blancs.   *Les noirs.*

III. coup. 32 à 23......   p. de 19 à 28.
IV.   37 à 32......   p. de 28 à 37.
V.   42 à 31......   p. de 26 à 37.
VI.   48 à 42......   p. de 37 à 48.
VII. de 39 à 34......   p. de 48 à 30.
VIII. p. de 35 à 2......   *perdu.*

(8)   *Position.* 14 à 13.

Les blancs. 20, 27, 29, 31, 34, 35, 36, 37, 40, 41, 46, 48, 49.

Les noirs. 2, 3, 4, 5, 6, 7, 8, 10, 11, 16, 17, 18, 22, 26.

E X É C U T I O N.

Les blancs.   *Les noirs.*

I. coup. 20 à 14......   p. de 10 à 19.
II.   27 à 21......   p. de 16 à 27.
III.   37 à 32......   p. de 26 à 28.
IV. de 29 à 23......   p. de 18 à 29.
X. p. de 34 à 1......   *perdu.*

(9)   *Position.* 12 à 12.

Les blancs. 22, 27, 28, 29, 31, 32, 37, 38, 40, 41, 42, 45.

Les noirs. 4, 5, 6, 7, 8, 9, 11, 16, 17, 19, 25, 26.

E X É C U T I O N.

Les blancs.   *Les noirs.*

I. coup. 29 à 24......   p. de 19 à 30.
II.   40 à 34......   p. de 30 à 39.
III.   28 à 23......   p. de 17 à 19.
IV.   38 à 33......   p. de 39 à 28.
V. p. de 32 à 1......   *perdu.*

(10)   *Position.* 12 à 12.

Les blancs. 16, 22, 26, 27, 28, 31, 32, 36, 37, 38, 39, 49.

Les noirs. 1, 2, 6, 7, 8, 9, 10, 11, 13, 17, 19, 40.

Jeux mathématiques.

E X É C U T I O N.

Les blancs.   *Les noirs.*

I. coup. 26 à 21......   p. de 17 à 26.
II.   39 à 34......   p. de 40 à 29.
III.   27 à 21......   p. de 26 à 17.
IV. de 28 à 23......   p. de 29 à 27.
V. p. de 32 à 5......   *perdu.*

On prend, comme vous voyez, la dame blanche sur le coup. Mais les blancs ayant 6 pions contre 5 doivent gagner à force égale. Il n'est pas à présumer que le joueur qui feroit un pareil coup ne sût pas mettre à profit un pion d'avantage.

(11)   *Position.* 13 à 13.

Les blancs. 28, 30, 32, 33, 34, 36, 37, 38, 39, 43, 45, 48, 49.

Les noirs. 2, 3, 5, 7, 8, 9, 12, 13, 15, 16, 18, 25, 26.

Coup assez simple, & bon pour les commençans.

E X É C U T I O N.

Les blancs.   *Les noirs.*

I. coup. 34 à 39......   p. de 25 à 23.
II. p. de 28 à 19......   p. de 13 à 24.
III. de 37 à 31......   p. de 26 à 28.
IV. p. de 33 à 4......   *perdu.*

(12)   *Position.* 14 à 14.

Les blancs. 27, 28, 32, 37, 38, 39, 40, 42, 43, 44, 45, 47, 48, 49.

Les noirs. 2, 5, 7, 9, 10, 11, 12, 13, 14, 15, 16, 19, 26, 29.

Ce coup n'est pas extraordinaire, mais il est bon, & il prouve qu'il faut savoir perdre un pion pour sauver la partie. Il n'y a que les joueurs vraiment forts qui connoissent le prix d'une perte volontaire, comme il n'y a que les foibles qui se fondent sur le nombre.

EXÉCUTION.

Les blancs.	Les noirs.
I. coup. 39 à 34......	p. de 13 à 18.
II. de 34 à 23......	p. de 29 à 18.
III. de 28 à 23......	p. de 18 à 29.
IV. de 37 à 31......	p. de 26 à 28.
V. de 27 à 21......	p. de 16 à 27.
VI. de 38 à 32......	p. de 28 à 37.
VII. p. de 42 à 4......	*perdu.*

Vous voyez que ce coup n'a lieu que parce que les noirs ont voulu ménager un pion ; l'ayant ménagé au premier coup, ils devoient au moins au second coup regarder leur jeu, & faire le sacrifice pour empêcher les blancs d'aller à dame ; ce qui leur a assuré la partie.

(13)   *Position.* 13 à 13.

Les blancs. 17, 22, 27, 28, 32, 33, 34, 39, 40, 41, 43, 44, 45.

Les noirs. 6, 7, 8, 9, 11, 13, 14, 18, 19, 20, 23, 24, 35.

EXÉCUTION.

Les blancs.	Les noirs.
I. coup. 33 à 29......	p. de 14 à 33.
II. 43 à 38......	p. de 33 à 42.
III. 34 à 29......	p. de 23 à 43.
IV. 17 à 12......	p. de 8 à 17.
V. 44 à 39......	p. de 35 à 33.
VI. p. de 28 à 37......	p. de 17 à 28.
VII. p. de 32 à 1......	*perdu.*

(14)   *Position.* 12 à 12.

Les blancs. 25, 30, 31, 32, 35, 36, 37, 40, 41, 42, 43, 45. —

Les noirs. 1, 3, 6, 7, 9, 13, 18, 19, 23, 24, 26, 29.

Très-beau cou .

EXÉCUTION.

Les blancs.	Les noirs.
I. coup. 32 à 28......	p. de 23 à 32.
II. 37 à 28......	p. de 26 à 39.
III. 28 à 23......	p. de 19 à 28.
IV. p. de 30 à 8......	p. de 3 à 12.
V. 40 à 34......	p. de 29 à 40.
VI. p. de 35 à 4......	*perdu.*

(15)   *Position.* 11 à 11.

Les blancs. 17, 23, 27, 28, 30, 35, 36, 37, 38, 45, 48.

Les noirs. 3, 6, 7, 9, 13, 14, 15, 16, 19, 20, 26.

Ce coup annonce bien de la précision & de la netteté dans le joueur. Vous verrez quand vous aurez trouvé le coup, que, quoiqu'il reste aux blancs moins de pions qu'aux noirs, ceux-ci ne sont pas d'une grande utilité au joueur qui les a.

EXÉCUTION.

Les blancs.	Les noirs.
I. coup. 17 à 11......	p. de 6 à 17.
II. 27 à 21......	p. de 16 à 27.
III. 28 à 22......	p. de 27 à 29.
IV. 37 à 31......	p. de 26 à 37.
V. 38 à 32......	p. de 37 à 28.
VI. 30 à 24......	p. de 19 à 30.
VII. p. de 35 à 2......	*perdu.*

(16)   *Position.* 14 à 9.

Les blancs. 27, 28, 32, 37, 38, 39, 43, 49, 50.

Les noirs. 1, 2, 6, 7, 8, 11, 14, 16, 17, 21, 24, 26, 29, 40.

Très-beau coup pour aller à dame. Il resteroit aux noirs assez de pions pour se défendre s'ils n'étoient pas placés comme vous allez voir.

EXÉCUTION.

Les blancs.	Les noirs.
I. coup. 28 à 23......	p. de 29 à 18.
II. 39 à 34......	p. de 40 à 29.
III. 38 à 33......	p. de 29 à 38.
IV. 37 à 31......	p. de 26 à 28.
V. 43 à 3 D...	p. de 21 à 32.
VI. p. de 3 à 3......	perdu.

Vous voyez qu'aucun des six pions noirs ne peut jouer.

(17)   *Position.* 11 à 11.

Les blancs. 25, 27, 28, 30, 34, 35, 37, 39, 40, 47, 49.

Les noirs. 3, 4, 5, 8, 10, 14, 15, 17, 19, 20, 24.

Ce coup est aisé à trouver.

EXÉCUTION.

Les blancs.	Les noirs.
I. coup. 28 à 23......	p. de 19 à 28.
II. p. de 30 à 19......	p. de 14 à 23.
III. p. de 25 à 14......	p. de 10 à 19.
IV. 39 à 33......	p. de 28 à 30.
V. 35 à 2......	perdu.

(18)   *Position.* 11 à 11.

Les blancs. 22, 25, 28, 32, 33, 34, 38, 39, 40, 44, 45.

Les noirs. 1, 6, 7, 9, 11, 14, 16, 17, 19, 24, 35.

Celui-ci est plus beau ; il a été fait à Paris par un Hollandois.

EXÉCUTION.

Les blancs.	Les noirs.
I. coup. 33 à 29......	p. de 24 à 42.
II. 25 à 20......	p. de 14 à 25.

Les blancs.	Les noirs.
III. coup. 34 à 30......	p. de 25 à 43.
IV. 44 à 39......	p. de 35 à 33.
V. p. de 28 à 37......	p. de 17 à 28.
VI. p. de 32 à 3......	perdu.

(19)   *Position.* 11 à 11.

Les blancs. 24, 29, 31, 34, 36, 37, 41, 43, 46, 49, 50.

Les noirs. 8, 11, 12, 13, 14, 17, 18, 22, 28, 32, 35.

Ce coup n'étoit pas aisé à parer, à moins que le joueur des noirs n'eût été de la première force, & n'eût pris bien garde à son jeu, le coup étant difficile à voir.

EXÉCUTION.

Les blancs.	Les noirs.
I. coup. 24 à 19......	p. de 13 à 33.
II. 34 à 30......	p. de 35 à 24.
III. 31 à 27......	p. de 22 à 42.
IV. 41 à 37......	p. de 42 à 31.
V. p. de 36 à 9......	perdu.

(20)   *Position.* 11 à 11.

Les blancs. 25, 29, 30, 34, 35, 36, 38, 40, 47, 48, 49.

Les noirs. 3, 7, 10, 14, 15, 17, 18, 19, 20, 23, 26.

Coup d'une belle combinaison.

EXÉCUTION.

Les blancs.	Les noirs.
I. coup. 36 à 31......	p. de 26 à 37.
II. 38 à 32......	p. de 37 à 28.
III. 29 à 24......	p. de 20 à 29.
IV. 30 à 24......	p. de 19 à 39.
V. 40 à 34......	p. de 39 à 30.
VI. p. de 35 à 2......	perdu.

(21)　　*Poſition*. 10 à 10.

Les blancs. 27, 28, 34, 36, 38, 39, 40, 45, 47, 49.

Les noirs. 4, 5, 6, 7, 8, 9, 16, 17, 18, 20.

EXÉCUTION.

Les blancs.	*Les noirs.*
I. coup. 27 à 22......	p. de 18 à 27.
II.　　36 à 31......	p. de 27 à 36.
III.　　28 à 22......	p. de 17 à 28.
IV.　　39 à 33......	p. de 28 à 30.
V.　　47 à 41......	p. de 36 à 47. D.
VI.　　40 à 34......	p. de 47 à 40.
VII. p. de 45 à 1......	*perdu.*

(22)　　*Poſition*. 10 à 10.

Les blancs. 27, 28, 29, 36, 37, 38, 42, 44, 47, 48.

Les noirs. 3, 7, 9, 11, 12, 15, 16, 18, 20, 26.

Coup ſimple dont l'apperçu peut mener à d'autres.

EXÉCUTION.

Les blancs.	*Les noirs.*
I. coup. 27 à 22......	p. de 18 à 27.
II.　　29 à 24......	p. de 20 à 29.
III.　　28 à 23......	p. de 29 à 18.
IV.　　37 à 31......	p. de 26 à 37.
V. p. de 42 à 4. D...	*perdu.*

(23)　　*Poſition*. 10 à 10.

Les blancs. 27, 28, 32, 36, 38, 39, 44, 45, 47, 48.

Les noirs. 11, 12, 13, 14, 16, 18, 19, 23, 24, 25.

Ceci eſt un coup de repos que le joueur des blancs ſe procure.

EXÉCUTION.

Les blancs.	*Les noirs.*
I. coup. 27 à 22......	p. de 18 à 27.
II. p. de 32 à 21,.....	p. de 23 à 34.
III.　　44 à 40......	p. de 16 à 27.
IV. p. de 40 à 16......	*perdu.*

(24)　　*Poſition*. 10 à 9.

Les blancs. 26, 28, 29, 31, 37, 39, 44, 49, 50.

Les noirs. 4, 8, 10, 14, 15, 17, 18, 20, 25, 30.

Coup ordinaire.

EXÉCUTION.

Les blancs.	*Les noirs.*
I. coup. 29 à 23......	p. de 18 à 29.
II.　　28 à 23......	p. de 29 à 18.
III.　　26 à 21......	p. de 17 à 26.
IV.　　37 à 32......	p. de 26 à 28.
V.　　39 à 34......	p. de 30 à 39.
VI. p. de 44 à 2......	*perdu.*

(25)　　*Poſition*. 10 à 10.

Les blancs. 16, 27, 28, 33, 37, 38, 39, 43, 47, 50.

Les noirs. 2, 3, 5, 7, 9, 10, 12, 15, 20, 26.

EXÉCUTION.

Les blancs.	*Les noirs.*
I. coup. 37 à 31......	p. de 26 à 37.
II.　　16 à 11......	p. de 7 à 16.
III.　　27 à 21......	p. de 16 à 27.
IV.　　28 à 22......	p. de 27 à 18.
V.　　38 à 32......	p. de 37 à 28.
VI. p. de 33 à 4......	*perdu.*

(26) *Position.* 10 à 10.

Les blancs. 22, 30, 32, 33, 36, 37, 40, 41, 46, 49.

Les noirs. 3, 4, 5, 7, 13, 16, 18, 19, 21, 26.

EXÉCUTION.

Les blancs.	*Les noirs.*
I. coup. 32 à 27......	p. de 21 à 32.
II. p. de 37 à 28......	p. de 18 à 27.
III. 28 à 22......	p. de 27 à 18.
IV. 30 à 24......	p. de 19 à 30.
V. 40 à 34......	p. de 30 à 28.
VI. 36 à 31......	p. de 26 à 37.
VII. p. de 41 à 1......	*perdu.*

(27) *Position.* 8 à 8.

Les blancs. 27, 31, 38, 39, 45, 47, 48, 49,
Les noirs. 7, 9, 13, 16, 18, 19, 20, 30.

Le coup n'est pas difficile, mais il est décisif.

EXÉCUTION.

Les blancs.	*Les noirs.*
I. coup. 27 à 21......	p. de 16 à 36.
II. 47 à 41......	p. de 36 à 47 D.
III. 39 à 34......	p. de 47 à 40.
IV. p. de 45 à 1......	*perdu.*

(28) *Position.* 8 à 8.

Les blancs. 24, 26, 36, 38, 39, 40, 42, 47.

Les noirs. 5, 7, 8, 9, 13, 15, 27, 28.

Exemple d'un pion qui ne peut pas re passer sur le pion de l'adversaire qui fait partie des pions en prise.

EXÉCUTION.

Les blancs.	*Les noirs.*
I. coup. 36 à 31......	p. de 27 à 36.

Les blancs.	*Les noirs.*
II. 47 à 41......	p. de 36 à 47.
III. 38 à 32......	p. de 47 à 19.
IV. p. de 32 à 1......	*perdu.*

(29) *Position.* 7 à 7.

Les blancs. 17, 24, 34, 35, 36, 45, 48.

Les noirs. 3, 6, 10, 13, 18, 25, 26.

Dans le goût du précédent.

EXÉCUTION.

Les blancs.	*Les noirs.*
I. coup. 36 à 31......	p. de 26 à 37.
II. 48 à 42......	p. de 37 à 48 D.
III. 17 à 12......	p. de 48 à 19.
IV. p. de 12 à 5......	*perdu.*

PLUSIEURS FINS DE PARTIES.

(30) *Position.*

Les blancs. 24, D. 26, D. 42, 45, 50.
Les noirs. 34, 41, 46, D.

Très-joli coup, les noirs avoient la remise.

EXÉCUTION.

Les blancs.	*Les noirs.*
I. coup. 45 à 40......	p. de 34 à 45.
II. 42 à 37......	p. de 41 à 32.
III. 26 à 37......	p. de 32 à 41.
IV. 24 à 47......	*Enfermés.*

(31) *Position.*

Les blancs. 14, 15, 25, 40, D. 46.

Les noirs. 3, 4, 5, 13, D. 37, 38.

Beau coup pour prendre la dame des noirs.

EXÉCUTION.

Les blancs.	Les noirs.
I. coup. 15 à 10......	p. de 4 à 15.
II. 25 à 20......	p. de 15 à 24.
III. 46 à 41......	p. de 37 à 46 D.
IV. 40 à 49......	p. de 46 à 10.
V. p. de 49 à 29......	*perdu.*

(32.)   *Position.*

Les blancs. 19, 23, 25, 28, *tout damé.*

Les noirs. 26, 48, *tout damé.*

Voici une des positions où le gain de la partie dépend du bien joué & du moment, car si les blanches manquent de bien jouer le premier coup, la partie est remise forcée (je suppose que pour cela les noirs joueront correctement).

Cette partie a eu lieu. On en a remis un jour *la position*, & plusieurs forts ont passé une partie de l'après-midi à chercher le coup qui la fait gagner, sans pouvoir le trouver ; il paroît tout simple, quand on le connoît, mais le tout est de le voir.

EXÉCUTION.

Premiere façon.

Les blancs.	Les noirs.
I. coup. 19 à 30......	p. de 48 à 42.
II. 28 à 37......	p. de 42 à 31.
III. de 30 à 8......	p. de 26 à 3.
IV. p. de 23 à 14......	p. de 3 à 20.
V. p. de 25 à 36......	*perdu.*

Seconde façon.

Les blancs.	Les noirs.
I. de 19 à 30......	48 à 31.
II. de 30 à 34......	p. de 26 à 3.

Le reste de même.

Troisième façon.

Les blancs.	Les noirs.
I. de 19 à 30......	de 26 à 21.
II. de 30 à 34......	p. de 48 à 30.
III. p. de 25 à 16......	*perdu.*

Quatrième façon.

I. c. de 19 à 30......	de 26 à 3.
II. de 23 à 14......	p. de 3 à 20.
III. p. de 25 à 3......	p. de 48 à 25.
IV. de 28 à 14......	p. de 25 à 9.
V. p. de 3 à 14......	*perdu.*

(33)   *Position.*

Lunette.

Les blancs. 20, D. 29, 36, 43.

Les noirs. 19, D.

EXÉCUTION.

Les noirs jouent d'abord, & mettent dans la lunette.

Les blancs.	Les noirs.
I. coup. 43 à 38......	p. de 24 à 47.
II. de 20 à 15......	*enfermé.*

(34)   *Position.*

Les blancs. 9, 22, 27, 32, 35, 38.

Les noirs. 12, 15, 26, 50, D.

C'est ici un des plus beaux coups du damier, & dont on ne se douteroit pas.

EXÉCUTION.

Les blancs.	Les noirs.
I. c. de 9 à 4 D....	p. de 50 à 6. D.
II. de 38 à 33......	p. de 6 à 50.
III. de 27 à 21......	p. de 26 à 17.
IV. de 32 à 28......	p. de 50 à 22.
V. p. de 4 à 36......	*perdu.*

(35)   *Position.*

Les blancs. 27, 28, 33, 37, 38, 39.

Les noirs. 1, 2, 8, 16, 19, 20, 26.

Ce coup est assez ordinaire, à peu de chose près ; il n'est pas même difficile, quoique joli.

EXÉCUTION.

Les blancs.	Les noirs.
I. coup. 37 à 31........	p. de 26 à 37.
II. 27 à 21........	p. de 16 à 27.
III. 28 à 22........	p. de 27 à 18.
IV. 38 à 32........	p. de 37 à 28.
V. p. de 33 à 15........	*perdu.*

(36)   *Position.*

Les blancs. 1, D. 9, D. 34, D. 40.
Les noirs. 16, 45, D. 49, D.

Ce coup paroîtra avoir été composé, tant il est précis. Il est d'autant plus beau que les noirs ont deux façons de jouer, & que le coup est disposé pour l'une & pour l'autre.

EXÉCUTION.

Première façon.

Les blancs.	Les noirs.
I. coup. 9 à 27.......	p. de 49 à 35.
II. de 27 à 49.......	p. de 45 à 23.
III. p. de 1 à 40.......	p. de 35 à 44.
IV. p. de 49 à 40.......	*perdu.*

Seconde façon.

Les blancs.	Les noirs.
I. coup. 9 à 27.......	p. de 49 à 21.
II. de 34 à 12.......	p. de 45 à 7.
III. p. de 1 à 26.......	*perdu.*

(37)   *Position.*

Les blancs. 11, 17, D. 39, D. 43.
Les noirs. 6, 32, D.

EXÉCUTION.

Les blancs.	Les noirs.
I. coup. 39 à 30.......	p. de 32 à 49.
II. 30 à 35.......	*perdu par-tout.*

(38)   *Position.*

Les blancs. 15, 27, 28, 33, 36, D. 38, 44.
Les noirs. 1, 6, 7, 17, 35, 39, 47, D.

EXÉCUTION.

Les blancs.	Les noirs.
I. coup. 44 à 40........	p. de 35 à 44.
II. 28 à 23........	p. de 39 à 19.
III. 15 à 10........	p. de 47 à 31.
IV. p. de 36 à 49........	*perdu.*

(39)   *Position.* 8 à 8.

Les blancs. 24, 25, 26, 34, 36, 37, 40, 48.
Les noirs. 3, 9, 10, 13, 16, 17, 18, 28.

EXÉCUTION.

Les blancs.	Les noirs.
I. coup. 37 à 32........	p. de 28 à 37.
II. 48 à 42........	p. de 37 à 48 D.
III. de 26 à 21........	p. de 48 à 19.
IV. p. de 21 à 5.......	*perdu.*

(40)   *Position.*

Les blancs. 30, D. 15, 20, 35.
Les noirs. 4, 37, D.

Aux noirs à jouer.

C'est peut-être là une des positions les plus délicates. La perte ou la remise de la partie dépend de la façon dont le joueur des noirs va jouer le premier coup. S'il le joue bien, & qu'il ait soin par la suite d'éviter le seul qui puisse le faire perdre, la partie est décidément remise, sinon elle est perdue. Si actuellement, par exemple, il mettoit sa dame à 46, qui est la case qui paroît la plus sûre en comparaison de 41, 32, 28 & 23, il auroit perdu, il faut qu'il la porte à 10 ou à 5, & qu'il évite toujours d'être au-dessous de la dame blanche, quand celle-ci sera sur 30, alors il sera impossible aux blancs de gagner.

EXÉCUTION POUR LA PERTE.

Les blancs.	Les noirs.
De 37 à 46.........	De 30 à 24.
Si à 5.............	*Perdu, cela se voit, on en donne deux.*

Si à l'une des cafes, 23 ,
28, 32, 37, 41......   alors 15 à 10.

Si on prend avec le pion,   on retire fur 30 la
dame.

Si au fond...........   *Cela fe voit.*

(41)   *Pofition,* 8 â 8.

Les blancs. 23, 27, 29, 31, 34, 40, 47, 49.

Les noirs. 2, 6, 9, 11, 13, 17, D. 20, 36.

C'eft un coup pour prendre la dame noire ; il a été fait contre un joueur fort qui faifoit avantage au joueur des blancs. Le coup eft très-joli, fans être trop compliqué.

E X É C U T I O N.

Les blancs.	*Les Noirs.*
I. coup. 23 à 18......	p. de 13 à 22.
II. de 27 à 18.....	p. de 36 à 27.
III. de 18 à 13......	p. de 9 à 18.
IV. de 29 à 24......	p. de 20 à 29.
V. p. de 34 à 32........	*perdu.*

(42)   *Pofition d'un coup de repos.*

Les blancs. 6, D. 26, 30, 33, 34, 39, 43, 48.

Les noirs. 3, 4, 5, 9, 10, 15, 17, 19, 20, 22, 25, 32, 37.

Non-feulement ce coup de repos eft fingulier, mais encore c'est un coup très-favant. Il feroit même difficile à voir fi je ne le préfentois que comme un coup qui fait gagner les blancs fur-le-champ ; car, en prévenant qu'il y a un repos, c'eft donner une indication qui ôte prefque toute la difficulté de la recherche; malgré cela, je fuis perfuadé que ceux qui ne feront pas des joueurs confommés s'y reprendront plus d'une fois.

Il peut encore fervir de preuve de l'avantage qu'il y a d'avoir une dame, puifque les cinq pions que les noirs ont de plus que les blancs ne les empêchent pas de perdre.

E X É C U T I O N.

Les blancs.	*Les noirs.*
I. c. de 48 à 42......	p. de 37 à 48.
II. de 33 à 28......	p. de 22 à 44.
III. p. de 6 à 41......	p. de 48 à 39.
IV. p. de 34 à 43......	p. de 25 à 34.
V. p. 4 de 41 à 50.......	*ont perdu.*

A la vérité, il refte aux noirs fix pions contre une dame & deux pions ; mais on voit que l'éloignement où ils font de dame, la facilité qu'ont les blancs de leur en fermer le chemin, celle qu'ils ont de faire eux-mêmes une feconde dame, tout enfin contribue à ne laiffer aux noirs aucune reffource.

(43)   *Pofition relative à la remife.*

Les blancs. 14, D. 24, D. 25.

Les noirs. 5, 10, D. 15.

Quand je dis qu'il eft relatif à la remife, je veux dire que la partie où cette pofition s'eft trouvée devoit naturellement être remife. Si elle a été perdue, c'eft parce que les noirs ont mis leur dame où l'on voit ; car dès ce moment la perte eft forcée : mais bien des joueurs ayant les blancs n'auraient pas vu le coup.

E X É C U T I O N.

Les blancs.	*Les noirs.*
I. coup. 14 à 41......	p. de 10 à 46.
II. 25 à 20......	*Ne peuvent jouer fans*
	perdre.

Extrait du traité de Manoury, qui ne laiffe rien à defirer pour bien apprendre le jeu de dames à la polonaife.

*In-*12. *Paris,* 1787 ; *au café, quai de l'École.*

AUTRES

AUTRES COUPS BRILLANS

ET

BELLES FINS DE PARTIES,

Petit in-8°., publiés par Blonde, natu-
raliste, au café quai de l'École; & chez
l'auteur, au café Tabuit, rue de la Fer-
ronerie.

(1) *Position d'un coup surprenant de huit*
noirs & de huit blancs, chacun ayant
une dame. (Les blancs jouent.)

Noirs. 4 (dame), 7, 13, 18, 21, 24.
Blancs. 15, 25, 28, 31, 32, 38, 41, 48 (dame).

EXÉCUTION.

Les blancs.	Les noirs.
I. C. de 25 à 20........	de 14 à 25 prend.
II. de 28 à 23........	de 18 à 29 prend.
III. de 32 à 27........	de 21 à 43 prend 2.
IV. de 48 à 33 prend 5.	de 4 à 47 prend 2.
V. de 33 à 24 prend...	de 47 à 20 prend.
VI. de 15 à 24 prend...	perdue.

La beauté du coup est dans la manière
de prendre, & de saisir le temps qu'il faut
pour gagner, en portant la dame blanche
à 33, lorsque la dame noire 4 en prend
deux à 47. La blanche termine le coup
à 24.

(2) POSITION DES TRIANGLES,

Composée de dix noirs & de neuf blancs qui
jouent & gagnent au quatrième temps.
Les noirs ont avancé de 30 à 35.

Noirs. 1, 2, 7, 10, 14, 16, 20, 21, 26, 35.
Blancs. 13, 19, 23, 27, 32, 37, 39, 40, 48.

EXÉCUTION.

Les blancs.	Les noirs.
I. C. de 13 à 9........	de 35 à 33 prend 2.
II. de 23 à 18........	de 14 à 12 prend 2.

Jeux mathématiques.

Les blancs.	Les noirs.
III. de 37 à 31........	de 26 à 28 prend 2.
IV. de 9 à 4........	de 21 à 32 prend.
V. de 4 à 3	la dame en prend 5.

En marquant les temps, on laisse aux
amateurs à achever la partie, attendu que
le pion blanc 48 tient le pion 28. Ainsi,
la partie est perdue forcée.

(3) *Position de trois blancs qui jouent &*
gagnent contre deux noirs, par les temps.

Noirs. 20, 37.
Blancs. 8, 19, 38.

EXÉCUTION.

Les blancs.	Les noirs.
I. C. de 19 à 14........	de 20 à 9 prend.
II. de 38 à 32........	de 37 à 28 prend.
III. de 8 à 3 dame..	de 9 à 13.
IV. de 3 à 20........	de 13 à 18.
V. de 20 à 15........	de 28 à 32.
VI. de 15 à 4........	de 18 à 23.
VII. de 4 à 15........	de 23 à 28.
VIII. de 15 à 42........	perdu pour les noirs.

On voit que cette fin de partie exige
bien de la conduite pour gagner les temps
qui font toute la combinaison de ce jeu.

Fin de partie de premiere force.

(4) *Position de trois blancs qui gagnent*
contre deux noirs.

Noirs. 21, 36.
Blancs. 18, 28, 47.

EXÉCUTION.

Les blancs.	Les noirs.
I. C. de 18 à 12........	de 21 à 27.
II. de 12 à 7........	de 27 à 31.
III. de 7 à 1 dame...	de 31 à 37.
IV. de 1 à 29........	de 37 à 42.
V. de 47 à 38 prend...	de 36 à 41.

Les blancs.   Les noirs.
VI. de 38 à 33......... de 41 à 46 dame.
VII. de 29 à 23......... de 46 à 41.

Perdu des deux côtés où on dame.

(5) *Position de trois pions blancs qui gagnent contre un noir.*

Noir. 28.
Blancs. 14, 26, 35.

EXÉCUTION.

Les blancs.   Les noirs.
I. C. de 14 à 10......... de 28 à 32.
II. de 10 à 4 dame.... de 32 à 38.
III. de 4 à 10......... de 38 à 43.
IV. de 10 à 28......... de 43 à 49 ou à 48.

Les noirs ont perdu, de tel côté qu'ils dament.

Cette fin de partie est intéressante.

(6) *Position de huit noirs & de huit blancs qui gagnent par la position & par les temps.*

Noirs. 4, 8, 9, 14, 16, 19, 21, 26.
Blancs. 18, 27, 28, 31, 32, 34, 37, 49.

EXÉCUTION.

Les blancs.   Les noirs.
I. C. de 28 à 22......... de 19 à 24.
II. de 18 à 13......... de 8 à 19 prend.
III. de 22 à 17......... de 21 à 12 prend.
IV. de 34 à 29......... de 24 à 33 prend.
V. de 32 à 28......... de 33 à 22 prend.
VI. de 27 à 7 prend 2. de 19 à 23.
VII. de 7 à 2......... de 23 à 29.

Les noirs ont perdu forcé dans cette position. On voit que trois pions sont tenus par la dame, & les trois autres de même. Cette position est très-intéressante & instructive.

(7) *Position de huit noirs & de huit blancs qui jouent & gagnent.*

Noirs. 8, 10, 12, 13, 18, 25, 31, 37.
Blancs. 23, 29, 30, 34, 35, 42, 47, 49.

EXÉCUTION.

Les blancs.   Les noirs.
I. C. de 30 à 24......... de 37 à 48 prend.
II. de 23 à 19......... de 48 à 30 prend.
III. de 29 à 23......... de 18 à 20 prend 2.
IV. de 35 à 4 p. 3 à d⁰.. de 13 à 24 prend.
V. de 4 à 36......... Ainsi, les noirs ont perdu.

Cette fin de partie est agréable & instructive.

La disposition du coup est le blanc 43 à 42; & le noir, 32 à 37. Coup très-fin de la part du joueur des blancs.

(8) *Belle fin de partie de trois noirs & de trois blancs, dont une dame, qui jouent & gagnent par les temps (fin de partie de première force).*

Noirs. 12, 28, 37.
Blancs. 29, 38, 49 (dame).

EXÉCUTION.

Les blancs.   Les noirs.
I. C. de 29 à 23......... de 28 à 19 prend.
II. de 38 à 32......... de 37 à 28 prend.
III. de 49 à 21......... de 12 à 18.
IV. de 21 à 27......... de 18 à 23.
V. de 27 à 38......... de 19 à 24.
VI. de 38 à 20 prend... de 28 à 32.
VII. de 20 à 15......... de 23 à 28.
VIII. de 15 à 42......... de 32 à 37.
IX. de 42 à 26 prend... de 28 à 33.
X. de 26 à 21......... de 33 à 39.
XI. de 21 à 49.........

Lorsque la dame est parvenue à 38, les

noirs ont perdu forcé, de tel côté qu'ils jouent.

(9) Position de six noirs, dont une dame, & de neuf blancs qui jouent & gagne t la partie sur le coup : position singulière & rare.

Noirs. 2, 11, 29, 35, 36, 45 (dame).

Blancs. 26, 32, 38, 39, 43, 44, 46, 48, 49.

EXÉCUTION.

Les blancs.	*Les noirs.*
I. C. de 39 à 34........	de 29 à 40 prend.
II. de 46 à 41........	de 36 à 47 p.&à d.
III. de 26 à 21........	de 47 à 50 prend 2.
IV. de 21 à 17........	de 11 à 22 prend.
V. de 32 à 28........	de 22 à 33 prend.
VI. de 43 à 39........	de 33 à 44 prend.
VII. de 48 à 43........	de 2 à 7.
VIII. de 43 à 38........	de 7 à 12.
IX. de 38 à 32........	de 12 à 17.
X. de 32 à 27........	*perdu pour les noirs qui font enfermés.*

Deux dames & trois pions tenus par un feul, c'est une singulière position, qui peut servir d'exemple dans d'autres, qui se rencontrent sous différentes figures. Dans celle-ci, ce font neuf pions qui en enferment trois & deux dames.

(10) Belle position (de première force) de cinq noirs & de cinq blancs qui jouent & gagnent par les temps.

J'invite les amateurs à n'avoir recours à l'exécution que lorsqu'ils ne pourront pas gagner.

Noirs. 2, 10, 19, 25, 26.

Blancs. 29, 33, 47, 49, 50.

EXÉCUTION.

Les blancs.	*Les noirs.*
I. C. de 49 à 44........	de 10 à 15.
II. de 44 à 40........	de 35 à 44 prend.

Les blancs.	*Les noirs.*
III. C. de 50 à 39 prend...	de 2 à 8.
IV. de 29 à 23........	de 19 à 28 prend.
V. de 33 à 22 prend...	de 8 à 12.
VI. de 39 à 34........	de 15 à 20.
VII. de 34 à 29........	de 26 à 31.
VIII. de 47 à 41........	de 20 à 25.
IX. de 29 à 24........	de 31 à 36.
X. de 41 à 37........	*Ainsi se termine la partie.*

Le gain de la partie du joueur des blancs vient d'avoir joué le pion 49 à 44; & les noirs, de 5 à 10; & c'est *l'une* pour *une* de 44 à 40 qui donne le coup aux blancs.

Cette fin de partie est savante & instructive.

(11) LE COUP DE PISTOLET.

Superbe position de dix noirs & de onze blancs, ayant chacun une dame. Les blancs gagnent par un beau coup.

Noirs. 2, 5, 7, 8 (dame), 10, 11, 13, 16, 27, 36.

Blancs. 24, 28, 30, 34, 37, 38, 39, 44, 46 (dame), 47, 49.

EXÉCUTION.

Les blancs.	*Les noirs.*
I. C. de 28 à 22........	de 27 à 18 prend.
II. de 37 à 31........	de 36 à 27 prend.
III. de 46 à 14........	de 10 à 19 prend.
IV. de 30 à 25........	de 19 à 30 prend.
V. de 38 à 32........	de 27 à 38 prend.
VI. de 49 à 43........	de 38 à 29 prend 3.
VII. de 25 à 3 p. 4 & à d.	*perdu pour les noirs.*

Cette position est unique dans son genre, vu que l'on ne s'attend pas que l'on va donner la dame. C'est, pour m'exprimer ainsi, un coup de pistolet tiré à propos.

Ce qui a formé le coup, c'est le pion 42 à 37; & le noir, 9 à 13.

(12) *Belle position d'un coup de repos de 9 à 9, où les blancs gagnent au troisième temps.*

Noirs. 2, 3, 7, 10, 12, 15, 17, 18, 36.

Blancs. 23, 24, 27, 28, 29, 31, 43, 47, 49.

EXÉCUTION.

Les blancs.	Les noirs.
I. C. de 24 à 20........ de 15 à 22 prend 3.
II.　de 47 à 42........ de 18 à 29 prend.
III.　de 27 à 18 prend... de 12 à 23 prend.
IV.　de 42 à 38........ de 36 à 27 prend.
V.　de 38 à 33........ de 29 à 38 prend.
VI.　de 43 à 1 prend 4.. de 23 à 28.

La partie est perdue forcée.

La formation du coup est le blanc 37 à 31 ; & le noir, 11 à 17.

On peut regarder ce coup comme un des plus beaux du damier.

(13) *Belle position de huit noirs & de huit blancs qui jouent & gagnent ; mais on donneroit l'avantage aux noirs par la disposition du jeu.*

Noirs. 1, 3, 9, 10, 14, 19, 20, 26.

Blancs. 11, 23, 28, 29, 30, 34, 47, 49.

EXÉCUTION.

Les blancs.	Les noirs.
I. C. de 11 à 7........ de 1 à 12 prend.
II.　de 28 à 22........ de 19 à 17 prend 2.
III.　de 30 à 24........ de 20 à 25.
IV.　de 24 à 19........ de 14 à 23 prend.
V.　de 29 à 7 prend 2. de 9 à 13, de manière qu'il reste six noirs contre quatre blancs, & que les noirs ont perdu forcé.

C'est une belle fin de partie.

Disposition du jeu.

Les blancs ont joué de 35 à 30 ; les

noirs, de 13 à 19 ; ce qui a donné le passage aux blancs pour aller à dame, en perdant deux pions.

(14)　ONZE BLANCS, ONZE NOIRS.

Position d'un double coup de dames, difficile à trouver. Les blancs jouent & gagnent.

Noirs. 1, 4, 8, 9, 10, 13, 14, 15, 26, 31, 36.

Blancs. 11, 23, 24, 25, 29, 33, 37, 38, 39, 41, 47.

Les noirs ont avancé de 27 à 31.

EXÉCUTION.

Les blancs.	Les noirs.
I. C. de 23 à 18........ de 31 à 42 prend.
II.　de 29 à 23........ de 13 à 22 prend.
III.　de 11 à 7........ de 1 à 12 prend.
IV.　de 23 à 19........ de 14 à 23 prend.
V.　de 33 à 29........ de 23 à 32 prend 3.
VI.　de 47 à 7 prend 4.. de 36 à 47 p. & à d.
VII.　de 7 à 2 dame... de 47 à 20 prend.
VIII. de 25 à 12 prend 3.. de 10 à 14.

Les noirs ont perdu forcé, attendu que le pion blanc 12 va à dame, ou on porte la dame sur 13, de manière que les noirs feront des sacrifices, & perdront.

(15)　DIX BLANCS, DIX NOIRS.

Position d'un double enchaînement où les noirs ont perdu sur le coup.

Noirs. 2, 7, 12, 17, 18, 19, 22, 24, 29, 36.

Blancs. 27, 28, 31, 33, 35, 37, 38, 39, 48, 49.

Les blancs ont avancé de 32 à 28 ; & les noirs, de 13 à 19.

Les blancs à jouer.

EXÉCUTION.

Les blancs.	Les noirs.
I. C. de 28 à 23.........	de 19 à 28 prend.
II. de 38 à 32.........	de 29 à 38 prend.
III. de 32 à 23 prend...	de 18 à 29 prend.
IV. de 27 à 18 prend...	de 12 à 23 prend.
V. de 48 à 43.........	de 36 à 27 prend.
VI. de 43 à 1 prend 4..	à dame.

Les noirs ne peuvent plus jouer sans perdre. Cette position de double enchaînement est toujours mauvaise, attendu qu'il est rare de se débarrasser sans perdre de pions, & fort souvent la partie.

(16) *Belle position de douze noirs & de douze blancs qui gagnent par plusieurs coups de temps de repos, très-beaux.*

Noirs. 2, 4, 8, 9, 10, 13, 14, 17, 18, 19, 22, 28.

Blancs. 24, 25, 27, 30, 31, 34, 36, 37, 38, 39, 46, 49.

EXÉCUTION.

Les blancs.	Les Noirs.
I. C. de 25 à 20.........	de 14 à 25 prend.
II. de 27 à 21.........	de 17 à 16 prend.
III. de 34 à 29.........	de 25 à 41 prend 4.
IV. de 36 à 47 prend...	de 26 à 37 prend.
V. de 47 à 41.........	de 19 à 30 prend.
VI. de 41 à 5 prend 6..	de 30 à 35.

Perdu pour les noirs. Il faut avancer le pion 49 à 44; & le coup après, la dame 5 sur la case 28. En cas qu'on joue le pion noir 22 à 27, la partie est forcée perdue.

La disposition du coup est le pion blanc 43 avancé sur la case 38, & le noir 23 à 28. Je vois souvent avec peine jouer le pion 3, dit le *pion savant*, ce qui ôte les moyens de faire des coups, ou des *une pour une*. Il est la clef du jeu.

Comme on le voit, il fait perdre la partie.

(17) *Superbe position de treize noirs & douze blancs qui gagnent par un coup très-difficile par son dessin & le temps.*

Noirs. 10, 12, 13, 14, 15, 16, 18, 20, 21, 22, 26, 27, 35.

Blancs. 25, 29, 31, 33, 34, 36, 37, 38, 42, 44, 47, 48.

EXÉCUTION.

Les blancs.	Les noirs.
I. C. de 34 à 30.........	de 35 à 24 prend.
II. de 38 à 32.........	de 27 à 38 prend.
III. de 31 à 27.........	de 21 à 41 prend 2.
IV. de 42 à 37.........	de 41 à 32 prend.
V. de 33 à 42 prend...	de 24 à 33 prend.
VI. de 42 à 38.........	de 32 à 43 prend.
VII. de 48 à 19 prend 5..	de 14 à 23 prend.
VIII. de 25 à 5 prend 2..	& dame perdue pour les noirs.

Le reste se voit.

Il étoit bien difficile pour les noirs de parer un pareil coup, attendu qu'il n'y a que le pion 8 à jouer sur 12. On voit que sans ce coup-là les blancs auroient été obligés de perdre un pion, pour se débarrasser du coup d'enchaînement forcé.

DEZ. (*Jeu de*)

Sorte de jeu de hasard fort en vogue chez les Grecs & les Romains, comme chez tous les peuples modernes.

L'origine de ce jeu est très ancienne, si l'on en croit Sophocle, Pausanias & Suidas qui en attribuent l'invention à Palamede.

Hérodote la rapporte aux Lydiens qu'il fait auteurs de tous les jeux de hasard.

Les dez antiques étoient des cubes de

même que les nôtres. Ils avoient par conséquent six faces, comme l'épigramme XVII du livre XIV de Martial le prouve :

Hic mihi bis seno numeratur tessera puncto.

Ce qui s'entend des deux dez avec lesquels on jouoit quelquefois. Le jeu le plus ordinaire des anciens étoit à trois dez, suivant le proverbe :

Trois six, ou trois as, tout ou rien.

Il y avoit diverses manières de jouer aux dez qui étoient en usage parmi les anciens. Il suffira d'indiquer ici les deux principales.

1°. La première manière de jouer aux dez, & qui fut toujours à la mode, étoit la *rafle*, que nous avons adoptée. Celui qui amenoit le plus de points avec les dez emportoit ce qu'il y avoit sur le jeu. Le plus beau coup étoit, comme parmi nous, rafle de six. On le nommoit *Vénus*, qui désignoit, dans les jeux de hasard, le coup le plus favorable. Les Grecs avoient donné les premiers les noms des dieux, des héros, des hommes illustres, & même des courtisannes fameuses, à tous les coups différens des dez. Le plus mauvais coup étoit trois as. C'est sur cela qu'Épicharme a dit que dans le mariage comme dans le jeu de dez on amène quelquefois trois six & quelquefois ou trois as.

Outre ce qu'il y avoit sur le jeu, les perdans payoient encore pour chaque coup malheureux : ce n'était pas un moyen qu'ils eussent imaginé pour doubler le jeu; c'étoit une suite de leurs principes sur les gens malheureux, qu'*ils méritoient des peines par cela même qu'ils étoient malheureux.*

Au reste, comme les dez ont six faces, cela faisoit, pour les trois dez, cinquante-six combinaisons de coups, savoir ; six rafles, trente coups où il y a deux dez semblables, & vingt où les trois dez sont différens.

2°. La seconde manière de jouer aux dez, généralement pratiquée chez les Grecs & les Romains, étoit celle-ci : Celui qui tenoit les dez nommoit avant que de jouer le coup qu'il souhaitoit ; quand il l'amenoit, il gagnoit le jeu : ou bien, il laissoit le choix à son adversaire de nommer ce coup ; & si pour lors il arrivoit, il subissoit la loi à laquelle il s'étoit soumis. C'est de cette seconde manière de jouer aux dez que parle Ovide dans son *Art d'aimer*, quand il dit :

Et modò tres jactet numeros, modò cogitet aptè,
Quam subeat partem callida, quamque vocet.

Comme le jeu s'accrut à Rome avec la décadence de la république, celui de *dez* prit d'autant plus de faveur, que les empereurs en donnèrent l'exemple. Quand les Romains virent Néron risquer jusqu'à quatre mille sesterces dans un coup de dez, ils mirent bientôt une partie de leurs biens à la merci des dez. Les hommes, en général, goûtent volontiers tous les jeux où les coups sont décisifs, où chaque événement fait perdre ou gagner quelque chose : de plus, ces sortes de jeux remuent l'ame sans exiger une attention sérieuse dont nous sommes rarement capables; enfin, on s'y jette par un motif d'avarice, dans l'espérance d'augmenter promptement sa fortune; & les hommes enrichis par ce moyen sont rares dans le monde, mais les passions ne raisonnent, ni ne calculent jamais.

Les joueurs qui fondent leur espérance ou leur fortune sur les chances du dez, doivent, avant de s'y livrer, en calculer en quelque sorte les hasards. C'est ce qu'ils pourront reconnoître dans cette

ANALYSE DES HASARDS OU DES NOMBRES PRODUITS PAR DEUX DEZ.

Il est visible qu'avec deux dez on peut amener trente-six coups différens ; car chacune des six faces d'un dez peut se combiner six fois avec chacune des six faces de l'autre. De même avec trois dez on peut amener 36×6, ou deux cents seize coups différens ; car chacune des trente-six combinaisons des deux dez peut se combiner six fois avec les six faces du troisième dez. Donc, en général, avec un nombre de dez $= n$, le nombre des coups possibles est 6^n.

Donc il y a trente-cinq contre un à parier qu'on ne fera pas rafle de 1, de 2, de 3, de 4, de 5, de 6, avec deux dez. (voyez *Rafle de dez*.)

Mais on trouveroit qu'il y a deux manières de faire 3 ; trois, de faire 4 ; quatre, de faire 5 ; cinq, de faire 6 ; six, de faire 7 ; cinq, de faire 8 ; quatre, de faire 9 ; trois, de faire 10 ; deux, de faire 11 ; une, de faire 12. Ce qui est évident par la table suivante, qui exprime les trente-six combinaisons.

TABLE.

2	3	4	5	6	7.
3	4	5	6	7	8.
4	5	6	7	8	9.
5	6	7	8	9	10.
6	7	8	9	10	11.
7	8	9	10	11	12.

Dans la premiere colonne verticale de cette table, je suppose, dit d'Alembert, qu'un des dez tombe successivement sur toutes ses faces, l'autre dez amenant toujours 1 ; dans la seconde colonne, que l'un des dez amène toujours 1, l'autre amenant ses six faces, &c. Les nombres pareils se trouvent sur la même diagonale. Or, on voit que 7 est le nombre qu'il est le plus avantageux de parier qu'on amènera avec deux dez, & que 2 & 12 sont les nombres qui donnent le moins d'avantage.

Si l'on forme ainsi la table des combinaisons pour trois dez, on aura six tables de trente-six nombres chacune ; & l'on trouvera par le résultat de ces combinaisons que 1 & 11 sont les deux nombres

qu'il est le plus avantageux de parier qu'on amènera avec trois dez ; il y a à parier vingt-sept sur deux cents seize , c'est-à-dire un contre huit qu'on les amènera ; ensuite c'est 9 ou 12 ; ensuite c'est 8 ou 13.

C'est par une méthode semblable que l'on peut déterminer quels font les nombres qu'il y a le plus à parier qu'on amènera avec un nombre donné de *dez*.

Voyez l'article *DEZ* dans le *Dictionnaire des Mathématiques*.

On voit combien il est essentiel de connoître la combinaison des nombres des dez pour éviter d'accepter des parties désavantageuses ; ce qui n'arrive que trop fréquemment à ceux qui ne font pas réflexion que le hasard est en quelque sorte soumis au calcul.

Deux dez, comme on vient de l'observer, étant pris ensemble forment vingt-un nombres , & considérés séparément peuvent donner trente-six combinaisons différentes.

Des vingt-un coups qu'on peut amener avec deux dez , il y en a d'abord six qui font les rafles, qui ne peuvent arriver que d'une façon, tels font les 2 six, les 2 cinq, les 2 trois, les 2 quatre , les 2 deux , les 2 as.

Les quinze autres coups, au contraire , ont chacun deux combinaisons ; ce qui provient de ce qu'il n'y a qu'une face fur chacun des deux dez qui puisse amener 3 & 3 , & qu'il y en a deux fur chacun de ces mêmes dez pour amener 5 & 4, favoir ; 5 fur le premier dez , & 4 fur le second, ou 4 fur le premier , & 5 fur le second. Tous ces hasards étant au nombre de trente-six, il y a dès lors , à jeu égal , un contre trente-cinq à parier qu'on amènera une rafle déterminée , & un contre cinq qu'on amènera une rafle quelconque. On peut auffi, à jeu égal , parier un contre dix-fept qu'on amènera , par exemple ,

6 & 4, attendu que ce point a pour lui deux hasards contre trente-quatre.

Il n'en est pas de même du nombre des points des deux dez joints ensemble, la combinaison de leurs hasards est en proportion de la multitude des différentes faces qui peuvent produire ces nombres, comme on le voit ci-après.

NOMBRES.

2...1,1.

3...2,1—1,2.

4...2,2—3,1—1,3.

5...4,1—1,4—2,3—3,2.

6...3,3—5,1—1,5—4,2—2,4.

7...6,1—1,6—5,2—2,5—4,3,   3,4.

8...4,4—6,2—2,6—5,3—3,5.

9...6,3—3,6—5,4—4,5.

10..5,5—6,4—4,6.

11..6,5—5,6.

12..6,6.

Si donc on veut parier au pair d'amener 11 du premier coup avec deux dez, il faut mettre au jeu deux contre trente-quatre ; & si l'on parie qu'on amènera 7, il faut alors mettre au jeu six contre trente, ou, ce qui est la même chose, un contre cinq. On doit aussi remarquer que des onze nombres différens qu'on peut amener avec deux dez, 7, qui est le moyen proportionnel entre 2 & 12, a plus de hasards que les autres, qui de leur côté en ont d'autant moins qu'ils s'approchent davantage des deux extrêmes 2 & 12,

Cette différence de la multitude des hasards que produisent les nombres moyens comparés aux extrêmes, augmente considérablement à mesure qu'on se sert d'un plus grand nombre de dez : elle est telle que si on se sert de sept dez, qui produisent des points depuis 7 jusqu'à 42, on amène presque toujours les points moyens 24 & 25, ou ceux qui en sont les plus proches,

tels que 22, 23, 26, 27. Et si au lieu de sept dez on se servoit de vingt-cinq dez, qui peuvent amener des points depuis 25 jusqu'à 150, on pourroit presque parier au pair qu'on amèneroit les nombres 86 & 87. Cette remarque est essentielle pour faire connoître l'abus de ces loteries insidieuses proscrites par le gouvernement, qui sont composées de sept dez ; ceux qui les tiennent leur attribuent des lots, qui dans les termes moyens offrent des vetilles bien inférieures à la mise, & un appât de quelques meilleurs lots pour ceux qui amènent des nombres extrêmes ou des rafles ; ce qui néanmoins n'arrive presque jamais, attendu qu'il y a plus de quarante mille contre un à parier qu'on n'amènera pas avec sept dez une rafle quelconque, & que la valeur du lot offert n'est souvent pas la soixantième partie de celle de la mise.

Voyez l'article *NOMBRES, Dictionnaire des amusemens des sciences.*

DEZ. *(jeu des trois)*

Quoique ce jeu soit ancien & en usage dans les académies de jeu, il n'est guères connu que des joueurs de profession. Il est donc convenable d'en expliquer avec soin toutes les conditions.

On nommera Pierre celui qui tient le dez, & Paul représentera les autres joueurs, dont le nombre est indéterminé, ainsi qu'aux jeux du *hasard* & du *quinquenove.*

Pierre poussera le dez jusqu'à ce qu'il amène ou 8, ou 9, ou 10, ou 11, ou 12, ou 13 ; celle de ces chances que Pierre amènera sera ce que l'on nomme la *chance droite*, & sera à-peu-près pour lui, ce qu'est au jeu de la *dupe* pour le joueur qui a la main, la carte qu'il se donne. Ensuite Pierre pousse le dez. Voici par ordre les principales règles.

1°. La chance *droite* étant ou 9, ou 10, ou 11, ou 12, Pierre gagnera au
second

second coup s'il amène chance pareille, c'est-à-dire 9, si la chance *droite* est 9; 10, si la chance *droite* est 10, &c. Il gagnera aussi en amenant 15; mais il perdra s'il amène ou 3, ou 4, ou 5, ou 6, ou 17, ou 18.

2°. Si la chance *droite* est 8 ou 13, Pierre gagnera au second coup ou chance pareille, ou 16; & il perdra s'il amène ou 3, ou 4, ou 5, ou 6, ou 15, ou 17, ou 18.

3°. Dans tout autre cas que les deux précédens, le nombre que Pierre amenera, après avoir tiré la chance droite, sera une chance pour la première masse. Il y a donc pour les masses deux chances de plus que pour la *droite*, savoir, 7 & 14.

4°. Ces deux chances étant données, Pierre continuera de pousser le dez, & il gagnera la première masse, s'il en amène la chance avant que d'amener la droite; & au contraire il perdra, s'il amène la droite avant d'amener cette chance. Dans le premier cas le jeu recommence, & Pierre livre de nouveau une droite & une chance à la première masse, pourvu néanmoins qu'il n'ait pas *tingué*.

Pour apprendre ce que c'est que *tinguer*, il faut savoir qu'à ce jeu, ainsi qu'au *quinquenove*, les joueurs peuvent faire des masses, & que Pierre les accepte s'il veut, en disant *taupe*. Mais il y a ceci à remarquer, que si Pierre en acceptant une masse dit *taupe & tingue*, la première masse ne va plus; en sorte que si Pierre amène la droite après avoir tingué, il perd toutes les masses qui ont été acceptées; à l'exception de la première qui ne va pas, & il tire celle qu'on vient de masser. Dans ce cas, la droite & la chance de la première masse subsistent; & si Pierre, après avoir tingué, amène la chance de la première masse, toutes les masses deviennent nulles,

à l'exception de la droite & de la première masse qui subsistent.

5°. Toutes les fois que Pierre perd la première masse, celui qui sert le dez à Pierre peut le contraindre à tenir le paroli; & si cela arrive une seconde fois, à tenir le sept & le *va*, & ensuite le quinze & le *va*, &c.

6°. Lorsque Pierre perd la première masse, on lui fixe ou 8, ou 9, ou 10, ou 11, ou 12, ou 13; mais il n'est obligé de tenir que 8 ou 13.

Pour faire entendre parfaitement toutes ces règles, je crois qu'il est à propos de les appliquer à un exemple. Supposons donc que la droite soit 13, la première masse 9, la seconde 10, la troisième 11, là-dessus je fais une masse. Pierre dit *taupe*, & poussant le dez il amène 13. Voici ce qui arrivera : 1°. Il gagnera ce qui vient d'être massé; 2°. il perdra toutes les autres masses, & je lui fixerai 13 en faisant, si je veux, le paroli de cette masse, ensuite il se donnera une chance.

Si Pierre, au lieu de dire simplement *taupe*, eût dit : *taupe & tingue*, tout auroit été comme ci-devant, avec cette seule différence qu'il n'eût point perdu la première masse, & qu'elle seroit restée aussi bien que la droite.

Supposons maintenant que Pierre amène 9, après avoir dit *taupe*, il tirera la première masse qui est 9, toutes les autres masses s'en iront, & Pierre recommencera le jeu en tirant une droite au hasard. S'il eût dit : *taupe & tingue*, Pierre n'auroit ni perdu, ni gagné, & toutes les chances eussent été nulles, à l'exception de la première qui subsistera avec la droite. Enfin lorsque Pierre amenera ou 10, ou 11 avant d'amener 13, il gagnera celle de ces masses qu'il amenera avant la droite.

PROBLÉME. *On demande quel est à ce jeu l'avantage ou le désavantage de celui qui tient le dez.*

Soit x le sort de Pierre lorsqu'il amène pour chance droite 8 ou 13, y son sort lorsqu'il amène ou 9 ou 12, & z lorsqu'il amène ou 10 ou 11.

S exprimera le sort de Pierre, & A la mise de Paul. On aura $S = \dfrac{21x + 25y + 27z}{73}$

On trouvera aussi

$$x = \frac{100\,A + 50 \times \frac{25}{13}\,A + 27 \times \frac{9}{4}\,A}{216} = \frac{12789}{19872}\,A.$$

$$y = \frac{95\,A + 42 \times \frac{21}{23}\,A + 27 \times \frac{27}{13}\,A + 15 \times \frac{3}{2}\,A}{216} = \frac{126731}{129108}\,A.$$

$$z = \frac{101\,A + 21 \times \frac{7}{4}\,A + \frac{25\times25}{13}\,A + 30 \times \frac{5}{7}\,A}{216} = \frac{15147}{20200}\,A.$$

Par conséquent le désavantage de Pierre sera exprimé par cette quantité, $\dfrac{21 \times \frac{83}{19872}\,A + 25 \times \frac{2437}{129168}\,A + 27 \times \frac{3183}{78624}\,A}{73}$, qui se réduit à cette fraction $\frac{1424103}{66004843}\,A$ qui est plus grande que $\frac{1}{45}$, & plus petite que $\frac{1}{44}$, & ce seroit là le désavantage cherché, si l'on supposoit que Pierre dût quitter le dez & finir le jeu aussi-tôt qu'il auroit ou gagné ou perdu. Ainsi la première masse étant une pistole, il y a sur cette somme 4 sols 7 den. de perte pour Pierre, lorsqu'il doit tirer sa droite au hasard. Mais lorsqu'on lui a fixé 8 ou 13, son désavantage par rapport à la première masse, n'est que 10 den. $\frac{5}{207}$. On verra dans les remarques qui suivent quel est son désavantage en acceptant des masses.

Remarque I. Il est moins désavantageux à Pierre d'avoir 8 ou 13 pour chance droite, que d'avoir 9 ou 12 ; & il lui est moins désavantageux d'avoir 9 ou 12, que d'avoir 10 ou 11 : car je trouve que la chance droite étant 8 ou 13, le désavantage de Pierre, par rapport à la mise de Paul, est plus grand que $\frac{1}{240}\,A$, & plus petit que $\frac{1}{239}\,A$: que la chance droite étant ou 9 ou 12, le désavantage de Pierre est plus grand que $\frac{1}{54}\,A$, & moindre que $\frac{1}{53}\,A$; & enfin que la chance droite étant 11 ou 10, son désavantage est plus grand que $\frac{1}{25}$, & plus petit que $\frac{1}{24}$.

Remarque II. Pouvoir tinguer est un privilége que ce jeu accorde à celui qui tient le cornet, par lequel il est maître de faire durer long-temps la droite & la première masse. Il est aisé de s'appercevoir que cet avantage est fort peu considérable, & a lieu seulement lorsque la chance de la droite doit arriver plus souvent que la chance de la première masse ; par exemple, lorsque la droite étant 10 ou 11, la première masse est 8 ou 13. Dans ce cas, il vaut mieux tinguer que de tauper simplement ; mais il seroit encore plus à propos de ne point accepter de masse.

Remarque III. Il n'y a dans ce jeu aucune circonstance où celui qui tient le cornet ait de l'avantage sur les joueurs. Voici la règle qu'il doit suivre pour que son désavantage soit le moindre qu'il sera possible. Il n'acceptera point de masses lorsque la droite sera 9 ou 12, & encore moins lorsqu'elle sera 10 ou 11 : car dans le premier cas, il a ſur une maſſe d'une piſtole 3 ſols 9 den. de perte, & dans le ſecond 8 ſols 2 den.

Remarque IV. On voit par les obſervations précédentes, qu'il s'en manque beaucoup que ce jeu ne ſoit ni auſſi égal, ni auſſi bien inventé que bien des joueurs ſe l'imaginent. Pour le réformer, il ſeroit à propos de régler que 17 fût, auſſi bien que 15, un haſard favorable à celui qui tient le cornet, ſoit que la droite ſoit ou 9, ou 10, ou 11, ou 12. Par cette réforme, le déſavantage de Pierre qu'on a trouvé $= \dfrac{1494103}{66004843} A$, ſera exprimé par cette fraction $\dfrac{158073}{66004843} A$ ce qui vaut un peu moins de 7 den., A déſignant une piſtole.

Définition. J'appellerai dez ſimples les dez de différente eſpèce, ou qui marquent différens points; dez doubles, deux dez de même eſpèce, ou qui marquent les mêmes points, par exemple, double deux, ternes, &c.; dez triples, trois dez de même eſpèce, par exemple, trois as ou trois deux, &c., & ainſi de quadruple, quintuple, ſextuple, &c., quatre ou cinq, ou ſix dez d'une même eſpèce.

PROBLÉME. *Soit un nombre de dez quelconque. Pierre parie que les jettant au haſard, il en amènera tant d'une eſpèce, tant d'une autre; par exemple, tant de ſimples, tant de doubles, tant de triples, ou tant de doubles, tant de quadruples, &c. On demande quel ſera ſon ſort, & combien il aura de façons différentes d'amener les dez en la manière qu'il ſe-le ſera propoſé.*

Soit p le nombre de dez, q le nombre de tous les divers arrangemens poſſibles de ces dez; b l'expoſant du dez qui a la plus haute dimenſion entre tous ceux que Pierre ſe propoſe d'amener; $c, d, e, f,$ &c. l'expoſant des autres dez qu'il doit amener, dont l'expoſant doit être moindre,

en ſorte que c exprime un nombre plus petit que b, & d un nombre plus petit que c, & e un nombre plus petit que d, & f un nombre plus petit que e, &c.

Je nommerai auſſi B le nombre des dez que l'on demande de la dimenſion exprimée par b, C le nombre des dez que l'on demande de la dimenſion exprimée par c, D le nombre des dez que l'on demande de la dimenſion exprimée par d, E le nombre des dez que l'on demande de la dimenſion exprimée par e, F le nombre des dez que l'on demande de la dimenſion exprimée par f, &c.

J'appellerai encore $k, l, m, n, r,$ &c. les nombres qui expriment tous les divers arrangemens poſſibles des nombres déſignés par les lettres $b, c, d, e, f,$ &c.

J'exprimerai auſſi par cette marque $\left[\dfrac{6}{}\right]_{B}$ le nombre qui exprime en combien de façons B peut être pris dans 6, mettant le plus petit nombre deſſous, & le plus grand deſſus, et entre deux cette marque arbitraire. $\left[\right]$

Tout cela poſé, le ſort de Pierre ſera exprimé par une fraction, dont le numérateur ſera q multiplié par cette ſuite de produits,

$$\left[\frac{6}{B}\right] \times \left[\frac{6-B}{C}\right] \times \left[\frac{6-B-C}{D}\right] \times \left[\frac{6-B-C-D}{E}\right] \times \left[\frac{6-B-C-D-E}{F}\right] \times$$

&c., & le dénominateur ſera $6p$ multiplié par cette ſuite de produits, $B \times k \times C \times l \times D \times m \times E \times n \times F \times r \times$ &c.

Il faut remarquer, 1°. que cette formule étant appliquée à un cas particulier, ne doit être compoſée, ſoit dans le numérateur, ſoit dans le dénominateur, que d'autant de produits qui ſont marqués par x, qu'il y a de différentes dimenſions entre les dez qu'on veut amener.

2°. Que si les dez, au lieu d'avoir six faces en avoient un nombre quelconque exprimé par R, il n'y auroit qu'à substituer R au lieu de 6 dans cette formule. Mais il faut observer qu'alors la formule deviendroit une suite infinie, R étant indéterminé. Enfin, pour avoir le nombre des coups favorables à Pierre, il n'y a qu'à multiplier cette formule par 6 élevé à l'exposant p. Je ne donnerai point la démonstration de cette formule, car elle ne pourroit être qu'extrêmement longue & abstraite, & ne seroit entendue que de ceux qui seront eux-mêmes capables de la trouver.

Je me contenterai de donner ici une table fort étendue, qui en facilitera l'intelligence, & qui découvrira en partie l'usage de ce problême. Cette table donne tous les différens cas du problême proposé depuis deux dez jusqu'à neuf inclusivement. La première colonne donnera tous les cas déterminés, ce qui fait une espèce particulière du problême général : la seconde les donne indéterminés conformément à l'énoncé du problême. Ainsi, par exemple, on trouvera que le nombre 3 exprime combien il y a de façons différentes d'amener bezet & un 2 avec trois dez ; & le nombre 90, qui est vis-à-vis à la seconde colonne, combien il y a de façons différentes d'amener un double quelconque avec un simple aussi quelconque ; & de même le nombre 12 exprimera combien il y a de manières différentes d'amener bezet, un 2 & un 3 avec quatre dez ; & le nombre 720, combien il y en a pour amener un double & deux simples.

TABLE.

Pour deux dez.

		Déterminés.	Indéterminés.
1°.	Pour avoir deux simples,	2	30
2°.	Un doublet,	1	6

il y a — coups.

Pour trois dez.

		Déterminés.	Indéterminés.
1°.	Pour avoir trois simples,	6	120
2°.	Un double & un simple,	3	90
3°.	Un triple,	1	6

il y a — coups.

Pour quatre dez.

		Déterminés.	Indéterminés.
1°.	Pour avoir quatre simples,	24	360
2°.	Un double & deux simples,	12	720
3°.	Deux doubles,	6	90
4°.	Un triple & un simple,	4	120
5°.	Un quadruple,	1	6

il y a — coups.

Pour cinq dez.

		Déterminés.	Indéterminés.
1°.	Pour avoir cinq dez simples,	120	720
2°.	Un double & trois simples,	60	3600
3°.	Deux doubles & un simple,	30	1800
4°.	Un triple & deux simples,	20	1200
5°.	Un triple & un double,	10	300
6°.	Un quadruple & un simple,	5	150
7°.	Un quintuple,	1	6

il y a — coups.

Pour six dez.

	Déterminés.		Indéterminés.
1°. Pour avoir six simples,	720		720
2°. Un double & quatre simples,	360		10800
3°. Deux doubles & deux simples,	180		16200
4°. Trois doubles,	90		1800
5°. Un triple & trois simples,	120		7200
6°. Un triple, un double & un simple,	60	il y a	7200 coups.
7°. Deux triples,	20		300
8°. Un quadruple & deux simples,	30		1800
9°. Un quadruple & un double,	15		450
10°. Un quintuple & un simple,	10		180
11°. Un sextuple,	1		6

Pour sept dez.

	Déterminés.		Indéterminés.
1°. Pour avoir un double & cinq simples,	2520		15120
2°. Deux doubles & trois simples,	1260		75600
3°. Trois doubles & un simple,	630		37800
4°. Un triple & quatre simples,	840		25200
5°. Un triple, un double & deux simples,	420		75600
6°. Un triple & deux doubles,	210		12600
7°. Deux triples & un simple,	140	il y a	8400
8°. Un quadruple & trois simples,	210		12600 coups.
9°. Un quadruple, un double & un simple,	105		12600
10°. Un quadruple & un triple,	35		1050
11°. Un quintuple & deux simples,	42		2520
12°. Un quintuple & un double,	21		630
13°. Un sextuple & un simple,	7		210
14°. Un sextuple,	1		6

Pour huit dez.

	Déterminés.		Indéterminés.
1°. Pour avoir deux doubles & quatre simples,	10080		151200
2°. Trois doubles & deux simples,	5040		302400
3°. Quatre doubles,	2520		37800
4°. Un triple & cinq simples,	6720		40320
5°. Un triple, un double & trois simples,	3360		403200
6°. Un triple, deux doubles & un simple,	1680		302400
7°. Deux triples & deux simples,	1120		100800
8°. Deux triples & un double,	560		33600
9°. Un quadruple & quatre simples,	1680		50400
10°. Un quadruple, un double & deux simples,	840	il y a	151200 coups.
11°. Un quadruple & deux doubles,	420		25200
12°. Un quadruple, un triple & un simple,	280		33600
13°. Deux quadruples,	70		1050
14°. Un quintuple & trois simples,	336		20160

	Déterminés.	Indéterminés.
15°. Un quintuple, un double & un simple,	168	10160
16°. Un quintuple & un triple,	56	1680
17°. Un fextuple & deux fimples,	56	3360
18°. Un fextuple & un double,	28	840
19°. Un feptuple & un fimple,	8	240
20°. Un octuple,	1	6

Pour neuf dez.

	Déterminés	Indéterminés
1°. Pour avoir trois doubles & trois fimples,	45360	907200
2°. Quatre doubles & un fimple,	22680	680400
3°. Un triple, un double & quatre fimples,	30240	907200
4°. Un triple, deux doubles & deux fimples,	15120	2721600
5°. Un triple & trois doubles,	7560	454600
6°. Deux triples & trois fimples,	10080	604800
7°. Deux triples, un double & un fimple,	5040	907200
8°. Trois triples,	1680	33600
9°. Un quadruple & cinq fimples,	15120	90720
10°. Un quadruple, un double & trois fimples,	7560	907200
11°. Un quadruple, deux doubles & un fimple,	3780	680400
12°. Un quadruple, un triple & deux fimples,	2520	453600
13°. Un quadruple, un triple & un double,	1260	151200
14°. Deux quadruples & un fimple,	630	37800
15°. Un quintuple & quatre fimples,	3024	907200
16°. Un quintuple, un double & deux fimples,	1512	272160
17°. Un quintuple & deux doubles,	756	45360
18°. Un quintuple, un triple & un fimple,	504	60480
19°. Un quintuple & un quadruple,	126	3780
20°. Un fextuple & trois fimples,	504	30240
21°. Un fextuple, un double & un fimple,	252	30240
22°. Un fextuple & un triple,	84	2520
23°. Un fextuple & deux fimples,	72	4320
24°. Un feptuple & un double,	36	1080
25°. Un octuple & un fimple,	9	270
26°. Un noncuple,	1	6

(il y a ... coups.)

Remarque. Si les jeux de dez font en fi petit nombre, & fe jouent feulement avec deux dez, ou tout au plus avec trois, à la différence des jeux de cartes qui fe jouent avec un fort grand nombre de cartes, il y a bien de l'apparence que cela vient de ce qu'on n'a pu calculer les hafards qui fe trouvent entre plufieurs dez. En effet, cela étoit fort difficile. La table précédente & celles qu'on trouvera dans les propofitions qui fuivent, donneront là-deffus toutes les lumières qu'on pourra fouhaiter, & ferviront à ceux qui voudroient inventer des jeux de dez plus variés, & par conféquent plus agréables que tous ceux qu'on a connus jufqu'à préfent.

PROBLÈME. *On demande en combien de façons on peut amener un certain nombre, ou point déterminé, avec un certain nombre de dez.*

Tous les joueurs de trictrac favent en

combien de façons chaque point, depuis deux jufqu'à douze, peut s'amener.

M. Huguens en a donné une table pour deux & pour trois dez ; mais on ne peut aller plus loin fans méthode, car cela devient tout d'un coup extrêmement compofé. Voici une table qui détermine tous les hasards depuis deux dez jufqu'à neuf inclufivement.

TABLE.   *Avec deux dez.*

	1	2 ou 12
	2	3 ou 11
Il y a	3 coups qui	4 ou 10
	4 donnent	5 ou 9
	5	6 ou 8
	6	7

Avec trois dez.

	1	3 ou 18
	3	4 ou 17
	6	5 ou 16
Il y a	10 coups qui	6 ou 15
	15 donnent	7 ou 14
	21	8 ou 13
	25	9 ou 12
	27	10 ou 11

Avec quatre dez.

	1	4 ou 24
	4	5 ou 23
	10	6 ou 22
	20	7 ou 21
	35	8 ou 20
Il y a	56 coups qui	9 ou 19
	80 donnent	10 ou 18
	104	11 ou 17
	125	12 ou 16
	140	13 ou 15
	146	14

Avec cinq dez

	1	5 ou 30
	5	6 ou 29
	15	7 ou 28
	35	8 ou 27
	70	9 ou 26

	126	10 ou 25
Il y a	205 coups qui	11 ou 24
	305 donnent	12 ou 23
	360	13 ou 22
	480	14 ou 21
	561	15 ou 20
	795	16 ou 19
	930	17 ou 18

Avec fix dez.

	1	6 ou 36
	6	7 ou 35
	21	8 ou 34
	56	9 ou 33
	126	10 ou 32
	252	11 ou 31
	456	12 ou 30
	756 coups qui	13 ou 29
Il y a	1161 donnent	14 ou 28
	1666	15 ou 27
	2247	16 ou 26
	2856	17 ou 25
	3431	18 ou 24
	3906	19 ou 23
	4222	20 ou 22
	4332	21

Avec fept dez.

	1	7 ou 42
	7	8 ou 41
	28	9 ou 40
	84	10 ou 39
	210	11 ou 38
	462	12 ou 37
	917	13 ou 36
	1667	14 ou 35
Il y a	2807 coups qui	15 ou 34
	4417 donnent	16 ou 33
	6538	17 ou 32
	9142	18 ou 31
	12117	19 ou 30
	15267	20 ou 29
	18327	21 ou 28
	20993	22 ou 27
	22967	23 ou 26
	24017	24 ou 25

Avec huit dez.

		coups qui donnent		
Il y a	1		8	ou 48
	8		9	ou 47
	36		10	ou 46
	120		11	ou 45
	330		12	ou 44
	792		13	ou 43
	1708		14	ou 42
	3368		15	ou 41
	6147		16	ou 40
	10480		17	ou 39
	16808	coups qui donnent	18	ou 38
	25488		19	ou 37
	36688		20	ou 36
	50288		21	ou 35
	65808		22	ou 34
	82384		23	ou 33
	98813		24	ou 32
	113688		25	ou 31
	125588		26	ou 30
	133288		27	ou 29
	135954		28	

Avec neuf dez.

		coups qui donnent		
Il y a	1		9	ou 54
	9		10	ou 53
	45		11	ou 52
	165		12	ou 51
	495		13	ou 50
	1287		14	ou 49
	2994		15	ou 48
	6354		16	ou 47
	12465		17	ou 46
	22825		18	ou 45
	39303		19	ou 44
	63999	coups qui donnent	20	ou 43
	98979		21	ou 42
	145899		22	ou 41
	205560		23	ou 40
	277464		24	ou 39
	339469		25	ou 38
	447669		26	ou 37
	536569		27	ou 36
	619569		28	ou 35
	689715		29	ou 34
	740619		30	ou 33
	767394		31	ou 32

On trouvera par cette table que 11, par exemple, s'amène en deux façons avec deux dez, en vingt-sept façons avec trois dez, en cent quatre façons avec quatre dez, en deux cents cinq façons avec cinq dez, &c.

On peut, sans avantage ni désavantage, jouer avec trois dez au passe-dix, & avec cinq dez au passe-dix-sept, & avec sept dez au passe-vingt-quatre, & ainsi de suite, en ajoutant toujours 7. Mais il faut remarquer que le nombre des dez étant pair, on ne peut faire de pareille partie, puisqu'il y a toujours un certain point qu'on peut amener plutôt que tout autre : avec deux dez, c'est 7 ; avec quatre dez, c'est 14 ; avec six dez, c'est 21, &c., en ajoutant toujours 7.

Remarque. Il faut observer que les joueurs ont établi, tant pour le jeu de la *rafle* que pour le *passe-dix*, qu'il n'y auroit de coups bons que ceux où il se trouveroit au moins deux dez semblables. Je ne peux deviner ce qui a occasionné cette règle qui ne sert qu'à amuser les joueurs, puisqu'il y a à chaque coup cinq contre quatre à parier que le coup qu'on va jouer ne sera pas bon ; & je croirois qu'on ne feroit pas mal de l'abolir, en établissant que tous les coups fussent bons, ou si l'on veut (en renversant la règle ordinaire) que ceux-là seuls fussent réputés pour bons où tous les dez marqueroient différens points ; ainsi on auroit moins de ces coups inutiles, qui ennuient presque toujours & les joueurs & les spectateurs. Au reste avec l'un ou l'autre de ces changemens, le passe-dix seroit toujours un jeu égal. La table précédente le prouve dans la supposition que tout coup soit réputé bon. Je ferai voir dans la suite que ce jeu seroit encore égal, en supposant qu'il n'y eût de coups de bon que ceux où tous les dez seroient différens, ou bien, selon la règle ordinaire de ce jeu, qu'il n'y ait de bons que ceux où il se trouve au moins deux dez semblables.

PROBLÈME. *On demande combien on peut amener de coups différens avec un certain nombre de dez donné à volonté.*

Il faut remarquer 1°. que chaque dez ayant six faces, deux dez produisent nécessairement trente-six coups, & trois dez deux cents seize coups, ce qui est le cube de six, & quatre dez douze cents quatre-vingt-seize coups, ce qui est la quatrième puissance de six ; 2°. que dans les trente-six coups que donnent deux dez, il y en a six qui ne peuvent arriver que d'une façon, savoir, les six doublets, & qu'il y en a quinze, savoir, 6 & as, 6 & 2, 6 & 3, 6 & 4, 6 & 5 ; 5 & as, 5 & 2, 5 & 3, 5 & 4 ; 4 & as, 4 & 2, 4 & 3 ; 3 & as, 3 & 2 ; 2 & as, qui chacun peuvent arriver en deux manières ; car celui des deux dez qui a amené un as ; l'autre dez étant un 6, peut être un 6 ; l'autre étant un as, & ainsi des autres. Il est donc certain qu'il n'y a que vingt-un coups différens dans deux dez, quoique réellement il y ait trente-six coups dans deux dez.

On peut remarquer la même chose pour trois dez, par exemple as, as & 2 peut arriver en trois façons ; car chacun des trois dez pourra être un 2, les deux autres étant des as ; & de même as, 2, 3 peut arriver en six façons ; car l'un des trois dez marquant un as ; chacun des deux autres peut être ou un 2 ou un 3 ; & l'un des trois dez étant un 2, chacun des deux autres peut être ou un as ou un 3 ; & enfin l'un des trois dez étant un 3, chacun des deux autres peut être ou un as ou un 2. On voit donc que si dans les deux cents seize coups possibles de trois dez, on ne veut compter as, 2, 3 & as, as, 2, & chacun des autres de cette espèce, que pour un coup, c'est-à-dire, ne compter qu'une fois tous ceux qui arrivent ou en trois ou en six

Jeux mathématiques.

façons ; ce nombre de deux cents seize réduit aux seuls coups qui sont différens les uns des autres, sera beaucoup moindre : il s'agit de trouver une méthode pour déterminer ce nombre de coups différens les uns des autres pour tel nombre de dez que ce soit. En voici une très-générale & très-abrégée.

Soit $p = 6$: on aura le nombre cherché de coups pour un dez $= p$, pour deux dez $= p \times \dfrac{p+1}{2}$, pour trois dez $= p \times \dfrac{p+1}{2} \times \dfrac{p+2}{3}$, pour quatre dez $= p \times \dfrac{p+1}{2} \times \dfrac{p+2}{3} \times \dfrac{p+3}{4}$, pour cinq dez $= p \times \dfrac{p+1}{2} \times \dfrac{p+2}{3} \times \dfrac{p+3}{4} \times \dfrac{p+4}{5} \times$ &c. en sorte que dans deux dez on aura vingt-un coups différens, cinquante-six dans trois dez, cent vingt-six dans quatre dez, deux cents cinquante-deux dans cinq dez, quatre cents soixante-deux dans six dez, sept cents quatre-vingt-douze dans sept dez, douze cents quatre-vingt-sept dans huit dez, &c.

On pourra remarquer que ces nombres 6, 21, 56, 126, 252, 462, 792, 1287, & les autres suivans composent la sixième bande transversale de la table, *p. 80*, continuée à discrétion.

PROBLÈME. *Pierre joue contre Paul au passe-dix, & tient le dez ; Paul lui propose de lui donner un point à condition que cet as qu'il donne servira à rendre les coups bons lorsque Pierre amènera un as d'un de ses trois dez : on demande si Pierre doit accepter ce parti.*

La raison de douter est que si ce quatrième dez qui porte un as, donne à Pierre des coups favorables, qui sans cela eussent été contraires ou indifférens, il y en a plusieurs aussi entre ceux qui étoient indifférens, ou même favorables à Pierre, qui lui deviennent contraires.

i

Pour réfoudre cette queſtion, il faut conſulter la *table* ci deſſus pour trois dez. On remarquera, 1°. qu'il y a quarante-huit coups qui font gagner Pierre, indépendamment de ce quatrième dez;

2°. Qu'il y en a vingt-quatre qui l'euſſent fait recommencer, & qui par le moyen de ce nouvel as le font gagner : ces vingt-quatre coups font, 6, 4, 1; 6, 5, 1; 6, 3, 1; 5, 4, 1;

3°. Qu'il y en a neuf qui le font gagner, & qui fans ce quatrième dez l'euſſent fait perdre : ces neuf coups font 4, 4, 2; 4, 3, 3; 6, 2, 2;

4°. Qu'il y a trente-neuf coups qui le font perdre indépendamment du quatrième dez, & trente-ſix qui le font perdre à cauſe de ce nouvel as, & qui fans cela étoient indifférens : ces trente-ſix coups font, 1, 4, 2; 1, 2, 3; 1, 2, 5; 1, 2, 6; 1, 3, 4; 1, 3, 5; en forte qu'il reſte foixante coups indifférens, favoir; 4, 3, 2; 5, 3, 2; 6, 3, 2; 5, 4, 2; 6, 4, 2; 5, 4, 3; 6, 6, 4, 3. Il y auroit donc dans ce parti de l'avantage pour Pierre, mais ce ne feroit que de la cinquante-deuxième partie de l'argent mis à la gageure.

On peut obſerver que ſi on ne comptoit un point au profit de Pierre que lorſque l'as, repréſenté par le quatrième dez, fert à rendre bon un coup qui eût été nul, le parti feroit déſavantageux à Pierre, & fon déſavantage feroit préciſément le quadruple de ce qu'eſt ſon avantage dans la ſuppoſition précédente.

Dez *chargé*. C'eſt un dez dont on a rendu une des faces plus peſante que les autres. Le but de cette friponnerie eſt d'amener le point foible ou fort à diſcrétion.

On *charge* les dez en rempliſſant les points même de quelque matière plus lourde en pareil volume que la quantité d'ivoire qu'on a ôtée pour les marquer.

On les *charge* encore d'une manière plus fine; c'eſt en tranſpoſant le centre de gravité hors du centre de maſſe : ce qui ſe peut, ce qui eſt même très-ſouvent contre l'intention du tabletier & des joueurs, lorſque la matière des dez n'eſt pas d'une conſiſtance uniforme. Alors il eſt naturel que le dez s'arrête plus ſouvent ſur la face dont le centre de gravité eſt le moins éloigné.

Exemple. Si un dez a été coupé dans une dent, de manière qu'une de ces faces ſoit faite de l'ivoire qui touchoit immédiatement à la concavité de la dent, & que la face oppoſée ait par conſéquent été priſe dans l'extrémité ſolide de la dent, il eſt clair que cet endroit fera plus compact que l'endroit oppoſé, & que le dez fera *chargé* tout naturellement : on peut donc fans fourberie étudier les dez au trictrac, & à tout autre jeu de dez. La petite différence qui ſe trouve entre l'égalité de peſanteur en tout fens, ou pour parler plus exactement, entre le centre de peſanteur & celui de maſſe, ſe fait fentir à la longue, & donne un avantage certain à celui qui la connoît. Or, le plus petit avantage certain pour un des joueurs, à l'excluſion des autres, dans un jeu de haſard, eſt preſque le ſeul qui reſte quand le jeu dure long temps.

Voyez *chargé* (Dez), *Dictionnaire des Mathématiques*.

Voyez l'article ci devant, page 25, *Combinaiſons frauduleuſes*.

Débanquer. C'eſt, au pharaon, à la baſſette, & à tout autre jeu de banque ou de haſard, épuiſer le banquier, & lui gagner tout ce qu'il avoit d'argent, ce qui le force de quitter la partie.

D U P E. *(jeu de la)*

C'eſt une eſpèce de lanſquenet renverſé. La différence de ce jeu à celui du lanſquenet conſiſte en ce qui ſuit : 1°. Celui qui tient la *dupe* fe donne la première carte ;

2°. Celui qui a coupé les cartes eft obligé de prendre la feconde ;

3°. Les autres joueurs peuvent prendre ou refufer la carte qui leur eft préfentée ;

4°. Celui qui prend une carte double eft obligé d'en faire le parti ;

5°. Celui qui tient la *dupe* ne quitte point les cartes, & conferve toujours la main.

La reffemblance qu'il y a de ce jeu avec celui du lanfquenet a fait imaginer aux joueurs qu'il y a du défavantage pour celui qui tient la main, & d'autant plus qu'à ce jeu la main ne change point, au lieu qu'au lanfquenet chacun la tient à fon tour. Sur ce fondement, ils lui ont donné le nom de la *dupe* ; mais il ne lui convient nullement, car il eft aifé de découvrir que l'égalité eft parfaite dans ce jeu, & pour les joueurs entre eux, & pour celui qui tient la main à l'égard des joueurs. Il fuffit de faire cette remarque, un peu d'attention en convaincra ceux qui voudront prendre la peine de l'examiner.

Voyez Lansquenet.

E

É C H E C S.

ÉCHECS. (*jeu des*)

On prendra une jufte idée du jeu des *échecs* en étudiant l'excellent traité qu'en a donné le rédacteur du *Dictionnaire des Jeux*.

Cependant pour ne laiffer rien à defirer aux amateurs de ce jeu favant, nous avons cru devoir rapporter ici la doctrine de Philidor qui a été conftamment regardé en France, & dans toute l'Europe, non-feulement comme le plus habile, mais encore comme le plus étonnant joueur d'échecs. C'eft à fon occafion que Jaucourt, à l'article du jeu des *échecs*, dans l'ancienne *Encyclopédie*, s'exprime ainfi :

« On conçoit aifément par le nombre
» des pions, la diverfité de leurs marches,
» & le nombre des cafes, combien ce jeu
» doit être difficile. Cependant nous avons
» vu à Paris un jeune homme de l'âge de
» 18 ans qui jouoit à la fois deux parties
» d'échecs fans voir le dernier, & gagnoit
» deux joueurs au-deffus de la force mé-
» diocre, à qui il ne pouvoit faire, à
» chacun en particulier, *avantage* que du
» *cavalier* en voyant le damier.

» Nous ajouterons, continue Jaucourt,
» à ce fait une circonftance dont nous
» avons été témoin oculaire, c'eft qu'au
» milieu d'une de fes parties on lui fit
» une fauffe marche de propos délibéré,
» & qu'au bout d'un affez grand nombre
» de coups il reconnut la fauffe marche, &
» fit remettre la pièce où elle devoit être.
» Ce jeune homme s'appelle Philidor, il
» eft fils d'un muficien qui a eu de la ré-
» putation ; il eft lui-même grand mufi-
» cien & le premier joueur de dames po-
» lonoifes qu'il y ait peut-être jamais eu,
» & qu'il y aura peut-être jamais. C'eft
» un des exemples les plus extraordinaires
» de la force de la mémoire & de l'ima-
» gination. »

Philidor eft mort vers 1796 à Londres, où il préfidoit à un club de joueurs d'échecs dont il étoit l'oracle, comme il l'étoit de tous les plus fameux joueurs d'*échecs* du monde, qui avoient recours à fes décifions dans les coups finguliers & difficiles.

Les auteurs qui ont traité du jeu des échecs n'ont donné (dit Philidor dans fon Avant-propos) que des inftructions im parfaites & infuffifantes pour former un bon joueur ; ils ne fe font uniquement occupés qu'à enfeigner des ouvertures de jeux, & enfuite ils nous abandonnent au foin d'en étudier les fins, de forte que le joueur refte à-peu-près auffi embarraffé que s'il eût été contraint de commencer la partie fans inftruction. J'ofe dire hardiment, ajoute-t-il, que celui qui faura mettre en ufage les règles que je donne ici, ne fera jamais dans le même cas. J'omets tous les mats, excepté celui du fou & de la tour, contre une tour adverfaire, étant le mat le plus difficile qu'il y ait fur l'échiquier. Enfin, mon but prin cipal eft de me rendre recommandable par une nouveauté dont perfonne ne s'eft avifé, ou peut-être n'en a été capable ; c'eft celle de bien jouer les pions ; ils font l'ame des *échecs* ; ce font eux qui forment uniquement l'attaque & la défenfe, & de leur bon ou mauvais arrangement dépend entièrement le gain ou la perte de la partie.

Dans les quatre premières parties ci-après on verra, depuis le commencement jufqu'à la fin, une attaque & une défenfe régulière de part & d'autre. On y pourra apprendre par les réflexions que je donne fur les coups principaux, & qui paroiffent les moins intelligibles, la raifon pour laquelle on eft contraint de les jouer, & qu'en jouant toute autre chofe on perd indubitablement la partie. C'eft ce que je fais par des renvois, afin qu'en voyant les effets, on puiffe d'autant mieux en concevoir les raifons.

On verra dans les *gambits* que ces fortes de parties ne décident rien en faveur de celui qui attaque, ni de celui qui les défend, & lorfqu'on joue bien de part & d'autre la partie fe réduit plutôt à une remife qu'à un gain affuré d'un côté ou de l'autre. Il eft vrai que fi l'un ou l'autre fait une faute dans les dix ou douze premiers coups, la partie eft perdue. Mes renvois qui feront plus fréquens, quoique moins inftructifs que ceux de mes autres parties, le feront voir.

Le gambit de la dame entraînant après foi, dans les premiers coups, un grand nombre de différentes parties, a rebuté jufqu'à-préfent tous les auteurs d'en entreprendre la diffection. Ils fe font contentés d'en parler, & de nous donner quelques commencemens remplis de faux coups. Je me flatte d'en avoir trouvé la véritable défenfe.

N. B. En finiffant, j'avertis les amateurs que dans toutes mes remarques, renvois, &c., pour éviter toute équivoque je traite toujours le *blanc* à la feconde perfonne, & le *noir* à la troifième : comme par exemple, *vous jouez, vous prendrez, vous auriez pris,* s'entend toujours le *blanc* ; & *il joue, il prendra, il auroit pris,* s'entend le *noir*.

Il eft évident, d'après ces obfervations de l'auteur, que fon traité doit être rapporté dans toute fon intégrité, & qu'on ne pourroit le tronquer, ni l'analyfer fans nuire à l'enfemble ou à la férie des inftructions qu'il y donne.

C'eft donc fatisfaire à-la-fois la confiance, la curiofité & l'intérêt des amateurs du jeu des *échecs* que de leur préfenter toute cette doctrine fi précife, fi effentielle & fi lumineufe de Philidor, telle qu'il l'a publiée lui même.

D'ailleurs, fon ouvrage, imprimé en pays étranger, eft devenu rare, & très-difficile à trouver en France.

JEU DES ÉCHECS,

PAR A. D. PHILIDOR.

Première partie où il y a deux renvois, l'un au douzième, & l'autre au trente-septième coup.

I.

Blanc. Le pion du roi, deux pas.

Noir. De même.

2.

B. Le fou du roi, à la quatrième case du fou de sa dame.

N. De même.

3.

B. Le pion du fou de la dame, un pas.

N. Le chevalier du roi, à la troisième case de son fou.

4.

B. Le pion de la dame, deux pas (1).

N. Le pion le prend.

5.

B. Le pion reprend le pion (2).

N. Le fou du roi, à la troisième case du chevalier de sa dame (3).

6.

B. Le chevalier de la dame, à la troisième case de son fou.

N. Le roi roque.

7.

B. Le chevalier du roi, à la seconde case de son roi (4).

N. Le pion du fou de la dame, un pas.

8.

B. Le fou du roi, à la troisième case de sa dame (5).

N. Le pion de la dame, deux pas.

9.

B. Le pion du roi, un pas.

N. Le chevalier du roi, à la case de son roi.

---

(1) Ce pion se pousse deux pas pour deux raisons d'importance ; la première, pour empêcher le fou du roi de votre adversaire de battre sur le pion du fou de votre roi ; la seconde, pour mettre la force de vos pions dans le milieu de l'échiquier ; ce qui est de grande conséquence pour parvenir à faire une dame.

(2) Lorsque vous vous trouvez dans la situation présente, savoir ; un de vos pions à la quatrième case de votre roi, & l'autre à la quatrième case de votre dame, il faut se garder d'en pousser aucuns des deux avant que votre adversaire ne propose de changer l'un pour l'autre ; c'est ce que vous éviterez alors, en poussant en avant le pion

qui est attaqué. Il faut aussi remarquer que des pions soutenus sur la même ligne, comme sont à-présent ces deux pions, empêchent beaucoup les pièces de votre adversaire de se poster dans votre jeu. Cette règle peut également servir pour tous les pions situés ainsi.

(3) Si au lieu de se retirer ce fou donne échec, il faut couvrir du fou ; & si en cas il prend votre fou, il faut reprendre du cavalier, puisque par ce moyen il défend le pion de votre roi, qui autrement resteroit en prise ; mais préalablement il ne le prendra pas, parce qu'un bon joueur tâche de conserver le fou de son roi tant qu'il est possible.

(4) Il faut se garder de le jouer à la troisième case de son fou, avant que le pion de ce fou ne soit avancé de deux pas, parce qu'autrement le cavalier empêcheroit sa marche.

(5) Ce fou se retire pour éviter d'être attaqué par le pion de la dame noire, parce qu'en tel cas vous seriez contraint de prendre son pion avec le vôtre ; ce qui ôteroit la force de votre jeu, & gâteroit le projet marqué dans la première & seconde observation.

Voyez les notes 1 & 2.

10.

B. Le fou de la dame, à la troisième case du roi.

N. Le pion du fou du roi, un pas (1).

11.

B. La dame, à sa seconde case (2).

N. Le pion du fou du roi prend le pion (3).

12.

B. Le pion de la dame le reprend.

N. Le fou de la dame, à la troisième case de son roi (4).

---

(1) Il joue ce pion pour faire une ouverture à sa tour, & cela ne peut lui manquer, soit qu'il soit pris, ou qu'il prenne.

(2) Si au lieu de jouer votre dame, vous preniez le pion qui vous est offert, vous feriez une grosse faute, parce qu'en tel cas votre pion royal perdroit sa ligne, au lieu qu'en le laissant prendre, vous le remplacez par celui de votre dame, & le soutenez ensuite par celui du fou de votre roi. Ces deux pions ensemble doivent indubitablement faire le gain de votre partie, puisque pour les séparer il faudra nécessairement que votre adversaire perde une pièce, ou qu'il souffre qne l'un ou l'autre de ces pions aille à dame, comme vous verrez par la suite. Il est donc de conséquence de jouer votre dame, 1°. pour soutenir ce grand pion du fou de votre roi ; 2°. pour soutenir le fou de votre dame, qui étant pris vous obligeroit à reprendre le sien par le même pion qui doit soutenir celui de votre roi ; ce qui causeroit non-seulement la séparation de vos meilleurs pions, mais la perte de la partie sans aucune ressource.

(3) Il prend le pion pour suivre son projet, qui est celui de faire place à sa tour.

(4) Il joue ce fou pour soutenir le pion de sa dame, & pousser ensuite le pion du fou de sa dame ; mais comme il pourroit prendre votre fou sans préjudice du coup qu'il joue, il choisit plutôt de vous laisser prendre, parce qu'en tel cas il fait place à la tour de sa dame, quoiqu'il fasse par-là doubler le pion de son cavalier ; mais il faut observer qu'un pion doublé, lorsqu'il est entouré de trois ou quatre autres pions, n'est point du

13.

B. Le cavalier du roi, à la quatrième case du fou de son roi (5).

N. La dame, à la seconde case de son roi.

14.

B. Le fou de la dame prend le fou noir.

N. Le pion prend le fou (6).

15.

B. Le roi roque du côté de sa tour (7).

N. Le chevalier de la dame, à la seconde case de sa dame.

16.

B. Le cavalier prend le fou noir.

N. La dame reprend le cavalier.

---

tout désavantageux. Cependant pour que ce coup ne soit point critiqué, j'en ferai le sujet d'un renvoi qui commencera au douzième coup de cette présente partie, où le fou noir prendra le fou de la dame blanche, & ferai voir qu'en jouant parfaitement bien des deux côtés, la partie reviendra toujours au même. Le pion du roi avec celui de la dame, ou celui du fou du roi, bien joués & bien soutenus, doivent indubitablement gagner la partie. Je ne pourrai faire les renvois que dans les coups les plus essentiels ; car si je prétendois faire de même sur tous les différens coups, cela m'entraîneroit à l'infini.

(5) Le pion de votre roi n'étant point encore en danger, votre cavalier attaque immédiatement son fou pour le déloger.

(6) Comme il est toujours dangereux de laisser le fou du roi de l'adverfaire sur la ligne qui bat le pion du fou de votre roi, outre que cette pièce est indubitablement celle qui peut vous nuire dans l'attaque, il faut non-seulement lui opposer, quand on peut, le fou de la dame, mais il faut s'en défaire pour une autre pièce, quand l'occasion se présente.

(7) Vous roquez du côté de la tour du roi, pour soutenir d'autant mieux le pion du fou de votre roi, que vous avancerez deux pas aussi-tôt que celui de votre roi sera attaqué.

17.

B. Le pion du fou du roi, deux pas.

N. Le chevalier du roi, à la seconde
case du fou de sa dame.

18,

B. La tour de la dame, à la case de
son roi.

N. Le pion du chevalier du roi, un
pas (1).

19.

B. Le pion de la tour du roi, un
pas (2).

N. Le pion de la dame, un pas.

20.

B. Le chevalier, à la quatrième case
de son roi.

N. Le pion de la tour du roi, un
pas (3)

21.

B. Le pion du chevalier de la dame,
un pas.

N. Le pion de la tour de la dame, un
pas.

22.

B. Le pion du chevalier du roi, deux
pas.

N. Le chevalier du roi, à la quatrième
case de sa dame.

23.

B. Le chevalier, à la troisième case du
chevalier de son roi (4).

N. Le chevalier du roi, à la troisième
case du roi adversaire (5).

24.

B. La tour de la dame prend le chevalier.

N. Le pion reprend la tour.

25.

B. La dame prend le pion.

N. La tour de la dame prend le pion
de la tour opposée.

26.

B. La tour, à la case de son roi (6).

N. La dame prend le pion du chevalier
de la dame blanche.

27.

B. La dame, à la quatrième case de
son roi.

N. La dame, à la troisième case de son
roi (7).

---

(1) Il est contraint de jouer ce pion pour empêcher que vous ne poussiez celui du fou du roi
sur sa dame.

(2) Ce pion de la tour du roi se joue pour
unir tous vos pions, & les pousser ensuite avec
vigueur.

(3) Il joue ce pion pour empêcher votre cavalier d'entrer dans son jeu, & de faire déplacer sa
dame ; ce qui donneroit d'abord un champ libre
à vos pions.

(4) Vous jouez ce chevalier pour pousser ensuite le pion du fou de votre roi, qui est alors
soutenu par trois pièces, le fou, la tour & le
chevalier.

(5) Il joue ce chevalier pour empêcher votre
projet & rompre vos pions, ce qu'il feroit indubitablement en avançant le pion du chevalier de
son roi ; mais en sacrifiant la tour, vous rompez
son dessein.

(6) Vous jouez cette tour pour soutenir le pion
de votre roi, qui resteroit en prise en poussant
celui du fou de votre roi.

(7) La dame revient à la troisième case de son
roi, pour parer le mat qui se prépare.

28.

B. Le pion du fou du roi, un pas.

N. Le pion le prend.

29.

B. Le pion reprend le pion (1).

N. La dame, à sa quatrième case (2).

30.

B. La dame prend la dame.

N. Le pion reprend la dame.

31.

B. Le fou prend le pion en prise.

N. Le chevalier, à sa troisième case.

32.

B. Le pion du fou du roi, un pas (3).

N. La tour de la dame, à la seconde case du chevalier de la dame contraire.

33.

B. Le fou, à la troisième case de sa dame.

N. Le roi, à la seconde case de son fou.

---

(1) Si vous ne repreniez point du pion, votre premier projet fait dès le commencement du jeu se réduiroit à rien, & vous courriez risque de perdre la partie.

(2) La dame offre à changer pour gâter le projet du mat par le fou & la dame de l'adversaire.

(3) Il est à observer que quand vous avez un fou sur le blanc, il faut ranger vos pions sur le noir, parce qu'en tel cas votre fou sert à chasser le roi ou les pièces qui veulent se glisser parmi eux ; peu de joueurs ont fait cette remarque, qui est pourtant fort essentielle.

34.

B. Le fou, à la quatrième case du fou du roi noir.

N. Le chevalier, à la quatrième case du fou de la dame blanche.

35.

B. Le chevalier, à la quatrième case de la tour du roi noir.

N. La tour du roi donne échec.

36.

B. Le fou couvre l'échec.

N. Le chevalier, à la seconde case de la dame blanche.

37.

B. Le pion du roi donne échec.

N. Le roi, à la troisième case de son cavalier (4).

38.

B. Le pion du fou du roi, un pas.

N. La tour, à la case du fou de son roi.

39.

B. Le chevalier donne échec à la quatrième case du fou de son roi.

N. Le roi, à la seconde case de son cavalier.

40.

B. Le fou, à la quatrième case de la tour du roi noir.

N. Ce qu'il voudra, le blanc pousse à dame.

---

(4) Le roi pouvant se retirer à la case de son fou, cela donne lieu à un second renvoi sur ce coup.

Premier

Premier renvoi de la première partie, qui change au douzième coup que le noir joue.

12.

Blanc.

Noir. Le fou du roi prend le fou de la dame blanche.

13.

B. La dame reprend le fou.

N. Le fou de la dame, à la troisième case de son roi.

14.

B. Le chevalier du roi, à la quatrième case du fou de son roi.

N. La dame, à la seconde case de son roi.

15.

B. Le chevalier prend le fou.

N. La dame prend le chevalier.

16.

B. Le roi roque du côté de sa tour.

N. Le chevalier de la dame, à la seconde case de sa dame.

17.

B. Le pion du fou du roi, deux pas.

N. Le pion du chevalier du roi, un pas.

18.

B. Le pion de la tour du roi, un pas.

N. Le chevalier du roi, à sa seconde case.

19.

B. Le pion du chevalier du roi, deux pas.

N. Le pion du fou de la dame, un pas.

Jeux mathématiques.

20.

B. Le chevalier, à la seconde case de son roi.

N. Le pion de la dame, un pas.

21.

B. La dame, à sa seconde case.

N. Le chevalier de la dame, à sa troisième case.

22.

B. Le chevalier, à la troisième case du chevalier de son roi.

N. Le chevalier de la dame, à la quatrième case de sa dame.

23.

B. La tour de la dame, à la case de son roi.

N. Le chevalier de la dame, à la troisième case du roi blanc.

24.

B. La tour prend le chevalier.

N. Le pion reprend la tour.

25.

B. La dame reprend le pion.

N. La dame prend le pion de la tour de la dame blanche.

26.

B. Le pion du fou du roi, un pas.

N. La dame prend le pion.

27.

B. Le pion du fou du roi, un pas.

N. Le chevalier, à la case de son roi.

28.

B. Le pion du chevalier du roi, un pas.

N. La dame, à la quatrième cafe de la dame blanche.

29.

B. La dame prend la dame.

N. Le pion reprend la dame.

30.

B. Le pion du roi, un pas.

N. Le chevalier, à la troifième cafe de la dame.

31.

B. Le chevalier, à la quatrième cafe de fon roi.

N. Le chevalier, à la quatrième cafe du fou de fon roi.

32.

B. La tour prend le chevalier.

N. Le pion reprend la tour.

33.

B. Le chevalier, à la troifième cafe de la dame noire.

N. Le pion du fou du roi, un pas, ou toute autre chofe, la perte étant inévitable.

34.

B. Le pion du roi, un pas.

N. La tour, à la cafe du chevalier de fa dame.

35.

B. Le fou donne échec.

N. Le roi fe retire n'ayant qu'un feul endroit.

36.

B. Le chevalier donne échec.

N. Le roi, où il peut.

37.

B. Le chevalier, à la cafe de la dame noire donnant échec à la découverte.

N. Le roi, où il peut.

38.

B. Pouffe le pion du roi à dame, & donne échec & mat.

Cette partie ne demande point d'animadverfions, puifqu'elle retient la plupart des coups de l'autre partie.

Second renvoi de la première partie, commençant au trente-feptième coup.

37.

Blanc. Le pion du roi donne échec.

Noir. Le roi, à la cafe de fon fou.

38.

B. La tour, à la cafe de la tour de fa dame.

N. La tour donne échec à la cafe du chevalier de la dame blanche.

39.

B. La tour prend la tour.

N. Le chevalier reprend la tour.

40.

B. Le roi, à la feconde cafe de fa tour.

N. Le chevalier, à la troifième cafe du fou de la dame blanche.

41.

B. Le chevalier, à la quatrième case du fou de son roi.

N. Le chevalier, à la quatrième case du roi blanc.

42.

B. Le chevalier prend le pion.

N. La tour, à la quatrième case du chevalier de son roi.

43.

B. Le pion du roi, un pas, & donne échec.

N. Le roi, à la seconde case de son fou.

44.

B. Le fou donne échec à la troisième case du roi noir.

N. Le roi prend le fou.

45.

B. Le pion du roi pousse à dame, & gagne la partie.

SECONDE PARTIE, dans laquelle il y aura trois renvois, un sur le troisième, l'autre sur le huitième, & le dernier sur le vingt-sixième coup.

1.

Blanc. Le pion du roi, deux pas.

Noir. De même.

2.

B. Le fou du roi, à la quatrième case du fou de sa dame.

N. Le pion du fou de la dame, un pas.

3.

B. Le pion de la dame, deux pas (1).

N. Le pion prend le pion (2).

4.

B. La dame reprend le pion.

N. Le pion de la dame, un pas.

5.

B. Le pion du fou du roi, deux pas.

N. Le fou de la dame, à la troisième case de son roi (3).

6.

B. Le fou du roi, à la troisième case de sa dame.

N. Le pion de la dame, un pas.

---

(1) Il est absolument nécessaire de pousser ce pion deux pas, parce qu'en jouant toute autre chose, il gagneroit le trait, & par conséquent l'attaque sur vous : cela non-seulement derangerait tout votre jeu, mais en poussant le pion de sa dame deux pas, il vous ôteroit le moyen d'empêcher qu'il ne mette la force de ses pions au milieu de l'échiquier, & cela causeroit ensuite la perte inévitable de votre partie, supposant toujours que ni vous ni lui ne fassiez aucune faute.

(2) S'il refuse de prendre votre pion pour suivre immédiatement son projet, qui est de déranger votre fou en poussant dessus lui le pion de sa dame, il ne doit pas moins perdre la partie, supposant toujours que l'on joue bien de part & d'autre, parce qu'il ne pourra pas éviter de perdre le pion de sa dame, qui se trouvera séparé de ses camarades ; cela donne lieu à un grand changement dans les dispositions : ce qui donnera lieu au premier renvoi que vous trouverez après la fin de la partie.

(3) Il joue ce fou pour trois bonnes raisons. La première & principale, c'est pour pouvoir pousser le pion de sa dame, & par ce moyen faire place au fou de son roi. La deuxième, pour s'opposer au fou du vôtre : & la troisième, pour s'en défaire dans l'occasion, selon la réglé déjà prescrite dans la première partie. Voyez la note 6 de la première partie, page 70.

7.

B. Le pion du roi, un pas.

N. Le pion du fou de la dame, un pas.

8.

B. La dame, à la seconde case du fou de son roi.

N. Le chevalier de la dame, à la troisième case du fou de sa dame (1).

9.

B. Le pion du fou de la dame, un pas.

N. Le pion du chevalier du roi, un pas.

10.

B. Le pion de la tour du roi, un pas.

N. Le pion de la tour du roi, deux pas (2).

---

(1) Si au lieu de fortir fes pièces, comme il fait en jouant ce cavalier, il s'avifoit de continuer à pouffer fes pions, il perdroit bien plus facilement la partie, parce qu'il faut observer qu'un pion, ou même deux, lorfqu'ils font trop avancés, à l'exception que toutes les pièces n'aient un champ libre pour les fecourir, ou que lefdits pions ne puiffent être foutenus ou remplacés par d'autres, il faut les compter comme perdus : c'eft ce que vous verrez par un fecond renvoi dans cette partie que je fais au huitième coup, par lequel vous pourrez être convaincu que deux pions de front à la quatrième case de votre jeu, valent mieux que s'ils étoient fitués à la fixième, parce qu'étant fi éloignés de leur corps, ils font proprement à comparer, comme dans une armée, à des avant-gardes, ou fentinelles perdues.

(2) Il pouffe ce pion deux pas, pour empêcher que vos pions ne viennent fondre fur les fiens, qui ne font que trois contre quatre. Il faut donc obferver que, dans la fituation préfente, deux corps égaux de pions fe trouvent fur l'échiquier ; vous en avez quatre du côté de votre roi contre trois des fiens, & il n'en a pas moins contre vous du côté de fa dame. Ceux du côté du roi ont l'avantage, le roi étant mieux gardé ; cependant celui des deux qui

11.

B. Le pion du chevalier du roi, un pas.

N. Le chevalier du roi, à la troifième case de fa tour.

12.

B. Le chevalier du roi, à la troifième case de son fou

N. Le fou du roi, à la feconde case de fon roi.

13.

B. Le pion de la tour de la dame, deux pas.

N. Le chevalier du roi, à la quatrième case de fon fou.

14.

B. Le roi, à la case de fon fou (3).

N. Le pion de la tour du roi, un pas.

15.

B. Le pion du chevalier du roi, un pas.

N. Le chevalier donne échec au roi & à la tour.

16.

B. Le roi, à la feconde case de fon cavalier.

N. Le chevalier prend la tour.

---

pourra le plutôt féparer les pions de fon adverfaire, particulièrement du côté où ils font les plus forts, doit indubitablement gagner la partie.

(3) Vous jouez votre roi pour pouvoir, en cas de befoin, former l'attaque à votre gauche comme à la droite.

17.

B. Le roi prend le chevalier (1).

N. La dame, à sa seconde case.

18.

B. La dame, à la case du chevalier de son roi (2).

N. Le pion de la tour de la dame, deux pas.

19.

B. Le fou de la dame, à la troisième case de son roi (3).

N. Le pion du chevalier de la dame, un pas.

20.

B. Le chevalier de la dame, à la troisième case de sa tour.

N. Le roi roque du côté de sa dame (4).

(1) Quoiqu'une tour soit une meilleure pièce qu'un chevalier, vous avez plutôt de l'avantage à ce change, parce qu'il faut considérer 1°. que ce cavalier a joué déjà quatre coups pour prendre cette tour, pendant que votre tour n'a pas encore bougé de sa place. 2°. Cette perte met tellement votre roi en sûreté, que vous êtes en état de former votre attaque, de quel côté que le roi de votre adversaire puisse roquer.

(2) Il est de conséquence de jouer votre dame pour soutenir le pion du fou de votre roi, crainte qu'il ne sacrifie son fou pour vos deux pions; ce qu'il feroit indubitablement, parce que toute la force de votre jeu consistant à présent dans vos pions, ce seroit son jeu de la rompre, d'autant plus qu'il gagneroit par ce moyen une forte attaque sur vous, qui pourroit causer la perte de votre partie.

(3) Vous jouez ce fou dans l'intention de lui faire pousser le pion du fou de sa dame; ce qui vous donneroit la partie en peu de coups, parce que cela donneroit passage à vos chevaliers.

(4) Il roque du côté de sa dame pour éviter la grande force de vos pions du côté de son roi, d'autant plus qu'ils sont déjà beaucoup plus avancés que ceux du côté de votre dame.

21.

B. Le fou du roi donne échec.

N. Le roi, à la seconde case du fou de sa dame.

22.

B. Le chevalier de la dame, à la seconde case de son fou (5).

N. La tour de la dame, à sa case.

23.

B. Le fou du roi, à la quatrième case du chevalier de la dame noire.

N. La dame, à sa case (6).

24.

B. Le pion du chevalier de la dame, deux pas.

N. La dame, à la case du fou de son roi.

25.

B. Le pion du chevalier de la dame prend le pion du fou de la dame noire.

N. Le pion du chevalier de la dame reprend le pion.

26.

B. Le chevalier du roi, à la seconde case de sa dame (7).

(5) Si au lieu de rétrograder, pour mieux faire la guerre à ses pions qui retardent le gain de votre partie, votre cavalier s'amusoit à lui donner échec, vous perdriez au moins deux coups.

(6) Il joue sa dame dans le dessein de la mettre ensuite à la case du fou de son roi, afin de soutenir toujours le pion du fou de sa dame, prévoyant bien que de ce seul pion dépend toute sa partie.

(7) Vous jouez ce cavalier pour attaquer toujours son pion.

N. Le pion du fou de la dame, un pas (1).

27.

B. Le chevalier du roi, à la troisième cafe de son fou.

N. Le pion du fou du roi, un pas (2).

28.

B. Le fou de la dame donne échec.

N. Le roi, à la seconde cafe du chevalier de sa dame.

29.

B. Le fou prend le chevalier, & donne échec.

N. Le roi reprend le fou.

30.

B. Le chevalier du roi donne échec.

N. Le roi, à la seconde cafe de sa dame (3).

31.

B. Le pion du fou du roi, un pas.

N. Le fou, à la cafe du chevalier de son roi.

---

(1) Il joue ce pion pour gagner un coup, & pour empêcher le chevalier de votre roi de se poster à la troisième cafe du chevalier de votre dame ; mais comme ce vingt-sixième coup peut se jouer différemment, il fait encore le sujet d'un troisième renvoi dans cette partie.

(2) Toute autre chose que puisse jouer le noir, il perd la partie, parce qu'au moment que vos cavaliers ont l'entrée libre dans son jeu, la partie est finie.

(3) Si son roi prend le fou de votre dame, vous gagnez la sienne par un échec à la découverte ; & s'il joue ailleurs, il perd le fou de sa dame.

32.

B. Le pion du roi donne échec.

N. Le roi, à sa cafe.

33.

B. Le chevalier du roi, à la quatrième cafe du chevalier de la dame noire.

N. Le fou du roi, à la troisième cafe de sa dame.

34.

B. La dame, à sa quatrième cafe (4).

N. Perdu.

Premier renvoi sur la seconde partie, au troisième coup.

3.

Blanc. Le pion de la dame, deux pas.

Noir. De même.

4.

B. Le pion du roi prend le pion.

N. Le pion du fou de la dame reprend le pion.

5.

B. Le fou donne échec.

N. Le fou couvre l'échec.

6.

B. Le fou prend le fou.

N. Le chevalier reprend le fou.

7.

B. Le pion de la dame prend le pion.

N. Le chevalier reprend le pion.

---

(4) La dame prend ensuite le pion de la dame noire, entre dans son jeu, met toutes les pièces en prise, & gagne la partie.

8.

B. La dame, à la seconde cafe de fon roi.

N. De même.

9.

B. Le chevalier de la dame, à la troifième cafe de fon fou.

N. Le roi roque.

10.

B. Le fou, à la quatrième cafe du fou de fon roi.

N. Le chevalier de la dame, à la troifième cafe de fon fou.

11.

B. Le roi roque.

N. La dame prend la dame.

12.

B. Le chevalier du roi reprend la dame.

N. Le pion de la dame, un pas.

13.

B. Le chevalier de la dame, à la quatrième cafe de fon roi.

N. Le pion du fou du roi, un pas (1).

14.

B. Le pion de la tour du roi, deux pas.

N. Le pion de la tour du roi, deux pas auffi.

15.

B. La tour du roi, à fa troifième cafe.

N. Le chevalier du roi, à la troifième cafe de fa tour.

16.

B. Le fou prend le chevalier.

N. La tour reprend le fou.

17.

B. La tour du roi, à la troifième cafe de fa dame.

N. La tour de la dame, à la cafe du roi.

18.

B. Le chevalier du roi prend le pion.

N. Le chevalier, à la quatrième cafe du chevalier de la dame blanche (2).

19.

B. La tour du roi, à la troifième cafe de fon roi.

N. Le chevalier prend le pion de la tour, & donne échec.

20.

B. Le roi, à la cafe du chevalier de fa dame.

N. Le roi fe retire.

21.

B. Le chevalier donne échec au roi & à la tour, & ayant cet avantage,

---

(1) Si au lieu de jouer ce pion, il eût joué fa tour à la cafe de fon roi pour attaquer vos deux chevaliers, vous pouviez laiffer prendre celui qui eft à la feconde cafe de votre roi, & attaquer avec l'autre le pion du fou de fon roi.

(2) S'il eût pris le chevalier avec fa tour, au lieu de jouer comme il vient de faire, le vôtre en reprenant le fien, vous auroit fait enfuite gagner le fou de fon roi par un échec de votre tour, & par conféquent la partie.

avec une bonne situation, gagne infailliblement la partie. Ces renvois font voir que jouant toujours bien de part & d'autre, celui qui a le trait doit presque toujours gagner.

Second renvoi sur la seconde partie, au huitième coup.

8.

Blanc. La dame, à la seconde case du fou de son roi.

Noir. Le pion du fou de la dame, un pas.

9.

B. Le fou du roi, à la seconde case de son roi.

N. Le pion de la dame, un pas.

10.

B. Le pion du fou de la dame, un pas.

N. Le pion de la dame, un pas.

11.

B. Le fou du roi, à sa troisième case.

N. Le fou de la dame, à la quatrième case de sa dame.

12.

B. Le pion du chevalier de la dame, un pas.

N. Le pion du chevalier de la dame, deux pas.

13.

B. Le pion de la tour de la dame, deux pas.

N. Le pion du fou de la dame prend le pion.

14.

B. Le pion de la tour de la dame reprend le pion.

N. Le fou de la dame prend le fou blanc.

15.

B. Le chevalier du roi reprend le fou.

N. Le chevalier de la dame, à la seconde case de sa dame.

16.

B. Le fou de la dame, à la troisième case de son roi.

N. La tour, à la case du chevalier de sa dame.

17.

B. Le pion du fou de la dame, un pas.

N. Le chevalier de la dame, à sa troisième case.

18.

B. Le chevalier de la dame, à la seconde case de sa dame.

N. Le fou du roi, à la quatrième case du chevalier de la dame blanche.

19.

B. Le roi roque, & doit ensuite gagner la partie, parce que tous ses pions à la droite sont soutenus, & que les deux pions de son adversaire étant séparés doivent être perdus.

Troisième & dernier renvoi sur la seconde partie, au vingt-sixième coup.

26.

Blanc. Le chevalier du roi, à la seconde case de sa dame.

Noir. Le pion du fou du roi, un pas.

27.

B. Le chevalier du roi, à la troisième case du chevalier de sa dame.

N. Le pion du fou de la dame, un pas.

28.

B. Le fou de la dame donne échec.

N. Le roi, à la seconde case du chevalier de sa dame.

29.

B. Le chevalier du roi donne échec à la quatrième case du fou de la dame noire.

N. Le fou du roi prend le chevalier.

30.

B. Le fou de la dame prend le fou.

N. La dame, à la case de son fou.

31.

B. La tour, à la case du chevalier de sa dame.

N. Le roi, à la seconde case du fou de sa dame.

32.

B. Le fou de la dame donne échec à la troisième case de la dame noire.

N. Le roi, à la case de sa dame.

33.

B. La dame donne échec à la troisième case du chevalier de la dame noire.

N. Le roi, à sa case, ou à l'autre, perd la partie.

Jeux mathématiques.

TROISIÈME PARTIE commençant par le noir, où il est démontré qu'en jouant le cavalier du roi au second coup, c'est tellement mal joué, que l'on ne peut éviter de perdre l'attaque, & de la donner à son adversaire. Je fais voir aussi dans cette partie, par trois renvois, un au troisième, l'autre au sixième, & le dernier au dixième coup, que celui qui est bien attaqué est toujours embarrassé dans la défense.

1.

Noir. Le pion du roi, deux pas.

Blanc. De même.

2.

N. Le chevalier du roi, à la troisième case de son fou.

B. Le pion de la dame, un pas.

3.

N. Le fou du roi, à la quatrième case du fou de sa dame.

B. Le pion du fou du roi, deux pas (1).

4.

N. Le pion de la dame, un pas.

B. Le pion du fou de la dame, un pas.

---

(1) Tout ce que votre adversaire eût pu jouer ou puisse jouer ensuite, c'étoit toujours votre meilleur coup, parce qu'il est très-avantageux de changer le pion du fou de votre roi pour son pion royal, puisque par ce moyen le pion de votre roi & celui de votre dame viennent se camper au milieu de l'échiquier, & sont en état d'arrêter les progrès que pourroient faire sur vous les pièces de votre adversaire; outre que vous gagnez infailliblement l'attaque sur lui, pour avoir sorti son cavalier au deuxième coup; & de plus, en perdant le pion du fou de votre roi, vous avez l'avantage qu'en roquant de son côté, votre tour se trouve d'abord en liberté & en état d'agir au commencement de la partie. C'est ce que l'on pourra voir par le premier renvoi au troisième coup.

5.

N. Le pion du roi prend le pion (1).

B. Le pion de la dame reprend le pion.

6.

N. Le fou de la dame, à la quatrième case du chevalier du roi blanc.

B. Le chevalier du roi, à la troisième case de son fou (2).

7.

N. Le chevalier de la dame, à la seconde case de sa dame.

B. Le pion de la dame, un pas.

8.

N. Le fou se retire.

B. Le fou du roi, à la troisième case de sa dame (3).

9.

N. La dame, à la seconde case de son roi.

B. De même.

10.

N. Le roi roque du côté de sa tour (4).

B. Le chevalier de la dame, à la seconde case de sa dame.

11.

N. Le chevalier du roi, à la quatrième case de sa tour (5).

B. La dame, à la troisième case de son roi.

12.

N. Le chevalier du roi prend le fou (6).

B. La dame reprend le chevalier.

---

(1) Il faut observer que s'il refuse à prendre votre pion, vous devez néanmoins le laisser toujours en prise dans sa même situation, à moins que votre adversaire ne s'avise de roquer : en tel cas vous devez, sans hésiter, ou sans l'intervalle d'un autre coup, le pousser en avant, pour fondre ensuite sur son roi avec tous les pions de votre aîle droite; vous en verrez l'effet par un second renvoi sur cette partie. Cependant il est bon de vous avertir pour règle générale, que l'on ne doit point aisément se déterminer à pousser les pions des aîles droites ou gauches avant que le roi de votre adversaire n'ait roqué, puisque probablement il se retirera toujours du côté où vos pions sont le moins avancés, et par conséquent le moins en état de lui nuire.

(2) S'il prend le chevalier, vous devez absolument reprendre du pion, qui, étant joint à ses camarades, augmente leur force ainsi que celle de votre jeu.

(3) C'est la meilleure case que puisse occuper le fou de votre roi, excepté la quatrième case du fou de votre dame, particulièrement lorsque vous avez l'attaque, & que votre adversaire n'est plus en état d'empêcher que ce fou ne batte sur le pion du fou de son roi.

(4) S'il eût roqué du côté de sa dame, c'étoit votre jeu de roquer du côté de votre roi, pour attaquer ensuite plus commodément avec les pions de votre aîle gauche. Mais il est bon d'avertir encore pour règle générale, que comme il est dangereux dans une armée d'attaquer trop tôt son ennemi, cela doit également vous servir ici de précepte de ne pas vous presser dans l'attaque des pions, avant qu'ils ne soient tous bien soutenus, & par eux-mêmes & par vos pièces; sans quoi votre attaque devient abortive. La forme de cette attaque à votre gauche se verra par un troisième & dernier renvoi sur cette partie.

(5) Il joue ce chevalier pour faire place au pion du fou de son roi, à dessein de le pousser ensuite deux pas pour tâcher de rompre le cordon de vos pions.

(6) Si au lieu de prendre votre fou, il eût poussé le pion du fou de son roi deux pas, il auroit fallu attaquer sa dame avec le fou de la vôtre; & le coup après pousser le pion de la tour de votre roi sur son fou, pour le forcer à prendre votre cavalier : en tel cas, comme j'ai déjà marqué, votre jeu auroit été de reprendre son fou avec le pion pour soutenir d'autant mieux celui de votre roi, & le remplacer en cas qu'il fût pris.

13.

N. Le fou de la dame prend le chevalier (1).

B. Le pion reprend le fou.

14.

N. Le pion du fou du roi, deux pas.

B. La dame, à la troisième cafe du chevalier de fon roi.

15.

N. Le pion prend le pion.

B. Le pion du fou le reprend.

16.

N. La tour du roi, à la troisième cafe du fou de fon roi (2).

B. Le pion de la tour du roi, deux pas (3).

17.

N. La tour de la dame, à la cafe du fou de fon roi.

B. Le roi roque du côté de fa dame.

18.

N. Le pion du fou de la dame, deux pas.

B. Le pion du roi, un pas (4).

19.

N. Le pion de la dame prend le pion.

B. Le pion de la dame, un pas.

20.

N. Le fou, à la feconde cafe du fou de fa dame.

B. Le chevalier, à la quatrième cafe de fon roi (5).

21.

N. La tour du roi, à la troifième cafe du fou du roi blanc.

---

pions fitués les uns après les autres fur la même couleur, il faut que celui qui a l'avant-garde ne foit point abandonné, & qu'il tâche toujours de conferver fon pofte. Il faut donc remarquer que le pion de votre roi ne fe trouvant pas fur la même couleur, ou en rang oblique avec les autres, votre adverfaire a pouffé le pion du fou de fa dame deux pas, pour deux raifons; la première, pour vous engager à pouffer en avant celui de votre dame, qui en tel cas feroit toujours arrêté par le pion de la fienne, & par ce moyen de faire en forte que le pion de votre roi, qui reftant en arrière, vons devienne inutile : la deuxième, pour empêcher en même-temps le fou de votre roi de battre fur le pion de la tour de fon roi. C'eft pourquoi vous devez pouffer en avant le pion de votre roi fur fa tour, & le facrifier, parce que votre adverfaire, en le prenant, ouvre un paffage libre au pion de votre dame que vous avancerez d'abord, & que vous pourrez foutenir en cas de befoin par vos autres pions, pour tâcher enfuite ou d'en faire une dame, ou d'en tirer un avantage affez confidérable pour gagner la partie. Il eft vrai que le pion de fa dame (devenu, en prenant, le pion de fon roi) a, felon l'apparence, le même avantage, qui eft de n'avoir point d'oppofition par vos pions pour aller à dame. Cependant la différence en eft grande, parce que fon pion, qui, étant féparé & ne pouvant plus être réuni & foutenu par aucun de fes camarades, il fera toujours en danger d'être pris en chemin faifant par une multitude de vos pièces qui lui feront la guerre. Il faut être déjà bon joueur pour bien juger d'un coup femblable.

(5) Il étoit néceffaire de jouer ce cavalier pour arrêter le pion de fon roi, d'autant plus que ce même pion, dans la fituation où il fe trouve, bouche le paffage à fon fou, & même à fon cavalier.

---

(1) S'il ne prenoit pas ce chevalier, il trouveroit fon fou renfermé par vos pions, ou il perdroit trois coups inutilement; ce qui cauferoit la ruine entière de fon jeu.

(2) Il joue cette tour à deux fins, qui font pour la doubler, ou pour attaquer & déplacer votre dame.

(3) Vous pouffez ce pion deux pas pour faire plus de place à votre dame, qui, étant attaquée & fe retirant derrière ce pion, bat fur le pion de la tour du roi noir; & en avançant enfuite ce pion, il devient même dangereux à votre adverfaire.

(4) Voici un coup bien difficile à comprendre & à bien expliquer. Il s'agit premièrement d'obferver que quand vous vous trouvez un cordon de

B. La dame , à la seconde cafe de fon chevalier.

22.

N. La dame , à la feconde cafe du fou de fon roi (1).

B. Le chevalier, à la quatrième cafe du chevalier du roi noir.

23.

N. La dame donne échec.

B. Le roi , à la cafe du chevalier de fa dame

24.

N. La tour prend le fou (2).

B. La tour reprend la tour.

25.

N. La dame , à la quatrième cafe du fou de fon roi.

B. La dame , à la quatrième cafe de fon roi (3).

26.

N. La dame prend la dame.

B. Le chevalier reprend la dame.

______

(1) Il joue fa dame pour donner enfuite échec; mais fi au lieu de la jouer, il eût pouffé le pion de la tour de fon roi, pour empêcher l'attaque de votre cavalier , vous auriez attaqué fon fou & fa dame avec le pion de la vôtre ; & en tel cas, il auroit été forcé de prendre votre pion, & vous auriez repris fon fou de votre cavalier, qu'il n'auroit ofé reprendre de fa dame, parce qu'elle étoit enfuite perdue par un échec à la découverte de votre fou.

(2) Il prend le fou de votre roi pour fauver le pion de la tour du fien , d'autant plus que ce fou l'incommode plus que toutes vos autres pièces ; & enfuite pour mettre fa dame fur la tour qui couvre votre roi.

(3) Ayant l'avantage d'une tour pour un fou dans la fin d'une partie , c'eft votre avantage de changer la dame , d'autant plus qu'à préfent la fienne vous incommode dans l'endroit où il vient de la jouer ; ainfi vous le forcez de prendre pour éviter le mat à fon roi.

27.

N. La tour , à la quatrième cafe du fou du roi blanc.

B. Le chevalier , à la quatrième cafe du chevalier du roi noir.

28.

N. Le pion du fou de la dame , un pas.

B. La tour de la dame , à la troifième cafe du chevalier de fon roi.

29.

N. Le chevalier , à la quatrième cafe du fou de fa dame.

B. Le chevalier, à la troifième cafe du roi noir.

30.

N. Le chevalier prend le chevalier.

B. Le pion reprend le chevalier.

31.

N. La tour , à la troifième cafe du fou de fon roi.

B. La tour du roi , à la cafe de fa dame.

32.

N. La tour prend le pion.

B. La tour du roi , à la feconde cafe de la dame noire , & gagne la partie (4).

Premier renvoi de la troifième partie , commençant au troifième coup.

3.

Noir. Le pion de la dame , deux pas.

Blanc. Le pion du fou du roi , deux pas.

______

(4) Toute autre chofe que votre adverfaire eût joué , il ne pouvoit vous empêcher de doubler vos tours , à moins de perdre fon fou , ou de vous laiffer faire une dame avec votre pion.

4.

N. Le pion de la dame prend le pion (1).
B. Le pion du fou du roi prend le pion.

5.

N. Le chevalier du roi, à la quatrième cafe du chevalier du roi blanc.
B. Le pion de la dame, un pas.

6.

N. Le pion du fou du roi, deux pas.
B. Le fou du roi, à la quatrième cafe du fou de fa dame.

7.

N. Le pion du fou de la dame, deux pas.
B. Le pion du fou de la dame, un pas.

8.

N. Le chevalier de la dame, à la troifième cafe de fon fou.
B. Le chevalier du roi, à la feconde cafe de fon roi.

9.

N. Le pion de la tour du roi, deux pas (2).
B. Le pion de la tour du roi, un pas.

10.

N. Le chevalier du roi, à la troifième cafe de fa tour.
B. Le roi roque.

11.

N. Le chevalier de la dame, à la quatrième cafe de fa tour.
B. Le fou donne échec.

12.

N. Le fou couvre l'échec.
B. Le fou prend le fou.

13.

N. La dame reprend le fou.
B. Le pion de la dame, un pas.

14.

N. Le pion du fou de la dame, un pas (3).
B. Le pion du chevalier de la dame, deux pas.

15.

N. Le pion du fou de la dame prend en paffant.
B. Le pion de la tour reprend le pion.

16.

N. Le pion du chevalier de la dame, un pas.
B. Le fou de la dame, à la troifième cafe de fon roi.

17.

N. Le fou, à la feconde cafe de fon roi.
B. Le chevalier du roi, à la quatrième cafe du fou de fon roi (4).

---

(1) Si au lieu de prendre ce pion, il prend celui du fou de votre roi, vous devez pouffer en avant le pion de votre roi fur fon chevalier, & enfuite reprendre fon pion avec le fou de votre dame.

(2) Il joue ce pion deux pas pour éviter d'avoir un pion doublé fur la ligne de la tour de fon roi, ce qu'il ne pouvoit éviter en pouffant fur fon cavalier le pion de votre tour royale; & le prenant enfuite du fou de votre dame, cela lui donneroit un très-mauvais jeu.

(3) Il joue ce pion pour couper la communication à vos pions; mais vous l'évitez en pouffant immédiatement le pion du chevalier de votre dame fur fon chevalier, qui n'ayant aucune retraite, force votre adverfaire à prendre le pion en paffant; ce qui rejoint tous vos pions, & les rend invincibles.

(4) Il femble que ce cavalier foit de peu de conféquence; c'eft cependant celui qui donne le coup de jarnac, ou, pour ne point parler figura-

18.

N. Le chevalier du roi , à fa cafe.

B. Le chevalier du roi, à la troifième cafe du chevalier du roi noir.

19.

N. La tour du roi, à fa feconde cafe.

B. Le pion du roi , un pas.

20.

N. La dame , à la feconde cafe de fon chevalier.

B. Le pion de la dame, un pas.

21.

N. Le fou du roi , à fa troifième cafe.

B. La tour du roi prend le pion.

22.

N. Le roi roque.

B. La tour du roi prend le chevalier de la dame noire.

23.

N. Le pion reprend la tour.

B. La tour de la dame prend le pion.

24.

N. Le pion de la tour de la dame , un pas.

B. La tour donne échec.

25.

N. Le roi fe retire.

B. La tour , à la feconde cafe du fou de la dame noire.

tivement , le coup décifif à la partie, parce qu'il tient les pièces de votre adverfaire renfermées , jufqu'à ce que le mat foit prêt , comme on va voir.

26.

N. La dame, à la quatrième cafe de fon chevalier.

B. Le chevalier de la dame, à la troifième cafe de fa tour.

27.

N. La dame, à la quatrième cafe du fou de fon roi.

B. Le chevalier de la dame , à la quatrième cafe de fon fou.

28.

N. La dame prend le chevalier , ne pouvant faire mieux.

B. Le fou donne échec.

29.

N. Le roi fe retire.

B. Le chevalier donne échec & mat.

Second renvoi de la troifième partie, au fixième coup.

6.

Noir. Le roi roque.

Blanc. Le pion du fou du roi , un pas.

7.

N. Le pion de la dame, un pas.

B. La dame, à la troifième cafe du fou de fon roi.

8.

N. Le pion de la dame prend le pion.

B. Le pion de la dame reprend le pion.

9.

N. Le pion de la tour de la dame, deux pas.

B. Le pion du chevalier du roi, deux pas.

10.

N. La dame, à sa troisième case.

B. Le pion du chevalier du roi, un pas.

11.

N. Le chevalier du roi, à la case de son roi.

B. Le fou du roi, à la quatrième case du fou de sa dame.

12.

N. Le pion du fou de la dame, un pas.

B. La dame, à la quatrième case de la tour du roi noir.

13.

N. Le pion du chevalier de la dame, deux pas.

B. Le pion du chevalier du roi, un pas.

14.

N. Le pion de la tour du roi, un pas.

B. Le fou prend le pion du fou du roi.

15.

N. Le roi, à la case de sa tour.

B. Le fou de la dame prend le pion de la tour du roi noir.

16.

N. Le chevalier du roi, à la troisième case de son fou.

B. La dame, à la quatrième case de la tour de son roi, & gagne ensuite la partie.

Troisième renvoi de la troisième partie, commençant sur le dixième coup.

10.

Noir. Le roi roque du côté de sa dame.

Blanc. Le roi roque du côté de sa tour.

11.

N. Le pion de la tour du roi, un pas.

B. Le chevalier de la dame, à la seconde case de sa dame.

12.

N. Le pion du chevalier du roi, deux pas.

B. Le fou de la dame, à la troisième case de son roi.

13.

N. La tour de la dame, à la case du chevalier de son roi.

B. Le pion du chevalier de la dame, deux pas.

14.

N. Le pion de la tour du roi, un pas.

B. Le pion de la tour de la dame, deux pas (1).

15.

N. Le fou prend le chevalier.

B. La dame reprend le fou.

16.

N. Le pion du chevalier du roi, un pas.

B. La dame, à la seconde case de son roi.

17.

N. Le pion du fou de la dame, un pas.

B. Le pion de la tour de la dame, un pas.

---

(1) Lorsque le roi se trouve derrière deux ou trois pions qui n'ont pas encore été joués, & que votre adversaire vient les attaquer pour les rompre, & tâcher par ce moyen de faire une ouverture à votre roi, il faut se garder d'en pousser aucuns que vous n'y soyiez forcé. Comme, par exemple, ce seroit jouer très-mal que de pousser le pion de la tour de votre roi sur son fou, parce qu'en tel cas il gagneroit l'attaque sur vous, en prenant votre chevalier avec son fou, & feroit ensuite une ouverture sur votre roi, en poussant le pion du chevalier de son roi; ce qui vous feroit perdre la partie.

18.

N. Le fou, à la seconde case du fou de sa dame.

B. Le pion du fou de la dame, un pas.

19.

N. Le pion de la tour du roi, un pas.

B. La tour du roi, à la case du chevalier de sa dame.

20.

N. La tour du roi, à sa quatrième case.

B. Le pion du fou de la dame, un pas.

21.

N. Le pion de la dame, un pas.

B. Le pion du roi, un pas.

22.

N. Le chevalier du roi, à la case de son roi.

B. Le pion du chevalier de la dame, un pas.

23.

N. Le pion prend le pion.

B. La tour du roi reprend le pion.

24.

N. Le pion de la tour de la dame, un pas.

B. La tour du roi, à la quatrième case du chevalier de sa dame.

25.

N. Le pion du fou du roi, un pas.

B. Le fou du roi prend le pion de la tour de la dame.

26.

N. Le pion reprend le fou.

B. La dame reprend le pion, & donne échec.

27.

N. Le roi se retire.

B. La dame donne échec.

28.

N. Le chevalier couvre l'échec.

B. Le pion de la tour de la dame, un pas.

29.

N. Le roi, à la seconde case de sa dame.

B. La dame prend le pion de la dame noire, & donne échec.

30.

N. Le roi se retire.

B. Le pion de la tour de la dame, un pas, & par plusieurs moyens gagne assez visiblement la partie, sans aller plus loin.

QUATRIÈME PARTIE où il y aura deux renvois, l'un au cinquième coup, & l'autre au sixième coup.

I.

Noir. Le pion du roi, deux pas.
Blanc. De même.

2.

N. Le pion du fou de la dame, un pas (1).

B. Le pion de la dame, deux pas.

---

(1) Ce pion est démonstrativement mal joué au second coup, à moins que l'on ne joue avec des joueurs que l'on nomme, communément parlant, des mazettes, parce qu'en poussant le pion de votre dame deux pas, il perd indubitablement l'attaque, & probablement la partie; parce qu'une fois le trait perdu, on ne le regagne pas facilement avec un bon joueur. Il est vrai que si vous négligiez de pousser le pion que je viens de dire, il renfermeroit aussi tout votre jeu avec ses pions.

3.

N. Le pion prend le pion.

B. La dame reprend le pion.

4.

N. Le pion de la dame, un pas (1).

B. Le pion du fou du roi, deux pas.

5.

N. Le pion du fou du roi, deux pas (2).

B. Le pion du roi, un pas (3.)

6.

N. Le pion de la dame, un pas (4).

B. La dame, à la seconde case du fou de son roi.

---

(1) Si au lieu de ce pion, il eût joué le chevalier du roi à la seconde case de son roi, vous deviez en tel cas pousser le pion de votre roi en avant, pour le soutenir ensuite par celui du fou de votre roi.

(2) Si au lieu de jouer ce pion, il eût joué le fou de sa dame à la troisième case de son roi, vous auriez dû jouer le fou de votre roi à la troisième case de sa dame, & la situation du jeu se seroit trouvée exactement semblable à celle du sixième coup de la seconde partie (voyez page 75); mais s'il eût attaqué votre dame avec le pion du fou de la sienne, il perdoit de suite la partie, par rapport que le pion qui forme l'avant-garde de ceux qui sont du côté de sa dame, reste en arrière. (Voyez à ce sujet la note 4, page 83, au dix-huitième coup de la troisième partie. Un renvoi au cinquième coup de cette partie vous en éclaircira encore mieux.)

(3) C'est une règle générale, qu'il faut éviter de changer le pion de votre roi pour le pion du fou du roi de votre adversaire, à moins que vous n'y soyez forcé par des incidens qui se rencontrent quelquefois dans la défense, mais rarement dans l'attaque. Il est bon d'observer également la même règle à l'égard du pion de votre dame pour le pion du fou de la sienne, parce qu'il est certain, comme j'ai déjà dit ailleurs, que le pion du roi & celui de la dame valent mieux que tout autre pion, puisqu'en occupant le centre, ils empêchent mieux les pièces de votre adversaire de battre sur vous.

(4) Si au lieu de pousser le pion, il eût pris celui de votre roi, vous deviez en tel cas prendre sa dame, & ensuite le pion; parce

Jeux mathématiques.

7.

N. Le fou de la dame, à la troisième case de son roi.

B. Le chevalier du roi, à la troisième case de son fou.

8.

N. Le chevalier de la dame, à la seconde case de sa dame.

B. Le chevalier du roi, à la quatrième case de sa dame.

9.

N. Le fou du roi, à la quatrième case du fou de sa dame.

B. Le pion du fou de la dame, un pas.

10.

N. La dame, à la troisième case de son chevalier.

B. Le fou de la dame, à la troisième case de son roi.

11.

N. Le fou du roi prend le chevalier.

B. Le pion reprend le fou (5).

12.

N. Le chevalier du roi, à la seconde case de son roi.

B. Le fou du roi, à la troisième case de sa dame.

---

qu'en l'empêchant de roquer, vous conservez l'attaque sur lui, & par conséquent l'avantage du jeu : mais s'il jouoit sa dame à la deuxième case de son fou, un deuxième renvoi sur ce sixième coup vous instruira de la suite de la partie.

(5) Lorsqu'on se trouve deux corps de pions séparés du centre, il faut toujours tâcher d'augmenter celui qui est le plus fort; mais si vous en avec deux au centre, il faut tâcher d'y réunir autant de pions que vous pourrez, ayant déjà observé que les pions du centre sont les meilleurs & les plus forts : cet avis doit vous servir de règle générale.

13.

N. Le roi roque du côté de fa tour.

B. Le pion de la tour du roi , un pas.

14.

N. La dame , à la feconde cafe de fon fou (1).

B. Le pion du chevalier du roi , deux pas.

15.

N. Le pion du chevalier du roi, un pas.

B. Le pion du chevalier du roi , un pas (2).

16.

N. Le pion du chevalier de la dame , un pas.

B. Le chevalier de la dame, à la troifième cafe de fon fou.

17.

N. Le pion du fou de la dame, un pas.

B. Le roi roque du côté de fa dame (3).

18.

N. Le pion prend le pion.

B. Le fou reprend le pion.

––––––––––

(1) Sa dame n'étant d'aucune utilité où elle fe trouve , il la retire pour faire place à fes pions , & les pouffer fur vous.

(2) Vous pouffez ce pion pour d'autant mieux embarraffer fon jeu. Le pion de la tour de votre roi qui doit enfuite le fuivre , fera toujours en état de faire une ouverture fur fon roi auffi-tôt que vos pièces feront prêtes à former votre attaque ; c'eft ce qu'il ne pourra plus éviter.

(3) Vous roquez du côté de votre dame pour avoir votre attaque d'autant plus libre à votre droite ; mais fi, au lieu de roquer , vous preniez le pion qui vous eft offert , vous joueriez très-mal , parce qu'en tel cas , le pion de fa dame avec celui de fon fou fe reuniffant, fe trouveroient de front, & incommoderoient beaucoup vos pièces. Il eft d'ailleurs rarement bon de prendre des pions offerts , parce qu'on ne les offre pas fouvent fans avoir en vue d'en tirer quelque avantage.

19.

N. Le chevalier de la dame , à la quatrième cafe du fou de fa dame.

B. Le pion de la tour du roi, un pas (4).

20.

N. Le chevalier prend le fou du roi.

B. La tour reprend le chevalier.

21.

N. Le fou de la dame, à la feconde cafe du fou de fon roi (5).

B. Le pion de la tour du roi, un pas.

22.

N. Le pion du chevalier de la dame , un pas (6).

B. La tour de la dame, à la troifième cafe de la tour de fon roi.

23.

N. Le pion du chevalier de la dame , un pas.

B. Le pion du roi, un pas.

24.

N. Le fou, à la cafe de fon roi (7).

B. Le pion de la tour du roi prend le pion.

25.

N. Le fou reprend le pion.

B. La tour prend le pion de la tour du roi noir.

––––––––––

(4) Si vous euffiez pris le chevalier avec le fou de votre dame , vous feriez tombé dans l'erreur que vous venez d'éviter , en ne prenant point le pion qui vous fut offert.

(5) Il joue ce fou pour replacer le pion du chevalier de fon fou , en cas qu'il foit pris.

(6) Il joue ce pion pour attaquer le chevalier qui couvre votre roi, ne pouvant faire mieux ; mais s'il eût pris votre pion, il perdoit également.

(7) Si au lieu de retirer ce fou il prend le pion , il perd également.

26.

N. Le fou reprend la tour.

B. La tour du roi prend le fou.

27.

N. Le roi reprend la tour.

B. La dame donne échec à la quatrième case de la tour de son roi.

28.

N. Le roi à la place de son chevalier, n'ayant d'autre place.

B. La dame donne échec & mat (1).

Premier renvoi de la quatrième partie, au cinquième coup.

5.

Noir. Le pion du fou de la dame, un pas.

Blanc. Le fou du roi donne échec.

6.

N. Le fou couvre l'échec.

B. Le fou prend le fou.

7.

N. La dame reprend le fou.

B. La dame à sa troisième case.

8.

N. Le chevalier de la dame, à la troisième case de son fou.

B. Le pion du fou de la dame, deux pas.

9.

N. Le chevalier de la dame, à la quatrième case du chevalier de la dame blanche.

B. La dame, à la seconde case de son roi.

(1) Il est à observer que lorsqu'on réussit à faire une ouverture sur le roi avec deux ou trois pions, la partie est absolument gagnée.

10.

N. Le fou du roi, à la seconde case de son roi.

B. Le chevalier de la dame, à la troisième case de son fou.

11.

N. Le fou du roi, à sa troisième case.

B. Le chevalier de la dame, à la quatrième case de la dame noire.

12.

N. Le chevalier de la dame prend le chevalier (2).

B. Le pion du roi reprend le chevalier (3).

13.

N. Le chevalier, à la seconde case de son roi.

B. Le chevalier du roi, à la troisième case de son fou.

14.

N. Le roi roque du côté de sa tour.

B. La dame, à sa troisième case.

15.

N. La tour du roi, à la case de son roi.

B. Le roi, à la seconde case de son fou (4).

(2) Par ce changement, il met le pion de sa dame à couvert de l'attaque de vos tours. Cependant le pion de votre roi doit, malgré lui, vous gagner la partie.

(3) Si au lieu de reprendre avec le pion de votre roi, vous eussiez repris avec celui du fou de votre dame, il auroit toujours eu le pouvoir de rompre vos pions, en poussant celui du fou de son roi sur celui de votre roi ; ce qui auroit immanquablement causé la séparation de vos pions.

(4) Souvent il vaut mieux jouer le roi que de roquer, parce qu'on forme d'autant mieux l'attaque des pions de ce côté. Au reste, si dans le cas présent vous eussiez roqué du côté de votre dame, le fou de l'adversaire, dont la ligne est toute ouverte, vous auroit fort incommodé,

16.

N. Le chevalier, à la quatrième cafe du fou de fon roi.

B. Le pion de la tour du roi, deux pas.

17.

N. Le chevalier, à la quatrième cafe de la dame blanche.

B. Le fou de la dame, à la troifième cafe de fon roi.

18.

N. Le chevalier prend le chevalier.

B. Le roi reprend le chevalier.

19.

N. Le fou prend le pion du chevalier de la dame.

B. La tour de la dame attaque le fou.

20.

N. Le fou fe retire à fa troifième cafe.

B. Le pion du chevalier du roi, deux pas.

21.

N. Le pion du chevalier du roi, deux pas.

B. De même.

22.

N. Le fou, à la feconde cafe du chevalier de fon roi.

B. Le pion de la tour du roi, un pas.

23.

N. La tour du roi, à la feconde cafe de fon roi.

B. La tour du roi, à fa quatrième cafe.

24.

N. La tour de la dame, à la cafe de fon roi.

B. Le fou, à la feconde cafe de fa dame.

Il faut cependant avoir pour règle en jouant fon roi, de le pofter toujours dans un endroit ou ligne dont l'adverfaire tient un pion, parce que votre roi eft mieux à couvert des embuches des tours par ce moyen.

25.

N. La tour du roi, à la quatrième cafe du roi blanc.

B. Le pion de la tour prend le pion.

26.

N. Le pion de la tour reprend le pion.

B. La tour de la dame, à la cafe de la tour de fon roi.

27.

N. Le pion du chevalier de la dame, deux pas.

B. Le fou, à la troifième cafe du fou de fa dame.

28.

N. La tour donne échec.

B. Le roi, à la feconde cafe de fon fou.

29.

N. La tour prend la dame.

B. La tour donne échec & mat à la cafe de la tour du roi noir.

Second renvoi au fixième coup de la quatrième partie.

6.

Noir. La dame, à la feconde cafe de fon fou.

Blanc. Le fou du roi, à la quatrième cafe du fou de fa dame.

7.

N. Le pion de la dame prend le pion.

B. Le pion reprend le pion.

8.

N. Le pion du fou de la dame, un pas.

B. La dame, à la quatrième cafe de la dame noire.

9.

N. Le chevalier de la dame, à la troisième cafe de fon fou.

B. Le chevalier du roi, à la troifième cafe de fon fou.

10.

N. Le chevalier de la dame, à la quatrième cafe du chevalier de la dame blanche.

B. La dame, à fa cafe.

11.

N. Le pion de la tour de la dame, un pas.

B. Le pion de la tour de la dame, deux pas.

12.

N. Le chevalier du roi, à la feconde cafe de fon roi.

B. Le roi roque.

13.

N. Le pion du chevalier du roi, un pas.

B. Le fou de la dame, à la quatrième cafe du chevalier du roi noir.

14.

N. Le fou du roi, à la feconde cafe de fon chevalier.

B. Le fou de la dame, à la troifième cafe du fou du roi noir.

15.

N. Le chevalier du roi, à fa cafe.

B. Le fou de la dame prend le fou.

16.

N. La dame reprend le fou.

B. Le chevalier du roi, à la quatrième cafe du chevalier du roi noir.

17.

N. Le chevalier du roi, à la troifième cafe de fa tour.

B. Le chevalier de la dame, à la troifième cafe de fon fou.

18.

N. Le chevalier de la dame, à la troifième cafe de fon fou.

B. La dame, à la quatrième cafe de la dame noire.

19.

N. Le chevalier de la dame, à la feconde cafe de fon roi.

B. La dame, à la troifième cafe de la dame noire.

20.

N. Le fou de la dame, à la feconde cafe de fa dame.

B. Le pion du roi, un pas.

21.

B. Le fou de la dame, à fa troifième cafe.

B. La tour de la dame, à la cafe de fa dame.

22.

N. Le chevalier du roi, à la quatrième cafe du chevalier du roi blanc.

B. La dame donne échec à la feconde cafe de la dame noire.

23.

N. Le fou prend la dame.

B. Le pion reprend le fou en donnant échec.

24.

N. Le roi à la cafe de fa dame.

B. Le chevalier donne échec & mat à la troifième cafe du roi noir.

Quoique ce renvoi puiffe se jouer de plufieurs manières, le noir doit toujours perdre, fi vous avez foin de ne point fouffrir d'obftruction au fou de votre roi.

PREMIER GAMBIT,

*Dans lequel il y aura sept renvois ; deux,
au quatrième ; le troisième, au cinquième ;
le quatrième, au sixième ; le cinquième,
au septième ; le sixième, au septième coup
du noir ; & le dernier, au huitième coup.*

I.

Blanc. Le pion du roi, deux pas.
Noir. De même.

2.

B. Le pion du fou du roi, deux pas.
N. Le pion du roi prend le pion.

3.

B. Le chevalier du roi, à la troisième
cafe de fon fou
N. Le pion du chevalier du roi, deux
pas.

4.

B. Le fou du roi, à la quatrième cafe
du fou de fa dame (1).
N. Le fou du roi, à la feconde cafe de
fon chevalier (2).

5.

B. Le pion de la tour du roi, deux
pas (3).

---

(1) Si avant de jouer ce fou, vous euſſiez
pouſſé le pion de la tour de votre roi deux pas,
votre adverſaire auroit, en reperdant le pion
du gambit, regagné l'attaque ſur vous, avec une
meilleure ſituation de jeu ; ainſi l'avantage paſ-
ſoit alors de ſon côté. C'eſt ce que vous verrez
par mon premier renvoi ſur ce coup.

(2) Si au lieu de jouer ce fou, il eût pouſſé
le pion du chevalier de ſon roi ſur le vôtre, un
ſecond renvoi vous indiquera la manière de
continuer votre attaque en ce cas.

(3) Vous jouez à préſent ce pion pour lui
faire avancer celui de la tour de ſon roi, & par
ce moyen renfermer ou empêcher la ſortie du
chevalier de ſon roi ; ce qui ne pourroit ſe faire
ſans qu'il ne perde ſon pion.

N. Le pion de la tour du roi, un pas (4).

6.

B. Le pion de la dame, deux pas.
N. Le pion de la dame, un pas (5).

7.

B. Le pion du fou de la dame, un pas.
N. Le pion du fou de la dame, un pas (6).

8.

B. La dame, à la feconde cafe de ſon
roi.
N. Le fou de la dame, à la quatrième
cafe du chevalier du roi blanc (7).

9.

B. Le pion du chevalier du roi, un
pas (8).
N. Le pion du roi prend le pion.

---

(4) Si au lieu de jouer ce pion, il eût pouſſé
le pion du chevalier de ſon roi ſur votre chevalier, vous verrez par un troiſième renvoi ſur
ce cinquième coup, de quelle manière il faudroit ſuivre la partie.

(5) Si au lieu de jouer ce pion, il eût pouſſé
celui du fou de ſa dame, vous deviez en tel cas
pouſſer celui de votre roi, pour pouvoir prendre
en paſſant celui de ſa dame, en cas qu'il eût
voulu le pouſſer ſur le fou de votre roi : c'eſt
ce qui fera le ſujet d'un quatrième renvoi. Il
eſt bon d'avertir ici, pour règle générale,
que dans l'attaque des gambits, le fou du roi
eſt la meilleure pièce, & le pion du roi le
meilleur pion.

(6) Si au lieu de jouer ce pion, il eût joué
le fou de ſa dame, ſoit à la troiſième cafe de
ſon roi, ou à la quatrième cafe du chevalier
du vôtre, il auroit perdu la partie en peu de
coups. Ce doit être le ſujet des cinquième &
ſixième renvois, dans leſquels je le fais jouer
de l'une & de l'autre manière.

(7) Si au lieu de jouer à préſent à cette même
cafe qui le faiſoit perdre le coup auparavant, il
eût joué ce fou à la troiſième cafe de ſon roi,
il perdoit encore indubitablement la partie ; mais
comme toute choſe doit avoir ſon temps, il a
bien joué à préſent. C'eſt encore un coup qui
me détermine à un ſeptième renvoi pour en faire
voir l'effet.

(8) Il eſt de conféquence dans l'attaque du

10.

B. Le pion de la tour du roi prend le pion.

N. Le pion de la tour reprend le pion.

11.

B. La tour prend la tour.

N. Le fou reprend la tour.

12.

B. Le fou de la dame prend le pion du chevalier du roi noir.

N. Le fou du roi, à fa troifième cafe (1).

13.

B. Le fou prend le fou.

N. La dame prend le fou.

14.

B. Le chevalier de la dame, à la feconde cafe de fa dame.

N. De même.

15.

B. Le roi roque.

N. De même.

16.

B. La tour, à la cafe du chevalier de fon roi.

N. La dame, à la quatrième cafe du fou du roi blanc.

17.

B. La dame, à la feconde cafe du chevalier de fon roi.

N. Le pion du fou du roi, deux pas.

18.

B. La dame prend le pion noir.

N. La dame prend la dame.

19.

B. La tour reprend la dame.

N. Le pion prend le pion.

20.

B. Le fou du roi prend le chevalier noir.

N. Le fou de la dame prend le chevalier.

21.

B. Le chevalier prend le fou.

N. Le pion reprend le chevalier.

22.

B. Le fou, à la feconde cafe du fou du roi noir.

N. La tour, à la cafe du fou de fon roi.

23.

B. La tour prend le pion.

N. Le roi, à la feconde cafe du fou de fa dame.

24.

B. Le roi, à la feconde cafe de fa dame (2).

N. Le pion du fou de la dame, un pas.

25.

B. Le fou, à la quatrième cafe de la tour du roi noir.

N. La tour prend la tour.

---

gambit de ne point ménager vos pions du côté de votre roi, & même de les facrifier tous en cas de befoin pour le feul pion de fon roi, parce que ce pion empêche le fou de votre dame d'entrer en action, & de fe joindre aux pièces qui forment votre attaque.

(1) Si au lieu de jouer ce fou, il eût pris le vôtre avec fa dame, ou qu'il eût pris votre chevalier avec le fou de fa dame, il perdoit la partie.

(2) Si au lieu de jouer votre roi pour le faire agir, vous euffiez pouffé le pion du fou de votre dame, vous perdiez la partie, parce que votre adverfaire, en pouffant le pion du fou de fa dame, vous auroit forcé de prendre le pion de fa dame, ou de laiffer prendre celui de la vôtre ; & enfuite il auroit attaqué avec fon chevalier votre tour & votre fou.

26.

B. Le fou reprend la tour (1).

*Premier renvoi fur le premier gambit ,
au quatrième coup.*

4.

Blanc. Le pion de la tour du roi, deux
pas.

Noir. Le pion du chevalier du roi, un
pas.

5.

B. Le chevalier du roi, à la quatrième
cafe du roi noir.

N. Le pion de la tour du roi, deux pas.

6.

B. Le fou du roi, à la quatrième cafe
du fou de fa dame.

N. La tour du roi, à fa feconde cafe.

7.

B. Le pion de la dame, deux pas.

N. Le pion de la dame, un pas.

8.

B. Le chevalier du roi, à la troifième
cafe de fa dame.

N. La dame, à la feconde cafe de fon
roi.

9.

B. Le chevalier de la dame, à la troifième cafe de fon fou.

N. Le chevalier du roi, à la troifième
cafe de fon fou.

---

(1) Le fou ayant repris la tour, il eft vifible
que la partie eft remife, à moins d'une faute
des plus groffière. Cette partie fait voir qu'un
gambit bien attaqué & bien défendu, n'eft jamais une partie décifive d'un côté ni de l'autre.
Il eft vrai que celui qui donne le pion a le
plaifir d'avoir toujours l'attaque, & l'efpérance
de gagner; ce qu'il feroit indubitablement fi le
défenfeur ne jouoit pas régulièrement les dix
ou douze premiers coups.

10.

B. La dame, à la feconde cafe de fon
roi.

N. Le pion du roi, un pas, attaquant
la dame blanche.

11.

B. Le pion du chevalier du roi prend
le pion.

N. Le pion du chevalier du roi reprend
le pion.

12.

B. La dame prend le pion.

N. Le fou de la dame, à la quatrième
cafe du chevalier du roi blanc.

13.

B. La dame, à la troifième cafe de fon
roi.

N. Le fou du roi, à la troifième cafe de
fa tour.

14.

B. Le chevalier du roi, à la quatrième
cafe du fou de fon roi.

N. Le pion du fou de la dame, un pas.

15.

B. Le fou de la dame, à la feconde cafe
de fa dame (2).

N. Le fou du roi prend le chevalier.

16.

B. La dame reprend le fou.

N. Le pion de la dame, un pas.

17.

B. Le fou du roi, à la troifième cafe
de fa dame.

N. Le chevalier du roi prend le pion du
roi.

---

(2) Si au lieu de jouer ce fou, vous euffiez
pouffé le pion de votre roi, votre adverfaire le
gagnoit toujours en fortant fur lui le chevalier
de fa dame.

18.

18.

B. Le chevalier ou le fou prend le chevalier.

N. Le pion du fou du roi, deux pas (1).

Second renvoi sur le premier gambit, au quatrième coup.

4.

Blanc. Le fou du roi, à la quatrième case du fou de sa dame.

Noir. Le pion du chevalier du roi, un pas.

5.

B. Le chevalier du roi, à la quatrième case du roi noir.

N. La dame donne échec.

6.

B. Le roi, à la case de son fou.

N. Le chevalier du roi, à la troisième case de sa tour.

7.

B. Le pion de la dame, deux pas.

N. Le pion de la dame, un pas.

8.

B. Le chevalier du roi, à la troisième case de sa dame.

N. Le pion du roi, un pas.

9.

B. Le pion du chevalier du roi, un pas.

N. La dame donne échec.

10.

B. Le roi, à la seconde case de son fou.

N. La dame donne échec.

11.

B. Le roi, à sa troisième case.

N. Le chevalier du roi, à sa case (2).

12.

B. Le chevalier du roi, à la quatrième case du fou de son roi.

N. Le fou du roi, à la troisième case de sa tour.

13.

B. Le fou du roi à sa case, attaquant la dame, & la force.

N. La dame prend la tour, ne pouvant faire mieux.

14.

B. Le fou du roi donne échec, & prend ensuite la dame (3).

Troisième renvoi du premier gambit, sur le cinquième coup du noir.

5.

Blanc. Le pion de la tour du roi, deux pas.

Noir. Le pion du chevalier du roi, un pas.

6.

B. Le chevalier du roi, à la quatrième case du chevalier du roi noir.

N. Le chevalier du roi, à la troisième case de sa tour.

---

(1) Ce même pion prend ensuite le chevalier, & doit indubitablement gagner la partie. Ceux qui auront profité de mes leçons dans mes quatre premières parties, n'ont pas besoin d'instruction pour la finir & la gagner : ce dernier pion devenu à présent pion royal, soutenu comme il est, & avancé à la tête de ses camarades, vaut une des meilleures pièces; ainsi il est inutile d'aller plus loin dans ce renvoi.

Jeux mathématiques.

(2) Il joue ce chevalier à sa case pour faire place au fou de son roi, pour attaquer ensuite votre roi, étant dans sa situation son meilleur coup.

(3) Je n'ai pas besoin d'aller plus loin dans cette partie, puisqu'il est assez évident que le blanc doit gagner.

n

7.

B. Le pion de la dame, deux pas.

N. Le pion du fou du roi, un pas.

8.

B. Le fou de la dame prend le pion.

N. Le pion de la dame, un pas.

9.

B. Le pion du fou de la dame, un pas.

N. Le pion prend le chevalier (1).

10.

B. Le pion reprend le pion.

N. Le chevalier du roi, à sa case.

11.

B. La dame, à la troisième case de son chevalier.

N. La dame, à la seconde case de son roi.

12.

B. Le chevalier de la dame, à la seconde case de sa dame.

N. La dame, à la case du fou de son roi.

13.

B. Le roi roque du côté de sa tour.

N. Perd la partie (2).

Quatrième renvoi du premier gambit, sur le sixième coup.

6.

Blanc. Le pion de la dame, deux pas.

Noir. Le pion du fou de la dame, un pas (3).

7.

B. Le pion du roi, un pas.

N. Le pion du chevalier de la dame, deux pas.

8.

B. Le fou, à la troisième case du chevalier de sa dame.

N. Le pion de la tour de la dame, deux pas.

9.

B. Le pion de la tour de la dame, deux pas.

N. Le pion du chevalier de la dame, un pas.

10.

B. Le chevalier de la dame, à la seconde case de sa dame (4).

N. Le fou de la dame, à la troisième case de sa tour.

11.

B. Le chevalier de la dame, à la quatrième case de son roi.

N. La dame, à la troisième case de son chevalier, ou tout ce qu'il voudra, il perd la partie.

12.

B. Le chevalier donne échec à la troisième case de la dame noire.

---

(1) Si avant de faire place à sa dame, en jouant le pion d'icelle, il eût pris votre cavalier, il auroit fallu reprendre avec le fou.

(2) S'il joue sa dame pour éviter la découverte de votre tour sur elle, il perd son cavalier, outre qu'il aura mauvais jeu ; & s'il joue son cavalier, il perd sa dame. Il est visible que de l'une ou de l'autre manière il perd la partie.

(3) Il joue ce pion dans le dessein d'attaquer

ensuite avec le pion de sa dame le fou de votre roi ; ce que vous prévenez en poussant le pion de votre roi.

(4) Ce chevalier, qui ne paroissoit en rien, est cependant le corps de réserve qui va gagner la partie, sans que l'adversaire puisse l'éviter ; c'est pourquoi il faut toujours tâcher de disposer ses pions de manière qu'ils puissent arrêter l'entrée des chevaliers dans le jeu.

Cinquième renvoi du premier gambit, au septième coup du noir.

7.

Blanc. Le pion du fou de la dame, un pas.

Noir. Le fou de la dame, à la quatrième case du chevalier du roi blanc.

8.

B. La dame, à la troisième case de son chevalier.

N. Le fou de la dame, à la quatrième case de la tour de son roi (1).

9.

B. Le pion de la tour du roi prend le pion.

N. Le pion de la tour reprend le pion.

10.

B. La tour du roi prend le fou.

N. La tour reprend la tour.

11.

B. Le fou du roi prend le pion en donnant échec au roi & à la tour, gagne une pièce, & par conséquent la partie.

Sixième renvoi du premier gambit, sur le septième coup du noir.

7.

Blanc. Le pion du fou de la dame, un pas.

Noir. Le fou de la dame, à la troisième case de son roi.

8.

B. Le fou du roi prend le fou.

N. Le pion reprend le fou.

(1) Si au lieu de jouer ce fou, il soutenoit avec sa dame le pion du fou de son roi, vous prendriez alors le pion du chevalier de sa dame, & ensuite sa tour.

9.

B. La dame, à la troisième case de son chevalier.

N. La dame, à la case de son fou, pour garder les deux pions attaqués.

10.

B. Le pion de la tour du roi prend le pion.

N. Le pion de la tour reprend le pion.

11.

B. La tour du roi prend la tour.

N. Le fou prend la tour.

12.

B. Le chevalier du roi prend le pion.

N. Le roi, à sa seconde case.

13.

B. Le fou de la dame prend le pion.

N. Le chevalier de la dame, à la troisième case de son fou.

14.

B. Le chevalier de la dame, à la seconde case de sa dame.

N. Le pion de la tour de la dame, deux pas.

15.

B. Le roi roque.

N. Le pion du chevalier de la dame, deux pas.

16.

B. La tour, à la case de la tour de son roi.

N. Le chevalier du roi, à la troisième case de son fou.

17.

B. La tour prend le fou.

N. La dame reprend la tour.

18.

B. La dame prend le pion du roi, & donne échec.

N. Le roi se retire où il veut, étant mat sur l'une ou sur l'autre case où il peut aller.

Septième & dernier renvoi du premier gambit, sur le huitième coup.

8.

Blanc. La dame, à la seconde case de son roi.

Noir. Le fou de la dame, à la troisième case de son roi.

9.

B. Le fou du roi prend le fou.

N. Le pion reprend le fou.

10.

B. Le pion du roi, un pas.

N. Le pion de la dame prend le pion (1).

11.

B. Le pion de la dame reprend le pion.

N. Le chevalier de la dame, à la seconde case de sa dame (2).

12.

B. Le pion du chevalier du roi, un pas.

N. De même.

13.

B. Le pion du chevalier du roi prend le pion (3).

N. Le pion prend le chevalier.

14.

B. La dame reprend le pion.

N. La dame, à la seconde case de son roi.

15.

B. Le chevalier de la dame, à la seconde case de sa dame.

N. Le roi roque.

16.

B. Le pion du chevalier de la dame, deux pas, pour empêcher le chevalier noir d'avancer.

N. Le pion de la tour du roi, un pas.

17.

B. Le chevalier de la dame, à la quatrième case de son roi.

N. Le chevalier de la dame, à sa troisième case.

18.

B. Le fou, à la troisième case de son roi.

N. Le chevalier du roi, à la troisième case de sa tour.

19.

B. Le fou, à la quatrième case du fou de la dame noire.

N. La dame, à la seconde case de son fou.

20.

B. Le pion de la tour de la dame, deux pas.

N. Le fou du roi, à sa case.

___

(1) Si au lieu de prendre, il eût poussé ce même pion, il auroit fallu jouer votre dame à sa troisième case, pour lui donner échec le coup suivant ; ce qui vous gagneroit la partie.

(2) Si au lieu de jouer ce chevalier, il eût joué toute autre chose, vous deviez jouer celui de votre dame pour lui donner échec deux coups après. (Voyez le douzième coup du quatrième renvoi de cette partie).

(3) Dans l'attaque du gambit, il faut obser-ver que si votre adversaire, avant qu'il n'ait roqué, poussé le pion du chevalier de son roi sur votre chevalier royal posté sur la troisième case du fou de votre roi, il faut le laisser prendre pour ne point vous laisser détourner de votre attaque, à moins que vous ne puissiez l'avancer à la quatrième case de son roi ou de son chevalier, parce qu'alors vous faites la guerre au pion du fou de son roi.

21.

B. Le pion de la tour de la dame, un pas.

N. Le fou prend le fou.

22.

B. Le pion reprend le fou.

N. Le chevalier de la dame, à la seconde cafe de fa dame.

23.

B. Le chevalier donne échec.

N. Le roi fe retire.

24.

B. La tour de la dame, à la cafe de fon chevalier.

N. Le chevalier de la dame prend le pion.

25.

B. Le chevalier prend le pion du chevalier de la dame.

N. Le chevalier de la dame prend le chevalier.

26.

B. Le pion de la tour de la dame, un pas.

N. Le roi, à la cafe de la tour de fa dame

27.

B. La tour prend le chevalier.

N. La dame, à la cafe de fon fou.

28.

B. La tour du roi, à fa feconde cafe.

N. La tour de la dame, à la feconde cafe de fa dame.

29.

B. La tour du roi, à la feconde cafe du chevalier de fa dame.

N. La tour du roi, à fa feconde cafe.

30.

B. La dame prend le pion du fou de la dame noire.

N. La dame prend la dame.

31.

B. La tour de la dame donne échec & mat.

SECOND GAMBIT, *dans lequel il y aura quatre renvois; deux, au quatrième coup; le troifième, au neuvième coup; & le quatrième, au onzième coup.*

1.

Blanc. Le pion du roi, deux pas.

Noir. De même.

2.

B. Le pion du fou du roi, deux pas.

N. Le pion prend le pion.

3.

B. Le fou du roi, à la quatrième cafe du fou de fa dame.

N. La dame donne échec.

4.

B. Le roi, à la cafe de fon fou.

N. Le pion du chevalier du roi, deux pas (1).

5.

B. Le chevalier du roi, à la troifième cafe de fon fou.

N. La dame, à la quatrième cafe de la tour de fon roi (2).

------

(1) Le noir ayant deux autres façons de jouer, je fais deux renvois fur ce même coup : le prémier, en lui faifant jouer le fou de fon roi à la quatrième cafe du fou de fa dame ; & le fecond, de lui faire poufler un pas le pion de fa dame.

(2) Il a trois endroits où il peut jouer fa dame, mais il n'y a que celui-là de bon; car s'il la retiroit à la troifième cafe de la tour, vous attaque-

6.

B. Le pion de la dame, deux pas.

N. Le pion de la dame, un pas.

7.

B. Le pion du fou de la dame, un pas (1).

N. Le fou de la dame, à la quatrième case du chevalier du roi blanc.

8.

B. Le roi, à la seconde case de son fou.

N. Le chevalier du roi, à la troisième case du fou de son roi (2).

9.

B. La dame, à la seconde case de son roi.

N. Le chevalier de la dame, à la seconde case de sa dame.

10.

B. Le pion de la tour du roi, deux pas.

N. Le fou prend le chevalier.

---

riez le pion du fou de son roi avec votre chevalier royal, en le jouant à la quatrième case du roi noir, & vous gagneriez une tour; & s'il plaçoit sa dame à la quatrième case du chevalier de votre roi, vous lui donneriez échec de votre fou en prenant son pion. S'il reprend votre fou, vous donnez échec au roi & à la dame avec votre cavalier, & la partie est décidée.

(1) Il est de conséquence dans les gambits de jouer ce pion, pour pouvoir ensuite placer votre dame à la troisième case de son chevalier, sur-tout lorsqu'il sort le fou de sa dame sans attaquer une de vos pièces : vous tenez en tel cas votre adversaire extrêmement embarrassé.

Voyez le cinquième & le sixième renvoi du premier gambit.

(2) Si au lieu de jouer ce cavalier il eût pris celui de votre roi, vous verrez par un troisième renvoi la manière de poursuivre la partie en tel cas.

11.

B. La dame prend le fou.

N. La dame prend la dame (3).

12.

B. Le roi reprend la dame (4).

N. Le pion du chevalier du roi donne échec.

13.

B. Le roi prend le pion du roi noir.

N. Le fou du roi donne échec à la troisième case de sa tour.

14.

B. Le roi, à la quatrième case du fou du roi noir.

N. Le fou du roi prend le fou de la dame blanche.

15.

B. La tour du roi reprend le fou.

N. Le pion de la tour du roi, deux pas.

16.

B. Le chevalier, à la seconde case de sa dame.

N. Le roi, à sa seconde case.

---

(3) Si au lieu de prendre votre dame il donnoit échec de son chevalier, un quatrième renvoi vous fera voir comment il perdoit la partie.

(4) J'avois donné pour règle générale d'unir le pion du fou de votre roi à celui du roi; mais comme il n'y a point de règles sans exceptions, vous en trouverez une ici qui est fondée sur deux raisons; la première est qu'en prenant du roi vous gagnez un pion sans que votre adversaire puisse l'éviter; & en second lieu, il faut se ressouvenir que le roi n'a pas beaucoup à craindre lorsqu'il n'y a plus de dames sur le jeu : il est donc nécessaire en tel cas de mettre le roi en campagne, parce qu'il peut vous rendre autant de service qu'une autre pièce, comme on pourra voir par la suite de cette partie.

17.

B. La tour du roi, à la cafe du fou de fon roi.

N. Le pion du fou de la dame, un pas.

18.

B. La tour de la dame, à la cafe de fon roi.

N. Le pion du chevalier de la dame, deux pas.

19.

B. Le fou, à la troifième cafe du chevalier de fa dame.

N. Le pion de la tour de la dame, deux pas.

20.

B. Le pion du roi, un pas.

N. Le pion prend le pion.

21.

B. Le pion de la dame reprend le pion.

N. Le chevalier du roi, à la quatrième cafe de fa dame.

22.

B. Le chevalier, à la quatrième cafe fon roi (1).

N. Le chevalier de la dame, à fa troifième cafe.

23.

B. Le chevalier, à la troifième cafe du fou du roi noir.

N. La tour de la dame, à la cafe de fa dame (2).

24.

B. Le pion du roi, un pas.

N. La tour de la dame, à la troifième cafe de fa dame (3).

25.

B. Le pion prend le pion en donnant échec à la tour.

N. Le roi prend le pion.

26.

B. Le roi, à la quatrième cafe du chevalier du roi noir.

N. Le roi, à la feconde cafe de fon chevalier, pour éviter l'échec à la découverte.

27.

B. Le chevalier prend le pion de la tour du roi, & donne échec.

N. Le roi, à la feconde cafe de fa tour.

28.

B. La tour du roi donne échec.

N. Le roi, à la cafe de fon chevalier.

29.

B. La tour du roi, à la feconde cafe du chevalier de la dame noire.

N. La tour de la dame, à la cafe de fa dame (4).

30.

B. La tour prend le chevalier de la dame noire, & gagne tout de fuite la partie.

---

(1) Vous auriez mal joué fi vous euffiez pris fon chevalier avec votre fou, parce qu'en reprenant de fon pion, ce pion empêchoit la marche & le progrès de votre chevalier; il étoit donc néceffaire d'avancer premièrement votre chevalier, pour n'avoir point de pièces inutiles.

(2) S'il eût pris votre chevalier, vous le repreniez du pion, & enfuite vous attaquiez le pion du fou de fon roi en jouant la tour de votre dame à la feconde cafe de fon roi.

(3) S'il eût pris le pion au lieu de jouer la tour, vous auriez gagné la partie en peu de coups, parce qu'il perdoit le pion du fou de fa dame.

(4) Si au lieu de jouer la tour il joue fon roi, vous donnez échec à la cafe du chevalier de fa dame, & vous prenez enfuite la tour de fon roi; ce qui vous fuffiroit pour gagner. Il eft bon d'obferver ici que le gain de cette partie, par le blanc, eft forcé uniquement parce que le roi étoit pofté de manière à pouvoir toujours agir & fervir autant que la meilleure pièce du jeu.

Premier renvoi du second gambit , fur le quatrième coup du noir.

4.

Blanc. Le roi , à la cafe de fon fou.

Noir. Le fou du roi, à la quatrième cafe du fou de fa dame.

5.

B. Le pion de la dame , deux pas.

N. Le fou du roi, à la troifième cafe du chevalier de fa dame.

6.

B. Le chevalier du roi , à la troifième cafe de fon fou.

N. La dame , à la quatrième cafe du chevalier du roi blanc.

7.

B. Le fou du roi prend le pion du fou du roi noir , & donne échec.

N. Le roi , à la cafe de fon fou , parce que s'il reprend il perd fa dame.

8.

B. Le pion de la tour du roi , un pas.

N. La dame , à la troifième cafe du chevalier du roi blanc.

9.

B. Le chevalier de la dame , à la troifième cafe de fon fou.

N. Le roi prend le fou (1).

10.

B. Le chevalier de la dame , à la feconde cafe de fon roi.

N. La dame , à la troifième cafe du chevalier de fon roi , n'ayant d'autre place.

_____

(1) Si le roi noir ne prend pas le fou , cela revient toujours au même , fa dame ne pouvant plus fe fauver dans aucun endroit.

11.

B. Le chevalier du roi donne échec au roi & à la dame , & gagne la partie.

Second renvoi du second gambit , commençant au quatrième coup du noir.

4.

Blanc. Le roi , à la cafe de fon fou.

Noir. Le pion de la dame , un pas.

5.

B. Le chevalier du roi , à la troifième cafe de fon fou.

N. Le fou de la dame , à la quatrième cafe du chevalier du roi blanc.

6.

B. Le pion de la dame , deux pas.

N. Le pion du chevalier du roi , deux pas.

7.

B. Le chevalier de la dame , à la troifième cafe de fon fou.

N. La dame , à la quatrième cafe de la tour de fon roi (2).

8.

B. Le pion de la tour du roi , deux pas.

N. Le pion de la tour du roi , un pas (3).

_____

(2) S'il prend le chevalier de votre roi au lieu de retirer fa dame , vous reprenez de la dame ; & enfuite pouffant le pion du chevalier de votre roi un pas , la fituation de votre jeu deviendra très-bonne.

(3) Si au lieu de jouer le pion de fa tour il eût joué celui du fou de fon roi , vous deviez alors prendre fon cavalier avec le fou de votre roi ; & enfuite jouant le chevalier de votre dame à la quatrième cafe de la fienne , vous auriez encore eu une fituation très-avantageufe pour le gain de la partie.

9.

9.

B. Le roi, à la seconde cafe de fon fou.

N. Le fou de la dame prend le chevalier du roi blanc (1).

10.

B. Le pion reprend le fou.

N. La dame, à la troisième cafe du chevalier de fon roi.

11.

B. Le pion de la tour prend le pion.

N. La dame reprend le pion.

12.

B. Le chevalier, à la seconde cafe de fon roi.

N. Le chevalier de la dame, à la feconde cafe de fa dame.

13.

B. Le chevalier prend le pion noir.

N. La dame, à fa cafe.

14.

B. Le pion du fou de la dame, un pas.

N. Le chevalier de la dame, à fa troifième cafe.

15.

B. Le fou du roi, à la troifième cafe de fa dame.

N. La dame à fa feconde cafe.

16.

B. Le fou de la dame, à la troifième cafe de fon roi.

N. Le roi roque.

---

(1) S'il eût retiré fa dame, ou joué toute autre pièce, vous deviez toujours prendre le pion du chevalier de fon roi avec le pion de votre tour ; étant néceffaire d'obferver que dans l'attaque des gambits, lorfqu'on peut féparer les pions du côté du roi de l'adverfaire, on a toujours l'avantage fur lui.

Jeux mathématiques.

17.

B. Le pion de la tour de la dame, deux pas.

N. Le roi, à la cafe du chevalier de fa dame.

18.

B. Le pion de la tour de la dame, un pas.

N. Le chevalier de la dame, à la cafe de fon fou.

19.

B. Le pion du chevalier de la dame, deux pas.

N. Le pion du fou de la dame, un pas.

20.

B. Le pion du chevalier de la dame, un pas.

N. Le pion prend le pion.

21.

B. Le pion de la tour de la dame, un pas, pour l'empêcher de pouvoir foutenir le pion du fou de fa dame.

N. Le pion du chevalier de la dame, un pas.

22.

B. La dame, à la troifième cafe de fon chevalier.

N. Le chevalier du roi, à la troifième cafe de fon fou.

23.

B. Le fou du roi prend le pion.

N. La dame, à la feconde cafe de fon fou.

24.

B. Le pion de la dame, un pas.

N. Le fou du roi, à la feconde cafe de fon chevalier.

O

25.

B. Le fou du roi, à la troisième case du fou de la dame noire.

N. Le chevalier du roi, à la seconde case de sa dame.

26.

B. Le chevalier, à la troisième case de sa dame.

N. Le chevalier du roi, à la quatrième case de son roi.

27.

B. Le chevalier prend le chevalier.

N. Le fou reprend le chevalier.

28.

B. Le pion du fou du roi, un pas.

N. Le fou, à la seconde case du chevalier de son roi.

29.

B. Le fou de la dame, à la quatrième case de sa dame.

N. Le fou prend le fou.

30.

B. Le pion reprend le fou.

N. La dame, à la seconde case de son roi.

31.

B. Le roi, à la troisième case de son fou.

N. La tour de la dame, à la case du chevalier de son roi.

32.

B. La tour de la dame, à la case de son fou.

N. La tour de la dame, à la troisième case du chevalier de son roi.

33.

B. Le fou, à la seconde case du chevalier de la dame noire.

N. La tour du roi, à la case de son chevalier.

34.

B. La tour prend le chevalier.

N. La tour reprend la tour.

35.

B. Le fou prend la tour.

N. Le roi reprend le fou.

36.

B. La tour donne échec.

N. Le roi, à la case du chevalier de sa dame.

37.

B. La dame, à la quatrième case de son fou.

N. La dame, à sa seconde case.

38.

B. Le pion du fou du roi, un pas, pour empêcher l'échec de la dame

N. La tour, à la case du chevalier de son roi.

39.

B. La dame, à la troisième case du fou de la dame noire.

N. La dame prend la dame (1).

40.

B. Le pion reprend sa dame.

N. Le roi, à la seconde case du fou de sa dame.

______

(1) Si la dame se retire au lieu de prendre la vôtre, en poussant le pion de votre roi, vous le matez, ou vous gagnez sa dame.

41.

B. Le pion de la dame, un pas.
N. Le pion de la tour du roi, un pas.

42.

B. La tour, à la cafe de la tour de fon
roi.
N. De même.

43.

B. La tour, à la cafe du chevalier de fon
roi.
N. La tour, à fa feconde cafe.

44.

B. La tour, à la cafe du chevalier du
roi noir.
N. Le pion du chevalier de la dame,
un pas (1).

45.

B. La tour, à la cafe de la tour de la
dame noire.
N. Le roi, à la troifième cafe du chevalier de fa dame.

46.

B. La tour donne échec.
N. Le roi, à la feconde cafe du fou
de fa dame.

47.

B. La tour donne échec.
N. Le roi, à la cafe de fa dame.

48.

B. Le pion du roi, un pas.
N. Le pion prend le pion.

49.

B. Le pion de la dame, un pas.
N. Le roi, à la cafe du fou de la dame,
pour éviter le mat de la tour.

50.

B. Le pion de la dame donne échec.
N. Le roi, à la cafe de fa dame.

51.

B. La tour donne échec, & enfuite
pouffe à dame, & gagne.
N.

On obfervera fur ce fecond renvoi qui eft fort
long, & en même temps très-difficile au blanc de
parvenir à fon but, que fans le fecours du roi il
n'auroit jamais pu réuffir, parce que s'il eût roqué
du côté de fa dame, le roi fe trouvant fi éloigné,
au lieu de lui rendre du fervice l'auroit plutôt embarraffé.

Il faut auffi fe reffouvenir que les fecondes cafes
du fou font ordinairement les meilleures quand le
roi ne roque point.

*Troifieme renvoi du fecond gambit,
fur le huitieme coup.*

8.

Blanc. Le roi, à la feconde cafe de fon
fou.
Noir. Le chevalier du roi, à la troifième
cafe de fon fou.

9.

B. La dame, à la feconde cafe de fon
roi.
N. Le fou prend le chevalier.

10.

B. La dame reprend le fou.
N. La dame prend la dame (1).

---

(1) Si au lieu de jouer ce pion il pouffoit le
pion de la tour de fon roi pour aller à dame, vous
verrez par le calcul qu'il fera toujours un coup
trop court.

(2) S'il n'eût pas pris la dame, il auroit fallu
pouffer immédiatement le pion de la tour de votre
roi deux pas pour féparer fes pions.

11.

B. Le pion reprend la dame.

N. Le fou du roi, à la seconde cafe de fon chevalier.

12.

B. Le pion de la tour du roi, deux pas.

N. Le pion de la tour du roi, un pas.

13.

B. La tour du roi, à la cafe de fon chevalier.

N. Le chevalier du roi, à la feconde cafe de fa tour.

14.

B. Le fou de la dame prend le pion du gambit.

N. Le fou du roi prend le pion de la dame, & donne échec.

15.

B. Le pion prend le fou.

N. Le pion du chevalier du roi prend le fou.

16.

B. La tour du roi, à la fecond cafe du chevalier du roi noir.

N. Le chevalier de la dame, à la troifième cafe de fon fou.

17.

B. Le chevalier de la dame, à la troifième cafe de fon fou.

N. Le chevalier de la dame prend le pion.

18.

B. Le fou prend le pion, et donne échec.

N. Le roi, à la cafe de fon fou.

19.

B. La tour de la dame, à la cafe du chevalier de fon roi.

N. Le chevalier de la dame, à la troifième cafe de fon fou.

20.

B. Le fou, à la troifième cafe du chevalier de fa dame.

N. La tour de la dame, à la cafe de fa dame (1).

21.

B. La tour du roi donne échec à la feconde cafe du fou du roi noir.

N. Le roi, à fa cafe.

22.

B. La tour de la dame, à la feconde cafe du chevalier du roi noir.

N. Le chevalier du roi, à la cafe de fon fou.

23.

B. Le chevalier, à la quatrième cafe de la dame noire, & gagne affez vifiblement la partie.

N.

Quatrieme renvoi du fecond gambit, fur le onzieme coup.

11.

Blanc. La dame prend le fou.

Noir. Le chevalier du roi donne échec à la quatrième cafe du chevalier du roi blanc.

12.

B. Le roi, à la cafe de fon chevalier.

N. Le pion du chevalier du roi prend le pion (2).

---

(1) S'il eût joué toute autre pièce, vous deviez prendre le chevalier de fon roi avec la tour du vôtre, & enfuite lui donner échec de la tour de votre dame pour prendre fa tour.

(2) Si au lieu de prendre le pion il eût joué autre chofe, vous deviez prendre le pion du chevalier de fon roi avec celui de votre tour.

13.

B. Le fou de la dame prend le pion.

N. Le chevalier du roi, à la troisième
case de son fou.

14.

B. Le chevalier, à la troisième case de
la tour de sa dame.

N. La dame prend la dame.

15.

B. Le pion reprend la dame.

N. Le chevalier du roi, à la quatrième
case de sa tour.

16.

B. La tour du roi prend le pion.

N. Le chevalier du roi prend le fou.

17.

B. La tour reprend le chevalier.

N. Le pion du fou du roi, un pas.

18.

B. Le roi, à la seconde case de son
fou.

N. Le roi roque.

19.

B. Le fou, à la troisième case du roi
noir.

N. Le fou, à la seconde case de son roi.

20.

B. La tour de la dame, à la case de la
tour de son roi.

N. Le roi, à la case du chevalier de sa
dame.

21.

B. Le fou prend le chevalier.

N. La tour reprend le fou.

22.

B. La tour de la dame, à la troisième
case de la tour du roi noir.

N. Le pion du chevalier de la dame, un
pas.

23.

B. La tour du roi, à la quatrième case
du fou du roi noir.

N. Le fou, à la case de sa dame.

24.

B. La tour du roi, à la quatrième case
de la tour du roi noir.

N. Le roi, à la seconde case du chevalier de sa dame.

25.

B. Le pion du fou du roi, un pas.

N. Le pion du fou de la dame, un pas.

26.

B. Le pion du fou du roi, un pas (1).

---

*TROISIÈME GAMBIT, où il y aura trois
renvois, un sur le second coup du noir,
le second au troisième du noir, & le dernier au onzième coup du noir, par lesquels
on sera instruit de la manière qu'il faut
jouer lorsqu'on refuse de prendre le pion du
gambit.*

1.

Blanc. Le pion du roi, deux pas.

Noir. De même.

2.

B. Le pion du fou du roi, deux pas.

N. Le pion de la dame, deux pas (2).

---

(1) Dans la situation présente, votre adversaire
ne pouvant attaquer aucune de vos pièces, il s'agit
d'amener votre chevalier à la troisième case du
chevalier du roi noir pour prendre le pion de sa
tour, ce qui vous donnera la partie.

(2) Si au lieu de deux il ne poussoit ce pion
qu'un seul pas, cela feroit toute une autre partie. Ce doit être le sujet du premier renvoi sur ce
gambit.

3.

B. Le pion du roi prend le pion.

N. La dame prend le pion (1).

4.

B. Le pion du fou prend le pion.

N. La dame reprend le pion & donne échec.

5.

B. Le fou couvre l'échec (2).

N. Le fou du roi, à la troisième case de sa dame.

6.

B. Le chevalier du roi, à la troisième case de son fou.

N. La dame, à la seconde case de son roi.

7.

B. Le pion de la dame, deux pas.

N. Le fou de la dame, à la troisième case de son roi.

8.

B. Le roi roque.

N. Le chevalier de la dame, à la seconde case de sa dame.

9.

B. Le pion du fou de la dame, deux pas.

N. Le pion du fou de la dame, un pas.

---

(1) S'il prend le pion du fou de votre roi au lieu de prendre votre roi avec sa dame, cela fait encore le sujet d'un autre renvoi.

(2) La partie dans cette situation ne peut que paroître entièrement égale de part & d'autre ; cependant il faut observer que vous avez de l'avantage, quoiqu'il soit très-peu considérable : la raison est qu'à votre aîle gauche vous conservez quatre pions avec celui de votre dame, pendant que votre adversaire a les siens divisés trois par trois, & tous séparés du centre ; c'est pourquoi vous êtes par ce moyen mieux en état d'empêcher les pièces de votre adversaire de se poster dans le milieu de l'échiquier.

10.

B. Le chevalier de la dame, à la troisième case de son fou.

N. Le chevalier du roi, à la troisième case de son fou.

11.

B. Le fou du roi, à la troisième case de sa dame.

N. Le roi roque du côté de sa tour (3).

12.

B. Le fou de la dame, à la quatrième case du chevalier du roi noir (4).

N. Le pion de la tour du roi, un pas.

13.

B. Le fou de la dame, à la quatrième case de la tour de son roi.

N. La dame, à sa case.

14.

B. Le chevalier de la dame, à la quatrième case de son roi (5).

N. Le fou du roi, à la seconde case de son roi.

---

(3) Comme il étoit assez égal pour lui de roquer du côté de sa dame ou de son roi, j'ai déjà donné une règle générale pour l'attaque avec vos pions en tel cas ; cependant pour plus d'instruction sur cet article, j'en ferai un troisième renvoi sur le onzième coup.

(4) S'il n'eût pas roqué de ce côté, ce fou seroit très-mal joué, parce qu'en le chassant avec le pion de sa tour, il vous feroit perdre un coup ou il vous contraindroit de changer votre fou pour son chevalier, ce qui ne vous avanceroit de rien, puisqu'il y replaceroit son autre chevalier mais à présent vous le jouez exprès pour l'exciter à pousser les pions qui couvrent son roi, afin que vous puissiez plus aisément former votre attaque sur lui.

(5) S'il n'eût pas rangé sa dame pour y mettre à sa place le fou de son roi, vous auriez fort embarrassé son jeu en jouant ce chevalier.

15.

B. La dame, à la seconde case de son roi.

N. La dame, à la seconde case de son fou (1).

16.

B. Le chevalier de la dame prend le chevalier.

N. Le chevalier reprend le chevalier.

17.

B. Le fou prend le chevalier.

N. Le fou reprend le fou.

18.

B. La dame, à la quatrième case de son roi.

N. Le pion du chevalier du roi, un pas.

19.

B. Le chevalier, à la quatrième case du roi noir.

N. Le fou prend le chevalier (2).

20.

B. Le pion reprend le fou.

N. La tour de la dame, à la case de sa dame (3).

21.

B. La tour du roi, à la troisième case du fou du roi noir.

N. La dame, à sa seconde case (4).

---

(1) Si au lieu de jouer sa dame il eût pris votre chevalier, il falloit reprendre de la dame, pour lui faire parer le mat dont il étoit menacé par votre dame soutenue du fou de votre roi.

(2) Si au lieu de prendre il eût retiré son fou, vous auriez gagné le pion du chevalier de son roi en le prenant de votre cavalier; cela vous auroit gagné la partie.

(3) S'il eût attaqué votre dame avec son fou, au lieu de jouer cette tour vous auriez dû prendre le fou avec la tour de votre roi; cela donnoit une ouverture sur son roi qui l'auroit fort incommodé.

(4) S'il n'eût pas joué sa dame à cette case vous auriez pris son fou avec votre tour, & vous auriez indubitablement gagné la partie.

22.

B. La tour prend le pion du chevalier du roi noir, et donne échec.

N. Le pion prend la tour.

23.

B. La dame reprend le pion, et donne échec.

N. Le roi, à la case de sa tour (5).

24.

B. Prend le pion de la tour, et donne un échec perpétuel.

Premier renvoi sur le troisième gambit, au second coup.

2.

Blanc. Le pion du fou du roi, deux pas.

Noir. Le pion de la dame, un pas.

3.

B. Le chevalier du roi, à la troisième case de son fou.

N. Le fou de la dame, à la quatrième case du chevalier du roi blanc.

4.

B. Le fou du roi, à la quatrième case du fou de sa dame.

N. Le chevalier de la dame, à la troisième case de son fou (6).

---

(5) Si au lieu de retirer son roi il l'eût couvert de sa dame, vous auriez pris son fou en lui donnant échec, & ensuite il vous seroit resté deux pions & un fou contre une tour, & de plus une bonne attaque, ce qui étoit suffisant pour gagner; mais dans l'état où se trouve à-présent la partie, il ne vaut pas la peine de la finir, puisque sa longueur (sans aucune instruction) deviendroit trop ennuyante, & d'ailleurs, étant toujours conduite avec la même régularité dont je me s rs en toute occasion, cela reviendroit toujours au même: c'est pourquoi j'y mets fin par un échec perpétuel.

(6) Lorsqu'on défend une partie, on est souvent obligé de pécher contre les règles générales

5.

B. Le pion du fou de la dame, un pas.

N. Le fou prend le chevalier (1).

6.

B. La dame reprend le fou.

N. Le chevalier du roi, à la troisième case de son fou.

7.

B. Le pion de la dame, un pas.

N. Le chevalier de la dame, à la quatrième case de sa tour.

8.

B. Le fou du roi donne échec à la quatrième case du chevalier de la dame noire.

N. Le pion du fou de la dame, un pas.

9.

B. Le fou du roi, à la quatrième case de la tour de sa dame.

N. Le pion du chevalier de la dame, deux pas.

___

pour empêcher l'exécution des projets de l'adversaire ; mais celui qui attaque est rarement dans le même cas. Le noir joue donc ce chevalier à la troisième case de son fou, pour deux raisons ; l'une, pour défendre le pion de son roi ; & l'autre, pour faire la guerre au fou du vôtre qui lui est fort incommode sur cette ligne. S'il jouoit toute autre chose, vous prendriez le pion de son roi avec le pion du fou, & puis en lui donnant échec de votre fou royal vous gagneriez le pion du fou de son roi, puisqu'en reprenant votre fou vous lui donneriez échec du chevalier de votre roi, & par ce moyen votre dame prendroit le fou de la sienne. Cependant si au lieu de jouer ce chevalier il eût pris le pion du fou de votre roi, en jouant ensuite le pion de votre dame deux pas, vous vous trouveriez dans un gambit complet, qu'il faudroit suivre suivant les instructions données à ce sujet.

(1) S'il n'eût pas pris votre chevalier, & qu'il eût joué toute autre chose sans attaquer une de vos pièces, vous deviez jouer votre dame à la troisième case de son chevalier. Voyez le huitième coup du sixième renvoi du premier gambit.

10.

B. Le fou du roi, à la seconde case du fou de sa dame (2).

N. Le fou du roi, à la seconde case de son roi.

11.

B. Le pion de la dame, un pas.

N. Le pion du roi prend le pion de la dame.

12.

B. Le pion du fou de la dame reprend le pion.

N. Le roi roque.

13.

B. Le fou de la dame, à la troisième case de son roi.

N. Le chevalier de la dame, à la quatrième case du fou de la dame blanche.

14.

B. Le chevalier de la dame, à la seconde case de sa dame (3).

___

(2) A moins de bien connoître la force du jeu, on doit naturellement conclure que ces trois derniers coups du blanc étoient des coups perdus ; & véritablement ils paroissent non seulement tels, mais en même temps contraires aux règles prescrites. Cependant lorsqu'on observera que pour donner la chasse au fou de votre roi il a mis son jeu dans une situation à ne pouvoir plus roquer du côté de sa dame sans perdre la partie, & que roquant du côté de son roi, le fou du vôtre se trouve fort bien placé, on conviendra que ces trois coups ont été très-bien calculés, d'autant plus que par ce moyen vous ne pouvez plus manquer d'occuper le milieu de l'échiquier avec vos pions ; & lorsqu'on soutient bien le centre, la bataille est à moitié gagnée.

(3) En jouant ce chevalier, vous laissez un de vos pions en proie à son chevalier, sans qu'il paroisse y avoir aucune nécessité pour cela ; mais il faut observer que les pions des chevaliers, ou des tours, ne sont point de grande conséquence lorsqu'ils sont séparés de ceux du centre ; ainsi vous trouvez mieux votre compte à laisser prendre ce pion, qu'à perdre un coup de votre attaque.

N.

N. Le chevalier de la dame prend le pion du chevalier de la dame blanche.

15.

B. Le pion du chevalier du roi, deux pas (1).

N. Le chevalier de la dame, à la quatrième cafe du fou de la dame blanche.

16.

B. Le chevalier prend le chevalier.

N. Le pion reprend le chevalier.

17.

B. Le pion du chevalier du roi, un pas.

N. Le chevalier, à la seconde cafe de fa dame.

18.

B. Le pion de la tour du roi, deux pas.

N. La dame donne échec.

19.

B. Le roi, à la cafe de fa dame.

N. La dame, à la troisième cafe de la tour de la dame blanche.

20.

B. La tour de la dame, à la cafe de fon fou.

N. La dame prend le pion de la tour.

21.

B. La dame, à la quatrième cafe de la tour du roi noir (2).

N. La tour de la dame, à la cafe de fon chevalier.

22.

B. Le pion du roi, un pas.

N. Le pion du chevalier du roi, un pas.

23.

B. La dame, à la feconde cafe de fon roi.

N. La tour de la dame, à la feconde cafe du chevalier de la dame blanche.

24.

B. Le pion de la tour du roi, un pas.

N. Le pion du fou de la dame, ou tout autre chofe, la partie eft perdue.

25.

B. Le pion de la tour du roi prend le pion.

N. Le pion du fou du roi reprend (3).

26.

B. La tour du roi prend le pion de la tour du roi noir.

N. Le roi prend la tour (4).

---

(1) Ce pion fe joue pour déloger enfuite le chevalier de fon roi : vous pourriez également le faire partir en pouffant le pion de votre roi ; mais en tel cas , il le mettroit à la quatrième cafe de fa dame; ce qui feroit un pofte avantageux pour lui , & dans lequel il pourroit devenir un grand obftacle à votre attaque : vous verrez en cela l'utilité de vos pions de front, puifqu'ils forceront ce cavalier à fe retirer dans fes retranchemens , & le mettent hors d'état de vous nuire.

Voyez la note 4 de la première partie , fur l'utilité des pions de front.

Jeux mathématiques.

(2) Vous jouez cette dame pour l'obliger à pouffer le pion du chevalier de fon roi fur elle ; cela vous met enfuite en état d'attaquer votre adverfaire avec le pion de votre tour , pour faire une ouverture fur fon roi , comme vous verrez par la fuite.

(3) Si en cas il reprenoit avec le pion de fa tour, il faudroit jouer votre dame à la feconde cafe de la tour de votre roi , ce qui vous gagneroit également la partie ; c'eft ce que vous pourrez effayer.

(4) Si au lieu de prendre votre tour il joue la fienne à la feconde cafe du fou de fon roi , vous retirerez la vôtre d'un pas , & enfuite la foutenant de votre dame le mat fe trouvera toujours de même; la différence ne fera que d'un coup ou deux tout au plus.

27.

B. La dame donne échec à la quatrième
case de la tour du roi noir.

N. Le roi où il peut.

28.

B. La dame donne échec en prenant le
pion, et puis mat le coup après.

N.

*Second renvoi du troisième gambit,
sur le troisième coup.*

3.

Blanc. Le pion du roi prend le pion de
la dame noire.

Noir. Le pion du roi prend le pion du
fou.

4.

B. Le chevalier du roi, à la troisième
case de son fou.

N. La dame prend le pion.

5.

B. Le pion de la dame, deux pas.

N. La dame donne échec à la quatrième
case du roi blanc.

6.

B. Le roi, à la seconde case de son fou.

N. Le fou du roi, à la seconde case de
son roi (1).

7.

B. Le fou du roi, à la troisième case
de sa dame.

N. La dame, à la troisième case du fou
de sa dame.

---

(1) S'il n'eût pas couvert son roi, & qu'il eût
laissé là sa dame, il courroit risque de la perdre,
ou de perdre bientôt la partie, parce qu'en tel cas
vous donniez échec du fou de votre roi, & ensuite votre tour royale attaquoit sa dame.

8.

B. Le fou de la dame prend le pion.

N. Le fou de la dame, à la troisième
case de son roi.

9.

B. La dame, à la seconde case de son
roi.

N. La dame, à sa seconde case.

10.

B. Le pion du fou de la dame, deux
pas.

N. Le pion du fou de la dame, un pas.

11.

B. Le chevalier de la dame, à la troisième case de son fou.

N. Le chevalier du roi, à la troisième
case de son fou.

12.

B. Le pion de la tour du roi, un pas.

N. Le roi roque.

13.

B. Le pion du chevalier du roi, deux
pas.

N. Le fou du roi, à la troisième case
de sa dame.

14.

B. Le chevalier du roi, à la quatrième
case du roi noir.

N. Le fou prend le chevalier.

15.

B. Le pion reprend le fou (2).

N. Le chevalier du roi, à la case de son
roi.

---

(2) Vous reprenez du pion pour forcer son cavalier à rétrograder, n'ayant aucun endroit pour
pouvoir l'avancer ; au lieu qu'il n'auroit pas bougé, s'il eût été attaqué de votre fou.

16.

B. La tour de la dame, à la case de sa dame.

N. La dame, à la seconde case de son roi.

17.

B. Le pion du chevalier du roi, un pas.

N. Le chevalier de la dame, à la seconde case de sa dame.

18.

B. La dame, à la quatrième case de la tour du roi noir (1).

N. Le pion du chevalier du roi, un pas.

19.

B. La dame, à la troisième case de la tour du roi noir.

N. La dame donne échec.

20.

B. Le roi, à la troisième case de son chevalier.

N. Le chevalier de la dame prend le pion du roi blanc.

21.

B. Le chevalier, à la quatrième case de son roi.

N. La dame, à la quatrième case de la dame blanche (2).

22.

B. Le chevalier donne échec à la troisième case du fou du roi noir.

N. Le chevalier prend le chevalier.

23.

B. Le pion reprend le chevalier.

N. Perdu, le mat étant forcé.

---

(1) Voyez la note 2 du premier renvoi de ce gambit, page 113.

(2) S'il jouoit sa dame ailleurs, il perdroit son chevalier, ce qui vous suffiroit pour gagner la partie.

Troisième renvoi sur le troisième gambit, au onzième coup.

11.

Blanc. Le fou du roi, à la troisième case de sa dame.

Noir. Le roi roque du côté de sa dame.

12.

B. La tour du roi, à la case de son roi.

N. La dame se retire à la case du fou de son roi (3).

13.

B. La dame, à la quatrième case de sa tour.

N. Le roi, à la case du chevalier de sa dame.

14.

B. Le fou de la dame, à la troisième case de son roi.

N. Le pion du fou de la dame, un pas (4).

15.

B. Le pion de la dame, un pas.

N. Le fou de la dame, à la quatrième case du chevalier du roi blanc.

16.

B. Le pion du chevalier de la dame, deux pas.

N. Le fou prend le chevalier.

17.

B. Le pion reprend le fou.

---

(3) Il retire cette dame pour éviter la perte d'une pièce que vous forceriez en poussant le pion de votre dame sur le fou de la sienne.

(4) S'il eût attaqué votre dame avec le chevalier de la sienne, vous auriez dû retirer la vôtre à la troisième case de son propre chevalier, & ensuite pousser en avant le pion de la tour, pour faire déloger ce cavalier.

N. La tour de la dame, à la cafe de fon fou (1).

18.

B. Le chevalier, à la quatrième cafe du chevalier de la dame noire.

N. Le pion de la tour de la dame, un pas.

19.

B. Le chevalier prend le fou.

N. La dame reprend le chevalier.

20.

B. La tour de la dame, à la cafe de fon chevalier.

N. Le chevalier de la dame, à la quatrième cafe de fon roi.

21.

B. Le fou du roi, à la feconde cafe de fon roi.

N. Le chevalier du roi, à la feconde cafe de fa dame.

22.

B. La dame, à la quatrième cafe de la tour de la dame noire.

N. La dame donne échec à la troifième cafe du chevalier de fon roi.

23.

B. Le roi, à la cafe de fa tour.

N. La dame, à fa troifième cafe (2).

24.

B. Le pion prend le pion.

N. Le chevalier reprend le pion.

---

(1) Tout autre coup qu'il puiffe jouer, le jeu eft tellement difpofé qu'il ne peut plus éviter la perte de la partie, le jeu étant bien conduit de part & d'autre.

(2) Tout autre chofe qu'il eût pu jouer, vous deviez toujours prendre fon pion avec celui du chevalier de votre dame ; & en cas que votre adverfaire l'eût pris, vous deviez le reprendre de votre tour, pour pouvoir doubler vos tours le coup après.

25.

B. La tour de la dame, à la troifième cafe du chevalier de la dame noire.

N. La dame, à la cafe du fou de fon roi.

26.

B. La tour du roi, à la cafe du chevalier de fa dame.

N. Le chevalier de la dame, à la feconde cafe de fa dame.

27.

B. La tour de la dame prend le pion de la tour de la dame noire.

N. Le chevalier prend la tour.

28.

B. La dame reprend le chevalier.

N. La tour de la dame, à la feconde cafe de fon fou.

29.

B. Le pion de la dame, un pas, & gagne la partie.

GAMBIT DE CUNNINGHAM,

Dont l'auteur l'a cru certainement gagné ; mais je trouve le contraire, & qu'en jouant bien de part & d'autre, les trois pions de plus, pour la perte d'un fou, doivent gagner la partie lorfqu'ils font bien conduits. Il y aura auffi deux renvois, un au feptième, & le dernier au onzième coup.

1.

Blanc. Le pion du roi, deux pas.

Noir. De même.

2.

B. Le pion du fou du roi, deux pas.

N. Le pion du roi prend le pion.

3.

B. Le chevalier du roi, à la troisième case de son fou.

N. Le fou du roi, à la seconde case de son roi.

4.

B. Le fou du roi, à la quatrième case du fou de sa dame.

N. Le fou du roi donne échec.

5.

B. Le pion du chevalier du roi, un pas.

N. Le pion prend le pion.

6.

B. Le roi roque.

N. Le pion du roi prend le pion de la tour du roi blanc.

7.

B. Le roi, à la case de sa dame.

N. Le fou du roi, à sa troisième case (1).

8.

B. Le pion du roi, un pas.

N. Le pion de la dame, deux pas (2).

9.

B. Le pion du roi prend le fou.

N. Le chevalier du roi prend le pion.

10.

B. Le fou du roi, à la troisième case du chevalier de sa dame.

11.

N. Le fou de la dame, à la troisième case de son roi.

11.

B. Le pion de la dame, un pas (3).

N. Le pion de la tour du roi, un pas (4).

12.

B. Le fou de la dame, à la quatrième case du fou de son roi.

N. Le pion du fou de la dame, deux pas.

13.

B. Le fou de la dame prend le pion près de son roi.

N. Le chevalier de la dame, à la troisième case de son fou.

14.

B. Le chevalier de la dame, à la seconde case de sa dame.

N. Le chevalier du roi, à la quatrième case du chevalier du roi blanc (5).

15.

B. La dame, à la seconde case de son roi (6).

---

(1) Si au lieu de jouer ce fou à sa troisième case il l'eût joué à la seconde de son roi, vous auriez gagné la partie en peu de coups; ce que vous verrez par un renvoi sur ce coup.

(2) S'il ne sacrifioit point ce fou, vous gagneriez encore indubitablement la partie; mais en le perdant, en retenant trois pions pour sa pièce, il doit par la force, & ces mêmes pions, devenir votre vainqueur, pourvu qu'il ne se presse point à les pousser avant que toutes ses pièces ne soient sorties, & en état de bien seconder ses trois pions.

(3) Si vous eussiez poussé ce pion deux pas, vous auriez donné l'entrée dans votre jeu à ses cavaliers, ce qui lui auroit fait gagner bientôt la partie; mais pour que ce coup soit plus sensible, il fera le sujet d'un second renvoi sur ce gambit.

(4) Ce coup est de grande importance pour le gain de la partie, parce qu'il vous empêche d'attaquer le chevalier de son roi avec le fou de votre dame; ce qui vous procureroit ensuite l'occasion de séparer ses pions, en sacrifiant une tour pour un de ses chevaliers; l'avantage en tel cas reviendroit de votre côté.

(5) Il joue ce chevalier pour prendre le fou de votre dame, qui l'incommoderoit beaucoup s'il roquoit du côté de sa dame. Il est bon d'avertir ici, pour règle générale, que quand on est fort en pions il faut tâcher d'ôter les fous de l'adversaire, parce qu'ils peuvent mieux arrêter le cours des pions que les tours.

(6) Ne pouvant sauver le fou sans faire pire, vous jouez votre dame pour le remplacer; car si

N. Le chevalier prend le fou.

16.

B. La dame prend le chevalier.

N. La dame, à la cafe de fon chevalier (1).

17.

B. La dame prend la dame (2).

N. La tour reprend la dame.

18.

B. La tour de la dame, à la cafe de fon
roi.

N. Le roi, à la feconde cafe de fa
dame.

19.

B. Le chevalier du roi donne échec.

N. Le chevalier prend le chevalier.

20.

B. La tour de la dame reprend le chevalier.

N. Le roi, à la troifième cafe de fa
dame.

21.

B. La tour du roi, à la cafe de fon
roi.

N. Le pion du chevalier de la dame,
deux pas.

22.

B. Le pion du fou de la dame, un pas.

---

vous euffiez joué ce fou à la quatrième cafe de
celui de votre roi pour empêcher l'échec de fon
cavalier, il auroit pouffé le pion du chevalier de
fon roi fur votre fou ; ce qui auroit caufé la perte
immédiate de la partie.

(1) S'il jouoit cette dame en tout autre endroit
elle fe trouveroit gênée ; c'eft pourquoi il offre
à la changer, dans le deffein qu'en cas de votre
refus il puiffe la placer à fa troifième cafe, où elle
fe trouveroit enfuite non-feulement en fûreté,
mais auffi très-bien poftée.

(2) Si vous ne preniez pas fa dame, votre partie
ferait encore moins bonne.

N. La tour de la dame, à la cafe de fon
roi.

23.

B. Le pion de la tour de la dame, deux
pas.

N. Le pion de la tour de la dame, un
pas.

24.

B. Le chevalier, à la troifième cafe du
fou de fon roi.

N. Le pion du chevalier du roi, deux
pas.

25.

B. Le roi, à la feconde cafe de fon
chevalier.

N. Le pion du fou du roi, un pas (3).

26.

B. La tour de la dame, à la feconde
cafe de fon roi.

N. Le pion de la tour du roi, un pas.

27.

B. Le pion de la tour de la dame prend
le pion.

N. Le pion reprend le pion.

28.

B. La tour du roi, à la cafe de la tour
de fa dame.

N. La tour de la dame, à fa cafe (4).

29.

B. La tour du roi revient à la cafe de
fon roi.

N. Le fou, à la feconde cafe de fa
dame.

---

(3) S'il eût pouffé ce pion deux pas, vous auriez
gagné le pion de fa dame en le prenant de votre
fou, cela auroit rendu votre partie bonne.

(4) Il faut empêcher tant qu'on peut de ne
point laiffer doubler les tours de l'ennemi, furtout lorfqu'il y a une ouverture dans le jeu ; c'ef
pourquoi il propofe d'abord de changer.

30.

B. Le pion de la dame, un pas.

N. Le pion du fou de la dame, un pas.

31.

B. Le fou, à la seconde case du fou de
sa dame.

N. Le pion de la tour du roi, un
pas (1).

32.

B. La tour du roi, à sa case.

N. La tour du roi, à sa quatrième
case (2).

33.

B. Le pion du chevalier de la dame, un
pas.

N. La tour de la dame, à la case de la
tour de son roi.

34.

B. Le pion du chevalier de la dame, un
pas.

N. Le pion du chevalier du roi, un pas.

35.

B. Le chevalier, à la seconde case de sa
dame.

N. La tour du roi, à la quatrième case
du chevalier de son roi.

36.

B. La tour du roi, à la case du fou de
son roi.

(1) Il joue ce pion pour pousser ensuite celui
du chevalier de son roi sur votre cavalier ; afin de
l'obliger à quitter son poste ; mais s'il eût poussé
le pion de son chevalier avant de jouer celui-ci,
votre chevalier alloit se poster à la quatrième case
de la tour de votre roi, & auroit arrêté l'avancement de tous ses pions.

(2) Si au lieu de jouer ce coup il vous eût
donné échec avec le pion de sa tour, il auroit
péché contre l'instruction que je donne à la première partie. Voyez la note 2 de la page 72.

N. Le pion du chevalier du roi, un pas.

37.

B. La tour prend le pion & donne
échec.

N. Le roi, à la seconde case du fou de
sa dame.

38.

B. La tour du roi, à la troisième case du
chevalier du roi noir.

N. Le pion de la tour du roi, un pas, &
donne échec.

39.

B. Le roi, à la case de son chevalier.

N. Le pion du chevalier du roi, un pas.

40.

B. La tour prend la tour.

N. Le pion de la tour donne échec.

41.

B. Le roi prend le pion du chevalier.

N. Le pion de la tour demande dame &
donne échec.

42.

B. Le roi, à la seconde case de son
fou.

N. La tour donne échec à la case du fou
de son roi.

43.

B. Le roi, à sa troisième case.

N. La dame donne échec à la troisième
case de la tour du roi blanc.

44.

B. Le chevalier couvre l'échec n'ayant
point d'autre jeu.

N. La dame prend le chevalier, ensuite
la tour, et donne mat au second
coup.

Premier renvoi sur le septième coup du gambit de Cunningham.

7.

Blanc. Le roi, à la case de sa tour.

Noir. Le fou, à la seconde case de son roi.

8.

B. Le fou du roi prend le pion, & donne échec.

N. Le roi prend le fou.

9.

B. Le chevalier du roi, à la quatrième case du roi noir donnant double échec.

N. Le roi, à sa troisième case; ailleurs il perd sa dame.

10.

B. La dame donne échec à la quatrième case du chevalier de son roi.

N. Le roi prend le chevalier.

11.

B. La dame donne échec à la quatrième case du fou du roi noir.

N. Le roi, à la troisième case de sa dame.

12.

B. La dame donne échec & mat à la quatrième case de la dame noire.

Suite de ce premier renvoi, en cas que le roi refuse de prendre votre fou au huitième coup.

8.

Blanc. Le fou du roi prend le pion, & donne échec.

Noir. Le roi, à la case de son fou.

9.

B. Le chevalier du roi, à la quatrième case du roi noir.

N. Le chevalier du roi, à la troisième case du fou de son roi.

10.

B. Le fou du roi, à la troisième case du chevalier de sa dame.

N. La dame, à la case de son roi.

11.

B. Le chevalier du roi, à la seconde case du fou du roi noir.

N. La tour, à la case de son chevalier.

12.

B. Le pion du roi, un pas.

N. Le pion de la dame, deux pas.

13.

B. Le pion prend le chevalier.

N. Le pion reprend le pion.

14.

B. Le fou prend le pion.

N. Le fou de la dame, à la quatrième case du chevalier du roi blanc.

15.

B. La dame, à la case de son roi.

N. Le fou de la dame, à la quatrième case de la tour de son roi.

16.

B. Le pion de la dame, deux pas (1).

N. Le fou prend le chevalier.

17.

B. Le fou de la dame donne échec.

N. La tour couvre l'échec.

18.

B. Le chevalier, à la troisième case du fou de sa dame.

N. Le fou prend le fou.

(o) Le blanc sacrifie cette pièce uniquement pour abréger la partie.

19.

B. Le chevalier reprend le fou.

N. La dame, à la seconde case du fou de son roi.

20.

B. Le chevalier prend le chevalier.

N. La dame reprend le chevalier.

21.

B. La dame prend la dame

N. Le roi reprend la dame.

22.

B. Le fou prend la tour, & ensuite doit gagner avec la supériorité d'une tour & une très-bonne situation.

Second renvoi du gambit de Cunningham, commençant au onzième coup du blanc.

11.

B. Le pion de la dame, deux pas.

N. Le chevalier du roi, à la quatrième case du roi blanc.

12.

B. Le fou de la dame, à la quatrième case du fou de son roi.

N. Le pion du fou du roi, deux pas.

13.

B. Le chevalier de la dame, à la seconde case de sa dame (1).

N. La dame, à la seconde case de son roi.

14.

B. Le pion du fou de la dame, deux pas.

N. Le pion du fou de la dame, un pas (1).

15.

B. Le pion prend le pion.

N. Le pion reprend le pion.

16.

B. La tour de la dame, à la case de son fou.

N. Le chevalier de la dame, à la troisième case de son fou.

17.

B. Le chevalier de la dame prend le chevalier noir.

N. Le pion du fou du roi reprend le chevalier.

18.

B. Le chevalier prend le pion noir près de son roi.

N. Le roi roque du côté de sa tour.

19.

B. La dame, à sa seconde case.

N. Le pion de la tour du roi, un pas,

---

(1) Vous jouez ce chevalier pour tenter votre adversaire de le prendre ; mais il est bon d'avertir ici qu'il joueroit très-mal s'il le prenoit, parce qu'un chevalier situé ou posté de cette manière (s'entend soutenu de deux pions) pendant qu'il ne vous reste aucun pion à pousser sur lui pour le faire décamper, vaut au moins autant qu'une tour, à cause qu'il vous devient tellement incommode, que vous serez obligé de le prendre ; & en tel cas, votre adversaire réunissant ses deux pions, dont

Jeux mathématiques.

celui qui est à la tête (n'ayant plus d'obstacle du côté de ses pions ennemis) doit probablement vous coûter une pièce, si vous vouliez l'empêcher de faire une dame.

(1) S'il prenoit votre pion, son jeu diminueroit beaucoup de sa force, parce que son chevalier ne seroit plus soutenu que d'un seul pion, qui se trouveroit ensuite sans défense s'il souffroit que vous prissiez son cavalier royal ; il seroit donc obligé de le retirer pour conserver son pion, & cela répareroit beaucoup votre jeu.

20.

B. La tour de la dame, à la quatrième case du fou de la dame noire.

N. La tour de la dame, à la case de sa dame.

21.

B. Le fou du roi, à la quatrième case de la tour de sa dame.

N. Le pion du chevalier du roi, deux pas.

22.

B. Le fou de la dame, à la troisième case de son roi.

N. La tour prend la tour.

23.

B. Le chevalier reprend la tour.

N. La dame, à sa troisième case.

24.

B. La dame, à la seconde case de la tour de son roi.

N. Le roi, à la seconde case de son chevalier.

25.

B. La dame prend la dame.

N. La tour reprend la dame.

26.

B. Le pion de la tour de la dame, un pas.

N. Le roi, à la troisième case de son chevalier.

27.

B. Le pion du chevalier de la dame, deux pas.

N. Le pion de la tour du roi, un pas.

28.

B. Le pion du chevalier de la dame, un pas.

N. Le chevalier, à la roi, de case de son roi.

29.

B. La tour, à la seconde case du fou de la dame noire.

N. La tour, à la seconde case de sa dame.

30.

B. La tour prend la tour; ne prenant point, cela revient au même.

N. Le fou reprend la tour.

31.

B. Le roi, à la seconde case de son chevalier.

N. Le pion de la tour du roi, un pas.

32.

B. Le fou de la dame, à la seconde case du fou de son roi.

N. Le roi, à la quatrième case de sa tour.

33.

B. Le fou du roi donne échec.

N. Le fou couvre l'échec.

34.

B. Le fou prend le fou.

N. Le roi reprend le fou.

35.

B. Le chevalier donne échec à la troisième case de son roi.

N. Le roi, à la quatrième case du fou du roi blanc.

36.

B. Le roi, à la troisième case de sa tour.

N. Le roi, à la troisième case du fou du roi blanc.

37.

B. Le chevalier, à la quatrième case du chevalier de son roi.

N. Le chevalier, à la quatrième café du fou de fon roi.

38.

B. Le fou, à la cafe du chevalier de fon roi.

N. Le pion du roi, un pas.

39.

B. Le pion de la tour de la dame, un pas.

N. Le pion du roi, un pas.

40.

B. Le fou, à la feconde cafe du fou de fon roi.

N. Le chevalier prend le pion de la dame, & gagne enfuite la partie.

GAMBIT DE LA DAME,

furnommé le gambit d'ALLEPÉ,

Où il y aura fept renvois ; le premier, fur le troifième coup du blanc ; le fecond, fur le troifième coup du noir ; le troifième, au quatrième coup du blanc ; le quatrième, au feptième coup du blanc ; le cinquième, au huitième coup du noir ; & le fixième, au dixième coup du blanc.

1.

Blanc. Le pion du roi, deux pas.
Noir. De même.

2.

B. Le pion du fou de la dame, deux pas.

N. Le pion prend le pion.

3.

B. Le pion du roi, deux pas (1).

N. Le pion du roi, deux pas (1).

4.

B. Le pion de la dame, un pas (2).

N. Le pion du fou du roi, deux pas (3).

5.

B. Le chevalier de la dame, à la troifième cafe de fon fou.

N. Le chevalier du roi, à la troifième cafe de fon fou.

6.

B. Le pion du fou du roi, un pas.

N. Le fou du roi, à la quatrième cafe du fou de fa dame.

7.

B. Le chevalier de la dame, à la quatrième cafe de fa tour (4).

---

le fou de votre dame renfermé pendant la moitié de la partie. Un premier renvoi en fera le témoignage. Je me fers en même temps de cette occafion pour dire qu'un certain auteur (d'ailleurs affez intelligent, & qui fe plaît à jouer prefque toujours cette partie) enfeigne à ne point pouffer ce pion deux pas ; cependant on fera convaincu par ce renvoi que c'eft le coup le mieux joué. Il eft bien vrai qu'en ne le pouffant qu'un pas, l'on peut quelquefois attraper un mauvais joueur ; mais cela ne juftifie pas le coup.

(1) Si au lieu de jouer ce pion il eût foutenu celui du gambit, il perdoit la partie : c'eft ce qu'on verra par un fecond renvoi. Mais ne faifant ici ni l'un ni l'autre, vous deviez pouffer en tel cas le pion du fou de votre roi deux pas, & votre fituation auroit été des meilleures, puifque vous auriez eu trois pions de front.

(2) Si au lieu de pouffer en avant vous euffiez pris le pion de fon roi, vous perdiez l'avantage de l'attaque. Ce fera le fujet du troifième renvoi.

(3) S'il eût joué toute autre chofe, vous deviez pouffer le pion de votre roi deux pas, & par ce moyen vous auriez procuré une entière liberté à vos pièces.

---

(1) Si au lieu de deux vous ne pouffiez ce pion qu'un pas, votre adverfaire feroit en état de tenir

(4) Si au lieu de jouer ce chevalier pour vous défaire du fou de fon roi, ou le faire retirer de

N. Le fou prend le chevalier près de la tour du roi blanc (1).

8.

B. La tour reprend le fou.

N. Le roi roque (2).

9.

B. Le chevalier, à la troisième case du fou de sa dame.

N. Le pion prend le pion.

10.

B. Le fou du roi prend le pion du gambit (3).

N. Le pion prend le pion du fou du roi blanc.

11.

B. Le pion reprend le pion (4).

---

cette ligne (comme vous êtes inftruit dans la note 3 de la première partie) vous euffiez pris le pion du gambit, vous perdiez la partie. C'eft ce qui eft encore néceffaire de faire voir par un quatrième renvoi fur cette partie.

(1) Si au lieu de prendre votre chevalier il eût joué fon fou à la quatrième cafe de votre dame, vous deviez l'attaquer avec votre chevalier royal, & le prendre le coup fuivant.

(2) Si au lieu de roquer il eût pouffé le pion du chevalier de la dame deux pas, pour foutenir le pion du gambit, vous ferez convaincu, par un cinquième renvoi, qu'il perdoit encore la partie; & fi au lieu d'un de ces deux coups il eût choifi celui de prendre le pion de votre roi, en reprenant le fien, il n'auroit ofé prendre de rechef le vôtre avec fon cavalier, parce qu'en lui donnant enfuite échec de votre dame il perdoit indubitablement la partie. C'eft ce qu'il eft aifé de voir fans renvoi.

(3) Voici encore un coup particulier, & qui demande un fixième renvoi; c'eft que fi vous euffiez pris le pion du fou de fon roi avec celui du vôtre, vous perdiez la partie.

(4) En reprenant de ce pion, vous donnez une ouverture à votre tour fur fon roi, & ce pion fert auffi à mieux couvrir votre roi, outre qu'il arrête fon chevalier; & malgré que vous ayez un pion de moins, vous avez plutôt l'avantage dans cette partie.

N. Le fou de la dame, à la quatrième cafe du fou de fon roi.

12.

B. Le fou de la dame, à la trbifième cafe de fon roi.

N. Le chevalier de la dame, à la feconde cafe de fa dame.

13.

B. La dame, à fa feconde cafe.

N. Le chevalier de la dame, à fa troifième cafe.

14.

B. Le fou de la dame prend le chevalier.

N. Le pion de la tour reprend le fou.

15.

B. Le roi roque du côté de fa dame.

N. Le roi, à la cafe de fa tour.

16.

B. La tour du roi, à la quatrième cafe du chevalier du roi noir.

N. Le pion du chevalier du roi, un pas.

17.

B. La dame, à la troifième cafe de fon roi.

N. La dame, à fa troifième cafe.

18.

B. Le chevalier, à la quatrième cafe de fon roi.

N. Le fou prend le chevalier.

19.

B. Le pion reprend le fou pour fe réunir à fon camarade.

N. La tour du roi, à la cafe de fon roi.

20.

B. Le roi, à la cafe du chevalier de fa dame.

N. La dame, à la quatrième cafe de fon fou.

21.

B. La dame prend la dame.

N. Le pion reprend la dame.

22.

B. La tour de la dame, à la cafe de fon roi.

N. Le roi, à la feconde cafe de fon chevalier.

23.

B. Le roi, à la feconde cafe du fou de fa dame.

N. Le pion de la tour du roi, un pas.

24.

B. La tour du roi, à la troifième cafe de fon chevalier.

N. Le chevalier, à la quatrième cafe de la tour de fon roi.

25.

B. La tour attaquée par le chevalier fe fauve à la troifième cafe du chevalier de fa dame.

N. Le pion du chevalier de la dame, un pas.

26.

B. Le pion de la dame, un pas pour faire ouverture à votre tour & à votre fou.

N. Le pion prend le pion.

27.

B. La tour du roi prend le pion.

N. La tour de la dame, à la cafe de fa dame.

28.

B. La tour de la dame, à la cafe de fa dame.

N. Le chevalier, à la troifième cafe du fou de fon roi.

29.

B. La tour du roi donne échec.

N. Le roi, à la cafe de fa tour.

30.

B. Le fou, à la quatrième cafe de la dame noire pour empêcher l'avancement des pions de l'adverfaire.

N. Le chevalier prend le fou.

31.

B. La tour reprend le chevalier.

N. La tour du roi, à la cafe de fon fou.

32.

B. La tour de la dame, à la feconde cafe de fa dame.

N. La tour du roi, à la quatrième cafe du fou du roi blanc.

33.

B. La tour de la dame, à la feconde cafe de fon roi.

N. Le pion de la dame, un pas.

34.

B. Le pion prend le pion.

N. La tour de la dame reprend le pion.

35.

B. La tour du roi, à la feconde cafe du roi noir.

N. Le pion du chevalier du roi, un pas; s'il foutenait le pion, il perdrait la partie.

36.

B. Une des deux tours prend le pion.
N. La tour prend la tour.

37.

B. La tour reprend la tour.
N. La tour donne échec à la seconde case du fou du roi blanc.

38.

B. Le roi, à la troisième case du fou de sa dame.
N. La tour prend le pion.

39.

B. Le pion de la tour, deux pas (1).
N. Le pion du chevalier du roi, un pas.

40.

B. Le pion de la tour, un pas.
N. Le pion du chevalier, un pas.

41.

B. La tour, à la case de son roi.
N. Le pion du chevalier, un pas.

42.

B. La tour, à la case du chevalier de son roi.
N. La tour donne échec.

43.

B. Le roi, à la quatrième case du fou de sa dame.
N. La tour, à la troisième case du chevalier du roi blanc.

44.

B. Le pion de la tour, un pas.
N. La tour, à sa seconde case de son chevalier.

45.

B. Le roi prend le pion.
N. Le pion de la tour, un pas.

46.

B. Le roi, à la troisième case du chevalier de la dame noire.
N. Le pion de la tour, un pas.

47.

B. Le pion de la tour, un pas.
N. La tour prend le pion (1).

48.

B. La tour prend le pion (2).
N. La tour, à la seconde case de la tour du roi.

49.

B. Le pion, deux pas.
N. Le pion, un pas.

50.

B. La tour, à la seconde case de la tour de son roi.
N. Le roi, à la seconde case de son chevalier.

51.

B. Le pion, un pas.
N. Le roi, à la troisième case de son chevalier.

---

(1) Si au lieu de pousser ce pion vous eussiez pris le sien avec votre tour, vous auriez perdu la partie, parce que votre roi auroit empêché votre tour de venir à temps pour barrer le passage au pion de son chevalier. C'est ce qu'on peut voir en jouant les mêmes coups.

---

(1) S'il ne prenoit pas votre pion, il perdroit la partie, en prenant immédiatement le sien.

(2) Si au lieu de prendre son pion vous eussiez pris sa tour, vous auriez perdu.

52.

B. Le roi, à la troisième case du fou de la dame noire.

N. Le roi, à la quatrième case de son chevalier.

53.

B. Le pion, un pas.

N. Le roi, à la quatrième case du chevalier du roi blanc.

54.

B. Le pion avance.

N. La tour prend le pion, & jouant ensuite son roi sur la tour, il est visible que c'est un refait, parce que son pion vous coûtera la tour.

Il n'est pas nécessaire de renvois sur ces derniers coups, puisqu'il est facile à les trouver du moment qu'on se donne la peine de les chercher.

Premier renvoi du gambit de la dame, au troisième coup.

3.

B. Le pion du roi, un pas.

N. Le pion du fou du roi, deux pas (1).

4.

B. Le fou du roi prend le pion.

N. Le pion du roi, un pas.

5.

B. Le pion du fou du roi, un pas.

N. Le chevalier du roi, à la troisième case de son fou (2).

---

(1) Le jeu de ce pion doit vous convaincre que vous auriez mieux fait d'avancer celui de votre i deux pas, puisque son pion vous empêche à ésent de mettre celui de votre roi de front avec lui de votre dame.

(2) C'est encore par le même principe qu'il joue chevalier, qui est d'empêcher l'union du pion votre roi avec celui de votre dame.

6.

B. Le chevalier de la dame, à la troisième case de son fou.

N. Le pion du fou de la dame, deux pas (1).

7.

B. Le chevalier du roi, à la seconde case de son roi.

N. La chevalier de la dame, à la troisième case de son fou.

8.

B. Le roi roque.

N. Le pion du chevalier du roi, deux pas (2).

9.

B. Le pion de la dame prend le pion (3).

N. La dame prend la dame.

10.

B. La tour reprend la dame.

B. Le fou du roi prend le pion.

11.

B. Le chevalier du roi, à la quatrième case de sa dame.

N. Le roi, à sa seconde case.

---

(1) Ce pion est encore poussé avec le même dessein d'empêcher les pions du centre à se réunir de front.

(2) Il joue ce pion pour pousser, en cas de besoin, celui du fou de son roi sur votre pion royal; ce qui causeroit infailliblement la séparation de vos meilleurs pions.

(3) Si au lieu de prendre ce pion vous l'eussiez poussé en avant, votre adversaire auroit attaqué le fou de votre roi avec le chevalier de sa dame, pour vous obliger à lui donner échec ; & en tel cas, jouant son roi à la seconde case de son fou, il gagnoit le coup sur vous & une bonne situation de jeu.

12.

B. Le chevalier de la dame, à la quatrième cafe de fa tour.

N. Le fou du roi, à la troifième cafe de fa dame.

13.

B. Le chevalier du roi prend le chevalier.

N. Le pion reprend le chevalier.

14.

B. Le pion du fou du roi, un pas (1).

N. Le pion de la tour du roi, un pas.

15.

B. Le fou de la dame, à la feconde cafe de fa dame.

N. Le chevalier, à la quatrième cafe de fa dame.

16.

B. Le pion du chevalier du roi, un pas.

N. Le fou de la dame, à la feconde cafe de fa dame.

17.

B. Le roi, à la feconde cafe de fon fou.

N. Le pion du fou de la dame, un pas.

18.

B. Le chevalier, à la troifième cafe du fou de fa dame.

N. Le fou de la dame, à fa troifième cafe.

19.

B. Le chevalier prend le chevalier.

N. Le pion reprend le chevalier.

(1) Vous avancez ce pion pour empêcher votre adverfaire de mettre trois pions de front; ce qu'il auroit fait en pouffant celui de fon roi.

20.

B. Le fou du roi, à la feconde cafe de fon roi.

N. La tour de la dame, à la cafe du chevalier de fon roi.

21.

B. Le fou de la dame, à fa troifième cafe.

N. Le pion du chevalier du roi prend le pion.

22.

B. Le fou prend la tour (1).

N. Le pion prend le pion du roi donnant échec.

23.

B. Le roi reprend le pion.

N. La tour prend le fou.

24.

B. Le fou du roi, à fa troifième cafe.

N. Le roi, à fa troifième cafe.

25.

B. La tour du roi, à la feconde cafe de fa dame.

N. Le pion de la dame donne échec.

26.

B. Le roi, à la feconde cafe de fon fou.

N. Le fou de la dame, à la quatrième cafe du roi blanc.

(1) Si vous eufliez repris fon pion avec celui de votre chevalier, il auroit pouffé celui de fa dame fur votre fou, & enfuite il feroit entré dans votre jeu par un échec de fa tour foutenue du fou de fa dame; & fi vous eufliez repris ce pion avec celui de votre roi, il auroit fait de même; ce qui lui auroit donné un beau jeu, & cela pour avoir un pion de pafié, c'eft-à-dire un pion qui ne peut être arrêté que par des pièces, & qui probablement en doit coûter une, pour empêcher qu'il ne fafle une dame.

27.

B. La tour de la dame, à la cafe de fon roi.

N. Le roi, à la quatrième cafe de fa dame.

28.

B. La tour du roi, à la feconde cafe de fon roi.

N. La tour, à la cafe de fon roi.

29.

B. Le pion du chevalier du roi, un pas.

N. Le fou prend le fou.

30.

B. La tour prend la tour.

N. Le pion prend le pion.

31.

B. Le pion de la tour du roi, un pas.

N. Le pion du fou de la dame, un pas.

32.

B. La tour du roi, à la cafe de la tour du roi noir.

N. Le pion de la dame, un pas.

33.

B. Le roi, à fa troifième cafe.

N. Le fou du roi donne échec à la quatrième cafe du fou de fa dame.

34.

B. Le roi, à la quatrième cafe de fon fou, ne pouvant mettre ailleurs.

N. Le pion de la dame, un pas, & gagne la partie.

Je laiffe perdre cette partie, pour faire voir la force des deux fous contre les tours, particulièrement lorfque le roi eft entre deux pions. Si donc au lieu d'employer vos tours à faire la guerre à fes pions, vous vous fuffiez défait du fou de fon roi, jouant votre tour au trente-unième coup la cafe de la dame noire ; au trente-deuxième,

Jeux mathématiques.

porté votre autre tour à la feconde cafe du roi de l'adverfaire ; au trente-troifième, facrifier votre première tour pour le fou de fon roi, vous verrez que de la partie vous en pourrez faire une remife.

Second renvoi du gambit de la dame, au troifième coup du noir.

3.

B. Le pion du roi, deux pas.

N. Le pion du chevalier de la dame, deux pas.

4.

B. Le pion de la tour de la dame, deux pas.

N. Le pion du fou de la dame, un pas.

5.

B. Le pion du chevalier de la dame, un pas (1).

N. Le pion du gambit prend le pion.

6.

B. Le pion de la tour prend le pion.

N. Le pion du fou de la dame reprend le pion.

7.

B. Le fou du roi prend le pion, & donne échec.

N. Le fou couvre l'échec.

8.

B. La dame prend le pion.

N. Le fou prend le fou.

9.

B. La dame reprend le fou, & donne échec.

N. La dame couvre l'échec.

______

(1) Il eft de la même conféquence, dans l'attaque du gambit de la dame, de féparer les pions de l'adverfaire de ce côté, que dans les gambits du roi de féparer ceux du côté du roi.

10.

B. La dame prend la dame.

N. Le chevalier reprend la dame.

11.

B. Le pion du fou du roi, deux pas.

N. Le pion du roi, un pas.

12.

B. Le roi, à sa seconde case.

N. Le pion du fou du roi, deux pas (1).

13.

B. Le pion du roi, un pas.

N. Le chevalier du roi, à la seconde case de son roi.

14.

B. Le chevalier de la dame, à la troisième case de son fou.

N. Le chevalier du roi, à la quatrième case de sa dame (2).

15.

B. Le chevalier prend le chevalier.

N. Le pion reprend le chevalier.

16.

B. Le fou de la dame, à la troisième case de sa tour.

N. Le fou prend le fou.

____

(1) En pouffant ce pion deux pas, fon but eft de vous forcer à pouffer en avant celui de votre roi, pour que celui de votre dame qui eft à la tête refte en arrière & vous devienne inutile. (Voyez la note 4, page 83.) Il faudra néanmoins le jouer ; mais vous tâcherez enfuite, par le fecours de vos pièces, de changer ce pion de votre dame pour celui de fon roi, & donner par ce moyen un paffage libre à celui du vôtre.

(2) Dans la fituation préfente votre adverfaire eft forcé de vous propofer à changer de chevalier, quoiqu'il fépare fes pions par ce coup, parce que s'il eût joué toute autre chofe, vous auriez gagné le pion de fa tour en jouant votre cavalier à la quatrième cafe de celui de la dame noire.

17.

B. La tour prend le fou.

N. Le roi, à fa feconde cafe.

18.

B. Le roi, à la troifième cafe de fon fou.

N. La tour du roi, à la cafe du chevalier de fa dame.

19.

B. Le chevalier, à la feconde cafe de fon roi.

N. Le roi, à fa troifième cafe.

20.

B. La tour du roi, à la cafe de la tour de fa dame.

N. La tour du roi, à la feconde cafe du chevalier de fa dame.

21.

B. La tour de la dame donne échec.

N. Le chevalier couvre l'échec.

22.

B. La tour du roi, à la quatrième cafe de la tour de la dame noire.

N. Le pion du chevalier du roi, un pas.

23.

B. Le chevalier, à la troifième cafe du fou de fa dame.

N. La tour de la dame, à la cafe de fa dame.

24.

B. La tour de la dame prend le pion de la tour adverfaire.

N. La tour prend la tour.

25.

B. La tour reprend, & doit enfuit

gagner pour avoir un pion de plus & paſſé (1).

Troiſième renvoi ſur le gambit de la dame, au quatrième coup du blanc.

4.

B. Le pion de la dame prend le pion.
N. La dame prend la dame.

5.

B. Le roi reprend la dame.
N. Le fou de la dame, à la troiſième caſe de ſon roi.

6.

B. Le pion du fou du roi, deux pas.
N. Le pion du chevalier du roi, un pas.

7.

B. Le chevalier de la dame, à la troiſième caſe de ſon fou.
N. Le chevalier de la dame, à la ſeconde caſe de ſa dame.

8.

B. Le pion de la tour du roi, un pas.
N. Le pion de la tour du roi, deux pas.

9.

B. Le fou de la dame, à la troiſième caſe de ſon roi.
N. Le roi roque.

10.

B. Le roi, à la ſeconde caſe du fou de ſa dame.
N. Le fou du roi, à la quatrième caſe du fou de ſa dame.

11.

B. Le fou prend le fou.
N. Le chevalier reprend le fou.

---

(1) On peut être convaincu par ce renvoi qu'un pion ſéparé des autres ne peut jamais faire fortune.

12.

B. Le chevalier du roi, à la troiſième caſe de ſon fou.
N. Le pion du fou de la dame, un pas.

13.

B. Le chevalier du roi, à la quatrième caſe du chevalier du roi noir.
N. Le pion du chevalier de la dame, deux pas.

14.

B. Le fou du roi, à la ſeconde caſe de ſon roi.
N. Le chevalier du roi, à la ſeconde caſe de ſon roi.

15.

B. Le chevalier prend le fou.
N. Le pion reprend le chevalier.

16.

B. Le pion de la tour de la dame, deux pas.
B. Le chevalier de la dame, à la troiſième caſe du chevalier de la dame blanche.

17.

B. La tour de la dame, à ſa ſeconde caſe.
N. Le pion de la tour de la dame, un pas.

18.

B. Le pion de la tour de la dame prend le pion.
N. Le pion de la tour de la dame reprend le pion.

19.

B. La tour donne échec.
N. Le roi, à la ſeconde caſe du chevalier de ſa dame.

20.

B. La tour prend la tour.

N. La tour reprend la tour.

21.

B. La tour, à la case de sa dame.

N. Le chevalier de la dame donne échec.

22.

B. Le roi, à la case du chevalier de sa dame.

N. Le roi, à la troisième case du che-valier de sa dame.

23.

B. Le pion du chevalier du roi, deux pas.

N. Le pion prend le pion.

24.

B. Le pion reprend le pion.

N. Le pion du fou de la dame, un pas.

25.

B. Le pion du chevalier du roi, un pas.

N. Le chevalier du roi, à la troisième case du fou de sa dame.

26.

B. Le fou, à la quatrième case du che-valier de son roi.

N. Le pion du chevalier de la dame, un pas.

27.

B. Le chevalier, à la seconde case de son roi.

N. Le chevalier du roi, à la quatrième case de la tour de sa dame.

28.

B. Le chevalier prend le chevalier.

N. Le pion reprend le chevalier.

29.

B. Le fou prend le pion.

N. Le roi, à la quatrième case du fou de sa dame.

30.

B. Le pion du fou du roi, un pas.

N. Le pion de la dame, un pas.

31.

B. Le pion du fou du roi prend le pion (1).

N. Le chevalier, à la troisième case du chevalier de la dame blanche.

32.

B. Le pion, un pas.

N. La tour, à la case de la tour de sa dame pour donner mat.

33.

B. La tour prend le pion.

N. La tour donne échec.

34.

B. Le roi, à la seconde case du fou, n'ayant point d'autre retraite.

N. La tour donne échec & mat à la case du fou de la dame.

Quatrieme renvoi sur le gambit de la dame, au septieme coup du blanc.

7.

B. Le fou du roi prend le pion du gambit.

N. Le pion du fou du roi prend le pion.

8.

B. Le pion du fou du roi reprend le pion.

(o) Il prend ce pion pour pousser à dame sur la case blanche soutenue de son fou.

N. Le chevalier du roi , à la quatrième
case du chevalier du roi blanc.

9.

B. Le chevalier du roi , à la troisième
case de sa tour.

N. La dame donne échec.

10.

B. Le roi, à la seconde case de la dame.

N. Le chevalier du roi , à la troisième
case du roi blanc.

11.

B. La dame, à la seconde case de son roi.

N. Le fou de la dame, à la quatrième
case du chevalier du roi blanc.

12.

B. La dame , à sa troisième case.

N. Le chevalier du roi prend le pion.

13.

B. Le chevalier du roi , à sa case.

N. La dame, à la case du roi blanc donnant échec.

14.

B. Le roi se retire.

N. Le fou du roi prend le chevalier, &
doit ensuite gagner facilement la
partie.

*Cinquieme renvoi du gambit de la dame ,
au huitieme coup du noir.*

8.

B. La tour reprend le fou.

N. Le pion du chevalier de la dame ,
deux pas.

9.

B. Le chevalier , à la quatrième case du
fou de la dame noire.

N. Le roi roque.

10.

B. Le pion de la tour de la dame , deux
pas.

N. Le chevalier de la dame , à la troisième case de sa tour.

11.

B. Le chevalier prend le chevalier.

N. Le fou reprend le chevalier.

12.

B. Le pion de la tour prend le pion.

N. Le fou reprend le pion.

13.

B. Le pion du chevalier de la dame ,
un pas.

N. Le pion du fou du roi prend le
pion.

14.

B. Le pion du chevalier de la dame
prend le pion.

N. Le fou, à la seconde case de sa dame.

15.

B. Le fou de la dame, à la quatrième
case du chevalier du roi noir.

N. Le pion prend le pion.

16.

B. Le pion reprend le pion.

N. Le roi, à la case de sa tour.

17.

B. Le fou du roi , à la troisième case
de sa dame.

N. Le pion de la tour du roi, un pas.

18.

B. Le pion de la tour du roi, deux pas.

N. Le pion de la tour prend le fou de
la dame.

19.

B. Le pion reprend le pion.

N. Le chevalier, à la quatrième cafe de fa tour.

20.

B. Le fou, à la troifième cafe du chevalier du roi noir.

N. Le chevalier, à la quatrième cafe du fou du roi blanc.

21.

B. La dame, à la feconde cafe de fon fou.

N. Le chevalier prend le fou pour éviter le mat.

22.

B. La dame reprend le chevalier.

N. Le fou, à la quatrième cafe du fou de fon roi.

23.

B. La dame donne échec.

N. Le roi fe retire.

24.

B. Le pion du chevalier du roi, un pas.

N. Le fou prend le pion.

25.

B. La dame prend le fou.

N. La dame, à la troifième cafe du fou de fon roi.

26.

B. La tour de la dame, à la troifième cafe de la tour de la dame noira.

N. La dame prend la dame.

27.

B. La tour de la dame reprend la dame.

N. La tour du roi, à la feconde cafe de fon fou.

28.

B. Le roi, à fa feconde cafe.

N. Le pion de la tour de la dame, deux pas.

29.

B. La tour de la dame, à la troifième cafe du roi noir.

N. Le pion de la tour, un pas.

30.

B. La tour prend le pion.

N. Le pion de la tour, un pas.

31.

B. La tour du roi, à la cafe de la tour de fa dame.

N. Le pion de la tour, un pas.

32.

B. La tour, à la troifième cafe de fon roi.

N. La tour du roi, à la troifième cafe de fon fou.

33.

B. Le roi, à la troifième cafe de fa dame.

N. La tour donne échec.

34.

B. Le roi, à fa quatrième cafe.

N. La tour prend la tour.

35.

B. Le roi reprend la tour.

N. La tour, à la troifième cafe de la tour de fa dame.

36.

B. Le roi, à la quatrième cafe de fa dame.

N. Le roi, à la feconde cafe de fon fou.

37.

B. Le roi, à la troisième cafe du fou
de fa dame.

N. La tour donne échec.

38.

B. Le roi, à la quatrième cafe du chevalier de fa dame.

N. La tour prend le pion.

39.

B. La tour prend le pion.

N. Le roi, à fa feconde cafe.

40.

B. Le pion du fou de la dame, un pas.

N. Le pion du chevalier du roi, deux
pas.

41.

B. La tour, à la feconde cafe de la
tour de la dame noire.

N. Le roi, à la cafe de fa dame.

42.

B. Le roi, à la quatrième cafe du chevalier de la dame noire.

N. Le pion du chevalier, un pas.

43.

B. Le roi, à la troifième cafe du fou de
la dame noire.

N. La tour donne échec.

44.

B. Le pion couvre l'echec.

N. Le pion prend le pion.

45.

B. Le pion reprend le pion.

N. Le roi, à fa cafe.

46.

B. La tour, à la feconde cafe du chevalier du roi noir.

N. La tour, à la troifième cafe de fa
tour.

47.

B. Le roi, à la feconde cafe du fou de
la dame noire, & gagnera la partie en pouffant fon pion.

N.

*Sixième renvoi du gambit de la dame,
au dixième coup du blanc.*

10.

B. Le pion du fou du roi prend le pion.

N. Le chevalier prend le pion du roi.

11.

B. Le chevalier reprend le chevalier.

N. La dame donne échec.

12.

B. Le chevalier, à la troifième cafe du
chevalier de fon roi.

N. Le fou de la dame, à la quatrième
cafe du chevalier du roi blanc.

13.

B. Le fou du roi, à la feconde cafe de
fon roi (1).

N. La dame prend le pion de la tour.

14.

B. La tour du roi, à la cafe de fon
fou (2).

N. La dame prend le chevalier, &
donne échec.

15.

B. Le roi, à la feconde cafe de fa
dame.

---

(1) Tout ce que vous euffiez pu jouer ne pouvoit vous empêcher de perdre une pièce.

(2) Si au lieu de jouer votre tour vous euffiez
joué votre roi, il gagnoit plus facilement en jouant
fa tour à la feconde cafe du fou de votre roi.

N. Le chevalier de la dame, à la feconde cafe de fa dame.

16.

B. La tour prend la tour (1).

N. La tour reprend la tour.

17.

B. La dame, à la cafe de fon roi.

N. La tour, à la feconde cafe du fou du roi blanc, & gagne la partie.

LE MAT DU FOU ET DE LA TOUR CONTRE UNE TOUR.

La fituation dans laquelle je mets les pièces eft la plus avantageufe pour la tour qui défend le mat ; mais en cas qu'elle ne s'y place point, il eft affez facile de forcer le roi à l'extrémité de l'échiquier.

SITUATION.

Noir. Le roi, à fa cafe ; & la tour, à la feconde cafe de fa dame.

Blanc. Le roi, à la troifième cafe du roi noir ; la tour, fur la ligne du fou de la dame ; & le fou, à la quatrième cafe du roi noir.

1.

B. La tour donne échec.

N. La tour couvre l'échec.

2.

B. La tour, à la feconde cafe du fou de la dame noire.

N. La tour, à la feconde cafe de la dame blanche.

3.

B. La tour, à la feconde cafe du chevalier de la dame noire.

N. La tour, à la cafe de la dame blanche.

---

(1) Si vous euffiez pris fon fou, il vous auroit donné échec avec fa dame à la troifième cafe de la vôtre, & mat le coup après, en prenant votre tour.

Quatrieme coup, fur lequel il y a un renvoi.

B. La tour, à la feconde cafe du chevalier du roi noir.

N. La tour, à la cafe du fou du roi blanc.

Cinquieme coup, fur lequel on trouvera un fecond renvoi.

B. Le fou, à la troifième cafe du chevalier de fon roi.

N. La roi, à la cafe de fon fou.

6.

B. La tour, à la quatrième cafe du chevalier de fon roi.

N. Le roi à fa place.

Septieme coup avec un troifieme renvoi.

B. La tour, à la quatrième cafe du fou de fa dame.

N. La tour, à la cafe de la dame blanche.

8.

B. Le fou, à la quatrième cafe de la tour de fon roi.

N. Le roi, à la cafe de fon fou.

9.

B. Le fou, à la troifième cafe du fou du roi noir.

N. La tour donne échec à la cafe du roi blanc.

10.

B. Le fou couvre l'échec.

N. Le roi, à la cafe de fon chevalier.

11.

B. La tour, à la quatrième cafe de la tour du roi, & donne échec & mat le coup après.

Premier renvoi au quatrieme coup.

Quatrième coup.

B. La tour, à la feconde cafe du chevalier du roi noir.

N. Le roi, à la cafe de fon fou.

5.

5.

B. La tour, à la seconde case de la tour du roi noir.

N. La tour, à la case du chevalier du roi blanc.

Sixieme coup, avec un renvoi sur ce même renvoi.

B. La tour, à la seconde case du fou de la dame noire.

N. La tour donne échec à la troisième case du chevalier de son roi.

7.

B. Le fou couvre l'échec.

N. Le roi, à la case de son chevalier.

8.

B. La tour donne échec.

N. Le roi, à la seconde case de sa tour.

9.

B. La tour donne échec et mat à la case de la tour du roi noir.

Suite du sixieme coup sur ce renvoi, en cas qu'il ne donne point échec.

6.

B. La tour, à la seconde case du fou de la dame noire.

N. Le roi, à la case de son chevalier.

7.

B. La tour donne échec à la case du fou de la dame.

N. Le roi, à la seconde case de sa tour.

8.

B. La tour donne échec à la case de la tour du roi noir.

N. Le roi, à la troisième case de son chevalier.

9.

B. La tour donne échec à la case du chevalier du roi noir, & prend la tour pour rien.

Second renvoi sur le cinquieme coup du mat de la tour & du fou contre la tour.

5.

B. Le fou, à la troisième case du chevalier de son roi.

N. La tour, à la troisième case du fou du roi blanc.

6.

B. Le fou, à la troisième case de la dame noire.

N. La tour donne échec.

7.

B. Le fou couvre l'échec.

N. La tour, à la troisième case du fou du roi blanc.

8.

B. La tour donne échec à la seconde case du roi noir.

N. Le roi, à la case de sa dame.

9.

B. La tour, à la seconde case du chevalier de la dame noire, & donne échec & mat le coup après à la case du chevalier de la dame noire.

Troisieme renvoi sur le septieme coup.

7.

B. La tour, à la quatrième case du fou de sa dame.

N. Le roi, à la case de son fou,

8.

B. Le fou, à la quatrième case du roi noir.

N. Le roi, à la case de son chevalier.

9.

B. La tour, à la quatrième cafe de la tour de fon roi, & donne mat le coup fuivant à la cafe de la tour du roi noir.

SUPPLÉMENT DE LA QUATRIÈME PARTIE,

Où l'on peut être convaincu qu'ayant le trait il n'eſt point avantageux de jouer le pion du fou de la dame au ſecond coup.

1.

N. Le pion du roi, deux pas.

B. De même.

2.

N. Le pion du fou de la dame, un pas.

B. Le pion de la dame, deux pas.

3.

N. Le pion prend le pion.

B. La dame reprend le pion.

4.

N. Le pion de la dame, deux pas.

B. Le pion prend le pion.

5.

N. Le pion reprend le pion.

B. Le pion du fou de la dame, deux pas.

6.

N. Le fou de la dame, à la troiſième cafe de fon roi.

B. Le pion prend le pion.

7.

N. La dame reprend le pion.

B. La dame prend la dame.

8.

N. Le fou reprend la dame.

B. Le chevalier de la dame, à la troiſième cafe de fon fou.

Sans aller plus loin, je laiſſe conſidérer, par la fituation préſente, ſi le noir a profité quelque choſe de fon attaque.

Nous terminerons cet article par le fameux problême d'Euler, publié dans les Mémoires de l'Académie de Berlin, en 1759. Ce problême conſiſte à faire enſorte que le *cavalier* parcourre ſucceſſivement toutes les cafes de l'échiquier, en marchant ſuivant l'ordre établi pour le mouvement de cette pièce, & ſans paſſer plus d'une fois par la même cafe.

I. Euler commence par indiquer la route ſuivante où le cavalier, partant d'un coin de l'échiquier, parcourt toutes les cafes.

42	59	44	9	40	21	46	7
61	10	41	58	45	8	39	20
12	43	60	55	22	57	6	47
53	62	11	30	25	28	19	38
32	13	54	27	56	23	48	5
63	52	31	24	29	26	37	18
14	33	2	51	16	35	4	49
1	64	15	34	3	50	17	36

Les cafes font numérotées ſuivant l'ordre qu'elles font parcourues ; ainſi, le *cavalier* ayant été poſé d'abord dans la cafe 1, ſaute en 2, de là en 3, en 4, &c. ; quand il eſt parvenu en 64, il a parcouru toutes les cafes. On voit qu'on le peut faire partir également des autres angles.

II. En retournant par la même route, on pourra auſſi commencer par la cafe 64, & de là en paſſant ſucceſſivement par les cafes 63, 62, 61, &c. ; on parviendra enfin, après avoir parcouru toutes les cafes, à celles du coin 1. Mais cette route ne ſera d'aucune utilité, quand il faudra commencer par quelqu'autre cafe. La queſtion propoſée généralement eſt de donner parmi toutes les combinaiſons dont le probléme eſt ſuſceptible, un moyen infaillible de commencer la route par une caſe quelconque.

III. Euler remarque d'abord qu'on pourroit ſatisfaire à la queſtion, ſi l'on trouvoit une route où la dernière caſe marquée par 64 fût éloignée de la 1 d'un ſaut du *cavalier*, de ſorte qu'il pût ſauter de la dernière ſur la première : alors il eſt évident qu'on pourra commencer par une caſe quelconque, & de là continuer la courſe ſuivant l'ordre des nombres juſqu'à la caſe marquée 64, d'où en ſautant à celle qui eſt marquée 1, le *cavalier* pourſuivroit la courſe, & reviendroit à la caſe d'où il ſeroit parti. Or, voici une telle route rentrante en elle-même.

42	57	44	9	40	21	46	7
55	10	41	58	45	8	39	20
12	43	56	61	22	59	6	47
63	54	11	30	25	28	19	38
32	13	62	27	60	23	48	5
53	64	31	24	29	26	37	18
14	33	2	51	16	35	4	49
1	52	15	34	3	50	17	36

IV. On voit qu'en fixant bien cette route dans ſa mémoire, on pourra faire partir le cavalier d'une caſe quelconque ; car, par exemple, veut-on qu'il parte de la caſe marquée 25 ? on le fera paſſer ſucceſſivement par les caſes 26, 27, 28 juſqu'à 64, d'où en paſſant par les caſes 1, 2, 3, &c., il pourſuivra ſa route juſqu'à la caſe 24.

V. Il eſt évident que la même diſpoſition fournît pour chaque caſe une double route. Ainſi, dans l'exemple précédent, on peut, en partant de la caſe 25, aller par les caſes 26, 27, 28, &c., ou par les caſes 24, 23, 22, &c. Toute autre diſpoſition, rentrante en elle-même, aura les mêmes avantages. Si on ne vouloit faire de ce problême qu'un amuſement de ſociété, il ſuffit de retenir par-cœur l'une

de ces diſpoſitions, après l'avoir trouvée auparavant, ſoit par le tatonnement, ſoit de toute autre manière. Mais, ſi on ſe propoſe en cela une recherche ſcientifique, il ſaudra chercher une méthode certaine de trouver les diſpoſitions dont on vient de parler.

VI. Pour y parvenir facilement, Euler diſtingue deux eſpèces de routes : l'une où le cavalier parcourt ſimplement toutes les caſes de l'échiquier, ſans qu'il puiſſe ſauter de la dernière à la première (telle eſt celle de l'article Iᵉʳ) ; l'autre eſpèce, eſt celle des routes rentrantes en elles-mêmes, où le *cavalier*, après avoir parcouru toutes les caſes, peut ſauter de la dernière à la première (telle est celle de l'article III). Le problême eſt beaucoup plus facile dans le premier cas, que dans le ſecond. Euler explique la manière de trouver des routes de l'une & de l'autre eſpèce : c'eſt une analyſe d'un genre nouveau qu'il faut ſuivre dans ſon mémoire même.

Voyez auſſi ce qui eſt dit à l'article *ÉCHECS*, *Dictionnaire des mathématiques*.

ESPÉRANCE. (*jeu de l'*)

On joue à l'*Eſpérance* avec deux dez. Les joueurs conviennent de prendre un certain nombre de jettons, et tirent enſuite à qui aura le dez. Cela fait, ſi celui qui a le dez amène un as, il donne un jetton à celui qui eſt à ſa gauche ; s'il amène un ſix, il met un jetton au jeu ; s'il amène ſix & as, & qu'il ait plus d'un jetton, il en payera un à ſa gauche & un au jeu ; mais, s'il n'en a qu'un, il le mettra au jeu. Dans tous ces cas, celui qui a le dez, après avoir payé, cède le cornet à celui qui le ſuit à la droite ; s'il amène un doublet, il a la liberté ou de rejouer dans l'eſpérance d'amener encore deux doublets de ſuite, ce qui le feroit gagner, ou de céder le coup à celui qui le ſuit à la droite. S'il amène tout autre coup, c'eſt-à-dire, s'il n'amène ni as, ni ſix, ni doublets, il cède le cornet, sans rien payer, à celui qui est à sa droite; enfin, celui-là gagne l'argent du jeu, qui, le premier, amène trois doublets de suite, ou qui conserve quelque jetton, tous les autres joueurs ayant perdu les leurs.

Il est à remarquer, que quand on n'a plus de jettons, on ne joue plus; et qu'on ne peut rentrer au jeu (ce qui se nomme ressusciter), que par le secours de celui qu'on a pour voisin à la droite, lorsqu'il amène un as.

PROBLÊME. *Pierre & Paul ont un nombre quelconque de jettons : l'un demande en quel cas ils doivent recommencer, lorsqu'ils amènent un doublet. L'on suppose qu'ils gagneront en amenant deux doublets de suite.*

Ier. CAS. *Pierre & Paul n'ont qu'un jetton chacun, & c'est à Pierre à jouer : l'on demande quel est son sort ?*

Pour résoudre ce problême, il faut faire des suppositions touchant la manière de jouer de Pierre & de Paul; car il peut arriver 1° que Pierre & Paul recommenceront, lorsqu'ils auront un doublet; 2° qu'ils ne recommencent dans ce cas ni l'un ni l'autre; 3° que Pierre recommence, & que Paul ne recommence pas; 4° que Pierre ne recommence pas, et que Paul recommence. Or, selon toutes ces différentes dispositions, le sort de Pierre sera différent.

1°. Si le dessein de Pierre et de Paul est de ne point recommencer lorsqu'ils auront un doublet, le sort de Pierre sera $\frac{1}{3}$ A, & celui de Paul $\frac{2}{3}$ A.

2°. Si le dessein de Pierre & de Paul est de recommencer lorsqu'ils auront un doublet, le sort de Pierre est $\frac{3}{10}$ A, et celui de Paul $\frac{7}{10}$ A.

3°. Si le dessein de Pierre est de ne pas recommencer, & celui de Paul de recommencer, en cas de doublet, son sort sera $\frac{13}{50}$ A, & celui de Paul $\frac{37}{50}$ A.

4°. Si le dessein de Pierre est de recommencer, & celui de Paul de ne pas recommencer, son sort sera $\frac{8}{29}$ A, & celui de Paul $\frac{21}{29}$ A.

Il suit de-là que Pierre & parconséquent Paul doivent céder le cornet, sans recommencer, lorsqu'ils ont amené un doublet.

Pour s'assurer si Pierre & Paul doivent recommencer lorsqu'ils ont amené un doublet, il suffit d'examiner si le sort de Pierre est plus grand ou moindre, lorsqu'ils recommencent tous deux, que lorsque ni l'un ni l'autre ne recommence.

DEUXIÈME CAS. *Pierre a un jetton contre Paul deux jettons, & c'est à Pierre à jouer.*

1°. Si l'on suppose que ni Pierre ni Paul ne recommenceront, lorsqu'ils auront un jetton contre deux, et qu'ils auront amené un doublet, on trouvera que le sort de Pierre est $\frac{19}{105}$ A, & celui de Paul $\frac{86}{105}$ A.

2°. Si l'on suppose qu'ils recommenceront l'un & l'autre, lorsqu'ayant un jetton contre deux, ils auront amené un doublet, le sort de Pierre sera $\frac{1162}{6993}$ A, & celui de Paul $\frac{5831}{6993}$ A.

TROISIÈME CAS. *Pierre & Paul ont chacun deux jettons, & Paul a le dez.*

1°. Si l'on suppose qu'ils ne recommenceront ni l'un ni l'autre lorsqu'ils auront 1 jetton contre 3, on trouvera que le sort de Pierre sera $\frac{30763}{73185}$ A, & celui de Paul $\frac{42422}{73185}$ A. On trouvera aussi que le sort de Pierre, lorsqu'il a un jetton contre trois, et que c'est à lui à jouer, est $\frac{16428}{73185}$ A.

2°. Si l'on suppose qu'ils recommenceront l'un & l'autre, lorsqu'ayant un jetton contre trois, ils auront amené un doublet, le fort de Pierre sera $\frac{14989417}{35436135}$ A, & celui de Paul $\frac{20446718}{35436135}$ A.

Il suit de-là que Pierre ne doit point recommencer, lorfqu'ayant un jetton contre Paul trois jettons, il amène un doublet.

On pourra en cette forte examiner fi Pierre doit ou céder le dez à Paul, ou recommencer, lorfqu'il a un jetton contre quatre, ou deux contre trois; le calcul fera le même que celui de ce problême; mais la longueur feroit exceffive : ainfi, on ne confeille à perfonne de le tenter.

Il y a beaucoup d'apparence que Pierre doit recommencer, et tenter de gagner en amenant deux doublets de fuite, lorfqu'ayant un jetton contre quatre, il a amené un doublet; car on trouve que dans le troifième et dernier cas, la différence du fort de Pierre, lorfqu'il ne recommence pas, à fon fort, quand il recommence, eft $\frac{234488932}{24698986095}$ A; ce qui eft moins qu'un centième.

F

FERME.

FERME. (*jeu de la*)

L'on met la *Ferme* à prix, & on l'adjuge à celui qui la porte le plus haut; par exemple, fi les jettons valent vingt fols, on la portera à deux ou trois piftoles, & le fermier les mettra fur la table. Voici les règles de ce jeu :

Chacun des joueurs met un jetton au jeu; enfuite le fermier leur diftribue deux cartes, favoir l'une de deffus, & la feconde de deffous. Ceux d'entre les joueurs, dont les deux cartes font plus que feize, donnent autant de jettons au fermier que les cartes font de points au-deffus de feize. Par exemple, fi Paul, qui eft un des joueurs, reçoit d'abord un neuf, & pour fa feconde carte un dix, cela fait dix-neuf, il payera trois jettons au fermier. Il faut obferver qu'à ce jeu, l'as ne vaut qu'un.

Les joueurs, dont les deux cartes font moins que feize, ont la liberté de s'y tenir dans la crainte de paffer feize & de payer au fermier pour le furplus. Ils ont auffi la liberté de demander de nouvelles cartes dans l'efpérance ou de gagner la ferme & les tours, s'ils peuvent atteindre précifément le nombre de feize, ou du moins d'en approcher en-deffous plus près qu'aucun autre joueur, auquel cas ils gagneront les tours.

Lorfque tous les joueurs paffent le nombre de feize, les tours reftent au jeu, et chaque joueur y met de nouveau un jetton.

A ce jeu, le nombre des joueurs eft indéterminé.

L'on y joue avec un jeu de cartes entier, & quelquefois on en ôte les fix pour éviter que le nombre de feize ne fe rencontre trop fouvent.

Lorfque deux ou plufieurs joueurs ont un égal nombre de points, celui qui eft le plus à la droite du fermier eft le feul qui gagne. Ainfi le fermier ne peut jamais gagner les tours, que lorfqu'il a un point plus proche de feize qu'aucun autre joueur; & s'il avoit feize en même temps qu'un autre joueur, il ne laifferoit pas de perdre la ferme, & l'on feroit une nouvelle enchère.

On joue auffi à la *Ferme* avec *fix dez* qui ne font marqués que d'un feul côté, & qui ne préfentent chacun qu'un des nombres ou des points 1., 2., 3, 4, 5, 6.

Celui-là eſt fermier, qui met l'enchère la plus haute à l'adjudication de la ferme. Il en met le prix ſur table ; & il tire le premier les dez, retirant autant de jettons qu'il amène de points. Si les ſix dez ne préſentent qu'une face blanche, ce qu'on appelle *choux-blanc*, ce qui arrive fréquemment, parce que de ſix faces il n'y en a qu'une qui ſoit marquée ; le fermier ne retire rien, mais il ne paie point l'amende. Le ſecond, après lui, prend le cornet, & jette les dez ; il retire pareillement autant de jettons qu'il amène de points ; mais s'il fait *choux-blanc*, il met au jeu deux jettons, dont le fermier retire un jetton pour le profit de sa ferme.

Les autres joueurs prennent ſucceſſivement le cornet, & ſe comportent de même. Quand la ferme eſt à ſa fin, celui qui tire plus de points qu'il n'y a de jettons ſur le tapis, eſt obligé de compléter le nombre de points indiqué par ſes dez, & de donner en outre un jetton au fermier pour ſon profit : c'eſt ce qui nourrit la ferme, & fait le bénéfice du fermier. Celui-ci peut s'exempter de jouer, quand il n'y a qu'un petit nombre de jettons ſur le tapis, afin de n'être pas contraint de financer, s'il amène un plus grand nombre de points. La ferme finit, quand un joueur amène juſte le nombre des jettons qui ſont ſur la table. On paſſe alors à une nouvelle enchère. Souvent le fermier perd, lorſque ſa miſe a été trop haute, ou qu'il a été trop tôt débanqué ; ſouvent auſſi les amendes lui font un grand profit, quand la ferme dure long-temps, & que les chances lui ont été favorables. Plus il y a de joueurs, plus ce jeu eſt intéreſſant & amuſant.

H

HASARD.

HASARD. (*jeu du*)

On joue à ce jeu avec deux dez comme on joue au *Quinquenove*. Nommons Pierre celui qui tient le dez, & ſuppoſons que Paul repréſente les autres joueurs. Pierre pouſſera le dez juſqu'à ce qu'il ait amené ou 5, ou 6, ou 7, ou 8, ou 9. Celui de ces nombres qui ſe préſentera le premier ſervira de chance à Paul ; enſuite Pierre recommencera à pouſſer le dez pour ſe donner ſa chance. Or les chances de Pierre ſont ou 4, ou 5, ou 6, ou 7, ou 8, ou 9, ou 10, enſorte qu'il en a deux plus que Paul, ſavoir 9 & 10. Il faut encore ſavoir ce qui ſuit :

1°. Si Pierre, après avoir donné à Paul une chance qui ſoit ou 6 ou 8, amène au ſecond coup ou la même chance ou douze, il gagne ; ou bezet, ou deux et as, ou onze, il perd.

2°. S'il a donné à Paul la chance de 5 ou de 9, & qu'il amène au coup ſuivant la même chance, il gagne ; mais s'il amène ou bezet, ou deux, &c., ou onze, ou douze, il perd.

3°. S'il a donné à Paul la chance de 7, & qu'il amène le coup ſuivant ou la même chance ou onze, il gagne ; mais s'il amène ou bezet, ou deux, &c., ou douze, il perd.

4°. Pierre, s'étant donné une chance différente de celle de Paul, gagnera, s'il amène ſa chance avant que d'amener celle de Paul ; & il perdra, s'il amène la chance de Paul avant que d'amener la sienne.

5°. Quand Pierre & Paul ont perdu, on recommence le jeu, en donnant de nouvelles chances; mais Pierre ne quitte le dez, pour le donner à celui qui le suit, que lorsqu'il a perdu.

6°. S'il y a plusieurs joueurs, ils ont tous la même chance.

PROBLÈME. *On demande quel est à ce jeu l'avantage ou le désavantage de celui qui tient le dez ?*

1°. Si la chance de Paul est 6 ou 8, le sort de Pierre sera $\frac{6961}{14256}$ A.

2°. Si la chance de Pierre est 7, le sort de Pierre sera $\frac{244}{2835}$ A.

3°. Si la chance de Paul est 5 ou 9, le sort de Pierre sera $\frac{1396}{2835}$ A.

Alors le sort de Pierre sera $\frac{1396}{2835}$ A, et son désavantage sera $\frac{37}{4032}$ A.

Cette fraction, qui exprime le désavantage de Pierre, par rapport à la mise de Paul, est plus petite que $\frac{1}{108}$, & plus grande que $\frac{1}{109}$. Mais, parce que ce désavantage continue, tant que Pierre continue d'avoir le dez, le désavantage de Pierre, considéré en général, est exprimé par une suite infinie, dont la somme est $\frac{37}{2053}$ A; ensorte que si $\frac{1}{2}$ A désigne une pistole, il y a 3 f. 8 $\frac{1}{21}$ d. de pure perte pour lui sur chaque pistole; & Pierre pourroit, sans désavantage, donner 7 f. 2 $\frac{1042}{2053}$ d. à celui qui s'offriroit de tenir le dez en sa place.

REMARQUE Ire. C'est la coutume des joueurs à ce jeu, de ne mettre leur argent que lorsqu'on a livré la chance. Or il est évident que cet usage est préjudiciable à celui qui tient le dez; car, puisque son désavantage est environ ou $\frac{1}{85}$, lorsque la chance des joueurs est 6 ou 8; & seulement $\frac{1}{134}$, lorsque leur chance est 5 ou 9; & $\frac{1}{141}$, lorsque leur chance est 7. Il est clair que si les joueurs connoissoient avec exactitude leur intérêt, ils hasarderoient plus d'argent, lorsque leur chance est 5 ou 9, que lorsqu'elle est 7; & plus encore, lorsqu'elle est 6 ou 8, que lorsqu'elle est 7, ou 5, ou 9. Il seroit donc à propos que les joueurs missent leur argent au jeu, avant que celui qui tient le dez leur eût livré la chance.

REMARQUE II. On voit que ce jeu est assez égal; mais il le seroit davantage, si l'on convenoit que Pierre ayant amené du premier coup 7, gagnât au second coup, en amenant ou la même chance, ou onze, ou douze; & qu'il perdît seulement en amenant bezet, ou deux & as. Par cette réforme, celui qui tient le dez auroit de l'avantage; mais ce ne seroit que d'un sol & deux deniers sur chaque pistole; ce qui est peu considérable.

HER. (*jeu de cartes appelé le*)

On tire d'abord les places, l'on voit ensuite à qui aura la main. Supposons que ce soit Pierre; & nommons les autres joueurs Paul, Jacques & Jean.

On convient de mettre une certaine somme au jeu; chacun des joueurs prend pour cette somme un nombre égal de jettons; & celui-là gagne tout l'argent du jeu, qui reste avec un ou plusieurs jettons, les autres joueurs n'en ayant plus. Voici comment le jeu se conduit.

Pierre tient un jeu entier composé de cinquante-deux cartes, & en donne une à chacun des joueurs, en commençant par sa droite; & à la fin de chaque coup, celui qui se trouve avoir la plus basse carte, perd un jetton qu'il met au milieu de la table.

Paul, qui est le premier à la droite de Pierre, a droit, s'il n'est pas content de sa carte, d'en changer avec Jacques, qui ne peut la lui refuser qu'au seul cas qu'il ait un roi; alors Jacques dit *coucou*. Par ce terme, celui qui a un roi avertit les joueurs, que son voisin de la gauche, ayant voulu se défaire de sa carte, a été arrêté par la sienne. Il en est de même de Jacques à l'égard de Jean, & de Jean à l'égard de Pierre.

Il faut seulement remarquer,

1°. Que si Pierre n'est pas content de sa carte, soit que ce soit celle qu'il s'est donnée d'abord, ou celle qu'il a été contraint de recevoir de Jean, il peut, n'ayant personne avec qui changer, tenter de prendre une meilleure carte, en coupant au hasard parmi celles qui lui restent en main ;

2°. Que s'il arrive que Pierre, ayant par exemple un 5, ne veuille pas s'y tenir ; & qu'en coupant, il tire par exemple un valet, sa carte deviendra un valet, & ainsi de toute autre carte, à l'exception du roi ; car Pierre, tirant un roi, est renvoyé à sa carte telle qu'elle soit, & il se trouve comme s'il se fût d'abord tenu à sa carte.

Tout ce changement de cartes étant fait, chaque joueur découvre la sienne ; & celui qui se trouve avoir la plus basse, à commencer par l'as, met un jetton au jeu.

S'il se rencontre que deux ou plusieurs joueurs ayent la même carte, & que ce soit la plus basse, celui qui a la primauté, c'est-à-dire celui qui est le plus proche à la droite de Pierre, perd & paie ; ce qui fait voir que l'on doit toujours s'y tenir, lorsqu'on a donné au joueur qui est à la gauche une carte pareille à celle qu'on reçoit de lui, de même que si on lui en eût donné une plus basse.

Le joueur qui a perdu tous ses jettons sort du rang, & les autres continuent le jeu jusqu'à ce que tous, à l'exception d'un seul, ayent perdu tous leurs jettons, auquel cas celui qui reste gagne l'argent de tous les joueurs, & cela s'appelle, en termes de joueurs, *gagner la poule.*

J

J E T T O N S.

JETTONS. (*jeu des*)

PROBLÉME Ier. Trois joueurs, Pierre, Paul & Jacques jouent ensemble, & conviennent que, tirant l'un après l'autre un jetton au hasard entre douze, dont huit seront noirs & quatre blancs, celui qui le premier aura tiré un jetton blanc, gagnera.

Voici l'ordre selon lequel ils jouent :

» Pierre tire le premier, Paul tire le » second, & Jacques le troisième ; ensuite » Pierre recommence, & les autres le » suivent, selon leur rang, jusqu'à ce qu'un » des joueurs ait gagné. Il s'agit de trouver » ce que chaque joueur doit mettre au » jeu, afin que le parti soit égal ; ou » bien, ce qui revient au même, il s'agit » de déterminer quels seroient les divers » degrés d'espérance qu'auroient chacun » des joueurs, de gagner une certaine » somme qui seroit l'argent du jeu. »

Solution. Il est clair que chacun des joueurs pour parier également, & sans désavantage, doit mettre au jeu à raison du plus ou moins de droit qu'il a sur la partie, ou d'espérance qu'il a de gagner. On voit bien, par exemple, qu'à cause de la primauté, Pierre a plus d'avantage en ce jeu que Paul ; & Paul plus d'avantage

tage que Jacques, puisqu'il se peut faire que Pierre gagne, sans que Paul & Jacques ayent joué, & aussi que Paul gagne, sans que le tour de Jacques soit venu. Mais, combien Pierre a plus d'avantage que Paul, & Paul plus d'avantage que Jacques; & quelle est, proportionnellement à ces différens avantages des joueurs, la différence des avances que chacun doit faire pour composer le fond du jeu? C'est ce qu'il faut chercher.

Il faut remarquer d'abord que le sort d'une personne qui parie de prendre un jetton blanc entre douze, dont huit sont noirs & quatre sont blancs, est d'avoir un contre deux.

Cela supposé, si l'on nomme A l'argent du jeu, S le sort de Jacques, lorsque Pierre va tirer son jetton; y son sort, lorsque Paul va tirer le sien; z son sort, lorsque c'est à lui à tirer, on aura ces trois égalités : $S = \frac{2}{3} y$; $y = \frac{2}{3} z$; $z = \frac{1}{3} A + \frac{2}{3} S$; d'où l'on tirera $S = \frac{4}{19} A$; ce qui exprime le sort de Jacques.

Pareillement pour trouver le sort de Pierre, je nomme u son sort, lorsqu'il tire son jetton; t son sort, lorsque Paul tire le sien; q son sort, lorsque Jacques tire son jetton. Cela supposé, j'ai ces trois égalités : $u = \frac{1}{3} A + \frac{2}{3} t$; $t = \frac{2}{3} q$; $q = \frac{2}{3} u$; d'où l'on tire $u = \frac{9}{19} A$; ce qui exprime le sort de Pierre. Or le sort de Paul étant d'avoir l'argent du jeu, moins la somme des justes prétentions de Pierre & de Jacques, on aura le sort de Paul $= A - \frac{4}{19} A - \frac{9}{19} A = \frac{6}{19} A$. Par conséquent, si l'on veut que le jeu soit de dix-neuf écus, il faudra que Pierre en mette neuf, Paul six, & Jacques quatre.

PROBLÈME II. Pierre parie contre Paul que prenant, les yeux fermés, sept jettons entre douze, dont huit sont noirs et quatre blancs, il en prendra trois blancs & quatre noirs. On demande combien Pierre & Paul doivent parier, pour que la mise de chacun soit dans la même proportion que leur sort?

Solution. Il faut chercher d'abord combien de fois huit jettons peuvent être pris différemment quatre à quatre; ensuite, combien de fois quatre jettons peuvent être pris différemment 3 à 3; multiplier le nombre que donne la combinaison de huit jettons, pris quatre à quatre, par le nombre que donne la combinaison de quatre jettons pris trois à trois; ce produit exprimera tous les coups, que Pierre a pour gagner. Si on divise ensuite ce produit par le nombre qui exprime combien de façons différentes sept jettons peuvent être pris dans douze, l'exposant de cette division exprimera le sort cherché.

Or on trouve par la table de Pascal, (articles *combinaisons*) que huit jettons peuvent être pris différemment soixante-dix fois quatre à quatre; que quatre jettons peuvent être pris différemment quatre fois trois à trois, & enfin que douze jettons peuvent être pris sept à sept, en 792 façons différentes. On aura donc $\frac{70 \times 4}{792} = \frac{280}{792}$ pour l'expression du sort de Pierre. Par conséquent le sort de Paul sera $\frac{512}{792}$. Donc, si l'on veut que le fond du jeu soit une pistole, il faudra, pour que le pari soit égal, que Pierre y mette 3 l. 10 s. 8 d., & Paul 6 l. 9 s. 4 d.

JEU; espèce de convention fort en usage, dans laquelle l'habileté, le hasard pur, ou le hasard mêlé d'habileté, selon la diversité des jeux, décide de la perte ou du gain, stipulés par cette convention entre deux ou plusieurs personnes.

On peut dire que dans les jeux qui passent pour être de pur esprit, d'adresse ou d'habileté, le hasard même y entre, en ce qu'on ne connoît pas toujours les forces de celui contre lequel on joue, qu'il survient quelquefois des cas imprévus; & qu'enfin l'esprit ou le corps ne se trouvent pas toujours également bien disposés, & ne font pas toujours leurs fonctions avec la même vigueur.

Quoi qu'il en soit, l'amour du jeu est le fruit de l'amour du plaisir, qui se varie à l'infini. De toute antiquité les hommes ont cherché à s'amuser, à se délasser, à se récréer par toutes sortes de jeux, suivant leur génie & leur tempéramment. Long-temps avant les Lydiens, avant le siége de Troye, & durant ce siége, les Grecs, pour en tromper la longueur, & pour adoucir leurs fatigues, s'occupoient à différens jeux, qui du camp passèrent dans les villes, à l'ombre du loisir & du repos.

Les Lacédémoniens furent les seuls qui bannirent entièrement le jeu de leur république. On raconte que Chilon, un de leurs citoyens, ayant été envoyé pour conclure un traité d'alliance avec les Corinthiens, il fut tellement indigné de trouver les magistrats, les femmes, les vieux & les jeunes capitaines occupés au jeu, qu'il s'en retourna promptement, en leur disant que ce seroit ternir la gloire de Lacédémone qui venoit de fonder Bysance, que de s'allier avec un peuple de joueurs.

Il ne faut pas s'étonner de voir les Corinthiens passionnés d'un plaisir qui, communément, règne dans les états, à proportion de l'oisiveté, du luxe & des richesses. Ce fut pour arrêter, en quelque manière, la même fureur, que les lois romaines ne permirent de jouer que jusqu'à une certaine somme; mais ces lois n'eurent point d'exécution, comme l'atteste Juvenal dans sa première satyre.

« La frénésie des jeux de hasard, dit ce poëte, a-t-elle jamais été plus grande? Car, ne vous figurez pas qu'on se contente de risquer dans ces académies de jeu ce qu'on a par occasion d'argent sur soi; on y fait porter exprès des cassettes pleines d'or, pour les jouer en un coup de dez. »

Ce qui paroît plus singulier, c'est que les Germains mêmes goûtèrent si fortement les jeux de hasard, qu'après avoir joué tous leurs biens, dit Tacite, ils finissoient par se jouer eux-mêmes, & risquoient de perdre, *novissimo jactu*, suivant l'expression de cet historien, leur personne & leur liberté.

Tant de personnes de tout pays ont mis & mettent sans cesse une partie considérable de leur bien à la merci des cartes & des dez, sans en ignorer les mauvaises suites, qu'on ne peut s'empêcher de rechercher les causes d'un attrait si puissant.

Un joueur habile, dit Dubos, pourroit faire tous les jours un gain certain, en ne risquant son argent qu'aux jeux, où le succès dépend encore plus de l'habileté des tenans, que du hasard des cartes & des dez; cependant, il préfère souvent les jeux, où le gain dépend entièrement du caprice des dez & des cartes, & dans lesquels son talent ne lui donne point de supériorité sur les joueurs. La raison principale d'une prédilection tellement opposée à ses intérêts procède de l'avarice, ou de l'espoir d'augmenter promptement sa fortune.

Outre cette raison, les jeux qui laissent une grande part dans l'événement à l'habileté du joueur, exigent une contention d'esprit trop suivie, & ne tiennent pas l'ame dans une émotion continuelle, ainsi que le font le *passe-dix*, *le lansquenet*, *la bassette*, & les autres jeux, où les événemens dépendent entièrement du hasard. A ces derniers jeux, tous les coups sont décisifs, & chaque événement fait perdre ou gagner quelque chose; ils tiennent donc l'ame dans une espèce d'agitation, de mouvement, d'extase, & ils s'y tiennent encore sans qu'il soit besoin qu'elle contribue à son plaisir par une attention sérieuse, dont notre paresse naturelle est ravie de se dispenser.

Montesquieu confirme tout cela par quelques courtes réflexions sur cette matière: « Le jeu nous plaît en général, dit-il, parce qu'il attache notre avarice, c'est-à-dire, l'espérance d'avoir plus. Il flatte notre vanité par l'idée de la préférence que la fortune nous donne, & de l'attention que les autres ont sur notre bonheur; il satisfait notre curiosité, en nous procurant un spectacle; enfin, il nous donne les différens plaisirs de la surprise.

Les jeux de hasard nous intéressent particulièrement, parce qu'ils nous présentent sans cesse des événemens nouveaux, prompts & inattendus ; les jeux de société nous plaisent encore, parce qu'ils font une suite d'événemens imprévus, qui ont pour cause, l'adresse jointe au hasard ».

Aussi le jeu n'est - il regardé dans la société que comme un amusement ; & si on lui laisse cette appellation favorable, c'est de peur qu'une autre plus exacte ne fît rougir trop de monde. S'il y a même tant de gens sages qui jouent volontiers, c'est qu'ils ne voyent point quels font les égaremens cachés du jeu, ses violences & ses dissipations. Ce n'est pas que l'on prétende que les jeux mixtes, ni même les jeux de hasard, aient rien d'injuste, à en juger par le seul droit naturel ; car, outre que l'on s'engage au jeu de plein gré, chaque joueur expose son argent à un péril égal ; chacun aussi, comme nous le supposons, joue son propre bien, dont il peut par conséquent disposer. Les jeux, & autres contrats où il entre du hasard, sont légitimes, dès que ce qu'on risque de perdre de part & d'autre est égal, & dès que le danger de perdre & l'espérance de gagner ont de part & d'autre une juste proportion avec la chose que l'on joue.

Cependant cet amusement se tient rarement dans les bornes que son nom promet. Sans parler du temps précieux qu'il nous fait perdre, & qu'on pourroit mieux employer, il se change en habitude puérile, s'il ne tourne pas en passion funeste par l'amour du gain. On connoît à ce sujet les vers si vrais & si ingénieux de la célèbre Deshoulières :

Le desir de gagner, qui nuit & jour occupe,
    Est un dangereux aiguillon :
Souvent quoique l'esprit, quoique le cœur soit bon,
    On commence par être dupe,
    On finit par être fripon.

JEUX.

Les jeux, comme on vient de le dire, ont été introduits dans la société, pour y procurer l'amusement & le délassement. Il y a trois espèces de jeux : les jeux d'adresse, les jeux de commerce & ceux de hasard. Les premiers exigent des dispositions physiques, qui en éloignent bien des personnes ; les jeux mixtes ou de commerce demandent de l'attention, & une certaine sagacité qui expose le joueur distrait, inhabile, ou ignorant, aux piéges de son adversaire. Il est rare que dans la lutte de ces deux espèces de jeux, les concurrens soient de même force ; & le moindre degré d'infériorité donne à la longue, au plus faible, un désavantage infini.

Quant aux jeux de hasard, ils deviendroient les plus égaux & les moins coûteux, si les joueurs savoient en user avec modération. Il n'y a point de frais à payer au jeu de hasard ; au lieu que dans les jeux d'adresse ou de commerce, la dépense indispensable & répétée pèse continuellement sur les joueurs. On s'est attaché, dans presque tous les articles de ce Dictionnaire, à prouver par des démonstrations qu'en ce genre toute spéculation intéressée est fausse, & qu'il n'y a de réel ou de certain que l'amusement qu'on peut tirer d'un jeu honnête & modéré.

JEUX DES ENFANS DE ROME.

Tous les enfans ont des jeux qui ne sont pas indifférens pour faire connoître l'esprit des nations.

Les enfans de Rome représentoient dans leurs jeux, des tournois sacrés, des commandemens d'armée, des triomphes des empereurs, & autres grands objets. Un de leurs principaux jeux, étoit de représenter un jugement dans toutes les formes, ce qu'ils appelloient *judicia ludere*. Il y avoit des juges, des accusateurs, des défenseurs, & des licteurs, pour mettre en prison celui qui seroit condamné.

Plutarque, dans la vie de Caton d'Utique, nous raconte qu'un de ces enfans, après le jugement, fut livré à un garçon plus grand que lui, qui le mena dans une petite chambre, où il l'enferma. L'enfant eut

peur, & appella à sa défense Caton qui étoit du jeu ; alors Caton se fit jour à travers ses camarades, délivra son client, & l'emmena chez lui, où tous les autres enfans le suivirent.

I

IMPÉRIALE.

IMPÉRIALE. (*jeu de l'*)

PROBLÊME. *Pour avoir une impériale, au jeu qui porte ce nom, il faut avoir ou quatre as, ou quatre rois, ou quatre dames, ou quatre valets, ou quatre sept, ou quatrième majeure, ou cartes blanches. On demande combien un joueur peut parier qu'il lui viendra une impériale déterminé, par exemple une impériale d'as, ou cartes blanches ?*

Remarque. On reconnoîtra par les tables des combinaisons, que sur le nombre 225792840, qui exprime en combien de façons on peut prendre douze cartes dans trente - deux ; il y en a 3108105, pour avoir une impériale d'as, & 125970, pour avoir cartes blanches.

Le sort d'un joueur, qui parieroit à l'impériale ou au piquet, d'avoir cartes blanches seroit donc exprimé par la fraction $\frac{321}{578956}$; ainsi il auroit de l'avantage à parier un contre 1792, & du désavantage à parier un contre 1791.

JOUER ; c'est risquer de perdre ou de gagner une somme d'argent ou quelque chose qu'on peut rapporter à cette commune mesure sur un événement dépendant de l'industrie ou du hasard ; d'où l'on voit qu'il y a deux sortes de jeux, comme on l'a déjà observé, dés *jeux d'adresse* & des *jeux de hasard*.

Les *jeux d'adresse* sont ceux où l'événement heureux est amené par l'intelligence, l'expérience, l'exercice, la pénétration, en un mot, par quelques qualités acquises ou naturelles, de corps ou d'esprit, de celui qui joue.

On appelle jeux de hasard, ceux où l'événement paroît ne dépendre en aucune manière des qualités du joueur.

Quelquefois d'un jeu d'adresse, l'ignorance de deux joueurs en fait un jeu de hasard ; & quelquefois aussi d'un jeu de hasard, la subtilité d'un des joueurs en fait un jeu d'adresse.

Il y a des contrées où les jeux publics, de quelque nature qu'ils soient, sont défendus, & où on peut se faire restituer, par l'autorité des lois, l'argent qu'on a perdu.

A la Chine, le jeu est défendu également aux grands & aux petits ; ce qui n'empêche point les habitans de cette contrée de jouer & même de perdre leurs terres, leurs maisons, leurs biens, & de mettre leurs femmes & leurs enfans sur une carte.

Il n'y a point de jeu d'adresse où il n'entre un peu de hasard. Un des joueurs a la tête plus saine & plus libre ce jour-là que son adversaire ; il se possède davantage, & gagne, par cette seule supériorité accidentelle, celui contre lequel il auroit perdu en tout autre temps. A la fin d'une partie d'échecs, ou de dames-polonaises, qui a duré un grand nombre de coups, entre des joueurs qui sont à-peu-près d'égale force, le gain ou la perte dépend quelquefois d'une disposition qu'aucun des deux n'a prévue & ne s'est proposée.

Entre deux joueurs, dont l'un ne risque qu'un argent qu'il peut perdre sans s'incommoder, & l'autre un argent dont il ne sauroit manquer, sans être privé des besoins essentiels de la vie; à proprement parler, le jeu n'est pas égal.

Une conséquence naturelle de ce principe, c'est qu'il n'est pas permis à un souverain de jouer un jeu ruineux contre un de ses sujets. Quel que soit l'événement, il n'est rien pour l'un, il précipite l'autre dans la misère.

On a demandé pourquoi les dettes contractées au jeu se payoient si rigoureusement dans le monde, où l'on ne se fait pas un scrupule de négliger des créances beaucoup plus sacrées? On peut répondre, c'est qu'au jeu on a compté sur la parole d'un homme, dans un cas où l'on ne pouvoit employer les lois contre lui. On lui a donné une marque de confiance à laquelle il faut qu'il réponde; au lieu que dans les autres circonstances où il a pris des engagemens, on le force par l'autorité des tribunaux à y satisfaire.

Les jeux de hasard sont soumis à une analyse qui est tout-à-fait du ressort des mathématiques. Ou la probabilité de l'événement est égale entre les joueurs; ou si elle est inégale, elle peut toujours se compenser par l'inégalité des mises ou enjeux. On peut à chaque instant demander quelle est la prétention d'un joueur? & comme sa prétention à la somme des mises est en raison des coups qu'il a pour lui, le calcul déterminera toujours, ou rigoureusement, ou par approximation, quelle seroit la partie de cette somme qui lui reviendroit, si le jeu ne s'instituoit pas,

ou si le jeu étant une fois institué, on vouloit l'interrompre?

Plusieurs auteurs se sont exercés sur l'analyse des jeux ; on en a un traité élémentaire de Huygens ; on en a un plus profond de Moivre ; on a des morceaux très-savans de Bernoulli sur cette matière. Il y a un analyse des jeux de hasard par Montmaur, qui n'est pas sans mérite.

Voici les principes fondamentaux de cette science.

Soit p le nombre des cas où une chose arrive ; soit q le nombre des cas où elle n'arrive pas. Si la probabilité de l'événement est égale dans chaque cas, l'apparence que la chose sera est à l'apparence qu'elle ne sera pas, comme p est à q.

Si deux joueurs A & B jouent, à condition que si les cas p arrivent, A gagnera ; que ce sera B au contraire qui gagnera, si ce sont les cas q qui arrivent, & que la mise des deux joueurs soit a ; l'espérance de A sera $\frac{p}{p+q}a$, & l'espérance de B sera $\frac{q}{p+q}a$. Ainsi, si A & B vendent leurs espérances, ils en peuvent exiger l'un la valeur $\frac{p}{p+q}a$, l'autre la valeur $\frac{q}{p+q}a$.

S'il y a deux événemens indépendans, & que p soit le nombre des cas où l'un de ces événemens peut avoir lieu ; q le nombre des cas où le même événement peut ne pas arriver ; r le nombre des cas où le second événement peut avoir lieu ; s le nombre des cas où le second événement peut ne pas arriver ; multipliez $p+q$ par $r+s$; le produit $pr+qr+ps+qs$ sera le nombre de tous les cas possibles de la chose, ou la somme des événemens pour & contre.

Donc si A gage contre B que l'un &

l'autre événemens auront lieu, le rapport des hafards fera comme pr à $qr + ps + qs$.

S'il gage que le premier événement aura lieu, & que le fecond n'aura pas lieu, le rapport des chances ou hafards fera comme ps à $pr + qr + qs$. Et s'il y a trois, ou un plus grand nombre d'événemens, la raifon des chances ou hafards fe trouvera toujours par la multiplication.

Si tous les événemens ont un nombre donné de cas où ils peuvent arriver, & un nombre donné de cas où ils peuvent ne pas arriver, & que a foit le nombre des cas où ils peuvent arriver, b le nombre des cas où ils peuvent ne pas arriver, & n le nombre de tous les cas, élevez $\overline{a+b}$ à la puiffance n.

Maintenant, fi A & B conviennent que fi un de ces événemens indépendans, ou un plus grand nombre de ces événemens a lieu, A gagnera; & que fi aucun de ces événemens n'a lieu, le gagnant fera B : la raifon ou le rapport des hafards qu'ils courent, ou celui de leurs chances relatives, fera comme $\overline{a+b}^n - b^n$ à b^n : car b^n eft le feul terme où a ne fe trouve point.

Si A & B jouent avec un feul dé, à la condition que fi A amène deux fois ou plus de deux fois As, en huit coups, il gagnera; & qu'en toute autre fuppofition ou cas, il perdra. On demande le rapport de leurs chances ou hafards.

Puifqu'il n'y a qu'un cas à chaque coup pour amener un As, & cinq cas pour ne le pas amener, foit $a = 1$ & $b = 5$;

d'ailleurs, puifqu'il y a huit coups à jouer, foit $n = 8$. On aura donc $\overline{a+b}^n - b^n - n a b^{n-1}$, pour la chance d'un des joueurs, & $b^n + n a b^{n-1}$ pour la chance de l'autre; ou l'efpérance de A à l'efpérance de B, comme 663991 à 1015625; ou, à-peu-près, comme 2 à 3.

A & B font engagés au jeu de palets; il ne manque à A que quatre coups pour avoir gagné; il en manque fix à B; mais à chaque coup l'adreffe de B eft à l'adreffe de A, comme 3 eft à 2. On demande le rapport de leurs chances, hafards ou efpérances.

Puifqu'il ne manque à A que quatre coups, & qu'il n'en manque à B que fix, le jeu fera fini dans neuf coups au plus. Ainfi élevez $a+b$ à la neuvième puiffance, & vous aurez $a^9 + 9 a^8 b + 36 a^7 bb + 84 a^6 b^3 + 126 a^5 b^4 + 126 a^4 b^5 + 84 a^3 b^6 + 36 a^2 b^7 + 9 a b^8 + b^9$; & prenez pour A tous les termes où a a quatre, ou un plus grand nombre de dimenfions; & pour B tous ceux où b en a fix ou davantage; tout le rapport de leurs hafards, comme $a^9 + a^8 b + 36 a^7 bb + 84 a^6 b^3 + 126 a^5 b^4 + 126 a^4 b^5$ eft à $84 a^3 b^6 + 36 a^2 b^7 + 9 a b^8 + b^9$; & foit $a = 3$ & $b = 2$; & vous aurez en nombre les efpérances des joueurs, comme 1759077 à 194048.

A & B jouent au palet; mais A eft le plus fort, enforte qu'il peut faire à B l'avantage de deux coups fur trois. On demande le rapport de leurs chances dans un feul coup.

Suppofons que ce rapport foit comme z à 1; élevez $z + 1$ à la troifième puifsance, & vous aurez $\zeta^3 + 3\zeta^2 + 3\zeta + 1$. Maintenant A pouvant faire à B l'avantage de deux coup sur trois, A se propose de gagner trois coups de suite, & consé-quemment à cette condition sa chance sera comme ζ^3 à $3\zeta\zeta + 3\zeta + 1$, & $\zeta^3 = 3\zeta\zeta + 1$. Ou $2\zeta^3 = \zeta^3 + 3\zeta\zeta + 3\zeta + 1$. Et $\zeta\sqrt[3]{2} = \zeta + 1$, & $\zeta = \frac{1}{\sqrt[3]{2} - 1}$: donc les chances sont comme $\frac{1}{\sqrt[3]{2} - 1}$ à 1 coups.

Trouver en combien de coups il est probable qu'un événement quelconque aura lieu; en sorte que A & B puissent gager pour ou contre à jeu égal.

Soit le nombre des cas où la chose peut arriver du premier coup $= a$; soit le nombre des cas où la chose peut ne pas arriver du premier coup $= b$; & x le nombre des coups à jouer, tel que l'apparence que la chose arrivera soit égale à l'apparence qu'elle n'arrivera pas. Par ce qu'on a dit plus haut, $\overline{a+b}^x - b^x = b^x$, ou $a + b^x = 2 b^x$.

Ainsi $x = \frac{\log. 2}{\log. \overline{a+b} - \log. b}$. Et reprenant l'équation $a + b = 2 b^x$, & faisant a, b :: 1, q, on aura $1 + \frac{1}{q} = 2$. Elevez $1 + \frac{1}{q}$ à la puissance x, par le théorème de Newton, & vous aurez $1 + \frac{x}{q} + \frac{x}{q} \times \frac{x-1}{2 q} + \frac{x}{2} \times \frac{x-1}{2} \times \frac{x-2}{3 q^3}$ &c. $= 2$. Or dans cette équation, si $q = \infty$ & $x = \infty$, q étant infinie, x le sera aussi. Faisant donc x infinie, on aura $1 + \frac{x}{q} + \frac{xx}{2 q^2} + \frac{x^3}{6 q^3}$, &c. $= 2$. Soit $\frac{x}{q} = \zeta$, & l'on aura $1 + \zeta + \frac{1}{2}\zeta\zeta + \frac{1}{6}\zeta^3$, &c. $= 2$. Mais $1 + \zeta + \frac{1}{2}\zeta\zeta + \frac{1}{6}\zeta^3$, &c., est un nombre dont le logarithme hyperbolique

est ζ. Donc $\zeta = $ log. 2. Mais le loga-rithme hyperbolique de 2 est à-peu-près 7; donc $\zeta = 7$ à-peu-près. Mais où q est 1, x est 1; & où q est infinie $x = $ à-peu-près 7. Voilà donc les limites du rapport de x à q fixées. C'est d'abord un rapport d'égalité, qui, dans la supposition de l'infini, devient celui de 7 à 10, ou à-peu-près.

Trouver en combien de coups A peut gagner d'amener deux As avec deux dez.

Puisque A n'a qu'un cas où il puisse amener deux as avec deux dez; & 35 où il peut ne les pas amener, $q = 35$; multipliez donc 35 par 7; le produit 245 montre que le nombre de coups cherché est entre 24 & 25.

Trouver le nombre des cas dans lesquels un nombre quelconque donné de points peut être amené avec un nombre donné de dez.

Soit $p + 1$ le nombre donné de points; n le nombre de dez; & f le nombre des faces de chaque dez : soit $p - f = q$, $q - f = b$ ... $r - f = s$ ... $s - f = t$, &c. le nombre cherché de coups sera

$$1 + \frac{p}{1} \times \frac{p-1}{2} \times \frac{p-2}{3}, \&c.$$
$$- \frac{q}{1} \times \frac{q-1}{2} \times \frac{q-2}{3} \ \&c. \times \frac{n}{1}$$
$$+ \frac{r}{1} \times \frac{r-1}{2} \times \frac{r-2}{3} \ \&c. \times \frac{n}{1} \times \frac{n-1}{2}$$
$$- \frac{r}{1} \times \frac{s-1}{2} \times \frac{s-2}{3} \ \&c. \times \frac{n}{1} \times \frac{n-1}{2} \times \frac{n-2}{3}.$$

Série qu'il faut continuer jusqu'à ce que quelques-uns des facteurs soit égal à 0, ou négatif; & remarquez qu'il faut prendre autant de facteurs des différens produits

$$\frac{q}{1} \times \frac{q-1}{2} \times \frac{q-1}{3} \ \&c. \quad \frac{r}{1} \times \frac{r-1}{2} \times \frac{r-2}{3} \ \&c.$$
$$\frac{s}{1} \times \frac{s-1}{2} \times \frac{s-2}{3} \ \&c. \quad \text{qu'il y a d'unités dans}$$
$n - 1$.

Soit donc le nombre de cas cherché, celui où l'on peut amener seize points avec quatre dez.

$$+ \tfrac{15}{1} \times \tfrac{14}{2} \times \tfrac{13}{3} = + 455$$
$$- \tfrac{9}{1} \times \tfrac{8}{2} \times \tfrac{7}{3} \times \tfrac{6}{4} = - 336$$
$$+ \tfrac{3}{1} \times \tfrac{2}{2} \times \tfrac{1}{3} \times \tfrac{4 \cdot 1}{4 \cdot 1} = + 6.$$

Or $455 - 336 + 6 = 125$. Donc 125 est le nombre cherché.

Trouver en combien de coups A peut gager d'amener quinze points avec six dez.

A ayant 1666 cas pour lui, & 44990 contre; divisez 44990 par 1666, & le quotient 27 sera $= q$. Multipliez donc 27 par 7; le produit 18, 9 montrera que le nombre de coups est environ 19.

Trouver le nombre de coups dans lequel il y a à parier qu'une chose arrivera deux fois; de sorte que A & B risquent autant l'un que l'autre.

Soit le nombre des cas où la chose peut arriver du premier coup $= a$; & le nombre de ceux où elle peut ne pas arriver $= b$. Soit x le nombre de coups cherché. Il paroît par ce qui a été dit que $\overline{a + b}{}^x = 2bx + 2axbx = 1.$

Et faisant $a \cdot b :: 1 \cdot q$; $1 + \tfrac{1}{q}{}^x = 2 \overline{\tfrac{+ax}{q}}$.

1°. Soit $q = 1$, & partant $x = 3$; 2° soit q infinie, & par conséquent x aussi infinie; soit x infinie, & $\tfrac{x}{q} = z$. Donc $\tfrac{1}{1} + z + \tfrac{1}{2}z^2 + \tfrac{1}{6}z^3$ &c. $= 2 + 2z$, & $z = $ log. $2 + $ log. $1 + z$. Soit log. $2 = y$. L'équation se transformera dans l'équation différentielle suivante;

$$\frac{x}{x+z} = y,$$ & cherchant la valeur de z par les puissances de y, on aura $z = 1.678$, ou à-peu-près. Ainsi la valeur de x sera

toujours entre les limites de $3\,q$ & de $1.678\,q$. Mais x convergera bientôt à $1.678\,q$; c'est pourquoi, si le rapport de q à 1 n'est pas très-petit, nous ferons $x = 1.678\,q$. Ou si on soupçonne x d'être trop petite, on substituera sa valeur dans l'équation $1 + \tfrac{1}{q}{}^x = 2 + \tfrac{x}{q}$, & l'on notera l'erreur, si elle en vaut la peine; x prendra ainsi un peu d'accroissement. Substituez la valeur accrue de x dans l'équation susdite, & notez la nouvelle erreur. Par le moyen de ces deux erreurs, on peut corriger celle de x avec assez d'exactitude.

Voici une table des limites qui conduiront assez vite au but qu'on se propose dans ce problême. Si l'on parie seulement que la chose arrivera une fois, le nombre sera entre

entre	$1\,q$	& $0.693\,q$
si 2 fois; entre	$3\,q$	& $1.678\,q$
si 3 fois; entre	$5\,q$	& $2.675\,q$
si 4 fois; entre	$7\,q$	& $3.671\,q$
si 5 fois; entre	$9\,q$	& $4.673\,q$
si 6 fois; entre	$11\,q$	& $3.668\,q$

Trouver en combien de coups on peut se proposer d'amener trois as deux fois avec trois dez.

Puisqu'il n'y a qu'un cas où l'on puisse amener trois as, & 215 où l'on ne les amène pas, $q = 215$; multipliez donc 215 par 1.678: le produit 360, 7 montrera que le nombre de coups est entre 360 & 361.

A & B mettent sur table chacun douze pièces d'argent; ils jouent avec trois dez, à cette condition qu'à chaque fois qu'il viendra onze points, A donnera une pièce à B, & qu'à chaque fois qu'il viendra

quatorze

quatorze points, B *donnera une pièce à* A; *en sorte que celui qui aura le premier toutes les pièces en sa possession, les regardera comme gagnées par lui. On demande le rapport de la chance de* A *à la chance de* B.

Soit le nombre de pièces que chaque joueur dépose $= p$. a & b le nombre des cas où A & B peuvent chacun gagner une pièce. Le rapport de leurs chances sera donc comme $a p$ à $b p$. Ici $p = 12$, $a = 27$, $b = 15$. Or si 27 étant à 15, comme 9 à 5, vous faites $a = 9$ & $b = 5$; le rapport des chances ou des espérances sera comme 9^{12} à 5^{12}, ou comme 244140625 à 282429536481.

Une attention qu'il faut avoir, c'est de n'être pas trompé par la ressemblance des conditions, & de ne pas confondre les problêmes entre eux. Il seroit aisé de croire que le suivant ne diffère en rien de celui qui précède.

C *a vingt-quatre pièces, & trois dez; à chaque fois qu'il amène* 27 *points, il donne une pièce à* A, *& à chaque fois qu'il amène* 14, *il en donne une à* B; *&* A *&* B *conviennent que celui des deux qui aura le premier douze pièces, gagnera la mise. On demande le rapport des chances de* A *& de* B.

Ce second problême a ceci de propre, qu'il faut que le jeu finisse en 23 coups; au lieu que le jeu peut durer éternellement dans le premier, les pertes & les gains se détruisant alternativement; élevez $\overline{a + b}$ à la 23e puissance, & les douze premiers termes seront aux douze derniers, comme la chance de A à celle de B.

Trois joueurs A, B *&* C *ont chacun douze balles : quatre blanches & huit noires, & les yeux bandés; ils jouent à condition que le premier qui tirera une balle blanche gagnera la mise; mais* A *doit tirer le premier,* B *le second,* C *le troisième, & ainsi de suite, dans cet ordre. On demande le rapport de leurs chances.*

Soit n le nombre des balles; a le nombre des blanches; b le le nombre des noires, & l'enjeu $= 1$.

1°. A a pour amener une balle blanche les cas a, & les cas b pour en amener une noire; donc sa chance en commençant est $\frac{a}{a + b} = \frac{a}{n}$. Soustrayant $\frac{a}{n}$ de 1, la valeur des chances restantes sera $1 - \frac{a}{n} = \frac{n - a}{n} = \frac{b}{n}$.

2°. B a pour amener une balle blanche les cas a, & les cas $b - 1$ pour en amener une noire; mais c'est à A à commencer à jouer, & il est incertain s'il gagnera ou ne gagnera pas l'enjeu; ainsi l'enjeu relativement à B n'est pas 1, mais seulement $\frac{b}{n}$. Ainsi donc sa chance, en qualité de second joueur, est $\frac{a}{a + b - 1} \times \frac{b}{n} = \frac{a b}{n \times n - 1}$. Soustrayez $\frac{a b}{n \times n - 1}$ de $\frac{b}{n}$, & la valeur du reste des chances sera $\frac{n b - b - a b}{n \times n - 1} = \frac{b}{n} + \frac{b}{n - 1}$.

3°. C a pour amener une balle blanche les cas a, & les cas $b - 2$ pour en amener une noire; ainsi sa chance, en qualité de troisième joueur, est $\frac{a \times b \times \overline{b - 1}}{n \times \overline{n - 1} \times \overline{n - 2}}$.

4°. En raisonnant de la même manière, A a pour amener une balle blanche les cas a, & pour en amener une noire les cas $b - 3$; ainsi, comme jouant un qua-

-trième coup, après les trois premiers coups joués, sa chance sera $\frac{a\cdot b\cdot \overline{b-1}+\overline{b-2}}{n\times\overline{n-1}\times\overline{n-2}\times\overline{n-3}}$, & ainsi de suite pour les autres joueurs.

Ecrivez donc la série $\frac{a}{n} + \frac{b}{n-1}P + \frac{b-1}{n-2}Q + \frac{b-2}{n-3}R + \frac{b-3}{n-4}S$, où les quantités P, Q, R, S dénotent les termes ou quantités précédentes, avec leurs caractères. Prenez autant de termes de la série qu'il y a d'unités dans $b+1$; car il ne peut pas y avoir plus de tours au jeu qu'il y a d'unités dans $b+1$; & la somme de tous les troisièmes termes sautant, les deux termes intermédiaires, en commençant par $\frac{a}{n}$, sera toute la chance de A; pareillement la somme de tous les troisièmes termes, en commençant par $\frac{b}{n-1}P$, sera toute la chance de B; & tous les troisièmes termes, en commençant par $\frac{b-1}{n-2}Q$, sera la chance de C.

En faisant $a = 4$, $b = 8$, $n = 12$; la série générale se transformera dans la suivante $\frac{1}{12} + \frac{8}{11}P + \frac{7}{10}Q + \frac{6}{9}R + 5\frac{5}{8}S + \frac{1}{7}T, + \frac{3}{6}V + \frac{2}{5}X + \frac{1}{4}Y$.

Ou dans cette autre, en multipliant tous les termes par quelque nombre propre à ôter les fractions, comme ici par 495, $165 + 120 + 84 + 56 + 35 + 20 + 10 + 4 + 1$. Donc la chance de A sera $165 + 56 + 10 = 231$, la chance de B sera $120 + 35 + 4 = 159$, la chance de C sera $84 + 20 + 1 = 105$; ainsi les chances de ces joueurs A, B, C seront dans le rapport des nombres 231, 159, 105 ou 77, 53, 35.

A & B ont douze jettons, quatre blancs & huit noirs; A parie contre B, qu'en en prenant sept les yeux fermés, il y en aura

trois blancs. Quel est le rapport de leurs chances?

1°. Cherchez combien de fois on peut prendre diversement 7 jettons dans 12; & par le calcul des combinaisons, vous trouverez 792.

$$\frac{12}{1}\times\frac{11}{2}\times\frac{10}{3}\times\frac{9}{4}\times\frac{8}{5}\times\frac{7}{6}\times\frac{6}{7}=792.$$

2°. Séparez trois jettons blancs, & cherchez toutes les manières, dont quatre des huit noirs peuvent se combiner avec eux, vous en trouverez 70.

$$\frac{8}{1}\times\frac{7}{2}\times\frac{6}{3}\times\frac{5}{4}=70.$$

Et puisqu'il y a là quatre cas où trois jettons peuvent être tirés de quatre; multipliez 70 par 4, & vous trouverez 280 pour les cas où trois blancs peuvent venir avec quatre noirs.

3°. Par la loi générale des jeux, celui-là est le gagnant, qui amène le plutôt l'événement convenu, à moins que la condition contraire n'ait été formellement exprimée. Ainsi donc, si A tire quatre jettons blancs avec trois noirs, il a gagné. Séparez quatre jettons blancs, & cherchez toutes les manières dont trois noirs de huit peuvent se combiner avec quatre blancs, & vous trouverez 56.

$$\frac{8}{1}\times\frac{7}{2}\times\frac{6}{3}=56.$$

Ainsi il y a $280 + 56$ cas $= 336$ qui font gagner A; ce qui ôté du nombre de tous les cas 792, il en reste 456 qui le font perdre. Ainsi le rapport de la chance de A à la chance de B est comme 336 à 456, ou 14 à 19.

Dans les problêmes suivans, pour éviter la prolixité, nous ne donnerons point l'analyse, mais seulement son résultat. Cela suffira pour faire présumer les avantages

& les désavantages dans les jeux, gageures, hasards de la même nature. Un bon esprit fera de lui-même ces sortes d'estimations approchées, dont on peut se contenter dans presque toutes les circonstances de la vie où elles sont de quelqu'importance.

A & B jouent avec deux dez, à condition que si A amène six, il aura gagné, & B s'il amène sept. A jouera le premier; mais pour compenser ce désavantage, B jouera deux coups de suite; & cela jusqu'à ce que l'un ou l'autre ait amené le nombre qui finit la partie.

Si l'on cherche le rapport de la chance de A à la chance de B, on le trouvera de 10355 à 12276.

Si un nombre de joueurs A, B, C, D, E, &c., tous d'égale force, déposent chacun une pièce, & jouent, à condition que deux d'entre eux A & B commençant à jouer, celui des deux qui perdra cèdera la place au joueur C; celui des deux qui perdra cèdera la place au joueur D, jusqu'à ce qu'un de ces joueurs, vainqueur de tous les autres, tire les enjeux ou la mise. On demande le rapport des chances de tous ces joueurs.

Selon la solution de M. Bernouilli, le nombre des joueurs étant $n + 1$, les chances des deux joueurs qui se suivent l'un & l'autre, sont comme $1 + 2^n$ à 2^n, & partant les chances de tous les joueurs A, B, C, D, E, &c., selon la proportion géométrique $1 + 2^n : 2^n :: A . c :: c . d :: d . e$, &c. Cela posé, il n'est pas difficile de déterminer les chances de deux joueurs quelconques, ou avant que de commencer ou quand le jeu est engagé.

Par exemple, sont trois joueurs A, B, C; alors $n = 2$, & $1 = 2^n : 2^n :: 5 . 4 :: a . c$. c'est-à-dire que leurs chances ou espérances de gagner, avant que A ait gagné B, ou B, C, sont comme 5, 5, 4, ou sont $\frac{5}{14}, \frac{5}{14}, \frac{4}{14}$; car toutes ensemble doivent faire 1. Lorsque A aura gagné B, les chances seront comme $\frac{1}{7}, \frac{2}{7}, \frac{4}{7} = 1$.

S'il y a quatre joueurs A, B, C, D, leurs chances ou attentes seront en commençant comme 81, 81, 72, 64; & lorsque A a gagné B, les chances ou attentes de B, D, C, A, comme 25, 32, 36, 56; & lorsque A a gagné B & C, les chances ou attentes de C, D, B, A, comme 16, 18, 28, 87.

A, B, C, trois joueurs d'égale force, mettent une pièce, & jouent, à condition que deux commenceront, & que celui qui perdra sortira; mais en sortant ajoutera une somme convenue à la mise totale; & ainsi de suite de tous ceux qui sortiront, jusqu'à ce qu'il y en ait un qui batte les deux autres, & qui tire tout. On demande si la chance de A & de B est meilleure ou plus mauvaise que celle de C.

Si la somme que chaque joueur qui sort ajoute à la masse, est à la première mise de chacun, comme de 7 à 6, les chances des trois joueurs sont égales. Si le rapport de la somme ajoutée par le sortant à la masse, est à la première mise en moindre rapport que de 7 à 6, le sort de A & B vaut mieux que celui de C; si ce rapport est plus grand, le sort de C est le meilleur; & lorsque A a gagné B une fois, les chances des joueurs sont comme les nombres $\frac{12}{7}, \frac{6}{7}, \frac{3}{7}$ ou 4, 2, 1.

Celle de A la plus avantageuse, & celle de B la moindre.

M. Bernoulli a généralisé la solution de ce problême, en l'étendant à un nombre de joueurs quelconque.

A & B, deux joueurs d'égale force, jouent avec un nombre donné de balles; après quelque tems il en manque une à A pour avoir gagné, & trois à B; on trouve que la chance de A vaut $\frac{7}{8}$ de la mise totale, & celle de B $\frac{1}{8}$.

Deux joueurs A & B, d'égale force, jouent, à condition qu'autant de fois que A l'emportera sur B, B lui donnera une pièce d'argent; & qu'autant de fois que B l'emportera sur A, A lui en donnera tout autant; de plus qu'ils joueront jusqu'à ce que l'un des joueurs ait gagné tout l'argent de l'autre. Ils ont maintenant chacun quatre pièces; deux spectateurs font une gageure sur le nombre de tours qu'ils ont encore à faire, avant que l'un des deux soit épuisé d'argent, & le jeu fini. R gage que le jeu finira en dix tours, & on demande la chance de S qui gage le contraire.

On trouve la chance de S à celle de R, comme 560 à 464.

Si chaque joueur avoit cinq pièces, & que la force de A fût double de celle de B, le rapport de la chance de celui qui parie que le jeu finira en dix tours, à celle de son adversaire, sera comme 3800 à 6561.

Si chaque joueur a quatre pièces, & qu'on demande quelle doit être la force des joueurs, pour qu'on puisse parier avec égal avantage ou désavantage, que le jeu finira en quatre coups, on trouve que la force de l'un doit être la force de l'autre, comme 5. 274 à 1.

Si chaque joueur avoit quatre pièces, & qu'on demandât le rapport de leurs forces, pour que le pari, que le jeu finira en six coups, fût égal pour & contre, on le trouvera comme celui de 2. 576 à 1.

Deux joueurs A & B, d'égale force, sont convenus de ne pas quitter le jeu, qu'il n'y ait dix coups de joués. Un spectateur R gage contre un autre S, que quand la partie ne finira pas, ou avant qu'elle finisse, le joueur A aura trois coups d'avantage sur le joueur B; on demande le rapport des chances des gageurs R & S; & on le trouve comme les nombres 352 à 672.

On voit par la solution compliquée de ces problêmes, que l'esprit du jeu n'est pas si méprisable qu'on croiroit bien; il consiste à faire sur-le-champ des évaluations approchées d'avantages & de désavantages très-difficiles à discerner; les joueurs exécutent en un clin-d'œil, & les cartes à la main, ce que le mathématicien le plus subtil a bien de la peine à découvrir dans son cabinet. J'entends dire, que quelque affinité qu'il y ait entre les fonctions du géomètre & celles du joueur, il est également rare de voir de bons géomètres grands joueurs, & de grands joueurs bons géomètres. Si cela est, cela ne viendroit-il pas de ce que les uns sont accoutumés à des solutions rigoureuses, & ne peuvent se contenter d'à-peu-près, & qu'au contraire les autres, habitués à s'en tenir à des à-peu-près, ne peuvent s'assujettir à la précision géométrique?

Quoi qu'il en soit, la passion du jeu

est une des plus funestes dont on puisse être possédé. L'homme est si violemment agité par le jeu, qu'il ne peut plus sup- porter aucune autre occupation. Après avoir perdu sa fortune, il est condamné à s'ennuyer le reste de sa vie.

L

LANSQUENET.

LANSQUENET.

On nomme *coupeurs*, ceux qui prennent carte dans le tour avant que celui qui a la main se donne la sienne ; & *carabineurs*, ceux qui prennent carte après que celle de celui qui a la main est tirée. On appelle la *réjouissance*, la carte qui vient immédiatement après la carte de celui qui a la main. Tout le monde y peut mettre avant que la carte de celui qui a la main soit tirée ; mais il dépend de lui de tenir ce qu'il veut, pourvu qu'il s'en explique avant que de tirer sa carte : car s'il la tire sans rien dire, il est obligé de tenir tout ce qu'on y a mis.

Après qu'on a réglé le fond du jeu, celui qui a la main donne des cartes aux coupeurs, à commencer par sa droite ; & ces cartes se nomment cartes droites. Pour les distinguer des cartes de reprise & de réjouissance, il se donne une carte, & ensuite il tire la réjouissance. Cela étant fait, il continue de tirer toutes les cartes de suite. Il gagne ce qui est sur la carte d'un coupeur, lorsqu'il amène la carte de ce coupeur ; & il perd tout ce qui est au jeu, lorsqu'il amène la sienne. Enfin, s'il amène toutes les cartes droites des coupeurs, avant que d'amener la sienne, il recommence, & continue d'avoir la main, soit qu'il ait gagné ou perdu la réjouissance.

Voilà les règles les plus générales de ce jeu.

En voici quelques autres particulières :

1°. Lorsque celui qui a la main, que je nommerai toujours Pierre, donne une carte double à un coupeur, c'est-à-dire une carte de même espèce qu'une autre carte qu'il a déjà donnée à un autre coupeur qui est plus à sa droite, il gagne le fond du jeu sur la carte perdante, & il est obligé de tenir le double sur la carte double.

2°. Lorsque Pierre donne une carte triple à un coupeur, il gagne ce qui est sur la carte perdante, & il est tenu de mettre quatre fois le fond du jeu sur la carte triple.

3°. Lorsque Pierre donne une carte quadruple à un coupeur, il reprend ce qu'il a mis sur les cartes simples ou doubles ; s'il y en a, il perd ce qui est sur la carte triple de même espèce que la quadruple qu'il amène, & il quitte la main sur-le-champ, sans donner d'autres cartes.

4°. S'il se donne à lui-même une carte quadruple, il prend tout ce qu'il y a sur les cartes des coupeurs ; & sans donner d'autres cartes, il recommence la main.

5°. Lorsque la carte de la réjouissance est quadruple, elle ne va point.

6°. C'est encore une loi du jeu qu'un coupeur, dont la carte est prise, est obligé de payer le fond du jeu à chaque coupeur qui a une carte devant lui ; ce qui s'appelle *arroser*. Mais il y a cette distinction à faire, que quand c'eſt une carte droite, celui qui perd paie aux autres cartes droites le fond du jeu, ſans avoir égard à ce que la ſienne, ou la carte droite des autres coupeurs ſoit ſimple, douple ou triple ; au lieu que quand c'eſt une carte de repriſe, on ne paie & on ne reçoit que ſelon les règles du parti. Or, dans ce jeu, les partis ſont de mettre trois contre deux, lorſqu'on a carte double contre carte ſimple ; deux contre un, lorſqu'on a carte triple contre carte double ; & trois contre un, lorſqu'on a carte triple contre carte ſimple.

Ces règles étant bien conçues, ſi l'on veut ſavoir en quoi conſiſte la difficulté de déterminer l'avantage de celui qui a la main, il faut obſerver :

1°. Que l'avantage d'avoir la main en renferme un autre fort conſidérable, qui eſt de conſerver à Pierre le droit de tenir les cartes autant de fois qu'il aura amené toutes les cartes droites des coupeurs, avant que d'amener le ſienne. Or, comme cela peut arriver pluſieurs fois de ſuite, tel nombre de coupeurs qu'il y ait, il faut en examinant l'avantage de celui qui tient les cartes, avoir égard à l'eſpérance qu'il a de faire la main un nombre de fois quelconque indéterminément. D'où il ſuit qu'on ne peut exprimer l'avantage de Pierre que par une ſuite compoſée d'un nombre infini de termes qui iront toujours en diminuant ; ce qui donne quelque ſujet de croire qu'on ne peut jamais avoir la valeur préciſe de l'avantage de Pierre, mais ſeulement une valeur d'autant plus exacte, qu'on emploiera un plus grand nombre de termes de la ſuite.

2°. Que Pierre a d'autant moins d'eſpérance de faire la main, qu'il y a plus de coupeurs & plus de cartes ſimples parmi les cartes droites.

3°. Que l'obligation où eſt Pierre, de mettre le double du fond du jeu ſur les cartes doubles, & le quadruple ſur les cartes triples diminue l'avantage qu'il auroit

en amenant des cartes doubles ou triples avant que de ſe donner la ſienne ; & que ſon avantage eſt augmenté par cette autre condition du jeu, qui lui permet de reprendre en entier ce qu'il a mis ſur les cartes doubles & triples, lorſqu'il donne à un des coupeurs une carte quadruple.

Ces remarques, & quelques autres pareilles, peuvent faire connoître que ce problème eſt plus compliqué qu'il ne paroît d'abord.

Pour le réſoudre, voici la route qu'il faut tenir :

On examine d'abord toutes les diſpoſitions différentes que le jeu peut avoir, avant que Pierre ſe ſoit donné ſa carte, & l'on détermine combien il y a de probabilité que chacune des diſpoſitions poſſibles ſe trouvera à l'excluſion des autres. Enſuite, on doit rechercher quelle eſt l'eſpérance de Pierre dans chacune des diſpoſitions différentes de ſe donner une carte ou ſimple, ou double, ou triple, ou quadruple. En troiſième lieu, il faut examiner en particulier ce que chacun des différens rapports de la carte de Pierre à celles des coupeurs, peut lui donner de gain ou de perte. Enfin, après ces recherches, il ne reſte qu'à opérer, ſelon les règles ordinaires de l'analyſe, il ſera plus aiſé d'établir la méthode à ſuivre, en en faiſant l'application ſur des cas particuliers.

Premier cas. On ſuppoſe qu'il y ait trois coupeurs, Pierre, Paul & Jacques : Paul eſt le premier à la droite, & Jacques le ſecond ; on demande combien il y a d'avantage pour Pierre à avoir la main.

Soit le fond du jeu appellé A.

On remarquera :

1°. Qu'il y a à parier ſeize contre un, que les cartes de Paul & de Jacques ſe trouveront ſimples, lorſque Pierre ſera ſur le point de tirer ſa carte ; & un contre ſeize, que la carte de Jacques ſe trouvera double.

2°. Que les cartes de Paul & de Jacques étant simples, Pierre a six coups sur cinquante pour amener carte double, & par conséquent quarante-quatre sur cinquante pour amener carte simple.

3°. Que la carte de Jacques étant double, Pierre a deux coups sur cinquante pour gagner, tout en amenant carte triple, & par conséquent quarante-huit sur cinquante pour amener carte simple.

4°. Que si Pierre amène carte simple, les cartes de Paul & de Jacques étant simples, son sort est 2 A; ce qui est évident; mais que si Pierre amène carte double, son sort est 3 A $+\frac{1}{5}$ A. Car amenant carte double, il prend d'abord 2 A, c'est-à-dire la mise de celui qui perd & la sienne propre; & outre cela, il a sa mise sur la mise du joueur qui reste, & l'avantage d'avoir carte double contre carte simple: or cet avantage est $\frac{1}{5}$ A.

Pierre ayant carte double contre carte simple, a trois coups pour gagner, & seulement deux pour perdre.

5°. Que si Pierre amène une carte simple, la carte étant double, son sort est 2 A — $\frac{2}{5}$ A; car c'est une loi du jeu que Jacques, ayant carte double, est en droit de mettre 2 A sur sa carte, & d'obliger Pierre à en mettre autant, quoiqu'à son désavantage. On a vu que l'avantage de celui qui a carte double contre carte simple est la cinquième partie de la mise de chacun; or ici la mise de Jacques étant 2 A, son avantage & le désavantage de Pierre sera $\frac{2}{5}$ A. Il est évident que si Pierre amenoit carte triple, son sort seroit 4 A.

6°. Il faut encore observer que Pierre hasarde 2 A, lorsque les cartes de Paul & de Jacques sont simples; mais qu'il hasarde seulement A, lorsque la carte de Jacques est double. De tout cela, il suit que l'avantage qu'a Pierre dans un tour est $\frac{3}{17}$ A.

Maintenant pour savoir ce qu'il faut ajouter à cet avantage pour avoir égard à l'espérance qu'a Pierre de faire la main, il faut déterminer quel est le nombre qui exprime cette espérance, & le multiplier par l'avantage déjà trouvé $\frac{3}{17}$ A.

Il est clair que cette espérance est différente, selon toutes les différentes dispositions que peuvent avoir les cartes de trois coupeurs. Ainsi il faut chercher quel degré de probabilité il y a que chacune de ces dispositions possibles se trouvera, & multiplier chacun des nombres qui les exprime par le degré de probabilité qu'il y a que dans telle & telle disposition, Pierre fera la main.

Or je trouve que sur vingt-deux mille cent différentes dispositions possibles des trois cartes de Pierre, Paul & Jacques, il y en a dix-huit mille trois cents quatre pour que les trois cartes soient simples; deux mille quatre cents quatre-vingt-seize pour que la carte de Pierre soit double; mille deux cents quarante-huit pour que la carte de Jacques soit double, & cinquante-deux pour que celle de Pierre soit triple.

Il faut encore observer:

1°. Que lorsque les trois cartes de Pierre, Paul & Jacques sont triples, il y a à parier un contre deux que Pierre fera la main.

2°. Qu'il y a à parier trois contre deux, lorsque la carte de Pierre est double; & deux cents trois, lorsque la carte de Jacques est double.

Second cas. On suppose quatre coupeurs, le quatrième se nomme Jean.

Pour découvrir en combien de manières différentes, les cartes des trois coupeurs Paul, Jacques & Jean, peuvent arriver ou simples ou doubles, ou triples, il faut se souvenir que dans le cas précédent on a trouvé qu'il y a seize contre un à parier que la carte du premier coupeur étant simple, celle du second le sera aussi;

& que les cartes des deux coupeurs étant simples, il y a vingt-deux contre trois à parier que la carte suivante sera simple.

2°. Que les cartes des deux premiers coupeurs étant simples, il y a six contre quarante-quatre a parier que la troisième sera double.

3°. Qu'il y a un contre seize à parier que la carte du second coupeur sera double; & que la carte du second coupeur étant double, il y a deux sur cinquante pour amener une carte triple; & par conséquent quarante-huit sur cinquante pour amener carte simple.

De tout cela il suit :

1°. Que pour déterminer combien il y a à parier que dans ce cas ci les cartes des trois coupeurs seront simples, il faut multiplier le nombre $\frac{22}{25}$, qui exprime le degré de probabilité qu'il y a que les cartes de Paul & de Jacques étant simples, celle de Jean le sera aussi par le nombre $\frac{16}{17}$, qui exprime combien il y a de probabilités que celle de Jacques sera simple. Ainsi il y a à parier trois cents cinquante-deux contre soixante-treize que les cartes des trois coupeurs Paul, Jacques & Jean seront simples.

2°. Que pour avoir le nombre qui exprime combien il y a à parier que la carte de Jean sera double, il faut multiplier $\frac{6}{50}$ par le nombre $\frac{16}{17}$;

3°. Que pour avoir le nombre qui exprime combien il y a de probabilités que celle de Jacques sera double, & celle de Jean simple, il faut multiplier $\frac{1}{17}$ par le nombre $\frac{24}{25}$;

4°. Que la fraction $\frac{1}{17} \times \frac{1}{25}$ exprime combien il y auroit à parier que la carte de Jean seroit triple.

Maintenant, il faut déterminer quel est le sort de Pierre dans chacune des quatre dispositions différentes des cartes des trois joueurs.

L'on trouvera :

1°. Que les cartes de Paul, Jacques & Jean étant simples, Pierre sur quarante-neuf cartes qui restent, en a quarante à tirer qui peuvent lui donner carte simple, & neuf qui lui peuvent donner carte double. Or le sort de Pierre, lorsqu'il a carte simple, les cartes des trois autres coupeurs étant simples aussi, est $3 A$; & son sort, lorsqu'il a carte double, deux quelconques d'entre les deux coupeurs ayant carte simple, est $4 A + \frac{2}{5} A$.

2°. Que la carte de Jean étant double, Pierre sur quarante-neuf cartes qui restent, a quarante cartes à tirer qui peuvent lui donner carte simple, trois cartes qui lui peuvent donner carte double, & enfin deux cartes qui lui peuvent donner carte triple. Or le sort de Pierre, lorsque sa carte est simple, est $2 A + \frac{3}{5} A$; & son sort, lorsque sa carte est double, est $4 A$; enfin son sort, lorsque sa carte est triple, est $4 A + \frac{3}{2} A$. Car Pierre ayant carte triple contre une autre carte simple, devroit parier trois contre un pour parier également; & par conséquent il a trois contre un sur la somme qui est couchée sur la carte qui reste. On trouvera que le sort de Pierre sera le même, c'est-à-dire $2 A + \frac{197}{245} A$, lorsque la carte de Jacques sera double.

3°. On observera que la carte de Jean étant triple, Pierre sur quarante-neuf cartes en a quarante-huit, qui lui donnent carte simple contre carte triple, & un seulement qui lui donne carte quadruple. Or le sort de Pierre, lorsque sa carte est simple, est $2 A$; car il a un coup pour avoir $8 A$, & trois coups pour avoir zéro. Son sort, lorsque sa carte est quadruple, est $8 A$.

Il faut remarquer que Pierre ne hasarde $3 A$ que dans le cas où les cartes de Paul, Jacques & Jean sont simples; qu'il hasarde seulement $2 A$ dans le cas où la carte, soit de Jacques, soit de Jean, est double; & seulement A, dans le cas où la carte de Jean est triple.

C'est

C'eſt un préjugé commun parmi les joueurs, que la carte de la réjouiſſance eſt favorable à ceux qui y mettent.

Pour ſe déſabuſer de cette opinion, il faut prendre garde que ſi la carte de la réjouiſſance a l'avantage dans certaines diſpoſitions des cartes des coupeurs, elle a du déſavantage en d'autres, & que cela ſe compenſe toujours exactement, comme on vient de le voir ; & on peut procéder, par les mêmes opérations, à tout autre nombre de coupeurs, & déterminer toutes les différentes diſpoſitions poſſibles des cartes; mais les combinaiſons deviennent alors très-compliquées, & entraînent des diſcours, & des calculs fort abſtraits.

Voyez à cet égard l'*Analyſe des jeux de haſard*, par Montmaur.

Il y avoit un *lanſquenet* conſidérable établi à l'hôtel de Gèvres, à Paris. Les joueurs y abondoient, & avec eux les fripons. Ceux qui ſe mêloient de corriger la fortune, employoient à ce jeu une friponerie groſſière très-ancienne, qui étoit de faire ſauter la coupe, & par-là remettre les cartes dans la même poſition où elles étoient auparavant; mais ce tour de main étant ſujet à bien des inconvéniens, les fourbes le réformèrent, pour lui ſubſtituer ce qu'on appella depuis la *carte large*; de façon qu'après avoir fait coup ertout uniment à un autre dupeur, il ne reſtoit autre choſe à faire à ces fripons qu'à ramaſſer l'argent des dupes. Pour l'exécution de cette friponerie, on mettoit dans chaque jeu une carte un peu plus large que les autres, le *grec* arrangeoit une vole par-deſſous, de ſorte qu'en coupant ſur cette carte, il faiſoit toutes les autres. Il falloit pour cela que les *grecs* ſe diſtribuaſſent autour de la table, de manière que les uns coupaſſent aux autres.

Voyez *Combinaiſons frauduleuſes*.

LOTERIE.

LOTERIE. On doit être en garde en général contre les loteries, quoique leur ſort paroiſſe dépendre du haſard. En voici une d'une eſpece ſinguliere, dont on a déjà dit un mot à l'article *dez*. Dans cette loterie *ambulante* ou *foraine*, on joue avec ſept dez marquant chacun depuis un juſqu'à ſix. Il y a trois ou quatre bijoux deſtinés à être l'un après l'autre la récompenſe de ceux qui ſeront aſſez heureux pour amener une des ſix rafles ; le reſte des lots conſiſte en *merceries* uſuelles étiquetées par les points gagnans ordinaires.

« Vous le ſavez, dit le loteur forain, que » depuis ſept juſqu'à quarante-deux on peut » amener quarante points effectifs ; eh bien ? » de ces quarante points j'en abandonne » vingt-neuf aux joueurs, et je m'en ré- » ſerve quatorze qui commencent à vingt » et finiſſent à trente incluſivement; tous » les autres ſortent à profit pour les » joueurs. » Mais ces belles apparences s'évanouiſſent, lorſqu'après des calculs faits, on voit que les onze points que ſe réſerve le maître loteur, produiſent 173272 combinaiſons qui ſont en gain pour lui, tandis que les autres points, y compris les ſix rafles, ne donnent que 106664 combinaiſons en gain pour le joueur, ce qui fait par conſéquent une différence de 66608. Ce n'eſt pas tout, il n'y a de lots véritablement gagnans que les ſix rafles, & les autres lots ſont communément au-deſſous du prix de la *miſe*, exigée des joueurs, & en raiſon de la ſixieme partie de la totalité des combinaiſons. Or cette ſixieme partie eſt préciſément avec ſept dez de quarante-ſix mille ſix cent cinquante-ſix coups, puiſque la ſomme totale eſt de deux cent ſoixante-dix-neuf mille neuf cent trente-ſix ; ainſi l'on a ſu faire de ce jeu où on perd preſque toujours, un jeu où l'on croit preſque toujours gagner.

M

MONDE.

MONDE. (*jeu du*)

CE jeu eſt un divertiſſement du corps et de l'eſprit, qui enſeigne, à la faveur de petits globes et d'une table, diverſes choſes qu'une perſonne peut ſouhaiter d'apprendre en voyageant dans le monde. Les petits globes qui ſervent à ce jeu ſont différens de ceux qui ſont en uſage, puiſqu'il ne dcit y en avoir aucun qui ne préſente une partie de quelque ſcience; & qui ne deſigne les différens états du monde & leurs gouvernemens.

La table ou le tableau qui eſt néceſſaire pour ce jeu offre une deſcription de l'Europe ou de quelqu'autre partie du globe, avec ſes rivières, ſes forêts, ſes villes, ſes campagnes, ſes mers; on y voit tous les animaux les plus rares qui ſe trouvent dans l'un et l'autre de ſes élémens; et plus de deux cents figures en forme humaine qui l'environnent, accompagnées d'une multitude agréable de différens ornemens qui ſignifient tous quelque choſe, et qui font partie de ce jeu.

La première et la plus générale notion que l'on doit avoir du *jeu du monde*, eſt que c'eſt un tout qui renferme pluſieurs parties tellement néceſſaires les unes aux autres, que ſi l'on en ſuprime une, les autres ſeroient comme inutiles pour la fin qu'on s'eſt propoſée. Telles ſont le *guide*, le *vaiſſeau*, et la *mappe*.

Le *guide* ſert de conducteur à celui qui voyage, et fait dans ce jeu ce que les vents ont coutume de faire aux vaiſſeaux.

Le vaiſſeau qui repréſente le lieu où le voyageur doit être n'eſt pas de moindre conſéquence, parce qu'il montre toute les choſes remarquables qui ſont dans les lieux où il va.

La *mappe*, ſur laquelle les choſes qu'on doit apprendre ſont peintes, eſt une table de figure quarrée un tiers plus longue que large, dont une partie eſt apliquée ſur l'autre pour diſtinguer plus naturellement par la différence de ces hauteurs, les mers d'avec les terres, & pour donner plus de relief aux figures et autres ornemens.

Pour connaître le lieu d'où l'on doit partir afin de venir, par exemple en France, on tourne une aiguille qui parcourt un cercle diviſé en autant de parties qu'ils y a d'état que l'on veut parcourir.

On peut faire de la *mappe* une table géographique où l'on marque les villes, les montagnes, les lacs, les rivières, les forêts les plus conſidérables, les animaux les plus marquans, tant de la mer que de la terre, les endroits fameux par les grandes batailles, les lieux des celèbres aſſemblées, les volcans, les places fortes, les itinéraires des voyageurs, & généralement tout ce que les hiſtoriens et les voyageurs apprennent de plus mémorable. Aureſte il ſuffit d'avoir fait connaître l'appareil et la diſpoſition du jeu, en laiſſant à l'imagination des inſtituteurs les détails des inſtructions qu'ils veulent donner à la jeuneſſe, en lui procurant de l'exercice et de l'amuſement.

Voici *les règles du jeu du monde*.

1º. Avant que de jouer on prend du directeur du jeu des marques qu'on fait valoir ce que l'on veut ; puis chacun prend un vaiſſeau & un guide & l'on tire qui jouera le premier.

2°. On met son vaiſſeau à l'extrémité du port, d'où l'on part de quelque côté qu'on veut.

3°. On dit avant que de partir le nom du vaiſſeau qu'on monte, le lieu d'où l'on part, le terme de son voyage, & le premier port où l'on doit mouiller, & chaque coup que l'on joue, le lieu où on eſt, & celui où on doit aller, faute de quoi on donne une marque à chaque voyageur ; la même peine a lieu quand on n'accuſe pas juſte.

4°. Si on joue devant ſon rang, on donne une marque à chacun & on ſe remet à ſa place.

5°. Si on touche à ſon vaiſſeau quand il eſt en mer, ſi ce n'eſt pour le tirer d'un port, d'un écueil, ou d'une captivité, on donne à chacun quatre marques.

6°. Si on touche en deux tems son vaiſſeau, on donne à chacun une marque & on ſe met où on était devant.

7°. Si on touche ſon vaiſſeau, on eſt cenſé avoir joué, ſoit qu'il ait changé de place ou non.

8°. Si on touche ſon vaiſſeau de maniere qu'il n'ait pas changé de lieu, & qu'on ait dit *je radoube*, le coup n'eſt pas joué.

9°. Si en jouant on remue avec ſon guide le vaiſſeau d'un autre, on le met à ſa place, & on donne une marque à qui il appartient.

10°. Si quelqu'un conſeille un autre ſoit de paroles, ou en lui montrant l'endroit où il doit toucher, ſi ce n'eſt du conſentement de tous, il donne à chacun trois marques.

11°. Quant on tombe dans un écueil, on donne deux marques à chacun, & on eſt deux coups ſans jouer.

12°. Quand deux vaiſſeaux ſont dans un même écueil il n'y a que le premier entré qui ait deux coups ſans jouer & qui paye deux marques à chacun hors à celui qui y eſt entré avec lui.

13°. Quand un vaiſſeau fait faire naufrage à deux autres dans différens écueils ou d'une autre maniere, tous deux payent ſelon la qualité de leurs endroits, et donnent une marque de plus à celui qui leur a cauſé ce malheur.

14 Quand deux vaiſſeaux sont jettés dans deux écueils par un troiſieme, tous deux payent, & il n'y a que le dernier entré qui reſte deux coups ſans jouer.

15°. Quand on tombe dans un ſemblable malheur qu'on cauſe à un, ou à pluſieurs, on paye ſeul la peine, etc.

16°. Lorſqu'on tombe en captivité on donne à chacun deux marques pour s'avancer.

17°. Lorſqu'on échoue, ce qui arrive quand le vaiſſeau paſſe ſur les terres, on donne à chacun deux marques, & on ſe remet où on était.

18°. Lorſqu'on échoue, & qu'avant de monter ſur les terres, on a pouſſé un vaiſſeau qui eſt enſuite tombé dans un écueil, les deux payent, l'échoué ſe remet en ſa place, & l'autre eſt deux coups ſans jouer.

19°. Lorſqu'on échoue en faiſant échouer un autre, on paye à chacun deux marques, même à celui qu'on a fait échouer, et on ſe remet en ſa place.

20°. Qui mouille dans d'autres ports que ceux qui ſont deſtinés, paye une marque à chacun, toutes les fois que cela lui arrive.

21°. Qui mouille dans un port deſtiné pour le voyage, plus avancé que celui où il doit aller, paye ſeulement une marque au plus avancé, s'il retourne dans un port où il a mouillé, fût-ce celui d'où il ſort ; il en donne une au plus éloigné, & rien ſi c'eſt lui.

22°. Qui fait naufrage délivre celui qui y eſt.

23°. Si un vaiſſeau vient à s'arrêter & que ſans lui toucher, un moment après il tombe dans un écueil ou autre lieu, on le met où il a paru arrêté, ſans rien donner.

24°. Il n'eſt pas permis de paſſer par d'autres lieux que ceux dont on eſt convenu.

25°. On ne peut plus attaquer un vaiſſeau quand il a deux ports d'avance.

26°. On prend 8 ports pour un voyage.

27°. On gagne le voyage quand on arrive le premier au terme 6 qui conſiſte à recevoir autant de marque 3 que chacun joue de coups à venir, le coup qui mene au port se paye. Extrait d'un livre intitulé : *Introduction à l'histoire générale du monde, ou jeu de Telémaque pour l'instruction d'un homme de cour, in-12 1705.*

N

N O Y A U X.

N O Y A U X. (*Jeu des*)

LE baron de la Hontan fait mention de ce jeu dans le ſecond tome de ſes *Voyages de Canada*, page 113.

Voici comme il s'explique :

On y joue avec huit noyaux, noirs d'un côté & blancs de l'autre : on jette les noyaux en l'air : alors ſi les noirs ſe trouvent impairs, celui qui a jetté les noyaux gagne ce que l'autre joueur a mis au jeu : s'ils ſe trouvent ou tous noirs ou tous blancs, il en gagne le double; & hors de ces deux cas, il perd ſa miſe.

PROBLÉME Ⅰ^{er}. *On demande lequel des deux joueurs a de l'avantage, en ſuppoſant qu'ils mettent également au jeu.*

Ce problême *des noyaux*, ſe réduit à celui-ci :

Déterminer combien il y a à parier que jettant huit dez au haſard, on amènera ou un as & ſept deux; ou trois as & cinq deux, ou cinq as & trois deux, ou ſept as & un deux, ou deux as & ſix deux, ou quatre as & quatre deux, ou ſix as & double deux.

On trouvera qu'il y a, 1° huit coups ſur deux cent cinquante-ſix pour amener un noir & ſept blancs; 2° cinquante-ſix coups pour avoir trois noirs & cinq blancs; 3° vingt-huit coups pour avoir deux noirs & ſix blancs; 4° ſoixante-dix coups pour avoir quatre noirs & quatre blancs. Il eſt évident qu'on ne peut les amener, ou tous noirs ou tous blancs, que d'une façon. Il ſuit de tout cela, que ſi l'argent du jeu eſt appellé A, le ſort de celui qui jette les noyaux ſera

$$\frac{128 \times A + 2 \times \overline{A + \frac{1}{2} A}}{256};$$

Et le ſort de l'autre joueur ſera

$$\frac{126\,A + 2 \times \overline{0 - \frac{1}{2} A}}{256}.$$

Ainſi l'avantage de celui qui jette les noyaux eſt $\frac{3}{256}$; & pour que le jeu fût égal, il faudroit que celui qui jette les noyaux mît au jeu vingt-deux contre l'autre vingt-un.

On peut obferver que l'inégalité de ce jeu ne porte aucun préjudice à ces joueurs du Canada, qui, ne jouant entr'eux que des chofes dont la propriété leur eft commune, doivent être affez indifférens pour le gain & pour la perte. Le mépris que ces peuples ont pour ce que nous eftimons le plus, eft une efpèce de paradoxe qu'on ne doit point avancer fans preuve dans un livre tel que celui-ci.

La voici, tirée du baron de la Hontan :

« Au refte, *dit ce voyageur,* ces jeux ne fe font que pour des feftins, & pour quelques autres bagatelles ; car il faut remarquer que comme ils haïffent l'argent, ils ne le mettent jamais de leurs parties : auffi peut-on affurer que l'intérêt n'a jamais caufé de divifion entre eux. »

PROBLÊME II. *On fuppofe que les huit noyaux ont chacun quatre faces, favoir une blanche, une noire, une verte & une rouge ; Pierre fera celui qui jette les noyaux, Paul fera l'autre joueur.*

Si les noyaux ayant été jettés au hafard,

il fe trouve des quatre couleurs, Paul donnera B à Pierre ; s'il n'y en a que de trois couleurs, Paul lui donnera 3 B ; & s'il n'y en a que d'une feule couleur, c'eft-à-dire, fi les huit noyaux font ou tous blancs, ou tous noirs, ou tous verts, ou tous rouges, Paul lui donnera 4 B ; enfin, s'il n'y en a que de deux couleurs, Pierre donnera à Paul 2 A.

Cela pofé, *on demande de quel côté eft l'avantage, & quel eft cet avantage, en fuppofant que* A *ait à* B *un rapport quelconque ?*

L'on trouvera que fi B $=$ A Paul aura de l'avantage à ce jeu, mais ce ne feroit que de cette fraction $\frac{233}{16384}$; ce qui n'eft à-peu-près que la foixante-dixième partie de l'unité, & par conféquent, afin que la condition de Pierre & de Paul fuffent égales, il faudroit que B fût $= \frac{11552}{11359}$ A, c'eft-à-dire que Pierre devroit mettre au jeu onze mille cinq cent cinquante-deux, contre Paul onze mille trois cent cinquante-neuf.

O

O M B R E.

O M B R E. (*Jeu d'*)

COMME on ne peut découvrir l'inconnu que par le moyen de ce qui eft connu, il eft impoffible de réfoudre la plupart des problêmes, qu'on propofe fur le *jeu d'Ombre,* d'autant plus qu'on y joue trois avec quarante cartes, et qu'il refte beaucoup de cartes au talon. C'eft pourquoi, dans la plus grande partie des difficultés qui fe préfentent fur ce jeu, il faut fe contenter de chercher le vraifemblable,

& borner fon étude à approcher de la vérité le plus qu'il eft poffible.

Voici de quelle manière il s'y faut prendre :

Soit fuppofé que Pierre ait fait jouer en pique, qu'il ait quatre mains, & que jouant fa cinquième, il lui refte encore deux triomphes fûres, & outre cela, le roi de carreau & la dame de cœur ; on demande fi Pierre doit tenter de faire la volte.

Pour réfoudre exactement ce problême, il faudroit y faire entrer mille circonftances, dont on ne pourrait calculer la valeur précife qu'avec un fort grand & fort long travail ; mais , fi l'on veut fe contenter de la vraifemblance, il fuffira d'obferver quelles font les rencontres principales où Pierre entreprenant la volte perdroit ; quelles font celles qui le feroient certainement gagner , & quelles font celles auffi qui rendroient le fuccès incertain. Ainfi dans le cas préfent, on remarquera que Pierre gagnera , fi le roi de trefle étant dans une main, le roi de cœur dans l'autre main, avec la garde à carreau, ou fi les rois étant dans une même main, avec la garde à carreau, cette garde n'eft point dans l'autre main, ou eft moins avantageufe.

2°. Que Pierre perdra fi aucun des deux joueurs n'ayant la garde à carreau, les deux rois font en différentes mains, ou fi l'un des deux joueurs a la garde à carreau & le roi de trefle, l'autre joueur, ayant le roi de cœur , fans garde à carreau , ou avec une garde moins avantageufe que celle qui accompagne le roi de tréfle.

3°. Que fi les deux rois fe trouvent dans une même main, fans qu'aucun des deux joueurs ait la garde à carreau , il y aura pour Pierre autant d'efpérance de gagner que de rifque de perdre.

On pourra, en pefant ces raifons pour & contre, & y faifant entrer quelques autres circonftances, par exemple celle-ci : que la garde à carreau peut être fi baffe que le joueur fe déterminera plutôt à garder fon roi que cette garde ; on pourra, dis-je, en examinant combien l'un de ces cas, fournit plus de rencontres qu'un autre, tirer de cette comparaifon des raifons fort vraifemblables pour fe déterminer.

Pour moi, dit Montmor, j'avoue que je préférerois de tenter la volte ; & quoiqu'apparemment cela n'ait été pratiqué par perfonne, je fuis perfuadé que ceux qui feront attention fur ce qui précède , ne feront pas fort éloignés de mon fentiment ; il fe préfente très-fouvent des difficultés de cette nature, & ce font autant de problêmes qu'il faut réfoudre fur-le-champ. C'eft pourquoi il faut convenir qu'un homme qui a l'efprit vif & pénétrant, & qui a l'habitude du jeu a plus d'avantage, à bien prendre fon parti, dans la plupart des rencontres de ce jeu, qu'un autre joueur qui, avec autant d'habitude aura l'imagination moins jufte & moins agiffante ; car il ne faut pas moins d'efprit pour rencontrer le vraifemblable, lorfque l'évidence manque, que pour decouvrir la vérité, lorfqu'il eft poffible de la trouver.

PROBLÊME. *Pierre fait jouer en noir, & eft fuppofé avoir un nombre quelconque de triomphe. On demande quelle efpérance il a de tirer un certain nombre de triomphes dans les cartes qu'il prendra au talon?*

Premier cas. *Pierre a trois triomphes, & prend fix cartes.*

L'efpérance qu'il a de tirer une triomphe au moins dans fix cartes, eft exprimée par la fraction $\frac{30254}{35061}$. Ainfi il pourroit parier 30254 contre 4807 ; ce qui eft un peu plus de fix contre un.

L'efpérance qu'il a d'en tirer au moins deux, eft exprimée par la fraction $\frac{360142}{730281}$; enforte qu'il y auroit à parier 360142 contre 370139.

Second cas. *Pierre a quatre triomphes, & prend cinq cartes.*

L'efpérance qu'a Pierre de tirer au moins une triomphe dans ces cinq cartes, eft exprimée par la fraction $\frac{18321}{24273}$; ainfi il pourroit parier 18321 contre 5952, & il auroit de l'avantage à parier trois contre un. L'efpérance qu'il a de tirer au moins deux triomphes, fera exprimée par la fraction $\frac{13025}{169911}$; ainfi il pourroit parier 1765 contre 38961.

Troisième cas. *Pierre a cinq triomphes, & prend quatre cartes.*

L'espérance qu'a Pierre de tirer au moins une triomphe dans quatre cartes, est exprimée par la fraction $\frac{4123}{6293}$; ainsi il pourroit parier 4123 contre 2170, un peu moins que deux contre un.

Il sera facile de résoudre un grand nombre d'autres problêmes de même espèce que celui-ci, lesquels pourroient servir à fixer des règles pour savoir à quel jeu il est à propos de jouer ou de passer, ou de jouer sans prendre. Il suffiroit pour cela de chercher pour les cartes rouges, ce que l'on vient de trouver pour les noires, & de faire entrer dans le calcul les rois, les différens matadors, & les renonces.

OSSELETS. (*jeu des*) *Ludus talorum,* ou simplement *tali.*

Horace dit : *Nec regna vini sortiere talis.*

Tu ne joueras plus aux *osselets,*
la royauté des festins.

Suivant Homere, le jeu des *osselets* étoit connu des Grecs dès le tems de la guerre de Troye.

L'*osselet* avec lequel on joue est un os qui dans le pied des animaux est le premier des os du tarse : il est gros, inégal, convexe en certains endroits, concave en d'autres, & on le nomme encore *astragale.*

Les *osselets* n'avoient proprement que quatre côtés sur lesquels ils pussent aisément s'arrêter, les deux extrémités étant trop arrondies pour cela ; cependant la chose n'était pas imposible. On appellait ce coup extraordinaire *talus rectus.* De ces quatre côtés il y avoit deux plats & deux larges dont l'un valoit six & étoit appellé *senio* par les latins ; l'autre opposé ne valoit qu'un, & on lui donnoit le nom *canis* ou *vulturius.* Des deux côtés plus étroits l'un étoit convexe, appellé *supinum* qui valoit

trois ; l'autre concave, appellé *pronum,* valoit quatre ; il n'y avoit ni deux ni cinq dans le jeu d'*osselet.*

On jouoit avec quatres *osselets* qui ne pouvoient produire que trente cinq coups ; savoir : 4, dans lesquels les quatre faces étoient semblables ; 18 dans lesquels il y en avoit deux de pareil nombre ; 12 dans lesquels il y en avoit trois égaux, & un coup unique lorsque les *osselets* étaient différens ; j'entends de différens nombres, c'est à-dire qu'il falloit faire as, un 3, un 4, & un 6 ; c'étoit le coup le plus favorable appellé *Vénus.* Les Grecs avoient donné les noms des dieux, des héros, des hommes illustres, & même des courtisanes fameuses à ces coups différens.

Le coup de *Vénus* étoit aussi nommé *basilicus,* parce qu'il falloit l'amener pour être le roi de la table. Le coup opposé étoit les quatre as appellés *damnosi canes.* Entre les autres coups, il y en avoit d'heureux, de malheureux & d'indifférens. C'étoit un usage reçu parmi les joueurs d'invoquer les dieux et leurs maitresses avant que de jetter les *osselets.*

Pour empêcher les tours de mains, on se servoit de cornets par lesquels on faisoit passer les *osselets.* Ces cornets étoient ronds en forme de petites tours plus larges en bas que par le haut, dont le col étoit étroit. On les appelloit *turris, turricula, orca, pyrgus, phimus.* Ils n'avoient point de fonds ; mais plusieurs degrès au-dedans qui faisoient faire aux *osselets* plusieurs cascades avant que de tomber sur la table.

Alternis vicibus quos præcipitante, rotatu fundunt excisi per cava buxa gradus

Cela se faisait avec grand bruit ; & ce bruit faisoit encore donner au cornet le nom de *fritellus.*

Les *osselets* n'étoient au commencement qu'un jeu d'enfant chez les Grecs ; c'est pourquoi Phraates, roi des Parthes, envoya des *osselets* dor à Démétrius roi de Syrie, pour lui reprocher fa légèreté : cet amufement devenoit cependant une affaire férieufe dans les divinations qui fe faifoient au fort des *dez* et des *offelets* : c'eft ainfi qu'on confultoit Hercule dans un temple qu'il avoit en Achaïe, & c'eft ainfi que fe rendoient les oracles de Geryon à la fontaine d'Apone proche de Padoue.

Voyez BARAÏCUS.

Il ne faut pas confondre le jeu d'offelet, *ludus talorum* avec le jeu de dez, *ludum tefferarum* ; car on jouoit le premier avec quatre *offelets*, et l'autre avec trois dez.

Les *offelets* comme on l'a dit, n'avoient que quatre côtés qui étoient marqués de

quatre nombres toujours oppofés l'un à l'autre ; favoir du 3 qui avait 4 pour côté oppofé & d'un as dont le côté oppofé étoit six. Les dez avoient six faces, dont quatre étoient marquées de la même maniere que les quatre des *offelets* : & des deux autres l'une avoit 1, 2 & l'autre un cinq, mais toujours oppofés, de fote que dans l'un ou l'autre jeu le nombre du côté inférieur & celui du côté fupérieur faifoient toujours 7, comme cela s'obferve encore aujourd'hui.

Les coups des *offelets* ne pouvoient être variés que de trente cinq manieres ; les dez ayant fix faces produifoient cinquante fix manieres, favoir : 6 rafles, 30 où il y a deux dez femblables, & 20 où les trois dez font différens.

P

P A I R O U N O N.

PAIR OU NON. (*jeu de*)

Ce jeu confifte à deviner fi les jettons ou les pieces de monnoie qu'on préfente dans une main fermée, font en nombre égal ou inégal. Il femble qu'il eft indifférent de dire au hazard *pair* ou *non pair*, puifqu'il y a autant de nombres pairs, que d'impairs.

Cependant le célèbre académicien, Mairan, a trouvé et même prouvé qu'il y avoit de l'avantage à dire *non pair* plutôt que *pair*. On peut voir fa démonstration qui est auffi ingénieufe que profonde dans l'article *Pari*, & dans l'article *pair ou non* du dictionnaire des mathématiques.

PARI. Dans les *paris* des jeux *pair* ou *impair*, *oui*, ou *non* ; l'académicien Mairan a fait voir qu'il y a de l'avantage à dire *non pair* plutôt que *pair*, et *non* plutôt que *oui*. En effet, les jettons ou les pieces de monnoie chachés dans la main du joueur qui propofe le *pari* ayant été pris au hafard dans un certain tas, fuppofé que ce tas ne puiffe être qu'impair, quarrivera-t-il fi le tas étoit compofé de trois pieces, le joueur n'y peut prendre que 1, ou 2, ou 3 ; voilà donc deux cas où il peut prendre des nombres impairs et un feul où il prend un nombre pair. Or il y a 2 à parier contre 1 pour l'impair, ce qui fait un avantage de $\frac{1}{2}$. Si le tas est 5 le joueur peut y prendre trois impairs et feulement deux pairs ;

donc

donc il y a 3 à parier contre 2 pour l'impair et l'avantage est d'un tiers. De même si le tas est 7 on trouvera que l'avantage de l'impair est $\frac{1}{4}$. De sorte que pour tous les tas impairs, les avantages de l'impair correspondans à chaque tas seront la suite d' $\frac{1}{1}$, $\frac{1}{2}$, $\frac{1}{3}$, $\frac{1}{4}$, $\frac{1}{5}$; où l'on voit que le tas 1 donnerait un avantage infini, y ayant un à parier contre o, parce que les dénominateurs de toutes ces fractions diminuées de l'unité expriment le sort du pair contre l'impair.

En supposant au contraire que les tas ne puissent être que pairs, il n'y aura aucun avantage ni pour le pair, ni pour l'impair; il est visible que dans tous les tas pairs, il n'y a pas plus de nombres pairs à prendre que d'impairs, ni d'impairs que de pairs.

Quand on joue on ne fait si les jettons ont été pris dans un tas pair ou impair, si ce tas a été 2 ou 3, 4 ou 5 &c. & comme il a pu être également l'un ou l'autre, l'avantage de l'impair est diminué de moitié à cause de la possibilité que le tas ait été *pair*. Ainsi la suite $\frac{1}{1}$, $\frac{1}{2}$, $\frac{1}{3}$, $\frac{1}{4}$, &c. devient $\frac{1}{2}$, $\frac{1}{4}$, $\frac{1}{6}$, $\frac{1}{8}$, &c.

On aura une idée plus sensible de cette petite théorie, si on imagine un toton à quatre faces marquées, 1, 2, 3, 4. Il est évident que quand il tournera, il y a autant à parier qu'il tombera sur une face paire que sur une impaire. S'il y avait cinq faces, il en aurait alors une impaire de plus, et par conséquent il y auroit de l'avantage à parier qu'il tomberoit sur une surface impaire; mais s'il est permis à un joueur de faire tourner celui de ces deux totons qu'il voudra, certainement l'avantage de l'impair est la moitié moindre qu'il n'était dans le cas où le seul toton impair auroit tourné.

D'Alembert qui à l'exemple de Pascal a cherché à résoudre plusieurs problêmes des jeux, donne la solution du pro-

blême suivant qu'il s'est proposé à l'occasion du *pari*. Lorsque, dit ce géomêtre, deux joueurs A, B, jouent l'un contre l'autre, & que l'espérance du joueur A, est à celle du joueur B, en raison de m à n, le *pari* pour le joueur A, est aussi au pari, pour le joueur B, en raison de m à n; or le nombre m n'est autre chose que le nombre des cas qui peuvent faire gagner le joueur A, et n est le nombre des cas qui peuvent faire gagner B. Par exemple si un joueur A veut amener 12 avec deux dez, on a $m = 1$, & $n = 35$, parce qu'il n'y a qu'un cas qui puisse amener 12, & 35 qui ameneront autre chose. Ainsi pour parier but à but, c'est à dire avec un avantage égal, suivant les règles ordinaires des jeux, il faut que la mise du joueur B soit à celle du joueur A, comme 35 est à 1.

De même si on *parie* d'amener en six coups un doublet avec deux dez, il est clair que le nombre des coups possibles est $(36)^6$; & que le nombre des coups où il n'y point de doublets est $(30)^6$; d'où il s'ensuit que le *pari* doit être comme $(36)^6 - (30)^6$; c'est-à-dire comme $(\frac{6}{5})^6 - 1$ est à 1.

Au reste ces règles doivent être modifiées dans certains cas, où la probabilité de gagner est fort petite, & celle de perdre fort grande.

PARTIS (*Méthode des*) *entre plusieurs joueurs.*

PROBLÈME. *Déterminer généralement les partis qu'on doit faire entre plusieurs joueurs qui jouent à un jeu égal en plusieurs parties.*

Quoique ce problême soit le moins difficile de tous ceux qu'on peut se proposer sur cette matière, les conditions du jeu étant égales pour tous les joueurs, il n'a pas laissé que d'exercer long-tems, & à ce qui paroît avec plaisir, deux géomètres illuftres, Fermat & Pafcal. Celui-ci employoit, pour en venir à bout, la méthode analytique ; cette voie femble être ici la plus naturelle & la plus facile ; mais elle a le défaut d'être d'une longueur exceffive ; car l'on ne peut trouver la folution des cas un peu compofés, qu'on n'ait parcouru tous ceux qui le font moins, en commençant par le plus fimple.

Ainfi, par exemple, pour trouver par cette voie le fort de trois joueurs Pierre, Paul & Jacques ; en fuppofant que Pierre joue pour un point, Paul pour deux & Jacques pour trois, il faudroit examiner 1° quel feroit leur fort, fi Pierre jouant pour un point, Paul ne jouant pareillement que pour un point, & Jacques ou pour un, ou pour deux, ou pour trois points ; 2° quel feroit leur fort, fi Pierre jouant pour deux points, Paul & Jacques jouoient pareillement pour deux points, ce qui retomberoit enfuite dans le cas précédent.

La méthode de Fermat eft plus favante, & demande plus d'adreffe dans fon application. Il ne l'a employée que pour déterminer les partis entre deux joueurs. Pafcal n'a pas cru qu'elle pût s'étendre à un plus grand nombre.

Je ferai voir, dit Montmor, que la méthode de Fermat réfout le problême des partis d'une manière très-générale. Mais, pour la faire entendre, & faire connoître les difficultés qu'y trouvoit Pafcal, je crois ne pouvoir mieux faire que de rapporter ici fa lettre du 24 août 1654, qui eft toute fur ce fujet. Elle s'adreffe à Fermat, & fe trouve dans fes ouvrages pofthumes, imprimés *in-folio* à Touloufe. L'on y verra l'explication de la méthode de Fermat pour deux joueurs, & les doutes de Pafcal fur cette méthode, lorfqu'on veut l'appliquer à un plus grand nombre. Je donnerai enfuite la folution des difficultés de Pafcal, & j'appliquerai cette méthode à quelques exemples qui en feront connoître l'univerfalité.

Lettre de Pafcal à Fermat.

Du 24 août 1654.

« Monfieur, je ne pus vous ouvrir ma penfée entière touchant les partis de plufieurs joueurs l'ordinaire paffé, & même j'ai quelques répugnance à le faire, de peur qu'en ceci cette admirable convenance qui étoit entre nous, & qui m'étoit fi chère, ne commence à fe démentir ; car je crains que nous ne foyons de différens avis fur ce fujet. Je vous veux ouvrir toutes mes raifons, & vous me ferez la grace de me redreffer fi j'erre, ou de m'affermir fi j'ai bien rencontré. Je vous le demande tout de bon & fincèrement ; car je ne me tiendrai pour certain, que quand vous ferez de mon côté.

» Quand il n'y a que deux joueurs, votre méthode, qui procède par les combinaifons, eft très-fûre : mais quand il y en a trois, je crois avoir démonftration qu'elle eft mal jufte, fi ce n'eft que vous y procédiez de quelqu'autre manière que je n'entends pas ; mais la méthode que je vous ai ouverte, & dont je me fers partout, eft commune à toutes les conditions imaginables de toutes fortes de partis, au lieu que celle des combinaifons (dont je ne me fers qu'aux rencontres particulières, où elle eft plus-courte que la générale) n'eft bonne qu'en ces feules occafions, & non pas aux autres.

» Je fuis fûr que je me donnerai à entendre ; mais il me faudra un peu de difcours, & à vous un peu de patience. »

Voici comment vous procédez, quand il y a deux joueurs :

« Si deux joueurs, jouant en plufieurs parties, fe trouvent en cet état qu'il manque deux parties au premier, & trois au fecond ; pour trouver le parti, il faut, dites-vous, voir en combien de parties le jeu fera décidé abfolument.

» Il eft aifé de fupputer que ce fera en quatre parties, d'où vous concluez qu'il faut voir combien quatre parties se combinent entre deux joueurs, & voir combien il y a de combinaisons pour faire gagner le premier, & combien pour le second, & partager l'argent suivant cette proportion.

aaaa	1
aaab	1
aaba	1
aabb	1
abaa	1
abab	1
abba	1
abbb	2
baaa	1
baab	1
baba	1
babb	2
bbaa	1
bbab	2
bbba	2
bbbb	2

» J'eusse eu peine à entendre ce discours-là, si je ne l'eusse su de moi-même auparavant; aussi vous l'aviez écrit dans cette pensée. Donc pour voir combien quatre parties se combinent entre deux joueurs, il faut imaginer qu'ils jouent avec un dez à deux faces (puisqu'ils ne sont que deux joueurs), comme à *croix* & *pile*, & qu'ils jettent quatre de ces dez, parce qu'ils jouent en quatre parties; & maintenant il faut voir combien ces dez peuvent avoir d'assiettes différentes. Cela est aisé à supputer; ils en peuvent avoir seize, qui est le second degré de quatre, c'est-à-dire le quarré; car figurons-nous qu'une des faces est marquée A, favorable au premier joueur; & l'autre B, favorable au second : donc ces quatre dez peuvent s'asseoir sur une de ces seize assiettes.

» Et parce qu'il manque deux parties au premier joueur, toutes les faces qui ont 2 A le font gagner : donc il en a 11 pour lui; & parce qu'il y manque trois parties au second, toutes les faces où il y a 3 B le peuvent faire gagner; donc il y en a cinq.

» Donc il faut qu'ils partagent la somme comme onze à cinq : voilà votre méthode quand il y a deux joueurs. Sur quoi vous dites que s'il y en a davantage, il ne sera pas difficile de faire les partis par la même methode.

» Sur cela, monsieur, j'ai à vous dire que ce parti pour deux joueurs, fondé sur les combinaisons, est très-juste & très-bon; mais que s'il y a plus de deux joueurs, il ne sera pas toujours juste, & je vous dirai la raison de cette différence.

» Je communiquai votre méthode à nos messieurs; sur quoi M. de Roberval me fit cette objection : Que c'est à tort que l'on prend l'art de faire le parti sur la supposition qu'on joue en quatre parties, vu que quand il manque deux parties à l'un & trois à l'autre, il n'est pas de nécessité que l'on joue quatre parties, pouvant arriver qu'on n'en jouera que deux ou trois, ou, à la vérité, peut-être quatre.

» Et ainsi qu'il ne voyoit pas pourquoi on prétendoit de faire le parti juste sur une condition feinte qu'on jouera quatre parties, vu que la condition naturelle du jeu est qu'on ne jouera plus, dès que l'un des joueurs aura gagné, & qu'au moins si cela n'étoit faux, cela n'étoit pas démontré.

» De sorte qu'il avoit quelque soupçon que nous avions fait un paralogisme. Je lui répondis, que je ne me fondois pas tant sur cette méthode des combinaisons, laquelle véritablement n'est pas en son lieu en cette occasion, comme sur mon autre méthode universelle, à qui rien n'échappe, & qui porte sa démonstration avec soi, qui trouve le même parti précisément que celle des combinaisons; & de plus, je lui démontrai la vérité du parti entre deux joueurs, par les combinaisons en cette sorte.

» N'est-il pas vrai que si deux joueurs, se trouvant en cet état de l'hypothèse, qu'il manque deux parties à l'un & trois à l'autre, conviennent maintenant de gré à gré qu'on joue quatre parties complettes, c'est-à-dire qu'on jette les quatre dez à deux faces tous à la fois, n'est-il pas vrai, dis-je, que s'ils ont délibéré de jouer les quatre parties, le parti doit être tel que nous avons dit, suivant la multitude des assiettes des dez favorables à chacun.

» Il en demeura d'accord, & cela, en effet, est démonstratif; mais il nioit que la même chose subsistât en ne s'astreignant pas à jouer quatre parties; je lui dis donc ainsi :

» N'est-il pas clair que les mêmes joueurs n'étant pas astreints à jouer quatre parties, mais voulant quitter le jeu, dès que l'un auroit atteint son nombre, peuvent, sans dommage ni avantage, s'astreindre à jouer les quatre parties entières, & que cette convention ne change en aucune manière leur condition; car si le premier gagne les 2 premières parties de 4, & qu'ainsi il ait gagné, refusera-t-il de jouer encore deux parties? vu que s'il les gagne, il n'a pas mieux gagné, & s'il les perd, il n'a pas moins gagné; car ces deux, que l'autre a gagné, ne lui suffisent pas, puisqu'il lui en faut trois; & ainsi il n'y a pas assez de quatre parties, pour faire qu'ils puissent tous deux atteindre le nombre qui leur manque.

» Certainement, il est aisé de considérer qu'il est absolument égal & indifférent à l'un & à l'autre de jouer en la condition naturelle à leur jeu, qui est de finir dès qu'un aura son compte, ou de jouer les quatre parties entieres; donc puisque ces deux conditions sont égales & indifférentes, le parti doit être tout pareil en l'une & en l'autre : or il est juste, quand ils sont obligés de jouer quatre parties, comme je l'ai montré.

» Donc il est juste aussi en l'autre cas. Voilà comment je le démontrai, & si vous y prenez garde, cette démonstration est fondée sur l'égalité des deux conditions vaaie & feinte à l'égard de deux joueurs; & qu'en l'une & en l'autre, un même gagnera toujours; & si l'un gagne ou perd en l'une, il gagnera ou perdra en l'autre; jamais deux n'auront leur compte. Suivons la même pointe pour trois joueurs.

» Et posons qu'il manque une partie au premier, qu'il en manque deux au second, & deux au troisième : pour faire le parti, suivant la même méthode des combinaisons, il faut chercher d'abord en combien de parties le jeu sera décidé, comme nous avons fait quand il y avoit deux joueurs : ce sera en trois; car ils ne sauroient jouer trois parties, sans que la décision soit arrivée nécessairement.

» Il faut voir maintenant combien trois parties se combinent entre trois joueurs, & combien il y en a de favorables à l'un, combien à l'autre, & combien au dernier; & suivant cette proportion, distribuer l'argent de même que l'on a fait en l'hypothèse de deux joueurs.

» Pour voir combien il y a de combinaisons en tout; cela est aisé, c'est la troisième puissance de trois, c'est-à-dire son cube 27.

» Car, si on jette trois dez à-la-fois (puisqu'il faut jouer trois parties) qui aient chacun trois faces, puisqu'il y a trois joueurs : l'une marquée A, favorable au premier; l'autre B, pour le second; l'autre C, pour le troisième.

» Il est manifeste que ces trois dez jettés ensemble peuvent s'asseoir sur vingt-sept assiettes de dez différentes, savoir :

	1	2	3
aaa	1		
aab	1		
aac	1		
aba	1		
abb	1	2	
abc	1		
aca	1		
acb	1		
acc	1		3

	1	2	3
baa	1		
bab	1	2	
bac	1		
bba	1	2	
bbb		2	
bbc		2	
bca	1		
bcb		2	
bcc			3

	1	2	3
caa	1		
cab	1		
cac	1		3
cb	1		
cbb		2	
cbc			3
cca	1		3
ccb			3
ccc			3

» Or, il ne manque qu'une partie au premier, donc toutes les assiettes où il y a un A sont pour lui, donc il y en a dix-neuf.

» Il manque deux parties au second, donc toutes les assiettes où il y a 2 B sont pour lui, donc il y en a sept.

» Il manque deux parties au troisième, donc toutes les assiettes où il y a 2 C sont pour lui, donc il y en a sept.

» Si de-là on concluoit qu'il faudroit donner à chacun, suivant la proportion de 19, 7, 7, on se tromperoit trop grossièrement; & je n'ai garde de croire que vous le fassiez ainsi. Car il y a quelques faces favorables, au premier & au second tout ensemble, comme ABB ; car le premier y trouve un A qu'il lui faut, & le second 2 B qui lui manquent ; & ainsi ACC est pour le premier & le troisième.

» Donc il ne faut pas compter ces faces, qui sont communes à deux, comme valant la somme entière à chacun, mais seulement la moitié.

» Car s'il arrivoit l'assiette ACC , le premier & le troisième auroient même droit à la somme, ayant chacun leur compte ; donc ils partageroient l'argent par la moitié ; mais s'il arrive l'assiette AAB, le premier gagne seul ; il faut donc faire la supposition ainsi :

» Il y a treize assiettes des dez qui donnent l'entier au premier, & six qui lui donnent la moitié, & huit qui ne lui valent rien.

» Donc si la somme entière est une pistole,

» Il y a treize faces qui lui valent chacune une pistole ;

» Il y a six faces qui lui valent chacune une demi-pistole ;

» Et huit qui ne valent rien.

» Donc en cas de parti il faut multiplier

13 par une pistole, qui font	13
6 par une demie, qui font	3
8 par zéro, qui font	0

Somme 27   Somme 16

» Et diviser la somme des valeurs 16 par la somme des assiettes 27 qui fait la fraction $\frac{16}{17}$, qui est ce qui appartient au premier en cas de partis ; savoir, seize pistoles de vingt-sept.

» Le parti du second & du troisième joueur se trouvera de même.

Il y a 4 assiettes, qui lui valent une pistole, multipliés	4
Il y a 3 assiettes, qui valent $\frac{1}{2}$ pistole, multipliés....	$1\frac{1}{2}$
Et 20 assiettes, qui ne lui valent rien.	0

Somme 27   Somme $5\frac{1}{2}$.

» Donc il appartient au second joueur 5 pistoles & $\frac{1}{2}$ sur 27, & autant au troisième, & ces trois sommes $5\frac{1}{2}$, $5\frac{1}{2}$ & 16 étant jointes font les 27.

Voilà, ce me semble, de quelle manière il faudroit faire les partis par les combinaisons, suivant votre méthode, si ce n'est que vous ayez quelqu'autre chose sur ce sujet, que je ne puis savoir.

Mais, si je ne me trompe, ce parti est mal juste.

La raison en est, qu'on suppose une chose fausse, qui est qu'on joue en trois parties infailliblement, au lieu que la condition naturelle de ce jeu-là ; est qu'on ne joue que jusqu'à ce qu'un des joueurs ait atteint le nombre de parties qui lui manque, auquel cas le jeu cesse.

Ce n'est pas qu'il ne puisse arriver qu'on joue trois parties, mais il peut arriver aussi qu'on n'en jouera qu'une ou deux, & rien de nécessité.

Mais d'où vient, dira-t-on, qu'il n'est pas permis de faire en cette rencontre la même supposition feinte, que quand il y avoit deux joueurs ?

En voici la raison :

Dans la condition véritable de ces trois joueurs, il n'y en a qu'un qui peut gagner : car la condition est que dès qu'un a gagné, le jeu cesse ; mais en la condition feinte, deux peuvent atteindre le nombre de leurs parties ; savoir : si le premier en gagne une qui lui manque, & un des autres deux qui lui manquent, car ils n'auront joué

que trois parties; au lieu que quand il n'y
avoit que deux joueurs, la condition feinte
& la véritable convenoient pour les avantages des joueurs en tout, & c'est ce qui
met l'extrême différence entre la condition
feinte & la véritable.

Que si les joueurs se trouvant en l'état
de l'hypothèse, c'est-à-dire, s'il manque
une partie au premier, deux au second,
& deux au troisième, veulent maintenant
de gré à gré, & conviennent de cette
condition qu'on jouera trois parties complettes, & que ceux qui auront atteint le
nombre qui leur manque prendront la
somme entière (s'ils se trouvent seuls qui
l'aient atteint) ou s'il se trouve que deux
l'aient atteint, qu'ils la partageront également.

En ce cas, le parti se doit faire comme
je viens de le donner, que le premier
ait 16, le second $5\frac{1}{2}$, le troisième $5\frac{1}{2}$ de
27 pistoles; & cela porte sa démonstration
de soi-même, en supposant cette condition
ainsi.

Mais s'ils jouent simplement, à condition, non pas qu'on joue nécessairement
trois parties, mais seulement jusqu'à ce
que l'un d'entre eux ait atteint ses parties,
& qu'alors le jeu cesse sans donner moyen
à un autre d'y arriver, lors il appartient
au premier dix-sept pistoles, au second
cinq, au troisième cinq de vingt-sept.

Et cela se trouve par ma méthode générale, qui détermine aussi qu'en la condition
précédente il en faut 16 au premier, $5\frac{1}{2}$ au
second, & $5\frac{1}{2}$ au troisième, sans se servir
des combinaisons, car elle va par-tout
seule & sans obstacle.

Voilà, monsieur, mes pensées sur ce
sujet, sur lequel je n'ai d'autre avantage
sur vous que celui d'y avoir beaucoup plus
médité. Mais c'est peu de chose à votre égard,
puisque vos premières vues sont plus péné-
trantes que la longueur de mes efforts.

Je ne laisse pas de vous ouvrir mes
raisons, pour en attendre le jugement de
vous.

Je crois vous avoir fait connoître par-
là que la méthode des combinaisons est
bonne entre deux joueurs par accident,
comme elle l'est aussi quelquefois entre
trois joueurs, comme quand il manque
une partie à l'un, une à l'autre, & deux
à l'autre, parce qu'en ce cas le nombre
des parties, dans lesquelles le jeu sera
achevé, ne suffit pas pour en faire gagner
deux; mais elle n'est pas générale, &
n'est bonne généralement qu'au cas seulement qu'on soit astreint à jouer un certain
nombre de parties exactement.

De sorte que comme vous n'aviez pas
ma méthode, quand vous m'avez proposé le
parti de plusieurs joueurs, mais seulement
celle des combinaisons, je crains que nous
soyons de sentimens différens sur ce sujet;
je vous supplie de me mander de quelle
sorte vous procédez en la recherche de
ce parti.

Je recevrai votre réponse avec respect
& avec joie, quand même votre sentiment
me seroit contraire.

Je suis, &c.

Le respect que nous avons pour la
réputation & pour la mémoire de Pascal,
ne nous permet pas de faire remarquer ici
en détail toutes les fautes de raisonnement
qui sont dans cette lettre; il nous suffira
d'avertir que la cause de son erreur est de
n'avoir point d'égard aux divers arrangemens des lettres.

Pour prouver que des vingt-sept assiettes
différentes que peuvent avoir les trois dez,
il y en a dix-sept qui font gagner Pierre,
& cinq qui font gagner chacun des deux
autres joueurs à qui il manque deux points;
voici comme il me semble qu'on devroit
raisonner.

Les trois joueurs s'obligent à jouer trois
parties, mais à cette condition que si

Pierre à qui il ne manque qu'un point, le gagne avant que l'un ou l'autre des autres joueurs ait gagné deux points, il gagnera la partie; & qu'il la perdra, si l'un ou l'autre joueur à qui il manque deux points, peut les prendre avant que Pierre en ait pris un. Il est évident que cette supposition revient précisément à celle du problême. Or, selon cette supposition, on trouvera que des vingt-sept assiettes des trois dez il y en a dix-sept qui feront gagner Pierre, cinq qui feront gagner Paul, & cinq qui feront gagner Jacques, ainsi qu'il paroît par la table suivante :

T A B L E.

Pierre.				Paul.	Jacques.
aaa	abc	bab	cac	bba	cca
a b	aca	bac	cba	bbb	ccc
aac	acb	bca		bbc	ccb
aba	acc	caa		bcb	cbc
abb	baa	cab		cbb	bcc

Remarque. La règle générale, c'est d'examiner en combien de coups au plus le jeu doit nécessairement finir; prendre autant de dez qu'il y a de ces coups, & donner à ces dez autant de faces qu'il y a de joueurs; ensuite il ne s'agit plus que de déterminer entre toutes les dispositions possibles de ces dez, quelles sont celles qui sont avantageuses & contraires à chacun des joueurs.

Ainsi, par exemple, en supposant que Pierre joue pour un point, Paul pour deux, & Jacques pour trois, si l'on veut savoir le sort de chacun de ces trois joueurs, il faudra, pour le découvrir, imaginer quatre dez, marqués de 3 points chacun, par exemple d'un 1, d'un 2 & d'un 3; chercher ensuite, par nos règles des combinaisons, en combien de façons il se peut trouver un as qui précède ou deux 2, ou trois 3; & en combien de façons deux 2 ou trois 3 peuvent précéder les as, ce que donnera la table suivante :

T A B L E.

	Pierre.	Paul.	Jacques.
1,1,1,1	1	0	0
1,1,1,2	4	0	0
1,1,1,3	4	0	0
1,1,2,2	5	1	0
1,1,3,3	6	0	0
1,1,2,3	12	0	0
1,2,2,3	8	4	0
1,2,3,3	12	0	0
1,2,2,2	2	2	0
1,3,3,3	3	0	1
2,2,2,2	0	1	0
2,2,2,3	0	4	0
2,2,3,3	0	6	0
2,3,3,3	0	0	4
3,3,3,3	0	0	1

D'où il paroît que sur quatre vingt-un coups, il y en a cinquante - sept pour Pierre, dix-huit pour Paul, & six pour Jacques.

On peut résoudre le problême précédent d'une manière plus abrégée, en faisant le raisonnement qui suit :

Je remarque que l'on ne feroit tort à aucun de ces joueurs, si on les obligeoit de jouer trois coups à ces conditions.

1°. Que si Pierre gagnoit un coup avant que Paul en eût gagné deux, il seroit sensé avoir gagné la partie ;

2°. Que si Paul gagnoit deux coups avant que Pierre en eût gagné un, Paul gagneroit ;

3°. Que Jacques auroit gagné s'il gagnoit les trois coups ;

4°. Que si des trois coups Paul en gagnoit un, & Jacques deux, les joueurs se sépareroient en tirant chacun leur mise.

Pour calculer tout ceci facilement, on peut, comme ci-devant, imaginer trois dez, qui aient chacun trois faces, que sur l'une soit un as, sur l'autre un 2, sur la troisième un 3, & supposer que sur les vingt-sept coups qu'on peut amener avec ces trois dez, tous ceux où il se trouvera un as qui précède deux 2 seront favorables à Pierre, & que tous ceux où deux 2 précéderont les as seront pour Paul. On trouvera qu'il y a dix-huit coups, qui donnent A à Pierre, en supposant que A exprime tout l'argent du jeu, savoir : 1, 1, 1, qui arrive en une seule façon ; 1, 1, 2 ; 1, 1, 3 ; 1, 3, 3, chacun en trois façons ; 1, 2, 3 qui arrive en six façons ; & ces deux-ci 1, 2, 2 ; 2, 1, 2. Qu'il y en a cinq favorables à Paul, savoir : 2, 2, 1 ; 2, 2, 2, & 2, 2, 3 en trois façons ; & un seul coup qui donne A à Jacques. On trouvera enfin qu'il y a trois coups qui donnent ⅓ A à chacun des joueurs, savoir 2, 3, 3.

PERMUTATIONS ; (*jeu des*) & *combinaisons des nombres, des lettres, des cartes, des jettons, &c.*

Voici un moyen simple et facile de connoître en combien de fois les nombres des cartes, des jettons, des dez, des lettres &c. peuvent être permutés ou combinés. Par exemple veut-on savoir en combien de façons les 6 lettres du mot *maison*, sont susceptibles d'être transposées ; pour cet effet il faut faire la progression 1, 2, 3, 4, 5, 6, qui doit être composée d'autant de termes qu'il y a de lettres à combiner, & multiplier ensuite successivement tous les termes de cette progression en disant 2 fois 1 est 2 ; 3 fois 2 font 6 ; 4 fois 6 font 24 ; 5 fois 24 font 120 ; 6 fois 120 font 720 ; & ce dernier produit sera le nombre des permutations que donnent les six lettres du mot *maison*. C'est par le même moyen que l'on trouvera toutes les combinaisons d'une multitude de choses quelconques en faisant une progression d'autant de nombres natu-

rels qu'il y aura de choses à combiner ensemble, & en multipliant comme on vient de le voir, tous les termes de cette progression. La table suivante fera connoître jusqu'où l'on peut porter les combinaisons de 12 lettres, ou nombres.

Multitude.	Nombre des permutations.
1	1.
2	2.
3	6.
4	24.
5	120.
6	720.
7	5040.
8	40320.
9	362880.
10	3628800.
11	39916800.
12	479001600.

On a cru inutile d'aller plus loin, parce que cette table ne présenteroit alors qu'une quantité de nombres que l'imagination aurait beaucoup de peine à saisir.

Le jeu des **PERMUTATIONS** indique non-seulement combien de fois plusieurs choses peuvent se combiner, mais encore le nombre des changemens que ces choses peuvent avoir, eu égard à leur position respective.

Table de permutations.

Supposons dix cartes blanches, sur chacune desquelles on aura écrit un des chiffres 1, 2, 3, 4, 5, 6, 7, 8, 9, 0.

On

On prendra ces dix cartes dans la main gauche ; de même que lorsqu'on mêle les cartes, on ôtera avec la main droite les deux premières cartes 1 & 2, fans les déranger ; on met au - deffus d'elles, les deux fuivantes 3 & 4 ; & fous ces quatre cartes, les trois fuivantes 5, 6 & 7 ; au-deffus du jeu, les cartes 8 & 9 ; & au-deffous la carte 0. On peut recommencer à mêler de la même manière à plufieurs reprifes : à chaque nouveau mélange, on aura un ordre différent, lequel néanmoins, après un certain nombre, fe trouvera le même qu'il étoit avant que de mêler, comme on le voit par la table fuivante, où l'ordre fe trouve femblable après le feptième mélange.

Ier. ordre.............. 1234567890.

1er mélange.......... 8934125670.

2e. .... 6734891250.

3e. .... 2534678910.

4e. .... 9134256780.

5e. .... 7834912560.

6e. .... 5634789120.

7e. .... 1234567890.

Une propriété fort remarquable en cette table, eft que le premier ordre revient, après un nombre de mélanges, égal au nombre des cartes mélangées, moins celui des colonnes où tous les chiffres confervent leur même ordre ; comme dans les exemples ci-deffus où le nombre des mélanges eft 7, lequel, avec le nombre 3, (qui eft celui des colonnes 3, 4 & 0 qui ne changent point d'ordre) forme le nombre 10 égal à celui des cartes qu'on a mélangées. Cette

Jeux mathématiques.

propriété n'a pas lieu pour tous les différens mélanges & pour tous les nombres. Il en eft qui reviennent avant celui des cartes mélangées, & d'autres après un nombre plus fort.

TABLE des permutations *fur les vingt-quatre nombres, d'après les arrangemens prefcrits ci-deffus.*

ORDRE avant de mêler	au 1er mélange	au 2e.	au 3e.
1	23	21	19
2	24	22	20
3	18	12	2
4	19	15	7
5	13	5	13
6	14	6	14
7	8	9	3
8	9	3	18
9	3	18	12
10	4	19	15
11	1	23	21
12	2	24	22
13	5	13	5
14	6	14	6
15	7	8	9
16	10	4	19
17	11	1	23
18	12	2	24
19	15	7	8
20	16	10	4
21	17	11	1
22	20	16	10
23	21	17	11
24	22	20	16

TABLE

Des permutations *sur vingt - cinq nombres & sur vingt-sept.*

Ordre avant de mêler	au Ier mélange.	IIe	IIIe
1	23	21	17
2	24	22	20
3	18	12	2
4	19	15	7
5	13	5	13
6	14	6	14
7	8	9	3
8	9	3	18
9	3	18	12
10	4	19	15
11	1	23	21
12	2	24	22
13	5	13	5
14	6	14	6
15	7	8	9
16	10	4	19
17	11	1	23
18	12	2	24
19	15	7	8
20	16	10	4
21	17	11	1
22	20	16	10
23	21	17	11
24	22	20	16
25	25	25	25
26	26	26	26
27	27	27	27

TABLE

Sur trente-deux nombres.

PERMUTATIONS.

Ordre avant de mêler	au Ier mélange.	IIe	IIIe
1	28	26	22
2	29	27	25
3	23	17	7
4	24	20	12
5	18	10	9
6	19	11	3
7	13	1	28
8	14	2	29
9	8	14	2
10	9	8	14
11	3	23	17
12	4	24	20
13	1	28	26
14	2	29	27
15	5	18	10
16	6	19	11
17	7	13	1
18	10	9	8
19	11	3	23
20	12	4	24
21	15	5	18
22	16	6	19
23	17	7	13
24	20	12	4
25	21	15	5
26	22	16	6
27	25	21	15
28	26	22	16
29	27	25	21
30	30	30	30
31	31	31	31
32	32	32	32

Telles font les trois permutations différentes qui arrivent avec un jeu de cartes,
lorfqu'on les mêle, comme nous l'avons
précédemment indiqué, c'eft-à-dire, lorfqu'après avoir mis les deux premières du
jeu fous les deux qui fuivent, on met
alternativement trois cartes deffous & deux
deffus ; mais il faut fe faire une habitude
de mêler exactement, & promptement,
les cartes ; ce qui eft affez facile.

Voyez l'article *calcul; Dictionnaire des
Amufemens des fciences.*

P H A R A O N.

Il faut d'abord fe rappeller les principales
regles de ce jeu.

1°. Le banquier taille avec un jeu
entier compofé de cinquante deux cartes.

2°. Le banquier tire toutes les cartes
de fuite, mettant les unes à fa droite
et les autres à fa gauche.

3°. A chaque main ou à chaque taille,
de deux en deux cartes, le ponte a la
liberté de prendre une ou plufieurs cartes,
& de hazarder deffus une certaine fomme.

4°. Le banquier gagne la mife du ponte,
lorfque la carte du ponte arrive à la
main droite dans un rang impair; il perd
lorfque la carte du ponte tombe à la
main gauche et dans un rang pair.

5°. Le banquier prend la moitié de
ce que le ponte à mis fur fa carte,
lorfque dans une même taille la carte du
ponte vient deux fois, ce qui fait une
partie de l'avantage du banquier.

6°. Enfin la derniere carte qui devrait
être pour le ponte, n'eft ni pour lui,
ni pour le banquier; ce qui eft encore
un avantage pour le banquier. Telles font
les regles du *pharaon.*

Il eft évident que les conditions du
jeu font avantageufes au banquier. La
difficulté eft de déterminer cet avantage,
car il change felon le nombre des cartes

que tient le banquier, & auffi felon que
la carte du ponte, ou n'a point paffé ou a
paffé une ou plufiurs fois.

1°. La carte du ponte n'étant qu'une
fois dans le talon la différence du fort
du banquier & du ponte eft fondée fur ce
que, entre tous les divers arrangemens
poffibles des cartes du banquier, il y
en a un plus grand nombre qui le font
gagner, qu'il n'y en a qui le font perdre,
la derniere carte étant confidérée comme
nulle, & dans ce cas il eft aifé de s'appercevoir que l'avantage du banquier
augmente à mefure que le nombre des
cartes du banquier diminue.

2°. La carte du ponte étant deux fois
dans le talon, l'avantage du banquier fe
tire de la probabilité qu'il y a, que la
carte du ponte viendra deux fois dans
une même taille : car alors le banquier
gagne la moitié de la mife du ponte,
excepté le cas où la carte du ponte viendra
en doublet dans la derniere taille, ce
qui donneroit au banquier la mife entière
du ponte.

3°. La carte du ponte étant trois ou quatre
fois dans la main du banquier, l'avantage du
banquier eft fondé fur la poffibilité qu'il y a
que la carte du ponte fe trouve deux fois
dans une même taille, avant qu'elle foit
venue en pur gain ou en pure perte
pour le banquier. Or cette poffibilité augmente ou diminue, felon qu'il y a plus
ou moins de cartes dans la main du
banquier, & felon que la carte du ponte
s'y trouve plus ou moins de fois. De
tout cela il fuit que pour connoître l'avantage du banquier par rapport aux pontes
dans toutes les différentes circonftances du
jeu, il faut découvrir dans tous les arrangemens poffibles des cartes que tient le
banquier, & dans la fuppofition que la carte
du ponte s'y trouve ou une, ou deux,
ou trois, ou quatre fois, quels font ceux
qui le font entièrement gagner, quels
font ceux qui lui donnent la moitié de
la mife du ponte, quels font ceux qui

le font perdre , & enfin quels font les arrangemens qui ne le font ni perdre ni gagner.

Pour réfoudre généralement ce problême, il eft à propos de commencer par les plus fimples, & enfuite paffant à des cas plus compofés, il faut chercher quelque loi uniforme, & quelqu'analogie qui puiffe fervir à démêler dans tous les cas poffibles les arrangemens qui font avantageux au banquier, ceux qui lui font indifférens & enfin ceux qui lui font défavorables. Cette méthode eft la feule qu'on puiffe utilement mettre en ufage, lorfqu'on a, comme dans ce problême un fort grand nombre de comparaifons à faire.

Premier cas. On fuppofe qu'il refte quatre cartes entre les mains du banquier, & que celle du ponte y eft un certain nombre de fois. Il s'agit de terminer quel est le fort du banquier & celui du ponte. Par exemple, s'il y a un écu fur la carte du ponte, on demande quelle partie de l'écu le ponte devrait donner au banquier pour acheter le droit de fe retirer & de ne point courir le rifque du jeu ; ou ce qui revient au même, quel eft dans ce cas le défavantage du ponte en jouant but à but, contre le banquier.

Pour réfoudre cette queftion, il faut divifer tout ce que les divers arrangemens poffibles des quatre cartes donnent de gain ou de perte au banquier par le nombre de ces arrangemens ; l'expofant de cette divifion exprimera fon fort.

Pour découvrir ces arrangemens différens, on doit obferver que deux lettres *a* et *b* peuvent s'arranger en deux façons *ab*, *ba* ; que trois lettres *a*, *b*, *c* peuvent s'arranger de fix façons différentes : ce qui fe voit en mettant *c* dans *ab*, & *ba* à toutes les places qu'il peut avoir ; favoir à la premiere, à la feconde & à la troifieme. Ces fix arrangemens font :

$$abc \quad bac \quad cab$$
$$acb \quad bca \quad cba$$

On trouvera de même que quatre lettres *a*, *b*, *c*, *d* peuvent s'arranger en vingt-quatre façons différentes puifque *d* peut occuper quatre places différentes dans chacun des fix arrangemens précédens.

Or fi l'on veut exprimer les quatre cartes du banquier par les lettres *a*, *b*, *c*, *d* on aura tous les arrangemens différens des quatre cartes repréfentés dans la table fuivante :

$$abcd \quad bacd \quad cabd \quad dabc$$
$$abdc \quad badc \quad cadb \quad dacb$$
$$acbd \quad bcad \quad cbad \quad dbac$$
$$acdb \quad bcda \quad cbda \quad dbca$$
$$adbc \quad bdac \quad cdab \quad deba$$
$$adcb \quad bdca \quad cdba \quad dcab$$

1°. Si l'on fuppofe que la carte du ponte défignée par la lettre *a*, foit une fois dans les quatre cartes du banquier, & que le ponte ait mis fur fa carte une fomme d'argent exprimée par A. On remarquera en confidérant la table précédente qu'il a douze arrangemens qui donnent 2 A au banquier, fix qui le font perdre ou lui donnent *o*, & fix qui lui font indifférens.

2°. Si l'on fuppofe que la carte du ponte fe trouve deux fois entre les quatre cartes du banquier, et que les deux lettres *a* & *b* expriment celles du ponte ; on trouvera que des vingt-quatre arrangemens de la table, il y en a douze qui donnent 2 *a* au banquier, quatre qui lui donnent $\frac{1}{2} a$, c'eft-à-dire, fon écu & la moitié de celui du ponte ; & huit qui le font perdre.

3°. Si l'on fuppofe que la carte du ponte fe trouve trois fois entre les quatre cartes du banquier et que les trois lettres *a*, *b*, *c* expriment celles du ponte ; on trouvera encore dans le fort du banquier $= A + \frac{1}{4} A$; car il y a douze arrangemens qui lui donnent $\frac{1}{4} A$.

Six lui donnent 2 A :

> *adbc bdac dcba*
> *adcb dbca dcab*

4°. Enfin il eſt évident que ſi la carte du ponte ſe trouve quatre fois dans les quatre cartes du banquier, le ſort du banquier ſeroit $= A + \frac{1}{2} A$.

Il paraît par la ſolution de ce premier cas que ſi la miſe du ponte eſt un écu, il doit donner quinze ſols qui en eſt le quart au banquier, pour acheter le droit de ſe retirer, ſoit que ſa carte ſoit une fois, ou deux fois, ou trois fois dans les quatre cartes du banquier.

Ce ſerait un travail infini de chercher les autres cas de la maniere qu'on a réſolu celui-ci, en cherchant dans des tables les arrangemens favorables et contraires, car ce nombre devient immenſe dans un plus grand nombre de cartes. Tout cela eſt fondé ſur l'ordre des arrangemens ; ainſi tel nombre de cartes que tienne le banquier, ſi celle du ponte ne s'y trouve qu'une fois, l'avantage du banquier ſera exprimé par une fraction qui aura l'unité pour numérateur, et pour dénominateur le nombre des cartes que tient le banquier ; car ſix cartes, par exemple, pouvant être rangées en 720 façons différentes, il eſt clair que ſi l'on conçoit tous ces arrangemens différens poſés ſur ſix colonnes de cent vingt arrangemens chacune, en ſorte que dans la premiere la lettre *a* ſoit partout à la premiere place, que dans la ſeconde elle ſoit partout à la deuxieme place, que dans la troiſième elle ſoit partout à la troiſième place, & ainſi de ſuite la premiere, la troiſieme & la cinquième colonnes donneront deux A au banquier dans tous leurs arrangemens ; la ſeconde & la quatrième lui donneront zéro, & la cinquième lui donnera A.

Autre propoſition, dans laquelle on ſuppoſe que le banquier tient ſix cartes,

& que celle du ponte y eſt un certain nombre de fois : on demande quel eſt le ſort du banquier dans toutes les variations de ce ſecond cas ?

Soit ſuppoſé que la carte du ponte ſe trouve deux fois dans les ſix cartes.

Si ces ſix cartes ſont repréſentées par les ſix lettres *a*, *b*, *c*, *d*, *f*, *g*, enſorte que deux quelconques, par exemple *a* & *g*, expriment celle du ponte ;

On remarquera, 1°. qu'on peut mettre les ſept cent vingt arrangemens différens que ſix cartes peuvent recevoir ſur ſix colonnes, dont chacune ſera compoſée de ſix vingt rangs perpendiculaires, enſorte que la première colonne commence toute par la lettre *a*, la ſeconde par la lettre *b*, la troiſième par la lettre *c*, & ainſi de ſuite ;

2°. Que les deux colonnes qui commencent par *a* & par *g* ont chacune quatre-vingt-treize rangs perpendiculaires, qui donnent au banquier 2 A, & vingt-quatre qui lui donnent $\frac{3}{2} A$; car chaque rang de ces deux colonnes donnent 2A au banquier, à l'exception de ceux où *a* eſt ſuivi de *g* dans la première, & où *g* eſt ſuivi de *a* dans la dernière. Or cinq lettres pouvant recevoir cent vingt arrangemens différens, & chacune ſe trouvant néceſſairement un égal nombre de fois après *a* dans la première colonne, & après *g* dans la dernière, il eſt évident qu'il faut diviſer 120 par 5, pour avoir tous les doublets dans chacune des deux colonnes qui commencent ou par *a* ou par *g*. Cette remarque eſt importante pour la ſolution du problème, & il faut s'en ſouvenir dans la ſuite.

La plus grande difficulté, c'eſt de découvrir ce que donnent au banquier les quatre autres colonnes. Pour le démêler, il faut remarquer d'abord que chacune de ces quatre colonnes donne un ſort égal au banquier, (ce qui eſt évident) & qu'ainſi il ſuffit d'en examiner une. Soit la colonne qui commence par *b*, celle que l'on veut examiner, & pour plus de facilité, on va la partager en cinq colonnes de vingt-quatre arrangemens chacune.

Iʳᵉ.	IIᵉ.	IIIᵉ.	IVᵉ.	Vᵉ.
bacdfg	*bcadfg*	*bdacfg*	*bfacdg*	*bgacdf*
bacdgf	*bcadgf*	*bdacgf*	*bfacgd*	*bgacfd*
bacfdg	*bcafdg*	*bdafcg*	*bfadcg*	*bgadcf*
bacfgd	*bcafgd*	*bdafgc*	*bfadgc*	*bgadfc*
bacgdf	*bcagdf*	*bdagcf*	*bfagcd*	*bgafcd*
bacgfd	*bcagfd*	*bdagfc*	*bfagdc*	*bgafdc*
badcfg	*bcdafg*	*bdcafg*	*bfcadg*	*bgcadf*
badcgf	*bcdagf*	*bdcagf*	*bfcagd*	*bgcafd*
badfcg	*bcdfag*	*bdcfag*	*bfcdag*	*bgcdaf*
badfgc	*bcdfga*	*bdcfga*	*bfcdga*	*bgcdfa*
badgfc	*bcdgaf*	*bdcgaf*	*bfcgad*	*bgcfad*
badgcf	*bcdgfa*	*bdcgfa*	*bfcgda*	*bgcfda*
bafcdg	*bcfadg*	*bdfacg*	*bfdacg*	*bgdacf*
bafcgd	*bcfagd*	*bdfagc*	*bfdagc*	*bgdafc*
bafdcg	*bcfdag*	*bdfcag*	*bfdcag*	*bgdcaf*
bafdgc	*bcfdga*	*bdfcga*	*bfdcga*	*bgdcfa*
bafgdc	*bcfgad*	*bdfgac*	*bfdgac*	*bgdfac*
bafgcd	*bcfgda*	*bdfgca*	*bfdgca*	*bgdfca*
bagcdf	*bcgadf*	*bdgacf*	*bfgacd*	*bgfacd*
bagcfd	*bcgafd*	*bdgafc*	*bfgadc*	*bgfadc*
bagdcf	*bcgdaf*	*bdgcaf*	*bfgcad*	*bgfcad*
bagdfc	*bcgdfa*	*bdgcfa*	*bfgcda*	*bgfcda*
bagfcd	*bcgfad*	*bdgfac*	*bfgdac*	*bgfdac*
bagfdc	*bcgfda*	*bdgfca*	*bfgdca*	*bgfdca*

Il eſt aiſé de voir, en conſultant cette table, que la première & la cinquième colonnes donnent zéro au banquier, puiſque dans la première la lettre *a*, & dans la cinquième la lettre *g*, y tiennent la ſeconde place; & que chacune des trois autres colonnes contient 12 arrangemens qui donnent 2 A au banquier, 8 qui lui donnent zéro, & 4 qui lui donnent ½ A;

c'eſt-à-dire que chacune de ces trois colonnes donnent les mêmes haſards qu'on a trouvés pour le banquier dans le cas précédent, lorſqu'on a ſuppoſé qu'il tenoit quatre cartes, parmi leſquelles celle du ponte ſe trouvoit deux fois, dont la raiſon eſt que la première lettre de la ſeconde, troiſième & quatrième colonnes de la table ci-deſſus n'étant point celle du ponte, il reſte quatre lettres, parmi leſquelles celle qui exprime la carte du ponte ſe trouve deux fois : ce qui ſe réduit manifeſtement à l'article ſecond du cas précédent, où la carte du ponte ſe trouve deux fois dans quatre cartes.

Tel nombre de cartes que tienne le banquier, ſi celle du ponte s'y rencontre deux fois, pour trouver le ſort du banquier, il faut concevoir tous les arrangemens des cartes qu'il tient poſés ſur autant de colonnes qu'il y a de cartes; & remarquer enſuite que les deux colonnes qui commencent par les lettres qui expriment la carte du ponte, donnent chacune 2 A au banquier, à l'exception des rangs où une des lettres qui exprime la carte du ponte eſt ſuivie de l'autre, leſquels arrangemens donnent ½ A.

Pour trouver combien il y a de ces rangs dans chacune des deux colonnes, il faut diviſer tous les arrangemens qui les compoſent par le nombre des cartes moins un, l'expoſant de cette diviſion exprimera le nombre des arrangemens qui donnent ½ A dans chacune de ces deux colonnes. Afin de déterminer ce que donnent les autres colonnes, on les concevra chacune partagées en autant de colonnes moins une qu'il y a de cartes; & obſervant un arrangement pareil à celui des tables précédentes, on trouvera qu'il y a toujours deux de ces dernières colonnes qui donnent zéro au banquier, les deux lettres qui expriment la carte du ponte y occupant la ſeconde place, & que chacune des autres égales à celle-ci donnera au banquier le même ſort qu'il avoit dans le cas précédent, c'eſt-à-dire dans le cas où le nombre des cartes du banquier étant moindre de deux, celle du ponte y étoit deux fois.

2°. Pour trouver quel est le sort du banquier, lorsqu'il tient six cartes, parmi lesquelles celles du ponte se trouve trois fois, on observera d'abord que des six colonnes qui expriment tous les arrangemens possibles de ces six cartes, les trois colonnes, dont la première lettre exprime la carte du ponte, ont chacune soixante-douze arrangemens qui donnent 2 A au banquier, & quarante-huit qui lui donnent ⅔ A; car les trois lettres qui expriment la carte du ponte étant par exemple *a, f, g*; il y dans la colonne qui commence par la lettre *a* vingt-quatre arrangemens où *a* est suivi de *f*, & encore vingt-quatre où *a* est suivi de *g*; il en est de même des colonnes qui commencent par *f* & par *g*.

Pour connoître ce que donnent les trois autres colonnes, on prendra garde que, partageant une de ces trois colonnes de cent vingt rangs perpendiculaires en cinq autres de vingt-quatre chacune; il y en a trois de ces cinq qui donnent zéro au banquier, savoir celles où les lettres *a*, *f* & *g* sont à la seconde place, & que chacune des deux autres colonnes contiennent douze arrangemens qui donnent A au banquier, six qui lui donnent zéro, & six qui lui donnent 2 A; c'est-à-dire que chacune de ces deux colonnes donne les mêmes hasards qu'on a trouvé pour le banquier dans le cas précédent, lorsqu'on a supposé qu'il tenoit quatre cartes, parmi lesquelles celle du ponte se trouvoit trois fois.

Tel nombre de cartes que tienne le banquier, si celle du ponte s'y rencontre trois fois, pour trouver le sort du banquier, il faut concevoir tous les arrangemens possibles des cartes que tient le banquier, posés sur autant de colonnes qu'il y a de cartes, & remarquer ensuite que les trois colonnes qui commencent par les lettres qui expriment la carte du ponte, donnent chacune 2 A au banquier,

à l'exception des arrangemens où deux quelconques des trois lettres qui expriment la carte du ponte se trouvent de suite à la première & à la seconde place; ces derniers lui donnent ⅔ A.

Pour trouver combien il y a de ces arrangemens dans chacune des trois colonnes, il faut diviser tous les arrangemens qui les composent par le nombre des cartes moins un : l'exposant de cette division, multiplié par deux, exprimera le nombre des arrangemens que donnent ⅔ A dans chacune de ces trois colonnes.

Afin de déterminer ce que donne chacune de ces trois colonnes, on les concevra chacune partagée en autant de colonnes moins un, qu'il y a de cartes; & observant un arrangement pareil à celui des tables précédentes, on trouvera qu'il y a toujours trois de ces dernières colonnes qui donnent zéro au banquier, les trois lettres qui expriment la carte du ponte y occupant la seconde place, & que chacune des autres égales à celle-ci donnera au banquier le même sort qu'il avoit dans le cas précédent, où le nombre des cartes du banquier étant moindre de trois, celle du ponte y étoit deux fois.

3°. Pour trouver quel est le sort du banquier, lorsqu'il tient six cartes, parmi lesquelles celle du ponte se trouve quatre fois, on remarquera qu'exprimant comme ci-devant les six cartes par les lettres *abcdfg*, dont quatre quelconques, par exemple *a d f g* désignent celle du ponte, si l'on distribue les sept cent vingt arrangemens possibles de ces six cartes sur six colonnes, dont la première commence toute par la lettre *a*, la seconde par la lettre *b*, &c., comme il a été dit ci-devant, les quatre colonnes, dont la première lettre exprime la carte du ponte, contiendront chacune quarante-huit arrangemens qui donnent 2 A au banquier, & soixante-douze qui lui donnent ⅔ A; car des quatre lettres qui expriment la carte du ponte, il y en a trois qui suivent la lettre *a* dans la pre-

mière colonne, & il en est de même des
autres colonnes qui commencent par les
lettres *d f g.*

Pour connoître ce que donnent les deux
autres colonnes, il faut observer que partageant une de ces deux colonnes de cent
vingt rangs perpendiculaires en cinq autres
de 24 chacune, par exemple la colonne
qui commence par *b*, ainsi qu'elle est
représentée dans la table ; il y en a quatre
de ces cinq qui donnent zéro au banquier,
savoir celles où les lettres *a d f g* sont à
la seconde place, & que l'autre contient
vingt-quatre arrangemens qui donnent au
banquier $\frac{1}{2}$ A ; la raison en est évidente.

Tel nombre de cartes que tienne le
banquier, si celle du ponte s'y rencontre
quatre fois, pour trouver le sort du banquier, il faut concevoir tous les arrangemens possibles des cartes qu'il tient,
posés sur autant de colonnes, & remarquer
que les quatre colonnes qui commencent
par les lettres qui expriment la carte du
ponte donnent chacune 2 A au banquier,
à l'exception des rangs où deux quelconques des quatre lettres qui expriment la
carte du ponte se trouvent de suite à la
première & à la seconde place ; ces derniers
lui donnent $\frac{1}{2}$ A.

Pour trouver combien il y a de ces
arrangemens dans chacune des quatre colonnes, il faut diviser tous les arrangemens
qui les composent par le nombre des cartes
moins un : l'exposant de cette division,
multiplié par trois, exprimera le nombre
des arrangemens qui donnent $\frac{1}{2}$ A dans
chacune des quatre colonnes.

Enfin, pour déterminer ce que donne
chacune des deux autres colonnes, on les
concevra chacune partagée en autant de
colonnes moins une qu'il y a de cartes ;
& observant un arrangement pareil à celui
des tables précédentes, on trouvera qu'il
y a toujours quatre de ces dernières colonnes qui donnent zéro au banquier, les
quatre lettres qui expriment la carte du

ponte, y occupant la seconde place, &
que chacune des autres égales à celles-ci
donnera au banquier le même sort qu'on
a trouvé pour le banquier, dans le cas
où le nombre des cartes du banquier
étant moindre de deux, celle du ponte
y étoit quatre fois.

Généralement tel nombre de cartes que
tienne le banquier, & tel nombre de fois
que la carte du ponte sert parmi celles du
banquier, on trouvera toujours son sort
en cette sorte :

1°. On cherchera par la méthode de la
première table, le nombre de tous les
différens arrangemens possibles des cartes
du banquier ;

2°. On se représentera ces cartes par
les lettres *a b c d f*, &c., & on supposer
que certaines, à volonté, désignent celle
du ponte ;

3°. On concevra tous ces arrangemens
différens distribués sur autant de colonnes
qu'il y aura de cartes, ensorte que la
première commence toute par la lettre *a*,
la seconde par la lettre *b*, la troisième
par la lettre *c*, &c. ;

4°. On remarquera que les colonnes
qui commencent par les lettres qui désignent la carte du ponte, donnent 2 A
au banquier dans tous leurs arrangemens,
à l'exception de ceux où deux quelconques
d'entre les lettres qui expriment la carte
du ponte, se trouvent de suite à la première & à la seconde place ; ceux-ci donneront $\frac{1}{2}$ A.

Pour trouver le nombre de ces arrangemens dans chacune de ces colonnes, on
divisera le nombre des arrangemens dont est
composée chaque colonne, par le nombre
des cartes du banquier moins un, & on
multipliera l'exposant par le nombre de
fois moins un, que la carte du ponte se
trouve dans celles du banquier ; ce produit donnera tous les arrangemens de ces
colonnes, qui donnent $\frac{1}{2}$ A.

A l'égard des autres colonnes qui commencent par des lettres différentes de celles qui expriment la carte du ponte, il faut, pour y découvrir les arrangemens favorables, les concevoir chacune partagée & subdivisée en autant de colonnes moins une qu'il y a de cartes, & avoir égard à l'ordre marqué dans les tables précédentes ; observer que de ces dernières colonnes, il y en a toujours autant qui donnent zéro au banquier, que la carte du ponte se trouve de fois dans celles du banquier, & que chacune des autres petites colonnes donne au banquier le même sort qu'on a trouvé dans le cas qui a précédé, c'est-à-dire dans le cas où le nombre des cartes du banquier étant moindre de deux, la carte du ponte s'y trouve un égal nombre de fois.

Ainsi, l'on trouvera entre tous les différens arrangemens possibles des cartes que tient le banquier, quels sont ceux qui lui donnent ou A, ou 2 A, ou $\frac{2}{3}$ A, ou zéro ; & par conséquent on aura, par cette méthode, le sort du banquier dans tous les cas possibles.

On pourra donc, par le moyen de ces tables, trouver tout d'un coup combien un banquier a d'avantage sur chaque carte. On pourra pareillement savoir combien chaque taille complette aura dû, à fortune égale, apporter de profit au banquier, si l'on se souvient du nombre de cartes qui ont été prises par les pontes, des diverses circonstances dans lesquelles on les a mises au jeu, & enfin de la quantité d'argent qu'on a hasardé dessus. On trouvera apparemment que cet avantage est trop considérable. On lui donneroit de justes bornes, en établissant que les doublets fussent indifférens pour le banquier & pour le ponte, ou du moins qu'ils valussent seulement le tiers ou le quart de la mise du ponte ; ainsi, ce qui resteroit d'avantage au banquier, seroit suffisant pour faire préférer aux joueurs qui entendent leur intérêt, la place du banquier à celle de

Jeux mathématiques.

ponte, & ne seroit pas assez considérable pour que les pontes en souffrissent beaucoup de préjudice.

Afin que le ponte, prenant une carte, ait le moins de désavantage qu'il est possible, il faut qu'il en choisisse une qui ait passé deux fois ; car il y auroit plus de désavantage pour lui, s'il prenoit une carte qui eût passé trois fois. Enfin le plus mauvais choix que puisse faire un ponte, c'est de prendre une carte qui n'ait point encore passé.

Les personnes qui n'ont point examiné à fond le jeu du *pharaon* & de la *bassette* pourroient trouver à redire qu'on ne parle point ici des masses, des parolis, de la paix, du sept, & le *va*, &c. ; car la plupart des joueurs s'imaginent qu'il y a en tout cela bien du mystère. Plusieurs croient même avoir de bonnes raisons pour préférer de mettre quatre louis sur une carte simple, à faire le paroli de deux louis, ou le sept & le *va* d'un louis. D'autres se persuadent qu'il est très-avantageux de faire souvent des paix ; néanmoins il est évident, puisque le ponte a la liberté de prendre à chaque fois qu'il perd ou qu'il gagne une nouvelle carte, telle qu'il lui plaît ; il ne doit point s'embarrasser si c'est ou un sept & le *va*, ou un paroli, ou une paix, ou une double paix, &c. Car faire le paroli d'un louis, n'est autre chose que de mettre deux louis sur une carte après avoir gagné un louis ; & faire le sept & le *va* d'un louis, n'est autre chose que de mettre quatre louis sur une carte après en avoir gagné trois ; & de même faire la paix d'un louis, n'est autre chose que de mettre un louis sur une carte après avoir gagné un louis sur cette même carte.

L'on n'a apparemment inventé les parolis, le sept & le *va*, &c., que pour épargner au banquier la peine de payer ceux qui ont dessein de mettre sur leurs cartes le double de ce qu'ils viennent de gagner : cependant il seroit plus utile aux banquiers de prendre ce foin que d'être expofés, comme ils le font, à ce qu'on nomme alpion de campagne.

Il y a lieu de croire que fi les banquiers n'ont point aboli l'ufage de faire ces cornes, dont le grand nombre caufe dans le jeu une confufion qui eft fouvent préjudiciable au banquier, & qui favorife les tromperies des pontes; c'eft que les banquiers ont bien vu que la plupart des hommes ne jugeant point des chofes par raifon, tel ponte, qui feroit fans peine le fept & le *va* d'un louis, croyant ne hafarder qu'un louis, ne pourroit fe réfoudre à mettre quatre louis fur une carte fimple. Outre que, pour l'ordinaire, c'eft dans les dernières cartes, lorfque l'avantage du banquier eft le plus confidérable, que les pontes fe piquent & font les parolis, le fept & le *va*, &c.; ce qui les dédommage avec ufure des tromperies auxquelles ils font par-là expofés, mais dont il n'eft pas d'ailleurs impoffible de fe garantir, avec beaucoup d'application & avec l'aide d'un croupier.

Il étoit fans doute facile aux joueurs de s'appercevoir que l'avantage du banquier augmente à proportion que le nombre de fes cartes diminue; mais il étoit impoffible de découvrir, fans analyfe, la loi de cette diminution; & ce qui eft le plus important de favoir, comment cet avantage varie, felon que la carte du ponte fe trouve plus ou moins de fois dans la main du banquier. Les joueurs n'euffent affurément jamais pu imaginer que l'avantage du banquier, par rapport à une carte qui n'a point paffé, eft prefque double de celui qu'il a fur une carte qui a paffé deux fois; ils fe douteroient beaucoup moins encore, que fon avantage, par rapport à une carte qui a paffé trois fois, eft à fon avantage, par rapport à une carte qui a paffé deux fois dans un plus grand rapport que de trois à deux. Les joueurs trouveront tout cela fans peine, & peut-être avec quelque furprife dans les tables ci-deffus.

Il réfulte que toute la fcience de ce jeu fe réduit pour les pontes, à obferver les deux règles qui fuivent:

1°. Ne prendre des cartes que dans les premières tailles, & hafarder fur le jeu d'autant moins qu'il y a un plus grand nombre de tailles paffées.

2°. Regarder comme les plus mauvaifes cartes, celles qui n'ont point encore paffé ou qui ont paffé trois fois; & préférer à toutes, celles qui ont paffé deux fois.

En fuivant ces deux règles, le défavantage du ponte fera le moindre qu'il fera poffible. (*Extrait de l'effai d'analyfe fur les jeux de hafard, par* MONTMOR.)

Voyez auffi l'article *PHARAON*, *Dict. des Mathématiques*.

PIQUET. (*Jeu de cartes bien connu.*)

UN problême que l'on propofe fouvent fur le *piquet*, c'eft de favoir combien entre deux joueurs égaux, un premier en carte peut parier de faire de points : on croit communément que cela peut aller à vingt-huit points, & c'eft fur ce pied qu'on en a vu faire le pari à de bons joueurs. Cependant, afin qu'un premier en carte pût réfoudre cette queftion, il faudroit qu'il fût non-feulement le nombre des difpofitions différentes que peuvent recevoir ces douze cartes, & celles du dernier; & qu'il fût encore l'art de compter tous les changemens qui peuvent arriver à fes douze cartes, lorfqu'il en écartera cinq pour en prendre autant dans le talon; & aux douze cartes du dernier, lorfqu'il en écartera trois pour en prendre trois au talon. Il feroit encore néceffaire qu'il fût ce que ce dernier doit écarter dans chacune des différentes difpofitions poffibles du jeu. Néanmoins, fans cette dernière connoiffance, la première eft prefque inutile à celui qui eft le premier en cartes; & il ne pourra jamais fe faire des règles fûres pour écarter à propos, & enfuite pour bien jouer les cartes.

Suppoſons encore qu'un joueur veuille examiner ce qui lui eſt le plus avantageux d'écarter une quarte majeure ou une quarte de roi. Il eſt vrai qu'il s'appercevra ſans peine qu'en gardant la quarte de roi, il y a deux cartes qui lui peuvent donner une quinte, contre une, s'il garde la quarte majeure; mais il n'en ſauroit conclure quel parti il doit prendre; car outre que cela dépend de l'état où eſt la partie, il faut qu'il ait égard à la diſpoſition du reſte de ſon jeu, qu'il conſidère ce qu'il a à craindre de ſon adverſaire; il doit penſer à faire les cartes ou à les rendre égales, &c. Or, tout cela demande un grand nombre de comparaiſons, dont chacune ſeroit la matière d'un problême fort compoſé. Ainſi il faut avouer que dans l'examen du détail de ce jeu, la théorie ne peut mener bien loin.

La première régle de l'analyſe, c'eſt qu'on ne peut découvrir ce qui eſt inconnu, que par le moyen de ce qui eſt connu. Or, dans les deux queſtions précédentes, ce qui eſt connu n'eſt pas ſuffiſant pour decouvrir ce qui eſt à trouver.

Autres Problêmes sur le jeu de Piquet.

Ier. *Pierre eſt dernier au* piquet, *& eſt ſuppoſé n'avoir point d'as. On demande quelle eſt ſon eſpérance d'en tirer ou un, ou deux, ou trois?*

On ſait qu'à ce jeu les joueurs prennent chacun douze cartes; qu'il en reſte huit au talon, dont le premier prend cinq, & le dernier trois.

Cela poſé, on trouvera par les tables des articles *combinaiſons* & autres, que le ſort de Pierre, pour tirer un as dans les trois cartes, eſt $\frac{8}{49}$;

Que ſon ſort pour en prendre deux, eſt $\frac{24}{285}$;

Que ſon ſort pour en prendre trois, eſt $\frac{1}{285}$;

Et par conſéquent que ſon ſort pour en prendre ou un, ou deux, ou trois indéterminément, eſt $\frac{22}{17}$.

Enſorte qu'il peut parier but à but, avec avantage, qu'il lui en entrera quelqu'un, puiſque le juſte parti ſeroit 29 contre 28.

Si l'on ſuppoſe que Paul, qui eſt le premier en carte, n'a point de rois, on trouvera que ſon ſort pour en avoir un, eſt $\frac{2153}{969}$;

Que ſon ſort pour en avoir deux, eſt $\frac{70}{323}$;

Que ſon ſort pour en avoir trois, eſt $\frac{10}{323}$;

Que ſon ſort pour en avoir quatre, eſt $\frac{1}{969}$;

Donc ſon ſort pour en avoir quelqu'un indéterminément ſera $\frac{232}{323}$;

Et par conſéquent, il y a à parier 232 contre 91; environ 5 contre 2, que le premier n'ayant point de rois, il lui en entrera quelqu'un en cinq cartes.

II. *Pierre eſt dernier, & eſt ſuppoſé ne point porter de carreau. On demande combien il y a à parier qu'il lui rentrera dans ſes trois cartes de quoi empêcher que Paul, qui eſt premier, ne puiſſe avoir quinte ou au-deſſus?*

R. On trouvera dans les tables des articles *combinaiſons* qu'il y a deux cent vingt coups différens, qui donnent la huitième à Paul.

Qu'il y en a cent trente-deux qui lui donnent une ſeptième;

Cent ſoixante-huit qui lui donnent une ſixième;

Enfin, deux cent huit qui lui donnent une quinte;

Et par conſéquent le juſte parti de la gageure ſeroit cent trois contre cent quatre-vingt-deux; ce qui ſeroit un peu moins que trois contre cinq.

Si l'on fuppofoit que Pierre fût premier en carte, les autres circonftances du problême reftant les mêmes, on trouveroit qu'il y auroit à parier 10433 contre 5071 qu'il rentrera à Pierre, dans les cinq cartes, de quoi empêcher que Paul ne pût avoir de quinte, ou de fixième, ou de feptième, ou de huitième.

Car, dans cette feconde fuppofition, il y aura 792 coups qui donneront une huitième à Paul ;

990 qui lui donneront une feptième ;

1650 qui lui donneront une fixième ;

1639 qui lui donneront une quinte.

Ce problême & le précédent pourront être utiles aux joueurs en quelques occafions, & fervir à les déterminer foit dans la manière d'écarter, foit à propofer ou à accepter avec raifon certains partis ; par exemple de remêler les cartes, de donner des points ou la main. Ils pourront auffi fervir de modèles pour en réfoudre une infinité de pareils, qui feront au moins curieux, s'ils ne font pas tous utiles.

III. PROBLÊME. *On demande combien il y a parier contre un, que tirant cinq cartes dans un jeu de piquet compofé de trente-deux cartes, on ne tirera pas une quinte majeure indéterminée, fans nommer en quelle couleur, foit en cœur, en carreau, en pique, ou en trèfle ?*

Pour réfoudre la queftion propofée, dit d'Alembert, il faut d'abord chercher en combien de façons 32 cartes peuvent être prifes 5 à 5, & on trouvera, par les règles connues des combinaifons, que ce nombre de fois eft le produit de cinq nombres 28, 29, 30, 31, 32. Ce produit étant divifé par le produit de cinq autres nombres 1, 2, 3, 4, 5 ou par 120 ; c'eft-à-dire que le nombre de fois cherché eft le produit des nombres 28, 29, 30, 31, 8, ou 201376. Maintenant, comme il y a quatre quintes majeures ; il faut ôter ce nombre 4 de 201376 ; ce qui donnera

201372, & il y aura à parier 4 contre 201372, ou 1 contre 50343, qu'on ne tirera pas une quinte majeure à volonté.

S'il s'agiffoit d'une quinte quelconque, comme il y a en tout feize quintes, favoir quatre de chaque couleur, le pari feroit 16 contre 201376 moins 16, ou de 16 contre 201360, ou de 1 contre 12585.

PIQUET A CHEVAL. (*Jeu de*)

DEUX amis, voyageant enfemble à cheval, conviennent, pour fe défennuyer de la route, de faire un cent de piquet, fans cartes. Les règles de ce jeu font que celui qui arrivera au nombre cent aura gagné ; & qu'en comptant l'un après l'autre, chacun pourra ajouter le nombre qu'il voudra, pourvu cependant que ce nombre foit moindre que onze.

Ce jeu eft fondé fur la propriété fingulière du nombre *onze*, lequel multiplié par les termes de la progreffion arithmétique 1, 2, 3, 4, 5, 6, 7, 8 & 9, donne toujours pour produit deux figures femblables.

EXEMPLE :

11, 11, 11, 11, 11, 11, 11, 11, 11.

1, 2, 3, 4, 5, 6, 7, 8, 9.

11, 22, 33, 44, 55, 66, 77, 88, 99.

Or, afin que le premier des cavaliers que nous nommons Pierre, qui a choifi un nombre, puiffe arriver à cent ; & pour qu'il empêche Paul, fon adverfaire, d'y parvenir, Pierre, difons-nous, doit fe fouvenir de tous les produits, & compter de façon qu'il fe trouve toujours d'une unité au-deffus de ces produits, ayant eu la précaution de nommer d'abord *un*, attendu que fon compagnon ne pouvant prendre un nombre plus grand que dix, ne pourra arriver au nombre *douze*, dont Pierre aura eu l'adreffe de s'emparer ; il nommera enfuite les nombres 23, 34, 45, 56, 67, 78 & 89. Pierre étant parvenu à ce dernier terme, quelque nombre que Paul, fon adverfaire, puiffe choifir, Pierre ne pourra être empêché le coup fuivant de faire le nombre de cent.

Nous devons obferver ici que fi celui contre lequel on joue ne connoît pas l'artifice de ce coup, le premier joueur peut, pour déguifer fa marche, prendre indiftinctement toutes fortes de nombres dans les premiers coups, pourvu que vers la fin de la partie, il s'empare des deux ou trois derniers nombres qu'il faut avoir pour gagner.

Au refte, cette recréation ne peut avoir lieu qu'avec ceux qui n'en connoiffent pas le calcul, autrement elle n'a rien d'agréable, attendu que celui qui nomme le premier a toujours gagné.

Cette partie de *piquet* peut fe faire auffi avec tous autres nombres que ceux énoncés ci-deffus. Alors, fi le premier veut gagner, il ne faut pas que le nombre, où l'on doit arriver, mefure exactement celui jufqu'où l'on peut atteindre pour gagner ; car, dans ce cas, on pourroit perdre : mais il faut divifer le plus grand nombre par le plus petit ; & le refte de la divifion fera le nombre que le premier joueur doit nommer d'abord pour être affuré du gain de la partie.

Exemple : Si le nombre auquel on fe propofe d'atteindre eft *trente*, & le nombre au-deffous duquel on doit nommer, *fept*, on compte tout bas, en 30 combien de fois 7 : le quotient eft 4 ; on multiplie 7 par 4, ce qui donne 28 qu'on a ôté de 30, refte 2 ; & ce nombre eft celui que le premier joueur doit nommer d'abord : alors quelque nombre que nomme l'adverfaire, fi le premier joueur ajoute le nombre qui convient, pour former avec ce nombre celui de 7, il parviendra de néceffité le premier au nombre 30.

Voyez l'article PIQUET, *Dictionnaire des Amufemens des fciences.*

PROBABILITÉS *dans les jeux.*

LA plupart des hommes, attribuant la diftribution des biens & des maux à une puiffance fatale qui agit fans ordre & fans règle, croient qu'il vaut autant s'abandonner à cette divinité aveugle, qu'on nomme *fortune*, que de la forcer à leur être favorable, en fuivant des règles de prudence qui leur paroiffent imaginaires.

Il eft donc utile, non-feulement aux joueurs, mais aux hommes en général de favoir que le hafard des règles, qui peuvent être connues, & que faute de connoître ces règles, ils font tous les jours des fautes, dont les fuites fâcheufes leur doivent être imputées, avec plus de raifon qu'au deftin qu'ils accufent. Il eft certain que les hommes ne fe fervent point affez de leur efprit pour obtenir ce qu'ils defirent avec le plus d'ardeur, & qu'ils ne font point affez d'efforts pour ôter à la fortune, ce qu'ils pourroient lui fouftraire par les règles de la prudence.

Ces réflexions nous donnent lieu de penfer qu'une *courte analyfe fur les jeux de hafards & de combinaifons* pourra exciter la curiofité de ceux même qui en ont le moins pour les connoiffances abftraites. L'on aime naturellement à voir clair dans ce qu'on fait, même indépendamment de tout intérêt. On joueroit fans doute avec plus d'agrément, fi l'on pouvoit favoir à chaque coup l'efpérance qu'on a de gagner, ou le rifque que l'on court de perdre. On feroit plus tranquille fur les évènemens du jeu, & on fentiroit mieux le ridicule de ces plaintes continuelles auxquelles fe laiffent aller la plupart des joueurs, dans les rencontres les plus communes, lorfqu'elles leur font contraires.

Si la connoiffance exacte des hafards du jeu ne fuffit pas feule aux joueurs pour les faire gagner, elle peut au moins fervir à leur faire prendre le meilleur parti dans les chofes douteufes ; & ce qui eft fort important à leur apprendre, jusqu'à quel point sont défavantageux pour eux, les conditions de certains jeux que l'avarice & l'oisiveté introduisent tous les jours. La conduite des hommes fait, le plus souvent, leur bonne ou mauvaise fortune; & les gens sages donnent au hasard le moins qu'ils peuvent. Nous ne pouvons prévoir l'avenir; mais nous pouvons toujours dans les jeux de hasard, & souvent dans les autres choses de la vie, connoître avec exactitude combien il est plus probable que certaine chose arrivera de telle façon plutôt que de toute autre; & puisque ce sont-là les bornes de nos connoissances, nous devons au moins tâcher d'y atteindre.

Tout le monde sait qu'au défaut de l'évidence, nous devons chercher la vraisemblance pour nous approcher de la vérité; mais on ne sait point assez qu'il y a des vraisemblances plus grandes & plus petites à l'infini, & que l'esprit, pour être bon juge, en doit distinguer tous les degrés, puisqu'il arrive souvent qu'une chose étant incertaine, il est néanmoins certain & même évident qu'elle est vraisemblable, & plus vraisemblable que toute autre. Il paroît qu'on ne s'est point assez apperçu jusqu'à présent qu'on peut donner des règles infaillibles, pour calculer les différences qui se trouvent entre diverses probabilités.

L'*Analyse*, cet art merveilleux, qui n'a d'abord été employé qu'à découvrir des rapports constans & immuables entre des nombres & des figures, pour servir aussi à découvrir des rapports de probabilités entre des choses incertaines, & qui n'ont rien de fixe, ce qui semble fort opposé à l'esprit de la géométrie, & en quelque façon hors de ses règles. C'est ce que fait judicieusement sentir l'illustre auteur de l'histoire de l'Académie des Sciences.

« Il n'est pas si glorieux, dit Fontenelle, » à l'esprit de géométrie de régner dans » la physique, que dans les choses de

» morale si casuelles, si compliquées, si » changeantes. Plus une matière lui est » opposée & rebelle, plus il a d'honneur » à la dompter. »

On trouvera, dans ce Dictionnaire, la solution de divers problêmes sur différens jeux de cartes, tels que le *Pharaon*, la *Bassette*, le *Lansquenet*, le *treize*, &c. On y détermine quel est l'avantage ou le désavantage des joueurs dans diverses circonstances de ces jeux. Les joueurs y rencontreront des nouveautés singulières, dont il leur est important d'être instruits. On y donne aussi divers théorêmes sur les *combinaisons*, à l'effet de résoudre plusieurs problêmes particuliers sur l'*Ombre*, le *Piquet*, le *Brelan*, &c.

On y trouvera encore la solution de quelques problêmes sur le jeu de *Trictrac*. Enfin, on a expliqué en général toute la théorie des combinaisons, en comparant le nombre des cas où arrivera un certain événement, au nombre des cas où il n'arrivera pas.

Dans les jeux, les gageures & les loteries, l'argent que risque un joueur est censé ne plus lui appartenir, car il en a quitté la propriété; mais en revanche il acquiert un certain droit sur le fonds du jeu, c'est-à-dire sur l'argent de la gageure.

Lorsque les conditions du jeu sont également avantageuses aux joueurs, comme dans le *passe-dix*, & un petit nombre d'autres jeux, ce droit, ou l'espérance qu'il fournit, est équivalent à la mise de chacun des joueurs. Mais dans les jeux dont les conditions sont inégalement avantageuses aux joueurs, tels que sont le plus grand nombre, ce droit ne répond plus exactement à la mise des joueurs; & en ce cas, s'ils veulent se retirer, & quitter la partie, pour rentrer en la propriété de quelque chose, en renonçant à ce que le hasard leur auroit donné, ils ne doivent plus partager également l'argent du jeu; mais ils en doivent prendre une partie plus ou moins grande, selon qu'il y a plus ou moins de probabilité que les uns ou les autres gagneront la somme entière dont on est convenu.

Cela posé, si l'on nomme A l'agent du jeu, je dirai que le sort de chaque joueur est le juste degré d'espéranee qu'il peut avoir d'obtenir A ; & j'appellerai *parti*, la convention ou le réglement que des joueurs doivent faire entre eux, lors-qu'ils veulent se retirer, sans courir le risque de l'événement du jeu; ensorte qu'il leur soit entièrement égal, ou de continuer la partie, ou de la rompre.

Ainsi, en supposant que deux joueurs soient convenus de hasarder chacun une demi-pistole à *croix* ou *pile*, si l'on nomme la pistole A, je dirai que le sort de chacun des joueurs est $\frac{1}{2}$ A ; & que si, changeant d'avis, ils veulent quitter le jeu, le *parti* qu'ils se doivent faire l'un à l'autre; c'est de retirer chacun leur demi - pistole. (*Essai d'analyse sur les jeux de hasard*, par MONTMOR.)

Si deux joueurs veulent jouer, sans avantage ni désavantage, à un jeu dont les conditions soient inégales, il faut que celui à qui elles sont favorables, mette au jeu plus que l'autre ; & pour parler avec précision, il faut que sa mise soit à celle de l'autre joueur, dans la même raison que les divers degrés d'espérance qu'ils ont de gagner. S'ils jouent but à but, il est clair que l'avantage est pour l'un de ces joueurs, & qu'il faut entendre par ce mot *avantage*, l'excès de ce qu'il attend du hasard sur ce qu'il met au jeu. Par exemple, si l'on suppose que Paul pariant but à but un écu contre Pierre, d'amener un doublet du premier coup avec deux dez, on ait trouvé pour le sort de Pierre A $+\frac{1}{3}$ A ; A désignant un écu, cette fraction $\frac{1}{3}$ A, qui est l'excès de l'espé-rance ou du sort de Pierre sur sa mise qui est A, exprimera son avantage, ou ce que Paul devroit donner à Pierre, si, après avoir fait cette convention avec lui, il

vouloit rompre la gageure, puisqu'en vertu de la condition de cette gageure, Pierre n'a pas moins de droit sur les deux tiers de l'écu de Paul, qu'il en a sur l'écu qu'il a mis au jeu.

Car il faut remarquer que, quoiqu'il soit très-incertain si Paul gagnera ou ne gagnera pas, & qu'il n'y ait point de contradiction qu'il gagne mille fois de suite, il est néanmoins très-certain que pour acheter le droit de Pierre il faudroit lui donner quarante-sols; & que si Paul s'obligeoit de jouer trois coups aux con-ditions précédentes, Pierre pourroit aussi bien compter sur deux écus de profit, comme sur deux écus que Paul lui auroit donné en pur don, à condition qu'il voulût jouer trois écus contre lui à *croix* ou *pile*.

Quoique ces termes *avantage* & *désa-vantage* semblent être clairs, parce qu'ils sont communs & familiers, j'ai cru qu'il étoit à propos, pour ôter toute équi-voque, d'expliquer de qu'elle manière je les entends ; il m'a paru que tout le monde y attachoit de fausses idées.

Le sort de chacun des joueurs est donc comme leur espérance, & cette espérance est proportionnée aux facilités ou aux moyens qu'ils ont de gagner, c'est-à-dire aux nombres de coups qu'ils ont à jouer.

Ainsi, supposant que Pierre parie contre Paul d'amener un 6 du premier coup, avec un dez, il s'ensuivroit que pour parier également, Pierre devroit mettre un écu au jeu, contre Paul cinq écus, puisque dans une gageure égale les mises des deux joueurs doivent avoir le même rapport que les divers degrés de probabi-lité ou d'espérance que chacun des joueurs a de gagner.

Dans l'exemple cité, le sort de Pierre est le rapport de tous les coups qui lui sont favorables, au nombre de tous les coups possibles ; ou, si l'on veut, son sort est le rapport du degré d'espérance ou de facilité qu'il a de gagner, au rifque qu'il court de perdre.

Moivre, célèbre mathématicien français, a calculé les probabilités des jeux de hafard, & a réfolu la queftion fuivante :

« Si le nombre des obfervations fur les événemens fortuits, peut être affez multiplié pour que la probabilité fe change en certitude. »

Il trouve qu'il y a effectivement un nombre de faits ou d'obfervations affignables, mais très-grand, après lequel la probabilité ne diffère plus de la certitude; d'où il fuit qu'à la longue le hafard ne change rien aux effets de l'ordre; & que par conféquent, où l'on obferve l'ordre & la conftante uniformité, on doit reconnoître auffi l'intelligence & le choix; raifonnement bien fort contre ceux qui ofent attribuer la création, au hafard, & au concours fortuit des atômes.

Enfin, lorfque le hafard règne abfolument dans un jeu, on peut toujours déterminer l'avantage ou le défavantage des joueurs; on en a la preuve dans la folution de plufieurs problêmes de ces jeux expofés dans ce Dictionnaire; & fi l'on fait attention à la variété des conditions de ces jeux, & au grand nombre de circonftances auxquelles il a fallu avoir

égard, on reconnoîtra que la plupart des autres jeux de pur hafard qu'on connoît, ou qu'on peut imaginer, fe détermineront par des méthodes ou femblables, ou peu différentes de celles qui ont fervi à réfoudre les problêmes de ces jeux de pur hafard.

Voyez les jeux *pharaon*, *lanfquenet*, *treize*, *la baffette*, &c.

Il n'en eft pas de même des jeux, où la fcience du joueur a part à l'événement auffi-bien que le fort; car cette fcience, qui n'en mérite pas le nom, n'étant fondée que fur des règles trompeufes de vraifemblance, & le plus fouvent fur le caprice & la fantaifie des joueurs, il eft impoffible que les conjectures qu'on forme fur ces règles, ne participent à leur incertitude. Ainfi, la méthode qui conduit dans les jeux de pur hafard doit manquer dans la plupart des queftions qu'on peut faire fur les jeux, dont les événemens, bons ou mauvais pour les joueurs, ne dépendent pas entièrement de la fortune.

Voyez les articles *baffette*, *breland*, *cartes*, *combinaifons*, *croix* ou *pile*, *dez*, *efpérance* (jeu de l'), *hafard*, *jettons*, *impériale* (jeu de l'), *jouer*, *lanfquenet*, *noyaux* (jeu des), *ombre* (jeu de l'), *pari*, *partis*, *pharaon*, *piquet*, *quinquenove*, *rafle de dez*, *treize* (jeu du), *trictrac*, *triomphe*, *wifch*.

QUADRILLE.

Q

QUADRILLE.

LE *quadrille* fut parmi les jeux de commerce celui qui, dans le commencement de sa vogue, fournit le plus de dupes, parce qu'il n'y falloit aucune adresse pour y tromper, & qu'il suffisoit de le vouloir. Deux Grecs, dans une partie de quadrille, n'avoient qu'à s'entendre pour s'approprier l'argent des deux autres joueurs; il suffisoit pour cela de convenir ensemble de certains signes, par lesquels ils se déclareroient l'un à l'autre leur jeu. Ainsi, dans tous les jeux de commerce à quatre, on peut être trompé, malgré toutes les précautions qu'on peut prendre pour éviter de l'être. Il suffit que deux fripons s'entendent ensemble; car la duperie n'est point alors dans les cartes, elle est dans l'avantage qu'on retire de la certitude de la position générale du jeu; & deux joueurs se communiquant mutuellement leur jeu, décèlent par-là celui des deux autres.

Voyez l'article *Combinaisons frauduleuses.*

QUINQUENOVE. (*Jeu de*)

ON joue au *quinquenove* avec deux dez. L'on tire d'abord entre les joueurs à qui aura le cornet. Supposons qu'il tombe à Pierre; & pour faire entendre le jeu plus facilement, supposons qu'il n'y ait que deux joueurs, Pierre & Paul. Celui-ci mettra d'abord au jeu une certaine somme; alors Pierre poussant les dez, voici ce qui arrive:

Si Pierre amène cinq ou neuf, il perd, & donne le cornet à Paul.

Jeux mathématiques.

Si Pierre amène ou trois, ou onze, ou un doublet, il tire la mise de Paul. Celui-ci remet au jeu, & Pierre continue de jouer.

Si Pierre n'amène aucun des coups précédens, il n'aura ni perdu ni gagné.

Pour expliquer ce qui arrive en ce cas, supposons, par exemple, que Pierre ait amené sept du premier coup, on remarquera:

1°. Que Pierre rejouant ne pourra gagner cette mise de Paul, qu'en amenant sept;

2°. Que Paul est dans la liberté de risquer une nouvelle mise, & que Pierre sera pareillement dans la liberté de la tenir ou de ne la pas tenir;

3°. Que Paul, pour distinguer cette mise de la précédente, la met dessous, & qu'elle se nomme *masse*;

4°. Que si cette masse est égale à la mise, elle se nomme *masse au jeu*; & que quand elle n'est pas la même, elle se nomme *masse aux dez*;

5°. Que Pierre ayant accepté cette nouvelle masse, il gagnera en amenant le coup suivant, ou trois, ou onze, ou doublet, ou bien en amenant dans la suite, cette chance avant que d'amener cinq ou neuf; mais qu'il ne peut gagner la première mise, qui est dite *entrée au jeu*, qu'en amenant sept; & qu'enfin il les perdra toutes deux, en amenant ou cinq ou neuf.

Supposons présentement, pour une plus ample explication, que Pierre ayant dit

bb

taupe à la maſſe, amène de ſon ſecond coup huit autrement que par doublet, c'eſt-à-dire par ſix & deux, ou par cinq & trois ; & que Paul mette au jeu une nouvelle maſſe, que Pierre accepte ; on remarquera :

1°. Que Pierre gagnera cette maſſe, en amenant ou trois, ou onze, ou doublet ;

2°. Qu'il gagnera la première miſe de Paul, en amenant ſept, & la ſeconde, en amenant huit ;

3°. Qu'il perd les deux miſes & la maſſe, en amenant ou cinq ou neuf, & qu'alors il cède le cornet à Paul.

Ce qu'on vient d'expliquer, pour un petit nombre de coups, & ſeulement à l'égard de deux joueurs, doit s'entendre de tout autre nombre de coups & de joueurs.

PROBLÊME. *Pierre & Paul jouent au quinquenove ; Pierre tient le cornet. On ſuppoſe que la miſe de Paul ſoit toujours la même, & exprimée par A. On ſuppoſe auſſi que Pierre n'acceptera point de maſſe ; mais qu'il ſera obligé de tenir le jeu juſqu'à ce qu'il ſoit perdu, après quoi on ſuppoſe le jeu fini. On demande quel eſt à ce jeu l'avantage & le déſavantage de celui qui a le dez ; ou ce qui revient au même, combien Pierre devroit demander ou donner à un tiers pour céder le cornet, & lui donner à jouer en ſa place ?*

R. Le ſort de Pierre, lorſqu'il pouſſe le dez, eſt d'avoir huit coups pour perdre, ſavoir : cinq qui arrive en quatre façons ; & neuf qui arrive pareillement en quatre façons ; d'avoir dix coups pour gagner, ſavoir : les ſix doublets, trois qui arrive en deux façons ; & onze pareillement en deux façons ; d'avoir quatre coups pour amener ſix autrement que par doublet, autant pour amener huit autrement que par doublet, deux coups pour amener quatre autrement que par doublet, deux coups pour amener dix autrement que

par doublet, & enfin ſix coups pour amener ſept.

Si je nomme x le ſort de Pierre, lorſqu'il a amené huit ou ſix ; z ſon ſort, lorſqu'il a amené quatre ou dix ; y ſon ſort, lorſqu'il a amené ſept ; q l'avantage ou le déſavantage que Pierre trouve à continuer le jeu, lorſqu'il a gagné ; & f ſon ſort en général : on aura le ſort cherché de Pierre.

$$f = \frac{10 \times 2A + q + 8\,x + 4z + 6y}{36}$$

On obſervera que ſi Pierre & Paul convenoient avant que de jouer, que Pierre ayant gagné une fois continuera de jouer juſqu'à ce qu'il ait gagné de nouveau ou perdu ; le déſavantage de Pierre ſeroit $\frac{611}{9009}A + \frac{4182}{9009} \times \frac{611}{9009}A$.

Ce ſeroit un déſavantage pour Pierre, s'il jouoit contre un joueur qui, à chaque fois qu'il perdroit, mettroit A au jeu, & de qui Pierre ne tiendroit jamais aucune maſſe.

Or, Pierre peut compter que ſur chaque piſtole qu'un des joueurs met au jeu, ſoit que ce ſoit un enjeu ou une maſſe, il y a pour lui 14 ſ. $\frac{24}{9009}$ de pure perte ; ce qui eſt un peu plus que la quinzième partie de la miſe, & un peu moins que la quatorzième.

Cet avantage eſt aſſez conſidérable, principalement lorſqu'il y a un certain nombre de joueurs, pour obliger ceux qui tiennent le dez à refuſer les maſſes ; ce qui ôte tout l'agrément de ce jeu. Il ſeroit donc à propos de le réformer, en le rendant plus égal, & en donnant un peu d'avantage à celui qui tient le dez, pour l'engager à tenir les maſſes. Pour cela, il faudroit convenir que le nombre quatre amené au ſecond coup, gagnât auſſi-bien que trois & onze. Alors l'avantage de celui qui tient le dez, par rapport à la miſe de chaque joueur, ſeroit exprimé par la fraction $\frac{97}{9009}$ qui eſt à-peu-près la quatre-vingt-treizième partie de l'unité.

R

RAFLE DE DEZ.

La *rafle de dez* est un coup où les dez jettés viennent tous sur le même point.

Si l'on veut savoir le parti de celui qui voudrait entreprendre d'amener en un coup, avec deux ou plusieurs dez, une rafle déterminée, par exemple le *terne*, on doit considérer que s'il l'entreprenoit avec deux dez, il n'auroit qu'un hasard pour gagner, & trente-cinq pour perdre, parce que deux dés peuvent se combiner en trente-six façons différentes; c'est-à-dire que leurs faces, qui sont au nombre de six, peuvent avoir trente-six assiettes différentes, comme on le voit dans cette *table* :

1, 1	2, 1	3, 1	4, 1	5, 1	6, 1
1, 2	2, 2	3, 2	4, 2	5, 2	6, 2
1, 3	2, 3	3, 3	4, 3	5, 3	6, 3
1, 4	2, 4	3, 4	4, 4	5, 4	6, 4
1, 5	2, 5	3, 5	4, 5	5, 5	6, 5
1, 6	2, 6	3, 6	4, 6	5, 6	6, 6

Ce nombre 36 étant le quarré du nombre 6 des faces de deux dez, s'il y avoit trois dez, au lieu de 36 quarrés de 6, on auroit le 216 pour le nombre des combinaisons entre trois dez; s'il y avoit quatre dez, on auroit le quarré 1296 du même nombre 6, pour le nombre des combinaisons entre quatre dez, & ainsi de suite.

Il suit de-là qu'on ne doit mettre que 1 contre 35 pour faire une rafle déterminée, avec deux dez, en un coup. On connoîtra, par un semblable raisonnement, qu'on ne doit mettre que 3 contre 213 pour faire une rafle déterminée, avec trois dez, en un coup, & 6 contre 1290, ou 1 contre 215, avec quatre dez, & ainsi de suite, parce que des 216 hasards qui se trouvent en trois dez, il y en a trois pour celui qui tient le dez, puisque trois choses se peuvent combiner deux à deux en trois façons, & par conséquent 213 contraires à celui qui tient le dez : & que des 1296 hasards qui se trouvent entre 4 dez, il y en a 6 qui sont favorables à celui qui tient le dez, puisque quatre choses se combinent deux à deux en six façons, & par conséquent 1290 contraires à celui qui tient le dez.

Ainsi, veut-on savoir le parti de celui qui entreprendroit de faire une rafle quelconque du premier coup, avec deux ou plusieurs dez, il ne sera pas difficile de connoître qu'il doit mettre 6 contre 30, ou un contre 5, avec deux dez, parce que si des 36 hasards qui se trouvent entre 2 dez, outre 6 hasards qui peuvent produire une rafle, il reste 30. On connaîtra ainsi très-aisément qu'avec trois dez, il peut mettre 18 contre 198, ou 1 contre 11, parce que si des 216 hasards qui se rencontrent entre trois dez, outre 18 hasards qui peuvent produire une rafle, il reste 198.

RAFLE. (*jeu de la*)

PROBLÊME Ier. *Pierre joue à la première rafle, avec un certain nombre de joueurs, à volonté. On demande quel sera son avantage, lorsqu'il aura un point quelconque depuis 11 jusqu'à 18?*

Il y a deux sortes de jeux de rafle; savoir la première *rafle*, & les trois *rafles comptées*. Je vais donner ici ce qui regarde la première *rafle*; le problême suivant sera sur les trois *rafles comptées*.

Voici quelques règles communes à ces deux jeux :

1°. On y joue avec trois dez ;

2°. Tous les coups où il ne se trouve pas au moins deux dez semblables sont réputés nuls, & on les recommence ;

3°. A ces jeux il n'y a point de primauté ; & lorsque deux ou plusieurs joueurs se trouvent avoir le même point, ils recommencent entre eux pour voir qui gagnera.

Voici quelques autres règles qui sont particulières au jeu de la première *rafle* :

1°. Un joueur dit qu'il a rafle, lorsque les trois dez qu'il a jettés portent tous le même point ;

2°. Rafle l'emporte sur ceux qui n'ont que des points ; en sorte, par exemple, que celui qui aura rafle gagnera, au préjudice de celui qui aura dix - sept ; hors ce cas, celui qui a le plus haut point gagne ;

3°. Une rafle plus haute l'emporte sur une plus basse ; par exemple, rafle de 4 sur rafle de 3, & rafle de 3 sur rafle de 2, &c.

La solution de ce problême s'entendra aisément par un exemple.

Je suppose donc qu'il y ait trois joueurs, Pierre, Paul & Jacques : Pierre a déjà joué, & a amené onze. On demande s'il a de l'avantage, & quel est cet avantage ?

Il faut d'abord voir combien il y a de coups dans trois dez, où il se trouve au moins deux dez semblables ; ensuite il faut employer la méthode analytique, & examiner, par ordre, ce qui peut arriver dans les coups de Paul & de Jacques, & ce que les hasards différens de ces deux coups donnent à Pierre d'espérance, ou de gain, ou de perte.

Je trouve qu'il y a trois coups pour amener 17 ou 4, six coups pour amener 16 ou 5, quatre coups pour amener 15 ou 6, neuf coups pour amener 14 ou 7, 13 ou 8, 10 ou 11, & enfin sept coups pour amener 12 ou 9.

Cela posé, voici comme je raisonne :

Lorsque Paul jouera son coup, Pierre perdra, si Paul amène ou 18 ou 17, ou 16 ou 15, ou 14 ou 13, ou 12 ou rafle d'as, de 2 & de 3 ; ce qui fait quarante-deux coups pour perdre. Il y a neuf coups pour que Pierre soit but à but avec Paul, dans l'attente du coup de Jacques, & quarante-cinq coups pour que Paul amenant un point quelconque au-dessous de 11, Pierre n'ait plus à craindre que le coup de Jacques.

Lorsque Paul a amené un point quelconque au-dessous de 11, le sort de Pierre est d'avoir quarante-cinq coups pour gagner tout ce qui est au jeu, & neuf coups pour partager avec Jacques, savoir quand Jacques amène 11.

Si Paul a amené onze, le sort de Pierre est d'avoir quarante - cinq pour partager également avec Paul le droit sur tout ce qui est au jeu, neuf coups pour avoir son tiers sur l'argent qui est au jeu, & enfin d'avoir quarante-deux coups pour perdre.

Si l'on réduit ce raisonnement, selon les règles de l'algèbre, on trouvera que le sort cherché de Pierre est $-\frac{819}{1024}$ A, en supposant que A exprime la mise de chaque joueur ; ce qui fait voir que Pierre a du désavantage, lorsque jouant avec deux joueurs il a onze. Ce désavantage est tel, qu'il pourroit, sans perte ni profit, donner quarante sols & une fraction de deniers à un joueur qui voudroit prendre sa place, supposé que A, qui désigne la mise de chaque joueur, exprime une pistole.

On pourra trouver en cette manière l'avantage ou le désavantage de Pierre, quelque soit son point, & quelque nombre de joueurs qu'il y ait. En voici une Table qui donne l'avantage de Pierre, en supposant qu'il ait un point quelconque, depuis onze jusqu'à dix-huit, autrement que par une rafle. L'on y suppose, comme ci-dessus, que le jeu soit aux pistoles.

TABLE.

Points.	Pour 2 Joueurs. Avantage. liv. sols, den.	Pour 3 Joueurs. Avantage. liv. sols, den.	Pour 4 Joueurs. Avantage. liv. sols, den.
18	9 17 11	19 13 9 $\frac{25}{96}$	29 8 4 $\frac{155}{82944}$
17	8 8 9	15 9 10 $\frac{71}{128}$	21 6 11 $\frac{19}{3072}$
16	7 10 0	12 19 3 $\frac{21}{64}$	14 7 1 $\frac{251}{256}$
15	6 11 3	10 11 6 $\frac{9}{32}$	12 14 5 $\frac{3080}{3072}$
14	5 6 3	7 12 1 $\frac{25}{32}$	8 0 4 $\frac{522}{1024}$
13	3 8 9	3 11 3 $\frac{15}{32}$	2 3 9 $\frac{-821}{1024}$
12	1 17 6	0 11 8 $\frac{5}{8}$	
11	6 3		

On voit, par cette Table, qu'entre deux joueurs il y a de l'avantage à avoir onze ; & qu'à trois joueurs il y a du désavantage.

Lorsqu'il y a quatre joueurs, on n'a de l'avantage, que lorsqu'on a au moins treize. Je trouve qu'à douze points, il y a sur une pistole une livre douze sols de perte ou de désavantage ; ce qui paroît d'abord affez étrange.

J'ai trouvé des perfonnes d'efprit qui croyoient voir évidemment que, puifque c'eft un avantage entre deux joueurs d'avoir onze points, on devoit conclure, que ce feroit auffi un avantage, tel nombre de joueurs qu'il y eût.

Voici comme ils raifonnoient :

Il eft vrai que Pierre jouant lui troifième, & ayant onze points, a moitié moins d'efpérance de gagner, que lorfqu'ayant onze points : il n'a affaire qu'à un joueur ; mais en récompenfe il a le double à gagner. Or le produit de $2 \times \frac{1}{2}$ étant $= 1$, il s'enfuit que Pierre, ayant onze points, doit avoir de l'avantage, foit que le jeu foit entre trois joueurs, ou qu'il foit feulement entre deux joueurs. Ils employoient le même raifonnement pour prouver que l'avantage de celui qui a onze points eft le même, foit qu'il n'y ait que deux joueurs, foit qu'il y en ait quatre, ou un autre nombre quelconque.

Ce raifonnement eft fpécieux ; mais il manque en ce que l'on fuppofe que l'efpérance que Pierre a de gagner eft moitié moindre, lorfque deux joueurs ont à jouer après lui, que lorfqu'il n'y en a qu'un : ce qui n'eft point vrai, quoique fort vraifemblable. On ne peut trop chercher l'évidence en cette matière, où l'on trouvera plus qu'en toute autre, que les apparences conduifent à l'erreur.

PROBLÈME II. *SUR LE JEU DES TROIS RAFLES COMPTÉES. Pierre joue contre Paul à qui fera le plus de points en trois rafles comptées, c'est-à-dire, en trois coups tels qu'il se trouve au moins un doublet dans les trois dez. Il a amené 32. On demande s'il a de l'avantage, & quel est cet avantage ?*

L'on pourroit résoudre ce problême par l'analyse, en examinant par ordre tous les différens points qu'on peut amener avec un, deux, trois, quatre, &c. jusqu'à neuf dez ; & en rejettant tous ceux où, dans chaque trois dez, il se trouveroit trois dez différens les uns des autres ; & en exprimant tous ces différens hasards par des inconnues qu'on détermineroit, selon les règles ordinaires : mais cette voie seroit d'une longueur excessive, & demanderoit un calcul de plusieurs mois.

Voici une Table qui contient tous les différens hasards qui peuvent arriver, & exprime l'avantage de Pierre pour tous les différens points qu'il aura depuis 32 jusqu'à 54.

TABLE.

Points.	Diverses façons de les amener.	Avantage.	Livres.	Sols.
54 ou 9	1	884735	9	19
53 ou 10	9	884725	9	19
52 ou 11	45	884671	9	19
51 ou 12	147	884479	9	19
50 ou 13	369	883963	9	19
49 ou 14	765	882829	9	19
48 ou 15	1446	880618	9	19
47 ou 16	2484	876688	9	18
46 ou 17	3969	870235	9	16
45 ou 18	5869	860397	9	14
44 ou 19	8433	846095	9	11
43 ou 20	11493	826169	9	6

Points.	Diverses façons de les amener.	Avantage.	Livres.	Sols.
42 ou 21	15027	799649	9	0
41 ou 22	19287	765335	8	13
40 ou 23	23886	722162	8	3
39 ou 24	28668	669608	7	11
38 ou 25	38867	607073	6	17
37 ou 26	38871	534335	6	0
36 ou 27	43171	452293	5	2
35 ou 28	47457	361665	4	1
34 ou 29	50607	363601	2	19
33 ou 30	52551	160443	1	16
32 ou 31	53946	53946	0	12

Cette table est, comme l'on voit, rangée sur quatre colonnes.

La première désigne tous les différens points que Pierre peut avoir depuis neuf jusqu'à cinquante-quatre ;

La seconde exprime le nombre de coups différens que peuvent donner les points qui lui répondent dans la première colonne ;

La troisième colonne donne l'avantage de Pierre pour tous les différens points qu'il peut avoir depuis trente-deux jusqu'à cinquante-quatre, en donnant à chacun de ces termes la quantité 1769472 pour dénominateur ;

La quatrième colonne donne cet avantage en livres & en sols, en supposant que le jeu soit aux pistoles, c'est-à-dire que Pierre ait mis une pistole au jeu. On a négligé les deniers.

On voit, par cette Table, que l'avantage d'avoir quelques-uns des différens points, depuis cinquante-quatre jusqu'à quarante-deux, ne va qu'à 20 sols de différence ; & que celui d'avoir quelques-uns des nombres, depuis cinquante-quatre jusqu'à quarante-huit, ne va qu'à quelques deniers.

On voit, au contraire, que cette différence change fort considérablement dans les nombres qui approchent de trente-deux. On peut découvrir, par le raisonnement, que cela doit être à-peu-près ainsi.

Il paroît qu'on auroit plus d'avantage si, jouant avec trois dez trois coups de suite, tous les coups étoient bons indifféremment : car, dans ce cas, l'avantage d'un joueur, qui auroit pour point trente-deux, seroit $\frac{767394}{100077696}$; ce qui feroit 21 sols & quelques deniers d'avantage ou de profit, le jeu étant aux pistoles.

ROULETTE. (*Jeu de la*)

CE jeu est formé par un grand cercle divisé en portiques, où il y a quarante cases, vingt d'une couleur & vingt d'une autre, toutes numérotées. La petite boule d'yvoire qu'on jette dans ce cercle, & qui doit décider du sort des joueurs, est poussée par une rigole, d'où elle se précipite dans le jeu ; & après avoir heurté contre divers rochers, elle va se rendre par les portiques sur une des cases noires ou blanches. On gagne, quand la boule s'arrête sur une case de sa couleur ; & l'on perd, quand c'est le contraire.

Dans les vingt cases de chaque couleur, il y en a une pour le banquier, qui a l'avantage, lorsque la boule s'y arrête, de tirer ce qui a perdu, sans payer celle qui devroit gagner : cela lui fait un objet de deux & demi pour cent, ou douze sols par vingt-quatre francs.

La *roulette* avoit été imaginée, dans les jeux publics, des hôtels de Gèvres & de Soissons, à Paris, pour que les joueurs pussent hasarder leur argent en toute sûreté.

Il n'y avoit d'autre duperie que celle des frais, qui étoient au-delà de toutes proportions jusques-là établies en Europe, à l'égard d'aucun jeu. On avoit bien essayé d'abord quelques tentatives pour y faire jouer de malheur, soit par la position de la table, ou autres moyens ; mais ces friponneries avoient eu souvent un effet contraire ; & ceux qui vouloient duper, avoient été souvent eux-mêmes pris pour dupes. Cependant un fourbe trouva un moyen frauduleux : il fit faire une roulette, où les cases d'une couleur étoient plus grandes que celles de l'autre, de façon que ceux qui étoient du secret, se servant de la balle dont les cases étoient plus grandes, avoient par-là un avantage considérable. Il est vrai que le hasard pouvoit faire que les joueurs, qui n'étoient pas du secret, prissent la même balle qu'eux ; mais alors les *Grecs* ne jouoient pas contre eux ; on prenoit le parti de les soutenir.

S

SOLITAIRE.

SOLITAIRE. (*Jeu du*)

Le *solitaire* est ainsi nommé, parce qu'il se joue par une personne seule. C'est un jeu de combinaisons. Son origine vient, dit-on, de l'Amérique, où un Français conçut l'idée de ce jeu, & en régla la marche, en voyant les Américains qui, au retour de la chasse, plantoient leurs flêches en différens trous disposés à cet effet, & rangés par ordre dans leurs cases.

Telle est la disposition de ce jeu :

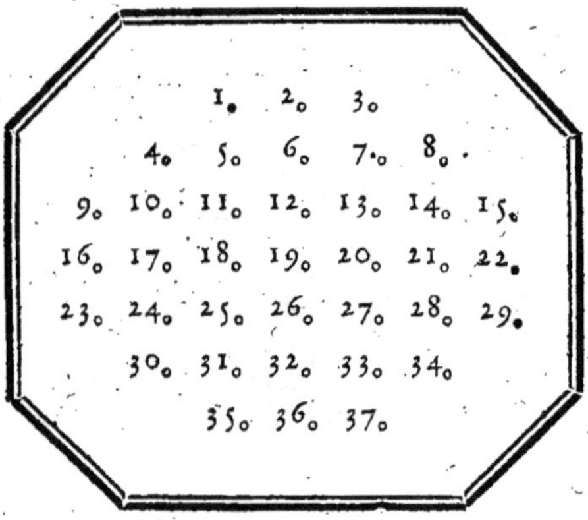

$$\begin{array}{ccccccc}
 & & 1 & 2 & 3 & & \\
 & 4 & 5 & 6 & 7 & 8 & \\
9 & 10 & 11 & 12 & 13 & 14 & 15 \\
16 & 17 & 18 & 19 & 20 & 21 & 22 \\
23 & 24 & 25 & 26 & 27 & 28 & 29 \\
 & 30 & 31 & 32 & 33 & 34 & \\
 & & 35 & 36 & 37 & & \\
\end{array}$$

Le jeu du *solitaire* est disposé sur une tablette de bois, de forme octogone, & percée de trente-sept trous, dans l'ordre indiqué par les chiffres de la figure ci-dessus.

Ces trente-sept trous sont remplis par de petites fiches d'yvoire, qui s'enlèvent à volonté.

L'ordre de ce jeu, est qu'une fiche en prend une autre, lorsqu'elle peut sauter par-dessus en droite ligne, pour passer à un autre trou vuide ; ce qui se fait de la même manière & dans le même sens qu'un pion prend un autre pion au *jeu de dames*. Ainsi on commence le jeu du *solitaire*, par ôter une fiche quelconque, afin d'avoir un trou vuide, dans lequel on puisse transporter une fiche, & enlever celle sur laquelle on passe. On continue de prendre ainsi les fiches, en suivant la marche prescrite. Mais les difficultés de ce jeu consistent à choisir juste les fiches qu'il faut ôter pour finir le jeu par une fiche seule, ou pour ne laisser que celles dont on est convenu.

Voici

Voici diverses *marches* de ce jeu, ou différentes *combinaisons*, qui conduisent toutes à ne laisser qu'une fiche.

PREMIÈRE MARCHE.

Otez le 1, & allez du 3 à 1
12 à 2
8 à 6
2 à 12
4 à 6
18 à 5
1 à 11
16 à 18
18 à 5
9 à 11
5 à 7
30 à 17
26 à 24
24 à 10
36 à 26
35 à 25
26 à 24
23 à 25
25 à 11
12 à 26
10 à 12
6 à 19
34 à 32
20 à 23
33 à 31
19 à 32
31 à 33
37 à 27
22 à 20
20 à 33
29 à 27
33 à 20
20 à 7
15 à 13
7 à 20

IIe. MARCHE,
Dite le LECTEUR au milieu de ses amis.

Otez le 19, & allez du 6 à 19
4 à 6
18 à 5
6 à 4
9 à 11
24 à 10
11 à 9
26 à 24
35 à 25
24 à 26
27 à 25
33 à 31
25 à 35
29 à 27
14 à 28
27 à 29
19 à 21
7 à 20
21 à 19

IIIe. MARCHE,
A commencer par 1, & finir par 37.

Otez le 1, & allez du 3 à 1
12 à 2
13 à 3
15 à 13
4 à 6
18 à 5
1 à 11
31 à 18
18 à 5
20 à 7
3 à 13
33 à 20
20 à 7
9 à 11

Suite de la IIIe marche.

16 à 18
23 à 25
22 à 20
29 à 27
18 à 31
31 à 33
34 à 32
20 à 33
37 à 27
5 à 18
18 à 20
20 à 33
33 à 31
2 à 12
8 à 6
6 à 19
19 à 32
36 à 26
30 à 32
26 à 36
35 à 37

IVe. MARCHE, *dite la* CORSAIRE.

Otez le 3, & allez du   13 à 3
15 à 13
28 à 14
8 à 21
29 à 15
12 à 14
15 à 13
20 à 7
3 à 13
10 à 12
24 à 10
26 à 24
36 à 26
1 à 11
11 à 25

Suite de la IVe marche

9 à 11
12 à 12
4 à 17
16 à 18
25 à 11
23 à 25
26 à 24
30 à 17
35 à 25
34 à 32

Prenez neuf chevilles des onze qui restent avec la Corsaire, *qui est la deux, & qui est prise ensuite par celle du trente-septième trou.* Ces neuf chevilles sont le 6, 11, 17, 25, 19, 13, 21, 27, 32.

Allez de   37 à 35

V^e. MARCHE, *dite le* TRICOLET.

Otez le 19, & allez du   6 à 19
10 à 12
19 à 6
2 à 12
4 à 6
17 à 19
31 à 18
19 à 17
16 à 18
30 à 17
21 à 19
7 à 20
19 à 21
22 à 20
8 à 21
32 à 19
28 à 26
19 à 32
36 à 26
34 à 32

Suite de la IVe *marche.*

VIᶜ MARCHE,

A commencer par la dernière fiche, & finir par la première.

Otez le 37, & allez du 35 à 37

26 à	36
25 à	35
23 à	25
34 à	32
20 à	33
37 à	27
7 à	20
20 à	33
18 à	31
35 à	25
5 à	18
18 à	31
29 à	27
22 à	10
15 à	13
16 à	18

Suite de la VIᶜ marche.

9 à	11
20 à	7
7 à	5
4 à	6
18 à	5
1 à	11
33 à	20
20 à	18
18 à	5
5 à	7
36 à	26
30 à	32
32 à	19
19 à	6
2 à	12
8 à	6
12 à	2
3 à	1

Voyez SOLITAIRE, au volume des *jeux familiers.*

T

TAROTS

Ce sont des espèces de cartes à jouer, dont on se sert en Espagne, en Allemagne, & en d'autres pays.

Ces cartes sont marquées différemment de celles dont on se sert en France ; & au lieu que les nôtres sont distinguées par des cœurs, des carreaux, des piques & des trèfles, elles ont des coupes, des deniers, des épées, & des bâtons, appellés en espagnol *copas*, *dineros*, *espadillas*, *bastos.* L'envers des cartes, appellées *tarots*, est communément orné de divers compartimens.

On appelle encore TAROT, une espèce de dez d'yvoire, dont chaque côté porte son nombre de trous noirs, depuis un jusques & compris six, & dont on se sert pour jouer.

TAS. (*jeu des*)

Pour comprendre de quoi il s'agit, il faut favoir, qu'après les reprifes d'ombre, un des joueurs s'amufe fouvent à partager le jeu en dix *tas*, compofé chacun de quatre cartes couvertes; & qu'enfuite, retournant la première de chaque tas, il ôte, & met à part, deux à deux, toutes celles qui fe trouvent femblables; par exemple, deux rois, deux valets, deux fix; & alors il retourne les cartes qui fuivent immédiatement, celles qui viennent de lui donner des doublets; & il continue d'ôter & de mettre à part celles qui viennent par doublet, jufqu'à ce qu'il en foit venu à la dernière de chaque tas, après les avoir enlevé toutes, deux à deux, auquel cas feulement il a gagné. Il eft rare que l'on joue de l'argent à ce jeu; mais on y joue ordinairement des difcrétions, & les dames s'en amufent.

Il faut obferver que ce jeu n'eft point de pur hafard, & que, pour y réuffir, il faut de la conduite auffi-bien que de la fortune.

L'on fait qu'il faut décharger les plus gros *tas* préférablement aux petits; mais l'on ne fait point exactement, s'il eft plus avantageux de décharger deux tas compofés de trois cartes chacun, ou deux tas, dont l'un eft compofé de quatre cartes, & l'autre de deux. L'on fait auffi qu'il eft plus facile de faire les *tas* avec un jeu de piquet qu'avec un jeu d'ombre, & avec un jeu d'ombre qu'avec un jeu entier, ou bien avec deux jeux d'ombres mêlés enfemble; ce qui feroit les tas de huit cartes. Mais ce que les joueurs ignorent entièrement, c'eft le degré de facilité qu'il y a de u ffi r dans toutes ces différentes efpèces.

TOUTE-TABLE. (*Jeu de*)

I. Le *toute-table* tient une des premières places entre les jeux de table. Il n'a pas tant d'intérêt que *le revertier*; cependant plufieurs le préfèrent à ce dernier jeu, & même au *trictrac*, parce qu'il eft moins embarraffant, & qu'il ne faut pas continuellement avoir l'attention de marquer des points ou des trous.

La beauté de ce jeu confifte, non-feulement à bien jouer fes dames, mais encore à battre fon adverfaire à propos, & favoir bien ménager une partie double.

Ce jeu fe joue dans un trictrac. On le nomme jeu du *toute-table*, parce que, pour le jouer, chaque joueur difpofe fes dames en quatre parties ou quatre tas, qu'il place diverfement dans les quatre tables du trictrac; c'eft à-dire que chacun a d'abord des dames dans toutes les tables du trictrac.

II. *De la manière de difpofer le jeu & de placer fes dames pour jouer, & combien on peut jouer enfemble.*

On ne joue que deux enfemble à ce jeu, de même qu'au *trictrac* & au *revertier*, & on peut prendre un confeil.

Pour vous faire entendre comme il faut difpofer le jeu & placer vos dames; imaginez-vous que vous êtes affis devant une table, proche d'une fenêtre, laquelle eft à votre gauche; que fur cette table, il y a un trictrac ouvert, & que de l'autre côté de la table, il y a une perfonne contre qui vous devez jouer, qui a la fenêtre à fa droite. Il faut préfentement placer vos dames dans ce trictrac; favoir: deux fur la flèche qui eft dans le coin à la droite de votre adverfaire, & de fon côté; cinq fur la flèche qui eft dans l'autre coin à la gauche de votre homme; trois fur la cinquième flèche de la table qui eft de votre côté & à votre droite; & les cinq dernières fur la première flèche qui joint la bande de féparation dans la feconde table de votre côté, & à votre gauche.

L'autre joueur doit faire la même chose. Il doit mettre deux dames sur la première lame du coin, qui est de votre côté à votre gauche ; cinq sur la dernière lame du coin, qui est de votre côté à votre droite ; trois sur la cinquième lame de son côté à sa gauche ; & les cinq dernières sur la première lame qui joint la bande de séparation dans la seconde table de son côté à sa droite.

III. *De ce qui est nécessaire pour jouer & commencer à jouer, & comment il faut appeller & nommer les dez.*

Pour jouer à ce jeu, il faut, de même qu'au *revertier*, que le trictrac soit garni de quinze dames de chaque couleur, de deux cornets & de deux dez.

Outre cela, il faut deux fichets pour marquer les parties, lorsque l'on joue en plusieurs parties.

On se sert soi-même ; c'est-à-dire que chacun met les dez dans son cornet, & on ne joue qu'avec deux dez.

Pour commencer à jouer, on doit, de même qu'au *revertier*, donner le choix des dames & des cornets.

A l'égard du dez, on tire à qui l'aura ; & on nomme & appelle les nombres de même qu'au *revertier*.

IV. *De la manière de jouer, ou jetter les dez, & quand le coup est bon ou non.*

Le contenu en ce chapitre étant la même chose qu'au *revertier*, on y renvoie le lecteur, où il trouvera le tout amplement expliqué.

V. *De la manière de jouer les dames, quand on commence la partie.*

Les doublets se jouent au jeu doublement, de même qu'au *revertier*; c'est à-dire que si vous faites quine, il faut jouer vingt points avec une ou plusieurs dames ; si vous faites sanne, il en faut jouer vingt-quatre, & ainsi des autres doublets : ce qui

s'entend toutefois, pourvu que vous puissiez jouer, & que le passage ne soit pas fermé par des cases de votre adversaire.

Au commencement de la partie, vous pouvez jouer, ou les deux dames qui sont dans le coin à la droite de votre homme, ou celles qui sont dans le coin qui est à sa gauche, ou bien celles qui sont dans les tables de votre côté, & faire des cases indifféremment dans toutes les tables ; & afin que vous ne fassiez pas marcher vos dames d'un côté pour l'autre, il est bon de vous dire, qu'il faut que vos deux dames, qui sont dans le coin à la droite de votre homme, viennent jusqu'au coin qui est à sa gauche ; de-là vous les passez de votre côté à votre droite, & vous les faites ensuite aller, avec tout le reste de vos dames, dans la table qui est à votre gauche, parce que c'est dans cette table-là où il faut que vous passiez votre jeu, & qu'il faut que vous y passiez toutes vos dames avant d'en pouvoir lever aucune, comme vous verrez ci-après.

VI. *De la manière de battre les dames.*

On bat les dames à ce jeu de la même manière qu'au *revertier*, c'est-à-dire en plaçant sa dame sur la même lame où étoit celle de son homme, ou bien en passant. Par exemple, vous faites quatre & as, vous battez une dame que votre homme a découverte du quatre ; & de la même dame dont vous avez joué le quatre, vous en jouez un as, qui vous sert à couvrir une de vos dames, ou bien que vous mettez en sur-case.

Vous pouvez même, d'une seule dame, battre trois & quatre dames, si vous faites un doublet ; & qu'en le jouant, vous trouviez ces dames-là découvertes sur vos passages.

Toutes les dames qui ont été battues, sont, comme au *revertier*, hors de jeu ; & celui à qui elles appartiennent, ne peut pas jouer quoi que ce soit, qu'il ne les ait toutes rentrées.

VII. *De la manière de rentrer.*

Je vous ai obſervé ci-devant qu'il falloit que vos deux dames, qui ſont à la droite de votre homme, allaſſent à ſa gauche ; de-là qu'elles vinſſent à votre droite, & de votre droite dans la table qui eſt à votre gauche de votre côté ; & que les deux dames de votre homme, qui ſont à votre gauche, devoient faire le même chemin, & qu'il devoit les conduire depuis votre gauche, juſques dans la table qui eſt à ſa droite de ſon côté : cela vous doit faire connoître que ces deux dames, qui ſont abſolument tout le tour du trictrac, ſont la tête ou pile de ce jeu ; toutes les dames qui ont été battues, doivent rentrer par la table où l'on place ces deux dames, laquelle eſt à la gauche de votre homme.

Il eſt plus facile de rentrer à ce jeu, qu'au *revertier :* car non-ſeulement vous pouvez rentrer ſur votre homme en le battant, quand il a quelques dames découvertes, mais encore vous pouvez rentrer ſur vous-même, & mettre ſur une même flêche tant de dames que vous voudrez. Par exemple, ſi n'ayant point encore joué vos deux dames du coin ou tête de votre jeu, vous faites un bezet, & que vous ayez quatre dames à rentrer ; vous pouvez les mettre toutes ſur cette même flêche où ſont vos deux dames. Si vous avez quelqu'autre caſe dans la table de votre rentrée, vous pouvez de même y mettre tant de dames que vous voudrez : on appelle ces caſes-là des ponts, parce qu'elles ſervent à paſſer, & ſont très-utiles.

VIII. *De la conduite qu'il faut tenir en ce jeu.*

Vous avez vu qu'il y a en ce jeu quatre tas ou piles de dames ; que la première qui eſt à la tête du jeu, ſont les deux dames qui ſont dans le coin à la droite de votre homme ; la ſeconde, les cinq dames qui ſont dans le coin à ſa gauche ; la troiſième,

les trois dames qui ſont ſur la cinquième caſe de la table qui vous touche à votre gauche ; & la quatrième, les cinq dames qui ſont ſur la première flêche qui joint la bande de ſéparation de la ſeconde table.

Si, le premier coup que vous jouez, vous faites ſix & cinq, il faut jouer une des dames de votre première pile ou tête, & la mettre ſur la ſeconde.

Si vous faites un ſix & as, il faut jouer un ſix de votre ſeconde pile, & un as de la troiſième, & faire une caſe.

Si vous faites trois & as, il faut jouer le trois de votre troiſième pile, & l'as de la quatrième, & faire pareillement une caſe. En un mot, il faut tâcher de faire quatre ou cinq caſes toutes de ſuite, autour de vos troiſième & quatrième piles, afin d'empêcher votre homme de paſſer les dames de ſa tête ou première pile.

Quand vous avez quatre ou cinq caſes, comme il vient d'être dit, ſi vous pouvez encore caſer, il n'en faut pas perdre l'occaſion, & toujours joindre vos caſes tant que vous pourrez ; & ſi votre homme ſe découvre, lorſque votre jeu eſt ainſi avancé, il ne faut point héſiter à le battre : ſi, au contraire, le jeu de votre homme étoit plus avancé que le vôtre, & qu'il ſe découvrît, il ne faudroit pas le battre ; car ſouvent les bons joueurs tendent des piéges pour faire donner dedans, & gagner enſuite la partie double, ou du moins avoir la ſimple ſûre.

Il faut donc, avant de battre, examiner ſi votre homme ne pourra pas vous battre à ſon tour ; & en cas qu'il vous batte, vous pourrez rentrer facilement. Un peu de pratique apprend cela en très-peu de tems.

IX. *De la manière de lever & finir le jeu.*

Lorſque l'on a paſſé toutes ſes dames dans la table de la quatrième pile, on lève à chaque coups de dez, toutes les dames qui donnent sur la bande du trictrac, de même qu'au jan de *retour*, quand on joue au jeu de *trictrac*.

Pour chaque doublet, on lève quatre dames, quand on en a qui donnent juste sur le bord. Si la case que l'on devroit lever se trouve vuide, & qu'il y ait des dames derrière pour jouer le doublet que l'on a fait, sans rien lever, il faut le jouer. S'il n'y a rien derrière, on lève celles qui suivent la flèche, d'où le doublet qu'on a amené devoit partir.

Celui qui a le plutôt levé toutes ses dames, gagne la partie simple.

X. *De la double.*

Souvent on joue en deux ou trois parties, & même en davantage, parce que ce jeu va assez vîte.

Quelquefois aussi on joue à la première partie; & on convient que celui qui gagnera la partie double, aura le double de ce qu'on a joué.

L'on gagne la partie double, quand on a levé toutes ses dames, avant que son homme ait passé toutes les siennes dans la table de sa quatrième pile, & qu'il en ait levé aucune; s'il en avoit levé une, l'on ne gagneroit que la partie simple.

Quand on joue en plusieurs parties, & que l'on gagne double, on marque deux parties, & celui qui a gagné recommence & a le dez.

XI. *Des avantages que l'on peut donner.*

Les avantages que l'on peut donner à ce jeu, sont le *dez*, qui est le moindre de tous les avantages, on peut donner encore le dez & six, l'*amberas*, *abas* & le *dez*, & encore d'autres qui dépendent de la convention des joueurs.

TREIZE. (*Jeu du*)

Les joueurs tirent d'abord à qui aura la main. Supposons que ce soit Pierre, & que le nombre des joueurs soit tel qu'on voudra. Pierre ayant un jeu entier composé de cinquante-deux cartes mélées à discrétion, les tire l'une après l'autre. Nommant & prononçant un, lorsqu'il tire la première carte; deux, lorsqu'il tire la seconde; trois, lorsqu'il tire la troisième, & ainsi de suite, jusqu'à la treizième qui est un roi. Alors si, dans toute cette suite de cartes, il n'en a tiré aucune, selon le rang qu'il les a nommées, il paie ce que chacun des joueurs a mis au jeu, & cède la main à celui qui le suit à la droite.

Mais s'il lui arrive, dans la suite des treize cartes, de tirer la carte qu'il nomme, par exemple de tirer un as dans le tems qu'il nomme un, ou un deux dans le tems qu'il nomme un deux, ou un trois dans le tems qu'il nomme trois, &c., il prend tout ce qui est au jeu, & recommence comme auparavant, nommant un, ensuite deux, &c.

Il peut arriver que Pierre ayant gagné plusieurs fois, & recommençant par un, n'ait pas assez de cartes dans sa main pour aller jusqu'à treize; alors il doit, lorsque le jeu lui manque, mêler les cartes, donner à couper, & ensuite tirer du jeu entier le nombre de cartes qui lui est nécessaire pour continuer le jeu, en commençant par celle où il est demeuré dans la précédente main. Par exemple, si, en tirant la dernière carte, il a nommé sept, il doit, en tirant la première carte dans le jeu entier, après qu'on a coupé, nommer huit, & ensuite neuf, &c. jusqu'à treize, à moins qu'il ne gagne plutôt; auquel cas il recommenceroit, nommant d'abord un, ensuite deux, & le reste comme on vient de l'expliquer. D'où il paroît que Pierre peut faire plusieurs mains de suite, & même qu'il peut continuer le jeu à l'infini.

L'avantage est fort considérable à ce jeu en faveur de celui qui a la main, & ceux qui le jouent souvent peuvent s'en appercevoir par pratique; mais il est extrêmement difficile de déterminer cet avantage : l'analyse pourroit y conduire; mais cette route seroit extrêmement longue, d'autant qu'il faudroit résoudre plus de mille égalités pour déterminer tous les cas possibles de ce jeu. On en pourroit plutôt espérer la solution, en considérant tous les arrangemens possibles des cinquante-deux cartes, & découvrant quelque loi uniforme qui, des cas simples, conduise à des cas plus composés, & fournisse ainsi une solution générale.

Au reste, voici des problêmes qui y ont beaucoup de rapport, & dont la solution pourra faciliter, à quelques égards, celle du jeu de treize.

» Pierre a un certain nombre de cartes différentes, qui ne sont point répétées, & qui sont mêlées à discrétion, il parie contre Paul que s'il les tire de suite, & qu'il les nomme, selon l'ordre des cartes, en commençant ou par la plus haute ou par la plus basse, il lui arrivera au moins une fois de tirer celle qu'il nommera. Par exemple, Pierre ayant en main quatre cartes, savoir un as, un deux, un trois & un quatre mêlées à discrétion, parie que les tirant de suite, & nommant un, lorsqu'il tirera la première, deux lorsqu'il tirera la seconde, trois lorsqu'il tirera la troisième, il lui arrivera ou de tirer un as, ou de tirer un deux quand il nommera deux, ou de tirer un trois quand il nommera trois, ou de tirer un quatre quand il nommera quatre. Soit conçu la même chose de tout autre nombre de cartes. On demande quel est le sort ou l'espérance de Pierre, pour tel nombre de cartes que ce puisse être, depuis deux jusqu'à treize? »

Or, soient les cartes, avec lesquelles Pierre fait le pari, représentées par les lettres a, b, c, d, &c. Si l'on nomme m le nombre des cartes qu'il tient, & n le nombre qui exprime tous les arrangemens possibles de ces cartes, la fraction $\frac{n}{m}$ exprimera combien de différentes fois chaque lettre occupera chacune des places. Mais il faut remarquer que ces lettres ne se rencontrent pas toujours à leur place utilement pour le banquier; par exemple, a, b, c, ne donne qu'un coup pour gagner à celui qui a la main, quoique chacune des trois lettres y soit à sa place; & de même b, a, c, d ne donne qu'un coup à Pierre pour gagner, quoique chacune des lettres c & d soit à sa place. La difficulté de ce problême, consiste donc à démêler combien de fois chaque lettre est à sa place utilement pour Pierre, & combien de fois elle y est inutilement.

Ier. Cas. *Pierre tient un as & un deux, & parie contre Paul qu'ayant mêlé ces deux cartes, & nommant un lorsqu'il tirera la première, & deux lorsqu'il nommera la seconde, il lui arrivera ou de tirer un as pour la première carte, ou de tirer un deux pour la seconde carte.*

L'argent du jeu est exprimé par A.

Deux cartes ne peuvent s'arranger que de deux façons différentes; l'une fait gagner Pierre, l'autre le fait perdre; donc son sort sera $\dfrac{A + o}{2} = \frac{1}{2} A$.

II Cas. *Pierre tient trois cartes.*

Soient ces trois cartes, représentées par les lettres a, b, c : on observera que des six arrangemens différens que ces trois lettres peuvent recevoir, il y en a deux où a est à la première place, qu'il y en a un où b est à la seconde place; a n'étant point à la première, & b n'étant point à la seconde; d'où il suit qu'on aura $S = \frac{2}{3} A$, & par conséquent que le sort de Pierre est à celui de Paul comme deux est à un.

III Cas.

III Cas. *Pierre tient quatre cartes.*

- Soient les quatre cartes, repréſentées par les lettres *a*, *b*, *c*, *d*. On obſervera que des vingt-quatre arrangemens différens que ces quatre lettres peuvent recevoir, il y en a ſix où *a* occupe la première place, qu'il y en a quatre où *b* eſt à la ſeconde, *a* n'étant pas à la première; trois où *c* eſt à la troiſième, *a* n'étant pas à la première, & *b* n'étant pas à la ſeconde; enfin deux où *d* eſt à la quatrième, *a* n'étant pas à la première, *b* n'étant pas à la ſeconde, & *c* n'étant pas à la troiſième; dans ce cas, le ſort de Pierre eſt au ſort de Paul comme cinq à trois.

IV Cas. *Pierre tient cinq cartes.*

- Soient les cinq cartes, repréſentées par les lettres *a*, *b*, *c*, *d*, *f*. On obſervera que des cent vingt arrangemens différens, que cinq lettres peuvent recevoir, il y en a vingt-quatre où *a* occupe la première place, dix-huit où *b* occupe la ſeconde, *a* n'occupant pas la première; quatorze où *c* eſt à la troiſième place, *a* n'étant pas à la première place, ni *b* à la ſeconde; onze où *d* eſt à la quatrième place, *a* n'étant pas à la première, ni *b* à la ſeconde, ni *c* à la troiſième; enfin neuf arrangemens où *f* eſt à la cinquième place, *a* n'étant pas à la première, ni *b* à la ſeconde, ni *c* à la troiſième, ni *d* à la quatrième; d'où il ſuit que le ſort de Pierre eſt au ſort de Paul comme dix-neuf eſt à onze.

TRICTRAC. (*Jeu de*)

Il ſeroit très-utile, pour jouer le *trictrac* agréablement & avec avantage, de ſavoir, à chaque coup de dez, l'eſpérance qu'on a ou de battre, ou de remplir, ou de couvrir quelqu'une de ſes dames par le coup qu'on va jouer. C'eſt auſſi ce que ſavent aſſez les bons joueurs; mais ce n'eſt que par une grande application & beaucoup d'exercice qu'on peut en acquérir l'habitude pour les cas qui ſont un peu compoſés.

Jeux mathématiques.

Par exemple, il y a peu de perſonnes qui puiſſent voir d'un coup-d'œil, que *Pierre* ayant, dans ſon petit jan, les 5 premières caſes remplies, avec une dame découverte à la ſixième caſe; & quant aux autres dames, en ayant deux en triple ſur la première & la ſeconde flêches; une autre auſſi en triple ſur la 4e flêche; enfin la 15e ou dernière dame en quadruple ſur la 1re flêche; peu de perſonnes, diſons nous, verront tout de ſuite que le petit jan de Pierre étant ainſi diſpoſé, ce joueur a un coup pour gagner douze points, dix coups pour en gagner huit, trois coups pour en gagner ſix, ſeize coups pour en gagner quatre, & enfin ſix coups pour ne pas remplir. Mais ce qui paſſe extrêmement les connoiſſances ordinaires des joueurs, & ce qui leur ſeroit néanmoins très-important pour bien jouer les dames & faire des tenues à propos, c'eſt de pouvoir connoître avec exactitude l'eſpérance que l'on a de tenir un certain nombre de coups ſans rompre, ou d'arranger ſon jeu de telle ou telle façon en deux ou pluſieurs coups.

En voici deux exemples fort ſimples, dont le dernier peut avoir quelque utilité.

Problème I. *Pierre parie qu'il prendra ſon grand coin en deux coups. On demande ce qu'il doit gager pour que le parti ſoit égal ?*

Réponſe. Il faut remarquer,

1°. Que Pierre ne peut gagner qu'en amenant du premier coup de dez l'un de ces trois coups, ſix cinq, quine, ou ſonnés;

2°. Qu'ayant amené l'un de ces trois coups, il n'a pas encore gagné; mais qu'ayant amené ſix cinq du premier coup, il doit, pour gagner, amener encore ſix cinq au ſecond coup; & qu'ayant amené du premier coup quine, il doit, pour gagner, amener au ſecond coup ſonnés; & qu'ayant amené du premier coup ſonnés, il doit, pour gagner, amener au ſecond coup ou quine ou ſonnés.

Il suit de tout cela, que le sort de Pierre sera $\frac{2}{36} \times \frac{1}{36} \times \frac{1}{36} + \frac{1}{36} \times \frac{1}{36} + \frac{1}{36} \times \frac{1}{36} \times \frac{2}{36} = \frac{7}{1296}$; ainsi Pierre, pour parier sans désavantage, doit mettre au jeu 7 contre 1289 ; & il auroit de l'avantage à parier 1 contre 186, de prendre son grand coin en deux coups.

PROBLÈME II. *Pierre ayant dans son petit jan une dame sur la dernière flêche du coin, trois dames sur la première flêche du grand jan, deux dames sur la deuxième, la troisième, la quatrième & la cinquième flêches suivantes, enfin trois dames sur la sixième flêche du coin du grand jan. On demande combien Pierre pourroit parier de tenir deux coups sans rompre?*

Réponse. Les hasards des deux coups sont ici mêlés ensemble, & ne se doivent point considérer indépendamment l'un de l'autre, en effet si avantageux que puisse être le premier coup, il est clair que le second coup peut faire perdre ; &, au contraire, si désavantageux qu'il soit, il n'ôte point l'espérance de tenir au second coup. La première partie des coups de dez que Pierre peut amener du premier coup diversifient son attente pour l'événement du second ; mais il y en a qui laissent une égale espérance. Par exemple, il est indifférent d'amener au premier coup sonnés, ou cinq & as, ou quatre & deux, six trois, ou cinq & quatre, &c. Pour démêler tout cela, il faut chercher quelle est l'espérance de tenir au second coup dans toutes les différentes suppositions des différens coups de dez que l'on peut amener au premier coup. La somme de tous ces hasards exprimera le sort de Pierre. On trouvera,

Qu'il a 1° deux coups qui lui donnent $\frac{1}{36}$, savoir six & cinq ;

2°. Trois coups qui lui donnent $\frac{1}{16}$, savoir six, quatre & quine, puisqu'ayant amené six quatre ou quine du premier coup, il a, pour tenir, sonnés & six, &c.

3°. Quatre coups qui donnent $\frac{6}{16}$, savoir six, trois, cinq & quatre ; car il aura, pour tenir, sonnés, six & as, six deux & bezet ;

4°. Quatre coups qui lui donnent $\frac{10}{16}$, savoir six, deux, cinq & trois ; car il a, pour tenir, sonnés, six & as, six deux, six trois, deux & as & bezet ;

5°. Deux coups qui lui donnent $\frac{12}{36}$, savoir, quatre & trois ; car il aura, pour tenir au second coup, sonnés, six & as, six deux, six trois, deux & as, trois & as, & bezet ;

6°. Quatre coups qui lui donnent $\frac{15}{36}$, savoir six & as, & cinq & deux ; car il aura, pour tenir, six & as, sonnés, six deux, bezet, six trois, deux & as, six quatre, trois & as, & double deux ;

7°. Six coups qui lui donnent $\frac{21}{36}$, savoir sonnés, cinq & as, quatre & deux & terne ; car il aura, pour tenir, sonnés, six & as, six deux, bezet, six trois, deux & as, six quatre, trois & as, double deux, six cinq, quatre & as, trois & deux ;

8°. Quatre coups qui lui donnent $\frac{23}{16}$, savoir quatre & as, & trois & deux ; car il a pour tenir tous les mêmes coups que s'il eût amené du premier coup cinq & as ; & outre cela, l'espérance d'amener au second coup cinq & as ;

9°. Un coup qui lui donne $\frac{1}{36}$, savoir carme ; car il aura, pour tenir au second coup, deux & as, bezet, six & as, six deux & sonnés ;

10°. Trois coups qui lui donnent $\frac{27}{16}$, savoir trois & as, & double deux ; car il a, pour tenir au second coup (excepté cinq & quatre), cinq & trois, quatre & trois, quine, carme & terne ;

11°. Deux coups qui lui donnent $\frac{32}{16}$, savoir deux & as ; car il aura tous les coups favorables pour tenir, excepté quine, carme, & cinq & quatre ;

12°. Un coup qui lui donne $\frac{35}{36}$: c'est bezet ; car il n'y aura au second coup que quine contre lui.

Le fort cherché fera donc $\frac{565}{1196}$; & le jufte parti de la gageure feroit 565 contre 731. On auroit de l'avantage à parier trois contre quatre, & du défavantage à parier quatre contre cinq.

Au refte, il n'eft guères poffible, dans la plupart des fituations où deux joueurs peuvent fe trouver au trictrac, de déterminer quel eft leur fort, & d'eftimer avec précifion de quel côté eft l'avantage; car outre la variété prodigieufe des différentes difpofitions poffibles des trente dames, la manière fouvent arbitraire, dont les joueurs conduifent leur jeu, eft ce qui décide prefque toujours du gain de la partie. Or tout ce qui dépend de la fantaifie des hommes n'ayant aucune règle fixe & certaine, il eft clair qu'on ne peut réfoudre aucune queftion fur le trictrac, à moins que la manière de jouer ne foit déterminée.

Le feul problême que l'on pourroit réfoudre d'une manière générale eft celui-ci:

Trouver le fort de deux joueurs qui en font au jan de retour, quelque nombre de dames qu'ils ayent encore à paffer en quelqu'endroit qu'elles fe trouvent placées.

TRICTRAC A ÉCRIRE.

Ce qu'on appelle *trictrac à écrire* ne change rien à la manière de jouer le trictrac, non plus que le *piquet à écrire*, au jeu de piquet.

Quand on convient de faire un *trictrac à écrire*, on a un crayon & deux cartes, où font écrits les noms des joueurs, & chacun marque fur fa carte les points qu'il gagne. On peut auffi faire ce compte avec des jettons.

Il faut feulement obferver qu'au *trictrac à écrire* on ne fauroit gagner ni perdre de points, que l'un des joueurs n'ait fix cafes. Le joueur peut s'en aller, c'eft-à-dire recommencer la partie, après qu'il a atteint fix trous, & c'eft alors qu'il marque les points qu'il a de plus que ceux fon adver-

faire; il peut auffi, quand le dez lui eft favorable, continuer à marquer, même au-delà de 12 trous, & tant qu'il eft maître du jeu.

On convient en combien de parties on jouera, & quel fera le paiement & l'ordre du marqué.

TRICTRAC DES GRECS
et des LATINS.

Jeu de dez. La table fur laquelle on jouoit étoit quarrée, & partagée en douze lignes ou cafes, où l'on arrangeoit des jettons en fe réglant fur les points des dez qu'on avoit amenés. Ces jettons étoient au nombre de douze ou de quinze de chaque côté de la table, & de deux couleurs différentes. Les douze lignes étoient coupées par une ligne tranfverfale qu'on ne devoit point paffer fans y être forcé. Les autres règles de ce jeu ne font pas connues; mais il eft à croire qu'elles avoient beaucoup de rapport avec celles du trictrac des modernes.

TRIOMPHE. (*Jeu de la*)

Problême. *Pierre & Paul jouent en cinq points à la triomphe; ils en ont chacun trois: Pierre eft le premier; il a le roi & la dame troifiéme de triomphe, qui fera, par exemple de trèfle, & un roi de carreau gardé par le valet: lorfqu'on joue fon roi de triomphe pour la première carte, Paul lui offre un point. On demande s'il le doit accepter, & quelle eft, en le refufant, fon efpérance de faire la vollé?*

Il faut d'abord examiner en combien de façons différentes il peut arriver que Paul ait la dame gardée d'un ou de plufieurs carreaux indéterminément; retrancher de ce nombre celui qui exprime en combien de façons il peut arriver que Paul ait la dame troifième en carreau, avec une autre dame gardée de quelqu'autre couleur, & en retrancher encore la moitié du nombre qui exprime en combien de manière il peut arriver que Paul ait la dame gardée de carreau, une autre dame gardée, & une cinquième carte quelconque d'une autre espèce. Le nombre qui restera, ces soustractions étant faites, sera celui qui exprime combien il y a de coups qui peuvent empêcher que Pierre ne fasse la volle.

On trouvera par la méthode décrite à l'article *combinaisons*, & qu'il y a 3605 pour le premier cas, 72 pour le second, 240 pour le troisième.

On verra aussi que le nombre qui exprime en combien de façons différentes on peut prendre cinq cartes dans vingt-deux, est 26334; & par conséquent on aura le sort de Pierre dans cette fraction $\frac{21041}{26334}$.

Ainsi l'avantage de Pierre, en refusant

la proposition de Paul, sera exprimé par cette fraction $\frac{4937}{13167}$ A.

Donc, en supposant que A, qui exprime l'argent du jeu, fût deux pistoles, si quelqu'un vouloit acheter les droits de Pierre & se mettre en sa place, il devroit donner à Pierre 7 liv. 9 s. 11 den., outre sa mise.

Il est aisé de voir par là qu'il est plus avantageux à Pierre de tenter la volle, que d'accepter un point; car en l'acceptant, son sort ne seroit que $\frac{1}{4}$ A, & même un peu moins, puisqu'il y a apparence qu'à ce jeu la primauté donne quelqu'avantage à un joueur qui a trois points de cinq, contre l'autre quatre.

Or il est évident que $\frac{1}{4}$ A est moindre que $\frac{21041}{26314}$ A. Cette solution peut s'appliquer à des cas pareils dans le jeu de *l'ombre*, & principalement dans *l'ombre* à deux.

W

WHISK ou WISTH.

Jeu de cartes mi-parti de hasard & de science. Il a été inventé par les Anglais, & continue depuis long-tems d'être en vogue dans la Grande-Bretagne.

C'est de tous les jeux de cartes le plus judicieux dans ses principes, le plus convenable à la société, le plus difficile, le plus intéressant, le plus piquant, & celui qui est combiné avec le plus d'art.

Le *whisk* est plus intéressant, plus piquant qu'aucun jeu de cartes, par la multiplicité de ses combinaisons, par la vicissitude des événemens, par la surprise de voir des basses cartes faire des levées auxquelles on ne s'attendoit point, enfin par les espérances & les craintes successives qui soutiennent l'attention jusqu'au dernier moment.

Ce jeu se joue avec un jeu entier de cinquante-deux cartes entre quatre personnes, dont deux sont associées ou partenaires l'une de l'autre.

Les règles de ce beau jeu sont bien expliquées dans le *Dictionnaire des Jeux*, que l'on peut consulter à cet égard.

Nous ajouterons ici, d'après l'ancienne *Encyclopédie*, que les chances ou hasards de ce jeu ont été calculés par de grands mathématiciens anglois. Le célèbre de Moivre n'a pas daigné de s'en occuper; il a trouvé:

1°. Qu'il y a 27 hasards contre 2, ou

à-peu-près; que ceux qui donnent les cartes n'ont point les quatre honneurs.

2°. Qu'il y en a 23 contre 1, ou environ; que les premiers en mains n'ont point les quatre honneurs.

3°. Qu'il y en a 8 contre 1, ou environ; que de côté ni d'autre ne se trouvent les quatre honneurs.

4°. Qu'il y en a 13 contre 7, ou environ; que les deux qui donnent les cartes ne compteront point les honneurs.

5°. Qu'il y en a 25 contre 16, ou environ; que les honneurs ne seront pas également partagés.

Le même mathématicien détermine aussi que les hasards, pour les associés qui ont déjà huit points du jeu, s'ils donnent les cartes contre ceux qui ont neuf points, font à-peu-près comme dix-sept à onze; mais si ceux qui ont huit du jeu font les premiers en main, les hasards feront comme trente-quatre à vingt-neuf.

On propose sur ce jeu divers problêmes, & particulièrement celui-ci, dont l'exacte solution répandra la lumière sur plusieurs questions de même nature.

PROBLÊME. *Trouver le hasard que celui qui donne les cartes aura quatre triomphes.*

Une triomphe étant certaine, le problême se réduit à celui-ci : *Trouver quelle probabilité il y a qu'en tirant au hasard douze cartes des cinquante-une, dont douze font des triomphes, & trente-neuf ne font point triomphes; trois des douze feront des triomphes.*

On trouvera par la règle de *Moivre*, que le total des hasards, pour celui qui donne les cartes, = 92, 770, 723, 800; & que le total des hasards, pour tirer douze cartes des cinquante-une, = 158, 753, 389, 900. La différence de ces deux nombres = 65, 982, 666, 100. Les

hasards feront donc comme 9277, &c. à 6598, &c.

Or nous pouvons calculer la chance de trois joueurs qui ont dix, onze ou douze triomphes, du nombre de trente-neuf cartes; donc nous trouverons que le total des hasards, pour prendre dix, onze ou douze triomphes dans trente-neuf cartes, = 65, 982, 666, 100; & que tous les hasards du nombre de cinquante une cartes = 158, 753, 389, 900. La différence = 92, 770, 723, 800, = tous les hasards pour celui qui donne; & les hasards feront 9277, &c. à 6598, &c. comme ci-dessus.

Les mathématiciens, après avoir trouvé la dernière précision du calcul, par un grand nombre de chiffres, ont cherché & indiqué les proportions les plus voisines de la vérité que donne le plus petit nombre de chiffres; & c'est ce qu'on appelle méthode d'approximation, de laquelle il faut se contenter dans la pratique. Si l'on demande, par exemple, quelle est la parité des hasards qu'un joueur ait à ce jeu trois cartes d'une certaine couleur ? ils répondent, par voie d'approximation, qu'il y a environ 682 à gager contre 22, ou environ 22 contre 1 qu'il ne les a pas.

N. B. Edmond Hoyle, anglais, a fait un traité raisonné du *jeu de whisk*, qui a été traduit en français sur la cinquième édition, en 1770. Ce traité donne la solution de plusieurs petits problêmes que les amateurs de ce jeu intéressant & varié verront sans doute ici avec plaisir.

OBSERVATIONS qu'il faut faire par rapport à certains jeux, pour s'assurer que votre associé n'a plus de la couleur que vous lui avez joué.

PREMIER EXEMPLE.

Supposez que vous commenciez à jouer par une couleur dont vous avez la dame, le dix, le neuf & deux petites cartes de quelque couleur que ce soit, que celui qui vous suit mette le valet, & votre associé le huit; dans ce cas, puisque vous avez la dame, le dix & le neuf, c'est une marque certaine (pour peu qu'il soit joueur) qu'il n'en a plus de cette couleur : ainsi, dès que vous avez fait cette découverte, il faut que vous jouiez en conséquence, ou en le forçant à couper si vous êtes fort en triomphe, ou en jouant quelque autre couleur.

I I.

Supposez que vous ayez le roi, la dame & le dix d'une couleur, si vous jouez votre roi, & que votre associé y fournisse le valet, c'est une marque qu'il n'en a plus de cette couleur.

I I I.

Supposez que vous ayez le roi, la dame & plusieurs autres d'une couleur, & que vous commenciez à jouer par le roi; dans ce cas, votre associé, s'il n'a que l'as & une petite carte dans cette couleur, jouera fort bien en coupant votre roi de son as; car mettant pour un moment qu'il soit fort en triomphe, en prenant le roi avec l'as, il se met en état de pouvoir faire atout; & dès qu'il a fait tomber les triomphes, il retombe dans la couleur de son associé; & s'étant défait de son as, il lui fournit les moyens de se servir de toute la suite de sa couleur; ce que celui-ci n'auroit vraisemblablement pas pu faire, si l'autre étoit resté maître du jeu en gardant l'as.

Et au cas que son associé n'ait point d'autres bonnes cartes que cette couleur, il ne perd rien en prenant le roi avec son as; mais s'il arrivoit qu'il eût une bonne carte pour entrer dans cette couleur, il gagneroit de cette façon toutes les levées. Au surplus, puisque votre associé a pris votre roi avec l'as, & qu'il a fait atout ensuite, vous devez naturellement conclure

qu'il a une autre carte de cette couleur pour vous faire rentrer en jeu; ainsi vous ne devez jetter aucune carte de ladite couleur, quand même vous devriez vous défaire d'un roi ou d'une dame dans une autre couleur.

Quelques jeux particuliers, dans lesquels on enseigne comment il faut tromper son adversaire, & indiquer son jeu à son associé.

Premier Exemple.

Supposez qu'on joue l'as d'une couleur dans laquelle vous avez le roi, & trois petits, & que le dernier en jeu ne trouve pas à propos de le couper, ou qu'il ne puisse pas, il faut bien vous garder de jouer le roi; il faut tâcher de rester maître dans la couleur, & vous ne devez jouer qu'une petite carte, afin d'affaiblir par-là le jeu de votre adversaire.

I I.

Si on joue une carte d'une couleur de laquelle vous n'avez point, & qu'il y ait une probabilité apparente que votre associé n'en a pas, ou que celles qu'il a sont inférieures à celles qui sont jouées; jouez une de vos meilleures cartes dans les autres couleurs, cela trompera vos adversaires : mais pour ne pas aussi tromper votre associé, dès que ce sera à lui à jouer, défaites-vous de vos plus foibles cartes. Cette façon de jouer vous réussira toujours, à moins que vos adversaires ne soient fort habiles, encore êtes-vous, en jouant ainsi, trois fois plus sûr de gagner que de perdre.

Jeux particuliers, dans lesquels on court risque de gagner quatre levées en en perdant une, & aussi d'en perdre trois pour en gagner une.

Premier Exemple.

Supposez que trèfle soit triomphe; que votre partie adverse ait joué du cœur; que votre affocié n'en ayant point, ait jetté un pique, vous devez naturellement conclure qu'il ne porte que carreau & triomphe ; & , fuppofez que vous ayiez fait cette levée ; mais que vous ne foyiez pas fort en triomphe, il faut bien vous garder de le forcer ; fuppofez que vous ayiez le roi, le valet & un petit carreau, & que votre affocié ait la dame & cinq carreaux ; dans ce cas, en vous défaifant de votre roi au premier tour, & de votre valet au fecond, vous pouvez faire entre vous & votre affocié, cinq levées dans cette couleur ; tout comme fi vous aviez joué un petit carreau, & que la dame de votre affocié eût été coupée de l'as, le roi & le valet qui vous reftent en main, empêchent votre affocié de faire d'autres levées en triomphe, quand même il en auroit encore un de refte, en jouant un petit carreau, vous le forcez, & vous perdez de cette façon trois levées dans cette donne.

I I.

Suppofez que, dans un jeu pareil au précédent, vous ayiez la dame, le dix & une petite carte dans la forte couleur de votre affocié, c'eft ce que vous pouvez découvrir en jouant de la façon que nous avons indiquée dans l'exemple précédent ; cette découverte étant faite, fi vous fuppofez que votre affocié doive avoir le valet & cinq petites cartes dans cette même couleur ; fi vous êtes premier à jouer, il faut commencer par la dame, & continuer avec votre dix ; fi votre affocié porte le dernier triomphe, il fera de cette manière quatre levées dans cette couleur, au lieu que fi vous ne jouiez qu'un petit, fon valet s'en allant, & la dame vous reftant au fecond coup qu'on joue dans cette couleur ; dès que fon dernier triomphe eft forcé, la dame qui vous refte empêche qu'on ne puiffe faire paffer cette couleur ; il eft évident que cette façon de jouer vous feroit perdre trois levées dans cette donne.

I I I.

Il a été fuppofé, dans les exemples précédens, que vous étiez premier à jouer, & que vous aviez eu occafion par-là de vous défaire des meilleures cartes que vous portiez dans la couleur forte de votre affocié, dans l'intention de faire paffer toutes les autres ; fuppofons à préfent que vous découvriez qu'il eft fort dans une couleur ; qu'il ait par exemple l'as, le roi & quatre petits, & que vous ayiez de votre côté la dame, le dix, le neuf & une des plus baffes cartes de ladite couleur ; fi votre affocié joue l'as, vous devez y fournir le neuf ; s'il joue le roi, le dix : vous tâcherez de faire paffer de cette façon la dame au troifième tour ; & puifqu'il ne vous refte qu'une petite, vous n'empêchez point que la couleur de votre affocié faffe tout fon effort : au lieu que vous auriez perdu deux levées, fi vous aviez gardé votre dame & votre dix, & que le valet de vos adverfaires fût tombé.

I V.

Suppofez que vous trouviez dans le courant du jeu, comme dans le cas précédent, que votre affocié foit fort dans une couleur, & que vous y ayiez le roi, le dix & un petit ; fi votre affocié joue l'as, mettez-y votre dix, & au fecond tour, votre roi ; vous empêchez par-là, fuivant toute probabilité, que votre affocié trouve quelque obftacle à faire paffer fa couleur.

V.

Suppofez encore que votre affocié ait l'as, le roi & quatre petites cartes dans fa couleur forte ; que vous ayiez à votre tour la dame, le dix & une petite ; s'il joue fon as, mettez votre dame ; c'eft de cette façon que vous rifquerez une levée pour en gagner quatre.

V I.

Nous fuppofons préfentement que vous portez cinq cartes de la forte couleur de votre affocié ; favoir, la dame, le dix, le neuf, le huit & une petite ; & que votre affocié fe trouve en main, l'as, le roi & quatre petites. Si votre affocié joue l'as, mettez votre huit ; s'il joue après cela le roi, pofez le neuf ; & au troifième tour, fi perfonne n'a plus de cette couleur, excepté vous & votre affocié, continuez à jouer votre dame, & après cela le dix ; & puifque vous n'avez plus qu'une petite, & votre affocié deux, vous gagnez par-là une levée ; ce que vous n'auriez pas pu faire en jouant la plus haute & en gardant une petite pour la jouer à votre affocié.

Quelques façons de jouer particulières qu'il faut mettre en ufage, lorfque l'adverfaire à droite tourne une figure.

Premier Exemple.

Suppofez qu'on ait tourné le valet à votre droite, & que vous ayiez le roi, la dame & le dix, fi vous voulez gagner le valet, commencez par jouer votre roi, afin que votre affocié puiffe connoître par-là qu'il vous refte encore la dame & le dix ; & cela d'autant plus facilement, que vous ne jouez pas la dame, quoique vous foyiez premier à jouer.

II.

Suppofez que le valet foit tourné comme au coup précédent ; que vous ayez l'as, la dame & le dix ; en jouant la dame, vous aurez le même avantage que dans le cas précédent.

III.

Si l'on a tourné la dame à votre droite, & fi vous avez l'as, le roi & le valet, en jouant votre roi, vous avez le même avantage que dans les cas précédens.

I V.

Suppofez qu'on ait tourné un honneur à votre gauche, & que vous n'en ayiez point ; dans ce cas, il faut que vous faffiez atout pour faire paffer cet honneur en revue ; au lieu que fi vous en aviez un, à moins que ce ne foit l'as, il faudroit bien prendre garde comment vous joueriez ce triomphe, parce que fi votre affocié n'avait pas un honneur, votre adverfaire fe rendroit maître de votre jeu.

Du danger qu'il y a fouvent de forcer fon affocié.

Premier Exemple.

Suppofez que A & B foient affociés enfemble, & que A ait une quinte majeure en triomphe, avec une quinte majeure & trois petites cartes d'une autre couleur ; que A foit premier à jouer : fuppofons encore que les adverfaires C & D n'aient chacun que cinq triomphes ; dans ce cas, A fait toutes les levées, parce qu'il êft le premier à jouer.

II.

Suppofons au contraire que C ait cinq petites triomphes, avec une quinte majeure & trois petites cartes d'une autre couleur ; qu'il foit premier à jouer, & qu'il force A de couper ; par ce moyen, A ne pourra faire que cinq levées.

III.

Suppofez que A & B foient affociés, & que A porté une quatrième majeure en trèfle qui êft le triomphe, une autre quatrième majeure en carreau & l'as de pique : & fuppofons en même-tems que les adverfaires C & D aient les cartes fuivantes ; C quatre triomphes, huit cœurs & un pique ; D cinq triomphes & huit carreaux. C, premier à jouer, commence par un cœur ; D le coupe & joue carreau,

lequel

lequel C coupe; & qu'en continuant ainsi la navette, chacun de ces deux associés coupe une des quatrième majeures de A; que le tour étant à C à jouer, pour la neuvième levée, entre par pique, lequel D coupe : les voilà donc maîtres des neuf premières levées; A reste avec la quatrième majeure en triomphe.

Ce cas démontre combien il est avantageux de faire la navette, dès qu'on peut la former.

Divers incidens mêlés de calculs, pour démontrer comment il faut jouer, lorsqu'on n'est pas premier en jeu, le roi, la dame, le valet ou le dix, avec une petite carte de quelque couleur que ce soit.

PREMIER EXEMPLE.

Supposez que vous ayiez quatre petits triomphes, & que vous ayiez une main sûre dans chacune des trois autres couleurs, & que votre associé n'ait aucuns triomphes, il faut, dans ce cas, que les autres neuf triomphes se trouvent partagés entre vos adversaires : mettons qu'un en ait cinq, & l'autre quatre; jouez atout autant de fois que vous serez premier, & au cas que vous le soyez quatre fois, il est évident que vos adversaires n'auront fait que cinq levées avec neuf triomphes; au lieu que si vous leur aviez permis d'employer leurs triomphes séparément, ils auroient facilement pu faire neuf levées.

Cet exemple prouve qu'il est presque toujours avantageux de faire tomber deux triomphes contre un.

Il y a cependant une exception à cette règle; la voici :

Si vous trouvez, dans le courant du jeu, que vos adversaires soient extrêmement forts dans quelque couleur particulière, & que votre associé ne puisse pas vous être d'un grand secours dans ladite couleur; dans ce cas, il faut examiner les points

que vous avez & ceux de vos adversaires, parce que vous pourrez sauver, ou gagner le jeu, en gardant un triomphe pour couper cette couleur.

I I.

Supposez que vous ayiez l'as, la dame & deux petits dans une couleur, & que votre adversaire à droite, premier en jeu, y entre; dans ce cas, ne mettez point la dame, parce qu'il est à parier que votre associé porte une meilleure carte dans cette couleur, que le troisième joueur : si cela est ainsi, vous voyez que vous y serez le maître.

Il y a une exception à cette règle : quand vous n'êtes pas premier à jouer, alors il faut mettre la dame.

I I I.

Ne commencez jamais à jouer par le roi, le valet & une petite carte dans quelque couleur que ce soit, parce qu'il y a deux contre un que votre associé n'a pas l'as, & par conséquent trente-deux à vingt-cinq, ou autour de cinq à quatre qu'il a la dame ou le dix; & ainsi, n'ayant qu'autour de cinq à quatre en votre faveur, & devant avoir quatre cartes dans quelqu'autre couleur, quand même le dix en seroit la plus forte, jouez-la, parce qu'il est à parier que votre associé a une meilleure carte dans ladite couleur que le dernier joueur; & quand même l'as resteroit derrière votre main, il est à parier que cela se trouvera ainsi, si votre associé ne l'a point, vous ne laisserez vraisemblablement pas, que de faire deux levées, si votre adversaire met cette couleur sur le tapis.

I V.

Supposez que vous vous apperceviez, dans le courant du jeu, qu'il vous reste entre vous & votre associé quatre ou cinq triomphes, si vos adversaires n'en ont point, & que vous n'ayiez aucune carte gagnante, mais que vous ayiez raison de juger que votre associé porte une troisième ou quelqu'autre carte supérieure; dans ce cas, jouez un petit triomphe, afin de tenir la main, pour vous pouvoir défaire d'une fausse sur cette troisième ou autre bonne carte.

De l'art de jouer le roi, la dame, le valet ou le dix de quelque couleur que ce soit, lorsque l'on est dernier en cartes.

P R E M I E R E X E M P L E.

Supposez que vous ayiez le roi & une petite carte dans une couleur, & que votre adversaire à droite y joue; s'il est habile au jeu, ne mettez point le roi, à moins que vous ne vouliez tenir la main, parce qu'un bon joueur commence rarement à jouer par une couleur dont il a l'as; il le garde pour faire passer sa forte couleur, quand les triomphes sont tombés.

I I.

Supposez que vous ayiez la dame & une petite carte d'une couleur, & que votre adversaire à droite y joue, ne posez point la dame, parce que, supposé que votre adversaire ait commencé par l'as, suivi du valet; dans ce cas, dès qu'on retournera dans la susdite couleur, il fera une feinte avec le valet : en faisant cela, il jouera beau jeu, sur-tout si son associé a joué le roi; cela vous fera faire votre dame : mais en la mettant en premier, vous l'avertiriez que vous n'êtes pas fort dans cette couleur, & vous l'engageriez à attaquer le jeu de votre associé par des feintes, tant qu'il seroit question de cette couleur.

I I I.

Les exemples précédens vous ont suffisamment instruit, quand il est à propos que vous mettiez le roi ou la dame,

lorsque vous êtes dernier à jouer; il faut encore observer, qu'au cas que vous ayiez le valet ou le dix dans une couleur, avec une petite, que c'est en général très-mal jouer de mettre l'un ou l'autre, si vous êtes dernier, parce qu'il y a à parier cinq contre deux, que le troisième joueur porte ou l'as, ou le roi, ou la dame; il s'ensuit qu'il y a une chance contre vous de cinq à deux; & quoique-vous puissiez quelquefois réussir, en jouant de la sorte, vous risquez toujours de perdre, parce que vous découvrez à vos adversaires que vous êtes foible dans cette couleur, & que ceux-ci emploient des feintes contre vous ou contre votre associé, tant que cette couleur dure.

I V.

Supposez que vous ayiez l'as, le roi & trois petites cartes d'une couleur, & que votre adversaire à droite y joue, vous y mettez votre as, & votre associé le valet; & au cas que vous soyiez fort en triomphe, il faut rejouer une petite dans cette couleur, afin que votre associé la puisse couper.

Voici la conséquence qui résulte de cette façon de jouer :

Vous restez le maître dans cette couleur par votre propre jeu, & vous faites sentir en même-tems à votre associé, que vous êtes fort en triomphes, & qu'il peut régler son jeu en conformité, soit en tâchant de faire la navette, soit en vous jouant atout, s'il est fort en triomphes ou maître dans les autres couleurs.

V.

Supposez que A & B aient six points, leurs adversaires C & D sept; qu'on ait joué neuf cartes, desquelles A & B aient fait sept levées; supposez encore qu'on n'ait point compté d'honneurs; dans ce cas, A & B ont gagné la levée impaire; ce qui donne une égalité à leur jeu. Supposez encore que A soit premier à jouer,

& qu'ils portent les deux petits triomphes qui restent, avec deux fortes cartes dans les autres couleurs; & ajoutez que C & D ont entre eux les deux meilleurs triomphes, avec deux autres cartes gagnantes; on demande comment il faut jouer ce jeu. Il y a onze à trois que C n'a pas les deux triomphes; & pareillement onze à trois que D ne les a pas : la chance est autant en faveur de A, qu'il peut gagner la somme qu'on joue; ainsi il est de son intérêt de faire atout : car, par exemple, si la mise est de 70 livres, A la tirera si cette façon lui réussit; au lieu que s'il joue dans la méthode ordinaire, s'il force C ou D à faire atout les premiers, ayant déjà gagné la levée impaire, & étant sûrs de gagner les deux autres, son jeu se comptera neuf à sept; ce qui est autour de trois à deux : & par conséquent la part de A dans les soixante-dix livres ne montera qu'à quarante-deux livres; il n'aura qu'un bénéfice de sept livres : au lieu que dans l'autre cas, dans la supposition que C & D ont une prétention de deux à trois sur la mise, en jouant triomphe, il se procurera un droit de cinquante-cinq livres sur les soixante-dix livres.

Dès qu'on voudra faire exactement attention au cas que nous venons d'expliquer, on pourra l'appliquer pour la même fin, dans d'autres circonstances dans lesquelles un jeu se pourroit trouver.

Quelques avis comment il faut jouer, si l'adversaire à droite a tourné un as, un roi, une dame, &c.

PREMIER EXEMPLE.

Supposez qu'on ait retourné l'as à votre droite, & que vous n'ayiez en main que le roi & le neuf de triomphe, avec l'as, le roi & la dame d'une autre couleur, & huit fausses cartes. Pour bien jouer ce jeu-là, commencez avec l'as de la couleur dont vous avez l'as, le roi & la dame; cela indiquera à votre associé que vous

êtes maître dans cette couleur : jouez ensuite le dix de triomphe, parce qu'il y a cinq contre deux que votre associé porte le roi, la dame ou le valet de triomphe; & quoiqu'il y ait à parier autour de sept contre deux, que votre associé ne porte pas deux honneurs, il se pourroit bien qu'il les eût, & même que ce fût le roi & le valet; dans ce cas-là, comme votre associé laissera passer votre dix de triomphe, & qu'il y a treize contre douze à parier que le dernier joueur ne porte point la dame de triomphe; supposant que votre associé ne l'a pas, celui-ci, dès qu'il tiendra la main, entrera dans votre couleur forte; & dès que vous tiendrez à votre tour la levée, il faut que vous jouyiez le neuf de triomphe, parce que vous mettrez par-là votre associé en état de couper à coup sûr la dame, s'il se trouve derrière elle.

Ce cas démontre qu'un as tourné contre vous, peut devenir peu avantageux à votre adversaire, si vous savez bien appliquer cette règle.

I I.

Si votre adversaire à droite tourne le roi ou la dame; vous pourrez gouverner votre jeu de la même façon; mais il faut toujours vous comporter suivant le degré de capacité de votre associé, parce qu'un bon joueur sait tirer parti d'un certain jeu avec lequel un joueur moins habile réussiroit rarement.

I I I.

Supposez que votre adversaire à droite entre en jeu par le roi de triomphe, & que vous en ayiez l'as & quatre petits, accompagnés d'une bonne couleur; dans ce cas, c'est votre jeu de laisser passer le roi, quand même il auroit roi, dame & valet, & un autre. S'il n'est pas un des plus habiles joueurs, il jouera le petit, dans la pensée que son associé porte l'as; s'il le fait, il faut le laisser passer, parce qu'il eſt également à parier que votre aſſocié à un meilleur triomphe que le dernier joueur; cela étant, pour peu qu'il entende le jeu, il jugera que vous avez vos raiſons pour avoir joué ainſi; & en conſéquence, s'il lui reſte un troiſième triomphe, il le jettera, ſinon il jouera ſa meilleure couleur.

Cas critique pour gagner la levée impaire.

P R E M I E R   E X E M P L E.

Suppoſez que A & B jouent contre C & D, & de plus, que le jeu ſoit à neuf, & tous les triomphes tombés. A., dernier à jouer, porte l'as & quatre petites d'une couleur, & la treizième carte reſtante; B, n'a que deux petites cartes de la couleur de A. C porte la dame & deux autres petites cartes de cette couleur; D le roi, le valet & une petite; A & B ont gagné trois levées; C & D quatre : ainſi, il s'enſuit de là, que A doit gagner quatre levées de ſix cartes qui lui reſtent, s'il veut gagner la partie. C joue cette couleur, & D y met le roi; A lui donne cette levée; D retourne dans la même couleur; A laiſſe paſſer ſa carte, & C met ſa dame:

de ſorte que C & D ont gagné ſix levées; & C croyant que ſon aſſocié porte l'as de ladite couleur, y retourne; cela fait gagner à A les quatre dernières levées, & par conſéquent la partie.

I I.

Suppoſez que vous ayiez le roi & cinq petits triomphes, & que votre adverſaire à droite joue la dame; dans ce cas, ne mettez point votre roi, parce qu'il eſt à parier que votre aſſocié porte l'as; & ſuppoſez que votre adverſaire eût la dame, le valet, le dix & un petit triomphe; il eſt auſſi à parier que l'as ſe trouve ſeul chez votre adverſaire ou chez ſon aſſocié; ainſi vous joueriez fort mal en mettant le roi. Mais ſi l'on entroit par la dame de triomphe, & que vous euſſiez par haſard le roi avec deux ou trois triomphes, c'eſt alors qu'il faudroit le mettre, parce que c'eſt bien jouer que de commencer par la dame, dès qu'on la porte, accompagnée d'un ſeul petit triomphe. Alors, ſi votre aſſocié avoit le valet de triomphe, & que votre adverſaire à gauche tînt l'as, vous perdriez une levée en négligeant de mettre le roi.

FIN DES JEUX MATHÉMATIQUES.

A

J'AIME MON AMANT PAR *A.*

J'AIME MON AMANT PAR *A.*

Jeu de Société en dialogue.

Madame DE LA HAUTE-FUTAIE.

Eh bien! ma bonne amie, vous avez reçu aujourd'hui une lettre de votre maman?

Mademoiselle DU RUISSEAU.

Oui, ma bonne amie. Ne l'as-tu pas dit à ma sœur?

Mademoiselle DU GAZON.

Non, ma sœur; je l'ai donnée à lire à ma sœur Rose, elle ne me l'a pas rendue. Elle nous charge de vous dire mille choses obligeantes.

Madame DE LA HAUTE-FUTAIE.

Viendra-t-elle bientôt nous trouver?

Le Chevalier ZÉPHIR.

Est-ce que vous êtes lasse, Madame, de servir de mère à trois aimables personnes?

Madame DE LA HAUTE-FUTAIE.

Point du tout, Chevalier. Je suis très-flattée de la confiance dont m'a honorée Madame du Ruisseau.

L'Abbé PRINTEMS.

Vous la méritez bien. Ces Demoiselles ont en vous une seconde mère. Nous espérons voir dans peu Madame du Ruisseau; son neveu est convalescent depuis peu.

Mademoiselle DU RUISSEAU.

Sa fièvre rouge est entièrement passée; & maman, comme vous savez, n'étoit restée à

Jeux familiers.

Paris que pour soulager & consoler ma tante, qui est folle de son fils.

Madame DE LA RIVIÈRE.

C'est tout simple, c'est un fils unique. D'ailleurs, votre cousin M. Dufresne est un charmant garçon, soit dit sans compliment. Mais jouons à quelque chose: jouons à j'aime mon amant par A. Je vais commencer. J'aime mon amant par A, parce qu'il est aimable; je le nourris d'amandes douces; je l'envoie à Avignon, je lui fais présent d'un aérostat, pour qu'il revienne plus vîte me retrouver, & je lui fais un bouquet d'amaranthe.

Mademoiselle DU RUISSEAU.

J'aime mon amant par A, parce qu'il est agaçant; je le nourris d'asperges, je l'envoie à Alençon; je lui fais présent d'un agneau: je lui donne un bouquet de fleurs d'anémones.

Mademoiselle DU GAZON.

J'aime mon amant par A, parce qu'il est affable; je le nourris d'abricots en marmelade; je l'envoie à Arras; je lui fais présent d'une arbalête, & je lui donne un bouquet d'ancholies.

Madame DE LA HAUTE-FUTAIE.

J'aime mon amant par A, parce qu'il est attendrissant; je le nourris d'alouettes, je l'envoie à Alexandrie; je lui donne un almanach & un bouquet d'amomum.

L'Abbé PRINTEMS.

J'aime mon amante par A....

Mademoiselle DU GAZON.

Bon! Est-ce que les abbés ont des amantes?

L'Abbé DES AGNEAUX.

Mais sûrement; c'est le jeu. Il y a d'ailleurs

A

bien des demoiselles qui pourroient dire, j'aime mon amant par A, parce qu'il est abbé.

Madame DU BOCAGE.

Bon ! c'est mon tour après : je n'oublierai pas celui-là, car je commençois à être bien embarrassée. Allons, l'abbé, continuez.

L'Abbé PRINTEMS.

J'aime mon amante par A, parce qu'elle est acariâtre.....

Madame DE LA RIVIÈRE.

Vous avez bon goût; vous allez, sans doute, la nourrir de mets bien doux.

L'Abbé PRINTEMS.

Je la nourris d'amers de bœuf ; je l'envoie dans toutes les parties du monde, hormis en Europe ; je l'envoie en Asie, en Afrique & en Amérique.

Mademoiselle DU GAZON.

Mais ce ne sont pas des noms de ville, ce n'est pas permis ; vous paierez un gage.

L'Abbé PRINTEMS.

Eh bien! ne vous fâchez pas ; je l'envoie aux Antipodes.

Mademoiselle DU GAZON.

Mais ce n'est pas encore un nom de ville.

L'Abbé PRINTEMS.

Allons, puisqu'il faut un nom de ville, je l'envoie à Antioche, en Asie ; je lui donne un petit antropophage, pour qu'elle s'en fasse un petit jokei, & je lui fais un bouquet de fleurs d'absynte.

Mademoiselle DU BOCAGE.

J'aime mon amant par A, parce qu'il est abbé ; je le nourris d'arêtes de poisson ; je l'envoie à Antigoa ; je lui donne un antiphonier & un bouquet de fleurs d'alleluia.

Mademoiselle DE LA HAUTE-FUTAIE.

J'aime mon amant par A, parce qu'il est ardi.

Mademoiselle DU GAZON.

Un gage, Mademoiselle; hardi commence par un H, & non par un A.

Mademoiselle DE LA HAUTE-FUTAIE.

Oh bien ! je ne joue plus à ce vilain jeu-là. Est-ce que je fais ça, moi ?

Madame DE LA HAUTE-FUTAIE.

C'est bien fait, ma fille ; pourquoi avez-vous eu si long-tems un maître de grammaire ? Je suis bien aise que tout le monde vous en fasse la honte. Allons, je le veux, continuez.

Mademoiselle DE LA HAUTE-FUTAIE.

Mais, maman, je m'y tromperai toujours.

Madame DE LA HAUTE-FUTAIE.

Et on se moquera toujours de vous.

L'Abbé DES AGNEAUX, (tout bas).

Je vous soufflerai.

Mlle. DE LA HAUTE-FUTAIE, *lentement, répétant tout haut tout ce que l'abbé lui dit tout bas.*

J'aime mon amant par A, parce qu'il est audacieux ; je le nourris d'anguilles ; je l'envoie à Antibes ; je lui donne un arlequin & un bouquet d'althéa.

Madame DE LA HAUTE-FUTAIE.

Eh bien ! vous voyez, ma fille, qu'on en vient à bout.

L'Abbé DES AGNEAUX.

J'aime mon amante par A, parce qu'elle est Angélique ; je la nourris d'ananas ; je l'envoie à Amsterdam, & je lui donne une agraffe de diamant & un bouquet d'aster.

Le Chevalier ZÉPHIR, *vîte.*

J'aime mon amante par A , parce qu'elle est *agaçante* ; je la nourris d'ambroisie ; je l'envoie à *Avignon* ; je lui donne un *almanach* & un bouquet de fleurs d'aube-épine.

Madame DE LA RIVIÈRE.

Bon , Chevalier, trois gages.

Le Chevalier ZÉPHIR.

Et pourquoi donc, s'il vous plaît ?

L'Abbé DES AGNEAUX.

Non , pas davantage ; que trois seulement.

Mademoiselle DU RUISSEAU.

J'ai dit *agaçant* ; ainsi, un gage.

Madame DE LA RIVIÈRE.

J'ai dit *Avignon*, moi ; ainsi, deux gages.

Madame DE LA HAUTE-FUTAIE.

Et moi j'ai dit un *almanach* ; ainsi, voilà bien trois gages. On ne doit jamais répéter ce que les autres ont dit.

Le Chevalier ZÉPHIR.

Mais personne n'avoit nourri son amante d'ambroisie , & ne lui avoit donné un bouquet d'aube-épine.

L'Abbé PRINTEMS.

Aussi ne vous fait-on pas payer cinq gages ; mais trois seulement.

Le Chevalier ZÉPHIR.

Au diable soit le jeu , pour ceux qui n'ont pas de mémoire !

Mademoiselle DU RUISSEAU.

Dites plutôt, Chevalier, pour ceux qui ont étourdi comme vous.

Le Chevalier ZÉPHIR.

Ça m'est égal , au reste ; plus j'aurai de gages , plus je m'amuserai. Mais nous sommes trop de monde pour jouer ce jeu-là ; ça ne finiroit pas, si nous faisions les vingt-quatre lettres de l'alphabet : d'ailleurs, il y a des lettres où on ne sauroit que dire.

L'Abbé DES AGNEAUX.

C'est le beau du jeu.

Le Chevalier ZÉPHIR.

Mais que direz-vous sur la lettre Q par exemple.

L'Abbé DES AGNEAUX.

Quoi ! une amante est quinteuse, querelleuse ; on l'envoie à Quimpercorentin ; on lui donne une quenouille ; on la nourrit de quinquina, &c. &c.

Mademoiselle DU GAZON.

L'*& cætera* vient là bien à propos. Mais je crois qu'en voilà assez pour ce soir ; dans quelques jours, il faudra prendre une autre lettre pour nous faire mieux sentir le jeu. Ah ! voilà notre monde qui vient. Mais vous n'arrivez pas trop tôt.

Madame DE LA RIVIÈRE.

D'où viens-tu donc, M. de la Rivière ? J'étois inquiette ; j'ai prié M. de la Forêt de t'aller chercher. Il y a une heure qu'il ne fait plus clair. Il n'y a pas de bon sens.

M. DE LA RIVIÈRE.

Ce n'est pas ma faute ; je lisois cette comédie que l'abbé des Agneaux a faite : je me suis égaré dans le milieu du parc de Chessey....

M. DE LA FORÊT.

Et quand Monsieur a voulu revenir, au jour tombant, il a trouvé la grille fermée, il a été obligé de revenir par le village. Je l'ai rencontré devant la terrasse.

L'Abbé PRINTEMS.

Et Mademoiselle Rose où est-elle donc ?

M. DE LA FORÊT.

J'ai passé dans le salon, & je lui ai fait mon compliment ; elle fait un wisk ; je me suis un peu moqué d'elle. Mademoiselle Rose a M. le curé pour partenaire ; & Madame Dubois M. B... ; le jeu ne va pas vîte. M. le curé qui est pourtant beau joueur, dit : vous ne répondez pas à mon invite. J'ai vu le moment où Mademoiselle Rose lui disoit, vous en avez menti M. le curé, comme dans le petit jeu du curé.

Madame DE LA RIVIÈRE.

Messieurs, avec votre permission, nous allons faire un loto pour amuser ces demoiselles. Demain, nous jouerons d'autres petits jeux.

Mademoiselle DU RUISSEAU.

Nous avons quatre gages à tirer.

L'Abbé PRINTEMS.

Allons, tirons d'abord les gages, & nous jouerons ensuite au loto.

(*Extrait des Soirées amusantes.*)

ACROBATES. Danseurs de cordes chez les Grecs, qui voloient de haut en bas sur une corde appuyée sur l'estomach, les bras & les jambes tendus.

ACROCHIRISME ; espèce de lutte avec les mains seulement. Les *Acrochiristes* Grecs ne faisoient que se toucher du bout des doigts.

AGRICULTURE. (*jeu de l'*)

Au jeu qui est appellé de l'*Agriculture*, l'on donne aux assistans des noms divers, de la maison, du territoire, de la cour, du jardin,

de la vigne, & autres semblables, auxquels l'on accouple deux qualités différentes, comme de dire : *La maison est habitable ou inhabitable ; le territoire est fertile ou infertile ; la cour est égale ou inégale ; le jardin est cultivé ou en friche ; la vigne à des raisins ou du verjus ;* & quand le maître du jeu nomme quelqu'une de ces choses, il faut que celui qui en porte le nom, ajoute l'une des qualités, & là-dessus le maître répond sur ce que l'on a dit, comme si l'on a dit, *la maison est habitable :* Il répond, *demeurez-y.* Si l'on dit, *qu'elle est inhabitable ;* Il dit : *N'y demeurez pas,* ou *faites-la rebâtir.* Si l'on a dit que le territoire est fertile, il répond : *Il le faut conserver.* Si l'on a dit qu'il est infertile, il répond : *Il le faut cultiver.* Il y a ainsi des reparties propres à tout, avec quelques autres observations qu'il n'est pas besoin de rapporter, parce qu'elles ne servent qu'à rendre le jeu plus difficile, & que sans cela il peut être passable.

AMBASSADEURS. (*jeu des*)

Voyez à l'article ATTRAPE. (*jeux d'*)

AMOUR, (*le petit jeu d'*) *ou les Etrennes de la jeunesse.*

De tous les jeux qui ont été inventés jusqu'à présent, aucun, dit l'annonce, n'a encore paru plus divertissant en compagnie pour la jeunesse de l'un & l'autre sexe.

Règles générales de ce jeu.

Il se joue avec deux dés ; le nombre des bergères doit être égal à celui des bergers. Les bergères ayant tiré les dés, le plus haut point fait choix d'un berger qui prend sa place à sa gauche ; les autres de même à leur tour. Le jeu gauche est le jeu des bergers, la plus haute en points joue la première, & l'on marque son jeu comme au jeu d'oie, commençant tous par le n° 1. Si l'on veut intéresser le jeu, l'on y mettra avant de jouer ; sinon l'on se contentera des petites peines amoureuses prescrites dans l'occasion ; & l'on conviendra du prix des amendes pécuniaires, si l'on veut en imposer.

Aux deux cœurs, alliance, n° 32. Celui ou celle qui y arrivera, la partie est perdue pour les autres du même sexe, & lorsque quelqu'un de sexe différent arrivera au même n°, ils partageront tous deux ce qui est sur le jeu, & ils seront associés dans la partie suivante. Au numéro, s'il reste des points à compter, l'on passera outre. A la rencontre de deux jettons, le dernier joué double son point & paye l'amende.

Règles particulières du jeu pour les dames.

A la jarretière, n° 4. La bergère présentera la sienne à son berger qui la lui remettra proprement.

Au nom volage, n° 8. Le berger attachera un ruban au poignet de la volage, dont il tiendra le bout jusqu'au pardon. [paye 1.]

A l'ingratitude, n° 12. L'ingrate s'asseoira le dos tourné derrière son berger, les mains jointes, sans jouer ni parler jusqu'au pardon. [paye double.]

Au mépris, n° 16. La méprisante se levera pour faire la révérence à son berger, puis à tous les autres. [paye 1.]

Au miroir, n° 20. La coquette permettra à son berger de rajuster son mouchoir, sa coiffure, & sauf à lui de se faire payer comme il pourra.

A la fidélité, n° 24. La bergère fidelle s'asseoira sur le genou de son berger, jusqu'à ce que l'un des deux tombe dans quelque défaut. [gagne simple.]

A la jalousie, n° 28. La jalousie se retirera derrière une porte ou rideau, & regardera jouer de loin jusqu'au pardon. [paye 1.]

Au pardon, n° 31. La bergère obtiendra pardon pour les bergers qui sont alors en pénitence. [gagne simple.]

Règles particulières du jeu pour les cavaliers.

A la cocarde, n° 4. Le nouvel engagé baisera la main de sa bergère pour la prier d'acheter son congé. [paye 1.]

A l'inconstance, n° 8. La bergère ôtera sa jarretière & la mettra au cou de l'inconstant, attachée au dos de la chaise jusqu'au pardon. [paye 1.]

A la brosse, n° 12. Le berger prendra une brosse, baisera le bas de la robe de sa bergère & la brossera bien. Faute de brosse [paye 1.]

A la bouteille, n° 16. Le galant versera à boire, faute de vin, en fera venir, ou sinon, [payera 1.]

A la trahison, n° 20. Le traître se mettra à genoux, sans jouer & sans dire mot jusqu'au pardon. [paye double.]

A la béquille, n° 24. Le boiteux fera le tour de la table en sautant sur un seul pied.

A l'indiscrétion, n° 28. L'indiscret se laissera mettre par sa bergère un mouchoir sur la bouche, noué par derrière, jusqu'au pardon. [payera 1.]

Au pardon, n° 31. La bergère obtiendra le pardon des bergers qui sont en pénitence. [gagnera simple.]

Le carton de ce jeu présente un double rond, l'un pour le jeu des dames, l'autre pour le jeu des cavaliers.

Chaque rond est composé de trente-deux numéros ou cases, où sont marqués les incidens énoncés ci-dessus dans l'explication du jeu. Au reste, c'est encore une imitation du jeu de l'oie, & le nombre des points des dés en règle la marche.

On trouve le carton & tout ce qui concerne ce jeu, au magasin de toutes sortes de tableteries, rue des Arcis, à l'enseigne du Singe vert.

AMOUR. *(jeu de l')*

Le jeu de l'Amour se fait avec beaucoup d'appareil, car on élit la personne qui doit représenter l'Amour avec cérémonie. L'on fait mettre ce faux Dieu sur un trône ; on lui va rendre hommage, & il donne à chacun son nom ; par exemple, il peut dire, *vous serez, oisiveté, erreur, songe, fausse opinion, ou joie incertaine*, & donner plusieurs noms d'autres choses semblables qui sont des dépendances de la folie amoureuse ; après il en appelle trois dont il bande les yeux, & ayant divisé le reste de la compagnie en deux troupes, il faut que les trois bandés devinent ceux qui leur viennent toucher la main, les nommant de leur nom supposé ; s'ils y manquent, ils donnent des gages, & s'ils y réussissent l'Amour les déban le & met les autres en leur lieu Il faut croire que par les bandés l'on veut repréfenter l'aveuglement des amoureux, & le trouble des paffions & affections diverfes, qui font excitées par celle de l'amour, qui eft ordinairement la maîtreffe des autres & la plus abfolue. Après que l'on eft las de ce jeu, l'on propofe des queftions à ceux qui veulent retirer leurs gages, & s'ils n'y répondent pas bien, il faut croire que l'on leur che che encore quelque autre punition. Les queftions font toutes celles que l'on peut faire fur le fujet de l'amour, lefquelles font communes à ceux qui ont étudié la morale, & qui font inftruits dans la pratique du monde.

A M O U R.   *(jeu de la chaffe d')*

L'on peut jouer *à la chaffe de l'amour*, en difant : *nous avons perdu l'amour ; ce méchant petit garçon nous avoit été donné en garde par fa mère, & nous ne nous étions pas apperçus que celui qui étoit fi petit, qu'à peine pouvions nous croire qu'il favoit marchér tout feul, étoit pourvu de bonnes aîles pour s'envoler quand il lui plairoit. Où pourra-t-il être caché ?* Quelqu'un reprend ; *il eft volé dans les yeux de Cornelie la favante, ou d'Helène la ruine de Troye ;* & alors chacun crie : *A l'amour. à l'amour.* L'un appelle des chiens, l'autre réclame des oifeaux comme en une chaffe : car en effet ce méchant petit Cupidon peut bien être mis au rang des hôtes de l'air, ayant des ailes telles qu'on les lui donne. Si la damе à qui l'on s'adreffe, veut s'exempter promptement de tant d'attaques, il faut qu'elle en nomme une autre dans le fein de laquelle l'amour fe foit retiré, & puis l'on la fuivra encore, non-foulement avec les paroles, mais par la courfe. Que fi elles veulent que l'on s'adreffe à des hommes, il faut qu'elles difent que l'Amour eft volé dans leur cœur, nommant les uns ou les autres par les noms qu'on a inventés, & comme plufieurs tant d'un fexe que de l'autre manqueront de mémoire pour retenir ces noms divers, ils feront quantité de fautes, ce qui fera caufe qu'ils donneront des gages, lefquels on ne leur rendra point qu'en s'acquittant de quelque charge qu'on leur donnera. La plupart de ces jeux que je vous ai décrits ont du rapport les uns aux autres pour la manière de s'en fervir, &

néanmoins les paroles & les actions étant diverfes, les rendent d'autant plus agréables.

A N G U I L L E.   *(jeu de l')*

Voyez à l'article MÉTAMORPHOSES.

A N I M A U X.   *(jeu des)*

De tous tems l'on a joué aux animaux dont chacun contrefait le cri ; mais ce n'eft là autre chofe que hurler, hennir ; mugir, bêler, fiffler, & faire autres cris femblables qui ne font pas auffi agréables que la diverfité des paroles.

ARBALÊTE.   *(jeu de l')*

Le carton qui fert au jeu de l'arbalête repréfente neuf cercles, tracés en noir, 1, 2, 3, 4, 5, 6, 7, 8, 9. Le 9 eft au centre, & celui qui l'atteint a néceffairement gagné. On a l'avantage fur les autres joueurs, felon que l'on adreffe dans les cercles qui approchent le plus du 9 ou du centre.

ARCHIMIMES ; c'étoit chez les Grecs & furtout chez les Romains des gens qui avoient l'art de contrefaire les manières, les geftes, la parole, & les attitudes des perfonnes ; en forte qu'ils rappelloient la figure exacte d'une perfonne morte ou vivante.

ARMAOUTE ; jeu des Grecs modernes. L'armaoute eft menacé par un homme qui tient un fouet & un bâton à la main, qui s'agite, & court rapidement de l'un à l'autre bout, frappant du pied & faifant claquer fon fouet ; l'armaoute, au contraire, tient fes mains entrelacées avec celles d'une danfeufe, confervant un pas égal & modéré.

A S   Q U I   C O U R T.   *(l')*

Jeu de fociété. *Voyez* à l'article (POULES, jeu des).

ASCOLIER; c'est une outre, ou une peau de bouc qu'on enfloit comme un ballon, & qu'on frottoit de matière onctueuse. Les jeunes gens s'essayoient de se tenir d'un pied sur ce ballon, ayant l'autre pied en l'air; mais leur chûte excitoit bientôt des risées.

ASTRONOMIQUE, *danse*. C'est une danse dans laquelle les Egyptiens prétendoient représenter l'ordre & le cours des astres.

ATTRAPE. (*les jeux d'*)
Jeu de société en dialogue.

M. DES JARDINS.

Je l'avois bien prédit; ils ont suivi mes conseils. Madame Dubois a attendu son fils dans sa voiture, sur la grande route, hors de la ville; & notre jeune étourdi, vers les deux heures du matin, est sorti déguisé en fille.

Mademoiselle ROSE.

Il devoit être joli avec cet accoutrement. Mais il n'y avoit donc plus de gardes à la porte de l'auberge.

M. DES JARDINS.

Pardonnez - moi. Les portes de derrière étoient même gardées. Mais il a passé par-dessus les murs, de jardins en jardins, de maison en maison, & est sorti par une maison assez éloignée de l'auberge, en répandant de l'argent par-tout où il a été trop heureux de passer. Je ne lui conseillerois pourtant pas de reparoître à Lagny, car il n'en seroit pas quitte à si bon marché (1).

---

(1) Il est inutile de prévenir que l'histoire de M. Dubois est une fiction. Pareille chose cependant, est arrivée il y a environ vingt ans, à une jeune demoiselle d'un château voisin de Lagny. Elle a été obligée de se réfugier dans une auberge, & en est sortie la nuit, déguisée en homme.

Un fermier, monté sur un excellent cheval, a parcouru Lagny, il y a plusieurs années, en galoppant ventre à terre, & en criant de toutes ses forces : combien vaut l'orge? On ne put l'arrêter. Il étoit enveloppé de son manteau, mais pas si bien qu'on ne pût le reconnoître. Trois mois après, il revint à Lagny; on se saisit de lui, & on lui fit subir la peine que lui avoit méritée sa question indiscrette.

Mademoiselle DU RUISSEAU.

Madame Dubois a dû être bien inquiète.

M. DES JARDINS.

Ah! sûrement.

L'Abbé PRINTEMS.

Ne pensons plus à tous ces malheurs-là, dont nous sommes déjà tout consolés. A quoi allons nous jouer?

Mademoiselle ROSE.

Je trouve les jeux d'attrape bien jolis; mais quand tout le monde les sait, on ne peut plus y jouer.

M. DU FRÊNE.

Inventez-en, ma chère cousine, vous qui avez un esprit si fécond en malice. Il faut que je tâche de vous faire aller à la campagne de mes tantes de Franc-Aleu; mais vous vous laisserez bien attraper; promettez-le-moi.

Mademoiselle ROSE.

Oh! oui; je vous le promets.

M. DU FRÊNE.

Je n'ai jamais tant ri que quand nous avons joué à cacher un œuf.

L'Abbé DES AGNEAUX.

Je connois ce jeu-là; il est cruel.

M. DU FRÊNE.

On avoit caché l'œuf dans plusieurs coins de l'appartement; & les joueurs, successivement, l'avoient trouvé. Le bailli du village, homme fort grave, étoit venu faire sa cour à mes tantes. Pendant le dîner, on y avoit parlé d'attrape, & il disoit, avec assurance, que jamais on ne l'attraperoit, & qu'il connoissoit toutes les vieilles ruses, se vantant même de deviner celles qu'on pourroit imaginer: il avoit son bel habit noir & sa grande perruque, que couvroit un large chapeau, qu'il avoit demandé la permission de ne pas ôter, étant enrhumé, pour avoir posé les scellés la veille, à onze heures du soir, de ce requis par le procureur-fiscal. Ma tante s'ap-

proche de lui, & lui dit, avec un air de myf-
tère : voudriez-vous cacher cet œuf fous votre
chapeau ? fi on le trouve-là, on fera fin, dit-il
avec l'air d'une perfonne qui entre dans l'efprit
de la chofe. La chercheufe d'œuf rentre ; elle
renverfe tous les meubles du fallon, fe défole
de fon peu d'efprit. Enfin, s'approchant de
M. le bailli : vous ne voulez donc pas révéler
où il eft, dit-elle en appuyant une main fur fon
fauteuil & l'autre fur fa tête ? Je ne puis pas
vous peindre la mine du bailli ; j'ai cru que nous
creverions tous à force de rire. Il ne favoit s'il
riroit ou non ; il étoit plus honteux d'avoir dit
qu'on ne l'attraperoit pas, que d'avoir été attrapé. Le blanc & le jaune de l'œuf étoient ré-
pandus fur toute fa perruque ; c'étoit à mourir
de rire. En voulant s'effuyer, il donnoit à fa
perruque une tournure qui n'étoit pas indifférente. Mes tantes fe pâmoient.

Mademoifelle DU GAZON.

M. le bailli devoit être bien piqué. Avant
MM. Piis & Barré, on n'avoit pas ainfi joué la
magiftrature de campagne.

M. DU FRÊNE.

Quelques jours après, nous avons encore
bien ri. Mes tantes avoient prié une dame de
leurs voifines, qu'elles n'aimoient pas beaucoup,
parce qu'elles lui croyoient un efprit fort. Moi,
je lui trouvois l'efprit très-foible, car elle
n'avoit pas eu le talent de bien élever fon fils,
qui étoit auffi mauffade que M. Dubois, mais
dans un autre genre de mauffaderie. Il commença, d'un ton pédant, par fronder tous les
petits jeux dont nous nous amufions, les permettant à peine à des enfans.

Mademoifelle ROSE.

C'eft Madame Dubois toute crachée.

M. DU FRÊNE.

On le laiffa dire ; & pendant qu'il étoit dans
un coin à lire, je propofai de jouer au Capucin
mort. Je m'étendis par terre tout de mon long,
contrefaifant le mort. Toutes les dames tour-
nèrent autour de moi, en difant tout haut :
frère Pancrace, êtes-vous mort ? Je ne répon-
dois point, & ne faifois aucun mouvement.

Les hommes, l'un après l'autre, venoient en
proceffion fe coucher fur moi, mettre leurs
mains derrière mon dos, & me parler à l'o-
reille, comme ce prophête qui reffufcite un
mort. Notre jeune homme, diftrait par ce qui
fe paffoit, quitta fa lecture, & voulut auffi
s'étendre fur le capucin mort : ce n'étoit pas
lui qu'on vouloit attraper ; mais faififfant l'occafion, je ferrai les bras & les jambes ; & pendant que je le tenois bien ferme dans cette
pofture, tout le monde fondit fur lui, & lui
donna la claque.

Le Chevalier ZÉPHIR.

Mais il auroit dû connoître ce jeu, qui eft
un jeu de collége.

M. DU FRÊNE.

Auffi, n'avoit il pas été au collége, & il s'en
vantoit bien, croyant que fon éducation étoit
une preuve éclatante de la bonté de l'éducation
particulière ; il prit fort mal la chofe, & fa
mère encore plus mal, car elle fe fâcha très-
fort.

Mademoifelle DU RUISSEAU.

C'eft comme Madame Dubois, qui s'eft
fâchée quand nous avons joué au *finge* avec
fon fils.

M. DU FRÊNE.

Je ne connois pas feulement le nom de ce
jeu, mais je crois que nous l'avons joué chez
mes tantes, fous un autre nom.

Mlles. DU RUISSEAU, DU GAZON & ROSE.

Mon coufin, il faut....

M. DU FRÊNE.

Ah ! mes chères coufines, de grace, parlez
l'une après l'autre, fi vous voulez que je fache
bien comment on joue au *finge*.

Mademoifelle DU RUISSEAU.

Il faut que chacun faffe ce qu'il voit faire au
maître du jeu ; s'il fe gratte l'oreille, il faut fe
la gratter, &c. Il y a un moment où on fe dé-
barbouille

barbouille avec son chapeau ; & on avoit noirci, avec du noir de fumée ; les chapeau de M. Dubois & du chevalier Zéphir. Le chevalier rioit comme un fou de M. Dubois, & M. Dubois du chevalier. Tous les deux réciproquement croyoient qu'on rioit de l'autre. Lorsque Madame Dubois, à souper, vit son fils dans cet état, elle nous dit les choses les plus dures & les plus désobligeantes.

Mademoiselle ROSE.

On avoit eu tort de ne pas les détromper avant souper, & de ne pas les débarbouiller. M. Dubois avoit l'air du plus hideux ramonat.

Le Chevalier ZÉPHIR.

Et moi, donc ? n'étois je pas joli ?

Mademoiselle ROSE.

Vous ne vous étiez pas débarbouillé de si bon cœur que M. Dubois.

M. DU FRÊNE.

C'est à-peu-près comme le jeu que mes tantes appellent *Pincer sans rire*. Tout le monde passe en revue devant celui qui fait jouer le jeu. Il pince les joueurs les uns après les autres au front, au menton & aux joues, sans rire. Quand celui qu'on veut attraper vient, il noircit ses doigts avec un liége brûlé, & lui fait de grandes virgules sur le front, au menton & aux joues.

Mademoiselle DU GAZON.

Nous avons joué une fois à Paris à ce jeu-là, avec un Monsieur, qui fut bien piqué de ce que nous l'avions laissé sortir sans l'avertir qu'il étoit tout barbouillé.

M. DU FRÊNE.

Connoissez-vous un jeu qu'on appelle *Berlurette*.

Mademoiselle DU BOCAGE.

Non, nous ne l'avons pas joué.

M. DU FRÊNE.

C'est une espèce de Colin-Maillard ; au lieu *Jeux familiers.*

de mettre un bandeau sur les yeux du Collin-Maillard, une personne lui ferme les yeux avec les deux doigts index. Les autres joueurs viennent frapper sur le bout du nez de celui qui a les yeux fermés, & il faut qu'il devine qui. Alors, pour l'attraper, la personne qui avoit les deux mains occupées à lui fermer les yeux, au lieu de se servir de ses deux mains, lui ferme les yeux avec l'index & le doigt du milieu de la même main, & frappe sur le nez avec l'autre main. On ne devine jamais que c'est celui qu'on croit uniquement occupé à nous fermer les yeux, sur-tout quand on a vu plusieurs Colins-Maillards qui n'ont point été attrapés.

Mademoiselle ROSE.

Il y a aussi une manière d'attraper, en jouant au *Furet du bois joli*. On a un sifflet que l'on se passe, & dans lequel on siffle de tems en tems, de manière à n'être point vu de celui qui le cherche. On chante : il est passé par ici, le furet du bois, Mesdames, il est passé par ici, le furet du bois-joli. Quand on le trouve dans les mains de quelqu'un, il faut qu'il le cherche à son tour ; & pour attraper, on l'attache derrière celui qui le cherche, & on siffle de tems en tems. Alors, il ne peut jamais le trouver, à moins qu'il ne découvre la ruse.

M. DES JARDINS.

Quelquefois, au lieu de faire courir un sifflet, c'est une pantoufle ; alors, on appelle ce jeu-là la *Pantoufle* ; mais le sifflet est plus joli, parce qu'on a au moins le plaisir de siffler le joueur qui cherche mal.

L'Abbé DES AGNEAUX.

A propos de choses cachées que l'on fait chercher, j'ai souvent joué à *Cherche une épingle au son du violon* ; plus le joueur approche de la chose cachée, plus le violon va fort ; & il affoiblit ses sons, à mesure que le chercheur s'éloigne.

Mademoiselle ROSE.

Quand on n'a pas de violon, on dit tout bonnement : vous vous en éloignez, ou vous brûlez.

M. DU FRÊNE.

Ma chère cousine, vous qui aimez les jeux

d'attrape; vous auriez donc bien ri, si vous
m'aviez vu jouer, pour la première fois, au jeu
des *Ambassadeurs*; c'est par ce jeu que j'ai fait
mon entrée chez mes tantes : j'ai fort bien pris
la plaisanterie, quoique fort mécontent; & je
me suis fait par-là une grande réputation. On
tira la royauté au sort, & le sort me la donna,
d'accord, à la vérité, avec la supercherie; je
l'ai su depuis : ébloui de ma nouvelle dignité,
je ne vis pas les dangers où elle m'exposoit. On
me fit entrer dans un appartement, entre deux
rangs de fauteuils, où étoient assis mes sujets,
qui se levèrent respectueusement pour me rendre les hommages qui m'étoient dus. Au fond
d'une alcove dont on avoit ôté le lit, étoit
dressé mon trône, élevé de plusieurs degrés,
& couvert d'un beau baldaquin, dont les ri-
deaux étoient retroussés avec grace. On me plaça
sur mon trône, & en même tems à mes côtés,
on fit asseoir mes deux premiers ministres, qui
devoient guider ma jeunesse. Mais hélas! c'étoit
eux qui devoient me précipiter dans le piége
qu'on me tendoit. Mon trône ne me paroissoit
pas bien solide, mais je n'osois m'en plaindre.
Quelques uns de mes sujets me présentèrent
des placets que je remis à mes ministres, pour
m'aider de leurs avis. Dans l'instant, la porte
s'ouvrit, & je vis entrer deux ambassadeurs,
vêtus de la manière la plus grotesque, ayant sur
leur tête de grands bonnets de poil fort haut.
Ils marchoient d'un air fort roide, mais j'attri-
buois cette gravité au respect qu'ils me por-
toient. On me dit tout bas que je ne devois
point me lever pendant leur harangue, & je
m'en gardai bien. Arrivés au pied de mon trône,
les ambassadeurs s'inclinèrent pour me saluer,
& je vis, dans leurs bonnets qui étoient faits
avec des manchons, des pots-à-l'eau qui se
vidoient sur moi, tandis que mes deux ministres se levant, mon trône fit la bascule, & je
me trouvai non entre deux selles le cul par
terre, mais entre deux planches le cul dans l'eau
dans un baquet. Tout le monde partit d'un
grand éclat de rire, & je ne me fâchai pas,
parce qu'il faisoit fort chaud; d'ailleurs, on me
fit passer aussitôt dans l'appartement voisin, où
je changeai d'habillemens depuis les pieds
jusqu'à la tête.

Mes tantes m'embrassèrent avec amitié;
elles me firent prendre un petit verre de li-
queur; & depuis ce tems, elles m'appellent
leur petit roi.

Mademoiselle R o s e.

Que j'aurois été contente de voir la royauté
si près dans ma famille.

M. d u F r ê n e.

Je m'en doute bien; vous avez bon cœur.

L'Abbé d e s A g n e a u x.

A propos de royauté, nous devrions jouer
à un jeu qu'on nomme quelquefois, mal-à-
propos, le *Roi dépouillé*; son vrai nom
est l'*Esclave dépouillé*. On choisit un roi
qui se place sur un trône; mais il n'y a
pas là d'attrape : à ses pieds est son esclave; le
roi dit à une personne de la compagnie : ap-
prochez-vous de mon esclave; il ne faut pas
s'approcher, mais dire : oserai-je? quand le roi
a dit : osez, on approche, & on dit : j'ai fait,
Sire; que ferai-je? Alors, le roi dit : ôtez-lui
ses boucles, ou ses souliers, ou son habit, &c.
Il ne faut point faire tout de suite ce que le roi
commande; mais dire avant : oserai-je? &
quand on a fait, dire, j'ai fait, Sire, que ferai-je? Alors, le roi vous donne un autre commandement, ou il vous renvoie. Assez souvent
quand le roi dit : retournez à votre place, on
y va précipitamment, & on paye un gage,
parce qu'il faut toujours dire : oserai-je? Après
quoi le roi appelle d'autres personnes pour dépouiller son esclave. Si on manquoit à dire :
oserai-je? ou bien j'ai fait, que ferai-je? on
paye un gage, & on reprend la place de l'esclave.

Mademoiselle d u R u i s s e a u.

Mais si on ne manquoit jamais, l'esclave se
trouveroit entièrement dépouillé.

L'Abbé d e s A g n e a u x.

C'est fort rare, parce qu'on fait dépouiller
l'esclave très-lentement. Les boucles des souliers, celles des jarretières, les boutons de
manches, le tout l'un après l'autre. Vous voyez
qu'il faut dire bien des fois, oserai-je? j'ai fait,
que ferai-je?

L'Abbé P r i n t e m s.

Il est trop tard pour jouer à l'*Esclave dépouillé*, car on va bientôt souper.

ATTRAPE.

Mademoiselle DU GAZON.

Oh bien ! nous y jouerons demain.

M. DU FRÊNE.

Je ne pourrai pas y jouer, car vous savez bien que je pars demain matin.

Mademoiselle DU BOCAGE.

Oh ! mon Dieu, c'est bien promptement !

Mademoiselle ROSE.

Nous ne tarderons pas, mon cher cousin, à vous rejoindre bientôt à Paris, car nous partons tous après demain. M. B.... a reçu des lettres ces jours derniers, & il faut qu'il quitte incessamment sa campagne, pour des affaires qui l'appellent à Paris.

L'Abbé DES AGNEAUX.

Il faut espérer que nous pourrons nous réunir encore ici l'année prochaine, car M. B.... est constant dans ses amitiés, & il sera bien aise de revoir ses amis, qui le reverront toujours avec un plaisir nouveau.

Le Chevalier ZÉPHIR.

Moi, je partirai le plus tard que je pourrai.

Mademoiselle ROSE.

Nous partirons après demain.

Le Chevalier ZÉPHIR.

En ce cas-là, & moi aussi, je veux joindre le chagrin de quitter un endroit si charmant, à la douleur de vous quitter.

Mademoiselle ROSE.

C'est bien dit ; mais on sonne, allons souper.

(*Extrait des Soirées amusantes.*)

ATTRAPE. (*jeu d'*)

Voyez à l'article VOLIÈRE.

AVEUGLES. (*jeu des*)

Présenté aux mondains aveuglés par les péchés ; par Hamel, ci-devant curé du Mouy. — *Jeu mystique.*

Voici comme s'exprime le curé pour annoncer ce jeu. O ! ames mondaines qui cherchez à passer agréablement votre tems ; voici que je vous présente un jeu qui tout ensemble pourra vous divertir & convertir, si vous aimez autant votre ame que votre corps ; car Dieu qui fit baptiser sérieusement le comédien Genest, lorsqu'il ne songeoit qu'à jouer sur son théâtre le baptême des Chrétiens, pourroit bien aussi vous ouvrir les yeux à la grace, en vous faisant voir dans ce jeu les différentes sources de l'aveuglement des hommes, & les moyens pour en sortir.

Ce jeu est disposé comme celui de l'oie, excepté que les rencontres en sont différentes ; vous trouverez d'abord le démon & le monde qui crevent les yeux à tous les pécheurs par leurs propres péchés, & vous verrez ces différens aveugles disposés de 7 en 7 nombres, entrelacés des différens moyens propres pour recouvrer la vue, dont le plus grand & le plus souverain est le lavoir de Siloé qui est la fin du jeu ; parce que ce lavoir signifiant envoyé, comme dit Saint Jean Evangéliste, il représente J. C., qui a été envoyé pour éclairer tout homme qui vient en ce monde, ainsi que par les eaux de ce lavoir, il rendit la vue à l'aveugle-né, figure de tout le genre humain, aveuglé dès sa naissance par le péché de notre premier père, comme dit S. Augustin. *Traité 44, sur S. Jean.*

Règles du jeu & ce qu'il faudra faire aux différentes rencontres.

Qui arrivera au nombre 3 où est le démon qui creve l'œil droit de la foi aux hommes, payera le jeu pour en être délivré, & ira au nombre 13 se faire guérir par Ananias, oculiste spirituel qui éclaira S. Paul, duquel il est dit qu'ayant les yeux ouverts, il ne voyoit goutte ; pour montrer qu'il n'avoit que l'œil de la foi offensé, & non pas celui de la raison ; & continuera son jeu.

Qui ira au nombre 5 où est le monde qui crève aux hommes & l'œil droit de la foi & le gauche de la raison par ses maximes ridicules, payera le jeu, & ira au nombre 24 à l'hôpital des Quinze-Vingts, & y demeurera jusqu'à ce qu'on l'en délivre, comme aussi celui qui y ira, en continuant son jeu.

Qui du premier coup ira au nombre 7 où est Adam, payera comme la peine du péché originel, & ira s'en faire purger au nombre 17 où est le baptême; & remarquez ici qu'on ne s'arrêtera pas sûr les aveugles, mais on redoublera son jeu afin d'arriver plutôt au lavoir de Siloé.

Qui en continuant son jeu arrivera au nombre 13 où est Ananias ne payera rien, & continuera à jouer, parce que les prêtres ne doivent pas être intéressés.

Qui ira au nombre 17 où est le baptême ne payera rien, & continuera à jouer, parce qu'on n'achete pas les sacremens.

Qui ira au nombre 32 où est l'adversité payera, & retournera au nombre 13 pour être guéri de son aveuglement par le prêtre Ananias, comme fit S. Paul étant tombé de son cheval.

Qui ira au nombre 38 où est la prédication, ne payera rien, parce que la parole de Dieu ne se vend point, mais il laissera jouer ses compagnons deux fois pour mieux écouter le prédicateur.

Qui ira au nombre 46 où est la pensée de la mort payera, & continuera son jeu pour suivre l'aveugle né au lavoir de Siloé.

Qui ira au nombre 52 où est la pénitence, payera, & y demeurera jusqu'à ce qu'on l'en délivre.

Qui ira au nombre 60 où est l'enfer payera, & sortira du jeu pour recommencer de nouveau, parce que dans l'enfer il n'y a point de rémission.

Qui arrivera justement au nombre 63 gagnera la partie, mais je lui conseille de tirer ce qu'il aura mis au jeu & de donner le reste aux pauvres, afin qu'ils prient Dieu pour sa santé spirituelle, car il est écrit qu'il est très-à-propos de racheter ses péchés par l'aumône.

Si trois jouent ensemble, & que l'un soit arrêté aux Quinze-Vingts, l'autre à la pénitence, & le troisième à la prédication, celui-ci seul continuera le jeu; mais si deux seulement jouent ensemble, & qu'ils soient arrêtés l'un aux Quinze-Vingts, & l'autre à la pénitence,

ils sortiront tous deux & recommenceront de nouveau.

Ce jeu se trouve rue des Arcis, magasin de tabletterie, au Singe vert.

AVOCAT. (l')
Jeu de Société en dialogue.

L'Abbé DES AGNEAUX.

Et moi, je soutiens qu'il n'y a plus de combinaison au domino, quand on y joue plus de deux.

Madame DE LA RIVIÈRE.

Mon Dieu! Qu'avez-vous donc, l'abbé? Vous êtes bien en colère.

L'Abbé DES AGNEAUX.

Moi, Madame; point du tout. C'est que M. de la Forêt avance des choses qui n'ont pas de bon sens.

Mademoiselle DU BOCAGE.

M. l'abbé & M. de la Rivière jouoient au domino. Ils étoient à leur douzième partie. L'abbé avoit de l'avance. M. de la Forêt & moi nous avons voulu être de la partie, & l'abbé n'en a pas gagné une, & ça lui a donné un peu d'humeur.

M. DE LA FORÊT.

C'est que M. l'abbé veut avoir la gloire d'être le meilleur joueur de domino.

L'Abbé DES AGNEAUX.

Moi! vous vous trompez. Je soutiens seulement que quand on est plus de deux au domino, il n'y a plus de combinaison; c'est un pur jeu de hasard.

Madame DE LA HAUTE-FUTAIE.

Vous aimez donc bien le jeu de domino? Le jouez-vous aux points?

L'Abbé DES AGNEAUX.

Je le joue aux points ou à la partie, comme on veut.

M. DES JARDINS.

Pour moi, je n'aime guère le domino.

L'Abbé DES AGNEAUX.

Et moi je trouve tous les jeux fort bien inventés.

Madame DE LA RIVIÈRE.

Si vous aviez un bon prieuré à la campagne, je parie que voudriez y réunir tous les jeux possibles.

L'Abbé DES AGNEAUX.

Oui, Madame; parce que c'est leur diversité qui est agréable. On peut choisir, on peut changer. Si j'avois le bonheur de pouvoir réunir chez moi beaucoup de monde à la campagne, je voudrois avoir plusieurs salles pour jouer. Dans le grand sallon, Madame Dubois figureroit; on y joueroit aux cartes. Dans un autre seroient réunis toutes sortes de jeux; le trictrac, les échecs, le domino, le loto, le nain-jaune, les jeux de dames françoises & polonoises, le solitaire, le baguenaudier, le jeu de Siam; je ne sais pas même si je n'y mettrois pas un jeu de jonchets. Dans un autre appartement, les jeunes personnes joueroient aux jeux à gages; la roue d'étourderie & les petits étuis s'y trouveroient. Dans ma salle de billard, j'aurois un jeu de toupie, un trou Madame, un jeu de gallets, un biribi, un grecque, des petits palets. Dans mes bosquets, j'aurois des jeux de boules, un jeu de mail; & dans une allée, je ferois mettre des poteaux avec des numéros, pour jouer au volant comme à la paume en petit. Je ne méprisérois pas même certains jeux de collége; contre un grand pignon, je ferois sabler ou même carreler un grand espace pour y jouer à la balle. Je ferois aussi carreler un de mes vestibules en belles pierres blanches, avec des raies noires, pour y jouer à la marelle, ce jeu ancien qu'Erasme n'a pas dédaigné de décrire.

Madame DE LA RIVIÈRE.

Et je graverois, au-dessus de votre porte, ce vers:

L'ennui naquit un jour de l'uniformité.

L'Abbé DES AGNEAUX.

Quand vous seriez chez moi, Madame, l'ennui n'auroit pas besoin de tous ces jeux-là pour prendre la fuite.

Mademoiselle DE LA HAUTE-FUTAIE.

Mais allons-nous jouer bientôt?

Madame DE LA HAUTE-FUTAIE.

Vous êtes bien pressée, ma fille.

L'Abbé PRINTEMS.

Nous pourrions jouer à l'*Avocat*.

Mademoiselle ROSE & le Chevalier ZÉPHIR.

Comment joue-t-on ce jeu-là?

L'Abbé DES AGNEAUX.

Tout le monde se place en rond. Au milieu est celui qui fait les questions. Quand il demande quelque chose à quelqu'un, il faut que son voisin à droite réponde pour lui, comme si on l'interrogeoit. Allons, Mesdames, placez-vous, & je commencerai.

L'Abbé PRINTEMS.

Il ne faut pas mettre Madame de la Haute-Futaie à côté de sa fille, car elle est accoutumée à répondre pour elle.

L'Abbé DES AGNEAUX.

Tu te trompes, l'abbé; au contraire, je parie que Madame y sera prise la première; tu verras.

Ordre dans lequel est placée la compagnie.

Madame de la Rivière: *à sa gauche,* Mademoiselle Rose, le chevalier Zéphir, Mademoiselle du Bocage, M. de la Forêt, Madame de la Haute-Futaie, Mademoiselle sa fille, M. des Jardins, Mademoiselle du Gazon, M. de la Rivière, l'abbé Printems, qui se trouve à la droite de Madame de la Rivière.

L'Abbé DES AGNEAUX à Mademoiselle DE LA HAUTE-FUTAIE.

Ma belle demoiselle, aimez-vous bien votre petite maman ?

Madame DE LA HAUTE-FUTAIE.

Oui, Monſieur ; elle l'aime beaucoup.

L'Abbé DES AGNEAUX.

Un gage, Madame ; il falloit répondre : je l'aime beaucoup. On ne doit pas répondre en tierce perſonne. Voyez les avocats de province s'échauffer en plaidant : entendez les s'expliquer : « Comment ! j'ai paſſé dans votre pré avec ma bête aſine ? Vous en avez menti, mon confrère ; je n'ai jamais paſſé dans votre pré ; & j'offre de le prouver ; & vous oſerez encore ſoutenir que mes poules ont mangé votre grain, tandis que tous mes voiſins ſont en état d'affirmer que je les renferme toujours avec le plus grand ſoin.

Madame DE LA HAUTE-FUTAIE.

Ah ! je comprends actuellement.

L'Abbé DES AGNEAUX.

Mademoiſelle du Bocage, chantez-nous un peu, avec votre voiſin, le duo ; *Ah ! vous dirai-je, maman ?*

Le Chevalier Zéphir & Mademoiſelle Roſe chantent le duo.

L'Abbé DES AGNEAUX.

Vous auriez dû chanter la première partie, Chevalier ; & Mademoiſelle Roſe la ſeconde : mais comme vous avez fort bien chanté tous les deux, on vous fera grace des gages.

M. DES JARDINS.

L'abbé, n'allez pas demander un duo à M. de la Rivière ; Mademoiſelle du Gazon s'en tireroit bien, mais moi je ne le pourrois pas.

L'Abbé DES AGNEAUX.

Vous n'avez donc pas appris la muſique ?

M. DES JARDINS.

Oh ! mon Dieu ! non.

L'Abbé DES AGNEAUX.

C'étoit à Mademoiſelle de la Haute-Futaie à répondre ; vous payerez tous les deux un gage. *A Mademoiſelle du Gazon :* pourquoi Mademoiſelle de la Haute-Futaie n'a-t-elle pas répondu.

Mlle. DU GAZON & M. DES JARDINS.

Elle n'y penſoit pas.

L'Abbé DES AGNEAUX.

Encore un gage, Mademoiſelle ; vous ne deviez pas répondre. Il falloit laiſſer M. des Jardins répondre tout ſeul. N'eſt-il pas vrai, M. des Jardins ?

Mademoiſelle DE LA HAUTE-FUTAIE.

Oui, Monſieur.

L'Abbé DES AGNEAUX à Madame DE LA HAUTE-FUTAIE.

Convenez, Madame, que Mademoiſelle votre fille joue fort bien ce jeu-là.

M. DE LA FORÊT.

J'en conviens.

L'Abbé DES AGNEAUX à l'Abbé PRINTEMS.

L'Abbé, vous aimez beaucoup Madame de la Rivière, n'eſt il pas vrai ?

M. DE LA RIVIÈRE.

Je l'aime beaucoup.

L'Abbé DES AGNEAUX toujours à l'Abbé PRINTEMS.

Elle eſt bien faite pour plaire ; qu'en penſez-vous ?

M. DE LA RIVIÈRE.

Sûrement ; vous avez bien raiſon.

L'Abbé DES AGNEAUX.

Quel plaisir d'avoir une femme si charmante, qui chante si bien, qui pince si bien de la guittare & de la harpe, qui a tous les talens possibles, un si bon caractère, tant d'esprit & si peu de méchanceté, ce qui est presqu'incompatible! N'ai-je pas fait son vrai portrait, l'abbé?

M. DE LA RIVIÈRE.

Oh! mon Dieu, oui: il n'y manque rien.

L'Abbé DES AGNEAUX à Mlle. ROSE.

N'est-il pas vrai, Mademoiselle, que je n'ai rien dit de trop.

Madame DE LA RIVIÈRE.

Pardonnez-moi, beaucoup trop.

Mademoiselle ROSE.

Un gage, Madame; je n'aurois sûrement pas fait cette réponse.

Madame DE LA RIVIÈRE.

C'est égal, Mademoiselle; il m'est permis de dire ce que je veux sous votre nom.

M. DE LA FORÊT.

Pourquoi avez-vous un mauvais avocat, qui entend mal votre affaire.

M. DES JARDINS.

Croyez vous, Mademoiselle, que tout ce que disent les avocats soit approuvé par leurs parties? Oh! que non; il s'en faut souvent de beaucoup.

Madame DE LA RIVIÈRE.

Mais, M. l'abbé, vous devez être las d'être toujours comme ça debout au milieu de nous. Allons, changeons de jeu.

L'Abbé DES AGNEAUX.

Jouons au *Colin-Maillard assis.*

Mademoiselle DU BOCAGE.

Comment y joue t-on? Je ne le connois pas, ce jeu là.

L'Abbé DES AGNEAUX.

Au lieu de jouer comme le Colin-Maillard où tout le monde court & on dit casse-tête, tout le monde est assis: le Colin-Maillard est au milieu: Il s'assied sur les genoux de quelqu'un; il lui est défendu de toucher avec ses mains, & il faut qu'il devine sur qui il est assis. Quand il a nommé bien ou mal, on change de place, sans parler; cela est essentiel, comme à tous les Colins-Maillards. Quand le Colin-Maillard a deviné, celui qui a été reconnu prend sa place.

L'Abbé PRINTEMS.

Ce sont les règles de tous les autres Colins-Maillards.

Mademoiselle DE LA HAUTE-FUTAIE.

Est-ce qu'il y a encore d'autres Colins-Maillards? Je ne les connois pas.

L'Abbé DES AGNEAUX.

Il y a le Colin-Maillard à la silhouette, & le Colin-Maillard au bâton. Mais il est trop tard: on sonne le souper; je vous les expliquerai, & nous les jouerons une autre fois.

(Extrait des Soirées amusantes.)

B

J'AIME MON AMANT PAR *B.*

J'AIME MON AMANT PAR *B.*

Jeu de Société en dialogue.

Madame DE LA HAUTE-FUTAIE.

Qu'avez-vous fait à votre partie de *quilles*, cet après-midi ?

Le Chevalier ZÉPHIR.

Nous avons gagné trois parties, & nos adversaires une.

Mademoiselle DE LA HAUTE-FUTAIE.

J'ai abattu deux fois de suite la quille du milieu toute seule. Savez-vous, maman, que ça fait dix-huit points ?

Le Chevalier ZÉPHIR.

Ça avance bien la partie, au moins.

M. DES JARDINS.

Oui : mais, vous qui parlez, vous avez fait deux fois *chou-blanc*. Vous regardez toujours ces demoiselles & jamais votre jeu.

L'Abbé DES AGNEAUX.

Demain, nous ferons jouer au chevalier le jeu de *quilles*, *les yeux bandés*.

Mademoiselle ROSE.

Il y jouera peut-être bien ; il n'aura pas de distractions.

Mademoiselle DU BOCAGE.

Comment y joue-t-on ?

L'Abbé DES AGNEAUX.

On met les neuf quilles sur une même ligne ; on bande les yeux au joueur ; on le place à une certaine distance convenue ; on le fait tourner trois fois sur lui-même, & on le met en face des quilles. Alors, il jette une boule ou un bâton dans les quilles. Vous sentez bien que pour peu qu'il se dérange, il envoie la boule bien loin des quilles, c'est ce qui amuse beaucoup les spectateurs, qui se font rire l'un après l'autre. On fixe également la partie en un certain nombre de points.

Madame DE LA HAUTE-FUTAIE.

Allons-nous jouer ? Jouons à *j'aime mon amant par* B ; ma fille ne s'y trompera pas comme à *ardi*.

L'Abbé PRINTEMS.

Si vous le permettez, je vais commencer. J'aime mon amante par B, parce qu'elle est borgne, bossue, bancale, boiteuse, bégueule, bizarre....

Mademoiselle DU GAZON.

Mais vous en dites trop ; il ne nous restera plus rien.

M. DE LA RIVIÈRE.

Celle-là est bien marquée au B ; elle doit avoir de l'esprit.

L'Abbé PRINTEMS.

Point du tout ; elle est bête & n'est pas bonne.

Madame DE LA HAUTE-FUTAIE.

L'abbé a bon goût ; c'est toujours sans doute,

doute, la même qui étoit dernièrement acariâtre. En vérité, l'abbé vous ne devez pas craindre de rivaux.

Madame DE LA RIVIÈRE.

Bon ! c'est une ruse. Vous ne voyez pas que l'abbé se plaît à dire des contre-vérités. A propos, il faudra jouer demain au jeu des *vérités & des contre-vérités.*

Mademoiselle ROSE.

Comment joue-t-on donc ce jeu-là, Madame ?

Madame DE LA RIVIÈRE.

On vous dira, par exemple, Mademoiselle, vous êtes charmante; voilà une vérité; & le petit chevalier ne peut pas vous souffrir.

Le Chevalier ZÉPHIR.

Voilà une contre-vérité.

Mademoiselle DU RUISSEAU.

Vous rougissez, ma sœur.

L'Abbé PRINTEMS.

Voilà une vérité.

Mademoiselle DU BOCAGE.

C'est une preuve que vous êtes bien persuadée que le chevalier vous déteste.

L'Abbé DES AGNEAUX.

Voilà une bonne contre-vérité. Mais nous abandonnons notre jeu. Allons, l'abbé, où envoie-tu ta maîtresse borgne & boiteuse ? Il ne faut pas l'envoyer loin; elle seroit trop fatiguée.

L'Abbé PRINTEMS.

Je l'envoie, dans un bateau, à Bastia; je la nourris de betteraves; je lui fais présent d'un bon bâton & d'un bouquet de fleurs de bois-puant.

Madame DE LA RIVIÈRE.

J'aime mon amant par B, parce qu'il est

bienfaisant; je le nourris de brochet; je l'envoie à Beaune, pour y boire du bon vin; je lui donne des boucles de diamant; & je lui fais un bouquet de bois-joli.

Mademoiselle ROSE.

J'aime mon amant par B, parce qu'il est blond.

L'Abbé DES AGNEAUX.

Ah! chevalier, voilà une contre-vérité.

Mademoiselle ROSE.

Je le nourris de bec-figues; je l'envoie à Bapaume; je lui fais présent d'un ballon, & je lui compose un bouquet de balsamines.

Le Chevalier ZÉPHIR.

J'aime mon amante par B, parce qu'elle est brune (1).

Mademoiselle DU RUISSEAU.

Vous profitez des leçons qu'on vous donne: vous faites aussi des contre-vérités.

Le Chevalier ZÉPHIR.

Je la nourris de bécasses; je l'envoie à Bergame; je lui fais présent d'une bonbonnière & d'un bouquet de belles-de-nuit.

Madame DE LA HAUTE-FUTAIE.

J'aime mon amant par B, parce qu'il est bon; je le nourris de bartavelles; je l'envoie à Beauvais; je lui fais présent de boutons de manche de diamant, & d'un bouquet de belles-de-jour.

Mademoiselle DU RUISSEAU.

J'aime mon amant par B, parce qu'il est bouffon, je le nourris de biscuits; je l'envoie à Bordeaux; je lui donne une bouteille & un bouquet de bluets.

______

(1) L'auteur suppose que M. le chevalier Zéphir est brun, & Mademoiselle Rose blonde.

Mademoifelle DU BOCAGE.

J'aime mon amant par B, parce qu'il eft badin; je le nourris de bœuf; je l'envoie à Beaugency; je lui donne un balai & un bouquet de barbeau blanc.

Mademoifelle DU GAZON.

J'aime mon amant par B, parce qu'il eft beau; je le nourris de barbeaux; je l'envoie à Befançon; je lui donne un bateau, & je lui fais un bouquet de *bois-joli*.

Madame DE LA RIVIÈRE.

Un gage, ma chère enfant, j'ai dit un bouquet de *bois-joli*.

Mademoifelle DU GAZON.

Je n'en étois pas bien sûre.

Mademoifelle DE LA HAUTE-FUTAIE.

J'aime mon amant par B, parce qu'il eft Bernardin.

Madame DE LA HAUTE-FUTAIE.

Voilà qui eft bien trouvé, ma fille.

Mademoifelle DE LA HAUTE-FUTAIE.

Mais, maman, je ne fais que dire.

Madame DE LA HAUTE-FUTAIE.
Allons, continuez.

L'Abbé PRINTEMS.

Mademoifelle l'aime par C, parce qu'il eft Cordelier, Capucin, Céleftin, Carme; par D, parce qu'il eft Dominicain, Doctrinaire; par T, parce qu'il eft Trinitaire, Théatin.

Madame DE LA HAUTE-FUTAIE.

Bon! finiffez donc vos ragots, l'abbé; allons, ma fille, continuez; avec quoi le nourriffez vous?

Mademoifelle DE LA HAUTE-FUTAIE.

Je le nourris avec du beurre frais, je l'envoie....

L'Abbé DES AGNEAUX, *à moitié haut*.

A Clairvaux.

Mademoifelle DE LA HAUTE-FUTAIE.

Vous voulez m'attraper, ça ne commence pas par un B; je l'envoie à Blois; je lui donne... je lui donne....

L'Abbé DES AGNEAUX, *à moitié haut*.

Un bréviaire.

L'Abbé PRINTEMS, *de même*.

Un baril d'anchois.

M. DE LA RIVIÈRE, *de même*.

Un bénéfice fimple.

Madame DE LA HAUTE-FUTAIE.

Allons, choififfez, ma fille; tout le monde vous fouffle.

Mademoifelle DE LA HAUTE-FUTAIE.

Eh bien! je lui donne un bréviaire & un bouquet de buis-béni.

Madame DE LA HAUTE FUTAIE.

Je parie qu'on a vous a encore foufflé ça.

M. DES JARDINS.

J'aime mon amante par B, parce qu'elle eft bouffie; je la nourris de brioches; je l'envoie à Bourges; je lui fais un bouquet de boutons d'or.

Mademoifelle DU RUISSEAU.

Un gage, Monfieur, vous n'avez pas dit ce que vous lui donniez.

M. DES JARDINS.

Eh bien! je lui donne un baifer.

Mademoifelle ROSE.

Voilà un grand cadeau.

M. DES JARDINS.

Oui, Mademoiselle, pas si petit que vous le croyez.

M. DE LA RIVIÈRE.

J'aime mon amante par B, parce qu'elle est bienveillante ; je la nourris de bonbons ; je l'envoie à Béthune ; je lui donne des bouts-rimés & un bouquet de bétoine.

L'Abbé DES AGNEAUX.

Je suis bien embarrassé ; quand on est le dernier, ça n'est pas aisé. J'aime mon amante par B, parce qu'elle est..... A-t-on dit bizarre ?

Mademoiselle DU BOCAGE.

L'Abbé l'a dit.

L'Abbé DES AGNEAUX.

Eh bien ! parce qu'elle est bavarde ; je la nourris de bécassines.

Mademoiselle DE LA HAUTE-FUTAIE.

Un gage, le chevalier a dit bécasse.

Madame DE LA HAUTE-FUTAIE.

Mais, ma fille, il y a bien de la différence d'une bécasse à une bécassine.

L'Abbé DES AGNEAUX.

Je l'envoie à Bentivoglio ; je lui fais un bouquet de bella-dona, & je lui donne un biribi.

Le Chevalier ZÉPHIR.

Qu'est-ce que c'est qu'un biribi ?

L'Abbé DES AGNEAUX.

C'est une espèce de jeu comme le *jeu de grecque*.

Le Chevalier ZÉPHIR.

Je ne connois pas la grecque non plus.

L'Abbé DES AGNEAUX.

Comment ! vous ne connoissez pas ce jeu qui amuse tant de monde dans les petites guinguettes ! C'est une espèce de tonneau qui a plusieurs fonds à divers étages, tous percés dans le milieu d'un trou rond. On jette dessus des palets ou des écus de six francs. Quand ils passent dans le premier plancher, on compte un certain nombre de points ; dans le second, dans le troisième & par terre de même.

Mademoiselle DE LA HAUTE-FUTAIE.

Mesdames, on sonne ; allons souper.

Madame DE LA RIVIÈRE.

L'abbé des Agneaux, restez un instant, s'il vous plaît ; j'ai un mot à vous dire. Voilà tout le monde descendu ; je vous préviens que demain je ferai jouer aux *ciseaux croisés*. Connoissez vous ce jeu-là !

L'Abbé DES AGNEAUX.

Oui, Madame, quand on dit, je vous vends mes ciseaux croisés, il faut avoir les bras ou les jambes croisés ; & non croisés, si on dit je vous vends mes ciseaux decroisés.

Madame DE LA RIVIÈRE.

Tout le monde ne le connoît pas, & ce jeu-là nous vaudra bien des gages. Mais descendons, car il ne faut pas nous faire attendre.

(Extrait des Soirées amusantes.)

BAGUENAUDIER. *(jeu du)*

Manière de jouer le Baguenaudier à sept anneaux.

Toutes les fois que le nombre est impair, il n'en faut faire tomber qu'un. Faites tomber le troisième ; remontez le premier ; faites tomber les deux ensemble ; faites tomber le cinquième ; remontez les deux premiers ; faites tomber le premier seul ; remontez le troisième & le premier ; faites tomber les deux premiers ; faites tomber le quatrième ; remontez les deux premiers ; faites tomber le premier seul ; faites tomber le troisième, remontez le premier ; faites tomber les deux premiers & le septième ; remontez les deux premiers ensemble ; faites tomber le premier ; remontez le troisième & le premier ; faites tomber les deux premiers ; remontez le quatrième & les deux premiers ; faites tomber le premier & le troisième ; remontez le premier ; faites tomber les deux premiers ; remontez le cinquième & les deux premiers ; faites tomber le premier ; remontez le troisième & le premier ; faites tomber les deux premiers & le quatrième ; remontez les deux premiers ; faites tomber le premier & le troisième ; remontez le premier ; faites tomber les deux premiers & le sixième ; remontez les deux premiers ; faites tomber le premier ; remontez le troisième & le premier ; faites tomber les deux, remontez le quatrième & les deux premiers ; faites tomber le premier & le troisième ; remontez le premier ; faites tomber le second & le cinquième ; remontez les deux premiers ; faites tomber le premier ; remontez le troisième & le premier ; faites tomber les deux & le quatrième ; remontez les deux premiers ; faites tomber le premier & le troisième, remontez le premier ; faites tomber les deux ; & il est démonté.

Pour le remonter.

Remontez les deux premiers anneaux ; faites tomber le premier ; remontez le troisième & le premier ; faites tomber les deux premiers ; remontez le quatrième & les deux premiers ; faites tomber le premier & le troisième ; remontez le premier ; faites tomber les deux premiers ; remontez le cinquième & les deux premiers ; faites tomber le premier ; remontez le troisième & le premier ; faites tomber les deux premiers & le quatrième ; remontez les deux premiers ; faites tomber le premier & le troisième ; remontez le premier ; faites tomber les deux premiers ; remontez le sixième & les deux premiers ; faites tomber le premier ; remontez le troisième & le premier ; faites tomber les deux premiers ; remontez le quatrième & les deux premiers ; faites tomber le premier & le troisième ; remontez le premier ; faites tomber les deux premiers & le cinquième ; remontez les deux premiers ; faites tomber le premier ; remontez le troisième & le premier ; faites tomber les deux premiers & le quatrième ; remontez les deux premiers ; faites tomber le premier & le troisième ; remontez le premier ; faites tomber les deux premiers ; remontez le septième & les deux premiers ; faites tomber le premier ;

remontez le troisième & le premier ; faites tomber les deux premiers ; remontez le quatrième & les deux premiers ; faites tomber le premier & le troisième ; remontez le premier ; faites tomber les deux premiers, remontez le cinquième & les deux premiers ; faites tomber le premier ; remontez le troisième & le premier.

Ce jeu se trouve rue des Arcis, au Singe vert.

BAGUES. (*jeu de*)

Ce jeu consiste en une grande machine qui présente quatre fauteuils, ou quatre figures de cheval, qu'on fait tourner sur un pivot devant une boîte élevée dans laquelle on met des anneaux à ressorts, que les joueurs assis ou à cheval doivent enlever malgré le mouvement rapide où ils sont, en faisant passer ces anneaux dans un bâton pointu qu'ils tiennent à la main. On joue deux personnes, ou deux contre deux, & celui des deux partis qui a le premier le nombre des anneaux convenus gagne la partie.

BALANÇOIRE. Ce jeu consiste en une planche, ou un siége suspendu & arrêté de chaque côté par deux fortes cordes qui sont bien attachées à des branches d'arbres, ou à quelques autres corps élevés. On donne un fort mouvement à la balançoire qui s'élève & s'abaisse en avant & en arrière alternativement ; ce qui procure une sorte d'exercice, souvent dangereux à la personne qui s'est hasardée dans la balançoire.

BALLE. (*jeu de la*)

Jeu d'exercice, qui consiste à se renvoyer une balle de l'un à l'autre ; ou de la lancer contre un mur, pour la repousser ensuite à la volée ou au premier bond, en convenant d'une marque ou d'une ligne au-dessus de laquelle elle doit frapper pour qu'elle soit réputée bien jouée.

Il paroît que les balles des anciens étoient faites comme quelques-unes des nôtres, d'une enveloppe de peau qui renfermoit du son ou un petit paquet de laine. Les balles de cordes, de drap, & celles dont l'enveloppe est tricotée font plus modernes. On les poussoit avec la main nue, & c'est de là qu'est venu le nom de paume; parce qu'on les recevoit dans la paume de la main, comme on fait encore à un jeu de balle que l'on appelle le *tamis*, à cause que l'on fait rebondir une balle sur un tamis, ou sur une planche.

BARRES. (les)

Jeu d'exercice & de course qui ne convient qu'à la jeunesse. Le jeu des barres est une espèce de petite guerre entre deux troupes qui ont chacune leur camp où ils mettent leurs bagages. Un de la troupe se détache & va provoquer quelqu'autre de la troupe opposée. Ces deux champions se mettent en campagne; ils courent sus l'un contre l'autre, cherchant à s'éviter, à s'attraper; & si l'un des deux se laisse trop approcher, en sorte que son antagoniste le frappe de trois petits coups sur le corps; alors il est fait *prisonnier* & emmené dans le camp du vainqueur. Le parti ennemi fait ses efforts pour délivrer le prisonnier; ce qui arrive lorsqu'on peut parvenir jusqu'à lui & le toucher; mais alors il y a une lutte ou course générale dans laquelle on fait souvent de nouveaux prisonniers de part & d'autre. Dans ce cas, l'échange se fait. La victoire est au parti qui a su garder ses prisonniers.

BATIMENT ou DU JARDINAGE. (jeu du)

Quelqu'un de l'assemblée fait prendre à tous les autres les noms des matériaux ou les outils de maçonnerie, comme le marbre, le porphire, la pierre de taille, le moilon, la chaux, le plâtre, le ciment, le compas, la règle, le marteau, la truelle. Après il fait un discours d'un édifice qu'il a entrepris, nommant tantôt une de ces choses & tantôt l'autre, & ceux qui en portent le nom le doivent redire aussitôt deux fois, ou bien ils donnent un gage.

On fait de même au jeu du jardinage où l'un est le parterre, l'autre la fontaine, l'autre le rosier, l'abricotier, le cerisier, ou bien la bêche, le rateau, l'arrosoir & autres choses qui appartiennent au jardinage; tellement qu'en faisant le récit de ce qui est dans un jardin & de ce qui s'y fait, & l'entre-mêlant plusieurs fois, il faut aussi que ceux qui entendent leur nom le répètent incontinent deux fois, sur peine d'amende.

BATONNET. (jeu du)

Ce jeu d'écolier consiste à faire sauter avec force un très petit bâton pointu par les deux bouts; & de le lancer le plus loin qu'il est possible, soit à tour de bras, soit en le frappant avec un autre bâton court. Le joueur antagoniste doit retenir le bâton & à la volée; mais il est quelquefois dangereux pour lui de s'avancer sur le batonnet au moment qu'on le jette, & qui peut alors blesser grièvement.

BATTOIR. (jeu du)

Jeu d'exercice qui consiste à chasser avec une palette à long manche une balle dure de chiffons bien ficelés, & couverte d'une étoffe que les joueurs doivent tâcher de renvoyer en la reprenant à la volée, ou au premier bond. On joue en partie au battoir; la moitié des joueurs se mettant à un bout d'une longue allée; & l'autre moitié à l'opposite. On fait ce que l'on appelle des *chasses*, c'est-à-dire, les marques aux endroits où la balle a été arrêtée, & pour gagner il faut qu'en repoussant la balle, elle passe au delà de ces marques; sinon on perd la première fois 15, ensuite 30, puis 45, enfin le jeu. Une partie est divisée en autant de jeux qu'on est convenu.

BERLURETTE; jeu de société.

Voyez à l'article ATTRAPE. (jeu d')

BÊTES ou SIGNES. (jeu des)

Ce jeu se fait avec des gestes simplement sans parler, chacun ayant choisi des gestes différens. Il en a un qui commence à contrefaire celui de quelqu'un de ses compagnons, & il faut qu'incontinent celui-là fasse le même geste, & y joigne après, celui de quelque autre pour le surprendre. Il est besoin que ceux qui jouent tournent tantôt les yeux vers l'un, & tantôt vers l'autre, craignant qu'ils ne fassent leur geste sans qu'ils le voient, & qu'ils ne soient surpris. On manque souvent à ce jeu, à cause qu'on se méprend quelquefois dans les gestes. On le peut faire encore d'une autre façon pour le rendre plus aisé; c'est qu'il y aura un maître qui aura son action particulière aussi bien que les autres, lorsqu'il fera celle des autres, il faudra faire la sienne, sans qu'il y ait autre que lui à observer. On y peut ajouter que ceux qui parleront, excepté le maître, donneront un gage. Mais parce que cela seroit trop ennuyeux de jouer si long-tems sans parler, ces jeux là ne durent guères. Quelques-uns joignent une parole au signe pour se divertir davantage : car cela nous réveille d'entendre parler. Cela rend aussi le jeu moins fautif, à cause qu'entendant citer le nom qu'on a pris, on songe plutôt à le redire après, & à dire incontinent celui d'un autre, en faisant son signe. Outre les gestes ou grimaces extravagantes, on fait encore les actions de quelques métiers que chacun a choisis, & c'est à qui contrefera le métier de son compagnon.

BILBOQUET.　*(jeu du)*

Le bilboquet est un petit morceau de bois ou d'ivoire, tourné & creusé en rond par les bouts avec une corde au milieu, à laquelle est suspendue une boule qu'on tâche de faire entrer dans le creux du bilboquet; il y a des bilboquets qui ont un bout creux & l'autre bout en pointe, qu'il faut faire entrer dans un trou de la boule; on fait aussi des bilboquets qui présentent une pointe à un bout, & une petite surface à l'autre bout, sur laquelle il faut essayer de faire tenir la boule en équilibre; ce qui n'est pas facile, & ce qui demande un grand exercice.

On trouve toutes sortes de bilboquets en bois & en ivoire, au magasin de tabletterie, rue des Arcis, au Singe vert.

BLASON: *(jeu du) Par M. de Fer, géographe.*

L'on doit considérer ce jeu comme une méthode ou introduction à l'art du blason. Il commence par la connoissance des émaux & des métaux, des fourrures, des traits ou partitions des pièces qui entrent dans les armes, des supports & autres ornemens & marques extérieures de l'écu, les armes des rois, des princes, & républiques de l'Europe, avec les principaux ordres de chevalerie qui ont été institués dans cette partie du monde. Ce jeu est l'imitation de celui de l'oie, & pareillement divisé en 63 cases.

Ordre du jeu.

On joue au jeu avec deux dez communs ou un cochonnet, chacun une fois & à son tour, tant de personnes que l'on voudra. On conviendra du prix que doivent valoir les jettons dont on doit mettre un chacun à l'entrée du jeu, & payer autant de jettons que les rançons, les sorties & les contributions ordonnées vous obligeront au profit de celui qui gagnera la partie, marquant son jeu chacun avec une marque différente. Il faut faire attention que celui qui amenera du premier coup neuf, mettra au jeu le prix convenu, & passera à 26 chez les officiers du souverain.

Celui qui sera rencontré d'un autre payera le prix convenu, & ira prendre la place de son compagnon.

Loix du jeu.

1. Celui qui sera six, qui est le quarré où les armes commencent à être partagées payera le prix convenu, & passera au chiffre 12 où il y a un gironde, & continuera de jouer à son tour.

2. Qui viendra au quarré 19 où sont les écus à l'antique se reposera, pendant que les autres joueront deux fois, & payera le prix convenu pour renouveller ses titres, & jouera ensuite à son rang.

3. Qui arrivera au quarré 30 où sont les marques de la chancellerie y demeurera jusqu'à ce que quelqu'un des joueurs arrive au même chiffre, & en prenant sa place lui donne la liberté de continuer son jeu, & payeront tous deux le prix convenu pour les droits de la chancellerie.

4. Qui arrivera à 42, aux armes de l'empereur, payera les mois romains au jeu.

5. Qui arrivera au quarré 49, aux armes du

roi d'Espagne, payera le prix convenu pour avoir permission de passer aux Indes, où il demeurera jusqu'à ce que les autres joueurs aient joué chacun deux coups.

6. Qui tombera sur le nombre 58 où est l'ordre des Templiers & celui du Croissant payera le prix convenu, & recommencera au chiffre 1, lesdits ordres étant abolis.

7. On ne pourra rester sur les casques ni sur les couronnes, & celui qui y tombera payera le prix convenu, & passera ou rétrogradera au nombre 26 chez les officiers du souverain, & continuera son jeu.

8. Qui arrivera à 63, qui est le terme du jeu, gagnera la partie & tirera tous les jettons.

9. Qui aura amené plus de points qu'il n'en faut pour arriver juste au nombre 63, rétrogradera autant de points qu'il a de plus, & continuera à jouer à son rang jusqu'à ce qu'il arrive juste au dernier nombre.

Toutes les cases représentent chacune des figures de blason.

BONS ENFANS; *(le jeu des)*

Vivant sans souci & sans chagrin, où sont les intrigues de la vie; nouvellement inventé & mis au jour par les chevaliers de la table ronde. (Jeu d'amusement.)

Tel est l'intitulé de ce jeu qui est une imitation du jeu de l'oie, & qui en a les dispositions excepté que les rencontres sont différentes. (Voyez *la planche* 13ᵉ *du Dictionnaire des Jeux.*)

Voici les règles de ce jeu composé de 63 cases ou numéros.

Chacun des joueurs met un jetton au jeu avant de commencer. On débat ensuite qui sera le premier à jouer. On joue avec deux dez.

Le joueur n'arrête point sa marque sur les figures des vieilles représentées dans différentes cases, & lorsque la chance des dez l'y conduit, il doit recommencer à compter le nombre des points qu'il a amenés.

1°. Si le joueur tombe au nombre 6 qui désigne une *serenade*, on lui fait payer les violons.

2°. Celui qui au premier coup de cornet amène 9, les dez marquant les points 5 & 4, il payera sa *nôce* & ira se loger au *cornard content*, d'où il ne pourra être dégagé que par un autre joueur qui aura amené le même nombre, qui prendra sa place & le renverra à *l'enterrement de sa femme*, alors il payera le fossoyeur & recommencera le jeu.

3°. Celui qui amenera 9 par 3 & 6 des dez, payera sa *nôce*, & sera envoyé au *cornard malheureux*, d'où il ne pourra sortir, à moins qu'un joueur n'amène le même nombre de points des dez, & ne prenne sa place. Dans ce cas le prisonnier délivré payera l'enterrement de sa femme au nombre 58, puis recommencera.

4°. Si quelqu'un poursuivant son jeu vient à la *nôce* au nombre 9, il crachera dans le bassin, puis recommencera.

5°. Celui qui s'arrêtera chez *l'accouchée* au nombre 19 payera un tribut, s'il ne veut baiser la crémaillère.

6°. Si l'on s'arrête chez le *cornard content*, on lui payera un tribut, & l'on continuera, mais au second tour, à jouer.

7°. Le joueur qui sera arrêté chez le *cornard malheureux* recevra un tribut de lui, & suivra son jeu.

8°. Celui qui viendra au *baptême* sera parrain, payera les droits & retournera au nombre 30.

9°. Si quelqu'un vient à *l'enterrement*, il payera l'offrande & recommencera le jeu.

10°. Le premier qui arrivera au nombre 63, figurant la table des bons enfans, tirera tout ce qui est sur le jeu.

Les amendes, & les paiemens des différentes chances de ce jeu, sont de convention entre les joueurs.

BOULE CHIFFRÉE.

Règle du jeu.

Ce jeu se joue en cent. Il ne faut point crever; si on creve, les points que l'on a de plus se comptent sur l'autre cent que l'on recommence : cependant les joueurs peuvent convenir ensemble que la partie soit gagnée quoique l'on ait crevé. Il faut que cela se dise avant de commencer la partie.

Autre manière d'y jouer.

Supposons que l'un des joueurs amène cinq points, & que l'autre amène vingt, c'est quinze jettons que gagne celui qui a amené vingt.

Cette boule chiffrée, dite ci-devant *boule royale*, se vend, rue des Arcis, au Singe vert.

BOULES. *(jeu de)*

On joue sur terre avec de grosses boules

qu'on tache de pousser le plus près qu'il est possible d'une petite boule, ou de tout autre but qu'on a choisi. On joue aux boules en partie, & il y a des joueurs assez adroits pour lancer leur boule contre le but, qu'ils font partir fort loin, ou contre les boules de leurs adversaires ; alors ils se rendent maîtres du jeu, & ils peuvent placer avantageusement les boules qui leur restent à jouer.

C

CABRIOLET.

CABRIOLET. *(jeu du)*

VOICI les règles de ce jeu qui se joue, soit avec des cartes, soit avec des dez.

1°. *Avec les cartes.* Avant de commencer la partie, on mettra chacun sur une ou plusieurs cases & principalement sur celle du jeu, le nombre de jettons dont on sera convenu.

On joue avec des cartes de piquet à quatre personnes ou davantage ; & le jeu doit toujours être composé d'un nombre de cartes suffisant pour en donner cinq à chaque joueur.

Celui qui donne les cartes fait voir la dernière qui est toujours a-tout.

Le premier en cartes qui a dans son jeu quelqu'un des assemblages de figures qui composent une des neuf cases le déclare. Par exemple, s'il a un roi, une dame, & un valet de la même couleur quelconque, il dit avoir *le mariage légitime*, & si personne ne s'y oppose, il tire ce qu'il y a sur la case de ce nom.

Si, selon la même loi, il a roi & valet ; il tire, personne ne s'y opposant, ce qu'il y a sur la case de la *confiance*.

S'il a la dame & le valet, ce qu'il y a sur celle de la *confidence*.

L'*infidélité* qui est un roi d'une façon & une dame de l'autre, tire aussi ce qui est sur la case de ce nom.

Il en est de même de la *conférence*, figurée par deux rois.

Du *secret*, figuré par deux dames.

Et des *confidens*, figurés par deux valets, n'importe de quelle couleur.

On pourra appeller une carte qu'on desire, & la remplacer par une carte du même ordre ou d'un degré supérieur, sans nommer, ni montrer celle que l'on donne en échange.

Chacun doit parler à son tour, mais celui qui a trois valets ayant *cabriolet*, il emporte, sans examen, ce qui est sur les neuf cases, que chacun recouvre pour recommencer la partie.

Lorsqu'un joueur a la même chose que celui qui parle, il dit : je m'y oppose ; alors ni l'un ni l'autre ne tire ce qui est sur la case énoncée : c'est l'affaire du premier d'examiner par le jeu des cartes de l'opposant, si ses droits sont égaux aux siens.

Quiconque aura les quatre as tirera, s'il en a couvert les figures, tout ce qui est sur le jeu, & chacun des joueurs lui payera encore la mise ordinaire des neuf cases.

Il ne faut point perdre de vue qu'on ne tire jamais rien des cases que l'on n'a pas couvertes.

Lorsque tous les joueurs ont parlé à leur tour, le premier en cartes joue ou passe ; si celui qui fait jouer gagne, il tire ce qui est

sur

fur la cafe du milieu ; mais s'il perd , il met fur cette même cafe autant de jettons qu'il y en a.

2°. *Avec les dez.* On peut jouer avec trois dez ; & l'on trouvera la face des dez indiquée en haut de chaque cafe , que l'on occupera fuivant le nombre des points amenés.

A la *conférence* ; tirez ce qui eft fur cette cafe.

A la *confidence* ; tirez chacun un jetton , & rejouez un coup.

A la *confiance* ; tirez ce qui eft fur cette cafe, & que chacun vous donne un jetton.

Aux *confidens* ; recevez deux jettons de chaque joueur ; gardez la moitié paire, & mettez le refte au jeu.

A l'*infidélité* ; payez un jetton à chacun des joueurs, & qu'ils jouent deux coups pendant que vous vous repoferez.

Aux *fecrets* ; tirez un jetton de chaque cafe.

Au *jeu*, marqué par trois dez, chacun de cinq points. Tirez ce qui eft fur cette cafe, & que tous les joueurs remettent au jeu.

Au *mariage légitime* ; tirez ce qui eft fur cette cafe , & de chacun deux jettons pour les frais de la nôce.

Aux *cabriolets* ; la partie eft gagnée, & l'on tire en conféquence tout ce qui eft fur les neuf cafes.

Lorfqu'on amenera d'autres points que ceux qui font marqués fur les cafes, on payera deux jettons au jeu.

Les cafes des quatre *as* ne fe couvrent pas quand on joue avec les dez.

CAPUCIN. (*le*)

Jeu de fociété en dialogue.

Madame DE LA HAUTE-FUTAIE.

D'où venez-vous donc, Mademoifelle ? vous arrivez bien tard.

L'Abbé DES AGNEAUX.

Madame, nous revenons de Cheffy. Il y a

Jeux familiers.

tant de belles chofes à voir qu'on ne fauroit y refter trop long-tems.

Mademoifelle ROSE.

Comme les gazons y font beaux & bien tenus !

Mademoifelle DE LA HAUTE-FUTAIE.

Maman, nous avons vu des petits cignes tout noirs.

Madame DE LA HAUTE-FUTAIE.

Ils ne font fûrement pas tout noirs, ma fille. Ils font gris, & ils blanchiront en grandiffant. Accoutumez-vous donc à dire les chofes comme elles font.

M. DES JARDINS.

Que j'aime le fimple ruiffeau qui paffe au bas du vallon ?

L'Abbé PRINTEMS.

C'eft ma promenade ordinaire.

Mademoifelle DU BOCAGE.

Vous nous avez promis, en revenant, M. de la Rivière , de nous faire jouer au Capucin. Allons, contez-nous quelqu'hiftoire de Capucin.

M. DE LA RIVIÈRE.

Oh ! mais je ne peux pas vous en inventer tous les jours de nouvelles.

Mademoifelle DU RUISSEAU.

Eh bien ! contez les mêmes. Je n'y étois pas quand vous avez joué.

M. DE LA FORÊT.

Ni moi non plus.

Mademoifelle ROSE.

Le chevalier & moi , nous n'y étions pas non plus. Ainfi, vous voudrez bien expliquer le jeu en faveur des ignorans.

D

M. DE LA RIVIÈRE.

Chacun prend une partie de l'habillement du capucin : l'un eſt le manteau, l'autre la robe, l'autre le capuchon, &c. Quand l'hiſtoire parle du manteau, il faut que celui qui eſt le manteau, répète le mot manteau deux fois, ſi l'hiſtorien l'a dit une ; & une fois, s'il l'a dit deux.

L'Abbé DES AGNEAUX.

Tenez, Monſieur ; voilà la liſte des perſonnages, & de leurs rôles. Il lit :

M. de la Rivière,	l'hiſtorien.
Madame de la Rivière,	le manteau.
Madame de la Haute-Futaie.	la calotte.
Mademoiſelle du Ruiſſeau,	la ſandale.
Mademoiſelle du Gazon,	la robe.
Mademoiſelle Roſe;	la barbe.
Mademoiſelle du Bocage,	le capuchon.
Mademoiſelle de la Haute-Futaie,	la beſace.
M. de la Forêt,	le bréviaire.
M. des Jardins,	le chapelet.
L'Abbé Printems,	la culotte.
Le Chevalier Zéphir,	le capucin.
L'Abbé des Agneaux,	le cordon.

C'eſt le chevalier qui a le rôle le plus difficile ; mais il s'en tirera bien.

Mademoiſelle ROSE.

Oui ; en payant des gages.

M. DE LA RIVIÈRE.

Silence, s'il vous plaît ; je commence. Je vais d'abord vous définir ce qu'on appelle un capucin.

Le Chevalier ZÉPHIR.

Capucin, capucin.

Mademoiſelle ROSE.

Comment ! Mais vous ſavez donc ce jeu-

là ? Oh ! on ne vous y prendra pas aujourd'hui.

M. DE LA RIVIÈRE.

La barbe n'eſt pas ſeulement....

Le Chevalier ZÉPHIR.

Un gage, Mademoiſelle ; vous n'avez pas répondu : barbe, barbe.

M. DE LA RIVIÈRE.

Ce qui diſtingue un capucin, capucin.

Le Chevalier ZÉPHIR.

Capucin.

M. DE LA RIVIÈRE.

Il y a encore bien d'autres choſes à diſtinguer en lui : vite ; ſa robe, ſon manteau, ſon capuchon ne ſont pas encore ſon accoutrement.

M. DE LA RIVIÈRE.

Voilà ſeulement trois perſonnes qui ſont bien priſes.

L'Abbé DES AGNEAUX.

La beſace, beſace.

Mademoiſelle DE LA HAUTE-FUTAIE.

Beſace.

M. DE LA RIVIÈRE.

Eſt la partie la plus eſſentielle d'un vrai capucin ; car, en effet....

Mademoiſelle DE LA HAUTE-FUTAIE.

Un gage, Chevalier ; vous n'avez pas répondu....

M. DE LA RIVIÈRE.

Un capucin....

Le Chevalier ZÉPHIR.

Capucin, capucin.

M. DE LA RIVIÈRE.

Sans beface....

Mademoifelle DE LA HAUTE-FUTAIE.

Beface.

L'Abbé DES AGNEAUX.

Un gage, Mademoifelle; vous n'avez dit qu'une fois; il falloit dire deux fois : beface, beface.

M. DE LA RIVIÈRE.

Eft comme un pelerin fans bourdon, un combattant fans armes; un fufil démonté, fans chien, fans baffinet. Ainfi donc, fans beface....

Mademoifelle DE LA HAUTE-FUTAIE.

Beface, beface.

M. DE LA RIVIÈRE.

Point de capucin, capucin.

Le Chevalier ZÉPHIR.

Capucin, capucin.

L'Abbé PRINTEMS.

Un gage, Chevalier; vous avez dit capucin, capucin; il ne falloit dire que capucin tout uniment.

Nota. Ce jeu eft un de ceux auquel on donne le plus de gages. Quand l'hiftorien fait bien le rôle que chacun fait, il peut profiter adroitement des fréquentes diftractions qui ont toujours lieu dans les petits jeux de fociété. Le point effentiel feroit de raconter des hiftoires de capucin qui foient intéreffantes par le fond du fujet, parce qu'alors les auditeurs occupés à fuivre le fil du difcours, oublient de répéter à propos ce qu'ils doivent. Je vais rapporter ici quelques hiftoires de capucin qui m'ont paru fingulières.

Vous favez bien, Mefdames, que les capucins, capucins, ne doivent jamais porter d'argent fur eux. Leur beface leur tient lieu de tout; elle fuffit pour les faire vivre. Le

prophète Elie, en quittant ce monde, laiffa fon manteau à fon difciple; & il y a lieu de croire que S. François ne laiffa pas à fes difciples fon manteau, mais bien fa beface.

Un jour, m'a-t-on dit, un voyageur fe trouvant arrêté par une petite rivière, & le pont étant fort éloigné, il fut fort embarraffé; car vous remarquerez qu'il étoit à pied. Il apperçut de loin un capuchon, & il fe dit à lui même : c'eft fans doute un capucin; car, comme le feu ne va pas fans fumée, un capucin ne va pas fans capuchon, capuchon. Effectivement; c'étoit un vieux père, madré comme quatre. Bonjour, mon père, dit le voyageur; vous ferez auffi bien embarraffé que moi, nous ne pourrons pas paffer. Bon, dit le capucin, je vais retrouffer ma robe; je l'attacherai bien haut avec mon cordon; & je pafferai au milieu de la rivière, car elle ne me paroît pas bien profonde. Si vous vouliez, mon père, dit le voyageur qui craignoit de fe mouiller, je monterois fur votre dos, je m'accrocherois à votre manteau & à votre capuchon, & je vous aurois bien de l'obligation de me rendre ce fervice. Vous n'aurez pas la peine de vous déchauffer, puifque vous allez nuds pieds; & vos fandales fuffiront pour garantir vos pieds des pierres qui pourroient les bleffer. Le capucin voyant que le voyageur fe moquoit de lui, rioit dans fa barbe en méditant un fingulier projet de vengeance. Voilà notre voyageur à califourchon fur le révérend père capucin, qui avoit relevé fon capuchon fur fa tête, & mis dans fa poche fa calotte & fon bréviaire. Comme il avoit relevé très-haut fa robe avec fon cordon, cordon, vous remarquerez, s'il vous plaît, qu'il avoit une culotte, quoique les capucins ordinairement ne portent point de culotte, culotte. Ils ont cette permiffion quand ils voyagent, à caufe de la décence. La rivière qu'ils traverfoient tous les deux, l'un portant l'autre, n'avoit guère qu'un pied de profondeur dans cet endroit, mais elle étoit affez large. Vers le milieu le capucin retourne la tête, & demande à fon cavalier s'il avoit de l'argent fur lui. Oui, mon révérend père, dit le voyageur, & je vous récompenferai; car vous craignez, fans doute, que je ne l'oublie. Non, Monfieur, dit le capucin, capucin; mais de par S. François, notre bon père, il nous eft défendu de porter de l'argent fur nous; & dans l'inftant, faisant un tour de reins, il jette mon voyageur tout-à-plat dans le beau milieu de la rivière, en courant de toutes ses forces.

Cependant, les capucins qui veulent avoir avec eux de l'argent, ont recours à une ruse assez singulière. Ils se font faire des sandales ; ils pratiquent une boîte par le moyen d'un double fond, & ils mettent dedans leur argent. Alors, ce n'est point eux qui portent l'argent, mais l'argent qui les porte.

(Extrait des Soirées amusantes.)

CARTES ; *(jeux subtils de)* *pour s'amuser en société.*

Voici quelques-uns seulement de ces jeux qui sont en trop grand nombre pour les rapporter tous ici.

Premier jeu du nombre.

Vous prendrez les séquences des cartes, c'est à savoir tous les treffles, tous les piques, tous les cœurs & tous les carreaux ; vous les remettrez dans les mains de quatre personnes, & à la première personne vous donnerez la séquence du treffle, à la seconde celle de pique, à la troisième celle de cœur, à la quatrième celle de carreau. Et pour bien réussir au jeu, il faut remarquer que toutes les figures ont leur nombre particulier à savoir. Le valet vaut dix, la dame onze, le roi douze, & l'as un point.

Pour commencer ce jeu, il faut demander l'as de treffle que vous aurez donné à la première personne, & vous la mettrez sur votre main découverte, & multiplierez quatre points davantage ; vous ferez donner ensuite le cinq de pique que vous demanderez à la seconde personne, puis multiplierez encore quatre points, & vous ferez livrer neuf de cœur. Il faut se souvenir de quatre choses, c'est-à-dire, qu'après le neuf il faut mettre le deux, après le valet, le trois, après la dame, le quatre ; après le roi, l'as ; & afin de ne point manquer à cette règle, voici l'ordre dans lequel les cartes doivent être rangées.

As de treffle.	As de carreau.
Cinq de pique.	Six de treffle.

Six de cœur.	Valet de pique.
Déux de carreau.	Trois de cœur.
Quatre de pique.	Sept de carreau.
Cinq de cœur.	Dame de treffle.
Roi de carreau.	As de carreau.
As de cœur.	Cinq de pique.
Cinq de carreau.	Deux de cœur.
Neuf de treffle.	Six de carreau.
Deux de pique.	Valet de treffle.
Six de cœur.	Roi de cœur.
Valet de carreau.	As de pique.
Trois de treffle.	Trois de cœur.
Sept de pique.	Neuf de carreau.
Dame de cœur.	Deux de treffle.
Quatre de carreau.	Six de pique.
Huit de treffle.	Valet de cœur.
Roi de pique.	Trois de carreau.
Trois de pique.	Sept de pique.
Sept de cœur.	Dame de pique.
Dame de carreau.	Quatre de cœur.
Quatre de treffle.	Huit de treffle.
Huit de pique.	Roi de treffle.

Enfin quand vous aurez fait appeler toutes les cartes par quelqu'un de la compagnie, faites les couper, & puis les mêlez les unes sur les autres, sans les mettre de travers ; & il vous faut souvenir de les mêler par-dessus, puis vous ferez prendre du milieu une carte par qui vous voudrez. Toutes les cartes qui seront dessous celle du milieu que vous avez fait prendre, vous les remettrez par-dessus les autres, puis vous regarderez secrettement par-dessus, & ainsi vous saurez la carte qu'on aura prise, considérant toujours la règle du chiffre, ainsi que vous avez demandé les cartes, & multipliant les quatre points davantage ; puis quand vous l'aurez tirée, vous vous ferez livrer la carte, & la mettrez par-dessus ou par dessous les cartes, & les metterez de la même façon, comme a été dit ci-dessus.

Autre jeu pour faire tenir au plancher une carte qu'un de la compagnie aura songée.

Il vous faut tenir le jeu de cartes de la main droite, & montrer les cartes à la compagnie, & en découvrir une plus que les autres ; puis vous demanderez à quelqu'un de la compagnie quelle carte il aura songée ; sans doute il ne manquera pas de dire celle qu'il aura vue la plus découverte ; cela fait, vous aurez un peu de poix de Bourgogne chaude & la mettrez deſſus la carte, & la jetterez au plancher auquel elle ne manquera point de s'attacher, ainſi vous ferez voir la carte qu'on aura penſée.

Autre jeu de cartes pour deviner combien de points il y a en trois cartes, que quelqu'un aura choiſies.

Prenez un jeu de cartes où il y en aura cinquante-deux, & que quelqu'un en choiſiſſe trois telles qu'il voudra. Pour deviner combien elles contiennent, dites lui qu'il compte les points de chaque carte choiſie, & qu'il y ajoute à chacune tant des autres cartes qu'il en faut pour accomplir le nombre de quinze, en comptant les ſuſdits points; cela fait, qu'il vous donne le reſte des cartes, en ôtant quatre du nombre d'icelles, le reſte ſera infailliblement la ſomme des points qui ſont aux trois cartes choiſies.

Par exemple que les points des trois cartes ſoient quatre, ſept, neuf, il eſt certain que pour accomplir, en comptant les points de chaque carte, il ſaudra ajouter à quatre onze cartes, à ſept il en faut ajouter huit, & a neuf il faut ajouter ſix, par quoi le reſte des cartes ſera vingt-quatre, leſquels ôtant quatre reſteront pour la ſomme des points qui ſont aux trois cartes choiſies.

Ceux qui voudront pratiquer ce jeu en quatre, cinq, ſix, ou pluſieurs cartes, & ſoit qu'il y en ait cinquante-deux au jeu, ſoit qu'il y en ait moins ou plus, même qu'elles faſſent le nombre de quinze, quatorze ou douze, &c; il faut ſe ſervir de cette règle générale : multipliez le nombre que vous faites accomplir par le nombre des cartes choiſies, & au produit ajoutez le nombre des cartes choiſies, puis ſouſtrayez cette ſomme de tout le nombre des cartes, le reſte ſera le nombre qu'il vous ſaudra ſouſtraire des cartes reſtantes pour faire le jeu.

S'il ne reſte rien après la ſouſtraction, le nombre des cartes reſtantes doit exprimer juſtement les points des trois cartes choiſies; ſi la ſouſtraction ne ſe peut faire, en ce que le nombre des parts eſt trop petite, il faut ôter le nombre des cartes de l'autre nombre, & y ajouter le demeurant au nombre des cartes reſtantes.

Autre jeu.

Pluſieurs cartes diſpoſées en divers rangs, deviner laquelle on aura penſée.

L'on prend ordinairement quinze cartes diſpoſées en trois rangs, ſi bien qu'il s'en trouve cinq en chaque rang. Poſons donc le cas que quelqu'un penſe une de ces cartes, laquelle il voudra, pourvu qu'il vous déclare en quel rang elle eſt, vous devinerez celle qu'il aura penſé en cette ſorte.

1°. Ramaſſez à part les cartes de chaque rang, puis joignez tous enſemble, mettant toutefois le rang où eſt la carte penſée au milieu des deux autres.

2°. Diſpoſez derechef toutes les cartes en trois rangs, en poſant une au premier, puis une au ſecond, puis une au troiſième, & ainſi juſqu'à ce qu'elles ſoient toutes rangées.

3°. Cela fait, demandez en quel rang eſt la carte penſée, & ramaſſez, comme auparavant, chaque rang à part, mettant au milieu des autres celui où eſt la carte penſée.

4°. Finalement, diſpoſez encore ces trois cartes en trois rangs de la même ſorte qu'auparavant, & demandez auquel eſt-ce que ſe trouve la carte penſée, alors ſoyez aſſuré qu'elle ſe trouvera la troiſième du rang où elle ſera, par quoi vous la découvrirez aiſément; & que ſi vous voulez encore mieux couvrir l'artifice, vous pourrez amaſſer derechef toutes les cartes, mettant au milieu des deux autres le rang où eſt la carte penſée; & pour lors la carte penſée ſe trouvera au milieu de toutes les quinze cartes; ſi bien que de quelque côté que l'on commence à compter, elle ſera toujours la ſeptième.

Autre jeu.

Pluſieurs cartes étant propoſées à pluſieurs perſonnes, deviner quelle carte chaque perſonne aura penſée.

Par exemple, s'il y a quatre perſonnes, prenez quatre cartes, & les montrant à la première perſonne, dites-lui qu'elle penſe celle qu'elle voudra, & mettez à part ces quatre cartes, puis prenez-en quatre autres, & les présentez de même à la seconde personne, afin qu'elle pense ce qu'elle voudra; & faites encore tout de même avec la troisième ou quatrième personne; alors prenez les quatre cartes de la première personne, & les disposez en quatre rangs, & sur elles rangez les quatre de la seconde personne, puis les quatre de la troisième, puis celle de la quatrième; & présentant chacun de ces quatre rangs à chaque personne, demandez à chacun en quel rang est la carte par elle pensée; car infailliblement celle que la première personne aura pensée, sera la première du rang où elle se trouvera. La carte de la seconde personne sera la seconde de son rang; la carte de la troisième sera la troisième à son rang; & la carte de la quatrième sera la quatrième du rang où elle se trouvera, & ainsi des autres, s'il y a plus de personnes, & par conséquent plus de cartes; ce qui peut aussi se pratiquer en toutes autres choses par nombre certain.

Autre jeu de cartes très-subtil & divertissant, pour dire quelles sont les cartes que quelqu'un ou plusieurs de la compagnie auront tirées.

Premièrement, pour bien jouer ce jeu, il faut ôter tout le carreau, à la réserve du roi, de la dame & du valet.

2°. Ensuite vous mettrez toutes les têtes en haut, & les autres cartes vous mettrez les points en bas; il faut remarquer que vous tiendrez le jeu de cartes en cet état, jusqu'à ce qu'un ou plusieurs aient tiré les cartes qu'ils voudront du jeu, & vous prendrez garde de quelle manière on remettra les cartes de votre jeu, d'autant que si celui qui vous a tiré vos cartes vous les remet de la même façon qu'il les a tirées; alors vous devez retourner votre jeu de cartes les points en haut & les têtes en bas; cela se fait en un instant, & par cette règle, vous direz fort facilement les cartes qu'ils auront tirées, d'autant qu'elles seront à rebours les unes des autres, observant la règle ci-dessus.

Autre jeu de cartes très-subtil & divertissant, pour deviner toutes les cartes d'un ou de plusieurs jeux l'un après l'autre.

Pour le faire bien adroitement & subtilement, il faut premièrement qu'il n'y ait per-

sonne à la gauche de celui qui jouera; alors prenant un jeu de cartes ou plusieurs, tant que l'on voudra, il en verra seulement celle de dessous, & la fera voir s'il veut à toute la compagnie, puis après il cachera lesdites cartes derrière son dos, de sorte qu'elles ne puissent être vues de personne; & y mettant les deux mains, il mettra adroitement la carte de dessus qu'il aura fait voir à la compagnie; il la jettera sur le tapis, & en la jettant, il pourra subtilement voir celle qu'il aura dans la paume de la main, & ensuite pourra recommencer à reprendre une autre carte comme la première fois, & ainsi continuer tant qu'il voudra, à tirer & deviner toutes les cartes.

Tour subtil de cartes.

Pour faire ce jeu, l'on peut se servir d'un ou plusieurs jeux de cartes; ensuite vous demanderez à une personne de la compagnie quelle carte elle desire que l'on fasse venir à soi: cela fait, il faut avant que de commencer que vous ayez soin d'avoir un petit morceau de cire, que vous attacherez à un de vos boutons, avec le plus grand cheveu que vous pourrez trouver; ensuite vous approchant de la table, levant la carte que la personne aura choisie, vous lui demanderez si ce n'est pas cette carte qu'il souhaite que vous fassiez venir vers vous; alors adroitement prenant cette carte, vous attacherez votre cire dessous, où sera aussi attaché votre cheveu; puis faisant retirer tant soit peu le monde qui se trouvera autour de la salle, vous ferez semblant de prononcer quelques paroles, & vous vous retirerez tout d'un coup, & par le moyen de votre cheveu, vous retirerez ladite carte devers vous jusques sur le petit bout de la table, & faites en sorte qu'elle ne tombe point par terre, de crainte que l'on ne découvre votre subtilité!

Divination par les cartes, ou les oracles du Cartier.

Règle générale. — Le *cœur* indique du bonheur & du succès en matière de galanterie, & le *carreau* en fait d'intérêt & de finance; l *treffle* est favorable aux vues d'ambition, & le *pique* aux projets de guerre ou d'avancemens militaires.

Au contraire, le *pique* indique un mauvais succès dans les affaires de galanterie ; le *treffle* doit donner lieu de craindre que celles d'intérêts tournent mal ; le *cœur* annonce un grand mécompte aux projets d'ambition ; & le *carreau* est tout à fait contraire à ceux militaires. Si c'est un homme marié & distingué qui interroge, le *roi* est la carte la plus favorable ; si c'est une femme, c'est la *dame* ; & si c'est un jeune homme, c'est le *valet*.

Le *dix* annonce pour tous un bonheur ou un malheur considérable.

Le *neuf*, le *huit*, & le *sept* vont en déclinant ; enfin l'*as* est le plus petit dommage ou le plus grand avantage.

D'après ces principes, voici comme on s'y prend pour interroger l'oracle. On forme la question & on l'écrit en moins de mots possibles sur un petit papier qu'on plie, & qu'on remet ensuite à celui ou à celle qui tire les cartes, à qui il faut bien confier les affaires. Seulement si l'on fait entrer dans la question le nom d'une personne que l'on ne veut pas faire connoître, on peut se contenter de dire de quel nombre de lettres il est composé.

Le grand prêtre ou la grande prêtresse de l'oracle compte toutes les lettres qui entrent dans la phrase de celui ou de celle qui l'interroge, comme ils se trouvent écrits, sans avoir égard à la bonne ou mauvaise orthographe ; ensuite il prend deux jeux de piquet faisant soixante-quinze cartes, & les ayant bien mêlés ensemble, & fait couper la personne intéressée, il tire autant de cartes qu'il y a de lettres ; & toutes celles-là ne signifient rien ; ce n'est que celle qui les suit immédiatement qui décide, le sort bon ou mauvais de la personne, suivant qu'elle est de la couleur favorable ou contraire, & suivant qu'elle marque le degré de bonheur ou de malheur. Si elle est d'une des couleurs qui ne sont point applicables à la question, ou si l'on tombe sur une dame, quand c'est un homme qui interroge, ou sur un valet, quand c'est un homme vieux, veuf ou marié ; dans tous ces cas-là la partie est remise.

Si celui qui interroge voyant que l'oracle a peine à s'expliquer, craint qu'il ne lui annonce quelques mauvais succès, il est maître de jeter son papier au feu & de cesser de le questionner ; mais s'il veut absolument savoir à quoi s'en tenir, on remêle de nouveau les cartes, on redonne à couper, on retire une seconde fois, & jusqu'à trois & à quatre : au reste, il est de la prudence de celui qui tire les cartes de ne jamais admettre certaines questions qui peuvent lui être faites ; par exemple, celles-ci : *ma femme m'est elle fidelle ?* ou celle là : *aimerai-je toujours M.... ?* ou *M.... m'aimera-t-il toujours ?* Ce sont des objets sur lesquels on ne doit consulter d'autre oracle qu'un cœur sensible & un esprit bien fait. Mais voici des exemples de choses que l'on peut demander, & sur lesquelles l'oracle du cartier est en état de répondre. *Serai-je heureux dans mes amours ?* Une femme met *heureuse*, ce qui fait une lettre de plus. On peut ajouter *quand j'en aurai*, ce qui change encore le nombre des lettres. On peut tourner encore la phrase d'une autre manière : *réussirai-je dans mes amours ? aurai-je du succès dans mes galanteries ?*

Supposons qu'on adopte la dernière de ces phrases, elle contient trente-trois lettres : on tirera d'abord trente-trois cartes, & la trente-quatrième sera décisive. Si elle se trouve être un *as de cœur*, on se moque du demandeur, parce qu'il est prouvé qu'il n'aura qu'une très-petite réussite. Si c'est le *dix de pique*, il sera à plaindre ; si c'est un *treffle*, ou un *carreau*, ou un *roi*, ou un *valet*, lorsque la questionneuse est une dame, alors l'oracle ne se sera pas expliqué. De quelque façon qu'il ait parlé, lorsque la divination est finie, il faut jetter au feu le billet qui contient la question.

Il y a d'autres manières de deviner par les cartes, où l'on n'est pas obligé de dire son secret à celui qui doit les tirer. La première consiste à faire faire la *patience* devant soi & à son intention, suivant qu'elle réussira ou qu'elle manquera, on peut juger du bon ou du mauvais succès de ce qu'on desire.

Un autre façon est d'attacher son sort à une carte quelconque qu'on nomme seulement à celui qui tient les cartes. Après les avoir bien fait mêler, les avoir mêlées soi-même & coupées, il les tire alors toutes les unes après les autres en les plaçant à la main droite & à sa gauche, comme on fait au *Pharaon* pour décider de la perte ou du gain. La carte désignée arrive enfin ; si c'est en gain l'affaire doit réussir , si c'est en perte elle manquera.

Exemple. Supposons que je veuille savoir si je serai heureux dans une affaire de galanterie que j'ai entreprise , je prends pour ma carte la dame ou l'as de cœur; mais ce ne doivent pas être les premières ni les secondes cartes de cette espèce qui se trouvent dans le jeu ; car si cela étoit, le sort seroit trop tôt décidé ; mais celles qui doivent arriver les dernières , comme la troisième ou quatrième dame , le troisième ou quatrième as ; lorsque cette carte arrive on sait à quoi s'en tenir. Il en est de même des questions qu'on pourroit faire sur toute autre matière d'intérêt , d'ambition , d'avancement militaire. On se rappelle sans doute ce qui a été dit , il n'y a qu'un moment , de la signification du carreau , du trèfle & du pique relativement à ces objets.

CASSETTE.   (*jeu de la*)

Voyez à l'article CORBILLON. (*le*)

CÉRÉMONIES DE VENUS ET DE CUPIDON.   (*jeu des*)

Dans le jeu des cérémonies de Venus & de Cupidon , une dame représente Venus , & quelque jeune garçon représente Cupidon : il y a un sacrificateur & une religieuse , un serviteur & une servante des sacrifices , cinq héros , & cinq nymphes , cinq bergers & cinq bergères , avec des faunes , des satyres & des sylvains. Venus & son fils se mettent sur une manière d'autel , où chacun les vient adorer, ce qui n'étant que feinte , passeroit néanmoins en certain pays pour idolatrie. Le sacrificateur & la religieuse font plusieurs cérémonies pour vaquer au service des divinités , & puis leurs ministres appellent tantôt les jeunes héros & les nymphes , ou les bergers & les bergères , par des noms pris des fables des poëtes , & ils viendront offrir des choses dédiées à Venus , comme colombes, tourterelles, moineaux, musc , roses & myrte , & leur ayant été demandé s'ils desirent implorer l'assistance des satyres ou des faunes , s'ils s'y accordent , ils

seront mis entre leurs mains. Après le sacrificateur allumant un flambeau , le donnera à celui qui représentera Adonis, lequel le donnera à une nymphe , & cette nymphe à un jeune héros , & cela passera aux bergers & aux bergères , jusqu'à ce qu'il soit éteint par un ministre du temple. De vrai il y a là beaucoup de simagrées & nulle subtilité , ni aucunes raisons pour toutes ces cérémonies diverses ; de sorte que cela ne sauroit apporter guère de plaisir aux bons esprits.

CHAT QUI DORT; (*le*) jeu de société.

Voyez à l'article POULES. (*jeu des*)

CHATEAU.   (*jeu du*)

Le château est construit en bois , & présente deux corps de bâtiment ; l'un supérieur , & l'autre inférieur. Il y a un escalier avec de petites marches sur un plan incliné de chaque côté. Ces deux escaliers font passer la boule avec laquelle on joue dans les deux galeries du haut & du bas. On a tracé en chiffres romains au-dessus des neuf cases ou portiques du corps élevé du château XV , X , VII , LXXV , II , VIII , V , XX , & au-dessus des neuf cases ou portiques du corps d'en bas , en chiffres arabes, 45 , 11 , 30 , 3 , 50 , 4 , 35 , 12 , 40. La terrasse du château est embarrassée par des espèces de petites bornes au nombre de 28 , lesquelles servent à faire dévier la petite boule qu'on fait partir du haut de l'escalier qui est de chaque côté du jeu , & qui va passer sur cette terrasse pour se rendre ensuite dans un des portiques de la galerie d'en bas , où le chiffre indique les points amenés par le joueur.

Règles du jeu du château.

L'on peut jouer à ce jeu deux ou quatre personnes ; mais il n'y en a toujours qu'une qui gagne.

Si l'on joue à deux personnes , la partie se joue en 51 points.

Avant de commencer le jeu , il faut convenir de la valeur que l'on donne à chaque jetton.

Vous

Vous faites partir la boule du haut de l'escalier qui est de chaque côté du jeu, qui va passer dans un des portiques du château, & va tomber dans un de ceux de la galerie qui est en bas.

Si celui qui joue le premier amène 7 & 6, cela lui fera 13 points, & que le second amène 5 & 3 qui font 8, il faut que le premier diminue sur les 13 qu'il a amenés & ne marque que 5 points ; si c'est le second qui a amené le point le plus haut, il diminuera également les points que le premier a amenés, & ne comptera que les points excédans.

Si vous amenez zéro & 3 ou autres chiffres, vous comptez un point de moins à cause du zéro qui diminue la valeur d'un point.

Si vous amenez les deux zéros avec d'autres points, vous diminuez deux points pour les deux zéros ; si vous n'amenez qu'un point avec les deux zéros, vous démarquez d'un point ; si vous n'en avez point encore marqué, vous le marquez de moins sur le coup suivant ; si vous n'amenez que trois zéros, l'autre joueur vous donne trois jettons : ce qui s'appelle *la consolation*. Dans le cas où vous jouez plus de deux personnes, la partie ne se joue plus en 51 points ; mais chaque joueur paye à celui qui a amené les plus hauts points, autant de jettons, comme il a amené de points de moins, en diminuant toujours les zéros, s'il lui en vient.

Chaque compagnie ne doit occuper qu'une face dudit jeu, ledit jeu étant composé pour deux compagnies.

Autre manière de le jouer.

L'on peut faire une poule & la jouer, comme à la ferme, en mettant un certain nombre de jettons chacun à la masse.

Si vous amenez un chiffre des portiques du château, & un de la galerie d'en bas, vous prenez à la masse autant de jettons que vous avez amené de points.

Si vous amenez un zéro du château, & un chiffre de la galerie, vous diminuez un point pour le zéro avant de prendre à la masse, si vous en amenez deux, vous en prenez deux de moins à cause de deux zéros.

Si vous amenez les trois zéros, chaque

joueur vous paye trois jettons, ce qui s'appelle *l'aumône* ou la *consolation du jeu*.

A la fin du jeu, si vous amenez plus de points qu'il n'y a de jettons au jeu, le joueur ne prend rien, au contraire, il est obligé de fournir à la masse autant de jettons qu'il en manque pour completter le nombre de points qu'il a amenés, & un autre joue.

Pour finir le jeu, il faut amener juste autant de points qu'il y a de jettons au jeu.

Ce jeu se trouve au magasin de tableterie, rue des Arcis, au Singe vert.

CHIROMANCIEN. (*jeu du*)

Il faut que celui qui fait le personnage du chiromancien sache tous les noms des lignes des mains, comme la vitale, la naturelle, la mensale, avec la signification qu'elles ont selon leurs figures, & aussi les noms des monts que l'on établit dans la paume de la main, qui font ceux des planetes, avec leurs qualités astrologiques, & ayant donné à chacun quelqu'un de ces noms, & leur en ayant appris les divers attributs, il prendra la main à quelque belle dame de la compagnie, pour lui dire la bonne aventure ; & en faisant tous ses discours, dès qu'il viendra à parler de quelqu'une des choses que l'on remarque dans cet art, ceux qui en porteront le nom, seront obligés de répondre aussitôt, selon ce qu'il aura dit ; comme s'il a dit, *que la ligne vitale est entière*. Il faut que celui qui en porte le nom, dise : *que c'est signe de longue vie*. S'il dit, *qu'elle est rompue* ; qu'il réponde, *que c'est signe de courte vie*, & que pour les noms des planettes, il y ait ainsi des réponses touchant les biens & les maux. Chacun retiendra deux diverses qualités, suivant lesquelles l'on peut parler diversement.

CHOUETTE. (*nouveau jeu de la*)

Lequel est, dit-on, très-recréatif & très-aisé à jouer.

Ce jeu est une imitation de celui de l'oie ; & se joue avec trois dez sur un carton, dont le cercle est distribué par cases, avec quatre rangs principaux de figures.

Le premier rang traçant différens objets ; le second marquant les différens nombres des points des dez ; le troisième exprimant par des lettres & des chiffres les différentes chances du gain ou de la perte ; le quatrième représentant encore des figures d'oiseaux, d'ustensiles, &c.

Règle du jeu.

1°. Avant que de commencer à jouer on aura bon nombre de jettons, que les joueurs partageront également entre eux, & on fixera le prix de chaque jetton.

2°. On choisira un joueur de la compagnie pour être le gardien du fonds du jeu, afin que si l'un des joueurs veut quitter ledit jeu, le gardien lui tienne compte du surplus des jettons qu'il aura gagnés, ou lui fasse payer ceux qu'il aura perdus ; ce que le gardien aura soin de voir & vérifier au prorata des jettons que ledit joueur aura reçus au commencement du jeu.

3°. Avant de jouer, chaque joueur doit mettre au milieu du jeu trois ou quatre jettons au moins, & même plus si on veut, suivant qu'ils conviendront ensemble ; ce qui se répétera chaque fois que le jeu sera vide.

4°. Ce jeu se joue avec trois dez.

5°. Pour savoir qui jouera le premier, on prend les trois dez que chacun des joueurs jette sur le carton l'un après l'autre ; celui qui amènera le plus haut point joue le premier, & ainsi des autres en gardant chacun son tour, jusqu'à ce qu'un des joueurs amène dix huit ou les trois six où est la grande chouette, & où est écrit *tout.* Celui qui amenera ce point tire tous les jettons qui sont sur le jeu, ce qui fait la partie : après quoi on recommence le jeu, & on tire à qui jouera le premier, après avoir remis au jeu de nouveau.

6°. Chaque joueur ayant pris son rang à jouer, suivant les points qu'il aura amenés ; le premier prend les trois dez qu'il jettera sur le jeu ; on cherchera dans les cases le même point marqué sur lesdits dez. S'il se trouve qu'il ait amené une chouette où il est écrit la *moitié,* ledit joueur tirera la moitié des jettons qu'il y a sur le jeu ; si les jettons sont impairs, le surplus sera au profit du jeu.

Si ledit joueur amène le nombre où il est marqué un T, il prendra sur le jeu le nombre de jettons que le chiffre qui est auprès du T marque. De même si le joueur amène le nombre où il est marqué un P, il payera sur le jeu le nombre de jettons que le chiffre qui est auprès du P marque. Celui qui amène treize par deux six & un point où il y a écrit *rien,* ne tire, ni ne paye rien.

CHRONOLOGIQUE ; *jeu*) *utile pour apprendre la suite des siècles, & ce qui est arrivé de plus remarquable en chacun.*

Tous les siècles sont ici divisés en trois parties.

La première se termine au vingtième siècle, remarquable par la naissance d'Abraham.

La seconde finit au quarantième siècle, remarquable par la naissance de J. C.

La troisième & dernière se termine au siècle présent.

Chacun mettra également en ces trois siècles, comme les plus avantageux, ce dont on sera convenu.

On y joue avec un dodecahèdre, ou avec deux dez, à l'imitation du jeu de l'oie.

Chacun aura une marque particulière pour marquer son jeu.

Les règles du jeu.

Qui ira au sixième & quatorzième siècles, recommencera à son tour, pour n'y avoir rien trouvé de remarquable.

Qui ira au dixième perdra deux marques qu'il mettra au siècle quarantième, en mémoire des deux pertes arrivées en ce siècle, à savoir d'Adam & d'Enoch.

Qui ira au douzième auquel naquit Noé s'avancera de six siècles au-delà, en mémoire des six siècles qu'avoit vus Noé au tems du déluge.

Qui ira au dix-septième retirera de chacun une marque pour lui aider à faire l'arche, afin de se sauver du déluge.

Qui ira au dix huitième pour éviter la confusion de Babel & la domination, tant de Nemrod que des Assyriens, ses successeurs, qui régnèrent treize siècles, reculera d'autant de siècles.

Qui ira au vingtième gagnera ce qui y aura été mis, & retirera une marque de chacun.

Qui ira au 21e, 22e, 23e & 24e, y demeurera en fervitude jufqu'à ce que chacun des autres aient joué deux fois.

Qui ira au vingt-cinquième retirera une marque de ceux qui feront aux quatre fiècles précédens pour les tirer de fervitude, fans attendre que les autres aient joué deux fois, en mémoire de la délivrance d'Egypte.

Qui ira au trentième retirera d'un chacun une marque pour le bâtiment du temple de Salomon, ce qu'il mettra au quarantième fiècle où au dernier, fi le quarantième a été gagné.

Qui ira au trente-unième reculera de trois fiècles, en mémoire d'autant de tems que dura la monarchie des Medes, depuis Arbaces qui fut leur premier roi en ce fiècle.

Qui ira au trente-cinquième jouera deux fois avant tous les autres, en mémoire des deux fiècles que dura l'empire des Perfes, depuis que Cyrus, leur premier roi, fe rendit monarque de l'Afie par la prife de Babylone.

Qui ira au trente-feptième fera reculer de cinq fiècles celui qu'il aura devancé le dernier, en mémoire d'autant de fiècles que demeurèrent les Perfes à remettre leur royauté, depuis qu'Alexandre les vainquit en ce fiècle.

Qui ira au quarantième gagnera ce qui y aura été mis, & retirera de chacun une marque, & outre ce, gagnera ce qui pourroit être au vingtième, au cas que perfonne ne l'eût gagné auparavant.

Qui ira au cinquième fiècle, à compter depuis l'ère chrétienne, fera mettre à chacun deux marques au fiècle préfent, en mémoire de Pharamond Ier, roi de France, & de Clovis qui en fut le premier roi chrétien.

Qui ira au feptième contribuera d'une marque pour aller faire la guerre à Mahomet qui s'éleva en ce fiècle, & reculera au fiècle d'Adam.

Qui ira au dixième fe fera faire hommage d'une marque par chacun, en mémoire de l'hommage que fe fit faire par tous les grands du royaume Hugues Capet, premier roi de la 3e race.

Qui ira au treizième aura cet avantage que,

s'il paffe de trois points le fiècle des Louis de Bourbon, il ne laiffera pas de gagner le jeu, fans être obligé de reculer de trois fiècles, & ce en mémoire d'autant de fiècles paffés depuis la mort de S. Louis qui régna en ce fiècle, jufqu'à la naiffance de Henri IV, premier roi de France de la branche de Bourbon, qui eft fortie de S. Louis.

Qui ira au quinzième retournera au fiècle de Conftantin le Grand en reculant de onze fiècles, en mémoire d'autant de fiècles que dura l'empire d'Orient au pouvoir des chrétiens, depuis Conftantin - le - Grand qui s'établit à Conftantinople, jufqu'à fa prife qui arriva en ce fiècle.

Qui ira au dernier fiècle qui eft celui de Louis de Bourbon, gagnera tout ce qui fe trouvera à gagner dans tout le jeu, & outre ce, retirera de chacun autant de marques qu'il aura gagné de fiècles avantageux qui font les vingt, quarante & dernier.

Qui aura plus de points qu'il ne faut pour parvenir au fiècle dernier, en reculera d'autant de fiècles qu'il aura plus de points, fi ce n'eft qu'en reculant il rencontrât un fiècle occupé par un autre, auquel cas il ne bougera de fon lieu; & payera une marque à celui qu'il aura rencontré, fuivant la règle générale qui fuit.

Il y a deux règles générales, dont la première eft que celui qui rencontrera en jouant un fiècle occupé par un autre, payera une marque à celui qu'il rencontrera & ne bougera de fon lieu.

La feconde eft que perfonne ne pourra tirer aucun avantage du fiècle qu'il pourra rencontrer en reculant, mais feulement en avançant.

N. B. Il eft dit dans une note du tableau: le nombre des années des premières & fecondes parties ne font pas fans conteftations; on a fuivi le fentiment qui eft le plus conforme à l'écriture; car pour la première partie, fi l'on compte l'âge qu'avoit chacun des 19 patriarches en la naiffance de fon fils, on trouvera qu'elle eft de 1948 ans. (Gen., chap. V & XI.)

La feconde partie qu'on fait ici de deux mille ans, peut fe divifer en efpaces dont le premier finiffant à l'iffue d'Egypte eft de 505 ans; favoir, 175 ans qu'avoit Abraham lorfque la pérégrination ou fervitude d'Egypte commença, & 430 ans qu'elle dura, suivant le 12e chap. de l'Exode. Le deuxième espace finissant en la 4e année de Salomon en laquelle le temple fut commencé est de 480 ans, chap. VI, du Ier des rois. Le troisième espace finissant avec la captivité de Babylone qui dura 70 ans, est, selon Scaliger, d'environ 487 ans. Quelques-uns le font de quelque peu plus d'années, & d'autres de quelque peu moins ; & le dernier finissant en la naissance de J. C. est d'environ 528 ans, suivant Scaliger.

Le carton de ce jeu est distribué en cases, & divisé par siècles & époques ; nous en allons rapporter les notices, comme étant instructives & curieuses.

PREMIÈRE PARTIE.

1.

100. Adam fut créé le 6e jour de la création du monde, véquit 930 ans, & engendra Seth à l'âge de 130 ans.

2.

200. Seth, fils d'Adam, naquit l'an 130 du monde, véquit 912 ans, & engendra Enos étant âgé de 105 ans.

3.

300. Enos naquit l'an du monde 135, véquit 905 ans, & engendra Caïnan étant âgé de 90 ans.

4.

400. Caïnan naquit l'an 315, engendra Mahasaleel, à l'âge de 70 ans, & véquit 911 ans ; Mahasaleel le..... ans, & véquit 895 ans.

5.

500. Jared naquit l'an 460, engendra Énoch à l'âge de 162 ans, & véquit 962.

6.

600. En ce siècle ne se trouve rien de mémorable dont on ait connoissance.

7.

700. Énoch naquit l'an 612, engendra Mathusalem à l'âge de 65 ans, & fut enlevé au ciel à l'âge de 365 ans. Mathusalem naquit l'an 687, engendra Lamech, âgé de 187 ans, & véquit 969 ans.

8.

800. Tubalcaïn descendu de Caïn est estimé avoir inventé l'usage du fer & de l'airain en ce siècle.

9.

900. Lamech naquit l'an 874, engendra Noé étant âgé de 182 ans, & véquit 777 ans.

10.

1000. Adam mourut l'an 930, & Énoch fut ravi au ciel l'an 987.

11.

1100. Noé naquit l'an du monde 956, engendra Sem étant âgé de 502 ans, véquit 950 ans. Seth, fils d'Adam, mourut en ce siècle, l'an 1042.

12.

1200. Enos, petit fils d'Adam, mourut en ce siècle, l'an 1140.

13.

1300. Caïnan mourut en ce siècle l'an 1135, & Mahasaleel l'an 1290.

14.

1400. En ce siècle ne se trouve rien de mémorable dont on ait connoissance.

15.

1500. Jared mourut en ce siècle l'an 1422.

16.

1600. Sem, fils de Noé, naquit l'an 1558, engendra Arphaxad à l'âge de 100 ans, & véquit 600 ans.

17.

1700. Le déluge arriva en ce siècle l'an 1656, & de l'âge de Noé l'an 600. Lamech mourut l'an 1651, & Mathusalem l'année du déluge. Salah naquit d'Arphaxad l'an 1693.

18.

1800. La confusion de la tour de Babel arriva en ce siècle, & le commencement de la monarchie des Assyriens qui dura 1300 ans. Heber naquit l'an 1723, Phaleg 1757, & régna en 1787.

19.

1900. Saruch, Nachor & Tharé, père d'Abraham, naquirent en ce siècle ; savoir, Saruch l'an 1819, Nachor l'an 1849, & Tharé l'an 1873 ; celui-ci eut Abraham à l'âge de 70 ans.

20.

2000. Abraham naquit en ce siècle l'an du monde 1948, engendra Isaac étant âgé de 100 ans, lequel il offrit en sacrifice. Il véquit 175 ans ; reçut la promesse à l'âge de 75 ans.

21.

2100. Isaac naquit l'an 2048, l'an 100 d'Abraham ; il engendra Jacob & Isaac à l'âge de 60 ans, véquit 180 ans. En ce siècle commença la pérégrination ou servitude d'Egypte l'an 75 d'Abraham, & 2023 du monde.

22.

2200. Jacob naquit l'an 2108, eut douze fils, & entr'autres Joseph, qui naquit l'an 2198; alla en Egypte âgé de 130 ans, & véquit 147 ans. Levi naquit de Jacob environ l'an 2195.

23.

2300. Joseph né l'an 91 de Jacob, & 2198 du monde, fut vendu par ses frères à l'âge de 18 ans, mis en prison en Egypte l'an 27, élevé au gouvernement l'an 30, véquit 110 ans.

24.

2400. Caha, fils de Levi, & ayeul paternel de Moïse, naquit l'an 2229 du monde, & l'an 4e de Levi; Amram son fils, & père de Moïse, naquit l'an 2303.

25.

2500. Moïse né l'an 70 d'Amram son père, & 2373 du monde, fut exposé pour être noyé dès sa naissance; retira le peuple d'Egypte l'an 430 de la pérégrination ou servitude, & 2453 du monde.

26.

2600. Josué, Othoniel & Aiod gouvernèrent le peuple d'Israël en ce siècle, pendant lequel il fut deux fois en servitude. Othoniel le délivra de la première, & Aiod de la seconde, ayant défait Eglon, roi des Meobites, environ l'an 2560.

27.

2700. Débora, Barach, Gédeon, Abimelec & Thola gouvernèrent le peuple d'Israël en ce siècle. Barach délivra le peuple de la troisième servitude, & Gédeon de la quatrième. Sisara, chef de l'armée de Jabin fut tué par Jaël, environ la 20e année de Debora.

28.

2800. Thela, Jaïr, Jephté, Abeson, Elon, Abdon & Samson gouvernèrent le peuple d'Israël en ce siècle, dans lequel il fut deux fois en servitude. Samson battit souvent les Philistins, & leur fut enfin livré par Dalila, environ l'an du monde 2808.

29.

2900. Héli, Samuël, Saül & David gouvernèrent en ce siècle. Saül fut le premier roi d'Israël, l'an 426 de la sortie d'Egypte, & 2878 du monde, & régna 40 ans. David tua Goliath & régna 40 ans; il mourut environ l'an 476 de la sortie d'Egypte.

30.

3000. Salomon, fils de David, lui succéda

au royaume, commença le temple l'an 4e de son règne, & 480 depuis la sortie d'Egypte, & 2933 du monde. Roboam son fils, Abiam & Asa regnèrent successivement après lui en ce siècle.

31.

3100. Arbaces fut le premier roi des Medes l'an 3076, ayant vaincu Sardanapale, roi des Assyriens, 1300 ans après l'établissement de la monarchie des Assyriens. Celle des Medes dura 333 ans jusqu'à la prise de Babylone. Asa, Josaphait, Joram, Abasia, Athalie & Joas furent rois de Juda en ce siècle.

32.

3200. Amasia, Osias ou Azarias & Joathan furent rois de Juda en ce siècle, dans lequel les Olympiades commencèrent par le rétablissement que fit Iphitus des jeux olympiques au tems du roi Osias l'an 776 avant J. C. Rome fut bâtie par Romulus en la première année de la septième Olympiade.

33.

3300. Achas, Ezéchias & Manassé furent rois de Juda en ce siècle, auquel Samarie fut prise par Salmanassar, & les dix tribus d'Israël menées en captivité en Colchos l'an 295 du temple de Salomon, & 3128 du monde. Sennacherib leva le siége de devant Jérusalem.

34.

3400. Ammon, Josias, Joachas, Jecho- [...] siècle. Jérusalem fut prise & rasée avec le temple de Salomon, & le peuple de Juda mené en captivité à Babylone l'an du monde 3361, & du temple 417. Cyrus fut le premier roi des Perses l'an 3390.

35.

3500. Cyrus transféra la monarchie des Medes ou Babyloniens aux Perses l'an 29e de son règne en Perse. Il fut défait par la reine Tomiris. Le peuple d'Israël fut retiré alors de la captivité de Babylone sous la conduite de Zorobabel. Cette captivité dura 70 ans. Tomiris fit tremper la tête de Cyrus dans du sang.

36.

3600. Rome fut prise par les Gaulois, & délivrée par Furius Camillus environ l'an 365 après sa fondation, & 386 ans avant J. C. Le temple fut achevé de rebâtir environ 419 ans avant J. C. Les trente tyrans furent établis à Athènes environ 16 ans avant la prise de Rome.

37.

3700. Alexandre-le-Grand, roi de Macédoine, transféra la monarchie des Perses aux Grecs par la défaite de Darius, dernier roi des Perses, arrivée environ 200 ans après la prise de Babylone, & 331 avant J. C. Le royaume des Perses ne fut rétabli que 557 ans après.

38.

3800. Judas Macchabée commença de gouverner les Juifs l'an 165 avant J. C. Le règne des Macédoniens prit fin en Persée leur dernier roi, pris & mené en triomphe à Rome par Paul Emile, l'an 584 de la fondation de Rome.

39.

3900. Aristobulus, fils d'Hircanus, fut le premier roi des Juifs, l'an 104 avant J. C. En ce siècle arrivèrent les guerres des Romains contre Jugurtha, les Cimbres & Mithridate, & les guerres civiles de Sylla & Marius.

40.

4000. Jules César se rendit maître de l'empire Romain environ 49 ans avant la naissance de J. C., qui naquit en ce siècle le 42e de l'empire d'Auguste, environ l'an 3948 du monde selon les uns, & 3983 selon d'autres.

DEUXIÈME PARTIE.

1. Ce premier siècle que nous appellons des Apôtres, commence après la naissance de J. C., depuis laquelle on fait un nouveau compte d'années & de siècles, quoique le 40e siècle du monde ne fût pas achevé lorsque J. C. naquit.

2.

200. En ce siècle furent six empereurs du nom d'Antonins ; savoir : Antonin le Pieux Marc Aurele, Lucius Verus, Commode & Severe. Il y eut trois persécutions des chrétiens en ce siècle. La première sous Trajan, 14e empereur ; la deuxième sous Adrien, & la troisième sous Commode, 19e empereur.

3.

300. Caracalla, empereur, fit mourir en ce siècle Papinien, célèbre jurisconsulte, dont les disciples furent Ulpian, Julius Paulus, Pomponius & Modestin. Artaxerxes remit la royauté des Perses, l'an de grace 226.

4.

400. Constantin-le-Grand fut fait empereur l'an 306 de la nativité de J. C. ; il établit l'empire d'Orient à Constantinople. Le premier concile universel fut tenu à Nicée l'an 325, & le deuxième à Constantinople l'an 381. S. Augustin vivoit en ce siècle.

5.

500. Pharamond fut le premier roi de France environ l'an 420 ; Clovis le cinquième roi, fut le premier roi chrétien, & se fit baptiser l'an 496. Augustule fut le dernier empereur romain, & Odoacre Loubaer fut le premier roi d'Italie l'an 475. Le troisième concile fut à Ephese l'an 431, & le quatrième à Calcédoine l'an 451. Ataulfe fut le premier roi des Visigots en Espagne environ l'an 415.

6.

600. Justinien, empereur, fit compiler le droit romain en ce siècle ; sous lui fut tenu le concile 5e à Constantinople l'an 549.

7.

700. Mahomet, faux prophête, s'enfuit de la Mecque l'an 622, depuis lequel tems les Turcs comptent leur hégire. Concile 6e, tenu à Constantinople l'an 680.

8.

800. Charles Martel, maire du palais, défit près de Tours, l'an 726, 375.000 sarrasins. Pepin son fils fut fait roi, à l'exclusion de Chilperic, dernier roi des Merovingiens, l'an 751. Le septième concile fut à Nice l'an 787. L'an 744 commença le royaume de Hongrie.

9.

900. Charlemagne, fils de Pepin, rétablit l'empire d'Occident environ l'an 801, qui fut le 33e de son règne en France. Egbert porta le premier le nom de roi d'Angleterre, environ l'an 835. Le huitième concile fut tenu à Constantinople l'an 869.

10.

1000. Hugues Capet, le premier de la troisième race, fut fait roi environ l'an 987. Il donna une grande partie du domaine aux grands du royaume, s'en réservant l'hommage. En ce siècle furent les premiers rois de Navarre & de Pologne.

11.

1100. Guillaume-le-Bâtard, dit le conquérant, & duc de Normandie, fut fait roi d'Angleterre environ l'an 1066 ; c'est de lui qu'est issue la race royale qui y occupe le trône. En ce siècle on met le premier roi de Portugal.

· 12.

1200. Les rois de Jérusalem régnèrent en ce siècle durant 87 ans ; il y en eut dix, dont Godefroy de Bouillon fut premier, environ l'an 1100, & Guido fut le dernier qui fut pris par Saladin. Le duché de Bohême fut érigé en royaume vers l'an 1186.

13.

1300. S. Louis, neuvième du nom, succéda à son père l'an 1223 ; alla deux fois faire la guerre aux Sarrasins pour recouvrer la terre sainte. Il y mourut l'an 1270.

14.

1400. Le siège des papes fut transféré à Avignon en ce siècle l'an 1305 par Clément V. Il y demeura environ 72 ans, jusqu'à Urbain VI qui le remit à Rome l'an 1376. Un moine, nommé Bertolde, inventa la poudre à canon l'an 1380.

15.

1500. L'empire d'Orient qui avoit duré au pouvoir des chrétiens environ 1137 ans depuis Constantin-le-Grand, tomba entre les mains des Turcs par la prise de Constantinople que Mahomet II prit l'an 1452. J. Guttenberg mit le premier en usage l'imprimerie en 1440.

16.

1600. La dernière branche des Valois qui avoit commencé en François Ier l'an 1515, finit en Henri III l'an 1589. Henri IV lui succéda premier roi de France, de la branche de Bourbon, issue de Robert, fils de S. Louis.

17.

1700. Ce siècle est remarquable par la naissance des deux premiers rois de France du nom de Louis de Bourbon, savoir de Louis XIII, né l'an 1601, & de Louis XIV son fils, né d'Anne d'Autriche l'an 1638.

CISEAUX CROISÉS. (jeu des)

Voyez à l'article J'AIME MON AMANT PAR *B.*

CLEF DU JARDIN. (la)

Jeu de Société en dialogue.

M. DE LA RIVIÈRE.

Je vais, Mesdames, vous apprendre un jeu

bien simple, & auquel cependant on donne beaucoup de gages.

Mademoiselle DU GAZON.

Comment l'appellez vous ?

M. DE LA RIVIÈRE.

La clef du jardin. Il faut une attention toute particulière pour ne pas donner de gages.

Mademoiselle ROSE.

Chevalier, j'ai bien peur pour vous ; tous vos bijoux ne suffiront pas.

L'Abbé DES AGNEAUX.

J'ai trouvé un moyen de fournir aux gages les plus nombreux ; j'ai fait de petits étuis de carton, tous de la même couleur, de la même forme & du même poids. On aura des cartes coupées par la moitié dans la largeur ; sur ces cartes, les personnes obligées de donner des gages, écriront leur nom. On roulera ces cartes & on les mettra dans les étuis. Alors, en tirant les gages, on ne pourra pas reconnoître à qui ils appartiennent.

Mademoiselle DU GAZON.

Il est vrai qu'on pouvoit avant reconnoître bien des gages, & donner des commandemens en conséquence. Un Monsieur, par exemple, qui tirera un dez à coudre, sait bien qu'il ne peut appartenir qu'à une Dame.

Madame DE LA RIVIÈRE.

Les petits étuis seront bien plus justes. Il n'y aura point de supercherie. On craindra de tirer un de ses propres gages, & on sera plus modéré dans les commandemens.

M. DES JARDINS.

Ils sont fort bien faits, ces petits étuis-là, mais cette opération allongera le jeu ; il faudra à chaque instant écrire son nom.

Mademoiselle DU BOCAGE.

Ne pourroit-on pas en faire de faux, & écrire le nom des autres ?

L'Abbé DES AGNEAUX.

On aura chacun dans sa poche, une douzaine ou environ de ces demi-cartes, où l'on aura écrit son nom, & on le fera passer à sa droite, pour qu'elle fasse le tour, & que chacun la puisse contrôler, avant de la mettre dans l'étui.

Madame DE LA HAUTE-FUTAIE.

Ce sera comme à la loterie royale.

L'Abbé DES AGNEAUX.

Aussi, Madame, ai-je fait une roue en verre pour recevoir les petits étuis. Avant de les tirer, on les remuera bien.

Mademoiselle ROSE.

Mon pauvre Chevalier, il vous faudra un jeu de cartes entier.

Madame DE LA RIVIÈRE.

Nous pourrons dire à Madame Dubois que nous avons joué aux cartes.... coupées.

Mademoiselle DE LA HAUTE-FUTAIE.

L'Abbé, vous avez des inventions charmantes. Allons, voyons donc la clef du jardin.

L'Abbé DES AGNEAUX.

Je connois ce jeu-là; mais c'est M. de la Rivière qui s'est engagé de vous le faire jouer. Je ne veux pas lui ôter cet honneur. Dans un moment, vous en saurez autant que nous.

M. DE LA RIVIÈRE.

Il suffit de répéter tour-à tour ce que je vais vous dire : Je vous vends la clef du jardin.

Tout le monde répète, l'un après l'autre.

Mademoiselle DE LA HAUTE-FUTAIE.

Eh ! mais c'est bien aisé.

L'Abbé DES AGNEAUX.

Patience, donc; ça ne le sera pas toujours.

CLEF DU JARDIN.

M. DE LA RIVIÈRE.

Je vous vends la corde qui tient à la clef du jardin.

Tout le monde répète de même.

Mademoiselle DU BOCAGE.

Il n'y a rien de si simple que ce jeu-là.

M. DE LA RIVIÈRE.

Je vous vends le rat qui a rongé la corde qui tient à la clef du jardin.

Tout le monde répète de même.

Le Chevalier ZÉPHIR.

Je parie que je ne donnerai pas de gage.

M. DE LA RIVIÈRE.

Je vous vends le chat qui a mangé le rat qui a rongé la corde qui tient à la clef du jardin.

Le Chevalier ZÉPHIR.

Je vous vends le chat qui a mangé la clef du jardin.

L'Abbé DES AGNEAUX.

Bon ! Chevalier, deux gages; vous avez passé le rat & la corde.

Mademoiselle DU RUISSEAU.

Vous étrennerez les petits étuis, Chevalier, & la roue de fortune.

Mademoiselle DU BOCAGE.

Il faudroit appeler cette roue-là, roue d'étourderie.

M. DE LA FORÊT.

C'est assez bien trouvé. Allons, M. de la Rivière, parlez, on vous écoute.

Madame DE LA HAUTE-FUTAIE.

Ou du moins on doit vous écouter; ma fille, taisez-vous donc.

M. DE LA RIVIÈRE.

M. DE LA RIVIÈRE.

Je vous vends le chien qui a mangé le chat qui a mangé le rat qui a rongé la corde qui tient à la clef du jardin.

Mademoiselle DE LA HAUTE-FUTAIE.

(à son tour.)

Je vous vends le chien qui a mangé le rat qui a mangé le chat....

Madame DE LA RIVIÈRE.

Un gage, Mademoiselle ; vous n'y pensez pas. Depuis quand les rats mangent-ils les chats ?

Mademoiselle DE LA HAUTE-FUTAIE.

Ah ! c'est que je me suis trompée. Je vais recommencer.

L'Abbé DES AGNEAUX.

Non, non, non : ça n'est pas permis. Il faut payer un gage. Allons, donnez vîte à Mademoiselle un petit étui, qu'elle mette sa carte dedans.

M. DE LA RIVIÈRE.

Je vous vends le bâton qui a tué le chien qui a mangé le chat qui a mangé le rat qui a rongé la corde qui tient à la clef du jardin.

L'Abbé PRINTEMS, *(à son tour.)*

Je vous vends le bâton qui a tué le chat qui a mangé le chien....

Mademoiselle DE LA HAUTE-FUTAIE.

Un gage, l'Abbé.

L'Abbé PRINTEMS.

Et pourquoi donc ? Si un rat peut manger un chat ; un chat peut bien manger un chien. Au reste, je vais donner mon billet.

Madame DE LA RIVIÈRE.

Vous l'avez fait exprès, l'Abbé, pour vous moquer de Mademoiselle de la Haute-Futaie.

M. DE LA RIVIÈRE, *doucement.*

Je vous vends le feu qui a brûlé le bâton qui a tué le chien qui a mangé le chat qui a mangé le rat qui a rongé la corde qui tient à la clef du jardin.

Mademoiselle ROSE.

Vous voyez bien, Chevalier, quand vous allez doucement, vous ne vous trompez pas.

Le Chevalier ZÉPHIR.

C'est vrai ; mais il faut bien de la patience.

M. DE LA RIVIÈRE.

Je vous vends l'eau qui a éteint le feu qui a brûlé le bâton qui a tué le chien qui a mangé le chat qui a mangé le rat qui a rongé la corde qui tient à la clef du jardin.

Mademoiselle ROSE.

A vous donc, Chevalier.

Le Chevalier ZÉPHIR, *vîte.*

Je vous vends l'eau qui a brûlé le chien qui a mangé le jardin.

L'Abbé DES AGNEAUX.

Parbleu ! vous avez raison, Chevalier ; c'est bien plutôt fait. Vous ne devez que sept gages de ce coup-là.

Le Chevalier ZÉPHIR.

Eh bien ! je les paierai.

Mademoiselle ROSE.

Quand je vous ai dit qu'il vous faudroit un jeu de cartes tout entier.

M. DE LA RIVIÈRE.

Je vous vends le sceau qui a apporté l'eau qui a éteint le feu qui a brûlé le bâton qui a tué le chien qui a mangé le chat qui a mangé le rat qui a rongé la corde qui tient à la clef du jardin.

Madame DE LA RIVIÈRE.

En voilà affez, mon bon ami ; car ça ne finiroit pas.

L'Abbé PRINTEMS.

Ce jeu-là ne demande que de la mémoire ; car les phrafes ne font pas difficiles à prononcer. Ce n'eft pas comme celles-ci : Si j'étois *petite pomme d'api : je me dépetite-pomme d'apierois comme je pourrois : & vous, fi vous étiez petite pomme d'api, comment vous dépetite-pomme d'apieriez-vous ?*

M. DES JARDINS.

Oui : chacun répète cela à fon tour, & on paye des gages quand on fe trompe.

M. DE LA FORÊT.

Il y a encore cette phrafe : fi j'étois *petit pot de beurre, je me dépetit-pot-debeurrerois comme je pourrois : & vous, fi vous étiez petit-pot de beurre, comment vous dépetit-pot-debeurreriez-vous ?*

Madame DE LA HAUTE-FUTAIE.

C'eft comme cette queftion là : *petit grain de bled, quand te regaillardiras-tu ? Pour dire : quand poufferas-tu ?*

L'Abbé PRINTEMS.

Chaque pays a fes jeux dans ce genre là. Par exemple : *je vous vends mon baril, &c.* Mais la phrafe ne fignifie rien.

M. DE LA RIVIÈRE.

C'eft comme cette phrafe : *l'abbeffe de Fontretout difoit qu'il n'y avoit pas plus loin....*

Madame DE LA RIVIÈRE.

Ah! n'achevez pas, M. de la Rivière ; c'eft trop difficile à prononcer pour ces demoifelles.

L'Abbé DES AGNEAUX.

Ce jéfuite à qui on lifoit une cinquantaine de noms arabes qu'il ne connoiffoit pas, & qui

---

les répétoit dans l'ordre primitif, & enfui dans l'ordre inverfe, auroit bien joué ce jeux là.

M. DE LA FORÊT.

A propos d'ordre renverfé, je me fouvien d'une chanfon affez difficile à chanter. L voilà :

> *Celui-là n'eft point ivre,*   bis
> *Qui trois fois peut dire,*   bis
> *Blanc, blond, bois, barbe grife, bois,*
> *Blond, bois, blanc, barbe grife, bois,*
> *Bois, blond, blanc, barbe grife, bois.*

M. DES JARDINS.

Elle eft difficile à chanter, furtout quan on a un peu bu.

Mademoifelle DU BOCAGE.

Je crois que ces fortes de jeux là tienne le dernier rang dans ceux que nous avons joué Ils peuvent aller de pair avec le corbillon & la caillette. Il ne faut pas de grands effort d'imagination pour s'en tirer avec honneur.

Mademoifelle ROSE.

Le jeu des devifes, par exemple, eft plu fpirituel.

L'Abbé DES AGNEAUX.

Au refte, Mademoifelle, il eft bon d'avoi des jeux affez pour varier. Il ne faut pas f caffer la tête pour y mettre de l'efprit. Il fau s'amufer d'abord, & quand on diroit quelqu balourdife, n'importe, il faut en rire, & voil tout. Trop de prétention détruiroit le plaif de nos petits jeux. Mais il faut tirer les gage car on va bientôt fouper.

(Extrait des Soirées amufantes.)

CLIGNEMUSETTE ; forte de jeu o les enfans fe cachent, & font cherchés par u de leurs camarades qui, lorfqu'il attrape l'u de ceux qui font cachés, fe met à fa place & fe cache à fon tour.

CLOCHE-PIED.

C'est un jeu de force, où celui qui peut aller le plus loin sur un seul pied & franchir le plus grand espace, gagne.

COCHONNET; petit corps d'or ou d'ivoire, taillé à douze faces pentagones, marquées de points depuis un jusqu'à douze. Il tient lieu de deux dez.

Le *cochonnet* est encore ce qu'on jette pour but, quand on joue à la boule ou au palet.

COCHONNET à douze faces. (jeu du)

Ce jeu ne peut se jouer qu'à deux personnes l'une contre l'autre. On place chacune telle somme sur un ou deux numéros, & on roule le cochonnet chacun trois coups l'un après l'autre; c'est-à-dire, le premier roule le cochonnet une fois, le second le roule à son tour, & ainsi de suite alternativement jusqu'à trois fois. Si l'un des points vient du premier coup, la partie est finie : si après avoir tiré chacun ses trois coups, un des points n'est point venu, on double la mise & on recommence.

Il faut pour ce jeu que ce soit le point de celui qui roule le cochonnet qui vienne.

Autre manière de le jouer.

En jouant la partie en trente-un points, qui ne se prennent que sur l'excédant des points que l'un des deux a amenés, c'est-à-dire le premier amène six points, le second en amène huit, par conséquent ce n'est que deux points que celui qui a amené huit peut compter.

On peut encore y jouer plusieurs, en faisant une poule, c'est-à-dire que chaque joueur met au jeu trente ou quarante jettons suivant la convention. On roule le cochonnet & on prend sur la masse autant de jettons qu'on a amené de points. Quand on amène à la fin plus de points qu'il n'y a de jettons au jeu, on est obligé de completter le jeu d'autant de jettons qu'on a amené de points.

Pour finir la partie, il faut amener le nombre juste des jettons qui sont sur le jeu.

Ce jeu se trouve, rue des Arcis, magasin de tabletterie, au Singe vert.

CŒUR. (*jeu de la perte du*)

Quelqu'un dira en soupirant : *Hélas! j'ai perdu mon cœur*; & on lui demande, *qui vous l'a pris?* Il répondra, c'est *Madame telle*, qui est quelque Dame de la compagnie, qu'il nomme avec des noms & des épithetes malaisés à retenir : aussitôt chacun se tourne vers cette Dame, & on lui dit : *Ha! Madame, pourquoi tant de cruauté? faut il ainsi devant tant de monde commettre des larcins? C'est avoir une grande assurance. Quoi! Madame, vous dérobez le cœur des hommes; & bientôt après, avec le larcin, vous allez joindre l'homicide; car n'allez-vous pas ôter la vie à celui qui ne peut si long-tems vivre sans un cœur.* On lui dit cela, ou autre chose semblable, selon que chacun de la compagnie le peut inventer. Quelquefois cela est assez court, afin de lui donner moins de tems à répondre, mais encore qu'elle ait un assez long espace à cause de la quantité des discours que l'on lui fait, elle est souvent tellement surprise ou étonnée de leur variété, qu'elle a peine à se souvenir de ce qu'il faut répondre, & si elle manque de réponse, il faut qu'elle donne un gage. Ce qu'elle peut faire pour ne point faillir, c'est de dire qu'elle ne sait ce que l'on lui veut dire; que ce n'est point elle qui a dérobé le cœur de celui que l'on nomme, mais une autre Dame dont elle dira aussitôt le nom & les attributs; & alors c'est à cette autre à se défendre, car chacun se tourne vers elle avec de pareils discours qu'à la première. Quand les Dames veulent attaquer les hommes, elles confessent d'avoir pris le cœur de celui qui s'en plaint; mais que pour leur punition un autre homme qu'elles disent, a dérobé le leur, & chacun va alors à celui là. S'il veut il dira, ce n'est pas moi, c'est un tel; ou bien avouant d'avoir volé ce cœur, il dira qu'une autre Dame a dérobé le sien pour passer ainsi d'un sexe à l'autre. Les noms & les épithetes que l'on choisira au commencement du jeu, le rendront difficile selon qu'ils seront longs ou extraordinaires. L'un des hommes pourra être appellé, *Ulyſſe le plus fin de tous les hommes ;* les autres, *Achille le plus vaillant de tous les Grecs ;* l'autre, *Amadis, beau ténébreux & chevalier de l'ardente épée ;* & pour les Dames, l'une ſera, *Helène la ruine de Troye ;* l'autre, *Didon, reine infortunée, Lucrèce la chaſte,* ou *Cornelie la ſavante,* & chacun aura ainſi des noms & des qualités que l'on prendra dans l'hiſtoire, ou que l'on inventera à ſa fantaiſie, car il n'eſt pas beſoin d'avoir lu pour cela, & ſi l'on veut, l'on prendra des noms de comédie ou de farce, ou des ſobriquets du coin des rues.

C O I N S. *(jeu des quatre)*

Voyez à l'article MÉTAMORPHOSES.

COLIN-MAILLARD ASSIS. *(jeu du)*

Voyez à l'article AVOCAT. *(jeu de l')*

COLIN-MAILLARD *avec une canne.* *(jeu du)*

Voyez à l'article JEU DE LA SELLETTE.

COLIN-MAILLARD *à la ſilhouette. (jeu du)*

Voyez auſſi à l'article JEU DE LA SELLETTE.

C O L I N - M A I L L A R D.

Ce jeu de ſociété, conſiſte dans un de la compagnie qui doit avoir un bandeau ſur les yeux, & tâcher, dans cet état, d'attraper quelqu'un de la ſociété, & de le nommer. S'il ne diſtingue pas au toucher celui qu'il a ſaiſi, il n'eſt point délivré, mais s'il le reconnoît, il lui fait prendre ſa place ; & le jeu recommence.

Il y a un *Colin-Maillard debout,* où perſonne ne court que l'aveugle, à qui il eſt défendu de ſe ſervir de ſes mains, mais ſeulement d'une baguette ou d'un mouchoir, dont quelqu'un de la compagnie ſaiſit un bout, après que l'on l'a appellé d'un côté ; mais ce n'eſt pas ordinairement celui dont il

a entendu la voix, qui tient la baguette ou le mouchoir.

COMMANDEMENS *à faire pour des gages des petits jeux de ſociété.*

Voyez à l'article RÉPONSES EN UNE PHRASE.

COMPARAISONS. *(les)*

Jeu de ſociété en dialogue.

Mademoiſelle R O S E.

Madame Dubois eſt bien difficile ; elle n'a pas été contente de notre concert.

L'Abbé P R I N T E M S.

Elle parloit ſans ceſſe du Concert Spirituel. Parbleu ! on ſait bien qu'un concert d'amateurs n'eſt point à comparer au Concert Spirituel.

L'Abbé D E S A G N E A U X.

Si elle n'eſt pas contente, on lui rendra ſon argent ; elle auroit peut-être voulu que ſon fils y eût fait quelque choſe, & il n'eſt capable de rien. Le pauvre enfant !

Mademoiſelle D U B O Ç A G E.

Il nous a bien impatientés le jour que nous étions occupés à jouer au *Secrétaire.*

M. D E L A R I V I È R E.

Il viendroit bien encore nous tourmenter ; mais Madame Dubois a pris ſon parti ; elle s'eſt beaucoup diſputée ; elle a voulu lui donner raiſon ; & quand elle a vu que les rieurs n'étoient pas pour elle, elle a fini par lui défendre de ſe trouver à nos petits jeux. Il eſt dans le ſallon, à côté d'elle, qui s'amuſe à lire.

M. D E S J A R D I N S.

Et quand un morceau lui paroît intéreſſant, il prend la parole, & régale la compagnie d'une lecture à voix haute, mais pas trop intelligible.

Madame DE LA RIVIÈRE.

Madame Dubois trouve cela charmant ; c'est une terrible chose que de gâter ses enfans.

M. DE LA FORÊT.

Ce qui est plus terrible encore, c'est qu'on ne croit pas les gâter.

L'Abbé DES AGNEAUX.

Je ne puis m'imaginer que de bonne foi on gâte ses enfans sans s'en appercevoir. On cherche à faire illusion aux autres, & à se faire illusion à soi même. Mais nous ne sommes pas ici pour faire des dissertations férieuses.

Mademoiselle ROSE.

Jouons quelque jeu nouveau.

L'Abbé PRINTEMS.

Jouons au jeu des *Comparaisons* ; il est bien aisé : on compare quelqu'un à un objet quelconque ; & comme il n'y a point de comparaison qui soit exactement parfaite, on dit en quoi est la ressemblance, & en quoi est la différence.

L'Abbé DES AGNEAUX.

Madame, si vous voulez, je vais commencer à vous faire une comparaison ; vous en ferez à votre voisin, & ainsi de suite.

Madame DE LA RIVIÈRE.

Volontiers. Voyons un peu à quoi vous allez me comparer.

L'Abbé DES AGNEAUX.

Je vous compare à une pincette.

M. DE LA FORÊT.

Cette comparaison-là est un peu forte.

L'Abbé DES AGNEAUX.

Oui, Monsieur ; la pincette attise le feu,

& Madame aussi, voilà la ressemblance ; la pincette, en attisant le feu, s'échauffe, & Madame reste toujours froide & indifférente, voilà la différence.

Madame DE LA RIVIÈRE.

La perruque de M. de la Forêt ressemble fort bien à des cheveux naturels, puisque M. Dubois y a été attrapé, voilà la ressemblance ; mais quand on en brûle une boucle, les cheveux ne repoussent pas, voilà la différence.

M. DE LA FORÊT.

Eh ! mon Dieu, Madame, de grace, laissez en repos ma pauvre perruque. Heureusement que j'en porte toujours plusieurs avec moi ; car ce petit étourdi de M. Dubois m'auroit obligé de paroître devant vous en enfant-de-chœur.

L'Abbé DES AGNEAUX.

Et votre comparaison, M. de la Forêt ? On ne vous en tient pas quitte.

M. DE LA FORÊT.

Mon voisin, M. le chevalier Zéphir, ressemble à M. Dubois...

Le Chevalier ZÉPHIR.

Ah ! Monsieur, je suis tout prêt à me fâcher de votre vilaine comparaison.

M. DE LA FORÊT.

Patience, donc. Attendez jusqu'à la fin ; comme M. Dubois, vous êtes jeune, voilà la seule ressemblance ; vous n'êtes point maussade, étourdi, ni enfant gâté ; voilà, je crois, une assez grande différence.

Le Chevalier ZÉPHIR.

Pour moi, ma comparaison ne sera pas difficile à faire. Je compare Mademoiselle Rose à la charmante fleur dont elle porte le nom. Elle en a la fraîcheur & tous les appas, voilà la ressemblance ; mais la rose est toujours environnée d'épines, voilà la différence.

Mademoiselle R o s e.

Je compare Madame de la Haute-Futaie au roſſignol.

Madame D e l a H a u t e - F u t a i e.

Mais tu te trompes, ma chère amie ; je chante ſans aucune prétention ; je n'ai jamais appris la muſique ; tu vois bien que je n'ai rien fait au concert ; & certainement, ſi j'avois pu être utile , j'aurois fait ma partie avec plaiſir.

Mademoiſelle R o s e.

J'inſiſte toujours ſur ma comparaiſon. Votre charmante vo x eſt un précieux don de la nature ; l'art n'y a aucune part, voilà la reſſemblance : quand le roſſignol a vu ſes petits, il ne chante plus ; & vous qui avez une aimable fille qui chante déjà fort bien , vous avez cependant quelquefois la bonté de nous procurer le plaiſir de vous entendre chanter ; voilà la différence.

Mademoiſelle D u R u i s s e a u.

Mais je crois que j'entends une voiture qui entre dans la cour. M. de la Forêt, voulez-vous bien aller voir ce que c'eſt ?

Le Chevalier Z é p h i r.

Non , j'y vais , reſtez ; je ſerai bientôt revenu.

L'Abbé D e s A g n e a u x.

C'eſt peut - être votre chère maman qui arrive.

Mademoiſelle R o s e.

Nous l'attendons depuis long-tems.

Mademoiſelle D u R u i s s e a u.

Mais il me ſemble qu'elle n'arriveroit pas ſi tard , à moins qu'elle n'ait voulu éviter la chaleur, à cauſe de mon couſin.

Mademoiſelle R o s e.

Je vais voir ſi c'eſt elle.

Mademoiſelle D u R u i s s e a u.

Et moi auſſi. Où eſt donc ma ſœur du Gazon ?

Le Chevalier Z é p h i r.

Meſdemoiſelles , c'eſt Madame du Ruiſſeau, avec Madame du Frêne & ſon fils.

Mlle. R o s e & Mlle. D u R u i s s e a u.

Allons vîte les embraſſer.

Madame D e l a H a u t e - F u t a i e.

Nous ſerons tous charmés de les voir.

(*Extrait des Soirées amuſantes.*)

COMPLIMENS ou FLATTERIES.
(*jeu des*)

Celui qui entreprend le jeu fait un compliment ou dit une flatterie en peu de paroles à la perſonne voiſine , & cette perſonne-là en fait de même envers un autre , juſqu'à ce que chacun ait dit ſon mot. Il faut les retenir tous , les ayant ouïs une fois ou deux ; & quand quelqu'un dit le mot d'un autre, il faut qu'il le diſe auſſi , & enſuite reprenez la flatterie ou compliment de celui qu'il veut attaquer à ſon tour.

Ces paroles ſeront, par exemple , envers les Dames : *Vous êtes la reine des cœurs ; vous êtes la plus belle & la plus ſage de tout votre ſexe, chacun de vos regards fait une conquête ; &* quant aux hommes , on leur dira tout ce qui viendra à la fantaiſie , ſans les reſpecter tant , afin de n'être pas toujours ſur le ſérieux ; comme qui leur diroit : *Vous avez bonne mine & mauvais jeu, pour avoir une galanterie affectée , vous n'en êtes pas moins aimable ; les traits de votre bonne grace ſont ſi doux qu'ils ne bleſſent perſonne.* Que ſi vous les voulez obliger davantage , vous leur direz : *Vous êtes l'homme accompli qu'il y a ſi long-tems que l'on cherche ; vous êtes l'original du parfait courtiſan ; vous avez autant d'effet que d'apparence.* Or , comme l'on peut s'adreſſer à ceux à qui ces paroles ont été dites pour les provoquer à dire une choſe ſemblable ſur peine d'être condamnés pour avoir manqué, l'on peut aussi attaquer ceux qui ont inventé de telles paroles, selon les règles que l'on prescrira; & si l'on veut, l'on fera que les paroles ne s'adresseront à personne, mais que chacun les dira de soi : ce qui ne sera pas mal plaisant, parce que les uns se loueront eux-mêmes avec audace pour donner plus de récréation, & les autres plus timides ne diront rien qui ne soit fort modeste. Pour ce qui est du reste, l'on procédera à ce jeu comme aux autres, & l'on fera le même si, pour le diversifier l'on ordonne que chacun prenne sa devise, & après l'on dit celle de quelqu'un, & celui-là sera obligé de la redire & d'en dire après une autre. Pour rendre le jeu plus mignard, l'on choisit aussi chacun des paroles enfantines que l'on prononce en begayant, & l'on trouve qu'il y a beaucoup de plaisir quand l'un tâche de contrefaire celle d'un autre, d'autant que chacun ne peut pas réussir à cela. L'on peut choisir aussi des langages de provinces diverses, comme du Gascon, du Normand, du Picard & du Champenois, & en contrefaire l'accent, y ajoutant même de l'Italien & de l'Espagnol; ou bien il faut prendre chacun des langages de bouffon, comme de Gautier-Garguile, de Gros-Guillaume, de Jodelet & de Guillot Gorju; ceux qui les choisiront pour eux, seront ceux qui sauront déjà bien les contrefaire avec les façons de parler qui leur sont les plus communes, au lieu que les autres qui ne pourront pas accommoder leurs voix si facilement à divers tons, rendront le jeu extrêmement facétieux.

CORBILLON et la CASSETTE. (le)

Jeu de Société en dialogue.

Madame D U B O I S.

Eh bien! l'Abbé, vous allez donc faire jouer encore ce soir vos petits vilains jeux à gages?

L'Abbé D E S A G N E A U X.

Je ne les trouve point vilains, Madame, dès qu'ils amusent ces demoiselles.

Madame D U B O I S.

Mais c'est bon pour des enfans. Ne feriez-vous pas mieux de jouer au piquet, au brelan, au wisk, au reversi?

Madame D E L A R I V I È R E.

Ah! ne me parlez pas, Madame, de votre maussade Quinola, j'aimerois cent fois mieux payer cent gages, que de faire une remise de cent fiches.

L'Abbé P R I N T E M S.

Intérêt à part, ce jeu donne de l'humeur. Pour le wisk, il m'endort. On dépend d'un partenaire qui vous gronde sans cesse.... Ah! fi donc.

Madame D U B O I S.

Que vous avez de petits génies, mes enfans! Mais M. l'Abbé des Agneaux, votre grand maître de jeux à gages, ne connoît peut-être pas d'autres jeux. Connoissez-vous les cartes, l'Abbé?

L'Abbé D E S A G N E A U X.

Si je les connois, Madame? Un peu trop. Je suis cependant bien aise de pouvoir jouer tous les jeux dont vous me parlez, quoique je ne les aime point.

Madame D U B O I S.

Vous avez, en vérité, bien du mérite de les jouer sans les aimer.

L'Abbé D E S A G N E A U X.

On ne fait pas toujours ce qu'on aime le mieux.

Madame D E L A R I V I È R E.

On est bien aise d'être quelquefois utile à la société.

L'Abbé P R I N T E M S.

Je ne refuserai jamais de faire une partie, lorsqu'il faudra quelqu'un, & que je serai nécessaire.

L'Abbé D E S A G N E A U X.

Pour moi, il faut que je sois absolument nécessaire.

Madame DUBOIS.

Ne diffimulez pas : vous craignez de perdre, Meffieurs.

L'Abbé DES AGNEAUX.

Ce motif peut entrer pour quelque chofe dans mon averfion pour le jeu. Enfin, Madame, tout le monde connoît le calcul que je vais vous faire. Que deux joueurs aient chacun cent piftoles, que l'un perde cinq cents francs, fon adverfaire n'eft enrichi que d'un tiers, & il eft appauvri de moitié ; le rapport, comme vous voyez, n'eft pas égal. D'ailleurs, je ne parle point des cartes qui font une perte réelle pour tous les deux.

Madame DUDOIS.

Ah ! l'Abbé, l'économie fur le jeu tourne rarement en véritable économie. Tel ne joue pas, qui, fous ce prétexte, fatisfait mille autres paffions. Il a des chiens en grand nombre ; c'eft mon jeu, dit-il, je ne joue pas. Il a des livres de pure curiofité, de pure vanité, des livres qu'il ne lit pas ; c'eft mon jeu, dit-il encore, je ne joue pas. Il met à la loterie, & Dieu fait quel jeu c'eft ! Il a des chevaux, des maîtreffes, &c. &c. & c'eft toujours fon jeu. Le croyez-vous, de bonne foi ; plus riche à la fin de l'année.

L'Abbé PRINTEMS.

Tant pis pour lui, s'il cherche à fe tromper lui-même. Mais, Madame, votre jeu éternel ne nous empêche pas de vous fatisfaire fur tous vos goûts. Vous n'en êtes pas moins folle de modes que celles qui ne jouent point, ou qui jouent moins.

L'Abbé DES AGNEAUX.

Au contraire, l'argent qu'on gagne paroît tout gain ; on ne penfe nullement à celui qu'on a perdu, & le gain s'en va prefque toujours en dépenfes très-folles.

Madame DUBOIS.

Si vous étiez fouverain, je craindrois bien de vous voir profcrire les cartes par un bel & bon édit.

L'Abbé DES AGNEAUX.

Point du tout, Madame. Les cartes font un mal néceffaire. Elles préviennent beaucoup d'autres inconvéniens plus grands. Je penfe que les cartes font néceffaires au bien moral d'une fociété particulière, comme les fpectacles font néceffaires au bien moral d'une grande ville. Il faut employer le tems des défœuvrés, qui, ne fachant à quoi s'occuper, fe livreroient à mille excès également pernicieux au bien particulier comme au bien général. J'ai entendu dire que les excès n'étoient jamais fi grands que dans les tems où les fpectacles étoient fermés. Encore dans ces tems-là, la politique a-t-elle fubftitué aux fpectacles, des concerts, des combats d'animaux & autres points de raliement pour les défœuvrés.

Madame DE LA RIVIÈRE.

Quand une fociété eft bien nombreufe, un maître de maifon feroit bien embarraffé pour occuper & amufer tout le monde, s'il n'avoit pas la reffource du jeu.

Mademoifelle ROSE.

Auffi, Madame, les jeunes perfonnes, comme moi, qui ne jouent pas, par ignorance ou par d'autres motifs, ont-elles bien de l'obligation à M. l'abbé des Agneaux, qui veut bien nous apprendre tous ces petits jeux à gages, qui nous divertiffent beaucoup, & nous font paffer le tems fort agréablement.

Madame DE LA RIVIÈRE.

C'eft ce qui fait, l'Abbé, que les mamans ont beaucoup d'attachement pour vous ; & qu'elles fe font un vrai plaifir d'affifter à vos petits jeux.

Madame DUBOIS.

Ces dames ont bien de la vertu. Pour moi, fi j'avois des filles, je ne le pourrois pas. Comment peut-on s'amufer à jouer *à je vous vends mon corbillon, qu'y met-on ?* Un dindon, un oignon, un ânon, un chiffon, mon front, mon talon ; qu'eft-ce que c'eft que toutes ces bêtifes-là ?

L'Abbé DES AGNEAUX.

Si vous n'aimez pas le jeu de corbillon, Madame,

CORBILLON.

Madame, on peut jouer à *je vous vends ma caffette, que voulez vous qu'on y mette ?*

Mademoiselle ROSE.

Une noifette, une allumette, une mouchette, une pincette, une affiette, une cuvette.

Madame DUBOIS.

Vous êtes bien favante, en vérité ; mais fi j'avois des filles....

L'Abbé PRINTEMS, *bas.*

Je les plaindrois.

Madame DUBOIS.

Qu'eft-ce que vous dites ? Elles ne joueroient pas toutes ces inepties-là.

Madame DE LA RIVIÈRE.

Vous les auriez, fans doute, toujours à vos côtés, pendant que vous joueriez ?

Madame DUBOIS.

Précifément, Madame ; & je ne vous demanderois point votre avis là-deffus.

L'Abbé PRINTEMS.

Et vous en feriez des joueufes de profeffion.

L'Abbé DES AGNEAUX.

Madame leur montreroit les coups fins, la manière de répondre à propos à une invite, de forcer le quinola à la bonne, fans qu'on s'en doute ; de demander dans les circonftances : combien vous refte-il de votre point ; quelle dame a eu le malheur de vous déplaire ? d'effrayer fon monde par un va-tout, quand on a un jeu médiocre ; de bien fixer dans fa mémoire toutes les cartes qui font paffées, qu'eft ce qui les a jettées, dans quelles circonftancse on les a jettées ?

Madame DE LA RIVIÈRE.

Ça exerce la mémoire, & ça rend l'efprit jufte.

Jeux familiers.

CORBILLON.

L'Abbé DES AGNEAUX.

Dans le fond, on ne peut avoir de l'efprit qu'en maniant fouvent & long tems les cartes, & je ne fais cas que de ces génies-là.

Madame DUBOIS.

Dans le fond, je ne fais aucun cas des goguenards, & je vous quitte. Adieu, Meffieurs.

L'Abbé PRINTEMS & l'Abbé DES AGNEAUX.

Adieu, Madame, fans rancune.

Madame DUBOIS.

Si je vous tiens au jeu.... vous vous fouviendrez de moi.

L'Abbé PRINTEMS.

Je défendrai mon argent.

L'Abbé DES AGNEAUX.

Je me méfierai de vos tours.

Madame DE LA RIVIÈRE.

Savez-vous, Meffieurs, qu'elle eft fâchée. Vous avez fait-là une ironie un peu forte.

L'Abbé DES AGNEAUX.

Pourquoi nous pouffe-t-elle à bout ?

Mademoiselle ROSE.

Madame veut avoir galerie, quand elle joue ; elle n'aime pas à jouer fans fpectateurs, & rien n'eft fi fot que de regarder jouer des jeux qu'on ne connoît pas.

L'Abbé DES AGNEAUX.

Si nous nous avifions de jouer nos petits jeux dans le fallon, on nous diroit fans ceffe : Paix là ! paix là ! on ne fait ce que l'on joue, vous nous étourdiffez.

Madame DE LA RIVIÈRE.

Vous faites fort bien de vous mettre dans

un appartement, vous êtes plus tranquille, & vous pouvez rire fort à votre aise. Pour moi, l'Abbé, ce n'est point l'intérêt qui me tient, car je suis assez heureuse au jeu ; mais, je préfère vos jeux à ceux de Madame Dubois.

L'Abbé DES AGNEAUX.

Il est vrai que c'étoit un peu fort, quand je lui ai dit qu'on ne pouvoit avoir de l'esprit qu'en maniant les cartes ; car j'ai connu bien des gens bêtes à ne pas pouvoir dire deux, & jouant supérieurement au piquet & à d'autres jeux.

L'Abbé PRINTEMS.

C'est un esprit de calcul, & souvent de supercherie.

Mademoiselle ROSE.

Mais allons donc trouver notre compagnie, & jouer comme à notre ordinaire en dépit de la grosse Madame Dubois.

(*Extrait des Soirées amusantes.*)

CORNET ; morceau de corne ou de cuir préparé en forme de petit gobelet rond, long & délié dont on se sert pour remuer & jeter les dez en certains jeux.

CORPS ET DE L'ESPRIT.
(*jeu des parties du*)

Tous ceux de l'assemblée se donnent chacun le nom de quelque partie du corps, & spécialement de celles du visage auxquelles consiste la beauté ; mais s'il n'y en a pas assez, on y en peut ajouter d'autres, & même si l'un prend la main droite, l'autre pourra prendre la gauche. Quand chacun a ses noms, le maître du jeu, c'est-à-dire celui qui l'entreprend & le fait exécuter, se tient assis ou debout près d'une dame de la compagnie qui est la seule à qui il n'a point fait prendre d'autre nom, sinon qu'elle est la beauté qu'il veut jouer. Il commence son discours qu'il fait de telle mesure & de tel style qu'il veut, & dans les pensées qu'il a, tantôt il parle des yeux, tantôt des cheveux, tantôt de la bouche, tantôt des mains, & embarrasse toutes ces choses les unes dans les autres, les répétant plusieurs fois ; & à chaque fois qu'il parle de chacune, il faut que la personne qui porte ce nom, lui fasse une grande révérence, & si elle y manque, elle donne un gage. Ces discours peuvent être de cette sorte :

« Pour vous louer dignement, ô beauté incomparable, par où pourrai-je commencer, si je veux donner à vos parties excellentes le rang qu'elles méritent ? Si je commence par les yeux qui blessent tant de cœurs, qui jettent tant de flammes, & qui sont capables de guérir les maux qu'ils font quand ils le veulent, je trouverai que les cheveux y auront de l'envie, & diront que si les yeux gagnent les cœurs, ce sont eux qui les enchaînent & les retiennent. Là dessus la bouche se plaind à encore comme si je lui faisois un grand tort ; elle dira que je lui préfère des choses qui, à son avis, lui sont fort inférieures en dignité. Elle se vantera qu'elle est la porte de l'ame ; que non seulement elle exhale les soupirs, témoins d'une langueur amoureuse, & sert à former le ris, au milieu de la joie ? mais qu'elle prononce les paroles qui sont les vives images des pensées. Les yeux ont ceci pour leur gloire, leur support & leur défense, qu'ils parlent aussi d'un muet langage, assez intelligible aux amans, tellement que le débat est continuel entr'eux & la bouche. Ce beau sein qui représente le monde, se tient glorieux de son excellence ; mais la main droite dit que c'est elle qui empêche que tant d'autres mains profanes n'y touchent, & la gauche prétend qu'elle lui aide aussi à cela ; les pieds disent qu'ils méritent de l'honneur, de supporter tous les jours ce beau chef-d'œuvre de la nature. Ainsi les cheveux, les yeux, la bouche, le sein, les mains & les pieds se vantent diversement ; mais la bouche leur dit : Si vous faites des plaintes, c'est par mon organe ; si vous parlez, c'est moi qui vous fais parler, & je suis votre touchement ; mais voici les cheveux qui nous font entendre qu'ils peuvent servir de bracelets aux bras de leur maîtresse ; qu'ils apportent même beaucoup d'ornement à toute sa beauté. Les yeux disent que sans la lumière il n'y a point de beauté, & que c'est elle qui est véritablement la beauté, qui donne de la beauté à toutes les autres, & que c'est en eux que réside cette lumière. La bouche dit que rien ne plaît à la vue que les belles couleurs, & que la plus belle de toutes les couleurs est en elle. Le sein dit que sa blancheur est plus excellente que la rougeur de la bouche, & les pieds & les mains prétendent aussi que la blancheur n'est pas moins naturelle en eux & moins exquise. »

Ainsi le maître de jeu trouvera sujet de parler tantôt d'une partie & tantôt d'une autre, avec des distances qui donneront le loisir de remarquer si chacun s'acquitte de la révérence, & disant quelquefois tous les noms l'un après l'autre, il tâchera de surprendre quelqu'un, en les embrouillant, & reprenant presqu'aussi tôt ceux qu'il vient de quitter. Il ne faut point dire qu'il est besoin d'avoir un esprit fort excellent pour réussir à cela ; car un homme de médiocre suffisance qui aura la parole un peu libre, fera assez bien cette charge, d'autant qu'il n'est pas toujours nécessaire que les pensées soient fort ajustées & fort raisonnables ; il n'importe qu'il y ait quelquefois du galimathias ; cela en fera rire davantage, & puis tout discours ne sert que pour enchaîner ces noms, afin de faire souvent lever ceux de la compagnie & tâcher de les faire faillir. C'en est là tout le secret. Ceci a été inventé pour faire quelque chose de plus mignard parmi les dames.

CORYCUS. Jeu d'exercice des anciens, recommandé par Galien, comme utile pour la santé.

Le *coricus* consistoit à suspendre par une corde à une poutre ou solive du plancher, un sac rempli de son ou de farine, & à se le jetter de l'un à l'autre dans un corridor étroit, ou entre deux lignes dont il n'étoit pas permis de s'écarter : il falloit donc attendre de pied ferme le sac, le renvoyer avec force contre son adversaire & tâcher de le renverser.

Ce jeu ne paroît pas du premier abord bien agréable ; mais apparemment qu'il y avoit des circonstances qui, en multipliant les difficultés, en rendoient l'exercice amusant.

COTON EN L'AIR. (*jeu du*)

Voyez à l'article RÉPONSES EN UNE PHRASE.

COULEURS. (*jeu des trois*)

Le nombre des joueurs est fixé à quatre, y compris le banquier.

Il faut, pour que la balance du jeu soit égale, que chacun soit banquier à son tour.

Ce jeu est composé d'un plateau & de trois dez, chacun de trois couleurs différentes. On place de l'argent ou des jettons sur une, deux ou trois cases du plateau ; ensuite on fait rouler les trois dez dans un cornet, & on les jette sur la table ou sur le plateau. Si on amène un dé de chaque couleur, on gagne, & le banquier paye autant qu'on a mis au jeu ; si on en amène deux d'une même couleur, c'est le banquier qui gagne.

Si on met sur trois cases de la même couleur, & que les trois dez viennent de la couleur des cases où on a placé, le banquier paye autant qu'on a mis au jeu ; mais si les trois dez viennent tous trois d'une autre couleur, le banquier ne paye que la moitié de la mise.

On ne peut point tirer lorsque l'on est banquier.

Ce jeu se trouve rue des Arcis, magasin de tabletterie, au Singe vert.

COURIERS, &c. (*jeu des*)

Pour trouver toute sorte de manières de discourir, il y a le jeu des couriers, qui apportent chacun quelque plaisante nouvelle. Il y a le jeu des lettres ouvertes, où chacun découvre les secrets qu'un autre mande à son voisin & à sa voisine, ou amante. Il y a le jeu des nouvelles du four, & de la rivière, & des nouvelles de la place du change, à quoi l'on peut ajouter les nouvelles de la basse cour, c'est-à-dire, celles qui sont basses & ridicules ? En toutes ces occasions chacun invente tout ce qui lui semble le plus divertissant pour la compagnie. Il y a encore le jeu des mensonges où chacun dit la plus grande menterie qu'il peut trouver. Une dame disoit à un jeune galant qui faisoit le jeu, qu'elle ne savoit point d'autre plus grande menterie, sinon qu'il étoit fort sage.

CRIS DE PARIS.

Voici l'annonce de ce nouveau jeu qui eſt tracé avec figures ſur un carton, à l'imitation du jeu de l'*oie*.

Avant, eſt il dit, & depuis le renouvellement du plus noble des jeux inventés par les Grecs, de l'*Oie*, ce jeu galant où l'eſprit ſe déploie, on n'en a point encore imaginé d'auſſi jovial & récréatif que celui-ci, dont on ſe flatte que les amateurs des belles choſes accepteront d'autant plus volontiers la dédicace, qu'ils auront le plaiſir d'y trouver, ſous un ſeul coup d'œil, les quarante-quatre cris qui font le plus ſouvent retentir les rues, les places, & juſqu'aux culs-de-ſac de la ville & banlieue de Paris.

Règles du jeu.

En commençant, chacun ayant pris ſa marque, mettra deux jettons au jeu, & après on tirera à la plus haute chance des deux dez, à qui jouera le premier.

Les quatre principaux cris de Paris étant ceux du *décrotteur*, du *revendeur*, du marchand de *loterie*, & du *colporteur*, on ne pourra s'arrêter ſur aucun de leurs numéros qui ſont diſpoſés d'onze en onze; mais lorſqu'on ſe trouvera juſte à l'un d'entr'eux, on recevra deux jettons, & l'on ira au delà d'autant de points qu'on en aura amenés, à l'excepton du dernier, auquel il faut être préciſément pour gagner la partie, car ſi l'on a des points audelà, l'on retrogradera d'autant.

Si du premier coup on amène onze, on ira à 21 trouver la crieuſe de chapeaux, & l'on recevra deux jettons ainſi qu'il vient d'être dit.

De 6 où eſt la marchande de balais, on ira à 12 où eſt le marchand de cruches, & l'on recevra un jetton.

De 13 où eſt la marchande d'œufs, jadis frais, on rétrogradera à 3 où eſt le marchand d'eau de-vie, & l'on paiera deux jettons.

De 18 où eſt le ramoneur, on ira à 28 où eſt la laitière, afin de blanchir le dedans ſi le dehors eſt toujours noir, & l'on payera deux jettons.

De 24 où eſt la marchande de noiſettes, ſouvent un peu véreuſes, on rétrogradera à 14

où eſt le gagne-petit, & l'on payera un jetton.

De 30 où eſt la marchande de merlans, on ira à 42 trouver le falot pour s'éclairer à voir s'ils ſont frais.

Enfin de 38 où eſt la lanterne magique, on rétrogradera à 32 où eſt la marchande de chanſons.

Quiconque ſe trouvera malheureuſement à 36 avec *ſac-à-vin*, payera quatre jettons, & recommencera le jeu.

Celui qui ſera rencontré par un autre, ira prendre ſa place.

Ces cris de Paris avec les figures à chaque caſe, ſont :

N°. 1. La cliquette, ou le facteur de la petite poſte.

2. Poires cuites au four.

3. Voilà des petits pains de ſeigle.

4. Mottes à brûler.

5. A l'eau, eau.

6. Balais, balais.

7. Au cureur de puits.

8. Des allumettes & de l'amadou.

9. Falourdes d'Orléans, falourdes.

10. De la paille d'avoine, de la paille d'avoine.

11. Décrotez là, ma pratique. Jeannot.

12. Achetez des cruches.

13. Œufs frais.

14. Gagne-petit.

15. A l'anguille qui frétille.

16. Chaudronnier chaudronnier.

17. Saumon nouveau, ſaumon nouveau.

18. Ramonez la cheminée du haut en bas.

19. Carpe laitée, carpe œuvée.

20. Petits pâtés tout chauds.

21. Chapeaux à vendre, de vieux chapeaux.

22. Vieux habits, vieux galons. Luron.

23. Bon vinaigre.

24. Noiſettes au litron.

25. Sablon d'Etampes.

26. Laitue - romaine, à la ſalade.

27. Voilà des petits pains de ſeigle.

28. La laitière, allons vîte.

29. A la fraîche, qui veut boire.

30. Merlans à frire.

31. A la petite loterie.

32. Chansons nouvelles.

33. La liste des gagnans. Richard.

34. De l'onguent pour les cors des pieds. L'empirique.

35. Achetez des rubans, du fil.

36. Excellent vin de Bourgogne. Me. sac-à-vin.

37. Groseille à confire.

38. La lanterne magique. *

39. Des radis, des raves.

40. Raccommodez de la fayence.

41. Champignons, champignons.

42. Falot, falot.

43. Des bouquets pour Toinette.

44. L'heureux événement.

On voit aux quatre angles du même carton du jeu des *Cris de Paris* ;

1°. Le *jeu de la Bague* ;

2°. Les *Parades* ;

3°. Les *Battus payent l'amende*, autre parade ;

4°. La *Balance*, pour connoître sa pesanteur.

Ce jeu se trouve rue des Arcis, au Singe vert.

CROIX DE JÉRUSALEM. Ce sont des croix composées de plusieurs morceaux de bois rapportés, qu'il faut avoir l'adresse de rapprocher, pour faire un ensemble, ce qui devient difficile lorsqu'on ne sait pas la marche qu'on doit tenir ; parce que toutes les parties de ces croix ont des coupes différentes & bizarres, & qu'il n'y a qu'un ordre auquel elles puissent convenir.

On fait aussi de petits *coffres*, dont l'assemblage des parties a les mêmes difficultés. Ces joujoux sont propres à exercer l'adresse & la patience.

On trouve de ces croix & de ces coffres, rue des Arcis, magasin de tabletterie, au Singe vert.

CROIX OU PILE. Ce jeu est bien simple. On a une pièce de monnoie dont un côté s'appelle *croix*, & l'autre *pile*. Celui qui a retenu *croix*, par exemple, gagne si la pièce de monnoie qu'on jette en l'air, présente étant à terre le côté qui se nomme *croix* ; il perd, si c'est le contraire.

CURÉ ET LA TOILETTE. (*le*)

Jeu de Société en dialogue.

M. DE LA RIVIÈRE.

Nous voilà tous réunis aujourd'hui ; allons, l'Abbé, il faut jouer un jeu qui occupe tout le monde.

L'Abbé DES AGNEAUX.

Nous pouvons jouer à M. le Curé ; chacun prendra une qualité à son choix ; & nous commencerons. Moi, je serai le sacristain. Allons, chacun a-t-il choisi ? Je vais écrire les rôles, & j'en ferai la lecture. Retenez bien chacun vos noms.

INTERLOCUTEURS.

Madame de la Rivière.	la Nourrice.
Mademoiselle Rose,	la Boulangère.
Mademoiselle du Gazon,	la Blanchisseuse.
Madame de la Haute-Futaie,	la Maîtresse d'école.
Mademoiselle du Ruisseau,	la Gouvernante.
Mademoiselle du Bocage,	la femme du Chantre.
M. de la Rivière,	le Sonneur.
M. des Jardins,	le Carillonneur.
M. de la Forêt,	le Bedeau.
L'Abbé Printems,	l'Enterreur.
L'Abbé des Agneaux,	le Sacristain.
Le Chevalier Zéphir,	l'Enfant de chœur.
Mlle. de la Haute-Futaie,	M. le Curé.

Madame DE LA RIVIÈRE.

Vous avez bien fait de finir votre liste par

M. le curé: c'est lui qui va le dernier à la procession. Mais pourquoi Mademoiselle de la Haute-Futaie fait-elle ce rôle?

Mademoiselle DE LA HAUTE-FUTAIE.

C'est M. l'abbé qui l'a voulu.

L'Abbé PRINTEMS.

Oui : il convient que ce soit la personne la plus respectable qui joue ce rôle.

Madame DE LA HAUTE-FUTAIE.

Mais je ne pourrai jamais ne pas tutoyer ma fille.

L'Abbé DES AGNEAUX.

Eh bien! Madame, vous payerez des gages. Mais je commence. Vous m'avez envoyé chercher, M. le curé, je n'étois pas chez moi.

Mademoiselle DE LA HAUTE-FUTAIE.

Où étiez-vous donc, M. le sacristain?

L'Abbé DES AGNEAUX.

Un gage, Mademoiselle. Vous devez tutoyer tout le monde, & personne ne doit vous tutoyer.

Mademoiselle DE LA HAUTE-FUTAIE.

Eh bien! où étois-tu donc, sacristain?

L'Abbé DES AGNEAUX.

J'étois chez la nourrice, M. le curé.

Madame DE LA RIVIÈRE.

Tu en as menti, car je n'étois pas chez moi.

L'Abbé DES AGNEAUX.

Où étois-tu donc, Madame la nourrice?

Madame DE LA RIVIÈRE.

J'étois chez M. le curé.

Mademoiselle DE LA HAUTE-FUTAIE.

Tu en as menti, car je n'étois pas chez moi.

Madame DE LA RIVIÈRE.

Où étois tu donc, M. le curé?

L'Abbé PRINTEMS.

Un gage, Madame; vous ne devez pas tutoyer M. le curé.

Mademoiselle DE LA HAUTE-FUTAIE.

J'étois chez l'enterreur.

L'Abbé PRINTEMS.

Vous en avez menti, M. le curé, je n'étois pas chez moi.

Mademoiselle DE LA HAUTE-FUTAIE.

Où étois tu donc, l'enterreur?

L'Abbé PRINTEMS.

J'étois chez l'enfant de chœur!

Le Chevalier ZÉPHIR.

Tu en as menti, l'enterreur; je n'étois pas chez moi.

L'Abbé PRINTEMS.

Où étois tu donc, l'enfant de chœur?

Le Chevalier ZÉPHIR.

J'étois chez la femme du chantre.

Mademoiselle DU BOCAGE.

Vous.... Tu en as menti, l'enfant de chœur.

L'Abbé DES AGNEAUX.

Un gage; Mademoiselle du Bocage a dit vous à l'enfant de chœur.

Mademoiselle DU BOCAGE,

Mais je me suis reprise.

Le Chevalier ZÉPHIR.

Oh ! c'eſt un vilain jeu que celui-là : il faut toujours tutoyer & donner des démentis. Jouons-en un autre.

Mademoiſelle DU RUISSEAU.

Jouons à ſa *Toilette* ; prenons chaun le nom de quelque meuble de toilette. Ecrivez les noms, M. des Jardins, & vous en ferez lecture, pour que perſonne n'en prétende cauſe d'ignorance.

M. DES JARDINS *lit.*

Madame de la Rivière,	le miroir.
Mademoiſelle Roſe,	la boîte à rouge.
Mademoiſelle du Ga-	la boîte à poudre.
zon,	
Madame de la Haute-	
Futaie,	la boîte à mouche.
Mademoiſelle du Ruiſ-	
ſeau,	le peignoir.
Mademoiſelle du Bo-	
cage,	le peigne.
M. de la Rivière,	le fer à friſer.
M. de la Forêt,	les ciſeaux.
L'Abbé Printems,	le pot-de-chambre.
L'Abbé des Agneaux,	la cuvette.
Le Chevalier Zéphir,	le faux-chignon.
Mlle. de la Haute-Fu-	
taie,	le gratte langue.
Et moi, Meſdames,	le flacon.

Tout le monde eſt aſſis en rond ; M. des Jardins eſt debout dans le milieu, & dit : Madame demande ſon peigne.

Mademoiſelle DU BOCAGE.

Se lève ; M. des Jardins prend ſa place, & elle dit : Madame demande ſon miroir.

Madame DE LA RIVIÈRE.

Se lève, Mademoiſelle du Bocage prend ſa place, & Madame de la Rivière debout dans le milieu ; dit : Madame demande ſon faux-chignon.

L'Abbé DES AGNEAUX.

Un gage, Chevalier ; il falloit vous lever

tout de ſuite, & prendre la place de Madame de la Rivière. Vous êtes occupé à cauſer avec votre voiſine, vous la ferez prendre auſſi.

Madame DE LA RIVIÈRE.

Madame demande ſon gratte-langue.

Mademoiſelle DE LA HAUTE-FUTAIE.

C'eſt bien fait, Chevalier Zéphir ; on ſe moque de vous ; vous parlez toujours, voyez comme on rit.

Le Chevalier ZÉPHIR.

On rit un peu de vous auſſi. On vous a demandé, & vous n'avez pas entendu. Alons, un gage, ma chère compagne en étourderie.

Madame DE LA RIVIÈRE.

Madame demande toute ſa toilette.

Tout le monde ſe lève & doit changer de place ; le dernier qui reſte paye un gage, & appelle un des meubles de la toilette, qui en appelle un autre ; ainſi de ſuite.

Mademoiſelle DU GAZON.

C'eſt fort commode ; Mademoiſelle de la Haute-Futaie fait ſemblant de ſe lever ; elle ſe remue, & garde ſa première place.

Madame DE LA RIVIÈRE.

En ce cas - là, Mademoiſelle, payera un gage ; il faut abſolument quand on dit, Madame demande toute ſa toilette, que tout le monde ſe lève & change de place.

Madame DE LA HAUTE-FUTAIE.

Allons, ma fille, donnez un gage de bonne grace. On ne gagne jamais rien à ſe fâcher.

L'Abbé PRINTEMS.

Ce jeu eſt fort bon pour donner de l'exercice ; il ne faut pas un grand effort de génie pour y être bientôt ſavant ; il reſſemble un peu aux quatre coins, au tiers, à l'anguille, & à d'autres petits jeux d'exercice.

L'Abbé DES AGNEAUX.

Excepté cependant qu'à celui-ci on donne des gages, & qu'il faut être assis. Quelque jour après dîner nous pourrons jouer au tiers & à l'anguille.

(*Extrait des Soirées amusantes.*)

CYTHÈRE. (*Voyage de l'île de*)

C'est encore une imitation du jeu de l'Oie.

Règles du jeu.

Ce jeu se joue avec deux dez. On commence par élire une trésorière pour déposer les fonds du jeu & les amendes. On suit la route que le nombre des dez indique. Il y a soixante numéros ou cases jusqu'à l'arrivée dans l'île de Cythère, qui est le numéro 60 & dernier.

Endroits remarquables.

N°. 1. *Embarquement* , chacun paye six jettons.

13. *Le temple de la Jalousie* paye trois jettons , & recommence.

21. *La fontaine de Jouvence* paye 2, & va au n°. 23.

26. *Premier temple de Venus* , attend un tour.

32. *Le temple de la Constance* va au n°. 33.

37. *Deuxième temple de Venus* paye 1 , & attend un tour.

42. *L'île de l'Espérance* attend sa délivrance; & 43 , *la fin de l'île* , attend deux tours.

57. *Le naufrage* paye 4 , & va au n°. 9.

60. *L'île de Cythère* gagne.

Qui trois fois de suite arrive à ce nombre, sans avoir été aux numéros 13 , 42 & 57 est exempt des amendes pour la partie suivante. Du reste, observez les autres règles, ou bien payez trois jettons à chaque numéro d'attente ou de péage, & pour lors continuez votre route sans attendre; le tout à votre choix.

Quand quelqu'un en chasse un autre de son numéro ; le délivré , si c'est aux endroits d'attente, va au premier vaisseau qu'il rencontre sur sa route, & l'autre attend ; mais si c'est à un numéro ordinaire, pour lors il retourne au numéro que son rival quitte.

Celui qui rencontrera un vaisseau sur sa route, double son point.

D

DEZ.

DEZ ; petit os quarré qui a six faces, marquées de points depuis un jusqu'à six. On s'en sert dans différens jeux, & l'on joue avec un ou plusieurs dez, selon la nature du jeu.

Flatter le dez ; c'est le pousser doucement.

Rompre les dez ; c'est arrêter les dez qui pirouettent, ou interrompre le coup de dez pour le rendre nul.

DENTELLE. (*jeu de la*)

Voyez à l'article MÉTAMORPHOSES.

DEVISES. (*les*)

Jeu de Société en dialogue.

Madame DE LA RIVIÈRE.

Je veux vous apprendre le jeu des devises.

L'Abbé DES AGNEAUX.

Est ce comme on le jouoit à la cour du tems de Louis XIV.

Madame DE LA RIVIÈRE.

Je n'en sais rien. J'ai cherché la manière
dont

dont on le jouoit, & je n'ai pu la trouver dans aucun livre. L'Abbé, je vous charge de cette recherche.

L'Abbé DES AGNEAUX.

Avec plaisir, Madame ; mais voyons votre manière.

Madame DE LA RIVIÈRE.

Chacun choisit une fleur. On la lie avec un lien analogue à l'idée que l'on veut exprimer par cet emblème. On place cette fleur dans un vase toujours analogue à l'idée primitive, & on grave sur le vase des vers, ou une phrase, qui achèvent la comparaison, & forment la devise. Or donc je commence, & je prends des soucis.

Mademoiselle DU GAZON.

Je prends des violettes.

Mademoiselle ROSE.

Je prends des immortelles.

Le Chevalier ZÉPHIR.

Je prends une rose en bouton.

L'Abbé PRINTEMS.

Je prends des pissenlits.

Madame DE LA HAUTE-FUTAIE.

L'Abbé a toujours des idées baroques. Moi, je prends un pavot des plus vives couleurs.

M. DE LA FORÊT.

Je prends un bouquet de houx.

M. DES JARDINS.

Je prends trois roses à peine écloses.

Mademoiselle DU RUISSEAU.

Je fais un bouquet de lignot.

L'Abbé DES AGNEAUX.

Je prends une grosse rose à cent feuilles.
Jeux familiers.

Madame DE LA RIVIÈRE.

Je lie mes soucis avec une des cordes de ma guitare.

Mademoiselle DU GAZON.

Je lie mon bouquet de violettes avec un brin d'herbe.

Mademoiselle ROSE.

Je lie mes immortelles avec un cordon de soie verte.

Le Chevalier ZÉPHIR.

J'attache à ma rose en bouton une bouffette de ruban gris de lin.

L'Abbé PRINTEMS.

J'unis mes pissenlits avec un vieux bout de ficelle.

Madame DE LA HAUTE-FUTAIE.

J'attache à mon pavot superbe un nœud de ruban ponceau, brodé en paillettes d'or.

M. DE LA FORÊT.

Je lie mon bouquet de houx avec une chaîne d'acier.

M. DES JARDINS.

J'unis mes trois roses à peine écloses avec un beau ruban blanc.

Mademoiselle DU RUISSEAU.

Pour moi, mon bouquet de lignot, je ne le lie pas ; il se lie de lui-même.

L'Abbé DES AGNEAUX.

Je lie ma grosse rose à cent feuilles avec une hart d'osier.

Madame DE LA RIVIÈRE.

Je mets mon simple bouquet dans un vase de marbre noir.

Mademoiselle DU GAZON.

Je mets mon simple bouquet dans le vase le plus simple.

Mademoiſelle ROSE.

Je place mon précieux bouquet d'immortelles dans un vaſe de porphire.

Le Chevalier ZÉPHIR.

Je place ma roſe en bouton dans une taſſe
de porcelaine.

L'Abbé PRINTEMS.

Je mets mon groteſque bouquet de piſſenlits dans un vieux pot-de-chambre fêlé.

Madame DE LA HAUTE-FUTAIE.

Oh ! fi donc. Je mets mon pavot orné de
ſon ruban ponceau brodé en paillettes d'or
dans un vaſe de bois bien-verniſſé.

M. DE LA FORÊT.

Je mets mon bouquet de houx dans un
vaſe de fer.

M. DES JARDINS.

Je place mes trois roſes dans un vaſe de
fayence.

Mademoiſelle DU RUISSEAU.

C'eſt aſſez pour mon bouquet de lignot
d'un vaſe de terre.

L'Abbé DES AGNEAUX.

Comme ma groſſe roſe à cent feuilles cache
dans mon jardin beaucoup d'autres petites
fleurs de prix, je la relégue dans un coin,
& je la mets dans un tonneau défoncé.

Mademoiſelle ROSE.

Il y a quelque méchanceté là-deſſous.

Madame DE LA RIVIÈRE.

Mes ſoucis ainſi liés & ainſi placés, je grave
ſur mon vaſe de marbre noir ces deux vers :

Gnia du plaiſir avec l'amour,
Mais auſſi la peine a ſon tour.

Mademoiſelle DU GAZON.

Sur le ſimple vaſe où j'ai mis mes ſimples
violettes, je grave ces vers :

Un bouquet qu'uniroit un brin d'herbe,
Donné par toi, flatteroit plus mon cœur.

Mademoiſelle ROSE.

Mes immortelles liées d'un cordon de ſoie
verte, ſymbole de la force & de l'eſpérance,
placées dans un vaſe de porphire, le plus dur
des marbres, je grave deſſus ce vers :

Mais hélas ! il n'eſt point d'éternelles amours !

Le Chevalier ZÉPHIR.

Sur la taſſe de porcelaine où eſt mon précieux bouton de roſe, j'attache cette deviſe :

Hâte-toi de t'épanouir.

Mademoiſelle ROSE.

Vous êtes donc bien preſſé, Chevalier.

Madame DE LA HAUTE-FUTAIE.

Vous avez plus beſoin d'un hochet que
d'un bouquet.

Le Chevalier ZÉPHIR.

Nous déciderons cela, s'il vous plaît,
Madame, dans un autre moment.

L'Abbé PRINTEMS.

Mes piſſenlits liés d'un vieux bout de ficelle, & placés dans un vieux pot-de-chambre
fêlé, je grave deſſus ces mots :

Nous ne ſommes pas tous faits pour plaire.

Madame DE LA HAUTE-FUTAIE.

J'ai placé mon magnifique pavot décoré
d'un nœud de ruban ponceau brodé en paillettes d'or dans un vaſe de bois bien verniſſé,
& je grave deſſus ces deux vers :

Point d'odeur, mais beaucoup d'éclat,
N'eſt-ce pas le portrait d'un fat ?

M. DE LA FORÊT.

Je grave sur le vase de fer où est mon bouquet de houx lié d'une chaîne d'acier, ces mots :

Nul ne s'y frotte.

M. DES JARDINS.

Sur le vase de fayence où j'ai mis mes trois roses liées d'un ruban blanc, je grave ce vers :

Ces trois roses sont sœurs , & les Graces aussi.

M. DE LA FORÊT.

On reconnoît bien là le galant M. des Jardins. En un vers, il a peint l'aimable demoiselle du Ruisseau & ses charmantes sœurs. Allons, voyons votre devise, Mademoiselle.

Mademoiselle DU RUISSEAU.

Sur le vase de terre où est mon bouquet de lignot, je grave ces mots :

Cadédis ! si je ne suis pas bien dans mon vase, je ramperai jusqu'à un autre vase plus précieux.

L'Abbé PRINTEMS.

On reconnoît bien là le gascon.

L'Abbé DES AGNEAUX.

Ma grosse rose à cent feuilles, attachée avec une hart d'osier, est dans son tonneau, j'attache dessus un grand écriteau portant ces mots :

« *Mes couleurs sont plus que vives, car elles sont dures. Je tiens bien de la place, mais on ne daigne pas me regarder. Il n'est point de berger assez hardi pour oser me cueillir & m'offrir à sa bergère ; j'écraserois son sein.* »

Madame DE LA RIVIÈRE.

Vous êtes méchant, l'Abbé, avec votre

grosse rose à cent feuilles. On voit bien que vous voulez faire allusion à cette grosse Madame Dubois, que nous appellons entre nous la princesse Citrouillon.

L'Abbé DES AGNEAUX.

Je ne dis pas mon secret.

Mademoiselle DU GAZON.

C'est le secret de la comédie.

Madame DE LA HAUTE-FUTAIE.

Il est vrai que Madame Dubois est insupportable. Je ne puis pas souffrir d'être à table à côté d'elle ; elle m'écrase.

L'Abbé PRINTEMS.

Elle a bien raison de ne pas aimer la campagne, car elle y fait une bien triste figure. Elle ne sauroit se promener ; elle ne peut que jouer ; & on ne vient pas à la campagne pour tenir toujours des cartes. C'est bien à la ville, dans l'hiver, ou par la pluie.

Madame DE LA RIVIÈRE.

Est-ce que M. de la Rivière n'est pas encore revenu de la promenade ?

Mademoiselle ROSE.

Il y a long-tems, Madame, je l'ai vu dans le salon ; il joue aux dames avec Mademoiselle du Bocage. Mademoiselle de la Haute-Futaie qui a bonne envie d'apprendre, les regarde jouer.

Madame DE LA HAUTE-FUTAIE.

Elle est à une bonne école.

L'Abbé DES AGNEAUX.

Mais on sonne, allons souper ?

(Extrait des Soirées amusantes.)

E

ÉGUILLETTES.

EGUILLETTES. *(jeu des)*

Il y a un autre jeu à baiser qui pourroit encore servir à faire des mariages, lequel se pratique assez aisément : l'on prend la moitié autant d'éguillettes que l'on est de personnes, & quelqu'un les tenant par le milieu, chacun met la main à quelque serret, & ceux qui tiennent une même éguillette, se marient ou se baisent ; quelquefois il arrive que ce sont par-tout deux filles ou deux garçons, tellement que les desirs de plusieurs amans sont ainsi frustrés, & l'on fait des risées de deux hommes qui se baisent sans aucun goût.

ÉLÉMENS. *(jeu des)*

Chacun prend un animal terrestre, un poisson & un oiseau pour avoir des animaux de chaque élément, & le maître disant à quelqu'un, *cheval, terre,* il faut qu'aussitôt il nomme l'animal & l'élément de quelqu'autre, soit terre, eau, ou air, à sa fantaisie ; & s'il y songe tant soit peu, ne se souvenant point des noms de ceux qu'il voudroit attaquer, il faut qu'il donne un gage pour marque de sa faute. Quelquefois l'on a une pelotte que l'on jette à celui de qui l'on nomme l'animal & l'élément, & il faut que la rejettant incontinent à un autre, il nomme de même ce qui lui appartient. Cela peut être proprement appellé, *renvoyer à l'esteuf.*

ÉMIGRETTE. *(jeu de l')*

L'*émigrette* est un jeu qui a été en vogue quelque tems ? C'est un rond de bois, ou d'ivoire, ou d'écaille, ou de métal, creusé dans son pourtour, à une certaine profondeur, comme une poutre.

Un bon cordonnet est attaché au centre de l'émigrette, & par une légère secousse on fait enrouler ce cordon qui entre dans la rainure. L'habileté du joueur consiste à entretenir cet enroulement du cordonnet, & à le tenir toujours en activité, malgré les tours qu'on fait faire à l'émigrette.

ÉNIGMES. *(jeu des)*

Un homme propose une énigme à une dame, & si elle ne la peut expliquer, il a la permission de l'embrasser, ou de lui donner une petite pénitence. La dame de son côté peut aussi proposer une énigme, & si l'homme ne peut la deviner, elle le condamne à ce qu'elle imagine. Ou bien si l'on veut, l'un ou l'autre fait sa proposition, & si l'explication est bien donnée, celui qui la donne a droit sur l'autre comme étant le vainqueur.

ÉPINGLE *à chercher au son du violon.*

Jeu de société.

Voyez à l'article ATTRAPE. *(jeux d')*

ÉPOUX ET DE L'ÉPOUSE. *(jeu de l')*

Au jeu de l'époux & de l'épouse, Himenée étant le maître du jeu, élira au plus de voix, ou choisira lui-même celui & celle qui doivent être mariés ensemble, & leur fera jurer la foi l'un à l'autre ; puis ayant donné à chacun de la compagnie, le nom des atours de la mariée, & de toutes les mignardises que le marié lui peut dire ; le jeu commencera par les difcours du marié qui appellera fa chère compagne, & alors s'entendant nommer, elle lui demandera ce qu'il defire; il répondra qu'il demande fon amour, fon defir, fon plaifir, la félicité, & autres belles chofes, & elle lui en dira de même, lorfqu'il l'interrogera; Hymenée leur parlant auffi, employera le nom de tous les atours à leur rang; mais cela eft fort fade, fi ce n'eft que l'on y ajoute quelque invention pour y donner de la pointe, comme on le pourroit faire facilement.

ESCARPOLETTE; efpèce de fiége fufpendu par des cordes, fur lequel on eft pouffé & repouffé en l'air. *Voyez* BALANÇOIRE.

E S C H E T S; *jeu des*)

Repréfenté par des perfonnes humaines, comme au fonge de Polyphile.

On le peut faire jouer par perfonnes humaines au lieu de pièces de bois. Nous avons lu le fonge de Polyphile, où des nymphes pratiquent ceci devant leur réine, étant vêtues de livrées différentes. Rhinghier veut au lieu de cela que les hommes foient d'un côté & les femmes de l'autre, vêtus chacun felon leur perfonnage, parce qu'il prétend que cela fe fait dans une compagnie telle que celle des autres jeux où il y a d'ordinaire de tous les deux fexes, & il fait faire cela dans une falle: mais il n'y en a guère d'affez quarrées & affez fpacieufes pour ceci: il feroit fort à propos que cela fe fît plutôt dans une grande cour dont l'on auroit noirci le pavé en quelques endroits, en forme d'échiquier, ou bien l'on auroit étendu deffus une grande toile peinte de cette forte. Il faudroit que tout autour il y eût des terraffes ou des échafauds pour les fpectateurs, & deux tribunes aux deux côtés de l'échiquier pour monter les deux joueurs, afin que de-là ils viffent leurs perfonnages & leur commandaffent de marcher. Ils feroient vêtus de blanc d'un côté, & de rouge de l'autre; il y auroit un homme vêtu en roi; il y auroit une reine, deux chevaliers & deux fous à marotte, puifque les premiers inventeurs de ce jeu n'ont pas voulu que les

fous s'éloignaffent de la principauté), & ceux qui feroient les tours, auroient des tours en leur coiffure, ou b'en leur habit repréfenteroit cela comme aux perfonnages de balet, & quant aux points ce feroient de petits garçons, afin qu'ils offufquaffent moins le jeu. Les perfonnages marcheroient ici, au commandement de leur maître: & quand ils feroient pris, ils baiferoient les mains à leur vainqueur & fe retireroient du jeu, & celui des maîtres qui auroit perdu, feroit condamné, fi l'on vouloit, à quelque groffe amende. Or, prenant ainfi des perfonnes propres à chaque fujet, & les plaçant dans une cour, ce n'eft pas pour être le feul divertiffement d'une compagnie qui feroit toute employée à cela comme Rhinghier l'entend; mais de quantité de gens qui les pourront regarder. Je ne trouve point pourtant à redire que l'on le faffe ailleurs, fi l'on s'en veut donner la patience, & que de même l'on joue auffi aux Dames pouffées, ayant placé diverfes perfonnes dans une grande falle dont l'on aura rayé le plancher par grands quarreaux: quand les dames feront damées, pour fe faire mieux remarquer, on leur donnera quelques hauts bonnets.

ESCLAVE DÉPOUILLÉ. (l')

Jeu de fociété.

Voyez à l'article ATTRAPE. (*jeux d'*)

EUROPE. (*jeu de l'*) ou *la récréation européenne. — Jeu d'inftruction.*

C'eft le titre de ce jeu dont toutes les parties qui le compofent, repréfentent chacune un État, un pays, une province, ou une île de l'Europe. Les figures ou petites cartes qui l'accompagnent obfervent entre elles une divifion politique naturelle & phyfique de tous les objets qu'elles renferment, tels que les villes, fleuves, rivières, lacs, montagnes, &c. enfin les cartes offrent en petit, le terreftre de chacune des contrées qu'elles repréfentent.

Ce jeu eft une imitation de celui de l'oie. On joue avec deux dez, & 5 ou 6 perfonnes peuvent s'y amufer, prenant le cornet l'un après l'autre.

Il y a 61 une cases, dont chaque numéro indique au joueur ce qu'il y a à payer, & suivant le nombre de points qu'il amène, il voit s'il faut avancer ou rétrograder, ou s'il doit s'arrêter jusqu'à ce qu'un autre vienne le déplacer. On observera de nommer le nom des pays que l'on amenera, ainsi que les villes capitales qui sont marquées sur les cartes d'une couleur ou d'un signe différens des autres positions : faute de les nommer, le joueur doit payer une amende.

Si les points des dez conduisent juste au n° 61 qui renferme la description de la France, le joueur gagne & enlève tout ce qui est sur le jeu. Au reste, la marche & les règles de ce jeu sont, comme l'on vient de le dire, les mêmes que celles du jeu de l'oie. (*Voyez* la planche XIIIe du dictionnaire des Jeux.)

Voici comme le grand carton explicatif de ce jeu décrit les différens Etats de l'Europe. Nous rapportons cette explication, parce qu'elle peut amuser & instruire en même tems les jeunes personnes qui veulent rendre leur récréation utile & profitable.

N°. 1. ESPAGNE, royaume considérable d'Europe, fut habité d'abord par les Phéniciens, ensuite par les Carthaginois. Les Romains commencèrent à y porter la guerre, environ 260 ans avant J. C., & y demeurèrent 700 ans. Les Goths, les Vandales, les Sueves, les Visigots, les Alains s'en rendirent maîtres au commencement du cinquième siècle. Ils y dominèrent jusqu'au huitième siècle que les Maures ou Mahométans s'y introduisirent & chassèrent Roderic, dernier roi des Goths. Il se forma plusieurs Etats sur les débris du royaume des Maures, tels que ceux de Léon, Navarre, Arragon, Valence & Castille. Enfin, les forces divisées de ces différens royaumes se réunirent sous l'empire des rois Ferdinand & Isabelle qui domptèrent entièrement les Maures. La maison d'Autriche fut appellée au trône. Philippe II triompha des infidèles, & Philippe III les chassa de ses Etats, mais en 1700 une révolution nouvelle a transporté la couronne à un prince du sang de France & d'Autriche.

L'Espagne est bornée au nord par les monts Pyrénées, au sud & à l'est par la mer Méditerranée, & à l'ouest par le Portugal. Sa longueur du nord au sud est d'environ 240 lieues

sur 200 de large. Ce royaume est arrosé par six fleuves considérables, l'Ebre, le Guadalquivir, la Guadiana, le Tage, le Douro & le Minho. Le roi a le surnom de Catholique. Il y a 8 archevêchés, 44 évêchés, 5 universités. Madrid en est la capitale.

2. L'ANCIENNE CASTILLE, province d'Espagne, avec titre de royaume de Burgos, qui fut érigée en archevêché en 1571 par le pape Grégoire XIII, sous le règne de Philippe II.

Cette ville est située sur la pente d'une montagne & sur la petite rivière d'Arlançon. Il ne faut pas confondre l'ancienne Castille avec la Castille neuve ou le royaume de Tolède. Madrid en est la capitale.

3. L'ARRAGON est un royaume enclavé dans celui d'Espagne. Saragosse, située sur la rive gauche de l'Ebre, avec un archevéché & une université en est la capitale; les Espagnols & les François furent défaits auprès de cette ville en 1710.

4. NAVARRE, royaume d'Europe entre la France & l'Espagne. On le divise en haute & basse Navarre. La haute appartient à l'Espagne; elle est bornée par les Pyrénées. Pampelune, évêché, en est la capitale.

5. PORTUGAL, le plus occidental des royaumes d'Europe, est situé entre la Galice au nord, le Léon, les deux Castilles & l'Andalousie à l'est, & l'Océan Atlantique à l'ouest. Sa longueur du nord au sud est d'environ 110 lieues; sa largeur est de 25 à 30, & en quelques endroits 50. Ce royaume fut d'abord habité par divers peuples inconnus, puis par les Carthaginois & les Phéniciens, sur qui les Romains le conquirent au cinquième siècle. Il fut le partage des Sueves & des Vandales, qui furent ensuite chassés par les rois Goths d'Espagne l'an 589. Mais les Maures d'Afrique s'étant rendus maîtres de la plus grande partie de l'Espagne au commencement du huitième siècle, ils pénétrèrent jusques dans la Lusitanie faisant partie du royaume. Ils y établirent des gouverneurs qui se firent rois. Ensuite Alphonse VI, roi de Castille, y porta ses armes & s'en assura la conquête en le donnant en 1069 en titre de comté à Henri, prince du sang de Bourgogne, & par conséquent du sang des rois de France, & le mariant avec Thérèse sa fille naturelle. Il gagna sur les Maures dix sept batailles. Alphonse, fils de

Henri de Bourgogne leur succéda dans le même comté. Ses conquêtes sur les Maures l'engagèrent à prendre en 1139, le titre de roi de Portugal, dignité que le pape Alexandre III reconnut. Ses successeurs en ont joui jusqu'en 1580, que le cardinal Henri étant mort, Philippe II, roi d'Espagne, fit valoir ses prétentions à la couronne, & s'en rendit maître après une guerre de trois années : mais en 1640 il se fit une révolution générale en faveur de Jean, duc de Bragance, tige des anciens rois, & qui, recevant la couronne, prit le nom de Jean IV ; sa postérité y règne heureusement aujourd'hui. La seule religion catholique est soufferte. Il y a trois archevêchés & dix évêchés. Lisbonne en est la capitale. Elle est située sur sept montagnes & sur les bords du Tage. Il y a un port d'environ 5 lieues de long, est me le meilleur & le plus célèbre de l'Europe. En 1757 un tremblement de terre a renversé une partie de la ville ; mais elle est réparée, excepté les grands édifices. Lisbonne est distante de Paris de 350 lieues.

6 & 7. HOLLANDE ou *Provinces - Unies*, continent d'Europe, composé de dix-sept provinces, entre l'Allemagne, la France & la mer du Nord. Huit de ces provinces ayant secoué la domination espagnole formèrent une république puissante. On appelle les autres provinces Pays-Bas Catholiques. Amsterdam, très-célèbre ville & l'une des plus florissantes de l'univers, située au confluent des rivières d'Amstel & de l'Y, avec un port des plus grands & des meilleurs de l'Europe, en est la capitale. Elle étoit autrefois impériale, à présent sujette aux Etats. La tolérance publique de toutes sortes de religions y est soufferte ; cependant il n'y a que la religion dominante, qui est la protestante, qui puisse avoir l'usage des cloches. Elle est distante de Paris de 95 lieues.

Ajoutons qu'en 1795, ou l'an 3 de la république françoise, le stathouder de la maison d'Orange qui étoit le dominateur de la Hollande, en a été dépossédé par les François qui ont rendu aux Etats leur liberté, & leur gouvernement républicain.

On peut regarder ce pays comme la clef du commerce de l'Europe.

N. B. Le joueur arrivé au point 6 doit donner à Amsterdam un jetton pour prix de son commerce, & se placer au n°. 7.

8. SUISSE, grand pays d'Europe, borné par le Tyrol, la Franche Comté, le Sundgaw, la Forêt Noire, une partie de la Souabe, la Savoye, le Milanais, les provinces de Bergame & de Bresse. Il a environ 90 lieues de long sur 33 dans sa plus grande largeur.

La Suisse est divisée en treize cantons, sans compter leurs alliés. Sept de ces cantons sont catholiques ; savoir, Lucerne, Uri, Schwitz, Underwald, Zug, Fribourg & Soleure. Les six autres, Zurich, Berne, Bâle, Schaffhouse, protestans ; Glaris & Appenzel où la religion est mêlée. Tous ces cantons sont autant de republiques. Ils secouèrent le joug de la maison d'Autriche le premier de janvier 1308. C'est dans ce grand pays où les fleuves du Rhône & du Rhin & du Danube prennent leurs sources.

9. SAVOYE, duché souverain d'Europe entre la France & l'Italie, borné au nord par le lac de Génève qui le sépare de la Suisse, à l'est par les Alpes qui le séparent du Piémont & du Valais, à l'ouest par le Rhône qui le sépare du Bugey & de la Bresse, au sud par le Dauphiné & une partie du Piémont. Il a environ 33 lieues de long sur 27 de large. Chambéry où est le parlement de Savoye en est la capitale. Sa distance de Paris est de 90 lieues.

La Savoye a été conquise par les François qui l'ont réunie à leur république, sous le nom du département du Mont Blanc.

10. ITALIE, grande presqu'île d'Europe, bornée au septentrion par la Suisse & l'Allemagne, à l'est par la Turquie en Europe, dont elle est séparée par le golphe de Venise, au midi par la mer Méditerranée, à l'ouest par les Alpes qui la séparent de la France & de la Savoye. Ses principales rivières sont le Pô, l'Adde, l'Adige, l'Arno & le Tibre. Ses montagnes sont les Alpes & l'Appennin. Les Alpes la séparent de la France, de la Suisse & de l'Allemagne ; l'Appennin la traverse d'occident en orient : il y a aussi deux fameux volcans, le Gibel ou Etna dans la Sicile, & le Vésuve ou Soma près de Naples.

L'Italie est possédée par plusieurs souverains dont les principaux sont le pape, le roi des deux Siciles, la maison d'Autriche, la république de Venise, & le roi de Sardaigne. Le grand-duc de Tofcane & la république de Gênes viennent enfuite. C'eft le pays de l'Europe qui a été fujet à plus de révolutions. Sans parler ici des Œnotriens, Aufoniens, Troyens & Romains, on fait que dans la décadence de l'empire Romain, les Hérules, les Goths ou Oftrogoths, & les Lombards s'en rendirent maîtres fucceffivement. Les Sarrafins en occupèrent une partie; les ducs de Spolete & de Benevent y firent beaucoup de ravages, auffi bien que les marquis de Tofcane. Charlemagne détruifit le royaume des Lombards, & forma un nouveau royaume d'Italie dont fa maifon a joui: les empereurs d'Allemagne le poffédèrent long-tems; mais ce ne fut pas fans troubles. Enfin, il s'y forma un grand nombre d'Etats particuliers dont quelques-uns fubfiftent encore à préfent. La religion catholique y eft exactement obfervée. L'Italie eft le pays d'Europe où il y a le plus d'évéchés, on y en compte environ 285 & 40 archevéchés. Rome, le fiége du fouverain pontife en eft la capitale. Elle eft fituée fur le Tibre. On y voit une infinité de précieux reftes de fon ancienne fplendeur; tels font les bains, les obélifques, les amphithéâtres, les cirques, les colonnes, les maufolées, les arcs de triomphe, & un grand nombre d'églifes & de palais magnifiques; entr'autres la fuperbe églife de S. Pierre; le Vatican où logent les papes, & la fameufe bibliothèque, & quantité de beaux édifices. Elle eft diftante de Paris de 277 lieues.

N. B. Le joueur reftera un tour fans jouer en Italie, pour examiner fes merveilles.

11. PIÉMONT, contrée d'Italie avec titre de principauté. Ce pays appartient au roi de Sardaigne. Turin, archevéché, en eft la capitale. Elle eft fituée au confluent de la Dorine-Riparia avec le Pô. Sa diftance de Paris eft de 160 lieues.

12. ÉTAT DE GÊNES. République d'Italie qui comprend la côte de Gênes; & l'île de Capraja, eft gouvernée par un corps de fénateurs qui ont titre d'excellences. Ils ont à leur tête un doge, élu du corps des fénateurs, & qui gouverne deux ans. Gênes, archevéché, avec un bon port fur la mer Méditerranée, en eft

la capitale. Sa diftance de Paris eft de 182 lieues.

13. DUCHÉ DE PARME, province d'Italie. Il appartient à un prince de la maifon d'Efpagne. Parme, évéché fuffragant de Bologne, en eft la capitale. Elle eft fituée fur la rivière de Parme.

14. DUCHÉ DE MODÈNE *ou le* MODENOIS, petit Etat d'Italie. Modéne, évéché, en eft la capitale. Les François la prirent & l'évacuèrent en 1707. Le roi de Sardaigne la prit en 1742. Ce duché relève de l'empereur, & appartient à un duc d'une branche particulière de la maifon d'Eft, l'une des plus anciennes de l'Italie. Il en paye 4000 écus d'hommage.

N. B. Le joueur, arrivé à ce nombre, doit payer 4 jettons pour hommage.

15. DUCHÉ DE MANTOUE, pays d'Italie le long du fleuve du Pô. Mantoue, évéché fuffragant du pape, en eft la capitale. Ce duché relève de l'empereur.

N. B. Le joueur ira de ce n°. à 23 où eft l'ALLEMAGNE.

16. *Domaine de Venife*, ou RÉPUBLIQUE DE VENISE, comprend quatorze provinces. Toute l'autorité de la république eft partagée entre le fénat, compofé de 120 fénateurs qui font tous des nobles de la première claffe, & le grand confeil où affiftent tous les nobles qui ont pris la vefte & qui ont 25 ans. Le doge quoique regardé comme prince de la république, a peu d'autorité. Venife, patriarchat, une des plus belles villes d'Italie fur le golphe du même nom, en eft la capitale, & eft diftante de Rome de 90 lieues.

17. ÉTAT DE L'ÉGLISE, pays d'Italie que le pape poffède en fouverain, qui en eft feigneur temporel; il eft un des plus puiffans monarques de l'Univers, puifqu'il jouit de plus de vingt millions de revenu, & que fon autorité s'étend conformément aux anciens canons fur le fpirituel de l'églife dont il eft le chef. Ce pays comprend cinq archevéchés qui ont fous eux un grand nombre d'évéchés. Rome en eft la capitale, ainfi que de toute l'Italie, & de l'empire de toute la chrétienté.

Le pape a perdu dans ces derniers tems beaucoup de fa double autorité temporelle & fpirituelle;

spirituelle ; & ses revenus sont prodigieusement
diminués depuis que la plupart des Etats de
l'Europe se sont affranchis des préjugés de la
superstition.

18. TOSCANE, État souverain d'Italie avec
titre de grand duché. Ce duché fut cédé au
duc de Lorraine en échange de la Lorraine
en 1736. Son second fils a été fait grand duc
de Toscane le 24 août 1765. Florence, archevéché, avec une célèbre académie, en est la
capitale. Elle est située sur l'Arno qui la partage en deux à l'est & au nord ; elle est distante de Rome de 50 lieues.

19. NAPLES, (*le royaume de*) grand pays
d'Italie. Il eut plusieurs maîtres. Charles,
de S. Louis, en fit la conquête. Il passa aux
Arragonois. Les François y rentrèrent en 1501 ;
ensuite il passa aux rois d'Espagne ; mais l'ar-
chiduc Charles, depuis Charles VI, empereur, s'en saisit en 1706. Il fut donné par le
traité de Vienne en 1736 à l'infant dom Carlos.
Ce royaume est tributaire du pape, & lui rend
tous les ans, la veille de S. Pierre, le tribut d'une
bourse de sept mille écus d'or & d'une haquenée
blanche. Naples, archevéché avec une université, en est la capitale.

N. B. Le joueur arrivé à Naples payera sept
jettons pour tribut.

20. SICILE, la plus grande île de la Méditerranée avec titre de royaume, est un des
pays le plus fort par sa situation & le plus
propre au commerce. Après bien des révolutions, Charles, frère de S. Louis en fit la
conquête ; mais en 1282, Pierre III, roi
d'Arragon, s'en empara en faisant massacrer
tous les François le jour de Pâques, au premier
coup de vêpres ; ce qui fit donner à ce mas-
sacre le nom de *Vêpres Siciliennes.* Elle passa
à l'infant dom Carlos en 1736 ; elle est gouvernée par un vice-roi. Messine & Palerme,
archevéchés, se disputent le rang de capitale.
C'est dans cette île où est le fameux volcan,
connu sous le nom de mont Gibel ou Etna.

N. B. Ici le joueur doit payer deux jettons,
& aller se placer au n° 3 où est le royaume
d'Arragon.

21. SARDAIGNE, île de la mer Méditerranée au sud de l'île de Corse. Elle a environ
80 lieues de long sur 45 de large. Le duc de

Savoie, à qui elle appartient à titre de
royaume, en tire très-peu de choses ; elle lui
fut cédée en 1720 par l'empereur en échange
de la Sicile. Cagliari, archevéché, & où le
vice roi fait sa résidence, en est la capitale.

22. CORSE, île considérable d'Italie dans la
mer Méditerranée, éloignée d'environ 25 lieues
de Gênes. L'air y est mauvais & le terrain peu
pierreux & fertile. On en tire du fer & de l'huile.
Adimar, amiral des Génois, la prit sur les
Sarrasins, & la soumit à la république de
Gênes en 1730. Les habitans se révoltèrent ;
& cette révolte dureroit encore aujourd'hui,
si les François n'en eussent fait la conquête
en 1769. Depuis, cette île a été livrée par
trahison aux Anglois qui l'ont évacuée. Bastia,
avec une citadelle & un assez bon port, en est la
capitale.

N. B. Le joueur ayant abordé la Corse
recevra un jetton par droit de conquête.

23. ALLEMAGNE, autrefois *Germanie*, est
un grand pays, situé au milieu de l'Europe
avec titre d'empire ; il a environ 240 lieues
de la mer Baltique aux Alpes, & 200 depuis
le Rhin jusqu'à la Hongrie ; il est arrosé par
le Danube, le plus grand fleuve de l'Europe,
le Volga, le Rhin, l'Elbe, le Weser, la
Save, la Drave, le Mein, le Necker, la
Moselle & même la Meuse ; à l'égard de son
gouvernement, on peut dire qu'il est monarchique & aristo-démocratique tout ensemble.
Le monarchique paroît en la personne de l'empereur qui est le chef de ce grand corps. Son
aristocratie se voit dans les princes de l'empire,
& sa démocratie est marquée par les villes
impériales ou immédiates. L'empereur Maximilien I, l'an 1500 le divisa en dix cercles,
qui sont la Franconie, la Bavière, la Souabe,
le Haut-Rhin, la Westphalie & la Basse Saxe ;
en 1512, il y ajouta ceux d'Autriche, de
Bourgogne, du Bas-Rhin & de Haute-Saxe.
Charles Quint, son petit-fils, confirma cette
division dans la diète de Nuremberg en 1522,
& depuis ce tems elle a été en usage. Voici
comme on a coutume de les compter aujour-
d'hui, Autriche, Bavière, Souabe, Franconie, Haute-Saxe, Basse-Saxe, Westphalie,
Bas-Rhin, Haut-Rhin & Bourgogne. Ce
dernier est demeuré membre de l'empire,
quoique par le traité de Munster en 1648, les
États qu'il contient soient indépendans de

l'empire & ne soient pas sujets à ses charges. Tout se fait au nom de l'empereur ; mais son pouvoir est bien limité par celui des électeurs , celui des princes & celui des villes libres. Il y a en Allemagne deux religions autorisées par la diète d'Augsbourg en 1555 ; la catholique & la protestante. Cette dernière comprend la luthérienne & la prétendue réformée. Vienne , archevêché avec une université, en est la capitale.

N. B. Le joueur arrivé à ce n° 23 , lira aux autres joueurs cet article de l'Allemagne.

24. PALATINAT DU RHIN *ou* L'ÉLECTORAT, comprend le Chraichgow , les bailliages de Boxberg , Lentzberg , Neustad , Germersheim , Lautern , Altzey , Oppenheim , Creutznach , Simmern & Kirchberg. Le Rhin & le Necker en rendent la situation avantageuse. Heidelberg en est la capitale.

25. FRANCONIE , cercle ou contrée d'Allemagne , borné par la Bohême, le Haut & Bas-Palatinat , l'archevéché de Mayence , la Bavière , la Souabe , la Misnie & la Turinge. Elle est située au centre de l'Allemagne , & forme à-peu près un cercle dont le diamètre a environ 60 lieues. Dans les premiers tems il fut habité par les Francs ou premiers François , tant sous la première que sous la seconde race des rois de France ; il faisoit partie de ce qu'on appelle France orientale , *Francia orientalis.* Nuremberg , ville impériale , en est la capitale.

Cette ville est la dépositaire des ornemens qui servent au sacre des empereurs , qui consistent en la couronne, le sceptre , le globe, l'épée & la dalmatique de Charlemagne.

26. SOUABE , grand pays & cercle d'Allemagne de 72 lieues de long sur 66 de large ; il comprend le duché de Wirtemberg , le margraviat de Baden , la principauté de Hohenzolern , la principauté d'Ettingen , la principauté de Mindelheim , l'évéché d'Augsbourg , l'évéché de Constance & de Coire , plusieurs comtés , abbayes & villes libres d'Augsbourg , évéché suffragant de Mayence, qui en est la capitale. Elle est située entre la Werdach & la Lech.

27. TIROL , pays ou contrée d'Allemagne qui fait partie des États héréditaires de la maison d'Autriche ; c'est un démembrement de la Bavière qui a passé à la maison d'Autriche en 1366. Il a environ 60 lieues de long sur 46 de large. Inspruck-sur-l'Inn en est la capitale.

28. BAVIÈRE , État considérable d'Allemagne avec titre de duché. Ce duché a la dignité électorale depuis le 5 mars 1623. L'électeur de Bavière jouit de 13 millions de revenu. Munich , située sur l'Iser , en est la capitale & la résidence ordinaire des électeurs. Elle est distante de Paris de 165 lieues.

29. BOHÊME , royaume d'Europe , comprenant non-seulement le royaume de Bohême, mais aussi le duché de Silésie ; le marquisat de Moravie & celui de Lusace qui lui ont été unis , & qui en font les dépendances ; les trois premières parties appartiennent presqu'entièrement à l'empereur comme roi de Bohême ; la quatrième partie lui rend seulement hommage depuis l'an 1620 , que l'empereur Ferdinand II l'engagea à Jean Georges I , électeur de Saxe , à condition de la tenir en fief perpétuel de la couronne de Bohême ; cependant depuis peu de tems le roi de Prusse s'est emparé de presque toute la Silésie. La Bohême contient 92 lieues de l'ouest à l'est , & 75 du nord au sud. Ses rivières les plus considérables sont l'Elbe , l'Oder , la Vistule & la Morave, qui y prennent leurs sources. Le royaume de Bohême étoit autrefois électif , mais aujourd'hui il est héréditaire en la maison d'Autriche depuis la paix de Westphalie en 1648. Prague , archevéché avec une fameuse université & deux bons châteaux , en est la capitale.

30. AUTRICHE , cercle & pays d'Allemagne , comprenant l'archiduché d'Autriche, les duchés de Stirie , de Carinthie & de Carniole ; on y joint le comté de Tirol & la Souabe autrichienne , quoique séparée de ces premières provinces. L'archiduché d'Autriche fut érigé par l'empereur Maximilien I en 1495. La rivière d'Ens qui tombe dans le Danube la divise en haute & basse. Vienne est la capitale de la basse , & Lintz la capitale de la haute.

31. BAS RHIN , cercle d'Allemagne , comprenant les électorats & archevéchés d Mayence , de Trèves & de Cologne , & l partie du Palatinat qui est à l'électeur Palatin

dont Heidelberg sur le Necker est la capitale. (*Voyez* le n° 24.)

32. WESTPHALIE, l'un des cercles de l'empire d'environ 140 lieues de long sur 100 de large. On la divise en province de Westphalie & en duché de Westphalie. Le duché appartient à l'électeur de Cologne. La province comprend plusieurs principautés & comtés ; l'évêque de Munster & les ducs de Juliers & de Clèves sont directeurs du cercle.

33. LA HESSE, pays d'Allemagne avec titre de landgraviat dans le cercle du Haut-Rhin. Il se divise en haute & basse Hesse. La maison souveraine de ce pays est partagée en quatre branches dont chacune prend la qualité de landgrave ; deux principautés, Hesse-Cassel, calviniste, & Hesse-Darmstad, luthérienne ; & deux autres qui sont des branches de la seconde Hesse Rinfels, catholique, & Hesse-Hombourg, calviniste. Ces quatre landg. avec prennent leurs noms des quatre villes principales qui s'y trouvent. La haute Hesse a pour capitale Marpourg, & la basse a Cassel.

34. HAUTE SAXE, faisant partie d'un grand pays d'Allemagne qu'on appelle *Saxe* ; on le divise en trois branches : le duché de Saxe, & les cercles de la haute & basse Saxe. Le cercle de la haute Saxe comprend un grand nombre de souverainetés. Il est borné par la Prusse, une partie de la Pologne & la Silésie ; par la Bavière, la Bohême, la Franconie, le haut Rhin, la basse Saxe, par la mer Baltique & une partie de la basse Saxe ; l'électeur de Saxe en est le directeur.

35. BASSE SAXE. Le cercle de la basse Saxe contient aussi un grand nombre de souverainetés. Il est borné par la mer Baltique & le duché de Sleswick, par la mer d'Allemagne, le cercle de Westphalie, le cercle du haut Rhin, & le cercle de la haute Saxe. Les ducs de Magdebourg, de Brême & de Brunswich Lunebourg en sont les directeurs. Magdebourg, autrefois archevéché, fondé par l'empereur Othon I, mais qui a été sécularisé par le traité de Westphalie, & cédé au roi de Prusse, en est la capitale ; elle est située sur la rive gauche de l'Elbe, & est distante de Vienne de 122 lieues.

36. BRANDEBOURG, électorat ou Marche de Brandebourg, grand pays d'Allemagne. On le divise en cinq parties principales, qui sont la vieille Marche, la Preignitz, la moyenne Marche, l'Okermark & la nouvelle Marche. Berlin en est la capitale, & la résidence du roi de Prusse. Les Autrichiens la mirent à contribution en 1757, & les Russes en 1760.

N. B. Le joueur tombé sur ce nombre doit payer une contribution de deux jettons.

37. POMÉRANIE, province d'Allemagne avec titre de duché, au cercle de la haute Saxe. L'Oder la divise en deux parties dont l'une qui est à l'est de ce fleuve est appelée ultérieure, & l'autre qui est à l'ouest est appellée citérieure. Stetin en est la capitale.

38. DANEMARCK, royaume d'Europe, borné par la mer Baltique & l'Océan. Il se divise en Etat de terre ferme & en Etat de mer. Comme il est le plus ancien des royaumes du nord, le roi a la préséance sur celui de Suède ; le pays est riche, peuplé, commerçant & fertile. Les habitans sont braves, & professent la religion luthérienne ; le roi est héréditaire & absolu. Un de ses plus forts revenus est le péage du fund qui communique aux deux mers Océane & Baltique. Copenhague grande, belle & forte ville avec une célèbre université, fondée en 1479 par Christian I, en est la capitale ; elle est distante de Paris de 225 lieues. Le roi de Dannemarck possède encore la Norwège & l'Islande.

N. B. Le joueur payera sous ce numéro deux jettons pour le passage du Sund.

39. HOLSTEIN, pays d'Allemagne avec titre de duché entre la mer Baltique & la mer du Nord à l'est de Sleswick au nord, le Lavenbourg, le Meckelbourg & l'Elbe au sud ; il est possédé principalement par le roi de Danemarck & par le duc de Holstein ; il a 32 lieues de large sur 48 de long, & fait partie de l'empire d'Allemagne. Kiel avec un château & une université, fondée en 1665, en est la capitale.

40. NORWÈGE, royaume d'Europe dans la Scandinavie entre la Suède & la mer du Nord ; il a environ 400 lieues de côtes, & 75 de large. Il a eu ses rois particuliers jusqu'en 1387 qu'il fut incorporé au Danemarck ; il y a un vice-roi qui a un pouvoir

absolu, & qui réside à Berghen. La Norwège propre comprend quatre gouvernemens généraux d'Aggerhus, Berghenus, Drontheimus & Wardhus; Berghen, évêché luthérien avec un château très-fort & un port très profond, en est la capitale.

41. ISLANDE, grande île du nord de l'Europe d'environ 160 lieues de long sur 60 de large. Le mont Heckla est le plus célèbre des volcans qui jette des flammes & quelquefois des torrens qui brûlent & consument tout ce qu'ils touchent. Les rois de Danemarck font gouverner cette île par un vice-roi. On dit que beaucoup d'Islandois vivent au-delà de cent ans sans se servir de médecins ni de médicamens. Il n'y a dans l'Islande aucun grand chemin, ni d'autres villes ou villages que Holle & Schallolt, évêché luthérien.

42. SUÉDE, grand royaume au nord de l'Europe; il est borné par la Laponie Danoise, l'Océan, la mer Baltique, le golphe de Finlande, la Moscovie, la Norwège, le Sund & le Categát. Il a environ 350 lieues du sud au nord, & 140 de l'est à l'ouest. Le pouvoir du roi de Suéde est borné par un sénat & par les Etats qu'on assemble souvent. Stockholm, capitale de ce royaume, est distante de Paris de 305 lieues.

43. POLOGNE, grand royaume d'Europe; on le divise en trois grandes parties, qui sont la grande Pologne, la petite Pologne, & le grand duché de Lithuanie. Chaque partie se divise en plusieurs palatinats ou provinces. Le gouvernement de Pologne est monarchique & aristocatique; c'est la noblesse qui élit le roi dont elle limite fort le pouvoir; elle a tant d'autorité qu'il n'y a pas de seigneur qui n'ait droit de vie ou de mort sur ses paysans. Cracovie, grande & célèbre ville avec un évêché, en est la capitale. Elle est distante de Paris de 300 lieues.

La Pologne a bien changé de face & de gouvernement dans ces derniers tems, & depuis la conquête & le partage que la Prusse, la Russie & l'empire ont fait entre eux de ses plus belles provinces.

44. LITHUANIE, grand pays d'Europe avec titre de grand duché. Il fait partie de la Pologne; il a environ 150 lieues de long sur

100 de large. On le divise en huit palatinats de Troki, de Minski, de Novogrodeck, de Beescie, de Wilna, de Mislaw, de Witepsk, de Poloczk. La Lithuanie est à présent une des conquêtes de l'impératrice de Russie.

45. PRUSSE, grand Etat d'Europe. On divise ce pays en Prusse royale ou Polonoise, & en Prusse ducale, ou royaume de Prusse. Cette partie fut érigée en royaume héréditaire par l'empereur Léopold en 1701 en faveur de Frédéric III, margrave de Brandebourg. La Prusse Polonoise comprend le terrain de Marienbourg, celui de Culm, le Wermland & la Pomérelie.

46. CURLANDE, petit pays avec titre de duché dans la Livonie, dont les ducs sont indépendans & vassaux de la Pologne. Les Czars de Moscovie, comme maîtres de la Livonie dont la Curlande fait partie, influent beaucoup sur la confirmation des ducs. Mittaw en est la capitale. La domination de la Russie dans le nord s'est étendue aussi sur ce duché.

47. UKRAINE, grande contrée d'Europe. Les Polonois l'appelloient autrefois une terre de lait & de miel; presque tout y vient sans culture; mais les guerres l'ont entièrement ruinée & l'ont rendue presque déserte. Les peuples qui l'habitent sont appellés Cosaques. Ce beau pays a été comme absorbé par la Russie.

48. MOSCOVIE *ou* RUSSIE, grand empire, partie en Europe, & partie en Asie. Celle d'Europe se divise en dix grands gouvernemens dont chaque renferme plusieurs provinces & principautés. Moscow grande, riche & très-considérable ville, avec un patriarche, étoit autrefois la capitale; mais depuis que Pierre-le-Grand, Czar de Moscovie, fit bâtir Saint-Pétersbourg, il en fit la capitale de son empire: elle est la résidence ordinaire des Czars. Sa distance de Paris est de 500 lieues.

49. TURQUIE, grand empire qui s'étend en Europe, en Asie & en Afrique. La Turquie d'Europe septentrionale, la Valachie, la Moldavie, la Bessarabie, la Croatie, la Bosnie, la Dalmatie, la Servie, la Bulgarie & la Romanie; la Méridionale qui comprend l'an-

cienne Grece contient fept grandes parties, qui font l'Albanie, l'Epire, la Macédoine, la Janna, la Livadie, la Morée, & les îles de l'Archipel. Conftantinople, l'une des plus grandes & des plus célèbres villes de l'Europe, en eft la capitale. Elle eft diftante de Paris de 500 lieues.

50. HONGRIE, royaume d'Europe d'environ 140 lieues de long, & 100 de large. Il fe divife en deux parties, haute & baffe. Presbourg fur la rive gauche du Danube eft la capitale de la haute, & Bude fur le Danube eft la capitale de la baffe. C'eft la maifon d'Autriche ou l'empereur qui eft en poffeffion du royaume de Hongrie.

51. GRECE, pays célèbre & confidérable d'Europe, à préfent fujet aux Turcs. Il fait partie de la Turquie d'Europe. La Grece n'eft plus fi peuplée qu'elle étoit autrefois. Elle eft habitée par des Mahométans & des Chrétiens.

52. TRANSILVANIE, province d'Europe annexée à la Hongrie. Elle a eu long-tems fes princes particuliers, mais à préfent elle eft réunie à la Hongrie, & gouvernée par un vice-roi. Hermanftad, évéché, en eft la capitale.

53. VALACHIE, province d'Europe d'environ 90 lieues de long fur 50 de large. La plus grande partie de cette province appartient aux Turcs, & eft gouvernée par un hofpodar qui lui paye tribut; le refte appartient à la maifon d'Autriche.

N. B. Le joueur, en Valachie, doit payer un jetton pour tribut.

54. MOLDAVIE, contrée d'Europe, arrofée par le Pruth, la Molda & la Bardalach. C'eft une principauté tributaire du Turc. Jaffy fur le Pruth en eft la capitale & la réfidence du hofpodar.

N. B. On doit payer ici deux jettons.

55. PETITE TARTARIE ou la TARTARIE PRÉCOPITE eft une province d'Europe, tributaire du Turc. La Crimée en fait partie.

56. GOLPHE DE VENISE, nommé par les Grecs mer Adriatique. La province de Dal-

matie qu'il borde fe divife en trois parties dont la première appartient aux Vénitiens, la feconde aux Raguliens, & la troifième aux Turcs. Spalatro eft la capitale de la première; Ragufe de la feconde; Herze-Cowina de la troifième.

57. ISLE DE CANDIE, île confidérable d'Europe dans la mer Méditerranée, autrefois nommée île de Crete; elle eft fujette aux Turcs qui la prirent aux Vénitiens le 16 feptembre 1669. Candie, ville forte avec un archevéché, en eft la capitale.

58. ANGLETERRE, royaume confidérable de l'Europe d'environ 100 lieues dans fa plus grande étendue, & 110 dans fa plus grande largeur, borné au nord par l'Ecoffe dont les rivières de Solvay & de Tiewed la féparent, entouré de mer de tous les autres côtés. Le gouvernement eft en partie monarchique & en partie républicain; le pouvoir du roi eft tempéré par celui du parlement. Londres, l'une des plus grandes, des plus riches, & des plus floriffantes du Monde, avec un évéché fuffragant de Cantorbery, en eft la capitale.

59. ECOSSE, royaume d'Europe qui occupe la partie feptentrionale de la Grande-Bretagne. Il a environ 80 lieues de long fur 55 de large. On le divife en 35 petites provinces, que l'on diftingue en méridionales & feptentrionales par rapport au fleuve du Tay qui les fépare. Édimbourg en eft la capitale. Ce royaume fait partie de la Grande Bretagne.

60. IRLANDE, l'une des îles Britanniques, bornée par la mer d'Irlande qui la fépare de l'Angleterre. Elle a environ 95 lieues de long fur 53 de large. Le gouvernement civil reffemble affez à celui d'Angleterre. Il y a un vice-roi appellé le lord lieutenant ou député d'Irlande, dont l'autorité eft d'une grande étendue; il y a eu fouvent des révolutions pour empêcher la religion catholique, que profeffe le plus grand nombre des Irlandois. Dublin, grande, riche & belle ville avec un archevéché & un parlement, en eft la capitale.

N. B. Le joueur ira au n° 10 où eft l'Italie, & reftera un tour fans jouer, à caufe des révolutions pour la religion catholique.

F

FERME.

FERME.
Jeu de société.

*V*OYEZ à l'article POULES. (*Jeux de*)

FRANCE. (*Tableau chronologique et histo-rique des principaux événemens arrivés en*)

Jeu instructif.

Ce jeu est double; le carton présentent à la fois le tableau chronologique des rois, & celui des événemens.

On joue avec deux dez ou un cochonnet, comme à l'oie.

Règles, 1°. Tous mettent chacun six jettons au jeu qu'on fait valoir ce qu'on veut.

2°. Celui qui arrive le premier aux der-nières cases, gagne ce qui est sur le jeu.

3°. Celui qui amène du premier coup 9, va à 1559 du jeu des rois, ou à 93 du jeu des événemens.

4°. Celui qui trouve en allant des jettons sur une case où il passe les prend, & non en revenant.

5°. Celui qui est rencontré par un autre laisse un jetton sur la case, & va à la place de l'autre.

6°. Les autres règles font marquées autour des cases. On met au jeu ou sous le chan-delier, ou fur le jeu, ou fur les cases.

Voici présentement les deux tableaux chro-nologiques & historiques.

1°. Des événemens ;

2°. De la succession des rois de France.

PREMIER TABLEAU.
Evénemens.

1. Les premiers François fortis de Fran-conie s'établissent le long du Haut-Rhin, & élifent Pharamond pour leur roi en 420.

2. Les François passèrent le Rhin fous Clodion, mais furent enfuite obligés de re-passer ce fleuve en 440.

3. Les François hors de la fujétion des Romains, remportent des victoires fur les Allemands, & quittent le nom de Gaulois en 450.

4. Christianisme ou baptême du roi Clovis. La Sainte-Ampoule envoyée du ciel pour le facre des rois en 502.

5. Deux victoires remportées par les Fran-çois fur les Vifigoths. Alaric leur roi fut tué à la première. La France étend ses limites au-delà de la Loire en 520.

6. La France est partagée en quatre royaumes par les fils de Clovis. Cruelle guerre qu'ils se font entre eux.

7. Ils s'accordent pour Amalaric, roi des Vifigoths, mari de leur fœur. Enfuite ils le tuèrent & pillèrent ses tréfors en 550.

8. Guerre des deux frères Chilpéric & Sige-bert. Leurs femmes malignes & fanguinaires fufcitent cette guerre. Frédégonde fait tuer Chilpéric en 584.

9. Victoire fur les Saxons par Clotaire. Lois écrites pour la police en 613. Il fait mourir la reine Brunehaut.

10. Dagobert chaffe les Juifs. Il fait bâtir S. Denis, & le fait couvrir d'argent en 636 ; il y est inhumé.

11. Autorité des maires du palais. Cruauté d'Ébroin pour foutenir fon crédit en 674.

12. Victoires des François par la valeur de Pepin, dit le Gros, ou Frisel, maire du palais de France en 687.

13. Les factions des deux maires Charles Martel & Rainfroy se font la guerre avec différens succès en 706.

14. Les François défont trois cents mille Sarrasins & tuent Abderame leur roi près de Poitiers. Ils étaient commandés par Charles Martel en 730.

15. Autre défaite des Sarrasins devant la ville de Sens, par le courage de l'évêque d'Eblis en 732.

16. Victoires des François en Lombardie, Guienne, Espagne, &c. sous les rois Pepin & Charlemagne en 770.

17. Institution des pairs de France. Origine des histoires fabuleuses. Université établie à Paris en 780.

18. Conquêtes des Gascons en Espagne contre les Sarrasins, où ils établirent Inigo dans le royaume de Navarre en 830.

19. Les François remettent plusieurs fois Louis le Débonnaire sur le trône d'où ils l'avoient fait descendre en 839.

20. Ravages des peuples venus du nord en Flandres, Bretagne & Neustrie en 850.

21. Établissement du royaume d'Arles en Provence, Dauphiné par Bozon en 876.

22. Établissement de la foire du Landi ou S. Denis, par l'empereur Charles le Chauve en 878.

23. Établissement de plusieurs souverains sur les provinces de France, par l'empereur Louis le Begue en 879.

24. Les Normands sont chassés de devant Paris par les rois Louis & Carloman en 884.

25. Le royaume de Bourgogne établi pour la seconde fois par Rodolphe en 890.

26. Robert s'étant fait déclarer roi fut vaincu & tué dans une bataille par Charles le Simple en 925.

27. La Neustrie cédée aux Normands qui se font chrétiens. Robert leur duc en 925.

28. Guerres de Louis d'Outremer contre Hugues-le-Grand & les Normands en 950.

29. La France ravagée par l'empereur Othon II, qui assiége Paris inutilement en 980.

30. Guerre de Hugues Capet contre Charles, duc de Lorraine, qui fut vaincu, & mourut en prison en 986.

31. Seconde suppression des maires du palais, princes ou ducs de France par Hugues Capet en 887.

32. Conquête de la Bourgogne par le roi Robert en 1001.

33. Guerre en Normandie pour faire reconnoître le duc Guillaume en 1047.

34. Hérésies de Berenger, archidiacre d'Angers, contre la présence réelle de J. C. en l'eucharistie en 1062.

35. Concile de Clermont pour la conquête de la Terre Sainte en 1099.

36. Guerres civiles de plusieurs seigneurs de France contre Louis le Gros. Première guerre contre les Anglois en 1100.

37. Différend du roi Louis VII avec le pape Innocent II, pour la nomination aux bénéfices en 1140.

38. Concile à Sens, où les erreurs d'Abelard furent condamnées en 1140.

39. Croisade des François pour la conquête de la Terre Sainte sous Louis le Jeune en 1147.

40. Progrès de l'université de Paris, par l'établissement des professeurs en 1170.

41. Les Juifs chassés de France pour leurs crimes & leur usure en 1182.

42. Guerre contre les Anglois. Conquête des villes de Tours, du Mans, & autres en 1185.

43. Conquêtes en Normandie sous Philippe Auguste en 1200.

44. Croisade des François qui font la conquête de Constantinople, & font mourir l'empereur Mursufle en 1210.

45. Les pauvres de Lyon hérétiques ? Guerre contre eux, où les Albigeois sont vaincus par Simon, comte de Montfort, à Muret, en 1211.

46. Bataille gagnée sur les Allemands & les Anglois qui avoient à leur tête Othon IV, par Philippe-Auguste, à Bouvines, en 1214.

47. Les provinces de Normandie, Poitou, Angers, le Maine réunies à la couronne par Philippe-Auguste en 1215.

48. Les Anglois chassés de France par Louis VIII. Victoire gagnée sur eux à Taillebourg par S. Louis en 1242.

49. Première expédition contre les Sarrasins, où le roi S. Louis fut pris à Massora en 1249.

50. Les François assiégent Tunis. A la seconde expédition, la peste se mit dans le camp où S. Louis mourut en 1270.

51. Perte de l'empire d'Orient par les François en 1250.

52. Défaite des Sarrasins près de Tunis par le roi Philippe-le-Hardi en 1270.

Vêpres Siciliennes en 1280.

53. Différends du pape Boniface VIII avec le roi Philippe-le-Bel en 1302.

54. Perte de la bataille de Courtray en 1302.

Gain de la bataille de Montcassel en 1304.

55. Abolition de l'ordre des Templiers, dont on fit mourir le grand maître par sentence des juges en 1312.

56. Le comté de Lyon cédé au roi Philippe-le-Bel, & réuni à la couronne en 1312.

57. Première levée des décimes sur le clergé de France, par le pape Jean XXII en 1324.

58. Victoire des François à Montcassel sous Philippe de Valois en 1328.

59. Perte d'un combat naval à l'Écluse contre les Anglois & les Flamands. Faction d'Artevel en 1340.

60. Donation du Dauphiné pour le fils aîné de France en 1349.

61. Prise du roi Jean devant Poitiers en 1356.

62. Factions du roi de Navarre, qui attire les Anglois pour troubler la France en 1360.

63. Les factions des Chaperons & celles de la Jacquerie. Perte de la bataille de Crecy en 1363.

64. Victoire sur les Anglois & les Navarrois, gagnée à Cocherel en 1366.

65. Henri de Castille mis deux fois sur le trône par les François en 1366.

66. Avantages des François sur les Anglois & les Bretons unis ensemble en 1370.

67. Charles VI défait les Flamands à Rosbec. Ligue des Chaperons blancs en 1382.

68. Factions d'Orléans & de Bourgogne. Les Maillotins. Usage des duels en 1400.

69. Perte de la bataille d'Azincourt contre les Anglois par Henri V, leur roi, en 1415.

70. Liaisons de la reine avec les Anglois & le duc de Bourgogne contre le dauphin son fils unique en 1418.

71. Le duc de Bourgogne tué à Montereau en présence du dauphin de France en 1419.

72. Henri V, roi d'Angleterre, est proclamé roi de France à Paris, & occupe les meilleures villes du royaume en 1420.

73. La ville d'Orléans délivrée du siége par la valeur des François, guidés par la Pucelle d'Orléans en 1429.

74. Faction de la Praguerie. Les Anglois vaincus & chassés de France par le roi Charles VII en 1451.

75. La pragmatique sanction ou réglement pour le clergé, suivant le concile de Bâle en 1452.

76. Guerre des princes, dite du bien public; institution de l'ordre de S. Michel par le roi Louis XI en 1460.

77. Victoire à Saint-Aubin. Conquête de la Bretagne. Conquêtes en Italie par Charles VIII en 1490.

78. Conquête du royaume de Naples. Victoire à Fornoue sur les troupes du pape, de celles de l'empire & des Vénitiens en 1495.

79. Conquêtes en Italie. Les Vénitiens battus à Agnadel. Victoire devant Ravenne en 1512.

80. Journée des Éperons & prise de Thérouenne par les Anglois en 1514.

81. La suppression de la pragmatique sanction & concordat du roi avec le pape pour la nomination des bénéfices en 1515.

82. Bataille de Marignan gagnée sur les Suisses. Prise du Milanais en 1515.

83. Tous les princes de l'Europe ligués contre la France, sont combattus par le courage du roi, François I, vers 1522.

84. Défaite

84. Défaite des François devant la ville de Pavie, & prise de François I en 1525.

85. Gain d'une bataille contre l'empereur Charles-Quint, à Cérifoles en Piémont, 1544.

86. Les François défendent la ville de Metz contre l'empereur Charles-Quint, qui est obligé de lever le siége en 1552.

87. Progrès des armes des François sur les Espagnols & les Anglois. Prise de Calais en 1558.

88. La France inondée par les Protestans qui se firent donner plusieurs villes en ôtage en 1560.

89. Conjuration d'Amboise par les Protestans. Assemblée des notables à Fontainebleau en 1560.

90. Colloque de Poissy en 1561. Bataille de Saint Denis contre les Protestans, où le connétable de Montmorency fut tué en 1564.

91. Bataille de Jarnac, & mort du prince de Condé en 1566. Bataille de Moncontour en 1569.

92. Journée de la Saint Barthelemi, où l'on fit main-basse sur les Protestans en 1572.

93. Ligue appellée Sainte, ou ligue des Politiques. Grands mouvemens dans le royaume en 1573.

94. Henri III, assassiné à Saint-Cloud. Henri IV fait la conquête de son royaume en 1589.

95. Édit de Nantes. Henri IV est assassiné à Paris en 1610. Guerre civile pour le gouvernement. Guerre contre les Protestans en 1622.

96. Prise de la Rochelle & de plusieurs autres villes sur les Protestans, par le roi Louis XIII en 1628.

97. Les François aident Jean IV, roi de Portugal, à se maintenir sur le trône en 1640.

98. Traité de paix à Munster avec l'empereur & l'Allemagne en 1648.

99. Paix des Pyrénées. Mariage de Louis XIV ; son faste & sa gloire en 1660.

100. Le roi d'Espagne établi & soutenu sur le trône contre les efforts de toute l'Europe en 1700.

101. Avénement du roi Louis XV à la *Jeux familiers.*

couronne, & différens traités pour l'affermissement de la paix en 1715.

102. Naissance du dauphin, fils de Louis XV en 1729.

IIᵉ TABLEAU.

Rois de France.

1. *Pharamond*, premier roi des François, sortis de la Franconie. Il est auteur de la loi salique ; a régné huit ans, 420.

2. *Clodion*, second roi, dit le Chevelu, étendit ses États au-delà du Rhin, où il ne put se maintenir en 426.

3. *Mérouée*, troisième roi, chef de la première race, défit Attila en 451, & mit les François hors de la sujétion des Romains ; il a régné dix ans, 449.

4. *Childéric*, quatrième roi, fut déposé en 450 pour ses vices. Gilon fut mis en sa place ; mais Childéric fut rappellé à la couronne, & règne avec sagesse vingt six ans.

5. *Clovis*, roi, prince ambitieux & cruel. Premier roi chrétien, a fait de grandes conquêtes sur les Romains qu'il défit ; a régné trente-deux ans en 485.

6. *Childebert I*, fils aîné de Clovis, eut pour partage le royaume de Paris. Il étoit avare & cruel ; il tua son beau-frère Amalaric, roi des Visigots ; a régné vingt-sept ans, 515.

7. *Clotaire I* ; il se vit seul possesseur des États de Clovis par la mort de ses frères ; il étoit vaillant, mais cruel ; il fit brûler son fils Chramne dans une chaumière. Il eut trois femmes, & il mourut pénitent ; a régné trois ans, 560.

8. *Caribert* n'est remarquable que par sa vie licencieuse. Il répudia sa femme Incoberge, & prit Méroflide, fille d'un ouvrier en laine ; a régné six ans, 565.

9. *Chilperic*. Son règne fut troublé par des guerres civiles, causées par la cruauté de Frédégonde. Il fit tuer Mérouée son fils, répudia Adouer, sa première femme, & se défit de Galsuinde, sa seconde femme, pour épouser Frédégonde, qui le fit tuer en 574.

10. *Clotaire II* présenté au camp par sa mère Frédégonde, âgé de quatre mois, est

falué, comme roi, par les foldats. Il fut vaillant, mais cruel envers fes femmes. Il vécut quarante - quatre ans; mort en 632. —588.

11. *Dagobert I*; il répudia fa femme pour époufer Nautilde, religieufe; puis il fit bâtir le monaftère de Saint-Denis qu'il enrichit des dépouilles des autres églifes. Il mourut en 638, régna dix ans; laiffa Sigebert & Clovis en 639.

12. *Clovis II* époufa Batilde, efclave d'Erchinoald, maire du palais; fon règne fut tranquille; il fit découvrir l'églife de Saint-Denis pour faire l'aumône aux pauvres en 668.

13. *Clotaire III*, fous la conduite de Sainte-Batilde fa mère & d'Erchinoald. En 665 Ebroin, maire, oblige Sainte-Batilde de fe retirer à Chelles qu'elle avoit fondée. Clotaire meurt en 668. —670.

14. *Childeric II*. Ce prince fit rafer Ebroin & Thierry, fon frère cadet, qu'il mit à Saint-Denis; ce qui donna de grandes efpérances de fon courage; mais fa cruauté le fit tuer & la reine fa femme Bilihilde en 673.

15. *Thierry I* fort du couvent de Saint-Denis pour fuccéder à Childeric fon frère; fon indolence donna lieu à Ebroin de prendre les armes pour fe maintenir en la qualité de maire. Ce prince n'eut rien de grand; mort en 691.

16. *Clovis III*, fils aîné de Thierry I, fut couronné par Pepin-le-Gros, maire du palais; il n'y eut rien de remarquable fous ce règne, qui finit au bout de cinq ans. Il meurt en 696.

17. *Childebert III*, fecond fils de Thierry, aima fort fon peuple & la juftice, mais il ne foutint pas la dignité de roi; toute l'autorité réfidoit dans Pepin. Il mourut en 711.

18. *Dagobert III* fuccéda à Childebert fon père. Ce prince ayant feulement fait la figure de roi pendant cinq années, meurt en 718. Il laiffa un fils, nommé Thierry de Chelles, —718.

19. *Chilpéric II*. La charge de maire du palais fe vit partagée en deux fous le règne de ce prince, qui ne fut que de cinq années. Il fut inftallé fur le trône par Charles Martel, & mourut fans enfans en 721.

20. *Thierry II*, dit de Chelles, parce qu'il y fut élevé, fils de Dagobert, fut inftallé par Charles Martel qui, en 732, défait les Sarrafins, & tue Abderame leur général. Il meurt en 738.

21. *Childerie III*, dit le Stupide, fut dégradé, fut tondu & mis dans un couvent. Le pape Zacharie abfout les François du ferment de fidélité. Fin de la première race des rois Mérovingiens en 754.

Deuxième race.

22. *Pepin-le-Bref* fe fait élire & couronner par Boniface. Il fupprima les maires, tua un lion, battit les Saxons, défit Aftolphe, roi des Lombards, & fubjugua l'Aquitaine. Il mourut d'hydropifie après avoir régné 17 ans en 752.

23. *Charlemagne*. Ce prince fut orné de toutes fortes de vertus; il fut le défenfeur de l'églife, la gloire des armes & des fciences. Il créa les pairs de France; il établit l'univerfité de Paris, 768.

24. *Louis I*, dit le Débonnaire. Le naturel facile de ce prince rendit fon autorité méprifable. Il fut dépofé, puis rétabli par les François; il partagea l'autorité royale avec fes enfans en 814.

25. *Charles II*, dit le Chauve, roi & empereur par la mort de fes frères, fit accord avec les Normands, & réprima les Bretons. Il fut empoifonné par Sedecias, juif, fon médecin, en 841.

26. *Louis II*, dit le Begue, fut doué d'une prudence & d'un courage fi relevé qu'il fut l'admiration de fon fiècle. Il ne régna que deux ans en 877.

27. *Louis III & Carloman*, fils illégitimes de Louis-le-Begue, fuccédèrent en qualité de régens du royaume, qu'ils partagèrent entre eux. Ces deux princes ne font comptés que pour un en 879.

28. *Charles - le - Gros*, empereur, fils de Louis-le-Germanique. Ce prince après s'être vu empereur des Romains, roi, régent de France, & roi de Lombardie, fut abandonné de tous, & fut mourir dans un village en 886.

29. *Eudes*. Après la mort de Charles-le-Gros, Eudes, fils de Robert, monta fur le

trône qu'il ufurpa, & fut dix ans après forcé de le remettre à Charles-le-Simple en 901.

30. *Charles III*, dit le Simple. Ce prince fut malheureux. Il tua Robert qui s'étoit fait facrer roi, mais perdit le combat. Il fut trahi, fait prifonnier, & mené à Péronne, où il mourut, 902.

31. *Raoul*, roi de Bourgogne, qui avoit ufurpé la couronne à Charles-le-Simple par l'infidélité de Hugues. Le grand-duc des François eut un règne de 12 ans, plein de traverfes. Il mourut à Auxerre le 15 janvier 936. — 923.

32. *Louis IV*, dit d'Outremer, emmené en Angleterre par fa mère, eft rappellé par les Etats de France après la mort de Raoul : mais il fut fi malheureux, qu'on le fit trois fois prifonnier. Il mourut d'une chûte de cheval, l'an 954. — 936.

33. *Lothaire*, fils de Louis d'Outremer, fit la guerre en Lorraine contre l'empereur Othon II qu'il repouffa vaillamment, & le chaffa de devant Paris; il régna 31 ans, 955.

34. *Louis V*, dit le Fainéant, le dernier de fa race; mourut âgé de 20 ans. Il ne régna qu'un an fans enfans, fans amis, & fans avoir rien fait digne de mémoire. — Il finit la race de Charlemagne en 987.

Troifième race.

35. *Hugues Capet*, maire du palais, chef de la troifième race, élu roi de France par les Etats du royaume, à l'exclufion de Charles de Lorraine, oncle paternel de Louis V. Ce prince fupprima la qualité de maire du palais, établit les maréchaux, ordonna que le titre de roi ne feroit donné qu'à l'aîné, que les frères auroient un apanage. Il mourut l'an 997; a régné 10 ans. — 987.

36. *Robert I*, fils de Hugues Capet, prince fage, pieux, réfolu, favant, contint les grands dans leurs devoirs. Il régna 34 ans; mourut en 1031. — 1997.

37. *Henri I*, fils de Robert, vainquit trois fois Baudoin, comte de Flandres, & Eudes, comte de Champagne, que fa mère animoit contre lui. Il mourut en paix en 1060. — 1031.

38. *Philippe I du nom*, fous la tutelle de Baudoin, comte de Flandres, devint avare, voluptueux & fans foi. Il fut deux fois excommunié, puis abfous. Il mourut en 1108. — 1060.

39. *Louis VI*, dit le Gros, prince pieux, généreux & vaillant, réprima les grands qui vouloient troubler fon royaume, battit les Anglois. Louis vécut 60 ans & en régna 29. Il mourut en 1137, regretté de tous. Il laiffa cinq fils & une fille, 1108.

40. *Louis VII*, dit le Jeune. Il brûla 1300 perfonnes dans l'églife de Vitry le Brûlé; & pour pénitence fit la croifade en 1148. Il répudia fa femme Éleonore, qui fe maria à Henri II, roi d'Angleterre. Il mourut en 1180; a régné 43 ans. — 1137.

41. *Philippe II*, Augufte, chaffa les comédiens, les juifs & les cabaretiers. Il établit le prévôt des marchands; acheva l'églife de Notre-Dame, ferma Paris & Vincennes de murs. Il meurt en 1223. — 1180.

42. *Louis VIII*, dit le Lion, prend plufieurs places aux Anglois en 1226; bat les Albigeois, & réunit le Languedoc à la couronne. Il mourut après trois ans de règne en 1226. — 1223.

43. *Louis IX*. Il foumit plufieurs feigneurs rebelles en 1248; va en croifade en Egypte. Il eft rançonné & revient. Il fonde les Quinze-Vingts en 1270; il retourne en croifade, & meurt de la pefte à Tunis, âgé de 56 ans; régna 44 ans. — 1227.

44. *Philippe III*, dit le Hardi, proclamé roi au camp devant Tunis. Vêpres Siciliennes. Il mourut à Perpignan, âgé de 40 ans. C'eft de lui que fort la race des Valois, 1270.

45. *Philippe IV*, dit le Bel, grand prince; fit brûler la bulle d'excommunication de Boniface, fit brûler les templiers, & rendit le parlement fédentaire. Il mourut en 1314 à 46 ans; il régna 28 ans. — 1285.

46. *Louis X*, dit le Hutin *ou* Mutin, ne fut pas aimé. Il fit pendre Enguerrand de Marigni, & fit étrangler Marguerite de Bourgogne fa première femme; rappella les juifs. Il mourut de poifon en 1316; il régna 2 ans. — 1314.

47. *Philippe V*, dit le Long, à caufe de

fa haute ftature, deuxième fils de Philippe-le-Bel, & frère de Louis Hutin auquel il fuccéda, eut autant de bonté que fon frère eut de violence. Il mourut aimé en 1322, âgé de 28 ans. --- 1316.

48. *Charles IV*, dit le Bel, troifième fils de Philippe-le-Bel, fuccéda à Philippe-le-Long, fon frère. Ce prince eut peu de défauts & beaucoup de rares qualités pour la juftice. Il décéda âgé de 34 ans en 1328; il régna 7 ans. --- 1322.

49. *Philippe VI de Valois*. Ce prince fut reconnu roi par les Etats du royaume, & facré le 28 mai l'an 1328, comme coufin germain des trois derniers rois. Le Dauphiné donné à la France par Imbert. Philippe décéda en 1350, âgé de 57 ans; régna 23 ans. --- 1328.

50. *Jean I*, dit le Bon. Ce prince fit décapiter Raoul, connétable de France; quoique vaillant fut pris en la journée de Poitiers par les Anglois; délivré au traité de Bretagne, & décéda en l'an 1364; régna 14 ans. -- 1350.

51. *Charles V*, furnommé le Sage. Ce prince fut beaucoup aimé, honoré & redouté des fiens & des étrangers pour fes vertus fingulières. Il rétablit Henri fur le trône de Caftille, & fit décapiter Pierre-le-Cruel, roi de Caftille; il réduifit les armes de France à trois fleurs de lys. Meurt en 1380; a régné 16 ans. --- 1365.

52. *Charles VI* monta fur le trône fous la tutelle des ducs de Berri, d'Orléans & de Bourgogne. fes oncles, qui chargèrent les peuples d'impôts. Il tomba en phrénéfie; mort en 1422, âgé de 54 ans. -- 1380.

53. *Charles VII*, fils de Charles VI, qui fut fi dénaturé qu'il voulut ôter la couronne à ce prince pour la donner à Henri V, roi d'Angleterre, fon gendre; mais Dieu ayant fufcité la Pucelle d'Orléans qui chaffa les Anglois, il monta fur le trône. Craignant le poifon, il fe laiffa mourir de faim en 1461, âgé de 58 ans. --- 1422.

54. *Louis XI* fut un prince vindicatif, méfiant & diffimulé. Il traita avec mépris les grands qui avoient fidèlement fervi fon père, & n'éleva que des gens de néant; il fit décapiter le connétable Saint-Pol; il inftitua l'ordre

de Saint-Michel. Il mourut en 1483, âgé de 60 ans. --- 1461.

55. *Charles VIII* époufa Anne de Bretagne. Cette province fut unie à la couronne par ce mariage. Il conquit le royaume de Naples en quatre mois; vint à Rome, où, à fon arrivée la muraille tomba. Il y reçut d'Alexandre VI le titre d'empereur d'Orient, fut invefti du royaume de Naples, & couronné roi de Sicile; a régné 15 ans; meurt en 1498, âgé de 27 ans. -- 1483.

56. *Louis XII*, dit le Père du Peuple. La France ne fut jamais fi puiffante en armées, en nobles, en marchands, en peuple & en richeffes. Il foumit le duché de Milan, la Lombadie, la république de Gênes; il fit fufpendre Jules II de la papauté. Il mourut fans enfans mâles l'an 1515, âgé de 53 ans. --1498.

57. *François I du nom* fuccéda à Louis XII. Ce prince fut très-vaillant, quoique peu affifté de la fortune. Il combattit la puiffance de Charles-Quint, fon beau-frère, qui vouloit envahir la France; & réfifta contre toute l'Europe liguée contre lui. Il fut pris par les Efpagnols à Pavie, enfuite délivré. Il mourut à Rambouillet en 1547, âgé de 52 ans. --- 1515.

58. *Henri II*; il fit plufieurs ordonnances contre les blafphémateurs; pour la réforme des habits & le foulagement des campagnes. Il fut le protecteur de la religion contre les proteftans, & fit avorter les deffeins de Charles-Quint; il régna treize ans, & mourut de la bleffure que lui fit le comte de Montgommeri, âgé 41 ans. --- 1547.

59. *François II*, roi de France & d'Ecoffe par Marie Stuard fa femme. Il ne régna que dix huit mois fous la régence de Catherine de Médecis & le gouvernement du cardinal de Lorraine & du duc de Guife, ce qui caufa l'éloignement des princes du fang qui voulurent tuer le cardinal & le duc; & fe faifir du roi. Louis, prince de Condé, fut condamné à mort; ce qui n'eut pas d'effet par celle du roi, 1559.

60. *Charles IX* ordonna à ceux qui ne voudroient pas reconnoître l'autorité de l'églife de fortir de France; ce qui caufa une guerre cruelle avec les proteftans & le ma-

facre des huguenots, le jour de Saint-Bar-thelemy. Il mourut âgé de 24 ans en 1574. — 1560.

61. *Henri III* renonça à la couronne de Pologne pour être roi de France. Son règne fut troublé par les guerres civiles excitées par le duc de Guife, qui, fous prétexte de la religion, fappoit l'autorité royale. Il fut tué à Saint-Cloud par un jacobin, 1589. — 1374.

62. *Henri IV*, déclaré roi malgré les efforts de la ligue. Après plufieurs victoires, il fe fit catholique, & par ce moyen reconnu pour roi de France & fils aîné de l'églife ; il conquit la Savoye en quarante jours. Ce bon prince fut affaffiné par Ravaillac la 20e année de fon règne en 1610. — 1589.

63. *Louis XIII*, roi de France & de Navarre, fut un prince pieux, bon, & qui aima la juftice. Il fuccèda à Henri IV à l'âge de 9 ans fous la régence de Marie de Médecis fa mère. Il époufa en 1615 Anne d'Autriche, fille de Philippe III, roi d'Efpagne ; enfin, après avoir rendu la France triomphante de toutes parts, abattu l'héréfie & humilié la maifon d'Autriche, il mourut en 1643, laiffant pour enfans Louis XIV & Philippe d'Orléans. — 1610.

64. *Louis XIV*, roi de France & de Navarre, né le 5 feptembre 1638. La fameufe bataille de Rocroi, donnée le 5e jour de fon règne, fut un préfage de fa grandeur future, fes victoires continuelles, les grandes armées, fes bâtimens fomptueux, la magnificence, fes académies, 250 églifes bâties, des manufactures pour le commerce, & enfin tant d'autres belles chofes qu'il a faites lui ont donné le titre de *Grand*. Mort en 1715. — 1643

65. *Louis XV*, né le 15 février 1710, fuccéda à Louis XIV fon bifayeul en 1715 ; mort au mois de mai 1774.

FURET DU BOIS JOLI.

Jeu de fociété.

Voyez à l'article ATTRAPE. (*jeux d'*)

G

GAGES.

GAGES *des jeux de société.* Les perſonnes qui s'amuſent à certains jeux de ſociété ſont dans le cas de laiſſer des gages en faiſant des fautes ; elles ſont enſuite obligées de ſubir une pénitence pour retirer leurs gages. Cette pénitence eſt arbitraire, au jugement de la dame ou reine du jeu, dépoſitaire des gages, & l'exécution peut s'en remettre au lendemain, ou même à un autre jour plus éloigné.

On impoſe de petites peines légères ou plaiſantes aux perſonnes que l'on veut ménager, & on tire parti des talens de toutes celles qui en ont ; ainſi on peut demander pour le lendemain un joli air à une demoiſelle qui ſait chanter ; un deſſin à celle qui ſauroit deſſiner ; quelques morceaux de poéſie ou d'imagination à ceux auxquels on peut ſuppoſer le talent de produire de pareils ouvrages ; mais comme s'ils étoient faits à l'impromptu & tout-à-fait ſur le champ, difficilement ſeroient-ils bons. Il eſt à propos de donner aux auteurs au moins vingt-quatre heures pour ſe préparer à acquitter leurs dettes ; & le moment de cet acquittement étant venu, c'eſt un nouveau plaiſir qu'on procure à la compagnie. Il peut être très-varié ſi les payeurs ſont en grand nombre, & ſi l'on permet à ceux qui ne ſont pas en état d'acquitter leur tâche, de la faire remplir par d'autres à leur acquit. Si la dame, arbitre du jeu, n'eſt pas contente de la manière dont la tâche eſt remplie, elle peut en impoſer une plus forte, & ſuſpendre la reddition du gage.

Entre les pénitences que l'on peut impoſer aux gens d'eſprit d'une ſociété, les ſuivantes ſont les plus ordinaires.

1°. On peut leur commander, pour amuſer la compagnie, d'apporter le lendemain ou un jour indiqué, quelques petites facéties, telles que des *rébus*, des diſcours en *équivoques*, (honnêtes cependant), des charades ou petites énigmes, ou logogriphes en proſe ; des anagrammes, & quelques contes en proſe qui ſoient courts & plaiſans ſans être ſcandaleux.

2°. On peut encore demander au même ou à quelqu'autre homme de la compagnie des petits vers galans ou amuſans ; *ſtances, ſonnet, madrigal, épigramme, chanſon, ou triolet.* Si l'on veut augmenter la difficulté de ſon travail, il faut lui ordonner de faire une énigme ou un logogriphe ſur un mot donné, mais en ſecret ; des vers *acroſtiches* ſur un nom indiqué ; des *vers par écho* ; des *bouts-rimés* en lui preſcrivant les rimes ; une chanſon ſur un air noté, & qu'il eſt obligé de parodier, &c.

3°. Il étoit fort en uſage autrefois de propoſer des queſtions galantes & de les donner à décider aux gens d'eſprit des ſociétés auxquelles les dames préſidoient ; nous en avons la preuve dans nos anciens livres manuſcrits & imprimés en françois & en italien, un peu avant & depuis la renaiſſance des lettres dans ces deux pays. La plupart des poéſies, des troubadours ne roulent que ſur des queſtions propoſées & décidées aux cours d'amour de Provence, de Forcalquier, de Montpellier & de Narbonne. Les ouvrages de Pétrarque & de Bocace ſont remplis de pareils jeux d'eſprit. Tous les beaux eſprits & nouvelliſtes Italiens ont imité leurs maîtres à cet égard, & juſqu'au milieu du ſiècle de nier les François ont auſſi ſuivi leur exemple. Mademoiſelle de Scuderi a fait des volumes entiers en ce genre, & ſes romans en ſont pour ainſi dire farcis.

C'étoit en traitant ces belles queſtions que ſe faiſoit admirer, il y a plus de cent ans, ce ſtyle affecté qui s'appelloit le langage des ruelles & le jargon des précieuſes ; mais je ſuis perſuadé qu'une dame qui voudroit aujourd'hui renouveller ce bel uſage dans ſa ſociété, ſoit à la ville, ſoit à la campagne, ſe donneroit un ridicule, & ennuyeroit fort ſa compagnie. Le ſiècle de la fade galanterie eſt paſſé, &

heureusement ne reviendra plus; ma's on peut donner à un jeune homme d'esprit de la société l'ordre d'agiter & de décider quelques questions, moitié galantes, moitié plaisantes, qui lui donnent occasion de faire briller ses talens & même de manifester du sentiment. S'il a du goût, il sentira qu'il doit être court dans ses décisions, & qu'il fera mieux d'appuyer son avis par des exemples, que par de longs raisonnemens.

On peut aussi charger la même personne de faire un petit roman ou conte de fées, dans le genre que la reine du jeu voudra lui prescrire, en lui donnant même le titre, le lieu de la scène & le nom des acteurs. Deux ou trois jours & quelquefois moins, pourroient suffire à un homme d'esprit pour exécuter un pareil ordre, & il ne faut pas croire qu'en fixant le sujet & désignant les acteurs, la besogne devienne plus difficile; au contraire, plus les idées sont fixées, plus il est aisé à un homme d'esprit de les remplir.

4°. Enfin, l'on peut donner pour pénitence d'arranger des proverbes du soir au lendemain en en donnant le mot, mais tout bas, à celui que l'on chargera de les faire exécuter. Ces proverbes joués ainsi, pour ainsi à l'impromptu, sont quelquefois infiniment plus piquans & plus plaisans que ceux préparés de longue main dont les canevas sont imprimés : on a le plaisir de deviner le mot, & celle qui l'a donné, juge si l'on a bien saisi son idée. J'ai vu remplir de pareilles tâches avec un grand succès, quoique les proverbes donnés fussent très difficiles & fort singuliers. On en peut juger par ceux que je vais indiquer.

Tems pommelé, femme fardée, ne sont pas de longue durée.

Il est fort libéral, il ne mange point le diable qu'il n'en donne les cornes.

Les gens que vous tuez se portent assez bien.

Entre deux vertes une mûre. Il ne faut point se moquer des chiens qu'on ne soit hors du village.

Il faut mourir petit cochon, il n'y a plus d'orge.

(*Extrait du Manuel des Châteaux.*)

GALLET. (*jeu de*)

C'est une espèce de jeu de disque que l'on joue en chambre, sur une table à rebords, longue & bien unie. On pousse des pallets d'ivoire, de marbre ou de cuivre vers un but placé à l'extrémité de la table, & fort proche d'un endroit où les pallets tombent & se perdent. L'adresse consiste à approcher le plus près du but qu'il est possible sans tomber dans le fossé ; on tâche d'éloigner ou de précipiter le pallet de son adversaire qui s'y seroit placé le premier, & de rester à sa place. Le gallet qui se trouve le plus près du but gagne la partie.

GLOBE.   (*nouveau jeu du*)

On a marqué sur le plateau de ce jeu les noms de huit endroits. 1°. Gonesse. 2°. Saint-Aury. 3°. La Butte aux Cailles. 4°. La prairie de Nesle. 5°. Meudon. 6°. Champlâtre. 7°. Luxembourg. 8°. Béthune.

Manière de jouer à ce jeu.

L'on a une pirouette formant un globe à huit faces numérotées, que l'on fait tourner sur un plateau où est le plan de ce jeu.

L'on convient de la mise entre les joueurs avant de commencer, & l'on tire au plus haut point à qui commencera le premier, ensuite, lorsque la partie est finie, la droite recommence à son tour.

Celui qui ira à Gonesse, retirera sa mise.

Celui qui ira à Saint-Aury, restera pour recommencer après le nombre des joueurs, en cas que la partie ne soit point finie.

Celui qui ira à la Butte aux Cailles remettra une seconde mise, & se retirera pour recommencer après Meudon.

Celui qui ira à la prairie de Nesle, retirera deux mises.

Celui qui ira à Meudon payera deux mises, pour l'empêcher de tomber dans l'eau.

Celui qui ira à Champlâtre, restera jusqu'à ce que l'on vienne le relever au second tour.

Celui qui ira au Luxembourg, remettra les mises à tous ses compagnons restans.

Celui qui ira à Béthune, prendra ce qu'il y aura sur le jeu, & il finit.

L'on peut aussi jouer à ce jeu, au choix des personnes, à qui amenera l'endroit que l'on desire.

Chacun marque son choix, l'on tire, & celui qui amene le premier son chiffre, gagne la partie.

Ce jeu se trouve au magasin de tabletterie, rue des Arcis, au Singe vert.

GOBILLES. (*jeu des*)

C'est un jeu d'écolier. Les gobilles font de petites boules de pierre ou de marbre qu'on lance avec force avec le pouce, en les ajustant contre une autre bille qui sert de but. L'adresse confiste à la frapper de loin. On joue aussi avec des gobilles à la fossette.

GRAMMAIRIEN. (*le*)

Jeu utile aux enfans & à ceux qui veulent apprendre à lire.

Un enfant qui commence à exprimer ses pensées par la parole, parviendra facilement avec ce jeu à reconnoître ses lettres, & à les nommer. Le jeu fixant presque toujours l'attention des enfans, paroît le moyen le plus convenable pour leur éviter les peines qu'ils ont ordinairement pour apprendre à lire. Lorsqu'ils auront la connoissance de leurs lettres, à quoi on les appliquera d'abord, en les amusant, on les occupera utilement à la formation de quantité de mots que les coups de dez peuvent donner. Ceux qui enseigneront ce jeu prendront le soin d'expliquer aux jeunes gens la signification de chaque mot, & de les instruire suivant la portée de leur âge & de leur pénétration. Ils leur feront remarquer quand un mot sera complet par le son, & ne le sera point par les lettres amenées. L'intérêt attaché à la composition de chacun des mots amenés, aidera à en faciliter l'impression dans la mémoire de l'enfant, à qui, après s'en être rendu un grand nombre familier, il coûtera peu de se perfectionner à la lecture dans les livres. Les jeunes personnes

étant suffisamment avancées, on pourra aussi leur faire connoître les chiffres, & même leur apprendre à compter. On peut mettre un prix aux jettons, payer les élèves, & les avantage r en proportion de leurs progrès.

Règles du jeu.

Chaque joueur aura au moins 12 jettons.

On jouera avec huit dez, sur lesquels seront gravés six de chacune des figures désignées à la fin de cet article, & dans l'ordre où elles s'y trouvent, en commençant pour le premier dé, par une croix, jusqu'à la lettre E comprise, & de suite pour les sept autres dez.

Celui qui amenera le premier la lettre A, commencera le jeu.

Celui qui amenera ensuite la lettre B jouera le second, ainsi des autres en suivant l'ordre des lettres de l'alphabet.

Celui qui ne pourra former un mot quelconque des huit lettres qu'il aura amenees, en jouant, soit noms personnels, comme *Jacob*, *Sara*; soit tous autres noms, comme *cheval*, *vache*, *bled*, *Paris*, ou noms adjectifs, comme *bel*, *riche*, *rouge*; soit tems des verbes, comme *avoir*, *être*, *parle*, *buvoit*, *dira*; soit adverbes, comme *tard*, *trop*; soit enfin pronoms, comme *qui*, *quel*, *celui*, *cela*, ou articles, comme *le*, *du*, *les*, *des*, *aux*. Celui donc qui n'aura pû former aucun mot passera son tour, & mettra un jetton sur le jeu, qui sera enlevé par celui des joueurs qui, le premier, amenera ensuite un mot complet, & ce dernier prendra tous les jettons qui pourroient être sur le jeu pour pareille perte. Indépendamment de ce gain, il se fera encore donner un jetton par chacun des joueurs, comme il le feroit s'il n'y avoit rien sur le jeu.

Lorsque le joueur n'aura pu former de ses huit lettres un mot pour gagner, on observera, s'il est possible d'en assembler un pour le faire perdre d'après la table ci-jointe; mais la formation du mot le plus avantageux sera toujours au choix du joueur.

Celui qui amenera quatre lettres de l'alphabet de suite, comme ABCD ou NOPQ, se fera donner un jetton par chaque joueur; s'il en amène cinq, il s'en fera donner deux, & s'il en amène six, il lui sera payé trois jettons.

Celui

Celui qui amènera un des mots contenus dans la table alphabétique, se fera donner par chaque joueur, ou leur donnera à chacun ce qui est marqué en perte ou gain. S'il amène le mot *Dieu*, tous les jettons des joueurs de mise ou de gain, feront à lui; mais s'il amène le mot *Démon*, il mettra sur le jeu tout ce qu'il a, qui ne pourra être enlevé que par celui qui amenera ensuite le mot *Dieu*; le joueur qui aura ainsi tout perdu d'un coup empruntera, & sera à la merci de ses compagnons.

Pour les chiffres, en les transposant, soit de côté, ou de haut en bas l'un sur l'autre, on formera des nombres & des additions, & qui prépareront les jeunes gens à de plus grandes opérations d'arithmétique.

Table alphabétique des mots qui concourent au gain & à la perte.

A

Adam perd 3.
Ame gagne 3.
Ange gagne 3.
Amitié gagne 3.
Arche gagne 2.

B

Beau gagne 2.
Bête perd 2.
Bien gagne 2.
Bon gagne 2.
Bonheur gagne 2.
Bouche gagne 2.
Bras gagne 2.
Bourg gagne 2.

C

Ciel gagne 3.
Colère perd 3.
Corps gagne 2.
Cœur gagne 2.
Canal gagne 2.
Cruel perd 4.
Curieux perd 3.

D

Doigt donne 2.

Don gagne 2.
Desir gagne 2.
Divin gagne 3.
Divinité gagne 3.
Dez gagne 2.
Dieu gagne tout.
Démon perd tout.
Doux gagne 2.
Dur perd 2.

E

Etang gagne 2.
Envie perd 3.
Enfant gagne 2.
Echo perd 2.
Eglise gagne 4.
Etau perd 2.
Evêque gagne 3.

F

Figure gagne 2.
Feinte perd 3.
Fidele gagne 2.
Furieux perd 3.
Front gagne 2.
Faux perd 2.
Foi gagne 2.
Folle perd 4.
France gagne 4.

G

Gentil gagne 2.
Gain gagne 2.
Gîte gagne 2.
Grand gagne 2.
Gueux perd 2.

H

Honneur gagne 3.
Habile gagne 2.
Haîne perd 2.
Héros gagne 2.
Hiver perd 2.

J

Idiot perd 2.
Idole perd 2.
Jaloux perd 2.
Juge gagne 2.
Jurement perd 3.
Joue gagne 2.
Jambe gagne 2.
Jetton gagne 2.

K

Kalende gagne 2.

L

Larcin perd 2.
Loix gagne 2.
Luxe perd 3.

M

Mal perd 2.
Malheur perd 2.
Marie gagne 6.
Mère gagne 4.
Monde perd 2.
Mort perd 4.

N

Noble gagne 2.
Noël gagne 2.
Noir perd 2.
Nuit perd 2.

O

Oreille gagne 2.
Orange gagne 2.
Odeur gagne 2.
Ombre perd 2.
Or gagne 2.
Orage perd 2.

P

Prière gagne 3.
Poisson gagne 2.
Pieux gagne 2.
Peste perd 4.
Poison perd 4.
Parent gagne 2.
Pascal gagne 2.
Père gagne 4.

Q

Quai gagne 2.
Quart gagne 2.
Quarré gagne 2.
Quille gagne 2.

R

Raison gagne 2.
Rome gagne 2.
Ruine perd 2.
Ruse perd 2.
Rivière gagne 2.

S

Sage gagne 2.
Saint gagne 2.
Sale perd 2.
Soupir perd 2.
Son gagne 2.
Songe perd 2.

T

Tems gagne 2.
Tigre perd 2.
Trafic gagne 2.
Tyran perd 2.
Tête gagne 2.

Jeux familiers.

L

V				X	Yvre perd	2.
	Voix gagne	2.		Xaintes gagne	2.	
	Vie gagne	3.		**Y**	**Z**	
Vérité gagne	3.	Ville gagne	2.			
Vertu gagne	2.	Village gagne	1.	Yeux gagne	2. Zèle gagne	2.
Vice perd	3.	Vente gagne	1.			

Nota. On fera connoître aux enfans les noms de la table qu'ils auront amenés, comme ville, bourg, village, & tous ceux dont ils n'auront aucune connoissance.

a	b	c	d	e	f	g	h	i j	k	l	m	n	o	p
A	B	C	D	E	F	G	H	I J	K	L	M	N	O	P
1	2	3	4	5	6	7	8	9	10	11	12	13	14	15

q	r	fs	t	u	v	x	y	z
Q	R	S	T	U	V	X	Y	Z
16	17	18	19	20		21	22	23

é	œ	ct	fl	&	a	e	i	o	u	fté	b	c	d	f	g
É	Œ	CT	FL	ET	A	E	IJ	O	U	·	B	C	D	F	G
31	42	53	64	75	80	90	100	105	112	120	2	3	4	6	7

l	m	n	p	r	f	t
L	M	N	P	R	S	T
11	12	13	15	17	18	19

On trouve le carton & les dez de ce jeu au magasin de tabletterie, rue des Arcis, au Singe vert.

G R E C Q U E (*jeu de*)

Voyez à l'article (*j'aime mon amant par* B.)

G U E R R E. (*jeu de la*)

Ce jeu est composé de quarante cartes; savoir, neuf de canonniers, neuf d'épées, neuf de piquiers & neuf d'escadrons, qui sont représentés par le pique, le treffle, le carreau & le cœur. Les quatre autres cartes qui achevent les quarante, sont nommées la force, la mort, le général d'armée, & le prisonnier de guerre. Cela présupposé, voici comme on procede à ce jeu.

1°. L'on peut jouer depuis deux personnes jusqu'à douze, donnant à chacun autant de cartes qu'il sera accordé par la compagnie, après avoir convenu du prix du jeu.

2°. Les rois ne valent pas plus les uns que les autres, les reines se jouent après les rois; le général d'armée qui est la carte représentée par un général d'armée suit après la reine; ensuite vient le prisonnier de guerre, qui est la carte représentée par un chef du parti ennemi; après le prisonnier de guerre les valets, & après ceux-ci les as, qui sont quatre figures représentées en quatre différentes postures; savoir, le premier, un canonnier, le second, un soldat tenant une épée nue à la main, le troisième repréfentant un bataillon, & le quatrième un efcadron de cavaliers. Après les as les dix, les neuf, les huit, les fept, les fix, tous l'un après l'autre ; & quand on aura donné à chacun fes cartes, l'on ne retournera point la carte qui fuivra. On conviendra avant de donner les cartes de ce qu'on veut jouer & mettre chacun au jeu. L'on mettra ce qui fera fixé par la compagnie.

3°. Ayant vos cartes en votre main, s'il fe rencontre que vous ayez la carte de la mort, votre coup eft perdu, & vous ne tirerez rien du jeu pour cette partie, vous mettrez vos cartes deffous celles qui reftent du jeu.

4°. S'il vous arrive la carte appellée la force, vous tirerez deux marques ; & s'il fe trouve que la force foit avec la mort, vous la mettrez auffi deffous ; mais quand la force ne fe trouvera point dans la main avec la mort, vous ne laifferez pas que de la mettre deffous, & celui qui aura donné les cartes vous donnera la carte de deffus, vous combattrez avec les autres, & vous tirerez les deux marques, comme il vient d'être dit.

5°. S'il arrive que vous ayez le général d'armée, & que vous vous laiffiez prendre, vous payerez votre rançon à celui qui vous prendra ; mais s'il arrive que vous faffiez votre levée de la même carte avec votre général, vous gagnerez tout ce qui fera au jeu de refte.

6°. S'il vous arrive dans la main le prifonnier de guerre, vous doublerez votre jeu ; fi mieux vous n'aimez mettre vos cartes fous le jeu, & ne prétendrez rien pour ce coup-là. Les autres qui refteront combattront les uns contre les autres pour avoir ce qui demeurera de refte du jeu.

7°. Ce jeu fe joue toujours ; il n'y a point de paffe. Le premier en carte joue, & le fecond après, le troifième enfuite, ainfi du refte. La plus haute carte emporte la plus baffe, la primauté l'emporte, & celui qui a le plus de levées prifes, gagne tout ce qu'il y a fur le jeu.

8°. Vous obferverez qu'ôtant les quatre cartes ci-deffus nommées, qui font la mort, la force, le général & le prifonnier de guerre, il en reftera encore trente-fix, avec lefquelles vous pourrez jouer à d'autres jeux de cartes.

H

HISTOIRE.

HISTOIRE, ou *Defcription hiftorio-graphique du royaume de France, ou l'émulation françoife ; jeu auffi utile que curieux, par Moithey, ingénieur géographe.*

Règles du jeu.

On joue à ce jeu comme à l'oie avec deux dez. Chacun doit avoir une marque & nombre de jettons pour mettre au jeu & fur les cafes.

1°. Etant d'abord parti de Paris, première cafe, on va à l'Orléanois ; & après avoir parcouru toutes les provinces de France, on revient à Paris, dernière cafe, où le premier arrivé gagne ce qui eft fur le jeu, & fur les cafes dont il donne le tiers au guide.

2°. On choifit un guide de voyage, lequel eft obligé de nommer, à celui qui a le dé, les villes ou pays de la cafe où il lève fa marque, & le gouvernement où ces lieux font fitués. S'il y manque il met un jetton au jeu, & celui qui a le dé doit répéter après lui, fous même peine.

3°. A tous les noms de gouvernement on double, excepté à Limofin, Béarn & Bourgogne ; & quand on a amené deux dez de même nombre, on double auffi.

4°. Quand il y a une marque fur une ville capitale, tous ceux qui pofent leurs marques fur les cafes du gouvernement lui donnent un jetton.

5°. Celui qui lève fa marque d'une cafe

où il y a villes & ports de mer, y laisse autant de jettons.

6°. Celui qui en avançant rencontre des jettons sur les cafes les enlève pour lui, mais en retournant, non, il passe par dessus.

7°. Celui qui sera à Béarn y demeurera deux tours, à moins qu'un autre n'y vienne.

8°. Celui qui est rencontré paye à l'autre; mais sur les villes capitales il met au jeu autant de jettons qu'il y a de joueurs.

9°. Quand le lieu où on retourne est occupé d'une marque ou de jettons, on se met à la première cafe vacante d'ensuite.

10°. Avant que de commencer, on met chacun six jettons au jeu; mais celui qui a le dé le premier n'en met que trois.

Autre manière de jouer à ce jeu.

1°. Chacun des joueurs donnera à sa marque le nom d'une des grandes provinces, au fort ou au choix.

2°. On ne suivra des règles ci-dessus que la 1re & la 2e sans guide, la 4e, la 7e, 8e, 9e & 11e.

3°. Celui qui posera sa marque sur la capitale de la province de son nom, gagnera la partie.

4°. Toutes les fois qu'on posera sur les cafes de la province d'un autre, on lui donnera un jetton, & on en mettra un au jeu; mais si c'est sur la capitale, on le fera sortir du jeu.

Chaque cafe porte les noms de plusieurs villes & provinces, & marque quelques particularités du canton.

HISTOIRES ou *Fables racontées sur chaque proverbe.* (*jeu des*)

L'on peut faire choisir à chacun son proverbe, & là-dessus l'on vous obligera de conter quelque histoire ou quelque fable sur ce sujet, comme si l'on a dit, *qui trop embrasse mal étraint;* l'on doit conter là-dessus l'histoire de quelque homme qui a eu plusieurs desseins, & n'en a pu faire réussir aucun; soit de quelque avaricieux, qui a voulu avoir trop de richesses

& est devenu gueux, ou de quelque ambitieux qui ne pouvant se rassasier d'honneurs, est tombé dans l'infamie.

On peut aussi alléguer la fable du chien qui passant sur un pont avec une pièce de chair à la gueule, en voyant une autre représentée dans l'eau la voulut encore avoir, & ayant laissé tomber celle qu'il tenoit pour prendre l'autre qui n'étoit qu'un fantôme, il trouva qu'il n'avoit plus rien; c'est-là une vraie fable d'Esope; & je n'entends pas que l'on use seulement de celles là, mais de celles des poëtes, telles qu'il y en a dans l'Iliade ou l'Odyssée d'Homère, ou dans les Métamorphoses d'Ovide.

Sur le proverbe, *on revient sage des plaids;* l'on racontera l'histoire de quelque homme mal conseillé qui a consumé toute sa vie & ses moyens à plaider, ou plutôt qui n'ayant eu qu'une affaire ou civile ou criminelle, a été si malheureux, qu'après avoir été infiniment rebuté de ses longues poursuites & des chicaneries que l'on lui a faites, il a trouvé enfin tant d'injustice parmi les hommes, qu'il a protesté de ne plus retomber en ce péril; ainsi il est revenu plus sage des plaids, qui, en notre vieux langage, sont les lieux de la plaidoyerie ou la plaidoyerie même. Un homme qui avoit passé par-là disoit aussi qu'il aimoit mieux céder à son adverse partie, la moitié de ce qui étoit en contestation, parce que si le procès continuoit, ni l'un ni l'autre n'en jouiroient, de quelque côté qu'il pût y avoir gain de cause, & que les frais de justice en consumeroient encore davantage.

Sur le proverbe, *qui bien aime, bien châtie;* on peut raconter l'histoire de quelques anciens Grecs ou Romains qui aimoient bien leurs fils, & n'ont pas laissé de les punir sévérement de leurs fautes. Au cas que l'on trouve cela trop sérieux, si l'on veut, l'on racontera l'histoire de quelque mari, passionnément amoureux de sa femme; mais qui ne laissera pas de la châtier, quand elle aura fait quelque faute, lorsqu'elle l'aura traité avec mépris, qu'elle aura couché quelque nuit hors de la maison, sans demander congé, ou qu'elle lui aura dérobé de l'argent pour fournir à des dépenses inutiles; un homme de condition de Paris fouettoit sa femme sur le genouil en de telles occasions, pour montrer qu'il la traitoit encore comme un jeune enfant qui ne péchoit

que par innocence ; un autre la battoit avec
une aulne pour la battre de mesure, & afin
que l'on ne dît point qu'il usoit d'une punition démesurée.

Si l'on vous propose le proverbe, *il vaut
mieux tard que jamais*, vous avez un très-
grand champ pour discourir ; car vous pouvez
raconter l'histoire des voleurs, des usuriers,
des joueurs, des blasphémateurs & de quelques femmes débauchées, qui, après avoir
demeuré long-tems dans le vice, se sont tous
convertis : ce qui fait conclure qu'encore
qu'ils n'aient reconnu leurs fautes qu'à la fin
de leurs jours, il vaut mieux que cela soit
arrivé ainsi, que s'ils étoient morts sans re-
pentance. Voilà comme il se faut acquitter des
exemples que l'on donne sur les proverbes,
ce qui n'est pas si mal aisé que l'on croit
d'abord ; car il est permis de dire tout ce que
l'on voudra, soit que l'on l'ait lu quelque
part, ou que l'on l'ait inventé.

HISTOIRE UNIVERSELLE,
(*Tableau chronologique de l'*)

Jeu d'instruction.

Règles du jeu. 1°. On joue à ce jeu avec
deux dez comme à l'*oie*, ou avec un cochonnet à deux faces.

2°. On choisit d'abord un banquier au
hasard du dé, ou au plus offrant.

3°. Le banquier doit lire ce qui est écrit
dans la case où chaque joueur arrive, & où
il pose sa marque ; s'il y manque, il met un
jetton au jeu.

4°. Tous mettent chacun trois jettons au
jeu d'abord.

Chaque joueur doit avoir sa marque particulière avec dix jettons & deux fiches,
valant chacune dix jettons.

On commence le jeu par la case chiffre 1,
qui est celle d'Adam.

5°. Celui qui arrive le premier à la case
de Louis XV, année 1715, gagne tout ce
qui est sur le jeu, & en donne le tiers au
banquier.

Si l'on amène plus de points qu'il ne faut,

cela n'empêche point de gagner, à moins
qu'on ne fût convenu du contraire.

6°. Celui qui trouve des jettons sur une
case où il passe les prend pour lui.

7°. Celui qui est rencontré par un autre
met au jeu, & recule sa marque à la place
quittée par l'autre.

8°. Les autres règles sont gravées autour
des cases, & exposées sur le carton ou la
feuille imprimée.

9°. Quand la règle porte ces mots : *donne,
paye, distribue, prend, reçoit,* 1, 2, 3, c'est-
à-dire un jetton, deux jettons, trois jettons.

Voici les notices qu'on trouve dans les
différentes cases de ce jeu.

Adam, déluge 1656.

Royaumes d'Assyrie, Egypte & Chine
1900.

Abraham né en 2039.

Royaumes de Crète & d'Argos 2100.

Royaumes d'Athènes 2496.

Royaume de Sparte ou Lacédémone 2556.

Royaume de Troye 2574.

Josué fait la conquête de la terre pro-
mise 2584.

Jason enlève la toison d'or 2828.

Troie prise 2870.

Les Héraclides 2950.

Saül, premier roi des Juifs, 2962.

Archontes d'Athènes à la mort de Codrus
2984.

Royaume d'Israël par Jéroboam 3060.

Carthage bâtie par Didon 3141.

Sardanapale, dernier roi d'Assyrie 3178.

Royaume des Medes & de Babylone 3180.

Royaume de Macédoine 3240.

Première Olympiade 3278.

Rome fondée 3300.

Captivité de Babylone 3446.

Crésus vaincu 3510.

Empire de Perse conquis par Cyrus 3516.

Rois chassés de Rome. Consuls 3545.

Bataille de Marathon 3564.

Guerre du Péloponèse 3623.

Empire des Grecs par Alexandre 3723.
Empire des Grecs divisé en trois 3730.
Première guerre punique 3789.
Empire des Parthes 3808.
Macédoine prise 3831.
Machabées contre Antiochus 3887.
Carthage détruite 3908.
Jules César, année Julienne, 4009.
Hérode l'Ascalonite, roi de Judée, 4014.
Auguste conquérant, puis empereur 4027.
Naissance du Sauveur 4053.

AN Iᵉʳ DE L'ÈRE CHRÉTIENNE.

Tibère succéde à Auguste 13.
Nouvel empire de Perse 227.
Ère des martyrs 284.
Induction & conquête de Constantin 312.
Empire divisé entre Arcadius & Honorius 395.
Irruption des Bourguignons, Vandales & Suèves 406.
Rois Goths, d'Espagne 415.
Fergus, roi d'Ecosse, 418.
Rois de France, dont le 5ᵉ fut Clovis, conquérant, 420.
Rois d'Angleterre, Saxons 450.
Attila, fléau de Dieu, 452.
Empire Romain détruit en Occident 476.
Royaume des Goths en Italie par Théodoric 493.
Royaume des Lombards 568.
Egire ou année de Mahomet 622.
République de Venise 700.
Sarrasins ou Maures en Egypte 713.
Pélage rétablit le règne des Chrétiens en Espagne 717.
Exarcat fini en Italie 752.
Empire d'Occident sous Charlemagne 800.
Royaume de Navarre sous Eneu 820.
Monarchie Angloise sous Egbert 867.
Othon, empereur de Germanie, 936.
Marquisat de Brandebourg & duché de Saxe 939.

Rois de Dannemarck connus 940.
Royaume de Hongrie 971.
Hugues Capet, premier roi de la troisième race, 987.
Royaume de Pologne 999.
Comté de Savoye 1000.
Monarchie d'Espagne divisée en trois 1034.
Conquête de Sicile & de Naples par les Normands 1040.
Ducs de Lorraine 1048.
Guillaume le Conquérant en Angleterre 1066.
Bohême en royaume 1086.
Jérusalem conquise par les Croisés 1099.
Ordres militaires de S. Jean & des Templiers 1120.
Comté de Portugal fait royaume 1139.
Ducs de Bavière 1180.
Jérusalem reprise par les Sarrasins 1187.
Rois de Suéde connus...
Royaume de Chypre; Gui de Lusignan 1191.
Empire des Grecs aux François 1204.
Charles d'Anjou; conquête de Naples & de Sicile 1266.
Rodolphe de Hapsbourg, premier empereur de la maison d'Autriche 1273.
Vêpres Siciliennes 1281.
République des Suisses 1308.
Ottoman, premier empereur Turc 1314.
Bulle d'or 1346.
Tamerlan, conquérant de l'Asie 1347.
Lithuanie réunie à la Pologne 1370.
Milan fait duché 1378.
Comté de Savoye fait duché 1416.
Electeurs de Brandebourg & de Saxe 1420.
Modène & Ferrare 1451.
Constantinople pris par les Turcs 1452.
Amérique découverte 1492.
Ismaël Sophi en Perse 1493.
Castille & Arragon réunis sous Charles-Quint, empereur, 1519.
Chevaliers de Rhodes à Malte 1522.

Florence, Mantoue & Parme faits duchés 1530.

République de Hollande 1579.

Henri IV fait la conquête de son royaume 1589.

Ecosse réunie à l'Angleterre 1601.

Gustave tué dans la victoire 1632.

Portugal à la maison de Bragance 1640.

Louis XIV succède à Louis XIII 1643.

Mort funeste de Charles Ier, roi d'Angleterre, 1649.

Gloire de Louis XIV depuis 1660.

Philippe de France, roi d'Espagne 1700.

Naissance de Louis XV 1710.

Le roi de Suède à Bender en sort 1714.

Louis XV succède à Louis XIV le 1er septembre 1715.

Ans du monde. — Personnages célèbres.

1656. Matusalem.

2500. Moïse.

2800. Hercule.

3000. Homère, Hésiode, David, Salomon.

3200. Licurgue, Sémiramis.

3285. Les trois Horaces.

3450. Les sages de la Grece.

3500. Pythagore, Ésope, Anacréon.

3550. Coriolan, Miltiade, Thémistocle.

3600. Eschyle, Euripide, Sophocle, Hérodote, Thucydide, Aristophane, Pindare, Zeuxis, Phidias.

3650. Socrate, Platon, Démocrite, Héraclite, Hypocrate, Isocrate.

3760. Mausole, Arthémise, Aristote, Diogène, Epicure, Démosthènes, Apelles.

3800. Regulus, les Scipions, Annibal.

3900. Archimède, Plaute, Terence, Mithridate, Catulle, Lucrèce, les Catons, Cicéron.

4000. Virgile, Horace, Ovide, Tite-Live, Salluste.

4053. *Année première du Sauveur.*

50. Sénèque, Tacite.

100. Juvenal, Martial, Plutarque, Lucien, Trajan.

200. Tertullien, Origène.

300. Novat, Manès, Zénobie, Ausone, Claudien.

400. Théodose, Donat, Arius, S. Ambroise, S. Augustin, S. Hiérosme, S. Chrysostome, Macedonius, Nestorius, Pelage, Pulchérie, Amalazonte.

440. S. Léon, Eutiche, Monothélites, Boëce, Cassiodore.

500. Justinien, Belisaire.

600. S. Grégoire le Grand.

700. Iconoclastes, Charles-Martel, Pepin-le-Bref.

800. Alphonse-le-Chaste, Photius.

1000. Ferdinand, roi de **Castille**, Rodrigue, le Cid.

1100. Godefroy de Bouillon, S. Bernard, Simon, comte de Montfort.

1200. Vaudois, Albigeois, S. Louis, Robert - Sorbon.

1300. S. Thomas, S. Bonaventure, le Dante Pétrarque, Boccace.

1400. Édouard, roi d'Angleterre, comte de Dunois, Pucelle d'Orléans.

1450. Jean-Hus, Viclef, Huniade, Scanderberg, les inventeurs de l'artillerie & de l'imprimerie, Thomas Akempis, Gerson, Pic la Mirandole, Bessarion, Ximenès.

1500. Les Scaliger, Bellarmin, Baronius, Duperron, Elisabeth, reine d'Angleterre, Ronsard, le Tasse, Cujas, Erasme, Luther, Calvin, Michel Ange, Raphaël.

1600. Rubens, le Poussin, Malherbe, Socin & autres hérétiques de ces derniers tems, Richelieu, Mazarin, Pétau, Sirmond, Cromwel, Descartes, Gassendi, Condé, Turenne, Corneille, Molière, Arnauld, Fénélon, Lafontaine, Racine, Girardon, Lepuget, Massard, Lebrun, Lesueur, Mignard.

1715. Philippe, duc d'Orléans, régent du royaume, Voltaire, Fontenelle, &c.

HISTOIRES INTERROMPUES. (*jeu des*)

Ce jeu est un des plus agréables amusement de la société, pourvu que l'on fasse tomber la dernière place à une personne qui ait affez d'efprit pour pouvoir y former un dénoûment agréab'e & fingulier.

Dans ce jeu, il faut que celui ou celle qui commence une hiftoire de cette efpèce, établiffe bien clairement l'état du héros ou de l'héroïne de fon roman ; qu'il leur faffe faire connoiffance & les rende amoureux l'un de l'autre avec quelque forte de vraifemblance, & enfuite qu'il les laiffe dans tel embarras qu'il voudra : ce fera à fes continuateurs à les en tirer ou à les y rejetter de plus en plus, jufqu'à ce qu'enfin le dernier qui aura prêté la plus grande attention à ce qu'auront dit les autres, pendant le petit efpace de tems qu'on leur aura prefcrit de ne point paffer, termine l'hiftoire par un dénoûment tel que fon efprit le lui fuggérera. Quand on fait bien arranger ce petit jeu, & que la plupart des acteurs font gens d'efprit, il eft charmant.

H O C C A. (le)

Ce jeu qui eft paffé de mode, étoit, dit-on, originaire de Catalogne, & déjà très-connu en Efpagne & en Italie, lorfqu'il s'en établit une académie publique à Paris, fous le miniftère & la protection du cardinal de Mazarin. Comme il s'y fit des pertes immenfes, on cria beaucoup contre cet établiffement, furtout lorfqu'on apprit que les mêmes banquiers qui le tenoient, avoient été chaffés de Rome.

Le *hocca* s'exécutoit au moyen d'un grand tableau, divifé par raies en trente numéros, qui étoient gravés dans les quarrés : ceux qui jouoient contre le banquier, mettoient la fomme qu'ils voulo'ent hafarder fur un ou plufieurs numéros ; & pour décider leur ga'n ou leur perte, on avoit un fac contenant trente boules, marquées intérieurement des mêmes numéros que ceux gravés dans les quarrés du tableau : on mêloit & fecouoit les boules dans le fac autant qu'il étoit poffible ; enfuite un des joueurs tiroit une de ces boules du fac, l'ouvroit, annonçoit tout haut & montroit même le numéro. Si celui qui fe trouvoit pareil fur le quarré du tableau étoit couvert de quelque fomme en plein, le banquier étoit obligé de payer vingt huit fois cette fomme ; de forte, par exemple, que s'il y avoit un louis d'or fur ce numéro, il en payoit vingt-huit ; mais tout ce qui fe rencontroit fur les autres numéros étoit perdu pour les joueurs & appartenoit au banquier. Il avoit de plus pour lui, & c'étoit l'objet important, deux numéros de profit, puifqu'il y en avoit trente fur lefquels on mettoit indifféremment, & qu'il ne payoit que vingt-huit fois leur mife à ceux que le ha'ard favorifoit en plein. On pouvoit d'ailleurs mettre en moitié fur deux numéros voifins : alors on plaçoit fa mife fur la ligne qui les féparoit ; & fi l'un des deux gagnoit, on recevoit treize fois la mife ; ou en quart fur quatre numéros, en plaçant fa mife à l'angle qu'ils formoient, & alors on retiroit feulement fept fois & demie la valeur : enfin, on pouvoit jouer fur toute une dixaine, & alors fi un des dix numéros venoit en gain, on tiroit deux fois & demie feulement fa mife.

J

J E U.

J E U fur le choix des ferviteurs ; jeux du naufrage, de la chaffe, du chatouillement & autres.

On demande à une demoifelle fi elle étoit dans un précipice ou dans une rivière avec deux de fes ferviteurs, qui font deux hommes de la compagnie ou du dehors, & qu'il fallût noyer l'un pour fauver l'autre, lequel elle noyeroit. Elle le doit déclarer, & puis on lui ordonne d'embraffer celui qu'elle a voulu fauver.

L'on dit à une fille qu'elle s'imagine qu'elle va à la chaffe avec trois de fes ferviteurs ; que premièrement il fe préfente un foffé qu'elle ne peut traverfer s'il n'eft comblé, & qu'il faudroit que l'un de fes ferviteurs fe jettât ledans pour fervir à ce paffage. Là-deffus on lui demande lequel elle y veut jetter, à quoi elle ne rêve pas tant, parce qu'elle en a trois à choifir, & qu'il y en a toujours quelqu'un qu'elle ne fe foucie pas de défobliger, peut-tre auffi parce qu'il eft abfent ; mais on lui dit qu'après être paffée, voilà une bête effroyable qui fe préfente dont il faut appaifer la faim, & qu'elle ne fera point contente jufqu'à ce qu'elle ait dévoré l'un de fes deux ferviteurs. Alors on la met davantage en peine, & quand elle en a abandonné un à la fureur du monftre, on lui déclare qu'elle doit époufer celui qui lui refte, & lui donner le baifer de mariage. Tout ceci fournit des fujets de rifée fur le mépris ou l'eftime que les filles font des uns ou des autres : mais il ne fe faut pas beaucoup fonder là-deffus pour difcerner leurs intentions ; car celles qui font difcrettes, les favent bien cacher, & adreffent leurs paroles tout au plus loin de leurs penfées.

Ces choix fe font par hafard, lorfque les filles ne favent point de quelles perfonnes on leur parle. Cela s'obferve auffi au jeu de la chaffe ou au jeu à noyer, parce que celui qui

fait le jeu, nomme deux ou trois hommes à quelqu'un en fecret, & pour les diftinguer, dit que l'un a une écharpe d'une couleur, & l'autre d'une autre : ce qu'il déclare à une fille, afin qu'elle faffe choix de celui qu'elle veut perdre : en quoi l'on prend du plaifir, fur ce que l'on voit qu'elle abandonne ceux que l'on fe figure qu'elle ne voudroit pas, ou qu'elle ne devroit pas abandonner. Si, les ayant nommés hautement, elle les choifit elle même, il y a auffi quelque plaifir dans fon choix, & je ne penfe pas qu'aucun fe fente défobligé de ceci, puifque les lois des jeux veulent que tout ce qui en dépend, ne foit pris qu'en jeu. Il y a une autre manière de faire qu'une fille choififfe un ferviteur par hafard. On la chatouille trois fois au deffus de la lèvre avec un brin de paille, ou un bout de plume, & puis on lui demande de quel coup elle a été le plus chatouillée ; elle dira fi c'eft du premier, du fecond, ou du troifième, & alors on lui déclare au nom de qui elle a été chatouillée à ce coup-là ; & pour éviter la tromperie, on a dit les noms de trois hommes en fecret à quelqu'un ; entre ces trois, fi l'on veut, il n'y en aura qu'un qui foit de la compagnie, à caufe que l'ordonnance du jeu étant que la fille embraffe celui qu'elle a choifi ; s'il fe trouve là, il ne faut pas mécontenter ce beau fexe.

Cela fe fait de la même forte quand l'on dit à une fille : je vous éveille, & lorfqu'elle demande de la part de qui, on lui dit de la part de plufieurs qui ne font point de la compagnie, de manière qu'elle répond plus affurément qu'elle dort. Quelquefois elle dit auffi qu'elle veille, foit pour ceux qui font préfens, & quand on en a trouvé trois pour qui elle veille, cela peut fervir à les lui nommer dans le jeu de la chaffe ou du naufage, ou dans quelque autre particulier que l'on fait de ceci, lui ordonnant de choifir celui qu'elle aime le mieux pour amant.

M

JUIFS. *(jeu des)*

Règles.

Pour le jeu des juifs, il faut deux dez & un carton divifé en onze cafes, depuis deux jufqu'à douze.

Dans la cafe du milieu, marqué 7, fe trouve un juif à table jouant & amenant un fonnet.

Le nombre des joueurs n'eft pas fixé : celui qui amène le plus haut point commence à jetter le dé, & les autres enfuite.

Tout joueur qui amène 7, met au fept jettons.

Celui qui amène 12 fait rafle, & ga[gne] les jettons qui fe trouvent fur toutes les ca[fes].

Tout autre numéro fait gagner à celui [qui] l'amène les jettons de la cafe où fe trouve [le] numéro, s'il y en a. Si la cafe eft vide, [le] joueur la garnit du nombre qui convient [à la] cafe.

Le jeu une fois commencé, perfonne [ne] peut y entrer qu'après la rafle, & alors [le] joueur en entrant prend le cornet.

L

LARRON.

LARRON. *(jeu du.)*

Le jeu du larron eft fort plaifant, en ce que chacun a divers noms, du dérobé, du coupeur de bourfe, de l'accufateur, du fergent, du geolier, du juge, du bourreau & autres noms, avec de certains mots, comme, *l'on m'a dérobé ma bourfe, au larron; qu'il ne nous échappe;* & autres que chacun dit diverfement, étant provoqué; & cela fait une contrebatterie qui peut durer quelque tems.

de leurs ferviteurs & fervantes, il falloit en[fin] core trouver des noms pareils, & pour [la] viande qu'il avoit mangée. Ainfi l'on in[ter]rogeoit les autres fur leurs lettres en diver[fes] manières, mais de telle forte qu'il ne fallo[it] pas plus demander à l'un qu'à l'autre, crai[gnant] que quelqu'un ne foit mécontent.

Ce jeu eft fort divertiffant, car on y peu[t] joindre tout ce qu'on veut, puifqu'en faifa[nt] raconter à un homme ce qu'il a fait & v[u] dans un voyage ou dans une compagnie, o[n] l'obligera à dire tout, felon la lecture qu'[il] aura prife, comme de nommer les arbres qu'[il] a vus dans un jardin, les drogues dont l'o[n] a panfé un malade, les armes dont quelqu'u[n] s'eft fervi en une querelle foudaine. Qu[el] plaifir à voir l'embarras que l'on aura à trouve[r] de tels mots!

LOGEMENT. *(jeu du.)*

Je me fuis trouvé une fois en une compagnie où l'on difoit que chacun prît une lettre, & que là-deffus l'on formât tous les mots néceffaires au récit d'un voyage, & quand cela étoit fait, le maître du jeu demandoit, par exemple, à celui qui avoit choifi l'A, *comment vous appellez-vous;* il falloit qu'il répondît : *André* ou *Antoine,* & en fon furnom quelqu'autre mot qui commençât par la même lettre, & puis on lui demandoit : *D'où venez-vous ?* il difoit *d'Alençon,* ou *d'Arras;* fi on lui demandoit l'enfeigne de fon hôtellerie, il difoit, *qu'il avoit été logé à l'Ancre;* & pour le nom de l'hôte & de l'hôteffe & l[a]

LOTERIE. *(petite)* ou *Roue de fortun[e]*

Ce jeu eft bien fimple. On fait tourner un[e] aiguille fur un plateau, ou fur un carton o[ù] l'on a tracé, dans un cercle, des chiffres depuis 1 jufqu'à 12.

On gagne ce qui eft convenu, fuivant l[e] nombre ou le chiffre fur lequel l'aiguill[e] s'arrête.

On peut encore jouer à la *roue de fortune* un contre un, à qui amenera le plus haut point, ou plusieurs ensemble, en plaçant sur différens numéros : celui des numéros sur lequel l'aiguille s'arrête, gagne ce qui est sur le jeu, quoique ce ne soit point lui qui ait tourné l'aiguille ; il suffit que ce soit son numéro. Si c'est le numéro de celui qui a tourné l'aiguille sur lequel elle s'arrête, chaque joueur le paye double, c'est-à-dire qu'il lui paye autant qu'il avoit mis au jeu.

On convient, avant de jouer, lequel des deux bouts de l'aiguille doit marquer.

LOTERIE DE SOCIÉTÉ.

Ce jeu est imité de la loterie de France, & simplifié par les chances.

Il est composé de quatre-vingt-dix numéros distribués en dix tableaux, contenant chacun 9 chiffres, dont on a pris un par chaque dizaine, en sorte qu'il ne se trouve aucun des chiffres répétés dans l'emploi fait des quatre-vingt-dix nombres.

Lorsque l'on veut jouer, on prend les dix cartons ou tableaux au hasard, un pour chaque ponte, si l'on est neuf personnes, ou plusieurs tableaux, si l'on étoit moins. Mais dans tous les cas, le dixième tableau appartient toujours au banquier, auquel il devient nécessaire pour balancer les risques entre lui & les pontes ; & dans le cas où la compagnie seroit nombreuse, ce qui exigeroit davantage de tableaux, le banquier pourroit les augmenter de dix, & pour lors prendroit deux tableaux au lieu d'un, en observant de prendre son second tableau pareil au premier.

Avant de commencer le tirage, comme à la loterie de France, de cinq numéros seulement, il faut payer au banquier la valeur des neuf tableaux pris par les pontes, à raison de 3 livres pour chaque tableau. Après le tirage fait, le banquier paye aux pontes pour les cinq numéros sortis, savoir pour un extrait ou numéro seul, la même somme de 3 liv. ; pour deux numéros sur un même tableau, faisant un ambe, 12 liv. ; pour trois numéros, *idem*, formant un terne, 27 liv. ; pour quatre numéros ou le quaterne, 48 liv. ; & pour les cinq numéros ou le quine, 75 liv.

On voit aisément que ce calcul a pour base la quantité d'extraits, multipliés par leur nombre.

Il est essentiel d'avertir que, pour gagner un ambe, terne, quaterne ou quine, il faut que la sortie des deux, trois, quatre ou cinq chiffres se rencontre sur les neuf d'un même tableau ; car il ne seroit payé que des extraits, si les numéros sortis se trouvoient portés en nombre seul sur les différens tableaux qu'auroit pris un même ponte.

On conçoit aisément que le tableau du banquier sert à le dispenser du paiement des numéros sortans qui s'y trouvent compris.

Quant au nombre de tirages, il convient que le banquier en fasse trois de suite, après quoi ce sera un autre ponte dans l'ordre agréé par les joueurs avant de commencer.

Ces tirages peuvent s'exécuter avec le sac, la palette & les demi-boules du loto, dont la royale est un abrégé préférable à plusieurs égards :

1°. En ce qu'il se joue à l'argent, & ne peut être sujet à aucun mécompte.

2°. En ce que n'ayant que cinq chiffres à tirer au lieu de dix, il devient bien plus vif, puisqu'en outre il est débarrassé de la répétition quadruple des mêmes numéros, laquelle est toujours pénible.

3°. En ce qu'il s'exécute & finit sans donner lieu à des méprises irréparables des décomptes faits avec des contrats, des jettons & des fiches.

4°. En ce qu'il présente de l'égalité, par le droit de chaque ponte d'être banquier à son tour.

C'est pour soutenir cette égalité que l'on a fixé les paiemens aux taux ci-devant énoncés.

On y voit que l'avantage est combiné entre les pontes & le banquier, puisque les premiers peuvent être remboursés de leur mise par un seul extrait, & que d'autre part il reste à celui qui tient la banque un profit de près de moitié s'il n'a que cinq extraits à payer, & de plus de moitié si quelques-uns des numéros sortis se trouvent sur son tableau : mais aussi le banquier a contre lui l'événement des ambes, ternes & autres chances que l'on estime avoir calculé équitablement dans les évaluations ci-devant établies.

M 2

D'après ce détail, il est clair qu'à quelque
prix que l'on veuille fixer celui des tableaux,
c'est toujours sur le même principe de la valeur
de la première mise, qu'il faut doubler,
tripler, &c. le paiement des chances. En conséquence, il est indispensable, pour conserver
la balance entre les pontes & le banquier,
que l'on paye à celui ci, après chaque tirage;
la valeur convenue pour les tableaux; sans
cela les risques excéderoient pour lui l'avantage qu'il doit trouver par le paiement re-
nouvellé de chaque tableau après la sortie des
cinq numéros. Ainsi, soit que l'on change ou
que l'on garde ses tableaux d'un tirage à l'autre,
ce qui doit dépendre de la décision des
joueurs avant de commencer, la règle de payer
de nouveau après chaque tirage, doit être
observée.

Enfin, il est bien entendu qu'aucune espèce
de convention, même volontaire entre les
joueurs, ne pourra varier qu'après trois tirages
révolus; mais jamais sous la main du banquier, avant que ces trois tirages soient finis.

Autre loterie.

Il y a une loterie où l'on fait deux ou trois
fois autant de billets qu'il y a de personnes
en la compagnie; les trois parts tout au moins
sont écrites; à l'un il y a une chanson, à
l'autre une courante; à l'autre un baiser de
qui on le desirera, & beaucoup d'autres
choses, dont les unes sont agréables & les
autres sont à charge; car celui qui a le billet
de la danse, doit danser quelque courante,
& celui qui en a un de la chanson, doit
chanter, bien que ce soit quelquefois des
personnes qui n'y entendent rien. Voilà comme
on cherche diverses inventions, parmi lesquelles l'on tâche toujours d'introduire le
baiser.

LOTERIE.
Autre jeu de société.

Voyez au mot POULES. (*jeux de*)

LOUP. (*jeu du*)
Règles du jeu.

Ce jeu est composé d'un plateau ou d'un
carton, sur lequel sont trente une cases, où
l'on pose vingt brebis & deux loups.

Les vingt brebis se placent au haut du carton sur les vingt cases opposées à la bergerie
qui est en bas du carton, c'est-à-dire dans la
prairie, laquelle est figurée en haut du carton
ou plateau.

Il reste trois cases vides, savoir les deux
coins & la case du milieu; les deux autres
cases sont occupées par les deux loups qui
gardent l'entrée de la bergerie.

L'on ne peut jouer à ce jeu que deux personnes. Celui qui a les brebis joue le premier,
& va toujours en avant comme au jeu de
dames; il ne peut reculer, mais il peut aller
de côté.

Les loups vont au contraire en avant &
en arrière, & cherchent à se placer de façon
qu'ils puissent passer par-dessus la brebis, s'il
trouve une case vide derrière elle, & la prend.

Si celui qui a les loups manque à prendre
quand il en trouve l'occasion, celui qui a les
brebis prend le loup; cela s'appelle *souffler*,
& joue. Il est bien rare alors que n'ayant
qu'un loup on puisse gagner.

Celui qui a les brebis peut gagner la partie
sans prendre les loups, pourvu qu'il parvienne
à remplir les neuf cases de la bergerie.

Ce jeu se trouve rue des Arcis, magasin de
tabletterie, au Singe vert.

M

MACÉDOINE.

MACÉDOINE.

Jeu de société.

Voyez Poules. (*jeux des*)

MAIN-CHAUDE. (*jeu de la*)

C'est une espèce de Colin-Maillard très-connu, où celui qui fait le Colin-Maillard a la tête appuyée sur les genoux de quelqu'un de la compagnie, & une main derrière le dos, sur laquelle il reçoit d'assez fortes tapes, jusqu'à ce qu'il ait deviné celui ou celle qui les lui a données.

La personne qu'il a nommée le délivre, & prend sa place. Alors le jeu recommence.

MARAUDE. (*jeu de la*)

Règles du jeu.

La maraude se joue avec un jeu de trente-deux cartes.

Chaque joueur doit avoir deux jettons pareils, mais différens de ceux des autres. L'on met au jeu, l'on convient du prix des amendes, & après avoir battu les cartes, chaque joueur en reçoit une. Alors chacun posera l'un de ses deux jettons sur l'endroit où est annoncé cette carte, & l'autre jetton un peu au-dessus. Ce dernier doit rester-là jusqu'à la fin de la partie, qui sera finie lorsque le jetton courant sera venu rejoindre le jetton fixe, & le joueur gagnera tout ce qui sera alors sur le jeu.

Tous les jettons ainsi placés, celui qui a eu la plus forte carte donne à chacun cinq cartes, & la dernière sert d'atout.

Celui qui, dans ses cinq cartes trouvera celle où est son jetton fixe, gagne le prix convenu.

Chacun ayant joué à son tour, cinq levées gagnent le prix convenu, double. Quatre levées, le prix simple. Trois & deux levées ne perdent ni ne gagnent. Une levée paye le prix simple ; & celui qui n'en a fait aucune, paye double.

Notez qu'on peut ne pas forcer en jouant, mais on ne peut renoncer que pour prendre ; qui renonce autrement, paye triple amende.

Enfin l'on va en maraude, c'est-à-dire, le premier en carte compte le premier ses cartes, & suivant leur valeur place son jetton courant, & chacun de même à son tour.

A la rencontre de deux jettons sur un même point, le dernier joué payera l'amende, & doublera son point ; mais si c'est sur sa carte première où est resté son jetton fixe, il ne laissera pas de gagner tout.

L'on peut encore gagner la partie, lorsque dans les cinq cartes qu'on a reçues, se trouvent les quatre cartes de même valeur que celle du jetton fixe : par exemple, qu'il soit posé sur un dix de cœur, les quatre dix font gagner, & ainsi des autres cartes.

Valeur des cartes. — Le roi vaut 4, la dame 3, le valet 2, l'as 1. Les autres cartes ne comptent pas.

MARELLE. (*jeu de*)

Règles du jeu.

Il faut pour ce jeu un plateau quarré, qui a vingt-quatre cases rondes, avec un filet qui conduit de l'un à l'autre.

Il faut dix-huit pions de deux couleurs

différentes, & faits à-peu-près comme les pions d'échecs.

L'on ne peut jouer que deux à ce jeu.

Le premier qui joue, pose un de ses pions sur telle case qu'il veut, & l'autre de même.

C'est un point essentiel de tâcher de gagner trois cases de front, & d'empêcher son adverse partie de les prendre.

Quand vous avez trois cases, vous prenez un des pions de votre adverse partie, celui qui vous paroît lui porter plus de préjudice, & le plus près de prendre trois cases.

Les pions ne peuvent aller qu'en droite ligne, & ne peuvent sauter par-dessus les autres, que lorsque celui qui joue n'en a plus que trois.

Quand l'un des deux n'a plus que trois pions, il a la liberté de sauter, c'est-à-dire, de poser un de ses pions où bon lui semble, & toujours le plus avantageusement qu'il lui est possible pour pouvoir faire ses trois cases de front; de façon qu'avec ses trois pions il peut gagner son adversaire, quand bien même il auroit encore ses neuf pions.

Quand on n'a plus que deux pions on a perdu la partie.

Ce jeu se trouve rue des Arcis, au Singe vert.

MARIAGE. *(jeu du)*

Chacun de la compagnie nomme à une demoiselle celui qu'il veut lui donner pour mari, & parce que cela est dit à l'oreille, elle déclare après, assurément, ceux qu'elle rejette, & même en dit les causes, comme par exemple; *ce premier est de trop grand lieu, il me mépriseroit; celui-là ne m'aimeroit guère lorsqu'il m'auroit, parce qu'il est d'humeur inconstante; cet autre ne se doit point marier, d'autant qu'il est si fort adonné aux affaires qu'il ne songe qu'à cela, & je n'aurois jamais une bonne parole de lui; cet autre aime mieux les livres que les femmes; celui d'après est trop pâle pour se bien porter,* & ainsi des autres. Et lorsque cette fille a dit ceux qu'elle refuse, elle nomme celui qu'elle accepte, & en dit le sujet, & puis on lui ordonne de le baiser en nom de mariage. L'on se donne après la cu-

riosité de chercher qui sont les autres, afin qu'ils aient leur quolibet. Quelquefois elle les nomme, & l'on peut faire aussi qu'un autre qu'elle ayant recueilli les voix, lui dise seulement; *que dites-vous du serviteur qu'un tel vous a donné pour mari?* sans le nommer, & néanmoins si elle le veut refuser, il faut qu'elle lui en dise le sujet à l'aventure. Or, parce que dans ces mariages-là, toutes les filles de l'assemblée trouvent parti l'une après l'autre, il n'y a plus rien à faire après pour les hommes, & l'on ne doit plus s'amuser à leur faire chercher une femme. Si l'on veut une autre fois que le divertissement dépende d'eux, lorsque les filles n'en voudront point prendre la peine, on leur nommera des femmes par le même ordre que l'on donne des maris aux filles, & ils rejetteront celles dont ils ne voudront pas, pour des raisons qui leur sembleront les meilleures qu'ils se pourront imaginer, & qui néanmoins ne désobligeront pas celles qui seront présentes, & qui en pourront avoir connoissance. Ceux qui auront le génie de la raillerie, en diront les plus plaisans sujets, comme si l'on disoit: *Celle-là est trop grande, elle me coûteroit trop à vêtir; ou bien, je craindrois que s'il y avoit querelle entre nous deux, elle ne voulût paroître la plus forte; celle d'après est fort belle; mais ce n'est pas la beauté que je cherche, elle est de trop difficile garde; sa voisine fait trop la savante, elle voudroit être la maîtresse partout.* Ainsi, on les rejette toutes pour quelque sujet, & l'on dit que celle que l'on choisit pour femme, est accomplie en toute sorte de bonnes qualités. On va donc à elle, & l'on vous permet de l'embrasser, & votre mariage continue toute l'après-dînée ou la soirée; mais cela ne se passe guère, sans que les autres dames prennent occasion de railler les hommes sur les prétextes qu'ils ont pris pour ne point épouser quelques-unes d'elles. Or, si le nombre des filles & des femmes d'une compagnie est moindre que celui des hommes, puisque d'une façon ou d'autre, elles doivent toutes avoir leur mari, il faut que ce soit elles qui fassent le jeu, & non point les hommes; au contraire, l'on fera accomplir cela aux hommes lorsqu'ils seront en moindre nombre.

Ce jeu-ci a plus de discours que les autres jeux; mais il n'a pourtant rien de fort difficile, car l'on dit telle raison que l'on veut pour refuſer les partis que l'on vous préſente.

MARIAGES. *(jeu des)*

L'on marie la pierre d'aimant avec le fer, le bœuf ſalé avec la moutarde, la pelle & le fourgon, la poire & le fromage, le bouchon & la taverne, le manche & la coignée, la voix & le luth, un falot & une lanterne, la nuit & le jour, le Pont-Neuf & la Samaritaine, la vertu & l'honneur, & ainſi du reſte, où l'on voit quelques raiſons des mariages entremêlés, leſquelles augmentent le divertiſſement. Or, réduiſant cela en jeu, chacun eſt obligé de dire ſon mariage, & ſi l'on veut, on obſervera de ne point mettre les noms maſculins avec les maſculins, ni les féminins avec ceux de leur même genre, non-ſeulement pour rendre le jeu plus mal-aiſé ; mais afin que les mariages ſemblent très‑convenables. On peut y ajouter la nobleſſe avec la richeſſe, l'eſtropié avec l'aveugle, & le glorieux avec le flatteur. La nobleſſe vient bien avec la richeſſe, parce que l'une fait éclater l'autre : l'eſtropié s'accorde bien avec l'aveugle, puiſque c'eſt un mutuel ſecours, ſuivant l'ancien emblême, d'autant que l'aveugle porte l'eſtropié ſur ſon dos, & l'eſtropié lui montre le chemin : mais il faut préſupoſer que comme l'aveugle a de bonnes épaules, l'eſtropié ait de bons yeux : & pour la compagnie du glorieux & du flatteur elle eſt fort ſortable, à cauſe que le glorieux ſe plaira aux flatteries, & le flatteur ſera fort aiſe d'avoir trouvé un homme qui l'écoute librement, & dont il eſpère de tirer du profit. On peut au contraire ſe figurer des choſes qui ne s'accordent point enſemble, & les nommer par manière de jeu : ſur quoi l'on obligera auſſi chacun à dire la raiſon de la haine & diſconvenance.

MARS ; *(les délaſſemens des élèves de ou nouveau jeu militaire pour apprendre les principaux termes de la guerre.*

Jeu inſtructif.

Ce jeu a été fait pour apprendre les principaux termes de la guerre. Il eſt compoſé,

à l'imitation de celui de l'oie, afin de propoſer une manière de jouer déjà connue de tout le monde.

On joue avec deux dez ordinaires. On convient de ce qu'on veut jouer, & l'on fixe le nombre & le prix des jettons. Le nombre des joueurs n'eſt point limité. Chacun prend une marque particulière pour marquer ſon jeu.

En commençant, chaque joueur jette un dé, & celui qui amène le plus haut point joue le premier, ainſi des autres en ſuivant la droite.

Chacun joue donc à ſon tour une fois ſeulement. On compte les points qu'on amène, chacun les marque ſur le jeu avec ſa marque particulière. Celui qui ſera rencontré par un autre payera, & ira en la place de ſon compagnon, & celui qui arrivera préciſément à la fin du jeu, chiffre 63, gagnera la partie & le jeu ; & s'il fait des points de plus, il retournera d'autant en arrière.

Il faut remarquer qu'on ne peut arrêter à tous les couriers, & l'on comptera toujours le nombre des points du dé que l'on aura amené juſqu'à ce qu'on n'en trouve plus, ſoit en avançant, ſoit en reculant. D'autant que les couriers ſont de neuf en neuf, en multipliant le nombre, on arriveroit au chiffre 63, qui eſt la fin du jeu ; on a réglé pour cet effet, que celui qui, du premier coup amenera neuf, qui ſe fait en deux manières, ſavoir VI & III, ira au camp volant, chiffre 26 ; ou celui qui amenera V & IV, ira à l'aſſaut, chiffre 53.

Mais pour un ordre plus exact, on expoſe ici les règles du jeu militaire dans les XIII articles ſuivans.

Règles du jeu.

Avant de commencer le jeu, il faut régler le prix des jettons & de ce que l'on doit payer aux rencontres & accidens qui ſe trouvent en jouant.

1°. Qui amenera du premier coup, qui ſe fait en deux manières, 6 & 3, ira au camp volant, chiffre 26.

2°. Qui ſera rencontré payera un jetton, & prendra la place de ſon camarade.

3°. Qui ira à 7 où il y a un pont de batteaux, ira à la ſentinelle, chiffre 13.

4°. Qui ira au piquet 12 paye un jetton, pendant que ses camarades joueront une fois.

5°. Qui ira à l'étape, chiffre 14, se reposera pendant que ses camarades joueront deux fois.

6°. Qui ira au prisonnier de guerre, 31, payera deux jettons pour sa rançon.

7°. Qui ira à 34, où est la *contribution*, payera à chacun des joueurs un jetton.

8°. Qui ira à 40, au décampement, retournera au chiffre 29.

9°. Qui ira à la justice militaire, 51, payera un jetton, & restera jusqu'à ce qu'un autre reprenne sa place.

10°. Qui du premier coup amenera 5 & 4, ira à l'assaut, chiffre 53.

11°. Qui ira à l'embuscade, 59, payera un jetton, & recommencera le jeu.

12°. Qui ira aux Invalides, 60, reprendra un jetton dans le jeu, & continuera le jeu à son tour.

13°. Qui ira au déserteur, à 61, payera un jetton, & restera en arrêt jusqu'à ce qu'un autre prenne sa place.

Dénominations des 63 cases.

1. Engagement.

2. Soldats conduits à la garnison, qui est un endroit où l'on met les troupes dans une place.

3. L'exercice. C'est une assemblée de soldats pour apprendre le maniement des armes & leurs devoirs, pour bien remplir leurs services.

4. Campement.

5. Détachement pour servir d'escorte. Ce sont des gens de guerre choisis pour faire une attaque ou une expédition.

6. Marche à l'armée. C'est la sortie des garnisons pour former une armée.

7. Pont de bateaux ou passage des rivières pour passer l'armée.

8. Assemblée de l'armée. C'est donner le signal pour faire ranger les troupes sous les enseignes de l'armée.

9. Le courier de l'armée.

M A R S.

10. La ci-devant maison du roi, composée des gardes-du-corps, gendarmes, chevaux-légers, mousquetaires, gendarmerie, Gardes Françoises, Suisses, &c.

11. La grande-garde. C'est une troupe de soldats d'infanterie & de cavalerie, postés hors du camp, du côté des ennemis.

12. Cavalerie au piquet.

13. Sentinelle; est un soldat piéton posté dans un endroit pour empêcher les surprises.

14. L'étape; est une maison où les soldats logent dans les marches, & sont nourris aux dépens de l'Etat.

15. Revue.

16. Camp. C'est un vaste terrain où une armée se loge, lequel est entouré de fossés qu'on creuse dans la terre.

17. Vedette; est une sentinelle à cheval qui est postée loin du camp, du côté des ennemis.

18. Le courier de l'armée.

19. Le bivac; est l'armée qui a passé la nuit sous les armes, pour n'être pas surprise par l'ennemi.

20. Munition de guerre; est la provision de poudre, plombs, boulets, pontons & autres.

21. Convois.

22. Munition de bouche; est la provision de pain, vin, viande, eau-de-vie, bled, avoine, foins & autres.

23. L'artillerie. Ce sont les canons montés sur leurs affûts, les mortiers, les bombes, & les ustensiles nécessaires pour les servir.

24. Sauvegarde pour la garde des châteaux & églises.

25. Secours; est un renfort de troupes qui vient à une place ou à une armée pour la fortifier.

26. Camp volant; est une petite armée composée d'infanterie & de cavalerie, qui fait plusieurs mouvemens.

27. Le courier de l'armée.

28. L'avant-garde. Une armée se met ordinairement sur trois lignes. La première, l'avant-garde; la deuxième, le corps de bataille; la troisième, l'arrière-garde.

29. Conseil

29. Conseil de guerre ; est une assemblée des chefs d'une armée pour délibérer sur les affaires qui se présentent.

30. Bataille.

31. Prisonniers de guerre faits après la bataille, sont échangés contre d'autres prisonniers, ou se rachettent par argent.

32. La trève ou suspension d'armes, se fait ordinairement après la bataille, pour retirer les blessés & enterrer les morts.

33. Incendie ; dégats.

34. Contribution ; est une taxe que payent les places frontières pour se rachetter du pillage.

35. Parti ; est un corps d'infanterie & de cavalerie qui va à la découverte.

36. Courier de l'armée.

37. Retraite ; est un mouvement que fait une armée pour se mettre à couvert.

38. Prévôt de l'armée ; est un officier qui a l'œil sur la conduite des soldats, & qui les punit quand ils manquent à-leur devoir.

39. Fourrage.

40. Décampement ; c'est la levée d'un camp qui change de lieu.

41. Place investie ; est celle dont les avenues sont occupées par des troupes.

42. Siége.

43. Ligne de circonvallation ; est un grand fossé qu'on fait à l'entour d'un camp.

44. Ligne de contrevallation ; c'est une tranchée entre la ville & le camp.

45. Courier de l'armée.

46. Tranchée ; est un fossé qu'on creuse dans la terre pour couvrir les assiégeans du feu de la place.

47. Pionnier ; est celui qui applanit les chemins pour faciliter la marche des équipages.

48. Batterie de canons & de mortiers.

49. Quartier de réserve, où loge le général.

50. Parc d'artillerie ; est le magasin des armes où sont les provisions du siége, du camp & de l'armée.

Jeux familiers.

51. La justice militaire.

52. Le mineur ; est celui qui travaille sous terre à une mine, pour faire sauter l'ouvrage avec la poudre.

53. L'assaut ; c'est une attaque qui se fait à découvert pour se rendre maître d'un poste.

54. Courier de l'armée.

55. Sortie ; est un effort que font les assiégés pour ruiner les travaux des assiégeans.

56. La chamade ; est un signal que fait l'ennemi par le tambour ou la trompette, pour proposer quelque chose.

57. L'espion.

58. Capitulation ; est un traité fait avec les assiégés, par lequel ils se rendent, moyennant certaines conditions.

59. Embuscade ; est une troupe de gens de guerre cachés, pour surprendre l'ennemi.

60. Les Invalides ; est la retraite des officiers & soldats estropiés.

61. Déserteur ; est un soldat qui quitte son régiment pour aller prendre parti ailleurs.

62. Amnistie ; est un pardon général accordé aux déserteurs, à la charge de rentrer dans le service.

63. Les dignités & récompenses données aux gens de guerre, qui se sont signalés. Fin du jeu.

M É D E C I N. (*jeu du*)

Le jeu du médecin est encore assez gentil. Chacun fait le malade, & le médecin vient qui vous ayant tâté le poulx, & sachant votre mal, vous ordonne un remède convenable, qui peut être, selon l'axiôme qui dit, *que les contraires sont guéris par les contraires*; car si l'on se plaint de froideur, il ordonne des remèdes chauds ; si de trop de travail, il ordonne le repos, réglant cela néanmoins à sa fantaisie : après il dit à qui lui plaît, un tel ou une telle sont malades d'un tel mal, que leur ordonneriez-vous là-dessus ? Il faut se ressouvenir de ce qu'il a dit, ou bien l'on donne un gage.

N

MÉTAMORPHOSES. (les)

Jeu de Société en dialogue.

Mademoiselle DU BOCAGE.

Que vous avez un charmant coufin, ma chère amie ! Il eft unique, fa gaîté eft amufante. Oh ! nous avons bien paffé notre après-midi.

Mademoifelle ROSE.

Il eft vrai que mon coufin a l'heureux talent de plaire à tout le monde, mais je fuis perfuadée qu'il mettroit quelque différence entre votre fuffrage & celui des autres.

Mademoifelle DU BOCAGE.

Le voilà qui vient. Mon Dieu ! qu'il fait chaud aujourd'hui ; la chaleur me porte au vifage.

Mademoifelle ROSE.

Que vous êtes donc rouge, ma bonne amie ?

M. DU FRÊNE.

C'eft que Mademoifelle a beaucoup joué au tiers & à l'anguille. N'auriez - vous pas befoin de prendre quelque chofe avant le fouper. Nous avons apporté de Paris d'excellens firops de grofeille & de vinaigre ; fi vous en defirez, j'irai vous en chercher.

Mademoifelle DU BOCAGE.

Vous êtes bien bon, Monfieur ; je vous fuis infiniment obligée ; nous allons nous repofer. Vous ne connoiffez pas nos petits jeux qui nous occupent tous les foirs avant fouper.

M. DU FRÊNE.

Quand on y met autant d'efprit que je fuis fûr que vous en mettez, je penfe bien que ces jeux-là doivent être charmans. Eh bien ! Mefdames, nous voilà au rendez vous des premiers ; nous vous attendons auprès de la roue d'étourderie.

Madame DU RUISSEAU.

C'eft donc pour mettre les gages ?

Mademoifelle ROSE.

Oui, maman.

Madame DU FRÊNE.

L'invention eft fort bonne ; mais il nous manque quelqu'un.

Madame DE LA HAUTE-FUTAIE.

Il ne manque que M. de la Forêt, qui eft allé dîner ici près chez un de fes amis ; mais il ne tardera pas à revenir, car il eft prefque nuit. Où eft donc Mademoifelle du Ruiffeau.

Madame DU RUISSEAU.

Elle eft dans ma chambre qui achève de défaire nos paquets, car vous favez bien, Mefdames, que des femmes ne peuvent pas voyager, ne fût ce que pour huit jours, fans avoir des paquets.

L'Abbé DES AGNEAUX.

Oui : en arrivant, on paffe deux jours à les défaire ; avant de partir, on eft encore deux jours à les refaire, & on n'a pas le tems de s'ennuyer à la campagne.

Madame DU FRÊNE.

Vous l'avez dit ; il ne faut pas vous dédire.

Madame DU RUISSEAU.

Mais apprenez-nous quelques jeux, vous qui favez fi bien paffer le tems à la campagne, fans vous ennuyer.

M. DU FRÊNE.

Et qui empêchez les autres de s'ennuyer.

L'Abbé DES AGNEAUX.

Moi ! point du tout, Madame ; je ne fais pas plus de jeux que les autres ; chacun ici y met du fien. Ceux qui favent des jeux les font jouer ; nous jouiffons en commun de nos connoiffances réciproques.

Madame DU RUISSEAU.

Savez-vous qu'on nous a beaucoup parlé de vous dans les lettres qu'on nous a écrites?

L'Abbé DES AGNEAUX.

Ces demoiselles sont trop indulgentes.

Madame DU FRÊNE.

Qu'avez-vous donc fait, Mesmoiselles, en revenant de la promenade ? J'ai entendu beaucoup rire dans la cour.

Madame DE LA RIVIÈRE.

Le tems avoit l'air à l'orage, & nous sommes revenues plutôt qu'à l'ordinaire.

Mademoiselle ROSE.

Quand nous avons vu que le tems se soutenoit, nous n'avons pas voulu rentrer, & nous avons joué, en plein air, à des petits jeux d'exercice.

Mademoiselle DE LA HAUTE-FUTAIE.

C'est nous qui avons mis tout le monde en train, en commençant par jouer aux quatre coins.

Madame DE LA HAUTE-FUTAIE.

Oui : l'abbé des Agneaux a dit : tout le monde ne peut pas jouer aux quatre coins ; ce jeu n'occupe pas assez d'acteurs, jouons au tiers ; & nous avons joué au *tiers*.

Madame DU FRÊNE.

C'est fort bien fait ; si je n'avois pas été occupée, je vous aurois prié de me mettre aussi de la partie : je ne cours pas bien fort, mais j'aurois tenu ma place comme une autre.

Mademoiselle DU GAZON.

Eh! voilà M. de la Forêt! Qu'est-ce qui vous avoit donc vu rentrer?

M. DE LA FORÊT.

Ne faites pas attention à moi, s'il vous

plaît ; on parle du *tiers* ; & comme je ne le connois pas, j'attends qu'on en fasse la description.

Madame DE LA RIVIÈRE.

Dites-nous si vous avez fait un bon voyage, & on vous apprendra à jouer au tiers.

M. DE LA FORÊT.

Vous êtes bien bonne, Madame. Mon ami m'a beaucoup grondé de ne lui avoir pas amené quelques personnes de la compagnie. C'est votre faute, vous n'avez pas voulu venir.

M. DE LA RIVIÈRE.

Ah! je n'aurois pas voulu quitter vilainement ces Dames qui sont arrivées hier au soir.

Madame DU RUISSEAU.

Pourquoi donc, ma belle Dame ; il ne falloit pas vous gêner ; par exemple, cette cérémonie-là est déplacée.

M. DU FRÊNE.

Pour moi, je ne m'en plains pas du tout ; je vous conseille, Madame, de faire toujours de la cérémonie, quand il s'agira de nous quitter, à condition que vous n'en ferez pas quand on vous priera de chanter.

M. DE LA FORÊT.

Ces complimens-là sont fort bons, mais ils ne m'apprennent pas à jouer au *tiers*.

M. DU FRÊNE.

On se place en rond, debout, par paquets de deux, ce qui fait qu'en certains pays, on appelle ce jeu, le jeu des *paquets*. Il y a deux joueurs en dehors qui courent l'un après l'autre ; celui après qui le premier court, se place devant un autre paquet ; alors, celui du paquet qui se trouve le troisième, court se placer devant un autre paquet, sans se laisser prendre ; s'il étoit pris, il seroit alors obligé de courir après le premier, qui pour lors se placeroit.

Mademoiselle DE LA HAUTE-FUTAIE.

Toutes les fois qu'il y a trois personnes à un paquet, la troisième est de bonne prise.

Mademoiselle ROSE.

Quand les joueurs sont bien attentifs à leur jeu, on fait rester quelquefois bien long-tems celui qui court après les autres, en se plaçant promptement, avant qu'il ait le tems de prendre.

Le Chevalier ZÉPHIR.

Les personnes qui sont petites & qui se trouvent devant des grandes, ont bien du désavantage, parce qu'elles ne voient pas si on se place devant l'autre, & si elles sont en troisième; & alors, on les prend aisément.

L'Abbé DES AGNEAUX.

Ce jeu ressemble beaucoup à *l'anguille*.

M. DE LA FORÊT.

Je ne connois pas *l'anguille* non plus.

Madame DE LA RIVIÈRE.

On se place en rond également; mais c'est un rond simple; on ne se met pas deux à deux : chacun met une main derrière soi; un des joueurs fait le tour tenant une *anguille*, c'est à dire, un mouchoir roulé qu'il met dans la main de qui il lui plaît. Celui qui a *l'anguille* en frappe son voisin à droite, & le poursuit en le frappant jusqu'à ce qu'il soit revenu à sa première place. Ensuite, celui qui est en possession de *l'anguille*, la donne à qui il veut.

M. DU FRÊNE.

Il faut toujours avoir l'œil au guet, pour prendre la fuite dès qu'on voit *l'anguille* dans la main de son voisin, en courant à sa place, sans avoir reçu aucun coup *d'anguille*.

Le Chevalier ZÉPHIR.

Je trouve que le *tiers* a beaucoup de rapport avec un jeu que nous avons bien joué

au collége, & que nous appellions la *dentelle*. Tout le monde se tenoit par les mains, en s'éloignant l'un de l'autre, autant qu'on le pouvoit. Deux joueurs couróient, & il falloit que le second passât partout où avoit passé le premier. Quand on va un peu vîte, il est difficile de ne pas se tromper.

Mademoiselle ROSE.

Mais ce jeu doit fatigüer les bras.

Le Chevalier ZÉPHIR.

On ne les lève que quand les joueurs veulent passer. D'ailleurs, ce jeu ne se joue qu'au collége.

Madame DE LA RIVIÈRE.

M. du Frêne, vous nous aviez promis de nous faire jouer au jeu des *Métamorphoses*.

M. DU FRÊNE.

Volontiers, Madame; mais tout le monde doit connoître ce jeu. L'abbé des Agneaux voudroit-il sortir un instant.

L'Abbé DES AGNEAUX.

Avec plaisir; mais je reviendrai bientôt.

M. DU FRÊNE.

Quelles sont les fleurs du goût de l'abbé?

Mademoiselle ROSE.

Il aime le réséda & le jasmin.

M. DU FRÊNE.

Eh bien! je métamorphose M. Dubois en réséda, & Madame Dubois en jasmin.

Le Chevalier ZÉPHIR.

Quel jasmin, bon Dieu!

M. DU FRÊNE.

Et vous, Madame, en quoi vous méta-morphosez-vous?

Madame DE LA RIVIÈRE.

En immortelle.

Mademoiselle ROSE.

Et moi, en souci.

Mademoiselle DE LA HAUTE-FUTAIE.

Et moi, en tubéreuse.

M. DU FRÈNE.

C'est assez de quatre fleurs; mais puisqu'en voilà cinq, il faudra bien les prendre, le bouquet en sera plus gros. Appellez l'abbé, s'il vous plaît.

Madame DU RUISSEAU.

Le voilà. Entrez, M. l'abbé; on vous a fait un beau bouquet; vous êtes heureux.

M. DU FRÈNE.

Cinq personnes se sont métamorphosées en tubéreuse, souci, immortelle, jasmin & réséda, pour former un bouquet digne de vous. Que faites-vous de ces fleurs?

L'Abbé DES AGNEAUX.

L'immortelle est une belle fleur, mais elle n'a pas d'odeur; je n'en fais pas grand cas; je la réléguerai dans un coin de ma chambre, où elle fera une triste figure.

M. DU FRÈNE.

C'est Madame de la Rivière qui est métamorphosée en immortelle.

L'Abbé DES AGNEAUX.

Pourquoi donc, Madame, prendre une fleur si triste? Pour le souci, je le foulerai aux pieds.

Mademoiselle ROSE.

Ah! mon Dieu, quel triste sort! C'est moi.

L'Abbé DES AGNEAUX.

J'en suis fâché, Mademoiselle; pourquoi

choisissez-vous la fleur la plus sinistre? Il y en a tant d'autres à choisir. Pour la tubéreuse, n'importe qui, je l'aime assez, mais comme l'odeur est trop forte, je la placerai dans un pot sur ma fenêtre en dehors.

Mademoiselle DE LA HAUTE-FUTAIE.

Et vous ouvrirez quelquefois votre fenêtre pour la voir & respirer son parfum.

L'Abbé DES AGNEAUX.

Certainement.

Mademoiselle DE LA HAUTE FUTAIE.

J'en suis très-flattée; je suis la tubéreuse.

L'Abbé DES AGNEAUX.

Pour le jasmin & le réséda, j'en suis fou; je les unis, parce que leur odeur se marie bien.

L'Abbé PRINTEMS.

Oh! tu as bien raison; ils sont faits l'un pour l'autre.

L'Abbé DES AGNEAUX.

Je les mets à mon côté.

M. DU FRÈNE.

Le jasmin, c'est Madame Dubois, & le réséda, M. son fils. Eh bien! qu'avez-vous donc?

L'Abbé DES AGNEAUX.

Quel énorme bouquet! Je n'aurai jamais la force de le porter. Mais on ne doit pas métamorphoser des personnes qui ne sont pas du jeu; c'est ce qui m'a trompé.

M. DU FRÈNE.

Oh! point du tout: au contraire, sous les noms des plus jolies fleurs, on se plaît à mettre des personnes que l'on ne peut souffrir.

Madame DU RUISSEAU.

Quelquefois, on se change en baromètre ou en papillon, &c. on demande: que faites-vous du papillon ? L'un dit : je lui coupe une patte ; l'autre, je lui arrache une aîle ; enfin, tout ce qui vient dans l'esprit.

Madame DU FRÊNE.

L'Abbé, je vous fais ma confession. J'ai trouvé la porte de votre chambre ouverte, & je n'ai pas pu m'empêcher d'y entrer.

L'Abbé PRINTEMS.

Vous n'avez pas dû la trouver bien rangée.

Madame DU FRÊNE.

Elle étoit à-peu-près comme la vôtre.

M. DE LA FORÊT.

C'est que ces Messieurs ont trop de choses à faire pour bien ranger leur appartement. De grands génies ne s'amusent pas à de pareilles bagatelles.

M. DE LA RIVIÈRE.

Il n'y a que manière d'interpréter les choses, j'ai entendu dire qu'un prieur de religieux alloit de tems en tems visiter les cellules de ses novices. Quand il en voyoit une bien propre & bien rangée, que j'aime, disoit-il, l'ordre qui règne ici ! On voit bien, mon cher confrère, que vous avez soin de l'intérieur comme de l'extérieur. S'il en rencontroit une où tout étoit pêle-mêle, je vous reconnois bien-là, mon cher confrère, s'écrioit-il ; vous négligez l'extérieur pour ne vous occuper que de l'intérieur.

Mademoiselle DE LA HAUTE-FUTAIE.

Il étoit donc toujours content.

M. DE LA RIVIÈRE.

Oui, Mademoiselle ; parce qu'il avoit l'esprit bien fait. Mais, Madame du Frêne, quelle découverte avez-vous faite dans la chambre de l'abbé des Agneaux ? Avez vous trouvé quelque chanson nouvelle ?

Madame DU FRÊNE.

Je me suis bien donné de garde d'examiner les papiers ; j'ai seulement remarqué, avec beaucoup de soin, un oiseau de bois peint en

bleu. Mais, l'abbé, il a un furieux bec, bien pointu ; qu'en voulez vous donc faire ?

Mademoiselle ROSE.

Ma tante, c'est un secret ; vous avez éventé la mèche.

L'Abbé DES AGNEAUX.

Madame, c'est un secret que tout le monde sait ; mon intention est seulement de surprendre M. B.... J'ai attendu que toute la compagnie fût arrivée pour placer cet oiseau. On attache une perche entre deux arbres ; au milieu est une corde qui suspend l'oiseau environ à un pied & demi de la terre. A une distance proportionnée, on place une carte avec un noir, & les joueurs prenant l'oiseau par la queue, lui donnent un certain mouvement qui le renvoie dans la carte. Alors, la tête & le cou de l'oiseau se détachent par le moyen du bec qui s'enfonce dans la carte, & l'oiseau vient retrouver les joueurs.

Madame DE LA RIVIÈRE.

On joue à ce jeu-là comme si on tiroit un prix. Il ne faut ni poudre ni plomb.

L'Abbé DES AGNEAUX.

J'ai mis au haut de la carte ces deux vers, tirés du Conte des Fées, intitulé *l'Oiseau bleu* :

Oiseau bleu, couleur du tems,
Vole à moi promptement.

Mademoiselle DE LA HAUTE-FUTAIE.

Quand cet oiseau sera-t-il donc placé ?

L'Abbé DES AGNEAUX.

Je le placerai demain matin, & nous pourrons y jouer après le déjeûner.

L'Abbé PRINTEMS.

Mesdames, entendez-vous sonner ?

Madame DE LA RIVIÈRE.

Allons souper.

Madame DU RUISSEAU.

Il ne faut pas nous faire attendre.

(*Extrait des Soirées amusantes.*)

MÉTIERS à deviner. (jeu des)

Il y a des jeux où il faut deviner ce que l'on vous veut faire entendre par signes. Je pense que l'on ne se trompera point, si l'on place le jeu des *métiers* à deviner par signes entre les jeux d'esprit, encore que les enfans & les personnes de basse condition le pratiquent quelquefois : car on le rend plus beau selon que l'on est ingénieux à trouver des métiers peu communs, & à en bien former les actions. Il faut aussi beaucoup de vivacité & de connoissance de tous les artifices mécaniques pour les déchiffrer par une vraie explication.

MOTS *difficiles à prononcer*. (jeu des)

Voyez à l'article CLEF DU JARDIN.

MOURRE. (la)

Est un jeu d'exercice & même très-vif, car en Italie où il est fort commun, on y met beaucoup de chaleur & d'activité : il est fort simple & ne consiste qu'à ouvrir la main & puis la fermer, en montrant un nombre de doigts levés ; & il faut deviner si ce nombre est pair ou impair. Il n'est question que de deviner vîte & juste. Les dames le jouent encore quelquefois en Italie, mais il est aujourd'hui presqu'inconnu en France & ailleurs.

On attribue l'invention de ce jeu à la belle Hélène. Il a été connu des Troyens, des Perses, des Grecs & des Romains. Cicéron en fait mention ; mais un trait d'histoire plus moderne concernant la *mourre*, c'est qu'un duc de Nevers, de la maison de Gozangue,

ayant voulu en 1601 établir un ordre dont il se déclara le grand maître, & dont le grand cordon étoit jaune, il recommanda à ses chevaliers de jouer à la *mourre*, comme à un jeu noble, & qui étoit à la mode alors parmi la noblesse françoise. Sur la fin du siècle dernier, ce jeu étoit renvoyé dans l'anti-chambre ; & nous voyons dans une pièce du comédien Baron, des pages & des laquais y jouer.

MUET. (jeu du)

Un homme de la compagnie fort adroit à parler par signes représentera quelque chose à chacun, & punira & récompensera selon qu'on aura bien ou mal expliqué. Dans ce jeu chacun s'adresse à son voisin ; le premier dit sa pensée à l'oreille de celui qui est plus proche, & après, comme le muet, il s'exprime par signes à celui qui est de l'autre côté, sur quoi il faut qu'il dise ce qu'il pense que c'est, & qu'il y réponde ; & ensuite de cela celui qui a parlé par signes, lui dit une autre pensée à l'oreille, qu'il représente encore de même à son voisin ou à sa voisine. Cela se fait de cette sorte consécutivement, & ceux qui manquent à bien expliquer & à bien répondre, sont jugés dignes de punition. Ceci semble plus raisonnable que de s'informer d'un homme sur quelque chose que l'on vous a dite en secret, en lui demandant seulement, *pourquoi*, comme en ce jeu des questions qui est celui de *pourquoi*, & de *parce*, d'autant qu'il y a de trop grands coqs-à-l'âne : néanmoins si l'on fait des signes fort subtils, on ne les expliquera que difficilement, & l'on dira des choses fort extravagantes ; mais de quelque façon que ce soit, l'on ne s'en doit pas plaindre, puisque c'est le dessein que l'on a pour trouver des sujets qui ne manquent point de réjouir les plus mélancoliques.

N

NAIN JAUNE.

Jeu de société.

Voyez à l'article POULES. *(jeux des)*

O

OISEAU BLEU.

OISEAU BLEU. *(jeu de l')*

Voyez à l'article MÉTAMORPHOSES.

ONCHETS. *(jeu des)*

Les *onchets* font des fiches longues & menues de bois ou d'ivoire, parmi lesquelles on distingue des figures qui font différentes des pions, ou des simples fiches. On fait tomber ce faifceau de fiches pêle-mêle fur une table, & avec de petits crochets d'ivoire il faut tirer adroitement le plus de fiches qu'on peut fans les faire remuer, car autrement il faut céder à un autre joueur le droit de tirer ces fiches. Chaque pion compte pour un point, mais les figures, dites le *roi*, la *reine*, le *valet*, & autres comptent chacune un plus grand nombre de points. Celui qui a tiré le plus de fiches ou de points a gagné. C'est un petit jeu pour exercer l'adreffe & la patience des enfans.

On trouve des *onchets*, rue des Arcis, au magafin du Singe vert.

ORGE. *(combien vaut l')*

Jeu de société en dialogue.

Madame DE LA HAUTE-FUTAIE.

Où font donc vos sœurs, ma bonne amie? Il est bien tard; je fuis furprife qu'elles ne reviennent pas.

Mademoifelle DU RUISSEAU.

Madame, elles ont dû aller promener à Lagny.

Madame DE LA HAUTE-FUTAIE.

Et pourquoi n'y avez-vous pas été? Vous ne deviez pas les quitter. Je fais qu'elles font fort bien avec Madame de la Rivière: mais elle n'a pas fur elles l'autorité que doit avoir une sœur aînée. Sans ce vilain cor au pied qui me fait fouffrir, j'aurois été auffi à Lagny; mais je ne puis pas aller fi loin. D'ailleurs, j'ai cru que vous étiez de la partie.

Mademoifelle DU RUISSEAU.

Je fuis reftée dans ma chambre; je me fentois un peu de migraine.

Madame

Madame DE LA HAUTE-FUTAIE.

Tenez, ma bonne amie, je n'ai point foi du tout à ces migraines-là. Vous aviez peut être un peu d'humeur : avouez le fait. Je ne fuis point févère, & je ne cherche point à vous gronder.

Mademoifelle DU RUISSEAU.

C'eft que ce petit chevalier fait toujours la cour à ma fœur Rofe, il lui dit toutes fortes de jolies chofes, & il ne me dit prefque jamais rien.

Madame DE LA HAUTE-FUTAIE.

Eh bien! ma chère enfant, il ne faut pas avoir comme ça de la jaloufie contre fa fœur; c'eft vilain! Mais nous raifonnerons un peu fur cet article un autre jour, car j'entends du bruit dans l'efcalier; c'eft fûrement notre monde qui revient de la promenade. Soyez perfuadée que tout ce que je vous dis eft pour votre bien. Vous n'êtes point ma fille; & fi je vous reprends quelquefois, c'eft que je voudrois que vous fuffiez auffi aimable que vous êtes vertueufe.

Mademoifelle ROSE.

Embraffez moi, ma bonne amie. Comment va votre cor au pied ? Et la migraine, ma fœur ?

Madame DE LA HAUTE-FUTAIE.

Elle va beaucoup mieux, votre fœur.

L'Abbé PRINTEMS.

Comment va cette vilaine tête ? vous fait-elle fouffrir toujours ?

Mademoifelle DU RUISSEAU.

Ça va beaucoup mieux.

Le Chevalier ZÉPHIR.

Ah ! vous avez bien perdu, Mademoifelle, à ne pas venir avec nous. Nous avons d'abord vifité la maifon qu'occupoit à Saint-Denis du Port, M. le Prince. Nous avons vu fon tom-

Jeux familiers.

beau, qui confifte en un beau médaillon qui repréfente ce fameux peintre qu'a fait revivre la main du célèbre Pajou. Il étoit jufte que la fculpture fît reparoître à nos yeux les traits de fa fœur, la peinture.

L'Abbé PRINTEMS.

Avez-vous remarqué les peintures à frefque du fallon ? M. le Prince s'étoit plu à embellir fon habitation. La mort l'a empêché d'achever.

Mademoifelle ROSE.

Il y a encore des panneaux de vides. Comme ce nid de fauvette eft joli, & ce coq qui chante à côté de la poule qui couve; c'eft charmant.

M. DE LA FORÊT.

C'eft petit, mais c'eft bien joli. J'aimerois bien un pareil hermitage.

M. DES JARDINS.

Nous n'avons pas vu aujourd'hui le jardin des Bénédictins ; c'eft dommage, car il eft bien beau. J'aime beaucoup les quatre grandes caiffes qui font fur le pont.

L'Abbé PRINTEMS.

Je n'ai pas engagé ces Dames à y aller; car je crois que les Dames n'y entrent pas aifément.

Mademoifelle DU GAZON.

Tu aurois vu auffi, ma fœur, cette belle fontaine où on baigne ceux qui demandent : *Combien vaut l'orge ?* Je tremblois toujours que quelqu'un de nous ne lâchât cette malheureufe phrafe.

Le Chevalier ZÉPHIR.

C'eft affreux; ces vilaines gens-là font à vous regarder ; il femble qu'ils épient le mouvement de vos lèvres. La police devroit mettre ordre à de pareilles miferes.

L'Abbé PRINTEMS.

Mais pourquoi? quand vous faites une pareille

O

quest'on, vous avez envie de les fâcher, de les humilier, & cette seule envie mérite bien d'être punie.

Le Chevalier ZÉPHIR.

Mais c'est indécent.

L'Abbé PRINTEMS.

Oh ! point du tout. Ils observent toute la décence possible en vous plongeant dans la fontaine.

Le Chevalier ZÉPHIR.

Mais c'est au moins dangereux.

L'Abbé PRINTEMS.

Presque point. Ils attendent que vous n'ayez pas trop chaud ; & en sortant du bain, vous trouvez, dans une auberge, un bon lit bien bassiné qu'ils ont fait préparer à vos frais.

Mademoiselle DU GAZON.

Mais d'où cette coutume - là tire - t - elle son origine ?

L'Abbé PRINTEMS.

Le fameux duc de Lorges, en je ne sais quelle année, faisant le siége de cette ville, dit ; ils me résistent, mais je leur ferai voir combien vaut l'orge ; & depuis ce tems, les habitans de cette ville se croient insultés quand on leur fait cette question.

M. DE LA FORÊT.

J'ai entendu dire qu'il y avoit une ville, dont j'ai oublié le nom, où il étoit défendu de parler d'ânon. Trois jeunes étourdis firent le pari d'en parler en pleine rue, sans craindre aucune punition. Le premier crioit : ma grand-mère est morte ; le second disoit : nous ne la verrons plus ; & le troisième ajoutoit en soupirant : *helas ! non* ; comme s'il eût dit : *& l'ânon*. Ils répétoient ainsi cette farce au milieu des habitans, qui enrageoient, & ne pouvoient se plaindre.

Mademoiselle ROSE.

Mais, à propos de combien vaut l'orge, l'abbé des Agneaux avoit dit dernièrement, en parlant de Lagny, qu'il nous feroit jouer un jeu où l'on dit : *combien vaut l'orge.*

Madame DE LA HAUTE-FUTAIE.

Où est il donc, l'abbé des Agneaux ? Est-ce qu'il n'étoit pas de la promenade ? Vous ne l'avez pas vu, Mademoiselle du Ruisseau ?

Mademoiselle DU RUISSEAU.

Non, ma bonne amie ; quand vous m'avez vue, je sortois de ma chambre.

M. DE LA FORÊT.

L'abbé m'a dit qu'il alloit se promener seul, pour remplir les bouts-rimés que nous lui avons donnés hier à souper. Il les trouvoit plus difficiles qu'à l'ordinaire.

L'Abbé PRINTEMS.

Mais je crois l'entendre. C'est lui qui passe ; appellez-le donc. L'abbé.....

M. DES JARDINS.

Eh bien ! vos bouts-rimés sont ils faits ?

L'Abbé DES AGNEAUX.

Je viens de les finir. Et vous, avez vous fait les vôtres ?

M. DES JARDINS.

Ma foi ; ce n'est que pour demain dîner ; je les ferai ce soir en me couchant.

L'Abbé PRINTEMS.

Ou cette nuit en rêvant, n'est-ce pas ?

L'Abbé DES AGNEAUX.

Et les tiens, toi qui parles si bien ?

L'Abbé PRINTEMS.

Je les ai faits en chemin ; Mademoiselle
du Gazon m'a aidé, & Madame de la Rivière a aidé M. de la Forêt.

L'Abbé DES AGNEAUX.

Je vous en fais mon compliment, Messieurs ;
vous avez des Muses qui font plus propres à
inspirer que les Driades & les Hamadriades
des bois, où je me suis enfoncé pour travailler. M. de la Rivière est dans sa chambre
qui y travaille ; il se donne au diable ; il dit
qu'on n'a jamais donné des bouts - rimés si
baroques ; il ne sait comment faire revenir le
mot calebasse.

Mademoiselle DU BOCAGE.

Messieurs, je viens du sallon. Madame
Dubois est de fort mauvaise humeur : elle
n'a pas voulu être du piquet, & il n'y a
plus de quoi faire sa partie. M. B... voudroit
que quelqu'un se détachât.

Madame DE LA RIVIÈRE.

M. de la Forêt & M. des Jardins pourroient y aller. Vous feriez un wisk ou un
reversi. Si on a besoin de moi, vous me le
ferez dire.

M. DE LA FORÊT & M. DES JARDINS.

Oui, Madame ; mais si on peut se passer
de nous, nous reviendrons bien vîte.

Mademoiselle ROSE.

L'abbé, faites-nous donc jouer à *combien
vaut l'orge ?*

L'Abbé DES AGNEAUX.

Volontiers. Je vais d'abord vous expliquer
le jeu. Il y en a un qui est le maître, & qui
fait des questions ; & c'est moi, s'il vous plaît,
qui ferai le rôle. Les autres ont différens noms
bien singuliers ; l'un s'appelle Pierrot...

L'Abbé PRINTEMS.

Moi, je ferai le rôle de Pierrot.

L'Abbé DES AGNEAUX.

Les autres s'appellent Combien, Comment,
Diable, Peste, Vingt sous, Trente sous, Quarante sous, &c. On invente tous les noms
qu'on veut : dès qu'on s'entend appeller, il
faut répondre : *plaît-il, Maître ?* & alors le
Maître vous demande combien vaut l'orge,
& on répond le prix qu'on veut, vingt sous
ou cinquante sous.

Mademoiselle ROSE.

Je ferai bien le rôle de diable.

Mademoiselle DU RUISSEAU.

Je vous regarderai jouer.

L'Abbé DES AGNEAUX.

Retenez bien vos rôles. Les voici.

L'Abbé Printems,	Pierrot.
Madame de la Rivière,	Combien.
Madame de la Haute-	
Futaie,	Comment.
Le Chevalier Zéphir,	Peste.
Mademoiselle Rose,	Diable.
Mademoiselle de la Haute-	
Futaie,	Vingt sous.
Mademoiselle du Gazon,	Quarante sous.
Mademoiselle du Bocage,	Cinquante sous.
Et moi, Mesdames,	le Maître.

Allons ; attention, s'il vous plaît, je commence. Pierrot ?

L'Abbé PRINTEMS.

Plaît-il, Maître ?

L'Abbé DES AGNEAUX.

Combien vaut l'orge ?

L'Abbé PRINTEMS.

Cinquante sous.

L'Abbé DES AGNEAUX.

Diable.... c'est bien cher. Un gage, Mademoiselle Rose, j'ai fait une petite pause après

le mot Diable. Dès que je le prononce, vous devez dire à l'instant : plaît-il, Maître ?

Mademoiselle R O S E.

Eh bien ! plaît-il, Maître ?

L'Abbé D E S A G N E A U X.

Combien vaut l'orge ?

Mademoiselle R O S E.

Vingt sous.

L'Abbé D E S A G N E A U X.

Ça n'est pas trop cher, vingt sous.

Mademoiselle DE LA HAUTE-FUTAIE.

Plaît-il, Maître ?

L'Abbé D E S A G N E A U X.

Bon ! vous y êtes. Combien vaut l'orge ?

Mademoiselle DE LA HAUTE-FUTAIE.

Cinquante sous.

L'Abbé D E S A G N E A U X.

Peste !.... Combien ?.... Comment ?.... Mais c'est singulier, personne ne répond : en voilà trois d'attrapés. A quoi pensez-vous donc, Mesdames ?

Le Chevalier Z É P H I R.

Madame de la Rivière & Madame de la Haute-Futaie paieront chacune un gage.

Madame DE LA RIVIÈRE.

Et vous aussi, petit *peste*. C'est vous qui en êtes la cause : je ne pensois qu'à votre tranquillité, & je riois de ce que vous ne répondiez pas.

L'Abbé D E S A G N E A U X.

Les distractions viennent souvent à ce jeu-

là de l'attention avec laquelle on suit les distractions des autres ; on est pris dans le moment qu'on se moque des autres. Quand on va vîte & que le Maître fait bien son rôle, c'est prodigieux combien on donne de gages. Le ton interrogatif du Maître fait aussi beaucoup ; car on ne doit répondre qu'au Maître. Quand Mademoiselle de la Haute-Futaie a dit : cinquante sous, Mademoiselle du Bocage n'avoit rien à dire : mais si j'avois répondu : c'est horriblement cher, cinquante sous ! alors, il auroit fallu que Mademoiselle du Bocage dît : plaît-il, Maître.

Madame DE LA RIVIÈRE.

Il est certain que le rôle du Maître est difficile.

L'Abbé D E S A G N E A U X.

Toutes les fois qu'à un jeu il y a quelqu'un qui fait les questions, il lui faut beaucoup d'usage du jeu, beaucoup de connoissance des joueurs, une parole aisée, & surtout des yeux toujours aux aguets, sans que les joueurs s'en apperçoivent. Je ne me pique pas de vous faire jouer supérieurement les jeux que je vous apprends ; mais je fais de mon mieux. D'ailleurs, je me mets à votre portée, & quand vous saurez les jeux, & que nous les jouerons, alors je ferai l'impossible pour vous présenter toutes sortes de difficultés ; on ne fera de grâce à personne. Dans ce moment-ci, je me borne à vous les apprendre : demain, je vous ferai part de mes réflexions sur les commandemens que l'on donne aux gages touchés.

(*Extrait des Soirées amusantes.*)

OSSELETS, ce sont de petits os ou de petits morceaux d'ivoire façonnés en forme d'os, que l'on essaie de faire tenir sur le revers de la main, que l'on jette en l'air, & que l'on retient subtilement sans les laisser tomber à terre ; avec lesquels enfin les écoliers font divers tours d'adresse.

P

PAIR OU NON PAIR.

PAIR OU NON PAIR ; c'est un jeu fort simple. Un des joueurs tient des jettons ou des pièces de monnoie dans la main ; si celui qui devine dit *pair*, & que le nombre soit pair, il a gagné ; mais s'il est *impair*, il a perdu. Les pertes & les gains sont quelquefois très-considérables à ce jeu, surtout lorsqu'on joue ce qu'on tient caché.

PAIX. (*jeu de la*)

Dans ce jeu l'on donne des noms de paix divine, & de paix humaine, d'amitié, de concorde, de fidélité, de charité, de repos, de grace, de salut, & autres semblables. La paix divine étant la supérieure, nomme qui il lui plaît d'entre les hommes ou les femmes pour les joindre ensemble, & leur ordonner de se donner le baiser de paix.

PALET. (*le petit*)

On jette une petite pièce de monnoie, comme un petit écu, qui sert de but. On lance ensuite de plus grosses pièces, comme des écus de six francs, le plus près du but qu'il est possible. Celui qui en approche le plus, gagne un point.

On joue deux contre deux, ou plusieurs, les uns contre les autres. Le joueur habile sait écarter son adversaire en pointant & dégotant son palet qui est près du but, & souvent il a l'adresse de prendre sa place. On convient d'un certain nombre de points qui donne gain à celui ou ceux qui y parviennent les premiers.

PAQUETS. (*jeu des*)

Voyez à l'article MÉTAMORPHOSES

PARQUET. (*jeu du*)

Le *parquet* est une boîte plate, remplie de petits quarrés de bois, qui sont peints des deux côtés, & souvent par moitié de diverses couleurs, sur les deux faces, qui représentent différentes figures. On arrange ces petits quarrés par compartimens les uns à côté des autres, & l'on peut en varier les dessins selon la disposition qu'on veut leur donner. On imite ainsi des parquets d'appartemens ou des pavés de galerie, dont les carreaux sont en marbre de couleur. Il y a des *parquets* qui donnent les moyens de composer des fleurs & des bouquets, & de varier ces dessins à l'infini.

On a aussi imaginé de faire de ces *parquets* composés de lettres mobiles, de chiffres, de notes de musique, &c. avec lesquels on peut écrire, chiffrer ou composer des airs, ce qui peut exercer un élève, & lui donner la facilité de s'instruire en s'amusant.

On trouve beaucoup de ces parquets, rue des Arcis, au Singe vert.

PELERIN. (*jeu du*)

Au jeu du pelerin, l'on raconte tous les dangers qu'il peut courir, & les conseils ou l'aide que l'on lui peut donner, & il demande tantôt du conseil, tantôt de l'aide sur un danger ou sur l'autre. Les dangers sont : *Pays déserts, bêtes cruelles, larrons, précipices, orages.* Les conseils : *N'y allez pas ; changez d'amis ; espérez jusqu'à la mort.* Les aides : *Prenez les armes ; recommandez-vous à Dieu ; je m'en vais vous secourir,* & ainsi des autres. L'on est obligé de répondre aux plaintes du pelerin, selon qu'il les fera, & selon le nom que l'on a pris, en quoi l'on peut faire quelque chose de divertissant.

PETIT BON HOMME VIT ENCORE.
(jeu du)

Voyez à l'article RÉPONSES EN UNE PHRASE.

PEUR. (jeu de la)

Voyez à l'article POULES. (jeux des)

PIED DE BŒUF. (jeu du)

Voyez à l'article RÉPONSE EN UNE PHRASE.

PINCER SANS RIRE.

Jeu de société.

Voyez à l'article ATTRAPE. (jeux d')

PLAIDEURS. (l'école des)

Ce jeu, à l'imitation du jeu de *l'oie*, est pareillement composé de soixante-trois cases marquées sur un carton.

Pendant, est-il dit, que les plaideurs attendent leur procureur, leur avocat ou leur rapporteur dans un anti-chambre, pour ne point perdre patience, ni se décourager en parlant mal de leurs parties, ils pourront se divertir à ce jeu-ci, où ils apprendront bien mieux l'événement de leurs causes, que de la bouche du plus fameux praticien.

Régles du jeu.

Ceux donc qui se trouveront-là après être convenus des droits du jeu, jetteront les dez pour voir à qui jouera le premier, & celui-là ira au nombre 2, où est l'assignation.

Le 2 ira au nombre 3, où est la présentation.

Le 3, s'il se trouve, ira au nombre 4, où est l'intervention en cause.

Et le 4 ira au nombre 5, où est la sommation pour prendre fait & cause.

Le premier payera quatre droits, savoir : pour le papier timbré, pour la peine du procureur qui a dressé l'assignation, pour le sergent & pour le contrôle.

Les trois autres ne payeront qu'un droit, puis chacun à son tour.

On payera à toutes les rencontres du jeu, mais seulement un droit, à moins qu'il ne soit marqué autrement pour les raisons que nous dirons ci-après.

Le plaideur en jouant apprendra, pour son argent, que toutes les rencontres qui sont marquées de la même écriture que l'HOPITAL y conduisent fort directement & sans s'égarer ; & que celles qui sont marquées en autres lettres sont des curiosités assez belles à voir sur le chemin, ou des faux-frais qu'il convient de faire pour y arriver plus vîte, & qui n'entrent pas en ligne de compte.

On paye dix droits pour la sentence, parce qu'il y a sept conseillers, le greffier, le parchemin & le sceau.

Pour l'amende, on paye douze droits, parce qu'elle est de 12 livres.

Pour les petits commissaires, il faut vingt droits, parce qu'il y a ordinairement 20 liv. pour leurs vacations.

Et pour les épices il faut cinquante droits, à bon marché faire, il ne faut qu'un droit à l'arrêt.

Quand on arrive au nombre 58, où est la requête civile, on recommence tout son jeu, parce que par-là on rentre tout de nouveau en procès, comme au premier jour.

Quand on arrive au nombre 35 où est la fête au palais, on y demeure pendant que les autres jouent chacun une fois ; mais quand on arrive au nombre 53 & 61, où sont les vacances & la prison, on y demeure jusqu'à ce qu'on en soit délivré par un autre.

Si vous vous étonnez qu'il faille avoir bien de l'argent, quand ce ne seroit que des doubles pour jouer à ce jeu, songez qu'il en faut encore davantage pour plaider, & d'une autre couleur que celle des doubles. Ainsi, pour bien faire, il faudra prendre chacun beaucoup de jettons qui vaudront en argent, ce qu'on voudra les faire valoir, & que l'on donnera à la fin du jeu; & quoique l'hôpital en soit le terme, cependant je prévois que plusieurs n'auront pas les reins assez forts pour aller jusques-là, & qu'ils se ruineront auparavant; & ceux-là sortiront du jeu n'ayant plus de quoi fournir à l'apointement; & ceux qui iront jusqu'à l'hôpital perdront ce qu'ils auront dépensé sur les chemins, sortiront aussi du jeu, & garderont ce qui leur restera pour avoir quelque douceur en ce lieu de misère. En sorte, que celui qui aura vu ruiner tous ses camarades ou aller à l'hôpital, gagnera tout ce qui sera sur le jeu, quoiqu'il sût demeuré aux vacances ou à la prison, d'où il sortiroit glorieux pour profiter de la perte de ses parties.

Les 4 P, qui composent l'enseigne du Plaideur, signifient Prend Patience, Pauvre Plaideur.

Les dénominations des cases sont assez curieuses pour être ici rapportées.

1. Entrée.

2. *Assignation*, 4 *droits*.

3. Présentation.

4. Intervention en cause.

5. Sommation pour prendre fait & cause.

6. *Vacation*.

7. Enregistrement de la cause.

8. *Bureau du papier timbré*.

9. La barrière des sergens.

10. Appel de la cause par l'huissier-audiencier.

11. *Bureau du contrôle*.

12. Sentence par défaut.

13. Sentence interlocutoire.

14. *Plaideur en colère qui dit qu'il y mangera jusqu'à sa chemise*.

15. *Arrêt par défaut*.

16. Avenir.

17. *Auberge du plaideur à un écu par jour*.

18. Le plaideur & le procureur.

19. Appointé à mettre.

20. *Emprunt d'argent à intérêt par le plaideur*.

21. Arrêt contradictoire.

22. Production.

23. *Régal fait aux clercs du procureur par le plaideur*.

24. Opposition, intervention, compulsion.

25. *Sentence*, 10 droits.

26. Sollicitation.

27. Interrogatoire, enquête, procès-verbal.

28. Signification de la sentence.

29. Appointement en droit.

30. Appointement à l'ordinaire.

31. Appel de la sentence en parlement.

32. Griefs.

33. Réponse de griefs.

34. Relief d'appel.

35. *Fête au palais*.

36. Défenses, répliques.

37. Amende avant de plaider.

38. Belle maison de procureur, bâtie des sottises des fous.

39. Le plaideur vend son bien à vil prix pour plaider.

40. *Commissaires pour examiner le procès, 20 droits*.

41. *Le plaideur gueux qui a mangé jusqu'à sa chemise*.

42. Contredits, salvations.

43. Arrêt équivoque.

44. *Gargotte du plaideur à 5 sous par jour*.

45. Production nouvelle.

46. *Epices*.

47. Enseigne des quatre P P P P.

48. Droit de conseil.

49. Exécution de l'arrêt.

50. Pour l'étiquette.

51. Pour l'audience.

52. Opposition à l'exécution de l'arrêt.

53. *Les vacances du palais*.

54. Commandement.

55. Interprétation d'arrêt.

56. *La femme & les enfans du procureur en prière pour les obstinés*.

P O U L E S. (*les jeux de*)

Jeu de Société en dialogue.

Madame DE LA RIVIÈRE.

Eh bien! l'abbé , l'orage eft-il paffé ?

L'Abbé PRINTEMS.

Ça ne tardera pas. Il commence à tomber quelques gouttes, & la pluie eft ordinairement la fin de l'orage.

Mademoifelle ROSE.

Mais l'abbé des Agneaux fera mouillé. Pourquoi donc ne revient-il pas ?

M. DES JARDINS.

Il eft fur le petit belveder, au bout du quinconce, au milieu des éclairs, à contempler l'orage. Il prétend qu'on court moins de danger en plein air. Il ne reviendra que quand la pluie deviendra férieufe; mais la voilà qui augmente.

Mademoifelle DU BOCAGE.

Auffi le vois-je courir de toutes fes forces.

Mademoifelle DU GAZON.

En voilà pour toute la foirée ; nous ne pourrons pas fortir.

M. DE LA RIVIÈRE.

Il faut renoncer pour ce foir à la promenade.

Le Chevalier ZÉPHIR.

C'eft dommage, car il eft encore de bien

bonne heure ; à peine fortons nous de table. Eh bien! M. l'obfervateur, qu'avez-vous vu ? De quel côté l'orage eft-il tourné ?

L'Abbé DES AGNEAUX.

Vous avez entendu ce grand coup de tonnerre ? Je crois l'avoir vu alors tomber fur le coteau, entre la tour de Montgé & Carnelin.

Madame DE LA HAUTE-FUTAIE.

A quoi allons-nous employer notre après-midi ?

L'Abbé DES AGNEAUX.

Nous pourrions jouer quelques poules.

Mademoifelle DE LA HAUTE-FUTAIE.

Qu'eft-ce que c'eft que des poules ?

Madame DE LA HAUTE-FUTAIE.

Comment, vous ne favez pas ça , ma fille ? Vous en avez pourtant fait bien des fois. On donne à chaque joueur un certain nombre de jettons ; on eft obligé d'en payer à de certains coups, fuivant les règles des différens jeux, & le dernier qui a des jettons gagne la poule, c'eft-à-dire, l'argent que chacun a mis au jeu en commençant.

Mademoifelle DE LA HAUTE-FUTAIE.

Oh! je m'en fouviens, c'eft comme le chat qui dort.

L'Abbé DES AGNEAUX.

Précifément ; mais il y en a bien d'autres ; l'As qui court, la Peur, la Loterie, le Chnif-Chnof-Chnorum, le Trottin, le Domino, le Loto.

Mademoifelle DU GAZON.

Je ne connois pas la poule au loto.

L'Abbé DES AGNEAUX.

On ne pourroit pas y jouer avec des livrets, ni avec les cartons du Loto Dauphin. Il faut de ces anciens cartons à 15 numéros ; à mefure qu'on tire les boules, ceux qui ont les numéros,

méros les couvrent avec des jettons ; & celui qui a rempli le premier ses quinze numéros, gagne la poule. Il peut arriver qu'un même numéro fasse finir deux joueurs ; alors, on partage la poule.

M. DES JARDINS.

Pour moi, je ne puis pas souffrir le loto.

Mademoiselle DU GAZON.

Et vous le jouez tous les soirs à Paris ?

M. DES JARDINS.

Oui ; j'ai une vieille tante qui ne connoît pas d'autres jeux. Elle joueroit au loto depuis le matin jusqu'au soir. Pour moi, j'y joue par complaisance ; ça m'a donné une répugnance pour la loterie : les numéros me sortent par les yeux. Quand par malheur, je passe devant un bureau de loterie, & que je vois les cinq numéros sortis de la roue de misère, je suis prêt à me trouver mal.

L'Abbé PRINTEMS.

Vous êtes bien différent de la plupart des joueurs de loto ; car ce malheureux jeu ne leur a inspiré que trop de goût pour la loterie.

M. DES JARDINS.

Mais je voudrois qu'on m'expliquât pourquoi tout le monde joue au loto, & que presque tout le monde le déteste, excepté ceux qui ne peuvent pas jouer d'autres jeux.

L'Abbé DES AGNEAUX.

Ah ! je vais vous dire le pourquoi. J'ai fait depuis long-tems une comparaison que je crois juste. Il en est du loto, en fait de jeux, comme des ouvrages de littérature, en fait de livres ; je m'explique : qu'on fasse un livre sur la chimie, sur l'astronomie, sur la peinture, la sculpture, &c. Il n'y aura que les connoisseurs, les amateurs & les artistes qui le liront, qui le décideront, qui le critiqueront. Que l'on joue au reversi, au wisk, au tresset, au piquet, &c. Il n'y aura que ceux qui connoissent ces jeux qui y joueront, ou qui regarderont jouer, pour décider des coups

bien ou mal joués. Si on fait un ouvrage de littérature, comme on croit qu'il ne faut que de l'esprit pour en juger, tout le monde voudra être juge, parce que tout le monde a des prétentions à l'esprit, & tout le monde jugera impitoyablement bien ou mal le malheureux auteur qui aura joué à l'esprit. Par une raison qui me paroît semblable, tout le monde joue au loto, parce qu'il ne faut à ce jeu que du bonheur, & que tout le monde a des prétentions au bonheur. Tout le monde joue au loto, les uns perdent, les autres gagnent, parce que les uns ont du bonheur, & que les autres n'en ont pas : & tout le monde juge des ouvrages de littérature, les uns bien, les autres mal, parce que les uns ont de l'esprit, & que les autres n'en ont pas.

Madame DE LA RIVIÈRE.

Je n'aime pas qu'on fasse le procès au loto ; il est d'une grande ressource ; il réunit beaucoup de monde ; il est à la portée de tous les joueurs ; il n'est pas, d'ailleurs, sans intérêt ; il ne demande pas de contention d'esprit, & on est bien aise de le jouer quand on s'ennuie des autres jeux.

L'Abbé DES AGNEAUX.

Et on lit quelquefois de petits ouvrages de littérature pour se désennuyer.

Madame DE LA RIVIÈRE.

Très-souvent, on s'ennuie en les lisant.

L'Abbé DES AGNEAUX.

Très-souvent, on s'ennuie aussi en jouant au loto. Au reste, Madame, ce n'est pas que je haïsse le loto, car je trouve que tous les jeux ont leur mérite, comme je l'ai déjà dit. On peut cependant réunir aussi beaucoup de monde au chat-qui-dort, au trottin, & à tous ces jeux que je vous ai indiqués, & dont je vous apprendrai les règles, si vous ne les connoissez pas. Ce qui fait que le loto durera plus long-tems que les autres, c'est qu'on s'en souvient quand on voit les cartons de ce jeu, au lieu que les autres jeux s'échappent de la mémoire, & on ignore non seulement leurs règles, mais encore même leurs noms. Je voudrois donc, dans un sallon de jeu, avoir un petit tableau où seroient tous les noms de ces jeux, & j'attacherois, à côté, un petit cahier où je ferois copier toutes les règles de ces jeux.

Madame DE LA RIVIÈRE.

Vous avez raison : au moins, on s'en souviendroit, & on les joueroit quand on le voudroit.

M. DE LA RIVIÈRE.

Pour la poule au domino, c'est comme si on y jouoit à la partie, excepté qu'on est beaucoup, au lieu d'être deux. Il n'y a pas de combinaison, par exemple, l'abbé.

L'Abbé DES AGNEAUX.

Non, sûrement.

M. DE LA RIVIÈRE.

C'est le premier qui n'a plus de dez qui gagne ; ou si le jeu est fermé, c'est celui qui a le moins de points.

Le Chevalier ZÉPHIR.

Et le *chat qui dort* ? Je ne l'ai jamais joué.

L'Abbé DES AGNEAUX.

On prend une carte de plus qu'il n'y a de joueurs ; celui qui distribue les cartes, en donne une à chaque joueur ; il prend pour lui l'avant dernière, & met la dernière dans le milieu de la table : c'est cette carte qui est le chat ; celui qui est à la droite du joueur qui a donné les cartes, dit : qu'une telle carte parle. Je suppose que Madame de la Rivière dise : que le valet parle ; si Mademoise Rose a le valet, alors, elle le montre, & elle nomme la carte qu'elle veut faire payer ; le roi, par exemple : alors, si le chevalier a le roi, il paye un jetton à la poule. Madame de la Rivière ayant dit que le valet parle, si le valet est la dernière carte, alors, elle a réveillé le chat, & elle paye un jetton ; de même que Mademoiselle Rose en paieroit un, s'il arrivoit que le roi qu'elle a désigné pour payer fût le chat. Soit qu'on dise de parler ou de payer, il ne faut jamais réveiller le chat qui dort, parce qu'il en coûte toujours.

Le Chevalier ZÉPHIR.

C'est apparemment ce jeu là qui a donné naissance au proverbe : ne réveillez pas le chat qui dort.

L'Abbé DES AGNEAUX.

Ou le proverbe qui a donné naissance au jeu. A mesure qu'il meurt un joueur, on ôte une carte ; & quand on n'est plus que deux il n'y a plus que trois cartes ; alors, celui qui donne a l'avantage, parce que l'autre, en nommant une carte pour parler, peut nommer le chat, ou bien il peut être nommé pour payer : celui qui donne ne court qu'un risque, & l'autre en court deux.

Le Chevalier ZÉPHIR.

Et *l'as qui court*, comment le joue-t-on ?

L'Abbé DES AGNEAUX.

On prend un jeu de carte entier ; on donne une carte à chacun : le premier, qui est à côté de celui qui a donné, s'il n'est pas content de sa carte, la change avec son voisin ; le voisin avec le suivant, ainsi de suite, jusqu'à celui qui a donné ; après quoi on retourne les cartes, & la plus basse paye un jetton ; est la plus basse. Si j'ai un as, que je le donne à mon voisin, & qu'il m'en rende un, alors, je paye, parce que c'est la première des plus basses cartes qui paye. Quelquefois, on change un deux pour un as, un trois pour un deux. Alors, celui qui a donné une carte inférieure à celle qu'il a reçue, doit s'y tenir ; s'il a donné un deux pour un trois, il risqueroit en changeant son trois avec son voisin, de trouver un as ; au lieu qu'en disant : je m'y tiens, & en ne changeant point, il est sûr de ne pas payer. On ne peut pas obliger ceux qui ont des rois de changer ; ceux qui en ont peuvent même s'ils le veulent, les découvrir tout de suite. L'as revient souvent à celui qui a donné les cartes, à moins qu'il ne soit arrêté dans sa course par un roi ; alors, celui-ci peut, quand il n'est pas content de sa carte, en tirer une autre du jeu. Dans plusieurs pays, le roi renvoie à l'as ou à la plus basse ; c'est à dire qu'en tirant un roi, on revient à la carte qu'on avoit, le tout dépend des conventions qu'on fait en se mettant au jeu.

Mademoiſelle DE LA HAUTE-FUTAIE.

Pour le jeu de la *peur*, tout le monde le connoît.

Le Chevalier ZÉPHIR.

Il eſt bien ſimple, & aſſez amuſant.

Mademoiſelle DU BOCAGE.

On prend un jeu de cartes; on le met ſur la table, en l'é alant bien; quelqu'un nomme la *peur* le valet de cœur, par exemple : chacun prend une carte à ſon tour; la première ou la dernière du bas, n'importe; celui qui prend le valet de cœur paye un jetton à la poule, & nomme la carte qu'il veut pour la *peur* du coup ſuivant.

L'Abbé PRINTEMS.

J'ai vu quelquefois la première perſonne prendre la carte nommée.

L'Abbé DES AGNEAUX.

Et moi, j'ai vu la *peur* être la dernière carte; & une fois j'avois eſcamoté la carte que j'avois nommée pour être la *peur*, de façon qu'on eut peur juſqu'à la fin, mais c'eſt défendu, car ça allonge bien le jeu.

Madame DE LA RIVIÈRE.

J'ai beaucoup entendu parler de *chnif-chnof chnorum*; mais je ne l'ai jamais joué.

Mademoiſelle DE LA HAUTE-FUTAIE.

Ce nom eſt bien dur & bien difficile.

L'Abbé PRINTEMS.

On ne le prononce jamais en entier; le premier dit chnif, le ſecond chnof, le troiſième chnorum.

Mademoiſelle DE LA HAUTE-FUTAIE.

Mais ça n'apprend pas le jeu.

L'Abbé DES AGNEAUX.

Patience, je vais vous l'expliquer. On a

un jeu de cartes entier; on diſtribue les cartes à tous les joueurs, de manière qu'il en reſte le moins poſſible. Le premier joue une carte : ſi le ſecond en a une pareille, il la joue, & dit chnif; alors, le premier paye un jetton à la poule. Si le troiſième en a auſſi une pareille, il la joue toujours devant lui, & dit chnof : alors, le ſecond qui eſt chnof, paye deux jettons à la poule. Enfin, ſi par haſard, ce qui eſt fort rare, le quatrième avoit dans ſon jeu la quatrième carte pareille, il la joueroit, & le troiſième, qui ſeroit chnorum, payeroit deux jettons à la poule, & deux jettons à celui qui l'auroit fait chnorum.

Mademoiſelle DE LA HAUTE-FUTAIE.

Mais ſi je n'ai pas une carte pareille à celle qu'on a jouée avant moi.

L'Abbé DES AGNEAUX.

Alors, vous jouez celle que vous voulez.

L'Abbé PRINTEMS.

Et il eſt de votre intérêt de jouer celles que vous pourriez avoir doubles ou triples, parce qu'alors vous ne craignez pas d'être chnif.

Le Chevalier ZÉPHIR.

Mais ſi je voyois dans la main de ma voiſine une dame, & que j'en aie une, je me garderois bien de la jouer.

L'Abbé DES AGNEAUX.

Auſſi eſt il bien eſſentiel de ne pas laiſſer voir ſon jeu, & de ne pas montrer les cartes en les donnant.

Madame DE LA RIVIÈRE.

C'eſt à-peu près la règle de tous les jeux.

L'Abbé DES AGNEAUX.

Il eſt encore fort intéreſſant de remarquer bien les cartes qui ſont paſſées, & de jouer de préférence celle dont les pareilles ſont déjà tombées.

L'Abbé PRINTEMS.

De tous les jeux de poules, celui que j'aime

le mieux, c'est le *trottin*, parce que quand on est mort, on a espérance de revivre.

M. DE LA RIVIÈRE.

M. l'abbé aime les jeux où l'on meurt pour revivre.

L'Abbé PRINTEMS.

Je ne m'en dédis pas.

Mademoiselle DU BOCAGE.

Allons, expliquez-nous donc comment on joue le *trottin*.

L'Abbé PRINTEMS.

On a un dé de trictrac avec un cornet; après l'avoir bien remué, on jette le dé sur la table; si on amène un, on paye un jetton à son voisin; si on amène deux, on donne deux jettons à son second voisin; & trois à son troisième voisin, si on amène trois; quatre & cinq sont les bons points, on n'a rien à payer : au point de six, on paye un jetton à la poule; c'est ce point qui avance le jeu, s'il arrive souvent. Dans le cas où le jeu paroîtroit trop long, on peut convenir qu'au point de cinq, on payera aussi un jetton à la poule.

L'Abbé DES AGNEAUX.

Il est aussi simple de prendre moins de jettons pour chaque mise en se mettant au jeu; car c'est la mise qui décide la longueur de ces jeux-là. Il faut cependant remarquer qu'à l'as qui court & au chat qui dort, on ne paye un jetton qu'en un tour, au lieu qu'on en peut payer davantage au trottin & au chnif-chnof-chnorum. La longueur de ces jeux dépend des événemens.

M. DE LA RIVIÈRE.

Et comment est-on ressuscité, à ce jeu-là?

L'Abbé PRINTEMS.

C'est tout simple; je suppose que vous soyez le troisième après moi, & que vous n'ayez plus rien, j'amène trois; je vous donne trois jettons, & vous revivez alors. Si je n'en

ai que deux, je vous fais banqueroute d'un jetton.

M. DE LA RIVIÈRE.

Ah! oui, j'entends; c'est fort clair; on meurt quand on n'a plus rien, & on revit quand on a quelque chose; c'est tout simple.

L'Abbé PRINTEMS.

Mais sûrement, c'est tout simple; vous avez beau rire.

Mademoiselle DE LA HAUTE FUTAIE.

Ce jeu doit être fort amusant à la fin, où il y a beaucoup de morts.

Mademoiselle DU GAZON.

Et beaucoup de mourans.

L'Abbé DES AGNEAUX.

Aussi, quand on fait une macédoine, on fait bien de finir par celui-là.

Mademoiselle DE LA HAUTE-FUTAIE, & le Chevalier ZÉPHIR.

Qu'est ce que c'est qu'une *macédoine*?

L'Abbé DES AGNEAUX.

C'est quand on fait une poule composée de plusieurs jeux; par exemple, on fera deux tours de chat qui dort, deux d'as qui court, deux de peur, deux de chnif, & on finira par un trottin. C'est-là ce qu'on appelle une macédoine. J'ai vu ce nom-là, pour la première fois, dans ce fameux livre des liaisons dangereuses.

Madame DE LA RIVIÈRE.

Vous nous avez parlé, l'Abbé, de la *loterie*; expliquez nous donc un peu ce jeu?

L'Abbé DES AGNEAUX.

Ce n'est pas positivement un jeu de poule, mais il est fort amusant. On prend chacun un certain nombre de fiches & de jettons; & quand on se retire, on paye ce qu'on a de

moins que fa mife, comme quand on a joué
au trente & quarante & au vingt-un fans
argent.

L'Abbé PRINTEMS.

J'aime mieux jouer à ces fortes de jeux-là,
fans argent, parce que les fiches & les jettons
ont la valeur qu'on veut leur donner, & on
n'a pas befoin d'avoir toujours de la monnoie
fur foi ; c'eft bien plus commode.

L'Abbé DES AGNEAUX.

On prend deux jeux de cartes entiers ; on
bat, on fait couper ; enfuite, on fait tirer
trois cartes par trois perfonnes qui ne les re
gardent pas, ne les font voir à perfonne,
& les placent dans le milieu de la table : fur
la première, chaque joueur met trois jettons,
deux fur la feconde, & un fur la troifième.
Ces cartes font autant de lots, on laiffe de
côté ce jeu dont on a tiré les trois cartes,
on prend le fecond jeu, & on le diftribue
carte par carte à chaque joueur. Celles qui
reftent fe vendent aux joueurs qui les defirent,
& le produit de cette enchère fe divife fur
les lots. Toutes les cartes du fecond jeu ainfi
diftribuées, celui qui a donné les cartes prend
le premier jeu dont on a extrait les trois lots,
& il les découvre l'un après l'autre, en les
nommant. A mefure qu'elles font nommées,
ceux qui ont les pareilles dans leurs jeux les
rendent, & on les met en tas, à côté de
l'autre jeu ; fur la fin, les dernières cartes ont
plus d'efpérance aux lots, & fouvent on les
achete. Une carte dont on n'auroit donné
que trois ou quatre jettons vers le milieu du
coup, vaut trois ou quatre fiches lorfqu'il
n'y a plus que cinq ou fix cartes & que les
lots font forts. Si les cartes qui font reftées
en donnant n'ont point eu de débit, alors,
on les met à part ; fi elles contenoient quelque
lot, ce lot deviendroit double pour le coup
fuivant. Quand toutes les cartes ont été appellées, il n'en doit plus refter que trois dans
les mains des joueurs ; on les découvre, &
chacun s'empare du lot qui eft fur la carte
pareille à celle qui lui refte dans la main, à
moins, comme je l'ai déjà dit, que les cartes
pareilles à celles des lots ne foient reftées à
l'écart, & que perfonne n'ait voulu les
acheter. Communément, on ne doit pas les
vendre moins que les autres cartes, n'ont coûté

aux joueurs ; fi les joueurs ont trois cartes, par
exemple, comme ils ont mis fix jettons fur les
lots, on ne doit pas vendre les cartes de
l'écart moins de deux jettons. S'il y a concurrence, on les vend le plus qu'on peut.

M. DE LA FORÊT.

Sur la fin du coup, quand les joueurs fe
vendent leurs cartes, c'eft fans doute à leur
profit.

L'Abbé DES AGNEAUX.

Très-certainement ; ils les ont achetées,
elles leur appartiennent bien légitimement.
D'ailleurs ils courent une chance ; ils peuvent
vendre une fiche, une carte qui gagnera un
lot de cinq ou fix fiches.

M. DES JARDINS.

Dans ce commerce-là, les actions vont
toujours en augmentant jufqu'à la fin. Mais
je voudrois favoir à quoi fervent ces dez que
je vous ai vu hier au foir, & qu'on vous a
envoyés de Paris.

L'Abbé DES AGNEAUX.

Ce font des dez de ferme. Tenez, les voilà,
juftement ; je les ai fur moi ; nous pourrions
jouer à la *ferme*.

Madame DE LA RIVIÈRE.

L'abbé eft un vrai philofophe ; il porte
tout avec lui. Mais comment joue-t-on à la
ferme ?

L'Abbé DES AGNEAUX.

On commence d'abord par mettre la ferme
à prix, c'eft-à-dire, que l'on offre trente,
quarante, cinquante ou foixante jettons, pour
avoir le droit d'être fermier. Alors, on met
au jeu le prix de la ferme ; le fermier joue
le premier, & il retire autant de jettons qu'il
a amené de points ; les autres joueurs de
même.

Mademoifelle DE LA HAUTE-FUTAIE.

Mais comme il n'y a qu'une des fix faces
des dez qui foit marquée, il doit arriver
fouvent que tous les dez jettés fur la table

soient du côté blanc, & ne marquent aucuns points.

L'Abbé DES AGNEAUX.

C'est ce qu'on appelle chou-blanc ; ce qui arrive très fréquemment. Alors, on donne un jetton à la ferme & un au fermier ; quelquefois, on donne deux jettons au fermier, & rien à la ferme. Le tout dépend des conventions. Quand le fermier amène chou-blanc, il ne lui en coûte rien.

Mademoiselle DE LA HAUTE-FUTAIE.

Mais c'est avantageux d'être fermier.

L'Abbé DES AGNEAUX.

Oui ; mais il en coûte le prix de la ferme, que le fermier paye seul ; quelquefois, on convient que chacun aura la ferme à son tour, moyennant un certain prix que l'on fixe ; sinon, c'est le dernier enchérisseur qui est fermier. S'il arrive beaucoup de chou-blanc, & que la ferme dure long-tems, le fermier retire ses fonds, & y gagne même encore.

Mademoiselle DE LA HAUTE-FUTAIE.

Qu'est-ce qui fixe la durée de la ferme ?

L'Abbé DES AGNEAUX.

La ferme dure tant qu'il y a de jettons au jeu ; s'il n'en reste plus que cinq, & que vous ameniez douze, vous payez sept jettons à la ferme, & toujours un au fermier. Pour finir la ferme, il faut amener juste autant de points qu'il y a de jettons : c'est pourquoi, sur la fin, le fermier peut ne pas jouer, parce qu'il pourroit finir la ferme, & qu'il est de son intérêt qu'elle dure long tems. Les six dez marqués seulement sur une face des numéros 1, 2, 3, 4, 5 & 6 forment vingt-un points. Il y a des endroits où on convient que quand on amenera vingt-un, on emportera tout ce qui est au jeu, & on peut aisément faire cette convention, car il est bien rare que ce coup arrive.

L'Abbé PRINTEMS.

Je l'ai vu arriver quelquefois.

L'Abbé DES AGNEAUX.

C'est vrai, mais c'est bien rare ; tu as amené deux fois vingt un à la campagne de Madame *** ; t'en souviens-tu, l'abbé ? Il faisoit un tems affreux ; nous avons passé l'après-midi à jouer à la ferme & au nain jaune.

Madame DE LA RIVIÈRE.

N'y joue-t on pas avec des cartes, au *nain jaune* ?

L'Abbé PRINTEMS.

Oui, Madame ; ce jeu ressemble beaucoup à la comète. Tout le monde connoît la comète ; il faut un tableau particulier pour jouer au nain-jaune.

L'Abbé DES AGNEAUX.

Je crois qu'il y en a un ici ; j'ai fureté dans tous les coins, & j'en ai trouvé un vieux. D'ailleurs, si on ne le retrouvoit pas, il est bien aisé d'en faire un.

Madame DE LA RIVIÈRE.

N'auriez vous pas trouvé aussi un jeu d'oie. Je suis comme Hector, j'aime les jeux où l'esprit se déploie.

L'Abbé DES AGNEAUX.

Justement, Madame ; j'en ai trouvé un vieux qui est relégué dans la cuisine ; les domestiques ne veulent plus y jouer ; il n'y a plus que la relaveuse de vaisselle, qui, dans les beaux jours de fêtes, invite quelques unes de ses amies du village à venir la voir : elle tient salon dans la cuisine ; on fait une partie d'oie, & on s'en va fort content de lui avoir fait passer la soirée agréablement ; elles ne connoissent pas le loto-dauphin. Mais, de bonne foi, croyez-vous qu'il n'y ait pas autant de combinaison & d'effort d'esprit dans le jeu d'oie que dans le loto-dauphin ? Allez, Madame, tout est de mode. Si on jouoit l'oie à la cour, il n'y a pas de petit-maître qui voulût passer sa journée sans faire au moins une partie d'oie.

Madame DE LA RIVIÈRE.

Ah! voilà le chevalier qui apporte le tableau du nain-jaune.

L'Abbé DES AGNEAUX.

Vous voyez que sur ce tableau on a mis le roi de cœur, la dame de pique, le valet de treffle, le dix de carreau, & dans le milieu, la *Folie*, repréſentant *Lindor*, tenant dans ſa main le ſept de carreau. Ce jeu s'appelle *Lindor*, ou *Nain-Jaune*; chaque joueur met, à chaque coup, ſur le dix de carreau, un jetton; ſur le valet de treffle, deux; ſur la dame de pique, trois; ſur le roi de cœur, quatre; & ſur Lindor, qui eſt le ſept de carreau, cinq. On convient, en commençant, de la valeur des jettons. Pour ce jeu, on ſe ſert d'un jeu de cartes entier; c'eſt le premier roi qui fait; l'as eſt la plus baſſe carte; elle ne vaut qu'un point, & les figures dix. A ce jeu, on ne peut être moins de trois, ni plus de huit joueurs. Les cartes ſe diſtribuent ſuivant le nombre des joueurs.

Nombre	*Nombre*	*Il en reſte*
de joueurs.	de cartes.	au talon,
à 3	. . 15	 7
à 4	. . 12	 4
à 5	. . 9	 7
à 6	. . 8	 4
à 7	. . 7	 3
à 8	. . 6	 4

Si je ſuis le premier, je joue un, deux, trois, plus ou moins, ſuivant le nombre des cartes que j'ai de ſuite, ſans qu'elles ſoient de la même couleur, car, à ce jeu-là, l'on peut mettre le deux de cœur ſur l'as de treffle, ainſi des autres, ſans diſtinction. Si je joue un, deux, trois, & que je n'aie point de quatre, je dis, en jouant, trois ſans quatre; celui qui eſt après moi met un quatre s'il en a un, & continue à mettre ce qui ſuit dans ſon jeu; s'il ne peut mettre plus haut que quatre, il dit de même, quatre ſans cinq ou cinq ſans ſix, ainſi du reſte, tant que l'on peut ſuivre, & ainſi de main en main; celui qui a mis un roi, recommence par où bon lui ſemble.

M. DU FRÊNE.

Il eſt bon de remarquer qu'il faut ſe défaire toujours des plus baſſes cartes; ſur tout quand on n'a pas le rois, parce qu'on n'a pas d'occaſions de pouvoir, dans le courant du jeu, ſe défaire des baſſes cartes.

L'Abbé DES AGNEAUX.

On le peut cependant quelquefois. Si je dis ſept ſans huit, & que perſonne n'ait de huit, alors, je recommence par où je veux, & je puis jouer un, deux, trois, quatre & cinq, & me débarraſſer ainſi de toutes mes cartes.

M. DU FRÊNE.

Mais c'eſt fort rare, & il ne faut pas s'attendre à cet événement; il eſt vrai qu'il peut y avoir deux ou trois huit au talon, & s'il en eſt paſſé un, alors votre ſept vaut un roi; car il y a dans ce jeu un peu de combinaiſon.

Madame DE LA RIVIÈRE.

Mais qu'eſt-ce qui fait que l'on gagne?

L'Abbé DES AGNEAUX.

Celui qui, en jouant, ſe débarraſſe de toutes ſes cartes, eſt celui qui gagne. Alors, chaque joueur lui donne autant de jettons qu'il lui reſte de points dans la main. L'as, comme je vous ai déjà dit, ne compte qu'un point; le ſept, ſept points, le neuf, neuf points, &c. & les figures dix.

Mademoiſelle DE LA HAUTE FUTAIE.

Mais ſi on finiſſoit de bonne heure, on gagneroit bien des jettons.

L'Abbé DES AGNEAUX.

Quand toutes les cartes qui ſont dans les mains du premier joueur ſe ſuivent, cela s'appelle *grand opéra*, il ramaſſe tout ce qui eſt ſur le tableau, & chaque joueur lui donne autant de jettons qu'il a de points dans la main.

M. DU FRÊNE.

Si en jouant je mets la dame de pique, je prends ce qui est dessus.

Le Chevalier ZÉPHIR.

Et si on l'oublioit ?

M. DU FRÊNE.

Ce seroit autant de perdu ; c'est comme au reversi ; quand on place le quinola , & qu'on oublie la bête, alors elle reste.

Mademoiselle DE LA HAUTE-FUTAIE.

Mais s'il me reste dans la main le roi de cœur ?

M. DU FRÊNE.

Vous payez au tableau la bête de ce qui étoit sur le roi de cœur & sur les autres cartes qui vous restent. Aussi est-il fort intéressant de se défaire d'abord des cartes pareilles à celles qui sont sur le tableau.

L'Abbé DES AGNEAUX.

Oui; si l'on dit six sans sept , & que ce soit à vous à jouer , & que vous ayez dans la main le sept de carreau & un autre , il faut de préférence mettre le sept de carreau. Si vous avez un roi, après l'avoir jetté, comme il vous est libre de commencer par où vous voulez , vous pouvez jouer sept de carreau sans huit , surtout si le sept de carreau est bien chargé ; car il vaut mieux qu'il vous reste dans la main deux grosses cartes dont vous auriez pu vous défaire , & qui ne vous feront payer que dix-neuf ou vingt points , que le sept de carreau qui vous en fera d'abord payer sept , & ensuite tous les jettons qui sont dessus.

Madame DE LA RIVIÈRE.

Ah ! je comprends bien à présent le jeu du nain jaune ; je pourrois le jouer.

Madame DU RUISSEAU.

Eh bien ! Madame, nous pourrons le jouer demain. Comme il ne faut pas être beaucoup, les autres joueront aux échecs, aux dames françoises & polonoises, & nous nous

arrangerons de façon que personne ne soit oisif.

Madame DU FRÊNE.

Puisque vous aimez le jeu du nain-jaune , je vous en apprendrai un , Madame, qui lui ressemble beaucoup, & qui peut avoir été calqué dessus ; on l'appelle le jeu du *triolet*, ou *des trois valets*.

L'Abbé DES AGNEAUX.

J'aime autant les petits jeux de poules qui peuvent réunir beaucoup de monde, que le vingt-un , le trente & quarante.

Madame DU FRÊNE.

Au moins , leur diversité est amusante ; & on peut jouer long tems à ces jeux-là sans s'ennuyer.

Le Chevalier ZÉPHIR.

Surtout quand le tems est tourné tout-à-fait au mauvais, comme aujourd'hui; car je crois que si nous restions encore demain ici, nous ne pourrions pas nous promener , & nous serions trop heureux d'avoir recours à tous ces petits jeux là.

L'Abbé PRINTEMS.

C'est donc demain qu'il faudra nous séparer ! J'ai envie de pleurer comme Mademoiselle de la Haute-Futaie.

Madame DE LA HAUTE-FUTAIE.

Mais vous pleurez tout de bon, je crois, ma fille ? Elle est insupportable ; elle ne peut aller nulle part qu'elle ne pleure quand il faut partir.

L'Abbé PRINTEMS.

C'est que Mademoiselle a le cœur sensible.

Madame DE LA HAUTE-FUTAIE.

On peut avoir le cœur sensible sans pleurer comme un enfant.

L'Abbé DES AGNEAUX.

Pour moi, je pleurerois volontiers en quittant une compagnie aussi aimable.

(*Extrait des Soirées amusantes.*)

POURQUOI

POURQUOI ET DE PARCE. (*jeu des*)

Le jeu des *pourquoi & de parce* fait tenir des difcours fort éloignés de ceux que l'on a propofés ; & certainement je crois qu'il furpaffe en cela celui des propos interrompus ; car deux ou trois mots que votre voifin vous dit, vous font fouvent inventer des paroles convenables, felon le bon efprit de la perfonne ; mais ici le hafard domine entiérement, puifque l'un ayant fait une demande fecrette à fon voifin, celui-là demande fimplement à l'autre, *pourquoi*, & il faut qu'il réponde à fa fantaifie, fans avoir rien ouï : ce qui fait d'ordinaire une réponfe la plus bizarre & la moins attendue que l'on fe puiffe imaginer. Chacun fait fa demande à fon tour, de telle manière que ce foit toujours celui qui eft au troifieme rang d'après qui répond ; celui du milieu ne fe fervant qu'à demander le *pourquoi* & à retenir ce que le premier lui a demandé à l'oreille, afin qu'il n'y puiffe rien changer. Voilà comme on peut jouer à ce jeu, qui eft encore diverfifié d'autre forte ; mais tout cela revient au même.

PROPOS INTERROMPUS, (*les*) ou *Coqs à l'Ane.*

Jeu de Société en dialogue.

L'Abbé DES AGNEAUX.

Al'ons, Mefdames, puifque vous le voulez, je vais vous apprendre le jeu des *propos interrompus* ; plufieurs de vous le connoiffent. D'ailleurs, il fuffit de dire à celles qui ne l'ont pas encore joué, qu'il faut d'abord faire à fa voifine à droite une queftion ; elle y répond, & fait une queftion à la fuivante ; & cela, s'il vous plaît, tout bas, après quoi Mademoifelle Rofe, par exemple, dira tout haut : Madame de la Rivière m'a demandé à quoi fervoit telle chofe, & Mademoifelle du Ruiffeau m'a répondu qu'elle fervoit à tel ufage, & ainfi des autres.

Madame DE LA RIVIÈRE, *haut.*

Je vais commencer. *A Mademoifelle Rofe tout bas* : à quoi fert un foufflet ?

Jeux familiers.

Mademoifelle ROSE, *toujours tout bas.*

A fouffler le feu. *A Mademoifelle du Ruiffeau* : à quoi fervent les pompes des pompiers de Paris.

Mademoifelle DU RUISSEAU.

A éteindre le feu. *A Mademoifelle du Gazon* : à quoi fert une charrue ?

Mademoifelle DU GAZON.

A labourer la terre. *A Madame de la Haute-Futaie* : à quoi fert un bonnet ?

Madame DE LA HAUTE-FUTAIE.

A mettre fur fa tête. *A l'Abbé Printems* : à quoi fert un chauffon ?

L'Abbé PRINTEMS.

A mettre dans fes pieds. *A Mademoifelle de la Haute-Futaie* : à quoi fervent les chanfons de l'abbé des Agneaux, votre voifin ?

Mademoifelle DE LA HAUTE-FUTAIE.

A amufer en les chantant. *A l'Abbé des Agneaux* : à quoi fert une allumette ?

L'Abbé DES AGNEAUX.

A allumer le feu. *Au Chevalier Zéphir* : à quoi fert une épingle noire ?

Le Chevalier ZÉPHIR.

A attacher les cheveux. *A M. de la Rivière* : à quoi fert un baromètre ?

M. DE LA RIVIÈRE.

A marquer la pefanteur de l'air. *A M. de la Forêt* : à quoi fert un thermomètre ?

M. DE LA FORÊT.

A marquer le froid & le chaud. *A M. des Jardins* : à quoi fert un bateau ?

M. DES JARDINS.

A aller fur l'eau. *A Mademoifelle du Bocage* : à quoi fert un fcaphandre ?

Mademoiselle DU BOCAGE.

A aller sur l'eau. *A Madame de la Rivière :* à quoi sert un paravent ?

Madame DE LA RIVIÈRE.

A garantir du vent ; *tout haut :* Messieurs, je vous en fais juges ; Mademoiselle du Bocage m'a demandé à quoi servoit un paravent ; Mademoiselle Rose m'a répondu : à souffler le feu.

Mademoiselle ROSE.

Madame de la Rivière m'a demandé à quoi servoit un soufflet ; ma sœur m'a répondu : à éteindre le feu.

Mademoiselle DU RUISSEAU.

Ma sœur Rose m'a demandé à quoi servoient les pompes des pompiers de Paris, & ma sœur du Gazon m'a répondu : à labourer la terre.

Mademoiselle DU GAZON.

Ma sœur m'a demandé à quoi servoit une charrue, & Madame de la Haute Futaie m'a répondu : à mettre sur sa tête.

Madame DE LA HAUTE-FUTAIE.

Mademoiselle du Gazon m'a demandé à quoi servoit un bonnet, & M. l'abbé Printems, en homme qui connoît bien les modes, m'a répondu, avec un air de vérité, à mettre dans ses pieds, Madame.

L'Abbé PRINTEMS.

Madame de la Haute-Futaie m'a demandé à quoi servoient des chaussons, & Mademoiselle sa fille m'a répondu : à amuser en les chantant.

Mademoiselle DE LA HAUTE-FUTAIE.

L'abbé Printems m'a demandé à quoi servoient les chansons de son ami M. l'abbé des Agneaux, & M. l'auteur m'a répondu modestement, à allumer le feu.

L'Abbé DES AGNEAUX.

Mademoiselle de la Haute Futaie m'a demandé à quoi servoit une allumette, & M. le chevalier m'a répondu : à attacher les cheveux.

Le Chevalier ZÉPHIR.

L'abbé des Agneaux m'a demandé à quoi servoit une épingle noire, & M. de la Rivière qui est un grand physicien, m'a répondu doctement : à marquer la pesanteur de l'air. Je crois cependant, que ces épingles servent plutôt à empêcher la légéreté de l'air de défriser les cheveux & à assujettir les rubans, les fleurs & les gazes, sur les têtes des jolies femmes.

Madame DE LA RIVIÈRE.

Oui : nous craignons plus la légéreté de l'air que la pesanteur.

L'Abbé PRINTEMS.

Ah ! Madame, la pesanteur de l'air n'influe-t-elle pas sur les nerfs ?

L'Abbé DES AGNEAUX.

Mais vous jouez tout de bon aux propos interrompus, laissez donc finir ; on oubliera les questions & les réponses. C'est vôtre tour, M. le physicien.

M. DE LA RIVIÈRE.

Le chevalier m'a demandé à quoi servoit un baromètre....

Le Chevalier ZÉPHIR.

Oui : ce baromètre qui est dans le sallon, & que l'abbé des Agneaux regarde tous les matins, quand il doit aller promener, & ça ne l'empêche pas d'y être attrapé. Vous souvenez-vous, l'Abbé, comme vous avez été mouillé l'autre jour, en revenant de la loge du bois.

M. DE LA RIVIÈRE.

Patience, donc ; ne m'interrompez pas. M. de la Forêt m'a répondu, à marquer le froid & le chaud.

M. du Ruisseau.

Bon ! mais c'est un thermomètre.

M. de la Forêt.

Vous avez raison ; auffi M. de la Rivière a-t-il fait exprès de me demander : à quoi fervoit un thermomètre, & M. des Jardins m'a répondu : à aller fur l'eau.

M. des Jardins.

M. de la Forêt m'a demandé à quoi fervoit un bateau, & Mademoifelle du Bocage m'a répondu : à aller fur l'eau.

Mademoifelle Rose.

Mais, ça ne fe peut pas ; ce ne feroit plus un propos interrompu.

Mademoifelle du Bocage.

Mais, pardonnez - moi, Mademoifelle, M. m'a demandé à quoi fervoit un fcaphandre, & je lui ai répondu : à aller fur l'eau.

L'Abbé des Agneaux.

Oh ! ce n'eft plus ça. Il ne faut pas dire ce que vous avez répondu, mais ce qu'on vous a répondu. On dit la queftion d'au-deffus, & la réponfe d'au-deffous ; ce qui fait la juftefse de la réponfe de Mademoifelle du Bocage à M. des Jardins, c'eft que M. des Jardins lui a fait une queftion analogue à celle qu'on lui avoit faite : alors, il n'y a plus de propos interrompus. Un bateau & un fcaphandre fervent également à aller fur l'eau. Il faut toujours faire une queftion oppofée à celle qu'on vous a faite. Allons, M. des Jardins, payez un gage. Si on vous demande à quoi fert un foulier, il ne faut pas demander à quoi fert une pantoufle. Allons, Mademoifelle du Bocage, que vous a répondu Madame de la Rivière ; vous payerez auffi un gage, pour avoir dit votre réponfe & non la fienne.

Mademoifelle du Bocage.

Mais je le difois pour m'amufer ; je fais le jeu. Madame de la Rivière m'a répondu

à garantir du vent ; & M. des Jardins m'avoit demandé un fcaphandre : ainfi, je ne payerai pas de gage.

L'Abbé des Agneaux.

Non : c'eft trop jufte, je fais bien que vous êtes une bonne écolière. Il ne faut vous montrer un jeu qu'une fois, vous le retenez tout de fuite.

Le Chevalier Zéphir.

Et moi, donc ?

Madame de la Rivière.

Oh ! bon, vous en montrez aux autres.

Mademoifelle du Ruisseau.

Mais, on vient de fonner. Il faudroit tirer les gages, car nous en avons déjà beaucoup depuis fix heures que nous avons joué à plufieurs jeux. Demain il faudra jouer au *Capucin*, car c'eft un fort joli jeu, où on donne bien des gages, à ce qu'on m'a dit.

— (*Extrait des Soirées amufantes.*)

PROVERBES, (*jeu des*)
par perfonnages.

Ce jeu eft agréable & même intéreffant ; fi le proverbe eft grave & férieux, vous en pouvez repréfenter une hiftoire par perfonnages que l'on choifit dans fa compagnie, chacun felon fon efprit & capacité. Et fi le proverbe eft gaillard, on en peut fur le champ compofer une farce ou comédie, qui doit, par les paroles & actions des perfonnages ou acteurs, exprimer le proverbe qu'il repréfente, mais qui doit être deviné par ceux de la compagnie qui ne font pas choifis pour le proverbe ; & ceux qui le devinent entrent à la place des autres, & en font un que l'on doit auffi deviner.

Par exemple, le proverbe fera *terre a, guerre a* ; or, pour le jouer entre 4 ou 5 de la compagnie, fans déclarer le proverbe à perfonne, les acteurs éliront un roi ou une reine qui affemblera fon confeil ; montera

fur le trône , & fe plaindra à fes fujets que
la couronne & le fceptre des rois , quoiqu'extrêmement pefans, ont toujours des envieux ; qu'un roi , fon voifin , pour envahir
fon royaume , a déjà fait des levées, qu'il eft
important d'y donner ordre pour mettre fes
villes en fûreté ; alors fis confeillers & capitaines lui donnent des moyens pour empêcher
les voifins d'empiéter fur lui. L'auteur lui
témoignera par fes paroles & fes actions,
qu'un roi n'eft pas eftimé grand prince, s'il
n'aggrandit fes limites, & fait préparer fes
gens à la guerre. Par exemple, on voit que
des proverbes, on peut inventer & tirer des
amufemens ingénieux , & des actions férieufes
ou comiques.

Voici les titres de quelques-uns de ces proverbes dont on peut tirer avantage pour le
divertiffement d'une fociété.

*Bonne renommée vaut mieux que ceinture
dorée.*

A petits merciers , petits paniers.

Jamais amoureux honteux n'eut belle amie.

Un fou en amufe bien d'autres.

Tout ce qui reluit n'eft pas or.

Tel menace qui a grand peur.

Entre deux vertes une mûre.

A gens de village , trompette de bois.

Femme couchée , & bois debout,
Homme n'en vit jamais le bout.

L'occafion fait le larron.

*Il vaut mieux être feul qu'en mauvaife com-
pagnie.*

On fe traite de Turc à Maure.

*Ce qui vient de la flûte s'en retourne au
tambour.*

A bon vin , bon cheval.

A vaillant homme , courte épée.

A beau parler , qui n'a cœur de bien faire.

*Il ne faut pas fe moquer des chiens qu'on
ne foit hors du village.*

*Quand les enfans dorment , les nourrices
ont bon tems.*

Le jeu ne vaut pas la chandelle.

Il n'eft pas fi diable qu'il eft noir.

Chacun efcorte fon femblable.

*Il n'eft point de pires fourds que ceux qui
ne veulent point entendre.*

Après la panfe vient la danfe.

*Quand les gueux danfent , les guenilles vont
au vent.*

Pour un point , Martin perdit fon âne.

Il faut plumer la poule fans la faire crier.

*Les chevaux courent les bénéfices , & les
ânes les attrapent.*

Qui ne fait diffimuler , ne fait régner.

Qui parle du loup , en voit la queue.

De trois chofes , Dieu nous garde :

 De bœuf falé fans moutarde ,
 D'un valet qui fe regarde ,
 D'une femme qui fe farde.

*Tems pommelé , femme fardée , ne font point
de longue durée.*

Vous avez affez prêché pour boire un coup.

*Si les femmes étoient d'argent , elles ne vau-
droient rien à faire monnoie.*

C'eft un bon bâton pour défaire un lit.

*Il fait comme les anguilles de Melun , il
crie devant qu'on l'écorche.*

*Andouilles de Troyes , fauciffon de Bologne ,
marons de Lyon , vin mufcat de Frontignan ,
figues de Marfeille , cabats d'Avignon , font
des mets pour les bons compagnons.*

*Tant va la cruche à l'eau , qu'enfin elle fe
caffe.*

*Il faut mourir , petit cochon , il n'y a plus
d'orge.*

*Qui frappera du couteau , mourra de la
gaine.*

*Il crie comme un aveugle qui a perdu fon
bâton.*

*Fille qui écoute , & ville qui parlemente ,
eft à demi rendue.*

*Qui garde fa femme & fa maifon a affez
d'affaires.*

*Qui croit fa femme & fon curé , eft en
danger d'être damné.*

*A bien fervir & loyal être , de ferviteur on
devient maître.*

*Qui bien fera , bien trouvera , ou l'écriture
mentira.*

Un bienfait n'est jamais perdu.

Tout vient à point à qui peut attendre.

Il vit assez qui vit le dernier.

Plus effronté qu'un page de cour, plus fantasque qu'une mule, méchant comme un âne rouge, plus poltron qu'une poule, et menteur comme un arracheur de dents.

A tous seigneurs, tous honneurs.

Servez Godard, sa femme est en couche.

Il n'est festin que de gueux, quand toutes leurs brebis sont rassasiées.

Qui trop embrasse mal étreint.

Il est fils de bon père et de bonne mère, mais l'enfant ne vaut guère.

Il ne ment jamais s'il ne parle.

Il a la conscience aussi étroite, comme la manche d'un Cordelier.

Il est fort libéral, il ne mange point le diable qu'il n'en donne les cornes.

Il est capitaine d'une grande réputation, on lui donne le hausse-col en grace.

Il est aussi prudent que valeureux; quand il a été battu, il n'en dit mot à personne.

Il fait des merveilles en ses combats, ceux qu'il a tués se portent bien.

Il sera plus battu pour rien, qu'un autre pour de l'argent.

PROVERBES, SENTENCES ou DEVISES

trouvées selon chaque lettre. (jeu des)

Ayant choisi chacun sa lettre ou sa rime que l'on a dite à l'oreille du maître du jeu, l'on peut faire que chacun dira un proverbe, une sentence, ou une devise, qui commencera par une telle lettre, ou qui finira par une telle rime, comme pour les proverbes commençans en A; *A bon apetit il ne faut point de sauce; A la queue gît le venin; A bon chat bon rat; A l'œuvre on connoît l'ouvrier.*

En B. *Beau jeu, bon argent; Bonne chère, grand feu; Belles paroles n'écorchent point la gorge; Bon sang ne peut mentir; Bon droit a bon métier d'aide; Bon pied bon œil.*

En C. *Charité bien ordonnée commence par soi-même; Chacun est roi en sa maison.*

L'on peut de même jouer aux sentences, mais, comme tout le monde n'a pas eu la lecture des bons auteurs, chacun n'en peut pas savoir assez pour en dire au besoin. Si l'on prend aussi des sentences que chacun sache, ce seront de celles que l'usage a rendu si communes qu'elles sont mises entre les proverbes; & si, au contraire, il n'est point permis d'en dire que celles qui sont fort sérieuses & peu usitées, il se trouvera que plusieurs en feront eux-mêmes, car aussi bien seroit-il difficile de se souvenir des premières lettres de toutes celles qui sont dans les auteurs. En ce cas-là les inventant, c'est toujours faire un beau jeu où il y a occasion de dire de belles paroles, selon l'invention de ceux qui s'en mêleront.

L'on peut aussi jouer aux chansons, obligeant chacun d'en trouver une sur quelque lettre qui a été prise pour toute la compagnie, & si l'on veut exercer moins de rigueur, l'on fera qu'il soit aussi bon d'en dire le second ou le troisième couplet comme le premier, pourvu qu'il commence par cette lettre.

PROVERBES RIMÉS, (jeu des)

& de ceux qui s'accordent ou qui sont contraires; & aussi de ceux qu'on dit tour-à-tour avec la bougie allumée.

On peut jouer aux proverbes, sentences ou devises qui se terminent par une même rime.

Il y a un autre jeu de proverbes où l'on n'observe point les premières lettres ni les dernières; ce seroit trop d'affaires; l'on demande seulement à chacun quelque proverbe qui s'accorde à quelque sujet que l'on propose, ou bien qui y soit contraire, & même l'on fait que chacun se dit l'un à l'autre deux proverbes qui se contrarient; le même se fera pour les sentences & les devises; mais il est difficile que cela soit bien pratiqué que par des gens fort subtils & de grande mémoire.

Tous ces jeux-là peuvent être changés d'autre sorte, lorsque chacun sera obligé de parler en proverbe ou par sentences, n'y observant autre chose que l'enchaînement du sens. Toute autre contrainte mise à part, l'on peut encore obliger chacun de dire un

36.

B. Une des deux tours prend le pion.
N. La tour prend la tour.

37.

B. La tour reprend la tour.
N. La tour donne échec à la seconde case du fou du roi blanc.

38.

B. Le roi, à la troisième case du fou de sa dame.
N. La tour prend le pion.

39.

B. Le pion de la tour, deux pas (1).
N. Le pion du chevalier du roi, un pas.

40.

B. Le pion de la tour, un pas.
N. Le pion du chevalier, un pas.

41.

B. La tour, à la case de son roi.
N. Le pion du chevalier, un pas.

42.

B. La tour, à la case du chevalier de son roi.
N. La tour donne échec.

43.

B. Le roi, à la quatrième case du fou de sa dame.
N. La tour, à la troisième case du chevalier du roi blanc.

(1) Si au lieu de pousser ce pion vous eussiez pris le sien avec votre tour, vous auriez perdu la partie, parce que votre roi auroit empêché votre tour de venir à temps pour barrer le passage au pion de son chevalier. C'est ce qu'on peut voir en jouant les mêmes coups.

44.

B. Le pion de la tour, un pas.
N. La tour, à sa seconde case de son chevalier.

45.

B. Le roi prend le pion.
N. Le pion de la tour, un pas.

46.

B. Le roi, à la troisième case du chevalier de la dame noire.
N. Le pion de la tour, un pas.

47.

B. Le pion de la tour, un pas.
N. La tour prend le pion (1).

48.

B. La tour prend le pion (2).
N. La tour, à la seconde case de la tour du roi.

49.

B. Le pion, deux pas.
N. Le pion, un pas.

50.

B. La tour, à la seconde case de la tour de son roi.
N. Le roi, à la seconde case de son chevalier.

51.

B. Le pion, un pas.
N. Le roi, à la troisième case de son chevalier.

(1) S'il ne prenoit pas votre pion, il perdroit la partie, en prenant immédiatement le sien.

(2) Si au lieu de prendre son pion vous eussiez pris sa tour, vous auriez perdu.

52.

B. Le roi, à la troisième case du fou de la dame noire.

N. Le roi, à la quatrième case de son chevalier.

53.

B. Le pion, un pas.

N. Le roi, à la quatrième case du chevalier du roi blanc.

54.

B. Le pion avance.

N. La tour prend le pion, & jouant ensuite son roi sur la tour, il est visible que c'est un refait, parce que son pion vous coûtera la tour.

Il n'est pas nécessaire de renvois sur ces derniers coups, puisqu'il est facile à les trouver du moment qu'on se donne la peine de les chercher.

Premier renvoi du gambit de la dame, au troisième coup.

3.

B. Le pion du roi, un pas.

N. Le pion du fou du roi, deux pas (1).

4.

B. Le fou du roi prend le pion.

N. Le pion du roi, un pas.

5.

B. Le pion du fou du roi, un pas.

N. Le chevalier du roi, à la troisième case de son fou (2).

***

(1) Le jeu de ce pion doit vous convaincre que vous auriez mieux fait d'avancer celui de votre roi deux pas, puisque son pion vous empêche à présent de mettre celui de votre roi de front avec celui de votre dame.

(2) C'est encore par le même principe qu'il joue ce chevalier, qui est d'empêcher l'union du pion de votre roi avec celui de votre dame.

6.

B. Le chevalier de la dame, à la troisième case de son fou.

N. Le pion du fou de la dame, deux pas (1).

7.

B. Le chevalier du roi, à la seconde case de son roi.

N. La chevalier de la dame, à la troisième case de son fou.

8.

B. Le roi roque.

N. Le pion du chevalier du roi, deux pas (2).

9.

B. Le pion de la dame prend le pion (3).

N. La dame prend la dame.

10.

B. La tour reprend la dame.

B. Le fou du roi prend le pion.

11.

B. Le chevalier du roi, à la quatrième case de sa dame.

N. Le roi, à sa seconde case.

***

(1) Ce pion est encore poussé avec le même dessein d'empêcher les pions du centre à se réunir de front.

(2) Il joue ce pion pour pousser, en cas de besoin, celui du fou de son roi sur votre pion royal; ce qui causeroit infailliblement la séparation de vos meilleurs pions.

(3) Si au lieu de prendre ce pion vous l'eussiez poussé en avant, votre adversaire auroit attaqué le fou de votre roi avec le chevalier de sa dame, pour vous obliger à lui donner échec; & en tel cas, jouant son roi à la seconde case de son fou, il gagnoit le coup sur vous & une bonne situation de jeu.

jeune garçon affez niais, & le mirent au milieu de la p'ace qui leur fervoit de théâtre, lui pafsèrent une jarretière dedans la bouche, lui commandèrent de s'accroupir comme un finge, & lui donnèrent un chandelier à tenir avec la chandelle, comme pour éclairer à leur jeu, quoiqu'il y eût des flambeaux de tous côtés. Après cela ils repréfentèrent une farce de l'hôtel de Bourgogne des plus communes, où il n'y avoit que des cocuages & des tromperies de valet. Celui qui la devoit expliquer, fe figura bien que le jeune garçon ne fe tenoit pas au milieu d'eux, en fa pofture ridicule, avec fa chandelle, fans quelque occafion, & fans fervir à la fignification principale. Lorfque la farce fut jouée, & que l'on lui demanda ce qu'il en penfoit, il dit : *Le jeu ne vaut pas la chandelle.* Alors celui qui avoit inventé la comédie foutint qu'il n'avoit pas bien deviné,

& qu'ils avoient voulu repréfenter ce proverbe : *La farce vaut mieux que l'oifon,* d'autant que ce qu'ils avoient joué, étoit une farce affez connue, & que le garçon qui étoit au milieu d'eux & à qui l'on alloit fouvent donner des nafardes, étoit un vrai oifon bridé. L'autre répartit, au contraire, qu'il ne lui falloit donc pas donner de chandelle à tenir, cela étant inutile & ayant été fait fans y penfer, & que par ce moyen, comme leur farce étoit mal jouée, cela pouvoit fignfier infailliblement, *que le jeu ne valoit pas la chandelle.* Chacun trouva fon explication fi à propos, que les acteurs mêmes, tous d'une voix, confefsèrent enfin qu'il avoit raifon, & qu'il méritoit d'être délivré de fa peine : ce qui fut fait auffitôt, & l'inventeur de la farce, tint alors fon lieu pour en expliquer une autre fuivante.

Q

QUATRE JEUX.

QUATRE JEUX. (*les*) *Gé*, *Point*, *Flux*, & *Séquence*.

APRÈS avoir convenu entre les joueurs quelle fomme ils jouent, l'on met quatre taffes, ou bourfes fur la table, en chacune defquelles chacun met un jetton ; la première eft pour le *gé*, la feconde pour le *point*, la troifième pour le *flux*, la quatrième pour la *féquence*.

L'on donne à chaque perfonne trois cartes couvertes dans lefquelles fe rencontrent deux rois, deux as, ou deux dix, ou d'autres, ces deux femblables s'appellent le *gé* ; & fi dans la compagnie il s'en rencontre plufieurs, comme il eft ordinaire, qui aient auffi le *gé*, ils peuvent envier l'un fur l'autre, la fomme qui eft dans la première bourfe, & le plus haut l'emporte.

Les deux as emportent les dix, & valent vingt & demi pour le *point*.

Le *point* qui eft de deux cartes d'une même couleur, fe peut auffi envier par les joueurs, & le plus haut l'emporte.

Et fenfiblement le *flux* qui eft, quand les trois cartes font de treffle, pique, carreau ou cœur, s'envie l'un fur l'autre, & le plus haut le gagne.

Quant à la *féquence*, c'eft lorfque les trois cartes fe fuivent, comme, un, deux & trois, valet, reine, & rois, & ainfi des autres ; la plus haute *féquence* emporte la plus foible, & les joueurs peuvent enchérir les uns fur les autres, comme au *gé, point & flux* ; mais s'il arrive que dans ce jeu il n'y ait point de *gé, point, flux & féquence,* ce qui arrive rarement, l'argent des bourfes double autant de fois qu'on bat les cartes fans rien gagner ; ce qui fait quelquefois monter le *flux* & la *féquence* à de fortes fommes.

La *féquence flattée,* qui eft celle de trois cartes d'une même couleur, emporte toutes les autres.

QUESTIONS.

QUESTIONS. *(jeu des.)*

On demanda à quelqu'un pourquoi l'Amour étoit peint avec un poisson en une main & une fleur en l'autre. Il étoit facile de répondre que c'étoit pour montrer qu'il étoit le seigneur de la terre & de la mer. Ils demandèrent à un autre, qu'est-ce que vouloit dire, *je suis sans vous & sans moi ;* celui-là répondit que c'étoit la parole d'un amant qui est sans lui, parce qu'il est possédé de sa maîtresse : & qui est sans elle, parce qu'il ne la possède pas. Après ils demandèrent comment l'on pouvoit voir & ne voir point une même chose tout ensemble ? L'on répondit que c'étoit en fermant l'un des yeux. Ils s'enquirent quel chien, quel coq, & quel serviteur étoient le mieux nourris ; l'on dit que c'étoit le chien d'un boucher, le coq d'un meûnier, & le valet d'un hôtellier. Comment le corps pouvoit recevoir en un instant plaisir & déplaisir ? Que c'étoit en se grattant. S'il y avoit plus de vivans que de morts ? Qu'on trouvoit plus de vivans, parce que les morts n'étoient plus, & même que plusieurs de ceux qui étoient sortis de ce monde étoient réputés vivans, étant passés à la vie éternelle.

Les juges étant satisfaits des réponses, il n'y eut point d'autre peine.

Autre jeu de questions.

L'on demanda au cavalier disgracié quel acquêt apporte dommage, il répondit : celui que je viens de faire en mon jeu infortuné, dont j'ai acquis l'artifice pour encourir votre disgrace. L'on lui demanda après à qui l'on pouvoit révéler plus librement un secret ? il répondit à un menteur, parce qu'en le rapportant, on ne le croira pas. Quelle chose étoit la plus légère ? il dit que c'étoit la pensée, parce qu'en un moment elle se porte de la considération d'une chose à une autre. Quelle chose ressembloit mieux à l'envie ? il répartit que c'étoit le ver qui ronge le bois où il s'engendre, avant qu'il puisse ronger les autres, de même que l'envieux se fait du mal à lui-même avant que d'en pouvoir faire à autrui. L'on lui demanda après de quelle couleur se devoit vêtir un amant ? Quelle chose ressembloit mieux à la mort ? A quoi ressembloient mieux les femmes ? Quelles étoient les choses

Jeux familiers.

les plus dommageables, & quels étoient les sujets les plus infortunés ? Pour la couleur des habits d'un amant, il dit que ce devoit être le gris, d'autant que cette couleur ressembloit à la cendre, qui couvre plus secrettement & plus vivement le feu. Pour la ressemblance de la mort, il dit que c'étoit la femme, qui fuit quiconque la suit, & suit quiconque la fuit. Et quant à la chose à qui la femme ressemble le mieux, il dit que c'étoit la balance, parce qu'elle plie du côté qu'elle reçoit le plus. Pour les plus dommageables choses, il nomma le feu, la mer & la femme ; & pour les plus infortunés sujets, ceux qui étoient sous la domination de plusieurs seigneurs, d'autant que plusieurs sacs se remplissoient plus mal aisément qu'un seul.

Bien qu'il eût parlé au désavantage des Dames, sur ce qu'il déclara que les interrogations l'y avoient obligé, l'on ne laissa pas de lui faire grace.

QUESTIONS. *(les douze)*

Jeu de Société en dialogue.

L'Abbé DES AGNEAUX.

Je suis charmé, Mesdames, de vous trouver toutes à déjeûner. Comment va l'appétit ? Messieurs du concert, songez à bien déjûner ; il faudra dîner légèrement, afin de pouvoir mieux chanter, car le concert sera aujourd'hui un peu après le dîner. Nous attendons des auditeurs des environs, & nous commencerons de bonne heure, afin qu'ils puissent s'en retourner de jour.

Madame DE LA RIVIÈRE.

L'abbé, je vous serai obligée de porter ma harpe dans le sallon. Mais dites-nous donc un peu en quoi consistera le concert.

L'Abbé DES AGNEAUX.

Voici l'annonce que j'en ai faite ; je prierai M. B.... de permettre de l'afficher sous le vestibule. Je vais vous en faire la lecture.

Le concert commencera par plusieurs sonates. M. le chevalier Zéphir, le premier violon ; l'abbé Printems, le second ; M. des

R

Jardins l'a'to , & M. de la Rivière la baſſe. Mademoiſelle Roſe & M. le chevalier Zéphir chanteront un duo ſur l'air : *Vous ſouvient-il de cette fête.* L'abbé des Agneaux, auteur des paroles de ce duo, fera l'accompagnement avec ſa guitare. Enſuite, il chantera ſeul pluſieurs ariettes de ſa compoſition : en s'accompagnant également de ſa guitare. Le chevalier Zéphir exécutera quelques airs ; entr'autres, un menuet de ſa compoſition. Madame de la Rivière chantera pluſieurs morceaux des plus nouveaux opéras, en s'accompagnant de ſa harpe. Avant le concert, Mademoiſelle de la Haute Futaie, touchera un peu du claveſſin. Elle réclame toute l'indulgence des auditeurs, attendu qu'elle eſt peu familiariſée avec cet inſtrument. Le concert finira par un quatuor ſur l'air : *Où peut-on être mieux qu'au ſein de ſa famille ?* Tous les inſtrumens accompagneront ce quatuor, dont les paroles ſont de la compoſition de M. l'abbé des Agneaux, & forment un remerciment pour l'auditoire.

Madame DE LA HAUTE-FUTAIE.

Je préſume que ce concert ſera fort joli. C'eſt très-bien d'employer ainſi ſon tems.

L'Abbé PRINTEMS.

Savez-vous, Madame, qu'il y a long-tems que nous nous exerçons ; nous avons déjà fait pluſieurs répétitions.

Mademoiſelle DU RUISSEAU.

Je vous plains, vous êtes bien fatigués.

L'Abbé PRINTEMS.

Nous avons fait de la muſique hier, & encore ce matin. Nous comptions aller promener, pour nous délaſſer, & ne voila-t-il pas qu'il brouillaſſe ?

Mademoiſelle ROSE.

C'eſt déſolant. Cette pluie-là empêchera peut-être bien des auditeurs de venir.

Le Chevalier ZÉPHIR.

Oh ! ce ne ſera rien ; le tems s'élevera vers midi. Mais qu'eſt-ce qui nous empêche de

jouer à quelques petits jeux, en attendant le beau tems.

Mademoiſelle DU GAZON.

Apprenez - nous quelques jeux où nous n'ayons rien à faire. J'ai apporté mon ouvrage, & je voudrois travailler tout en jouant.

L'Abbé DES AGNEAUX.

Je vais vous apprendre le jeu des *douze queſtions* ; il ne vous empêchera pas de travailler, & il vous amuſera. Je vais ſortir un inſtant ; vous choiſirez un mot, & il faudra en rentrant, que je le devine avant de vous avoir fait douze queſtions. Cherchez un mot ; je ſors ; & en jouant, je vous expliquerai le jeu.

Madame DE LA HAUTE-FUTAIE.

Ma fille, allez me chercher mon ouvrage.

L'Abbé PRINTEMS.

Non, Mademoiſelle, reſtez, j'y vais. Un ſac vert bordé en roſe, n'eſt-ce pas, Madame ?

Madame DE LA HAUTE-FUTAIE.

Oui ; il eſt dans le ſallon, ſur le fauteuil qui eſt à gauche de la cheminée.

Mademoiſelle DU GAZON.

Meſdames, quel mot choiſiſſez-vous.

Madame DE LA RIVIÈRE.

Un chat.

Mademoiſelle DU GAZON.

Soit. Appellez l'abbé. L'abbé ? L'abbé ?

M. DES JARDINS.

Le voilà qui vient.

Mademoiſelle DE LA HAUTE-FUTAIE.

Je ne conçois pas comment il pourra le deviner.

L'Abbé PRINTEMS.

Madame, voilà votre ouvrage. Mademoiselle, pour la peine, dites-moi le mot qu'on a choisi ?

Madame DE LA HAUTE-FUTAIE.

Non, ma fille, l'abbé des Agneaux l'entendroit.

L'Abbé DES AGNEAUX.

On demande d'abord de quel règne est la chose pensée ou le mot choisi. Or, vous savez que tout ce qui existe est classé en trois règnes ; le règne animal, le règne végétal & le règne minéral. Le règne animal comprend tout ce qui a vie & mouvement, & même tout ce qui provient d'un être animé. La peau de mon soulier est du règne animal ; la laine, la soie font aussi de ce règne, parce que c'est le produit d'êtres animés. Le règne végétal comprend tout ce qui a la vie sans mouvement ; & le règne minéral comprend ce qui n'a ni vie ni mouvement, & que la nature a formé dans le sein de la terre, comme les métaux & les pierres. Or donc, je vous demanderai, 1°. de quel règne est l'objet que vous avez pensé ?

Madame DE LA RIVIÈRE.

Du règne animal.

2°. Est-il du règne animal purement, ou est-il composé de quelqu'autre règne ?

Mademoiselle DU GAZON.

Non, du règne animal pur.

L'Abbé DES AGNEAUX.

Dans le fond, cette seconde question ne doit pas compter, parce qu'en répondant de quel règne, on doit dire si c'est composé ou non. Je m'explique ; mon soulier, par exemple, est de deux règnes ; la peau est du règne animal, le fil qui le coud est du règne végétal, & s'il avoit des clous comme les souliers de certains paysans, il seroit encore du règne minéral. Une allumette est de deux règnes ; le soufre est du règne minéral, & le

bois du règne végétal. Ainsi, l'objet que vous avez pensé est purement & simplement du règne animal, 2°. Est-il animé, ou inanimé ?

Mademoiselle DU RUISSEAU.

Il est animé.

L'Abbé DES AGNEAUX.

C'est donc un animal vivant ? 3°. Est-ce un animal domestique ou sauvage ?

Mademoiselle ROSE.

Sauvage.

Mademoiselle DU GAZON.

Non, ma sœur, c'est un animal domestique.

L'Abbé DES AGNEAUX.

Cette seule circonstance-là me fait voir que c'est un chat, parce qu'il est le plus sauvage de tous les animaux domestiques.

Mademoiselle ROSE.

Oui.

L'Abbé DES AGNEAUX.

Ainsi, vous voyez que j'ai deviné après trois questions.

L'Abbé PRINTEMS.

J'en veux deviner une aussi. Je sors, Mesdames, choisissez un mot.

L'Abbé DES AGNEAUX.

Il faut lui en donner un difficile ; prenons le mot parasol. Il ne le devinera pas en trois questions.

M. DES JARDINS.

Il y a beaucoup d'art à ne pas faire des questions trop vagues. Appellez donc l'Abbé.

M. DE LA FORÊT.

Je vais le chercher ; mais le voilà. Ah ! vous aurez de la peine. Voyons un peu comment vous vous en tirerez.

L'Abbé PRINTEMS.

1º. De quel règne est l'objet pensé ?

L'Abbé DES AGNEAUX.

Il est composé de trois règnes.

L'Abbé PRINTEMS.

2º. Est-il animé ?

Mademoiselle DU RUISSEAU.

Oh ! mon Dieu, non.

L'Abbé DES AGNEAUX.

Tu vois bien que tu fais-là une question inutile. Un objet composé de trois règnes ne sauroit être animé.

L'Abbé PRINTEMS.

3º. Sert-il plus aux hommes qu'aux femmes ?

Mademoiselle ROSE.

Egalement.

L'Abbé PRINTEMS.

4º. Sert-il plus à la ville qu'à la campagne ?

Mademoiselle DU GAZON.

On peut s'en servir à la campagne ; mais il sert plus communément à la ville.

L'Abbé PRINTEMS.

5º. Est ce un meuble ?

L'Abbé DES AGNEAUX.

Oui : mais te voilà à la cinquième question, & il me semble que tu en fais de bien générales.

L'Abbé PRINTEMS.

C'est donc un meuble ?

L'Abbé DES AGNEAUX.

Inanimé.

L'Abbé PRINTEMS.

Qui sert plus communément à la ville qu'à la campagne, & autant aux hommes qu'aux

femmes. 6º. Y a-t-il de ces sortes de meubles dans cet appartement-ci ?

Mademoiselle DE LA HAUTE-FUTAIE.

Non, Monsieur.

Madame DE LA HAUTE-FUTAIE.

Pardonnez-moi, Monsieur, il y en a. Ma fille, vous ne voyez pas bien ; il ne faut pas induire l'abbé en erreur.

L'Abbé PRINTEMS.

C'est un fauteuil qui a des clous, du bois & de la soie.

Mademoiselle DU RUISSEAU.

Est-ce une question que vous faites ?

L'Abbé PRINTEMS,

Oui , Mademoiselle ; c'est ma septième question.

Madame DE LA RIVIÈRE.

Eh bien ! ce n'est point un fauteuil ; vous avez dit fauteuil parce qu'il y en a peu des trois règnes, & que les autres sont en cannes & en pailles, mais vous vous trompez.

L'Abbé PRINTEMS.

Voyons, que je fasse un peu l'inventaire des meubles qui sont ici. Ah ! je vois à présent ; c'est ce parasol qui est caché dans ce petit coin, n'est-ce pas ?

Mademoiselle ROSE.

Oui, justement ; vous l'avez deviné après sept questions.

M. DES JARDINS.

Ce jeu est fort amusant pour les dames qui peuvent travailler & causer tout en jouant. J'ai connu des personnes qui devinoient toujours le mot avant la quatrième ou la cinquième question. Quand on fait douze questions sans deviner, on peut payer un gage si les joueurs en conviennent.

L'Abbé DES AGNEAUX.

C'est la seule chose qui fasse de ceci un jeu ; car c'est plutôt un exercice d'esprit qu'un jeu. Quand une fois on est en train de le jouer, on s'y attache, & on le joue quelquefois fort long-tems. Tu vois bien, l'Abbé, que le parasol est des trois règnes ; la soie du règne animal, les ferremens du règne minéral, & le bâton du règne végétal.

Mademoiselle ROSE.

Mais s'il étoit en toile ?

L'Abbé DES AGNEAUX.

Il y a toujours la baleine qui est du règne animal. Il n'y auroit que le cas où le bâton seroit en fer qu'il n'y auroit pas de végétal : mais ça n'est pas commun ; & si encore il faut du fil pour le coudre, & c'est du végétal.

Le Chevalier ZÉPHIR.

Madame, voilà le brouillard qui cesse : Ayons bon courage, notre auditoire sera nombreux.

Mademoiselle ROSE,

Nous aurons encore le tems de faire une petite promenade avant dîner.

(*Extrait des Soirées amusantes.*)

QUILLES, (*jeu de*) *les yeux bandés.*

Voyez à l'article B. (*j'aime mon amant par*)

QUILLES. (*jeu de*)

C'est un jeu d'exercice qui consiste à abattre le plus qu'il est possible des neuf quilles qui sont rangées, debout dans un quarré à une certaine distance l'une de l'autre. On tâche de les abattre avec une grosse boule qu'on lance d'un but assez éloigné. Si l'on n'abat rien, c'est ce qu'on appelle faire *chou-blanc*, si l'on en abat au-delà du nombre convenu, on *creve*, suivant l'expression du joueur, et l'on revient à moitié des points.

QUILLES *des Indes.* (*jeu de*)

Règles de ce jeu.

On joue à ce jeu avec une toupie qu'on lance avec force au milieu des quilles, qui

sont posées sur un plateau, disposé pour ce jeu.

Les quilles de la première case comptent chacune 1 point.

Les quilles de la deuxième case comptent chacune 2 points.

Les quilles de la troisième case comptent chacune 3 points.

Lorsque l'on fait tomber toutes les quilles de chaque case, les quilles ont double valeur, c'est-à-dire que les quilles de la première case au lieu de compter 9 points, c'est 18 points.

Ceux de la deuxième, au lieu de 18, c'est 36 points.

Ceux de la troisième, au lieu de 27, c'est 54 points.

Quand vous passez dans la quatrième ou dernière case, vous comptez 20 points.

Quand la toupie remonte de la deuxième case à la première, vous comptez 10 points.

Quand elle remonte de la troisième à la deuxième, vous comptez 20 points.

Si elle remonte de la troisième à la première, vous comptez 30 points.

Si elle remonte de la quatrième case à la troisième, vous comptez 50 points, y compris les 20 points d'entrée.

Si elle remonte de la quatrième à la deuxième, vous comptez 70 points.

Si elle remonte à la première, 80 points.

Il faut observer, que si la toupie rentre dans les cases en roulant de côté, les quilles qu'elle fait tomber se comptent ; mais elles ne comptent point les points de passage.

L'on met la partie en autant de points que l'on veut, l'on en convient avant de jouer le premier coup.

Ce jeu se trouve rue des Arcis, magasin de tabletterie, au Singe vert.

QUILLES SUR TABLE.

Neuf petites quilles sont rangées trois par trois sur un plateau. Ces quilles se dressent au moyen de neuf cordons qui correspondent à un nœud que l'on tire au-dessus du plateau.

Pour jouer on fait tourner la boule autour

d'une flèche à laquelle cette boule eſt attachée, & ſuſpendue par un cordonnet. La
boule étant ainſi lancée ſe déroule de la flèche,
& venant s'agiter au milieu du jeu, elle abat
plus ou moins de quilles. Chaque joueur
compte le nombre des quilles qu'il abat de
cette manière. Celui qui parvient le premier

au nombre juſte, de cent, gagne; mais s'il
fait plus de cent, il *creve* en ſe retirant du jeu,
& revient à cinquante.

La règle eſt, comme celle du grand jeu de
quilles, qu'on joue à terre, en lançant une
groſſe boule, que l'on fait partir d'un but
dont on convient.

R

R A F L E.

R A F L E.　(*la*)

Jeu de trois dez.

CHAQUE joueur, après avoir mis ſon enjeu, continue de groſſir la maſſe générale,
toutes les fois qu'il jette les dez, juſqu'à ce
que quelqu'un amène une rafle ou trois dez
pareils, qui emportent tout.

R A Q U E T T E.　(*jeu de*)

La *raquette* eſt un petit cerceau courbé en
ovale, qui ſe termine par un manche. Cet
ovale eſt garni de petites mailles bien tendues,
& faites avec des cordes de boyau. On ſe ſert
de la *raquette* pour chaſſer, ſoit un volant,
ſoit une balle de paume, que deux joueurs
ſe renvoient de l'un à l'autre.

R E N A R D.

(*Le plaiſant & recréatif jeu du*)

Voici comme s'exprime l'indicateur de ce
jeu.

Les Lydiens, peuple d'Aſie, entre pluſieurs
jeux qu'ils inventèrent, donnèrent l'origine &
l'uſage à celui du *renard*, non tant pour le
deſir qu'ils euſſent de le jouer, que pour ſe
façonner aux ruſes, & ſe garder des ſurpriſes
que Cyrus, leur ennemi capital, leur dreſ-
ſoit tous les jours; & qui les appelloit *poules*,

à cauſe qu'ils aimoient les délices & le repos:
Les Lydiens le nommoient *renard*, à cauſe
qu'il étoit ſans ceſſe aux aguets, & qu'il
cherchoit tous les jours des fineſſes pour les
ſurprendre.

Règles du jeu.

Ce jeu eſt recréatif, ingénieux & facile à
pratiquer. On le joue ſur une table, ſur une
étoffe, ou mieux ſur un carton diſpoſé à cet
effet.

On y joue avec des dames ou jettons,
faute de poules de bois ou d'ivoire, au nombre de treize, poſées ſur treize roſettes ou
eſpaces tracés ſur la table ou le carton.

Les poules ſont en la partie d'en bas, & le
renard eſt en la partie d'en haut, qui conſiſte
en vingt autres roſettes ou eſpaces. On place
en l'un de ces eſpaces le renard à diſcrétion,
qui peut monter & deſcendre, aller & venir
haut & bas, à droite & à travers. Les poules
ne peuvent monter que de bas en haut, à
droite & à gauche, & ne doivent point re-
deſcendre.

Le joueur ne doit laiſſer les poules découvertes ou ſeules, non plus qu'au jeu de
dames.

La fineſſe de ce jeu eſt de bien pourſuivre
le renard & l'enfermer en telle ſorte qu'il ne
puiſſe aller deçà ni delà; & il eſt à noter que
le renard prend toutes les poules qui ſont
ſeules & découvertes.

Enfin, il faut ſe donner de garde de laiſſer
venir le renard dedans la partie d'en bas parmi

les poules, parce qu'il pourroit les prendre plus facilement.

L'exercice peut beaucoup en ce jeu, & à force de jouer on s'y rend bon maître.

Le joueur qui a le renard doit tâcher de démarer les poules en premier. D'autre part, le joueur qui a les poules doit faire en sorte de démarer le renard le premier ; car cela lui est avantageux pour gagner la partie.

Ce jeu, soit sur carton ou sur table, se trouve, rue des Arcis, au Singe vert.

___

RÉPONSES EN UNE PHRASE.

Jeu de société en dialogue.

Madame DE LA RIVIÈRE.

Ah ! l'abbé ; je ne jouerai plus à votre vilain jeu du *coton en l'air*. Je n'en puis plus ; je suis encore toute essoufflée d'hier au soir.

Madame DE LA HAUTE-FUTAIE.

Savez-vous que ce jeu-là est très-fatiguant, & qu'il pourroit devenir dangereux, si on y jouoit souvent.

Mademoiselle DE LA HAUTE-FUTAIE.

Vous avez donc bien joué hier au soir. Oh ! Je suis fâchée d'avoir été me coucher après souper. C'est vous qui l'avez voulu, maman.

Madame DE LA HAUTE-FUTAIE.

J'en suis fort aise, ma fille ; vous avez la poitrine trop délicate, & le jeu du coton en l'air vous auroit trop fatiguée.

Mademoiselle DE LA HAUTE-FUTAIE.

Comment le joue-t-on ?

Mademoiselle ROSE.

Ma bonne amie, nous avons fait un loto ; Madame Dubois a bien voulu s'humaniser ; elle a joué avec nous : elle a eu un quine & deux quaternes, avec plusieurs ternes, de façon qu'en très-peu de tems, le loto a été

fini. Elle n'a pas osé demander un second loto, & elle a bien fait, car on ne s'en soucioit pas. L'abbé des Agneaux m'a dit tout bas : elle en aura le démenti ; je m'en vais lui faire jouer un jeu à gages, sans qu'elle s'en doute. Alors, il a pris un petit flocon de coton qu'il a jetté en l'air au milieu de la table, il a soufflé, & chacun qui le voyoit approcher, le renvoyoit à son voisin, en soufflant : celui sur qui il tomboit, payoit un gage ; & nous y avons joué fort long-tems.

L'Abbé PRINTEMS.

C'étoit un plaisir de voir souffler cette grosse Madame Dubois : elle n'en pouvoit plus, parce qu'elle rioit beaucoup.

L'Abbé DES AGNEAUX.

Il ne faut pas rire à ce jeu-là, car, quand on rit, on ne peut pas souffler ; c'est comme au spectacle, on ne peut pas bâiller & siffler.

Mademoiselle DU RUISSEAU.

Madame Dubois étoit bien en train, car elle a voulu nous faire jouer à *petit-bonhomme vit encore*. On passe de main en main une allumette ou un petit morceau de papier allumé ; & celui dans les mains duquel le petit bonhomme meurt, paye un gage.

Madame DE LA HAUTE-FUTAIE.

Savez-vous, Messieurs, qu'il n'étoit pas loin de deux heures, quand nous nous sommes couchés.

L'Abbé DES AGNEAUX.

C'est qu'il y avoit beaucoup de gages à tirer : je ne voulois pas, moi, qu'on les tirât ; Madame Dubois auroit été obligée de revenir encore jouer avec nous.

Mademoiselle DU GAZON.

Voilà l'avantage des petits étuis ; c'est qu'on peut les laisser dans la roue jusqu'au lendemain ; & on ne voudroit pas laisser de même des couteaux, des ciseaux, & autres petits bijoux dont on pourroit avoir besoin.

Madame DE LA RIVIÈRE.

Vous nous avez dit hier, l'abbé, que vous aviez des observations à nous faire sur les *commandemens* : je suis fort curieuse de vous entendre. Cet article manque au cours complet que vous nous faites sur les jeux.

L'Abbé DES AGNEAUX.

Autrefois, on donnoit trois *commandemens*.

Madame DE LA RIVIÈRE.

Ce fut l'an 1530, du tems de François Ier, peut-être que l'on en donnoit trois ; car, actuellement, on n'en donne plus qu'un.

L'Abbé DES AGNEAUX.

Je ne sais si on jouoit aux jeux à gages du tems de François Ier. Peut-être jouoit-on au *pied-de-bœuf* où l'on compte jusqu'à neuf ; car il est bien ancien ce jeu-là. Ce qui est certain, c'est qu'on donnoit anciennement trois commandemens ; & à ce sujet, je vais vous chanter une chanson de Pannard, sur le pied-de-bœuf ; elle vous apprendra le jeu du pied-de-bœuf. La voilà :

> Je rêvois l'autre jour,
> Qu'avec vous, & l'amour,
> Je jouois sur l'herbette,
> A certain jeu, Nanette,
> Où l'on va jusqu'à neuf,
> En comptant tour-à-tour.

Je te tiens, dit ce Dieu, suivant la loi commune,
De trois choses tu dois, pour le moins en faire une.

> Aime Nanette tendrement,
> Aime-la sans partage,
> Aime-la constamment.

> Tout autre soumis à l'usage,
> N'eût rempli qu'une de ces loix ;
> Pour moi, volontiers je m'engage,
> A les accomplir toutes trois.

Madame DE LA HAUTE-FUTAIE.

J'avois oublié cette chanson ; mais elle est fort jolie.

L'Abbé DES AGNEAUX.

Or donc, je dis qu'il est bon de donner plusieurs *commandemens*, & au moins deux aisés & différens, afin qu'on puisse choisir. Par exemple, quand on donne pour *commandement* de chanter, ça tombe presque toujours à de jeunes personnes qui ne s'en soucient pas. On a de la timidité ou de la répugnance ; on chante mal, après s'être fait bien prier ; la maman gronde...... Et pourquoi se faire une peine d'une chose qui ne doit qu'amuser ? La coutume de donner au moins un *commandement* impossible est assez singulière. On vous ordonnera de prendre la lune avec les dents, d'aller embrasser une personne éloignée de vous de plusieurs lieues, &c. quelquefois le *commandement* sera d'embrasser une personne que l'on déteste, ou une autre que l'on aime bien : alors, le choix est piquant. Assez souvent, quand on ordonne d'embrasser la personne que l'on aime le mieux, on embrasse tout le monde. Comme ces enfans à qui on demande : qu'aimez vous le mieux de votre papa ou de votre maman ? Sotte question, à laquelle ceux qui ont de l'esprit répondent ordinairement : je les aime mieux tous les deux.

Mademoiselle DE LA HAUTE-FUTAIE.

Vous avez bien raison de ne pas vouloir qu'on donne pour *commandement* unique de chanter ; c'est assez qu'on vous ordonne de chanter, pour qu'il ne vienne aucune chanson jolie dans la mémoire.

Mademoiselle ROSE.

Tout cela est fort bien dit ; mais avec toutes vos belles dissertations, nous ne jouons pas. Eh bien ! Chevalier, est-ce que vous ne nous apprendrez aucun jeu ?

Le Chevalier ZÉPHIR.

Ma foi, je n'en sais point ; l'abbé m'a volé : je vous aurois appris *le pied-de-bœuf* : une, deux, trois, quatre, cinq, six, sept, huit, neuf, je tiens mon pied-de-bœuf ; & puis on baise la main, sans quoi elle ne seroit pas de bonne prise.

Mademoiselle

Mademoiselle ROSE.

Finiffez donc, Chevalier ; vous me tordez les doigts ; allons donc.

L'Abbé DES AGNEAUX.

Jouons aux *réponfes en une phrafe* ; je vais fortir un inftant ; chacun donnera un mot à fon voifin ; en revenant, je ferai une queftion à chacun. Il faudra, dans fa réponfe, qu'il mette fon mot, & que je tâche de le deviner ; celui dont le mot aura été deviné, prendra ma place.

Madame DE LA RIVIÈRE.

Voyez s'il n'écoute pas.

Le Chevalier ZÉPHIR.

Oh ! il eft bien loin.

Madame DE LA RIVIÈRE.

Chevalier, je vous donne pour mot pantoufle.

Le Chevalier ZÉPHIR.

Mademoifelle, je vous donne pour mot diable.

Mademoifelle ROSE à Mlle DU GAZON.

Moi, je vous donne crocodile.

Mademoifelle DU GAZON.

Oh ! c'eft trop difficile, ma fœur. Eh bien ! tiens, ma fœur, je te donne Antipodes.

Mademoifelle DU RUISSEAU.

M. l'abbé, je vous donne fricaffée de poulets.

Madame DE LA HAUTE-FUTAIE.

Il faut que je forte ; je ne jouerai pas ce tour-ci.

L'Abbé PRINTEMS.

N'allez pas dire les mots à l'abbé ; il n'auroit pas de peine à les deviner.
Jeux familiers.

Madame DE LA HAUTE-FUTAIE.

Oh ! mon Dieu, non. Je vous en réponds.

L'Abbé PRINTEMS.

Mademoifelle, je vous donne pour mot baromètre.

Mademoifelle DE LA HAUTE-FUTAIE.

Eh bien ! Madame de la Rivière, je vous donne auffi pour mot baromètre. Appellez l'abbé. Le voilà qui vient.

L'Abbé DES AGNEAUX.

Vous avez été bien long-tems, Mefdames. Voyons un peu, Madame de la Rivière ; irez-vous promener ce foir ?

Madame DE LA RIVIÈRE.

Si le *baromètre* nous annonce du beau tems, je pourrai bien y aller ; mais je crains bien les crapauds & les couleuvres.

L'Abbé DES AGNEAUX.

Bon ! ces crapauds qu'on vous a donné.

Madame DE LA RIVIÈRE.

Point du tout, c'eft *baromètre*.

L'Abbé DES AGNEAUX.

Chevalier, raifonnez-vous quelquefois ?

Le Chevalier ZÉPHIR.

Quelquefois, je raifonne *pantoufle*.

Mademoifelle ROSE.

C'eft bien vrai, par exemple......

Le Chevalier ZÉPHIR.

Laiffez-moi donc finir ma phrafe ; quelquefois je raifonne férieufement, furtout fi on parle de chimie. Mon mot eft dit.

L'Abbé DES AGNEAUX.

Ah ! voyez que c'eft bien difficile à deviner ! C'eft chimie, n'eft ce pas ?

S

Le Chevalier ZÉPHIR.

Point du tout ; car c'est *pantoufle*.

L'Abbé DES AGNEAUX à Mlle ROSE.

N'est-il pas vrai, Mademoiselle, que le Chevalier sait bien jouer ce jeu-là ?

Mademoiselle ROSE.

C'est un diable pour tous les jeux ; mais je n'aime pas quand il fait la culbute, car j'ai toujours peur qu'il ne se casse l'épine du dos.

L'Abbé DES AGNEAUX.

Diable ! c'est difficile à deviner.

Mademoiselle DE LA HAUTE-FUTAIE.
Vous l'avez dit.

Le Chevalier ZÉPHIR.

Paix-là ! point d'indiscrétion sur-tout.

L'Abbé DES AGNEAUX.

Allons, soit ; je vois bien que je n'en devinerai pas aujourd'hui. C'est..... c'est...... culbute.

Mademoiselle ROSE.

Point du tout ; c'est *diable*.

L'Abbé DES AGNEAUX.

Il faut pourtant que j'en devine ; car si je fais le tour sans en deviner, je payerai un gage ; je vais faire à Mademoiselle du Gazon une question bien difficile. Mademoiselle, vous leverez-vous de main de bon matin ?

Mademoiselle DE LA HAUTE FUTAIE.

Ah ! ma bonne amie, si vous n'y êtes pas prise, il y aura bien du mérite de votre part.

Mademoiselle DU GAZON.

Monsieur, je me leverai le plus matin que je pourrai ; car, quand je dors trop, je fais des rêves affreux. & je vois en rêvant des loups, des serpens, des crocodiles, des tigres, des rhinoceros, des léopards & des ours. Mon mot est dit.

L'Abbé DES AGNEAUX.

Oui, il est dit : mais accompagné de plusieurs autres ; je vois bien qu'il est dans votre énumération ; ces chiennes d'énumérations sont désolantes, & on devroit les proscrire à notre jeu.

Mademoiselle DU GAZON.

Mais vous ne dites pas le mot ; avec tous vos beaux raisonnemens.

L'Abbé DES AGNEAUX.

Eh bien ! c'est cro.... non ; c'est rhinoceros.

Le Chevalier ZÉPHIR.

Non : vous aviez bien commencé ; c'est *crocodile*.

L'Abbé DES AGNEAUX.

Je voulois le dire ; au diable soit le jeu. Je n'en devinerai pas un. Tiens, l'abbé, je te défie de me répondre. Comment fait-on une fricassée de poulets ?

L'Abbé PRINTEMS.

Si j'étois cuisinier, ou même marmiton, je pourrois te dire comment on fait une *fricassée de poulets*.

L'Abbé DES AGNEAUX.

La question que je t'ai faite est heureuse pour toi, c'est sûrement ; *marmiton* qu'on t'a donné.

L'abbé PRINTEMS.

Point du tout. Elle est encore plus heureuse, car c'est *fricassée de poulets*.

Madame DE LA RIVIÈRE.

Le jeu est fort piquant, surtout quand les questions sont dans le sens du mot donné.

L'Abbé PRINTEMS.

Madame, une fois on m'avoit donné *dentiste* ; on me dit par hasard : j'ai bien mal aux dents ; pourriez-vous m'enseigner un remède ? Et je répondis : je ne suis point *dentiste*.

Mademoiselle DU RUISSEAU.

Allons, M. l'abbé, vous avez passé mon tour ; faites-moi donc une question ?

L'Abbé DES AGNEAUX.

Seriez-vous bien aise, Mademoiselle, de retourner à Paris, pour voir votre aimable maman ?

Mademoiselle DU RUISSEAU.

Oh ! mon Dieu, oui ; car j'irois, pour la voir, jusqu'aux Antipodes, & même jusques sur les bords de la cataracte de Niagara.

L'Abbé DES AGNEAUX.

C'est ou Cataracte, ou Niagara.

Mademoiselle DU RUISSEAU.

C'est *Antipodes*.

Le Chevalier ZÉPHIR.

L'abbé, votre unique ressource, c'est Mademoiselle de la Haute-Futaie.

L'Abbé DES AGNEAUX.

Mademoiselle, aimez-vous les fraises ?

Mademoiselle DE LA HAUTE-FUTAIE.

Me voilà bien embarrassée. Quand le baromètre........ non. J'aime bien les fraises ; mais j'aime mieux à m'aller promener quand le baromètre annonce du beau tems.

L'Abbé DES AGNEAUX.

Ce mot-là n'est pas difficile à deviner. C'est baromètre.

Mademoiselle ROSE.

Eh bien ! ma bonne amie ; allez-vous promener dans le jardin, tandis que nous allons prendre de nouveaux mots.

Mademoiselle DE LA HAUTE-FUTAIE.

Je n'en devinerai aucun, moi, bien sûrement.

L'Abbé DES AGNEAUX.

Est ce que vous vous êtes donné les mots tout haut ?

Madame DE LA RIVIÈRE.

Oui : est-ce qu'il ne le faut pas ?

L'Abbé DES AGNEAUX.

Pardonnez - moi ; mais on peut aussi les donner tout bas. Alors, les autres joueurs ont le plaisir de chercher aussi le mot avec celui qui fait les questions. C'est comme les sables, par exemple. La morale est quelquefois au commencement, & quelquefois à la fin. Quand elle est au commencement, on a le plaisir de voir & de juger si la fable prouve bien la morale ; & quand elle est à la fin, on la cherche, & on a la satisfaction de se rencontrer quelquefois avec l'auteur. Au reste, vous sentez qu'il est indifférent que le mot se donne tout haut ou tout bas. L'essentiel est de ne pas varier sa voix dans la réponse, quand on prononce le mot donné, parce qu'alors cette inflexion de voix le fait aisément deviner.

L'Abbé PRINTEMS.

Ce jeu-là est fort amusant ; j'ai vu passer des soirées entières à le jouer. C'est celui dont on devine d'abord le mot qui prend la place du chercheur de mots ; car si on devinoit un mot à la première question, on ne continueroit pas moins à faire des questions aux autres, surtout quand les mots ont été donnés tout haut.

Mademoiselle DU RUISSEAU.

Voilà Madame de la Haute - Futaie qui revient, elle sera du jeu.

Madame DE LA HAUTE-FUTAIE.

Mesdemoiselles, descendez, s'il vous plaît, car on va souper ; tenez, on sonne.

Mademoiselle ROSE.

Ah ! ma bonne amie, nous continuerons notre jeu après souper. Vous en serez, car il est fort joli.

Madame DE LA HAUTE-FUTAIE.

Volontiers, mais à condition que nous n'irons pas coucher si tard qu'hier.

(Extrait des Soirées amusantes.)

RETIRE-TOI DE-LA.

Petit jeu.

Voyez à l'article JEU DE LA SELLETTE.

REINES. *(jeu des)*

Il faut que chacun de la compagnie choisisse sa reine & la vienne dire à l'oreille de celui qui fait le jeu ; puis l'on sera obligé de dire plusieurs perfections de sa maîtresse en une telle rime. Ainsi, en choisissant la rime de *té*, on dira qu'elle a de la beauté, de la clarté, de la netteté, de la subtilité, de la propreté, &c. ainsi du reste. Ceux qui auront choisi des rimes qui ne seront pas fort abondantes, se trouveront fort empêchés si d'autres les ont prises devant eux.

ROI DÉPOUILLÉ. *(le)*

Jeu de société.

Voyez à l'article ATTRAPE. *(jeux d')*

ROMESTECQ. *(jeu du)*

L'origine de ce jeu vient de Hollande, & c'est pour ce sujet qu'il est appellé *romestecq*.

Règles du jeu.

1º. Vous prendrez un jeu entier de cartes ordinaires & en ôterez toutes les petites, vous réservant les trente-six qui restent, & vous conviendrez du prix du jeu.

2º. On peut jouer depuis deux personnes jusqu'à six, à raison de cinq cartes chacune.

3º. Jouant six personnes, il est à observer que pour voir comme la partie sera assortie,

on donne à chaque personne une carte, & les trois plus hautes sont ensemble, & les plus basses pareillement. C'est la même marche à observer quand on est quatre joueurs ou même deux.

4º. Jouant à six personnes, celui qui sera au milieu donnera à couper à celui qui sera au milieu de l'autre côté de la table, & qui jouera contre lui.

5º. Celui qui aura la plus haute carte choisira de faire ou non, attendu qu'étant six personnes, il y en a qui trouvent de l'avantage de faire, & d'autres non ; cela étant à la discrétion de celui qui aura coupé la plus haute. Celui qui ne donne pas, est celui qui doit marquer le jeu.

6º. Celui qui ne fait pas, prendra la craie pour marquer sur la table le nombre des marques qui sera accordé par la compagnie. Ordinairement à six l'on marque trente-cinq marques ; & à quatre & à deux, l'ordinaire est de vingt-un. Néanmoins, le tout dépend de la volonté des joueurs.

7º. Celui du milieu qui fait, étant six joueurs, donnera cinq cartes à sa volonté, savoir : par une, deux, trois, quatre, ou cinq ; mais il est à remarquer qu'il faut qu'il donne toujours durant la partie, de la manière qu'il a commencé ; & ainsi chacun des autres donnera à son rang, ainsi qu'il est dit ci-dessus.

8º. Jouant quatre personnes, celui qui a les plus basses cartes est obligé de faire, & l'on coupe de travers, afin qu'il n'y ait pas une primauté d'un côté ou d'autre, laquelle primauté est fort avantageuse.

9º. Si celui qui donne les cartes par inadvertance en retourne une du côté de son adversaire, il lui sera marqué trois marques par sa partie ; mais si d'aventure la carte venoit à se retourner de son côté, il n'y a point de marque ; & s'il se trouve des cartes retournées dans le jeu, reconnues par la compagnie, il lui sera encore marqué trois marques.

10º. Qui manque à donner, de la même façon qu'il a déjà donné, il lui sera marqué trois marques par sa partie ; & s'il arrivoit, par le hasard, qu'il en donnât six pour cinq, il lui sera encore marqué trois marques, & en ôtera jusqu'au nombre de dix cartes, qu'il mettra dans l'écart, & continuera à donner ainsi qu'il avoit donné par ci-devant.

11°. Qui joue devant son rang relevera sa carte, & lui sera marqué trois marques.

12°. Qui renonce à la couleur que l'on lui jette, perd la partie.

13°. Qui compte Rome, village, double ningre, & qu'il ne l'ait pas ; quand il est reconnu, perd la partie.

14°. Qui joue avec six cartes, perd la partie.

15°. Qui efface une marque de plus qu'il ne lui appartient, perd la partie.

16°. Qui accuse de trois marques à faux, perd la partie.

17°. Pour parfaitement vous donner à entendre ce jeu, il est nécessaire d'expliquer ce que c'est que *virlicque*, *double ningre*, *triche*, *village*, *double Rome*, & *Rome* : la valeur des cartes, lorsqu'elles sont jointes ensemble, savoir : l'as vaut onze & emporte le roi, & ainsi le roi emporte les autres plus basses.

Virlicque, est quatre cartes arrivées en une même main de même façon, comme quatre as, quatre rois, ainsi du reste, & on a gagné alors la partie.

Triche, sont trois cartes de même sorte arrivées dans une même main, comme trois as, trois rois, ou autres cartes au-dessous.

Double ningre, sont deux as, deux rois, arrivés en une même main, ou bien deux as, deux dix ou deux rois en la place de deux as.

Village, sont deux dames & deux valets de même valeur, ou deux dix & deux neufs, à commencer depuis la dame jusqu'à la plus basse suivante ; & *double Rome*, sont deux as ou deux rois arrivés en une même main.

Rome, est deux cartes semblables au-dessous des rois & des as, arrivés dans une même main.

18°. La valeur du jeu est que, qui a *virlicque* gagne la partie, & on efface tous les acquis.

19°. *Triche* vaut trois dans la main s'il est d'as ou de rois ; quand tout passe, qu'il ne soit pas grugé, il vaut six, d'autant que les as & les rois valent chacun une marque.

20°. *Double ningre* vaut trois dans la main, quand tout passe, & qu'ils ne soient point

grugés ; savoir le roi & l'as. Il est à remarquer que quand vous jouerez une des quatre cartes qui composent le *ningre*, qu'il faut dire en la jettant, pièce de ningre, & en jouant une autre carte, dire autre pièce ; car s'il arrivoit que vous eussiez effacé votre marque sans avoir dit pièce & autre pièce, on vous accuseroit de la partie, & auriez perdu.

21°. *Village* vaut deux en disant pièce & autre pièce en les jettant, ainsi que ci-dessus.

22°. *Double Rome* valent deux dans la main, & quand tout passe qu'ils ne soient point grugés, valent quatre en disant en le jettant, pièce de Rome.

23°. *Rome* vaut un dans la main en disant en le jettant, pièce de Rome.

24°. Le *stecque* est une marque à effacer pour celui qui fait la dernière levée.

25°. Le mot de *gruger* est quand on jette, une carte d'une sorte de laquelle on n'a pas, & que l'on soit contraint de jetter quelques as ou rois, cela s'appelle *gruger*, d'autant que celui qui les gruge en efface autant qu'il en a marqués.

Les as & rois valent chacun un, ainsi qu'il a été dit ci-dessus.

***

ROUE DE FORTUNE.

Voyez à l'article LOTERIE. (*petite*)

***

ROULETTE ; espèce de jeu d'exercice que l'on joue debout autour d'une machine faite exprès, disposée en forme de galerie. C'est un jeu de hasard, du reste très-égal, & qui ne paroît susceptible de tromper.

On jette une boule blanche ou noire dans une galerie, d'où, après plusieurs circuits, & étant renvoyée de différens côtés, cette boule s'arrête enfin sur une case de sa couleur, ou de celle opposée ; ce qui décide du gain ou de la perte.

ROULETTE *aux dez.* (*jeu de la*)

Voyez à l'article COULEURS. (*jeu des trois*)

***

RUBAN. (*jeu du*)

Voyez à l'article JEU DE LA SELLETTE.

S

S A B O T.

S A B O T. *(jeu d'écolier.)*

C'est un morceau de bois rond, qui se termine en pointe, & qu'on fait tourner en le fouettant dans le même sens avec une lanière. L'adresse du joueur consiste à entretenir long-tems l'activité du sabot.

S A G E, *(jeu du)*

Dans le jeu du *sage*, l'on trouve les principaux effets de la sagesse, comme de craindre & d'aimer Dieu, de surmonter l'influence des astres, d'être ferme contre la fortune, d'être libre & ne s'assujettir à rien, & ainsi des autres; puis chacun ayant appris quelqu'une de ces belles maximes par cœur, le maître s'adressant à celui qui sera à sa main droite, & lui demandant, *que fait le sage*, il faut qu'il dise sa sentence, comme par exemple, *le sage craint & aime Dieu* ; & après ayant interrogé un autre suivant, celui-là doit dire la sienne.

Plusieurs s'interrogent aussi l'un l'autre avec pareille obligation, & à la fin, lorsque chacun peut bien avoir appris les sentences de tous ses compagnons, on les doit redire d'ordre jusqu'au dernier qui en dit plus que tous les autres. Ceci a la vraie apparence d'un jeu, & s'il semble trop sérieux, l'on en peut faire de plus gais à son imitation, en changeant les paroles & le sujet.

S A V A T E, *(jeu de la)*

Pour jouer ce jeu, la compagnie s'assied à terre en rond, excepté une personne qui reste debout au milieu, & dont la tâche est d'attraper un soulier que la compagnie se passe de main en main par dessous les jarrets, à peu près comme une navette de tisserand.

Comme il est impossible à celui qui est debout, de voir en face tout le cercle, le beau du jeu est de lui donner des coups de talon du soulier, du côté qui est hors de défense.

S A U T S. *(jeu des trois)*

C'est une espèce de jeu de force, où celui qui, en deux enjambées & un saut parcourt le plus grand espace, gagne.

SCHNIF-SCNOF-SCNORUM.

Jeu de société.

Voyez à l'article POULES. *(Jeu de)*

SCIENCES et ARTS. *(jeu des)*

Au jeu des sciences & des arts chacun prend un nom, & quand on a appellé la théologie, la philosophie, l'astronomie, la geométrie, &c. il faut que ceux qui en portent les noms disent les définitions d'une telle science ou d'un tel art, ou quelque chose qui leur appartient, & soit à leur gloire & avantage.

Pour épuiser les esprits & les mettre beaucoup en peine, il faut appeller chacun plusieurs fois, rendant le jeu un peu long, mais cela ne peut être pratiqué que par des personnes qui aient beaucoup d'étude.

SECRÉTAIRE. *(le)*

Jeu de Société en dialogue.

Mademoiselle DU GAZON.

Eh bien ! il est arrivé ! L'avez-vous vu ?

Comme il a l'air niais ; pour un jeune homme de seize ans ! Qu'il est gauche ! Le pauvre garçon, il a bien fait d'être riche !

Mademoiselle DE LA HAUTE FUTAIE.

Qui donc ! ma bonne amie, M. Dubois, ce digne fils de sa digne mère ?

Mademoiselle DU GAZON.

Justement. Madame Dubois, en nous en parlant, faisoit comme le hibou de la fable de la Fontaine.

Mademoiselle DU BOCAGE.

Je m'attendois à voir un jeune lutin plein d'esprit ; je crois qu'il a de la difficulté à parler.

Mademoiselle DU GAZON.

Non ; point du tout : c'est qu'il veut grasseyer. Avez-vous vu son doigt, comme il est emmaillotté ! Je l'ai déjà vu à Paris. Le pauvre garçon, il a bien fait d'être riche.

Mademoiselle DU BOCAGE.

Est-ce qu'il est borgne, donc ?

Mademoiselle DU GAZON.

Non ; c'est qu'il louche un peu de l'œil gauche ; mais ça ne paroît pas quand on le voit du côté droit. Le pauvre garçon ; il a bien fait d'être riche.

L'abbé PRINTEMS.

Il sera comme sa mère ; il n'aimera pas nos jeux.

Mademoiselle DU BOCAGE.

Je l'ai entendu dire deux mots, il ne m'a pas paru bien spirituel. Il est comme une boule, il sera comme sa mère.

Madame DE LA RIVIÈRE.

Allons, silence, s'il vous plaît, Mesdemoiselles, je l'entends qui vient avec son violon.

L'abbé PRINTEMS.

Il est donc musicien ; ce sera un acteur de plus pour notre concert de demain.

L'abbé DES AGNEAUX.

Bon ! Il y a, dit on, huit ans qu'il apprend à jouer du violon, il n'en sait guères plus que le premier jour. Le violon est un instrument si commun, que je le trouve détestable, quand il n'est que médiocre. Il faut un peu exceller dans cet instrument, sans quoi ce n'est pas la peine de s'en mêler, à moins qu'on ne veuille, par complaisance, racler quelques contredanses dans le besoin, pour faire danser. Je ne sais si c'est ma guitare qui m'a rendu ennemi déclaré du violon ; mais je trouve cet instrument d'une aigreur insupportable, quand toutefois il n'est pas adouci par une main habile. Le pauvre M. Dubois n'y fera rien ; son doigt le gêne beaucoup pour tenir son archet, & c'est un grand défaut.

Madame DE LA HAUTE-FUTAIE.

Eh bien ! M. Dubois, vous voilà donc venu voir nos jeux enfantins ? Je croyois que vous restiez toujours à côté de votre maman, à la voir jouer.

M. DUBOIS.

Oui, Madame ; mais c'est qu'elle perd ; elle est de mauvaise humeur. On lui a fait un *schlem* ; & quand son jeu va mal, elle me gronde toujours ; elle dit que je me tiens mal, & j'ai mieux aimé encore venir ici.

Mademoiselle DU GAZON.

Nous sommes bien flattées de la préférence.

M. DUBOIS.

Ah ! oui : & puis encore c'est que je ne peux jouer là-haut du violon, ça les étourdiroit.

L'abbé DES AGNEAUX.

C'est que les joueurs de gros jeu n'aiment que la cadence du pouce.

Mademoiselle DE LA HAUTE-FUTAIE.

Quel air jouez-vous-là ?

Mademoifelle DU BOCAGE.

C'eſt un air de Péronne ſauvée. *Siîôt que Lubin m'aima d'amour extrême.*

L'abbé DES AGNEAUX.

Vous ne devriez pas, mon cher ami, jouer cet air-là, il eſt trop difficile; vous l'avez pris un peu haut; vous devriez le tranſpoſer pour votre violcn, & vous voyez bien que vous le défigurez; vous paſſez toutes ces petites notes d'agrément. D'ailleurs, vous vous trompez-là : tenez; *il faut pourtant, diſoit ma ſœur, laiſſer un peu languir ſon ſerviteur* ; vous voyez bien que vous êtes en *ſi bémol ; laiſſer un peu*, il faut un *ſi* naturel & un *ut dieʒe*; & vous tronquez tout-à-fait ce paſſage-là.

M. DUBOIS.

Oh! que r̃on.

L'abbé DES AGNEAUX.

Oh! que ſi. Parbleu! liſez votre muſique. Mais nous allons jouer un jeu qui ne vous amuſeroit peut-être pas. Vous avez bien vu cette grande allée de tilleuls qui partage le verger; il y a au bout une grande grotte qui eſt charmante pour faire de la muſique. Il y a un écho merveilleux; quand vous ſerez-là avec votre violon, vous croirez entendre une douzaine d'inſtrumens.

Mademoiſelle ROSE.

Comme c'eſt couvert, la roſée ne gâtera pas vos cordes.

L'abbé PRINTEMS.

Enfin le voilà parti, le pauvre nigaud.

L'abbé DES AGNEAUX.

Meſdames, vou!ez-vous jouer au *ſecrétaire?*

Madame DU RUISSEAU.

Oh! il faut trop d'eſprit pour ce jeu-là; moi, je n'y jouerai pas.

L'abbé DES AGNEAUX.

Eh bien! ne le jouons pas.

Mademoiſelle ROSE.

Ma's, ma ſœur, on écrit ce qu'on veut. En défigurant ſon écriture, on ne ſait ce qu'on a écrit.

L'abbé DES AGNEAUX.

Eh bien! jouons-y donc.

Madame DU RUISSEAU.

Mais c'eſt qu'on peut mettre des méchancetés.

L'abbé DES AGNEAUX.

Eh bien! ne jouons pas.

Mademoiſelle ROSE.

Mais, ma ſœur, nous ſommes trop honnêtes pour y mettre des méchancetés. D'ailleurs, on n'y met rien qu'on ne diſe en converſation ; & puis, ces petites méchancetés-là, quand il y en auroit, ne portent pas beaucoup.

L'abbé PRINTEMS.

Eh bien! jouons-y donc.

Le Chevalier ZÉPHIR.

Allons, que tous ceux qui veulent jouer au *ſecrétaire* levent le doigt.

Madame DU RUISSEAU.

Allons, je leverai le doigt comme tous les autres. Bon! voilà M. Dubois.

Mademoiſelle DE LA HAUTE-FUTAIE.

Eſt-ce que vous n'avez pas fait de la muſique dans le jardin?

M. DUBOIS.

Oh! mon Dieu, non. Il fait trop froid; j'ai été un peu là-haut; le jeu va un peu mieux, je vais y retourner.

L'abbé PRINTEMS.

Allons, ainſi ſoit-il.

M. DUBOIS.

M. Dubois.

Et qu'eſt-ce que vous voulez donc faire de tous ces cornets avec toutes ces plumes-là.

L'abbé des Agneaux.

Nous vous le dirons à ſouper.

L'abbé Printems.

Enfin, le voilà parti, le pauvre nigaud. Pour bien-jouer au ſecrétaire, il faudroit des cartes blanches des deux côtés; car un côté ne ſuffit pas pour écrire tout ce qu'on veut.

L'abbé des Agneaux.

En voilà; j'en ai toujours une douzaine au moins ſur moi dans un petit étui fait exprès. Il s'agit d'écrire en tête le nom de chaque joueur ſur une carte. On les met dans un chapeau que l'on couvre; chacun tire une carte, il écrit deſſus une penſée. On les remet dans le chapeau; on les tire une ſeconde fois, & ſur celle que l'on a priſe, on met encore une autre penſée; ainſi de ſuite, juſqu'à ce que les cartes ſoient pleines. Allons, Meſdames, prenez vos cartes.

Mademoiſelle Rose.

Ah! l'abbé Printems a la carte de Madame de la Rivière.

L'abbé des Agneaux.

Il ne faut pas dire ça, Mademoiſelle; vous voyez bien qu'on ſaura que c'eſt l'abbé qui aura écrit la première penſée qui ſe trouvera ſur la carte de Madame de la Rivière; & s'il alloit y mettre une méchanceté?

L'abbé Printems.

Ah! Madame ne prête à aucune méchanceté?

Madame de la Rivière.

Vous êtes bien honnête; vous briguez mon ſuffrage pour que je vous faſſe des complimens, quand votre carte me viendra.

L'abbé Printems.

Moi! point du tout; vous vous trompez; je ſerai bien aiſe d'apprendre mes vérités.

Mademoiſelle Rose.

Eh bien! on vous les dira.

L'abbé Printems.

Vous riez, je parie que vous avez ma carte; ſi la vôtre me paſſe, je m'en ſouviendrai.

L'abbé des Agneaux.

Surtout, Meſdames, ne montrez pas vós cartes en les prenant, ni en les remettant. La première fois que nous y jouerons, j'aurai des grands étuis pour mettre les cartes, comme dans la roue d'étourderie.

Madame de la Haute-Futaie.

Vous êtes un fameux faiſeur de cartons; je veux vous donner de l'occupation : il faudra que vous me faſſiez une toilette entière en carton.

Madame de la Rivière.

Et moi, je vous demanderai une petite commode en carton auſſi.

Mademoiſelle du Ruisseau.

Moi, je me contenterai d'une chiffonnière.

Mademoiſelle Rose.

Je voudrois une petite boîte par caſe pour mettre toutes les bobines de mes ſoies de différentes couleurs; vous ne me refuſerez pas ça, l'abbé?

L'Abbé des Agneaux.

Oh! mon Dieu, non.

L'abbé Printems.

Moi, je te demanderai un porte-feuille & un petit étui pour porter toujours ſur moi au moins une douzaine de cartes, ça n'eſt pas trop.

Mais comme je vois que tu as beaucoup de pratiques, je te conseille de prendre un ou deux garçons cartonniers pour t'aider ; sinon, tu n'auras plus le tems de faire des charades, des bouts-rimés, des chansons & des comédies ; mais continuons notre jeu.

Mademoiselle DU RUISSEAU.

Allons, Mademoiselle ; je ne veux pas qu'on regarde ce que j'écris ; non, vous ne le verrez pas.

Madame DE LA HAUTE-FUTAIE.

Finissez donc, ma fille, c'est malhonnête ce que vous faites-là.

Mademoiselle DE LA HAUTE-FUTAIE.

Mais, maman, vous avez bien fait voir votre carte à l'abbé des Agneaux.

Madame DE LA HAUTE-FUTAIE.

Eh bien ! j'ai eu tort, ma fille. Tout le monde a-t-il écrit ? Qu'on rassemble les cartes, & qu'on passe le chapeau.

Mademoiselle DU GAZON.

Mais Mademoiselle du Bocage a fraudé, elle n'a rien écrit.

Le Chevalier ZÉPHIR.

Les cartes ne se rempliront pas vîte comme ça.

Mademoiselle DU BOCAGE.

C'est ma carte que j'avais ; qu'est-ce que vous voulez que je mette dessus.

Le Chevalier ZÉPHIR.

C'est égal ; on écrit ce qu'on veut. Bon ! voilà-t-il pas encore M. Dubois. Eh ! mais, mon Dieu, je crois qu'il a du vif argent dans les pieds ! Il n'est pourtant pas bien vif. Il ne fait que monter & descendre.

L'abbé DES AGNEAUX.

Ah ! faites nous grace de votre violon, s'il

vous plaît. Qu'il est complaisant, il redouble ! Bon ! voilà le chevalet cassé ; c'est bien fait.

M. DUBOIS.

C'est bien vilain de vous réjouir du malheur d'autrui. Oh ! j'en ai encore un autre là-haut dans ma boîte, & puis si je le cassois encore, j'en trouverois peut-être à acheter dans le village.

L'abbé DES AGNEAUX.

Oui, croyez-moi, allez-en acheter tout de suite une douzaine.

L'abbé PRINTEMS.

Enfin ! le voilà parti, le pauvre nigaud ?

Mademoiselle DU RUISSEAU.

Mais nous n'allons pas trop vîte, au moins, Mesdames ; savez-vous qu'il est bientôt huit heures ? Nous n'avons plus guères qu'une heure & demie avant de souper, & si M. Dubois vient toujours nous interrompre comme ça, nous n'aurons pas fini.

L'abbé DES AGNEAUX.

Ayez soin, s'il vous plaît, Mesdames, de mettre trois points après ce que vous écrirez, afin qu'on distingue les différentes phrases, qui quelquefois se suivent, & qui souvent se contredisent.

Madame DE LA RIVIÈRE.

Mais les cartes doivent être bientôt remplies.

Mademoiselle DU GAZON.

Je crois qu'elles peuvent faire encore un tour.

Mademoiselle DE LA HAUTE-FUTAIE.

J'ai eu, tout-à-l'heure, bien de la peine à lire la carte qui m'étoit tombée ; il y avoit une phrase écrite en points.

Mademoiselle DU RUISSEAU.

On ne reconnoîtra pas cette écriture-là.

Le Chevalier ZÉPHIR.

Voilà-t-il pas encore notre ami M. Dubois? mais c'est inconcevable ?

L'abbé PRINTEMS.

Et d'où diable venez-vous donc ? Vous n'avez donc pas été acheter un chevalet ?

M. DUBOIS.

Il fait trop noir ; j'irai demain matin.

Madame DE LA RIVIÈRE.

Qu'est-ce que vous avez ? Est-ce qu'il vous est arrivé quelque chose dans le sallon ?

M. DUBOIS.

Dame ! voyez donc ; ce n'est pas ma faute.

L'abbé PRINTEMS.

Vous avez fait quelques sottises ?

M. DUBOIS.

M. de la Rivière & M. de la Forêt faisoient une partie d'échecs : j'ai passé à côté d'eux, &...

L'abbé PRINTEMS.

Et vous avez renversé tout leur jeu par terre, n'est-ce pas ? Vous ne regardez pas à ce que vous faites.

Madame DE LA RIVIÈRE.

Votre maman vous a sûrement grondé ?

M. DUBOIS.

Oh! mon Dieu, non. Elle a ri comme une folle, & ça faisoit endêver M. de la Rivière ; ils se sont un peu querellés ; ces messieurs ramassoient les pièces de leur jeu.

L'abbé PRINTEMS.

Et vous avez marché dessus, vous en avez cassé quelques-unes.

M. DUBOIS.

Non, point du tout, j'ai voulu les éclairer...

L'abbé PRINTEMS.

Et vous avez éteint la lumière.

M. DUBOIS.

Non. J'ai brûlé un peu les cheveux de M. de la Forêt ; mais ce n'est rien que ça, ils repousseront.

Mademoiselle DU RUISSEAU.

Ah! oui : ils repousseront. Il porte perruque.

M. DUBOIS.

Dame ! Est-ce que je savois qu'il portoit perruque, moi ?

Madame DE LA RIVIÈRE.

Tenez, vous devriez aller vous réconcilier tout de suite avec eux, car vous nous empêchez de jouer.

M. DUBOIS.

Mais ils me gronderont, car ils disent que je ne fais qu'aller & venir.

Mademoiselle ROSE.

Ils n'ont pas tort, mais c'est égal ; allez toujours, il ne faut pas laisser vieillir la rancune.

L'abbé PRINTEMS.

Enfin, le voilà parti, le pauvre nigaud ?

Madame DE LA HAUTE-FUTAIE.

L'abbé, tirez la clef en dedans, il ne pourra plus rentrer ; car, sans cela, nous ne finirons pas.

L'abbé PRINTEMS.

Qu'il y revienne, à présent, il trouvera à qui parler.

Mademoiselle DE LA HAUTE FUTAIE.

Attendez donc, je n'ai pas encore fini

d'écrire ; je ne fongeois qu'à la perruque de ce pauvre M. de la Forêt : c'est bien défagréable, au moins ; fi ç'avoit été un bonnet de gaze !....

L'abbé DES AGNEAUX.

Allons, quand toutes les cartes feront ramaffées, il faudra les lire, Chevalier, il faudra vous charger de ce foin, parce que vous ne connoiffez pas nos écritures. Paix-là ! voilà encore M. Dubois que j'entends ; ne difons rien.

M. DUBOIS, *frappant en dehors.*

Mais c'est fingulier ; ils ont retiré auffi la clef du fallon. Y a-t il quelqu'un là ? Où font-ils donc allés ? Je le dirai à maman, qu'on ôte les clefs partout.

L'abbé DES AGNEAUX, *bas.*

Taifez vous donc, Mademoifelle Rofe, il vous entendra rire.

M. DUBOIS.

Oh ! vous croyez m'attrapper : j'entends bien rire Mademoifelle Rofe ; je fais bien ce que je ferai ; je m'en vais retourner au fallon par l'autre efcalier, la clef de l'autre porte y fera peut-être.

L'abbé DES AGNEAUX.

Allons, lifez les cartes, Chevalier, car il eft tard. Je vous ai engagé, Mefdames, à vous mettre dans la falle à manger, parce que, pour jouer au fecrétaire, il faut une grande table où tout le monde puiffe écrire à fon aife.

Le Chevalier ZÉPHIR.

Voici la carte de *Madame de la Rivière :* écoutez bien, s'il vous plaît.

Beaucoup de bien & point de mal......... Trois points. C'est le fentiment général........ Trois points.

Mademoifelle ROSE.

Pefte ! ce font des vers. L'abbé des Agneaux en aura fait quelques-uns.

L'abbé DES AGNEAUX.

J'ai trouvé le premier fait, j'ai fait le fecond. Mais il ne faut pas dire ce qu'on a mis, ni faire des réflexions. Continuez, Chevalier ; ce n'est pas la peine de dire trois points ; il fuffit de faire une petite paufe, pour qu'on voie le changement de phrafe.

Le Chevalier ZÉPHIR *continue.*

Toutes les vertus de l'âge mûr.... Tous les talens & les agrémens de la jeuneffe.... De l'efprit fans prétention.... Du jugement fans oftentation..... Heureux fon mari !... Heureux fes amis !

Madame DE LA RIVIÈRE.

Je fuis confufe de tous vos complimens ; je les prendrois volontiers pour des leçons, fi je ne connoiffois votre indulgence. On voit bien que ma carte n'est pas venue jufqu'à moi.

Le Chevalier ZÉPHIR.

Madame de la Haute - Futaie. Aimable maman... Ah ! je reconnois l'écriture de Mademoifelle de la Haute-Futaie.

Mademoifelle DE LA HAUTE-FUTAIE.

Point de réflexions, on l'a dit ; continuez.

Le Chevalier ZÉPHIR.

Aimable maman... D'une charmante fille.... Heureux cent fois l'amant qu'hymen feroit entrer dans fa chère famille...

Mademoifelle ROSE.

Ce font encore des vers.

Le Chevalier ZÉPHIR.

C'est bien dit... Pas trop bien écrit...

Mademoifelle DU RUISSEAU.

Effectivement, je ne pouvois pas lire.

Le Chevalier ZÉPHIR.

Ces Meffieurs fe font rire... Je reconnois

l'écriture du modeſte auteur que je ne croyois pas en état de faire des vers. *Il continue.* Qui peut les contredire ?... Meſſieurs, en vérité, vous avez bien de la bonté. Oh! c'eſt ſûrement la maman! Mais je ne connois pas ſon écriture. Paſſons à la carte ſuivante.

Mademoiſelle du Ruiſſeau. Modeſte en ſon cours... Timide en ſes amours... Elle eſt charmante... Quand elle n'a pas la migraine... Heureux qui n'eſt point ſujet à cette vilaine maladie... Prudent qui ne la feint pas quand il ne l'a pas.

Mademoiſelle DE LA HAUTE-FUTAIE.

Ma bonne amie, voilà des coups de patte ſur votre migraine.

Mademoiſelle DU RUISSEAU.

Quand je vous ai dit que ce jeu étoit méchant !

Le Chevalier ZÉPHIR.

Il pourroit bien vous donner la migraine, ce jeu-là. *Il continue.* Malade ou non, elle eſt charmante... Surtout quand elle danſe ou bien quand elle chante.

L'abbé Printems. Ah! voyons un peu. Groteſque en ſes idées... C'eſt un bon enfant.... On dit qu'il aime les dames.... C'eſt de ſon âge... Il aime le badinage... C'eſt de ſon âge... Il chante un peu faux... Ça lui eſt égal, pourvu qu'il chante.

Mademoiſelle Roſe. Charmante Roſe... Qui n'eſt écloſe que pour Lubin... Ah ! ah! qu'eſt-ce que ça veut donc dire ? *Il continue.* Le zéphir careſſe la roſe... Le papillon auſſi... Zéphir & papillon ont des goûts ſemblables... Leurs goûts ſont bons... Ils ſont quelquefois volages... Toutes les fleurs ambitionnent les careſſes du zéphir, & elles rendent jalouſe la roſe... Cette carte prêteroit à faire des réflexions.

Mademoiſelle ROSE.

Mais elles ſont défendues. Vous ſavez qu'il eſt ordonné de déchirer les cartes, quand elles ſont lues ; ainſi ne gardez pas la mienne, s'il vous plaît.

Le Chevalier ZÉPHIR.

Mademoiſelle de la Haute-Futaie. Elle eſt bien jeune... C'eſt un bon défaut... On s'en corrige tous les jours... Elle eſt un peu cauſeuſe... Elle eſt un peu indiſcrette... C'eſt qu'elle eſt la franchiſe même... Elle s'en corrigera... Ainſi ſoit il.

Mademoiſelle du Gazon. La raiſon même... La complaiſance même... Sérieuſe avec les perſonnes âgées... Enjouée avec les jeunes gens... Elle joue, par honnêteté, aux jeux de Madame Dubois... On connoît bien là ſon bon caractère... Elle voudroit que vous euſſiez dit vrai.

M. des Jardins. Il joue bien aux quilles... Sans vanité, il joue mieux que le chevalier... Ah! c'eſt bien vrai. *Il continue.* Il n'a pas grand mérite à le ſurpaſſer... Ah! c'eſt bien vrai. *Il continue.* Quand ſe mariera t il donc ?... Quand il voudra... Quand l'amour voudra... Attrape qui peut... Malheureux qui eſt pris.

Mademoiſelle du Bocage. Rime avec ſage... C'eſt la rime avec la raiſon... Elle devroit bien épouſer M. des Jardins... Que ne ſont ils unis enſemble !... Patience donc... Le tems eſt un grand maître... Les mariages ſont écrits au ciel !... Sur des nuages que le moindre vent diſſipe.

Mademoiſelle ROSE.

Et la carte de l'abbé des Agneaux, où eſt-elle ?

Le Chevalier ZÉPHIR.

Il ne reſte plus que celle-là & la mienne.

M. l'abbé des Agneaux fait bien les charades... Encore mieux les vers... C'eſt un garçon d'eſprit... Il n'eſt pas ſi bête qu'il le paroît... Le compliment eſt court. *Il continue.* Aime-t il les dames ?... Je n'en ſais rien... Il s'accompagne bien avec ſa guitare... C'eſt dommage qu'il n'aime pas le violon, ni la danſe.

Enfin, Meſdames, voilà mon arrêt.

Le Chevalier Zéphir. C'eſt un petit lutin... Il eſt comme Chérubin... Vous me faites bien de l'honneur, Meſdames. *Il continue.* Il eſt bien inconſtant... Vous vous trompez... Il aime bien Mademoiſelle Roſe... Il a bien raiſon... Qu'en voulez-vous dire ?... C'eſt ſon âge.

L'Abbé DES AGNEAUX.

Voilà qui eſt enfin fini. Otons tous ces cornets et toutes ces plumes, car il eſt tard, & on va bientôt mettre le couvert.

Mademoiſelle ROSE.

Meſdames, il fait un beau clair de lune.

Madame DE LA HAUTE-FUTAIE.

Allons faire un tour dans le jardin, pendant qu'on mettra le couvert.

(Extrait des Soirées amuſantes.)

SELLETTE. (la)

Jeu de Société en dialogue.

M. DU FRÈNE.

Ah! je ſuis fâché, mon cher abbé des Agneaux, que vous n'ayez pas pu venir promener avec nous; nous nous ſommes bien amuſés.

L'Abbé DES AGNEAUX.

Je n'ai pas pu. Vous ſavez bien que je prépare cette petite illumination pour la fête de M. B.... La fête ſera fort bien dans ſon eſpece. Vous connoiſſez bien ce théâtre en gazon, que M. B.... a fait ſur ſa terraſſe, au bout du boſquet? C'eſt-là que commencera la fête : j'ai tracé le canevas d'un petit drame relatif à une fête, où chacun de nous improviſera. Nous comptons ſur vous.

M. DU FRÈNE.

Volontiers ; je ferai ce que je pourrai.

L'Abbé DES AGNEAUX.

Après le drame, on fera le tour du jardin, qui ſera bien illuminé. Croiriez-vous que je n'a fait aujourd'hui que couler des lampions? Il eſt vrai que les domeſtiques m'aidaient.

M. DU FRÈNE.

Vous vous contentiez de préſider.

L'Abbé DES AGNEAUX.

Point du tout ; je travaillois auſſi. Quand on aura fait le tour du jardin, du verger & du bois, on reviendra devant la maiſon tirer un petit feu d'artifice ; et enſuite on retournera au boſquet. La ſalle qui eſt au milieu, ſera bien illuminée avec des arcades et des colonnes en lampions, et on danſera là tant qu'on voudra.

M. DU FRÈNE.

Cette fête eſt fort bien ordonnée , & les vers vont couler, Dieu ſait comme.

L'Abbé DES AGNEAUX.

J'en ai fait quelques-uns, mais je compte principalement ſur ceux que Madame de la Riviere a bien voulu ſe charger de chanter.

M. DU FRÈNE.

Il eſt vrai qu'elle donne une grace infinie à tout ce qu'elle chante, et ſurtout quand elle veut bien s'accompagner avec ſa harpe.

L'Abbé DES AGNEAUX.

Ah! voilà ces demoiſelles. Vous avez donc bien joué à la promenade ?

Mademoiſelle ROSE.

Nous avons paſſé en revue toutes ſortes de petits jeux enfantins.

Mademoiſelle DU RUISSEAU.

Nous avons joué au petit palet dans les allées du bois.

Mademoiſelle DU GAZON.

Nous avons joué à la main-chaude ; mais l'abbé Printems frappe un peu trop fort. Et vous auſſi, mon couſin.

M. DU FRÈNE.

C'eſt le beau du jeu. Mais je ne frappois fort que quand c'étoit des Meſſieurs, bien entendu.

Mademoifelle DU BOCAGE.

J'aime beaucoup le jeu que M. du Frêne nous a appris. Il eft tout drôle.

L'Abbé DES AGNEAUX.

Quel jeu donc, s'il vous plaît?

Mademoifelle DU BOCAGE.

Chacun prend une jarretiere ou un *ruban* & en tient un bout. Tous les autres bouts font réunis dans la main de celui qui fait jouer le jeu. Quand il dit : tirez, il faut lâcher; & quand il dit : lâchez, il faut tirer. On eft fouvent attrapé, & on donne bien des gages.

L'Abbé DES AGNEAUX.

Ce jeu reffemble affez à ces petits jeux qu'on fait jouer aux enfans, où l'on dit : berlingue, chiquette, ou bien pigeon vole, mouton vole, &c.

Mademoifelle DU RUISSEAU.

Nous avons joué tant de jeux nigauds que nous avons joué à *retire-toi de là.* Pourquoi ça? Parce que tu as telle chofe et que je n'en ai pas; parce que tu as un chapeau, & que je n'en ai pas; parce que tu as des boucles d'oreilles, & que je n'en ai pas.

Mademoifelle ROSE.

Mon Dieu! que nous avons ri avec toutes ces petites miferes-là.

L'Abbé DES AGNEAUX.

Les plus petits jeux peuvent fouvent amufer plus que les grands; c'eft fuivant comme on eft difpofé. J'ai entendu dire que des perfonnes de la plus grande diftinction, et du plus grand génie, avoient joué à la pouffette, où les enfans difent : digue, dogue, favatte; il eft vrai qu'ils y jouoient avec des louis.

Mademoifelle DU RUISSEAU.

Nous avons joué fauffi au Colin-Mail-

lard ordinaire, & au *Colin-Maillard avec une canne.*

Mademoifelle DE LA HAUTE-FUTAIE.

Le Colin-Maillard avec une canne eft fort drôle; mais je ne peux pas y jouer, parce que je ris trop. Quand on eft en rond & qu'on s'arrête, le malheur m'en veut, le Colin-Maillard, qui eft au milieu, me préfente toujours la canne : il fait trois cris différens; il faut les répéter, & je ne faurois contrefaire ma voix.

Madame DE LA HAUTE-FUTAIE.

C'eft que vous riez toujours.

Mademoifelle DE LA HAUTE-FUTAIE.

Mais, maman, pourquoi me préfente-t on toujours la canne? Je crois que ces Meffieurs n'attachoient bien le bandeau que quand j'étois Colin-Maillard.

Mademoifelle ROSE.

L'abbé des Agneaux nous avoit promis de nous apprendre tous les jeux de Colin-Maillard, & il l'a oublié, il n'a pas tenu fa parole.

L'Abbé DES AGNEAUX.

La faute eft aifée à réparer. Il n'y a plus que le *Colin-Maillard à la filhouette,* que vous ne connoiffez pas; nous pourrons y jouer ce foir; on ne peut y jouer qu'à la lumière. On place quelqu'un dans l'enfoncement d'une fenêtre; on tire bien le rideau devant lui; on le tend bien, comme fi on vouloit faire voir la lanterne magique. A une certaine diftance du rideau, on met une table, & toutes les lumières deffus. Chacun paffe à fon tour entre le rideau & la table, en faifant des grimaces & des contorfions rifibles, pour fe défigurer; & il faut que celui qui eft derrière le rideau devine qu'eft-ce qui paffe.

L'Abbé PRINTEMS.

Les hommes mettent quelquefois des bonnets de femmes & des mantelets, pour n'être pas reconnus.

Le Chevalier ZÉPHIR.

J'ai vu quelquefois aussi des jeunes gens monter à califourchon l'un sur l'autre, pour passer devant le rideau. J'ai passé bien des soirées à ne pas jouer d'autres jeux, tant il est amusant quand on est une fois en train.

Madame DE LA RIVIÈRE.

Sait-on où est M. de la Rivière ? Pourquoi donc n'est-il pas venu à la promenade ?

Mademoiselle ROSE.

Croiriez-vous, Madame, qu'ils n'ont pas quitté le billard-depuis le dîner. Ils ont voulu faire une partie ce matin, ils n'ont pas pu. Ils ont passé tout leur tems à chercher la bille rouge que M. Dubois avoit perdue : ils l'ont enfin trouvée sur le grand sopha qui est dans la grotte au bout de l'allée de tilleuls.

Madame DE LA RIVIÈRE.

Ils ont bien réparé le tems perdu, s'ils ont joué au billard depuis le dîner.

L'Abbé PRINTEMS.

Ils y jouent encore à la lumière.

Mademoiselle DU RUISSEAU.

C'est singulier, comme ce jeu attache. Mais est-ce que les femmes ne pourroient pas y jouer ?

L'Abbé DES AGNEAUX.

Pardonnez-moi ; j'ai vu plusieurs femmes à la campagne qui y jouoient fort bien. Nous voilà tous réunis ; il ne viendra plus personne.

L'Abbé PRINTEMS.

On cherche partout M. Dubois ; on ne sait ce qu'il est devenu.

Madame DE LA HAUTE-FUTAIE.

Madame du Ruisseau, Madame du Frêne & M. des Jardins, font un brelan avec M. B.... & Madame Dubois.

Madame DE LA RIVIÈRE.

Ce pauvre M. B.... s'amuseroit peut-être bien de nos petits jeux, car il est gai ; mais il faut qu'il tienne compagnie à son monde. Voilà ce que c'est que d'être maître de maison ; on ne fait pas tout ce qu'on aimeroit le mieux.

L'Abbé DES AGNEAUX.

Mesdames, si vous voulez, nous allons jouer à la *sellette*.

Madame DE LA HAUTE-FUTAIE.

Volontiers.

L'Abbé DES AGNEAUX.

Mais il faut un petit tabouret pour asseoir le coupable dans le milieu de l'appartement.

L'Abbé PRINTEMS.

En voilà un.

L'Abbé DES AGNEAUX.

Eh bien ! commence par t'en servir. Je vais faire le tour, & je demanderai à chacun de quoi on t'accuse ; chacun me dira bas à l'oreille de quoi on te croit coupable.

Mademoiselle ROSE.

Mais l'abbé, vous n'y pensez pas ; vous n'avez point un air pénétré de vos fautes ; on ne vous prendroit jamais pour un criminel qui est sur la sellette.

Le Chevalier ZÉPHIR.

Vous allez l'intimider, Mademoiselle ; j'ai peur qu'il ne pleure, il attendriroit ses juges.

L'Abbé PRINTEMS.

Qu'il est glorieux pour moi d'être aux pieds d'un pareil tribunal ! Le plaisir de voir mes juges efface en moi le chagrin d'avoir commis toutes les fautes qu'on pourroit m'imputer. Je ne suis point couvert de chaînes ; mais je n'ai point envie d'échapper à mes juges ; s'ils me chassoient de leur présence, pourroient - ils m'infliger m'infliger un châtiment plus fensible à mon cœur !

L'abbé DES AGNEAUX.

M. l'abbé plaifante, je crois.

Mademoifelle ROSE.

Mon Dieu! quelle voix-formidable ! Ah ! l'abbé, j'ai peur pour vous. Voyez comme il fait femblant de trembler. Oh ! le malin criminel.

L'abbé DES AGNEAUX.

Vous voyez vos juges & vos accufateurs.

L'abbé PRINTEMS.

Et peut-être mes complices.

L'abbé DES AGNEAUX.

On ne peut pas l'empêcher de railler; qu'en penfe la cour ?

Mademoifelle ROSE.

La cour lui fait grace.

L'abbé DES AGNEAUX.

Vous êtes fur la fellette, parce qu'on vous accufe de chanter faux. Qu'eft-ce qui vous a accufé de ce que je vous reproche-là ?

L'abbé PRINTEMS.

Vous favez que je chante faux
Sans mefure ni cadence ;
Mais fi vous blâmez mes défauts,
Louez ma complaifance.

C'eft Madame de la Rivière qui me fait un reproche fi fenfible; parce que Madame chante à ravir, elle croit que tout le monde doit lui reffembler.

L'abbé DES AGNEAUX.

Non: c'eft Madame de la Haute-Futaie. La cour exige que vous payiez un gage. On vous accufe d'être pareffeux.

Jeux familiers.

L'abbé PRINTEMS.

C'eft peut-être vous, mon maître, parce que je n'ai pas voulu refter aujourd'hui avec vous, pour faire des lampions, & que j'ai mieux aimé aller me promener avec ces demoifelles.

L'abbé DES AGNEAUX.

Non : un gage; c'eft M. du Frêne. On vous accufe de n'avoir point un air pénétré de vos fautes, & c'eft une preuve que vous n'avez pas envie de vous corriger.

L'abbé PRINTEMS.

Oh! ceci n'eft point difficile à deviner; c'eft Mademoifelle Rofe.

L'abbé DES AGNEAUX.

Juftement. Allons, Mademoifelle Rofe, mettez-vous fur la fellette; je vais faire le tour, & recevoir les accufations contre vous.

L'abbé PRINTEMS.

Me voilà devenu juge à mon tour. Mademoifelle, vous riez bien fort; profitez des leçons que vous me donniez il y a un inftant.

Le Chevalier ZÉPHIR.

Oh! nous vous tenons. On en va dire de belles fur votre compte.

L'abbé DES AGNEAUX.

Mademoifelle, on vous accufe d'être gourmande.

Mademoifelle ROSE.

Ah! par exemple, voilà une vraie calomnie ! Je fuis la fobriété même, je fais mon Vadé par cœur, & je n'ai pas oublié que fille qui eft fur fa bouche manque à fon devoir. Or, je n'ai point envie de manquer à mon devoir. C'eft le chevalier qui a fait cette calomnie, parce que je lui ai volé ce foir une groffe pêche qu'il vouloit manger tout feul comme un vilain gourmand.

L'abbé DES AGNEAUX.

Non ; ce n'eft pas lui.

V

Mademoiselle ROSE.

Qui donc ?

L'abbé DES AGNEAUX.

On n'eſt pas obligé de nommer toujours qui ; car, alors, il faudroit bien deviner la dernière perſonne : il ſuffit de vous aſſurer que ce n'eſt pas le chevalier qui vous accuſe d'être gourmande.

Le Chevalier ZÉPHIR.

Donnez un gage, ma belle demoiſelle ; on vous apprendra à me ſoupçonner de faire des calomnies.

L'abbé DES AGNEAUX.

On vous accuſe de n'aimer perſonne. C'eſt un grand crime que l'indifférence.

Mademoiſelle ROSE.

Oh ! pour celui-là, c'eſt le chevalier.

L'abbé DES AGNEAUX.

Pourquoi ſerait-ce le chevalier ?

Le Chevalier ZÉPHIR.

C'eſt vrai ; c'eſt moi. Vous voyez bien que je ne fais que des médiſances, & non des calomnies. Je vais me mettre ſur la ſellette.

Mademoiſelle DU RUISSEAU.

Je crois entendre une voiture dans la cour. Que venez-vous nous apprendre , M. des Jardins ?

M. DES JARDINS.

Une hiſtoire affreuſe qui vient d'arriver. Madame Dubois part à l'inſtant pour Lagny ; c'eſt ſa voiture que vous avez entendue. Vous ſavez bien qu'on cherchoit partout ſon fils , & qu'on ne ſavait ce qu'il étoit devenu. Il a voulu aller à Lagny, perſonne n'a voulu l'accompagner.

L'Abbé PRINTEMS.

Je n'ai pas voulu y aller. Comme il eſt très-

gâté ; & qu'il dit ce qu'il veut, j'ai eu peur qu'il ne diſe : combien vaut l'orge ?

M. DES JARDINS.

Il y eſt allé tout ſeul en ſecret, & il a lâché cette malheureuſe phraſe. Tout le monde s'eſt attroupé pour le plonger dans la fontaine : il s'eſt ſauvé chez un aubergiſte, qui a fermé ſes portes. Cet homme, voyant qu'il étoit de la connoiſſance de M. B..... lui a envoyé un exprès pour lui apprendre cette nouvelle. La populace eſt, dit-on, encore à la porte de l'auberge ; ils feront ſentinelle toute la nuit, & l'attendent quand il ſortira. Madame Dubois eſt allée le rejoindre : je lui ai conſeillé de le faire ſortir de nuit, habillé en fille, & de l'aller attendre avec ſa voiture, ſur le chemin.

L'Abbé PRINTEMS.

Cette hiſtoire eſt affreuſe. Nous en ſaurons les ſuites demain. Mais on ſonne, allons ſouper.

(*Extrait des Soirées amuſantes.*)

SENTENCES. (*jeu des*)

Au jeu des ſentences on joint des marques de quelque animal ou d'autres choſes corporelles qui s'y rapportent, tellement que c'eſt une eſpece d'emblême, comme ſi l'on diſoit : Une charrue conduite par un laboureur montre, *que le travail eſt un tréſor à l'homme ;* ou bien, un loup dévorant une brebis peut ſignifier *qu'il y en a qui pour leur profit ne regardent point au dommage d'autrui.* L'on en peut de même inventer beaucoup d'autres ; or, il eſt beſoin de retenir tout cela, & quand le maître vous interrogera ſur la marque d'un autre, il faut que vous en diſiez auſſitôt la ſentence : mais ce jeu eſt de ceux qui reſſemblent à des leçons.

SIAM. (*jeu des quilles de*)

On a, comme au jeu de quilles ordinaire, neuf quilles qu'il faut tâcher d'abattre ; la différence de ce jeu de Siam, c'eſt que la boule n'eſt pas ronde, mais qu'elle eſt preſque plate & à pan coupé, en forte qu'elle roule fur fon côté, & qu'elle fait des détours, & des lignes courbes, qu'il eft de l'habileté du joueur de favoir diriger. On ne la jette point directement contre les quilles, mais fur le côté, & hors des quilles, parmi lefquelles, dans un mouvement oblique, elle entre & fait des abattis en décrivant des lignes courbes. On peut fixer l'époque du jeu de Siam à l'arrivée en France des ambaffadeurs de ce royaume de l'Afie dans les beaux jours du fiècle de Louis XIV.

S I F L E T. *(le jeu du fiflet ou de la Clef)*

A ce jeu, la fociété s'affid en rond. La perfonne qui doit chercher le fiflet eft debout au milieu. Ordinairement on fe paffe le fiflet de main en main en chantant : *il court, il court le furet du bois, Mefdames. Il court, il court le furet du bois joli ;* mais lorfqu'on veut bien s'amufer, on prend, pour chercher, quelqu'un qui ne fache pas le jeu ; on lui attache le fiflet derrière l'habit ou la robe ; & lorfqu'il cherche d'un côté, on prend vîte le fiflet & on fifle : la perfonne fe retourne alors précipitamment, & croit l'avoir trouvé lorfqu'un autre fifle derrière lui. On peut fe divertir ainfi quelquefois fort long-tems aux dépens de celui qui cherche. Au défaut d'un fiflet on fe fert d'une clef.

SIMILITUDE ET DE LA MÉTAMORPHOSE. *(jeu de la)*

Au jeu de la fimilitude où chacun compare fa maîtreffe à quelque chofe, & en dit la raifon ; fur quoi l'on peut repartir agréablement ; l'on en trouve un exemple dans ce livre, d'un efpagnol, qui comparoit fa maîtreffe à une louve, & on lui dit promptement qu'il fe devoit réjouir de ce qu'elle étoit de ce naturel, parce qu'étant le pire de tous fes amans, elle ne manqueroit point de le choifir pour fon premier favori. Il y a auffi le jeu de la métamorphofe où chacun dit en quel animal, ou arbre, ou autre corps, il voudroit être transformé ; & quelle transformation il fouhaiteroit pour fa maîtreffe, de quoi il faut donner raifon, & il eft permis à tous les autres

d'y contredire, ou feulement au maître du jeu.

S I N G E. *(jeu du)*

Voyez à l'article ATTRAPE. *(jeux d')*

S O L I T A I R E. *(jeu du)*

Ce jeu eft ainfi nommé *folitaire*, parce qu'il fe joue feul. Il eft compofé d'un plateau fur lequel il y a 37 fiches, favoir : trois au premier rang, cinq au fecond rang, fept au troifième rang, pareillement fept au quatrième rang, fept au cinquième rang, cinq au fixième rang, trois au feptième rang.

Avant de jouer, on commence par ôter telle fiche qu'on veut, afin de laiffer un vide.

L'ordre du jeu eft qu'une fiche en prend une autre, lorfqu'elle peut paffer par deffus en droite ligne à un trou vide, comme un pion prend un pion au jeu de dames, on prend ainfi au *folitaire* toutes les fiches jufqu'à la dernière. La difficulté de ce jeu eft de choifir jufte les fiches qu'il faut ôter pour finir le jeu par une fiche feule, ou pour parvenir à celles qu'on fe propofe d'ôter pour gagner le jeu.

Si par aventure on étoit plufieurs à jouer d'autres jeux, & que l'on foit trop de monde pour pouvoir jouer tous le même, ou que ceux que l'on joue ne plaifent pas, pour lors on peut s'occuper à celui-ci, en attendant qu'un autre reprenne fa place ; & fi, fuppofé que celui qui vient de quitter le *folitaire*, n'a pu parvenir à ne laiffer qu'une fiche fur le jeu, & qu'il en refte plufieurs, c'eft à celui qui reprend de tâcher d'en laiffer moins fur le jeu pour gagner fon camarade ; mais le vrai but du jeu eft de n'en laiffer qu'une.

Ce jeu fe trouve au magafin de tabletterie, rue des Arcis, au Singe vert.

S O U P I R S. *(jeu des)*

L'on dit à tous ceux de la compagnie ; *qu'il ne faut plus cacher fa triftreffe ; qu'elle fe rendroit plus violente par la contrainte ; qu'il eſt permis de ſoupirer*. Chacun ſoupire donc à grandes repriſes & en divers tons , & c'eſt en cette occaſion-là que l'on joint plutôt les riſées aux ſoupirs que les larmes. Alors l'on demande à chacun pourquoi il a ſoupiré ; l'on répond ſelon ſa fantaiſie ; l'un dit, parce que j'ai perdu un procès., l'autre parce qu'il a perdu ſon père, ſon frère, ſa ſœur ou ſa femme ; l'autre parce qu'il ne peut vaincre la cruauté de ſa maîtreſſe. Ainſi chacun ayant dit l'occaſion de ſes ſoupirs, il y en a un qui commence à ſoupirer & qui dit pourquoi il ſoupire, & y joint la cauſe des ſoupirs d'un autre, lequel doit reprendre cela auſſitôt & y ajouter encore la cauſe des ſoupirs de quelqu'un.

T

TABLETTE.

TABLETTE. (*règle du jeu de la*)

ON peut jouer, deux, trois ou quatre perſonnes à ce jeu.

Chaque joueur a deux fichets.

Il faut deux cochonnets marqués depuis 1 juſqu'à 12, que l'on roule ſur un tableau.

On multiplie les deux faces qui ſe préſentent l'une, à l'autre, & l'on met un des fichets ſur le produit.

Chaque joueur en fait autant, & celui qui a amené le plus grand produit gagne un point, qu'il marque avec ſon ſecond fichet, ſur le bord de la tablette qui eſt numérotée, & les autres relèvent leurs fichets, & l'on recommence.

Celui qui gagne le premier ſes douze trous, prend la moitié de ce qui eſt au jeu, qui doit être de 3 jettons par joueur auxquels l'on donne la valeur que l'on veut. Celui qui gagne le ſecond prend les deux tiers de ce qui reſte ; le troiſième prend le troiſième tiers, & le dernier ne gagne rien.

On appelle un quarré le produit d'un nombre multiplié par lui-même, & telles ſont toutes les caſes rouges.

Celui qui amène un quarré marque ſeul deux trous au lieu d'un, quoiqu'un autre ait amené un plus grand nombre, mais non quarré.

Dans la concurrence de pluſieurs quarrés, celui qui a amené le plus grand, marque deux trous, & les autres n'en marquent qu'un ſeul.

Pour trouver facilement le produit des deux faces viſibles ; par exemple 5 , 7, mettez un doigt ſur le 5 jaune, & un autre ſur le 7 bleu, puis deſcendez depuis 7 ſur la même colonne, juſques, & vis-à-vis le 5 jaune, vous trouverez ſur cette caſe 35 , qui eſt le produit de 5 multiplié par 7, ou de 7 multiplié par 5.

Si les 2 cochonnets amènent 9 & 11, mettez le doigt ſur le 9 jaune & l'autre ſur le 11 bleu, & deſcendez ſur la même colonne juſques & vis-à-vis le 9 jaune, vous trouverez 99 qui eſt le produit de 9 par 11, ou de 11 par 9.

Si les deux faces qui ſe préſentent amenoient le même nombre, par exemple , 8--8, le produit eſt 64, ce ſeroit un quarré qui vaudroit deux trous.

Ce jeu ſe trouve au magaſin de tabletterie, rue des Arcis , au Singe vert.

TAROTS. (*jeu des*) C'eſt un jeu de cartes.

1°. Vous obſerverez que les jeux de cartes ordinaires qui ſe jouent en France ſont compoſés de cinquante deux cartes, & ceux des tarots ſont compoſés de ſoixante-dix-huit ; néanmoins il y en a qui vont juſqu'à quatre-vingts & davantage. Le plus ou le moins eſt indifférent , d'autant que chaque triomphe porte chacune le nombre, celles de France en portent treize chacune, & celles des Tarots quatorze. Celles de France font diftinguées par quatre qui font pique, trefîle, cœur & carreau ; & celles des Tarots font auffi divifées en quatre différentes, favoir : le roi, la reine, le chevalier, le valet, le dix, le neuf, le huit, le fept & le fix avec l'as d'épée, autant de bâtons, autant de coupes & autant de deniers. Le tout fait cinquante fix cartes ; & le furplus des cartes, on les nomme triomphe, qui font au nomb e de vingt une cartes depuis le bateleur jufqu'à la carte que l'on appelle le monde. Et vous remarquerez en paffant que le fou fert d'excufe, & pour donner à entendre ce mot d'excufe, c'eft quand une perfonne vous jouant une haute carte de triomphe, foit rois, reines, ou quelqu'autre carte que vous ne puiffiez pas prendre, vous montrerez votre fou, vous donnerez une carte de vos levées, & vous mettrez la carte du fou en la place de vos levées. Après qu'on a joué toutes les cartes, celui qui a le plus de levées gagne la partie.

2°. Le premier jeu fe joue à tant & fi peu de cartes que l'on voudra, après avoir convenu ce qu'on veut rifquer, peu ou beaucoup, à la difcrétion de la compagnie.

3°. Ce jeu fe joue comme à la triomphe forcée ; le fou vaut cinq & fert d'excufe, comme il vient d'être dit ; le monde vaut quatre, le bateleur auffi quatre, le roi quatre, les reines trois, les chevaliers deux, le valet un, & l'on met au jeu chacun ce qui eft convenu par la compagnie ; enfuite vous donnerez les cartes, vous jouerez comme à la triomphe, c'eft-à-dire, que celui qui a le plus pris de rois, de reines, chevaliers, valets, le monde, le bateleur & le fou gagne. Il faut compter les points, comme il a été dit cideffus, de la valeur des cartes ; celui qui comptera le plus gagnera ce qui eft mis au jeu.

4°. Il fe joue entre peu & beaucoup de perfonnes, en cinquante points plus ou moins, & on donne à chacun douze cartes ; le fou vaut cinq & fert d'excufe ; les rois valent quatre, & l'on compte autant de cartes que l'on gagne plus que ces douze, contre autant de points comme il perd de cartes, & s'ils n'en ont pas pris, il les donne ; & quand ils en ont pris, on les démarque, & celui qui a le premier cinquante, gagne.

5°. Ce jeu fe joue encore d'une autre manière, c'eft à favoir que les quatorze cartes, rois, reines, chevaliers, valets, & le refte d'épée ; on les appelle la rigueur, & emporte les autres triomphes de bâtons, coupes & deniers, & fe joue comme à la triomphe forcée, c'eft-à dire, que n'ayant pas de la carte que l'on vous joue de deniers, bâtons ou coupes, vous jetterez de la rigueur & emporterez ; mais fi on vous jette d'une autre triomphe & que vous en ayez, vous êtes obligé d'en jetter, & alors la plus haute l'emporte. Le fou marque cinq & fert d'excufe.

6°. Il vous fera loifible de jouer à tant & fi peu de points que vous voudrez ; & à tous ces trois jeux, qui renonce perd la partie.

7°. Otant les triomphes & le fou, on peut jouer avec ces cartes à toutes fortes d'autres jeux qui fe jouent en France, comme au piquet, à la triomphe, au brelan, &c.

Autre jeu de cartes des Tarots.

Ce jeu fe nomme la triomphe forcée, & fe joue comme il a été ci-devant dit, en tant & fi peu de perfonnes que l'on veut ; après avoir convenu de ce que l'on veut jouer, vous obferverez les règles qui fuivent :

1°. On donne à chacun de la compagnie cinq cartes, & l'on ne retourne point les cartes.

2°. Celui à qui il arrive dans cinq cartes le fou, retire ce qu'il a mis au jeu, de même celui à qui il arrive dans fes cartes le bateleur, retirera fon enjeu ; celui à qui il arrivera la force, retirera deux enjeux, & celui à qui arrivera la carte appellée la *mort*, emportera tout ce qui eft au jeu, fans que perfonne en puiffe rien prétendre.

3°. S'il arrive que vous ayez en votre main les deux ou trois cartes ci-deffus nommées, vous retirez, comme il eft dit, fans que vous difcontinuiez à jouer ce qui eft fur le tapis.

4°. S'il refte quelque chofe fur le tapis chacun pourfuivra fon jeu, & celui qui aura plus de levées gagnera ce qui reftera au jeu.

5°. La primauté l'emporte, c'eft-à-dire, que celui qui aura les premières levées gagnera.

6°. Qui renonce perd la partie.

Autre jeu des Tarots des Suisses.

Avec ces mêmes cartes de tarots les Suisses jouent à trois personnes, & donnent toutes les cartes à la réserve de trois, que celui qui donne les cartes prend ; & rencarte trois autres cartes telles qu'il lui plaît. Ils jouent ce jeu en trois parties. Celui qui gagne le plutôt ces trois parties emporte ce qui est convenu de jouer. Ils font valoir le monde cinq, le bateleur cinq, les rois cinq, & de toutes les quatre façons, les reines quatre, autant l'une que l'autre ; les chevaliers autant les uns comme les autres, & l'on y joue comme à la triomphe. Ces triomphes font vingt-une cartes.

S A V O I R.

1. Le Bateleur.	11. Le Pendu.
2. La Papesse.	13. La Mort.
3. L'Empereur.	14. La Tempérance.
4. L'Impératrice.	15. Le Diable.
5. Le Pape.	16. La maison de Dieu.
6. L'Amoureux.	
7. Le Chariot.	17. L'Étoile.
8. La Justice.	18. La Lune.
9. L'Hermite.	19. Le Soleil.
10. La Roue de fortune.	20. Le Jugement.
11. La Force.	21. Le Monde.

Le fou vaut trois & sert d'excuse, comme il a été dit ci-dessus.

T I E R S.   (*jeu du*)

Voyez à l'article MÉTAMORPHOSES.

T O I L E T T E.   (*jeu de la*)

Voyez à l'article CURÉ.   (*le*)

T O T O N.   (*jeu du*)

Le *toton* est un petit morceau de bois, d'os ou d'ivoire à quatre coins, marqués chacun d'une lettre, d'un chiffre ou d'une figure, au travers duquel passe un petit bâton, & qu'on

fait tourner ; on gagne ou l'on perd suivant la lettre ou le chiffre que présente le *toton*.

Il y a des *totons* avec plus grand nombre de faces, & qui varient les jeux & les chances.

On trouve toutes sortes de *totons* en bois, en ivoire blanche & de couleur, au magasin du Singe vert, rue des Arcis.

T O T O N *en dez.*   (*jeu du*)

On place de l'argent ou des jettons auxquels on donne la valeur qu'on veut, sur un des six dez qui sont marqués sur le plateau.

On tourne le *toton*, & si on amène le point sur lequel on a placé de l'argent ou des jettons, celui contre lequel on joue, paye autant qu'on a mis au jeu, & il gagne si on ne l'amène point.

Autre manière d'y jouer, dans une compagnie plus nombreuse.

On tire à qui jouera le premier, & chacun place ce qu'il veut sur un des six dez qui sont marqués sur le plateau ; & lorsqu'il a tourné le *toton*, s'il amène le point sur lequel il a placé, il gagne tout ce qui est sur le jeu, & s'il ne l'amène point, le *toton* passe au second, & ainsi des autres : mais pour le jouer de cette façon, il faut que le *toton* change de main à chaque mise, c'est-à-dire que chaque joueur soit premier à son tour ; sans cela la balance du jeu ne seroit pas égale : l'on joue autant de fois qu'il y a de joueurs.

Il faut, avant de commencer, convenir de la valeur des jettons.

Ce jeu se trouve au magasin de tabletterie, rue des Arcis, au Singe vert.

T O U P I E.   (*jeu d'écolier.*)

C'est un morceau de bois rond traversé par une cheville de fer, dont la pointe d'en bas sert de pivot à la toupie ; & le bout d'en haut est pour retenir la corde qu'on enroule autour, & qu'on lance avec force contre terre. La toupie prend alors un mouvement rapide de rotation, pendant lequel on peut la prendre toujours tournante fur la paume de la main. On lance auffi quelquefois contre un but, contre une autre toupie, ou une pièce d'argent qu'il eft difficile d'attraper, mais qui fait gagner quand on réuffit.

TRENTE-QUATRE. (*jeu de*)

Manière de jouer au jeu de 34.

Il faut, pour cet amufement, feize jettons numérotés depuis 1 jufqu'à 16, que vous arrangez dans la figure fuivante :

I.	2.	3.	4.
5.	6.	7.	8.
9.	10.	11.	12.
13.	14.	15.	16.

Et pour parvenir à faire 34 fur tous fens, il ne s'agit que de tranfpofer les chiffres, en plaçant le 1 en place du 16, le 4 en place du 13, le 6 en place du 11, & le 7 en place du 10 dans la figure fuivante :

16.	2.	3.	13.
5.	11.	10.	8.
9.	7.	6.	12.
4.	14.	15.	1.

TROTTIN.

Jeu de fociété.

Voyez à l'article POULES. (*jeux des*)

TROU-MADAME. (*jeu du*)

On peut s'amufer à ce jeu dans l'allée d'un jardin ou fur une table.

Dans une *allée* il faut avoir à une certaine diftance, ordinairement contre un mur, une efpèce de petite galerie faite en planches, & compofée de treize arcades ou portiques dans lefquelles on effaie de faire entrer les boules.

Sur les treize cafes ou entrées de cette galerie font marqués les chiffres dans l'ordre fuivant :

XII. III, VII, IX, V, I, XIII, II, VI, X, VIII, XI,

On trouve au magafin du Singe vert, rue des Arcis, de ces petites galeries en bois d'ébene, qu'on place fur une table longue pour jouer avec treize petites gobilles, tâchant d'adreffer dans les cafes convenables.

Règles du jeu. — *Première manière.*

Il faut avec les treize boules ou treize gobilles faire 31 points. Si l'on creve, c'eft-à-dire fi l'on fait plus de points, on perd la partie ; celui qui a crevé, recommence la partie en jouant à fon tour.

Si le prémier qui a joué fait 31 points du premier coup avec fes treize boules, cela n'empêche pas les autres de jouer ; & fi chacun des joueurs faifoit également 31, ce coup feroit nul, & l'on recommenceroit la partie.

Seconde manière.

La partie fe joue en cent points. Si l'on creve, on ne gagne pas, mais les points que l'on a faits de plus que le cent fe comptent fur la partie que l'on recommence.

Troifième manière.

Il y a des joueurs qui veulent que celui qui creve ou qui fait des points au-delà de cent, revienne à 50 ; mais cela dépend de la convention avant de commencer le jeu.

TROU-MADAME A RESSORT. (*jeu du*)

Ce jeu eft comme celui ci-deffus, compofé d'une petite galerie avec treize arcades ou portiques, dans lefquelles on effaie de faire entrer une gobille. Cette petite galerie eft au bas d'un plan incliné. Le milieu du jeu eft hériffé de beaucoup de pointes qui fervent à faire dévier les boules. Il y a dans le bas, à chaque côté, un trou dans lequel on met la gobille, & par un reffort qui eft au-deffous & que l'on tire affis, on fait partir la gobille qui s'élance avec rapidité dans une galerie couverte qui correfpond au trou ; elle va juf-qu'au haut du jeu où elle paffe par un des trous, foit de celui du milieu, foit de ceux qui font à chaque côté ; de-là elle retombe en faifant beaucoup de détours parmi les pointes, & fe précipite en bas dans une des cafes de la galerie qui font marquées par des chiffres, dans l'ordre rapporté ci-devant.

Règles du jeu du Trou-Madame à reffort.

L'on peut jouer deux perfonnes à ce jeu, ou deux contre deux.

La partie ordinaire eft en foixante un points. Il y a des perfonnes qui le jouent en cent ; cela dépend de la convention des joueurs. L'on joue avec deux billes, l'une blanche & l'autre rouge, nommée la carambole.

Quand on fait partir la bille avec le reffort, il faut qu'elle refforte par le portique du mi-lieu qui eft le plus grand & en face de la

bafcule ; fi elle paffe par-deffous la bafcule, qui porte une petite carambole, la bille blan-che compte cinq points.

Si la carambole en tombant paffe par-deffous la bafcule, elle compte cinq points comme la blanche, & compte les points de la cafe où elle va tomber, ainfi que la blanche.

Quand la bille blanche, ainfi que la rouge, paffe par-deffous le moulinet, elle compte dix points.

Quand la bille blanche paffe par le petit portique qui fe trouve dans le cintre par où la bille paffe pour fortir à l'ordinaire, elle compte quinze points ; mais fi pour tâcher d'y paffer la bille retombe fur le reffort, le coup eft paffé & s'appelle chou-blanc ; & quoique ne tâchant point d'y paffer, fi la boule re-tombe, le coup eft également réputé être joué.

Si par hafard la bille blanche ou rouge refte arrêtée fur une des pointes ou ailleurs, le coup eft joué & ne compte rien, quand même il auroit paffé fous la bafcule & le moulinet.

On trouve ce jeu en très-beau bois des Indes, rue des Arcis, au Singe vert.

V

VÉRITÉS ET CONTRE-VÉRITÉS.

VÉRITÉS ET CONTRE-VÉRITÉS.
(*jeu des*)

*V*OYEZ à l'article B. (*j'aime mon amant par*)

VERTUS.   (*jeu des*)

Dans ce jeu, on prend les noms des vertus intellectuelles ou théologales, & des vertus morales, lefquelles on divife en deux claffes, & quand quelqu'un de ceux qui ont le nom des vertus intellectuelles, appelle une des mo-rales par fon nom, comme *tempérance*, il

faut que celui qui la repréfente dife promp-tement *vertu morale*, & en nomme quel-qu'autre après, foit des morales, foit des divines, & chacun y répondra de même. L'on peut faire une claffe à part des vices contraires aux vertus, lefquels répondront encore y étant fufcités.

VOLANT.   (*jeu du*)

Le *volant* eft un petit peloton de liége, rond en deffous & plat en deffus. Il y a fur le plat de petits trous dans lefquels on fiche des bouts de plumes, difpofés en pointe par

le

le haut ; on joue au volant avec une raquette. Deux joueurs, à une certaine distance l'un de l'autre, se renvoient le volant avec leur raquette.

L'habileté consiste à le soutenir long-tems en l'air sans le laisser tomber.

Ce jeu peut aussi se jouer en partie à quatre.

Le jeu de volant n'a pas plus de deux siècles d'ancienneté, car on sait que le volant & les raquettes n'ont été inventés qu'à la fin du 15e siècle.

Les règles de ce jeu ne sont pas faites, & les joueurs en commençant une partie en établissent à leur choix.

VOLIÈRE. *(jeu de la)*

Jeu de société en dialogue.

Madame DE LA HAUTE-FUTAIE.

Eh bien ! ma fille, on m'a dit que vous vous étiez trouvée mal.

Mademoiselle DE LA HAUTE-FUTAIE.

Oui, maman ; nous étions dans la grande allée du bosquet, à jouer au volant, avec Mademoiselle du Ruisseau, M. le chevalier Zéphir & M. du Frêne, en face de la volière, M. Dubois est venu spirituellement....

L'Abbé PRINTEMS.

Car il ne sait de quoi s'aviser.

Mademoiselle DE LA HAUTE-FUTAIE.

Ouvrir la porte de la volière, & ce vilain hibou qui est dedans, s'est échappé, & est venu se reposer sur mon col avec ses griffes. J'ai eu une frayeur terrible ; j'ai fait un cri affreux ; & je suis tombée évanouie. —

Mademoiselle ROSE.

J'en tremble encore ; M. Dubois rioit comme un véritable imbécille. Ces Messieurs ont vîte couru chercher un verre d'eau ; ma sœur a fait respirer l'eau qui étoit dans son flacon ; & quand Mademoiselle a eu bu un verre d'eau fraîche, il n'y a plus paru.

Jeux familiers.

L'Abbé DES AGNEAUX.

J'ai accouru au bruit ; j'ai rencontré M. Dubois qui se sauvoit, je me suis bien douté qu'il avoit fait un tour de sa façon. Tout le monde est venu, & nous avons tué le hibou à coups de bâton, pour nous venger. Il ne voyoit pas clair à cause du grand jour, il ne pouvoit presque pas voler.

Mademoiselle ROSE.

Nous nous sommes bien mieux vengés de M. Dubois ; car l'abbé Printems a été porter le hibou dans le bout de son lit, à ses pieds ; Madame Dubois ferme toujours sa porte ; & on ne peut pas aisément aller dans le petit cabinet où couche son fils ; mais l'abbé a pris une échelle, & est entré par la fenêtre. Je voudrois bien savoir ce qu'il dira en se couchant.

L'Abbé PRINTEMS.

Il se fâchera, car il a l'esprit mal fait.

Madame DE LA HAUTE-FUTAIE.

Voilà pourquoi je n'aime pas toutes ces petites attrapes-là, dont quelques personnes s'amusent à la campagne.

M. DU FRÊNE.

Il est vrai que pour une personne qui prendra bien la chose, il y en a vingt qui la prendront mal. Il n'y a pas de tours qu'on ne m'ait joué.

L'Abbé DES AGNEAUX.

Et vous en avez ri ?

M. DU FRÊNE.

J'y suis accoutumé. Je vais quelquefois à la campagne chez des vieilles tantes de mon père, qui sont dévotes au-delà de tout ce qu'on peut s'imaginer, & elles n'ont pas d'autres plaisirs. On m'avoit prévenu de leurs goûts ; & j'ai dû bien les contenter, car tous les jours je me laissois attraper.

Mademoiselle ROSE.

N'est-ce pas à la campagne de Mesdemoiselles de Franc-Aleu ?

X

M. DU FRÈNE.

Juſtement, ma chère couſine; vous avez diné une fois avec elles, chez nous, à Paris.

Mademoiſelle ROSE.

Ah! oui : je me les rappelle ; c'étoit un ſamedi ; elles ont été fort courroucées de ce qu'on avoit ſervi gras & maigre.

M. DU FRÈNE.

A leur campagne, le ſoir, après avoir fait la prière en commun, elles vont fureter à toutes les portes où elles ont fait des attrapes, & elles rient comme des bien-heureuſes, quand on donne dans le panneau. Comme elles ſont un peu éloignées de la paroiſſe, le vicaire vient toutes les veilles de fêtes pour leur dire la meſſe dans leur chapelle ; & quand la paroiſſe change de vicaire, elles s'en conſolent de leur mieux par l'eſpérance de faire paſſer en revue tous leurs tours, & d'attraper le nouveau venu.

L'Abbé DES AGNEAUX.

Nous verrons comment M. Dubois s'en tirera.

Madame DE LA RIVIÈRE.

Je n'oublierai jamais *un tour affreux qu'on m'a fait une fois.* C'étoit dans l'été, & il faiſoit une chaleur exceſſive, ce qui me fâchoit bien, car j'ai très-peur du tonnerre, & preſque tous les jours il tonnoit. Une nuit, je crus entendre un orage affreux ; je n'oſois pas réveiller M. de la Rivière, qui dormoit profondément. A la fin, je pris mon parti, & je l'éveillai : il découvrit bientôt la ruſe. Ces Meſſieurs, pour me faire peur, avoient mis ſur mes fenêtres des amorces de poudre à canon ; ils y mettoient le feu de tems en tems ; & d'autres, qui étoient dans les greniers, rouloient ſur ma tête de groſſes boules qui faiſoient trembler le plancher. M. de la Rivière s'eſt levé, & l'orage a ceſſé.

L'Abbé PRINTEMS.

Il leur aura peut-être jetté quelque bonne potée d'eau, & la pluie aura fait ceſſer l'orage.

Madame DE LA RIVIÈRE.

Juſtement. Nous pourrions jouer à quelques petits jeux nouveaux, quoique nous ne ſoyons pas beaucoup de monde ; c'eſt égal.

L'Abbé DES AGNEAUX.

J'ai préciſément un jeu à vous apprendre qui n'exige pas grand monde. Si on étoit trop, il deviendroit difficile, il fatigueroit trop la mémoire de celui qui le fait jouer. Ce jeu s'appelle : *la Volière ;* chacun prend le nom d'un oiſeau. Celui qui fait jouer le jeu, après avoir reçu tout bas les noms d'oiſeaux, les dit tout haut ; mais en brouillant l'ordre, pour qu'on ne ſache pas quel eſt l'oiſeau que chacun a choiſi. La première perſonne dit enſuite tout haut, je donne mon cœur à tel oiſeau ; je confie mon ſecret à tel oiſeau, & j'arrache une plume à tel autre oiſeau. Allons, Meſdames, je vais faire le tour, & chacun me dira à l'oreille le nom d'un oiſeau.

Le Chevalier ZÉPHIR.

Moi, je prends le hibou.

L'Abbé PRINTEMS.

Il ne faut pas le dire tout haut ; tout le monde vous arracheroit une plume, & ce ſeroit autant de gages que vous payeriez.

Mademoiſelle DE LA HAUTE-FUTAIE.

Allons, Chevalier, à votre tour. Dites donc tout bas le nom d'un oiſeau.

Mademoiſelle ROSE.

Oui ; mais vous écoutez ; c'eſt fort mal.

Madame DE LA HAUTE-FUTAIE.

Ma fille, vous entendez ce qu'on dit.

L'Abbé DES AGNEAUX.

Meſdames, j'ai une charmante volière dans laquelle ſont pluſieurs oiſeaux bien différens les uns des autres. D'abord, un oiſeau bleu.

L'Abbé PRINTEMS.

Il ne doit pas être difficile à nourrir, celui-là.

L'Abbé DES AGNEAUX.

Un colibri, un oiseau-mouche, un hibou, un serin, un rossignol, une tourterelle, un corbeau & un coucou. Parlez, Madame de la Rivière.

Madame DE LA RIVIÈRE.

Je donne mon cœur au serin, mon secret, à l'oibleau bleu, & j'arrache une plume au hibou.

Mademoiselle DE LA HAUTE-FUTAIE.

Je donne mon cœur au serin, mon secret au rossignol, & j'arrache une plume au hibou.

Le Chevalier ZÉPHIR.

Ah! le pauvre hibou!

L'Abbé PRINTEMS.

Je donne mon cœur au coucou.....

Mademoiselle DU GAZON.

Voilà un goût bien singulier.

L'Abbé PRINTEMS.

Mon secret au perroquet....

L'Abbé DES AGNEAUX.

Encore mieux; il n'y a pas de perroquet dans ma volière.

L'Abbé PRINTEMS.

Eh bien! au colibri, & j'arrache une plume au malheureux hibou.

Mademoiselle ROSE.

Je comptois arracher une plume au hibou, parce que je croyois que c'étoit l'abbé; mais je vois bien que ce n'est pas lui. J'arracherai, en conséquence, une plume au corbeau; je

donnerai mon cœur au serin, et mon secret à l'oiseau-mouche.

Mademoiselle DE LA HAUTE-FUTAIE.

Je donne mon cœur au rossignol, mon secret au colibri, & j'arrache une plume au coucou.

Le Chevalier ZÉPHIR.

Je donne mon triste cœur à la plaintive tourterelle, mon secret au corbeau, & j'arrache une plume à l'oiseau bleu.

M. DU FRÊNE.

Je donne mon cœur à l'oiseau-mouche, je sifle mon secret au serin, & j'arrache une plume au corbeau.

Mademoiselle DU RUISSEAU.

Je donne mon cœur à l'oiseau-bleu, mon secret au rossignol, & j'arrache une plume au hibou.

Mademoiselle DU GAZON.

Je donne mon cœur au hibou....

L'Abbé PRINTEMS.

Voilà le premier cœur qui se donne à moi.

Mademoiselle DU GAZON.

Mon secret au colibri, & j'arrache une plume au rossignol.

L'Abbé DES AGNEAUX.

Madame de la Rivière, vous avez donné votre cœur au serin; c'est Mademoiselle de la Haute-Futaie, allez l'embrasser. Vous avez donné votre secret à l'oiseau bleu, il est bien discret, c'est Mademoiselle du Ruisseau; allez lui faire une confidence. Vous avez arraché une plume au hibou, c'est l'abbé Printems; allez le prier de vous donner un gage. Mais j'ai écrit sur une carte les noms que chacun a pris; je vais vous en faire lecture, afin qu'on puisse embrasser ceux à qui on a donné son cœur, faire une confidence à ceux à qui on a donné son secret, & demander un gage au hibou,

X 2

& autres oiſeaux à qui on a arraché des plumes.

Madame de la Rivière,	l'oiſeau-mouche.
Madame de la Haute-Futaie,	le colibri.
Mademoiſelle Roſe,	la tourterelle.
Mademoiſelle de la Haute-Futaie,	le ſerin.
Mademoiſelle du Ruiſſeau,	l'oiſeau bleu.
Mademoiſelle du Gazon,	le coucou.
L'Abbé Printems,	le hibou.
Le Chevalier Zéphir,	le corbeau.
Et M. du Frêne,	le roſſignol.

Vous remarquerez, s'il vous plaît, que l'abbé s'eſt arraché une plume.

L'Abbé PRINTEMS.

Je l'ai bien fait exprès ; j'ai vu que tout le monde m'arrachoit des plumes, j'ai voulu faire croire que ce n'étoit pas moi, & j'ai réuſſi.

L'Abbé DES AGNEAUX.

Le chevalier gardera ſon ſecret pour lui ; & Mademoiſelle du Ruiſſeau, qui s'eſt donné ſon cœur, baiſera ſon pouce.

Madame DU RUISSEAU.

J'ai oublié que j'avois choiſi l'oiſeau bleu. Au reſte, j'aime mieux avoir gardé mon cœur que de l'avoir donné au hibou, comme ma ſœur.

L'Abbé PRINTEMS.

C'eſt bien vilain de garder comme ça ſon cœur, tandis qu'il y a tant d'honnêtes perſonnes qui s'en contenteroient bien ; mais on ſonne, allons ſouper.

(Extrait des Soirées amuſantes.)

VOYELLES.   (*les cinq*)

Jeu de ſociété en dialogue.

Madame de la Rivière, l'abbé des Agneaux.

L'Abbé DES AGNEAUX.

Puiſque nous voilà arrivés les premiers, je

vais vous donner la clef d'un jeu que nous allons jouer, & auquel beaucoup de monde donnera ſûrement des gages. On dit : telle perſonne n'aime point les os ; avec quoi la nourrirez-vous ? Il faut indiquer des mets dans le nom deſquels la lettre O ne ſe trouve point. Comme ceux qui ne ſavent pas le jeu croient qu'il ſuffit qu'il n'y ait pas d'os, pas d'oſſemens, ils y ſont très-ſouvent pris, à moins que le haſard ne les ſerve. Si, par exemple, on dit : je la nourris avec du poiſſon, on paye deux gages ; parce que quoiqu'il n'y ait point d'os, mais bien des arrêtes dans le poiſſon ; cependant il y a deux fois la lettre O dans le mot poiſſon.

Madame DE LA RIVIÈRE.

J'y aurois été attrapée la première. Mais voilà tout notre monde qui arrive. Allons, Meſdemoiſelles, nous allons jouer un joli jeu ce ſoir. L'abbé, faites les queſtions, s'il vous plaît.

L'Abbé DES AGNEAUX.

Tu connois bien la groſſe Madame Dubois. Eh bien ! mon cher abbé, elle eſt malade ; elle ne veut plus rien manger qui ait des os ; avec quoi la nourriras-tu ?

L'Abbé PRINTEMS.

Je la nourrirai avec des œufs pochés au beurre noir.

L'Abbé DES AGNEAUX.

Bon ! Tu paieras ſeulement trois gages, à cauſe de tes œufs pochés au beurre noir.

L'Abbé PRINTEMS.

Allons, je les paierai ; mais je ne ſais pas pourquoi : j'avois envie de la nourrir avec de la bouillie.

Mademoiſelle ROSE.

Eh bien ! je la nourrirai avec de la bouillie.

Madame DE LA RIVIÈRE.

Et vous en ſerez quitte pour un gage. A

votre tour, Chevalier, avec quoi nourrirez-vous cette pauvre Madame Dubois ?

Le Chevalier ZÉPHIR.

Je la nourrirai avec de bonnes compotes de grosses pommes de rambourg.

Madame DE LA RIVIÈRE,

Bon ! Chevalier ; vous avez bien trouvé ça, vous ne payerez que six gages seulement. C'est bien dommage que vous ne les ayez pas fait cuire au four.

Mademoiselle DE LA HAUTE-FUTAIE.

Moi, je la nourrirai avec des épinards.

L'Abbé DES AGNEAUX.

C'est bon ; il n'y a point de gages à payer.

Mademoiselle DU RUISSEAU.

Je la nourrirai avec des asperges.

Madame DE LA RIVIÈRE.

Il n'y point de gage non plus à payer.

Mademoiselle DU GAZON.

Je crois à présent deviner le jeu ; je la nourrirai de pâtisserie bien légère.

L'Abbé DES AGNEAUX.

C'est bon. Et vous, M. des Jardins ?

M. DES JARDINS.

Moi ? Ma foi, je la nourrirai comme je pourrai.

Mademoiselle DE LA HAUTE-FUTAIE.

Mais encore, avec quoi ?

M. DES JARDINS.

Avec quoi ? Avec du poisson, un bon brochet rôti, du saumon frais, de l'alose ; & pour dessert, je lui donnerai des confitures de coin, de la marmelade d'abricots, & de la gelée de pommes de Rouen.

L'Abbé DES AGNEAUX.

Ah ! pour celui-là, en voilà. Chevalier, ça

vous efface. Il n'y a seulement que douze gages à payer.

M. DES JARDINS,

Au diable soit Madame Dubois avec sa difficulté pour la nourriture ! Que ne mange-t-elle des os ? Je lui aurois donné des perdrix, des lapins, des bécasses, des ortolans.

L'Abbé DES AGNEAUX.

Vous aviez fort bien dit : mais les ortolans font de trop. Et vous, M. de la Forêt ?

M. DE LA FORÊT.

Je dirai bien peu de chose, crainte de payer des gages. Ma foi tans pis pour elle, pourquoi est-elle si difficile ? Je la nourrirai au pain & à l'eau.

Madame DE LA RIVIÈRE.

C'est fort bien ; vous ne payerez point de gages. Et vous, Madame, vous êtes-là dans un coin, vous ne dites rien ; avec quoi nourrirez-vous notre bonne amie Madame Dubois.

Madame DE LA HAUTE-FUTAIE.

Je connois ce jeu-là ; je la nourrirai avec des biscuits.

L'Abbé DES AGNEAUX.

Ah ! vous voilà, M. de la Rivière ; vous arrivez bien tard. Cette pauvre Demoiselle Rose est malade : vous vous mêlez un peu de médecine, guérissez-la. Elle ne veut rien manger qui ait des os : avec quoi la nourrirez-vous : Prescrivez lui un régime.

M. DE LA RIVIÈRE.

Vous devriez écrire ma consultation ; elle en vaut la peine. Mademoiselle, tous les matins, prendra les bains avec de l'eau de rivière ou de l'eau de puits, mais point d'eau de fontaine sur-tout. La malade ne mange-a ni potage au riz, elle ne prendra ni consommés, ni bouillons, ni sirops. En sortant du bain, elle prendra une petite panade ; elle s'abstiendra de l'usage du fromage. De tous les farineux, Mademoiselle ne mangera que des fèves & des lentilles,

& surtout point de pois ni d'haricots, ni même de fécule de pomme de terre.

Madame DE LA HAUTE-FUTAIE.

Il sait le jeu sûrement. Allons, continuez.

M. DE LA RIVIÈRE.

Les fruits seront permis à la malade ; elle pourra manger des prunes, des pêches, des cerises, du raisin ; mais elle ne mangera ni poires, ni pommes, ni abricots, ni groseilles. Le soir, on donnera à manger à Mademoiselle des légumes toujours chauds, mais jamais froids. Par exemple, des asperges, des artichauds, des épinards, des navets, mais ni carottes, ni choux-fleurs : néanmoins, la malade pourra manger une petite salade de petite laitue seulement ; point de laitue pommée, point de chicon, ni de cresson, ni de chicorée. On assaisonnera cette salade avec du cerfeuil & de la pimprenelle ; on évitera d'y mettre de l'estragon. Les plantes savonneuses ne valent rien ; & surtout point de cresson à la noix dans la fourniture. Avec l'huile, on mettra du vinaigre naturel ; point de vinaigre à l'estragon, ni de vinaigre rosat. Pour son dessert, la malade trempera un petit biscuit dans du vin de Malaga ; le vin de Rota ne lui vaudroit rien.

Le Chevalier ZÉPHIR.

Ah ! je vois à présent ; je n'ai pas voulu interrompre votre consultation, M. le docteur ; mais je vois bien qu'il ne faut rien donner où la lettre O se trouve.

M. DES JARDINS.

J'aurois donc bien fait de donner des lapins, des perdrix & des bécasses à Madame Dubois.

Madame DE LA RIVIÈRE.

Sûrement. Mais quand on fait le jeu, on évite de donner ces sortes de mets-là, parce que ça découvre trop vîte le jeu. On prend des choses qui n'aient ni O ni os.

Mademoiselle DE LA HAUTE-FUTAIE.

Ce jeu-là est assez plaisant.

L'Abbé DES AGNEAUX.

Nous ne sommes pas au bout. Le jeu que nous jouons s'appelle le jeu des *cinq voyelles* ; nous venons de faire l'O, voyons ses quatre sœurs. Je voudrois bien savoir, Madame de la Rivière, si vous aimez les ânes ? Répondez-moi sans A.

M. DE LA FORÊT.

Oh ! ceci est difficile.

Madame DE LA RIVIÈRE.

Point du tout. Or donc je réponds. C'est tout simple ; cette bête ne m'est point odieuse : elle est fort utile, & sobre surtout ; point de difficultés qui puissent rebuter son zele. Qu'en pensez-vous ? Répondez-moi sans E, vous qui voulez si bien me surprendre.

L'Abbé DES AGNEAUX.

On a raison quand on craint vos discours...

L'Abbé PRINTEMS.

C'est bien dit ; car on ne sait comment y répondre sans E, n'est ce pas, l'abbé ?

L'Abbé DES AGNEAUX.

Que diable ! tu m'as interrompu ; j'allois parler pendant un quart d'heure sans E.

M. DE LA RIVIÈRE.

Je crois que ce seroit un peu difficile, pour ne pas dire impossible. L'E est trop répété dans la langue françoise, pour pouvoir vaincre une telle difficulté, sans déraisonner, & en disant des choses spirituelles, ou au moins qui se suivent ; car on ne peut pas dire oui & non.

Madame DE LA RIVIÈRE.

M. de la Rivière, aimes-tu les artichauts ? Réponds-moi sans A.

M. DE LA RIVIÈRE.

De tous les légumes, c'est le meilleur, selon moi.

L'abbé PRINTEMS.

C'est fort bien répondu. Madame de la Haute Futaie, aimez-vous à jouer. Répondez-moi, s'il vous plaît, sans O.

Madame DE LA HAUTE-FUTAIE.

S'il me plaît? C'est bien dit. Si je puis, passe. Le jeu me plaît assez, principalement les petits jeux à gages.

L'abbé PRINTEMS.

Chevalier, qu'est ce que l'amour? Répondez-moi sans O.

Le Chevalier ZÉPHIR.

C'est un dieu très-capricieux & très-aimable. Il est jeune, existe cependant depuis bien des années. Mais, l'abbé, dites sans U à ces Dames quelle est l'étendue de l'empire de ce dieu.

L'abbé PRINTEMS.

Il règne sur l'homme & sur tout ce qui respire en ce vaste Univers.

Mademoiselle DU RUISSEAU.

Vous ne payerez que quatre gages.

L'abbé PRINTEMS.

C'est bien malheureux d'être puni pour avoir dit la vérité.

Mademoiselle ROSE.

Il falloit la dire sans U. Pour faire oublier votre faute, dites sans I si vous aimez la compagnie.

L'abbé PRINTEMS.

L'abbé, réponds pour moi; c'est égal.

L'Abbé DES-AGNEAUX.

Aimer sans I, ce seroit bien amer.

Madame DE LA RIVIÈRE.

Mais vous ne répondez pas, avec vos calembours en vers. Ne savez-vous pas que nous sommes convenus qu'on payeroit l'amende quand on feroit des calembours.

Madame DE LA HAUTE-FUTAIE.

Ce maudit talent amuse un peu, mais il ennuie bien. Pour faire un bon calembour, on en fait cent mauvais. Tout le monde n'a pas l'esprit de M. de Bievre, & c'est fort insipide.

L'Abbé DES AGNEAUX.

On sonne, Mesdames, allons souper. Nous mangerons tout ce que nous pourrons. Vous êtes charmantes; chacun est enchanté de vous: tout le monde le pense, & vous adore. Mais dire sans I qu'on vous aime, c'est impossible.

(*Extrait des Soirées amusantes.*)

Fin des Jeux.

TABLE DES JEUX,

Traités par ordre alphabétique dans ce volume.

BONS

Bons Enfans. (*jeu des*) A l'imitation du jeu de l'oie.

Boules. (*jeu de*) Jeu d'adreſſe & d'exercice.

C

Cabriolet. (*jeu du*) Jeu de ſociété qui ſe joue ſoit avec des cartes, ſoit avec des dez.

Capucin. (*le*) Jeu de ſociété en dialogue.

Cartes. (*jeux ſubtils de*) Jeux d'adreſſe & d'amuſemens.

Cartes. (*divination par les*) ou *les oracles du cartier*. Jeu d'amuſement & de curioſité.

Cassette. (*jeu de la*) Jeu de ſociété.

Cérémonies de Venus et de Cupidon. (*jeu des*) Jeu de ſociété.

Chat qui dort. (*jeu du*) Jeu de ſociété.

Chateau. (*jeu du*) Jeu de ſociété.

Chiromancien. (*jeu du*) Jeu d'amuſement & de curioſité.

Chouette. (*jeu de la*) A l'imitation du jeu de l'oie.

Chronologique. (*jeu*) Jeu d'inſtruction.

Ciseaux croisés. (*jeu des*) Jeu de ſociété.

Clef du Jardin. (*jeu de la*) Jeu de ſociété en dialogue.

Clignemusette. Jeu d'exercice.

Cloche-Pied. Jeu d'exercice.

Cochonnet. Jeu de dez.

Cœur. (*jeu de la porte du*) Jeu de ſociété.

Coins. (*jeu des quatre*) Jeu d'exercice.

Colin-Maillard Assis. Jeu de ſociété. *Jeux familiers.*

Colin-Maillard avec une canne.

Colin-Maillard a la Silhouette. Autres jeux de ſociété.

Colin-Maillard. Jeu d'exercice.

Commandemens *à faire pour des gages.* Jeu de ſociété.

Comparaisons. (*les*) Jeu de ſociété en dialogue.

Complimens *ou* Flatteries. Jeu de ſociété.

Corbillon. (*jeu du*) Jeu de ſociété en dialogue.

Cornet; inſtrument pour jouer aux dez.

Corps et de l'Esprit. (*jeu du*) Jeu de ſociété.

Corycus. Jeu d'exercice.

Coton en l'air. Jeu de ſociété.

Couleurs. (*jeu des trois*) ou *Roulette aux dez.* Jeu de haſard.

Couriers. (*jeu des*) Jeu de ſociété.

Cris de Paris. Jeu à l'imitation de celui de l'oie.

Cythère. (*voyage de l'île de*) Autre imitation du jeu de l'oie.

D

Dé; petit inſtrument pour différens jeux de haſard.

Dentelle. (*jeu de la*) Jeu de ſociété.

Devises. (*jeu des*) Jeu de ſociété en dialogue.

E

Eguillettes. (*jeu des*) Jeu de ſociété.

Élémens. (*jeu des*) Jeu de ſociété.

Émigrette. (*jeu de l'*) Petit jeu d'adreſſe.

Y

ÉNIGMES. (*jeu des*) Jeu de société.

ÉPINGLE *à chercher au violon*. Jeu de société.

ÉPOUX. (*jeu de l'*) Jeu de société.

ESCARPOLETTE. (*jeu de l'*) Jeu d'exercice.

ESCHETS , *représentés par personnages.* (*jeu des*) Jeu de société.

ESCLAVE DÉPOUILLÉ. Jeu de société.

EUROPE. (*jeu de l'*) ou la RECRÉATION EUROPÉENNE. Jeu d'instruction.

F

FERME. (*jeu de la*) Jeu de société.

FRANCE. (*jeu de l'histoire de*) Jeu d'instruction.

FURET DU BOIS-JOLI. Jeu d'attrape.

G

GAGES. (*des*) Jeu de société.

GALLET. (*jeu de*) C'est une espèce de jeu de disque.

GLOBE. (*jeu du*) Jeu de société.

GOBILLÉS. (*jeu des*) Petit jeu d'adresse & d'exercice.

GRAMMAIRIEN. (*jeu du*) Jeu d'instruction.

GRÉCQUE. (*jeu de*) Jeu de société.

GUERRE. (*jeu de la*) Jeu de société. On le joue avec des cartes.

H

HISTOIRE DE FRANCE. Jeu d'instruction.

HISTOIRES INTERROMPUES. Jeu de société.

HOUA. (*le*) Jeu de hasard.

J

Jeux des *Serviteurs* , du *Naufrage* , de la *Chasse* , du *Chatouillement* , &c. &c. Jeux de société.

JUIFS. (*jeu des*) Jeu de dez & de hasard.

L

LARRON. (*jeu de*) Jeu de société.

LOGEMENT. (*jeu du*) Jeu de société.

LOTERIE , (*petite*) ou *Roue de fortune*. Jeu de société.

LOTERIE *de société*. Autre jeu qui se joue avec dix tableaux, contenant chacun neuf chiffres.

LOTERIES. Autres Jeux de société.

LOUP. (*jeu de*) Jeu de société.

M

MACÉDOINE. Jeu de société.

MAIN-CHAUDE. (*jeu de la*) Jeu de société ; espèce de Colin-Maillard.

MARAUDE. (*jeu de la*) Jeu de société qui se joue avec des cartes.

MARELLE. (*jeu de la*) Il se joue avec des pions comme aux échecs.

MARIAGE. (*jeu du*) Jeu de société.

MARIAGES. (*jeu des*) Autre jeu de société.

MARS. (*les délassemens de*) Jeu d'instruction.

MÉDECIN. (*jeu du*) Jeu de société.

MÉTIERS. (*jeu des*) Jeu de société.

MÉTAMORPHOSES. (*jeu des*) Jeu de société en dialogue.

MOTS. (*jeu des*) Jeu de société.

MOURRE. (*jeu de la*) Jeu d'exercice.

MUET. (*jeu du*) Jeu de société.

N

NAIN-JAUNE. (*jeu du*) Jeu de société.

O

OISEAU-BLEU. (*jeu de l'*)

ONCHETS. (*jeu des*) Jeu de patience.

ORGE. (*combien vaut l'*) Jeu de société en dialogue.

OSSELETS. (*jeu des*) Petit jeu d'adreſſe.

P

PAIR OU NON PAIR. Jeu de haſard.

PAIX. (*jeu de la*) Jeu myſtique.

PALLET. (*jeu du petit*) Jeu d'adreſſe.

PAQUETS. (*jeu des*) Jeu de société.

PARQUET. (*jeu du*) Jeu d'adreſſe.

PELLERIN. (*jeu du*) Jeu de société.

PETIT BON HOMME VIT ENCORE. Jeu de société.

PEUR. (*jeu de la*) Jeu de société.

PIED DE BŒUF. (*jeu du*) Petit jeu de société.

PINCER SANS RIRE. Jeu d'attrape.

PLAIDEURS. (*l'école des*) Jeu à l'imitation de celui de l'oie.

POULES. (*jeux des*) Jeu de société en dialogue.

POURQUOI ET POURCE. Jeu de société.

PROPOS INTERROMPUS, ou *coqs-à-l'âne.* Jeu de société en dialogue.

PROVERBES, (*jeu des*) par *perſonnages.* Eſpèce de jeu dramatique.

PROVERBES, *Sentences,* ou *Deviſes, ſelon chaque lettre.* Jeu de société.

PROVERBES RIMÉS. Autre jeu de société.

PROVERBES *repréſentés en Comédies.* Autre explication de ce jeu.

Q

QUATRE JEUX (*les*) *Gé, Point, Flux & Séquence.* Jeu de société qui ſe joue avec des cartes.

QUESTIONS. (*jeu des*) Jeu de société. Autre jeu de *Queſtions.*

QUESTIONS. (*les douze*) Autre jeu de société en dialogue.

QUILLES. (*jeu des*) Jeu d'exercice.

Jeu de Quilles les yeux bandés. Jeu d'exercice.

QUILLES DES INDES. Jeu d'exercice.

QUILLES SUR TABLE. Petit jeu de société.

R

RAFLE. (*la*) Jeu de dez.

RAQUETTE. (*jeu de*) Jeu d'exercice.

RENARD. (*jeu du*) Jeu de société.

RÉPONSES *en une Phraſe.* (*les*) Jeu de société en dialogue.

RETIRE TOI DE-LA. Petit jeu de société.

RIMES. (*jeu des*) Jeu de société.

ROI DÉPOUILLÉ. (*le*) Jeu d'attrape.

ROMESTECQ. (*jeu du*) On joue le romeſtecq avec des cartes.

ROUE DE FORTUNE; eſpèce de petite loterie.

ROULETTE; eſpèce de jeu de haſard & d'exercice.

ROULETTE AUX DEZ. Jeu de haſard.

RUBAN. *(jeu du)* Jeu de société.

S

SABOT. Petit jeu d'exercice.

SAGE. *(jeu du)* Jeu de société.

SAVATTE. *(la)* Petit jeu d'exercice.

SAUTS. *(jeu des trois)* Jeu d'exercice.

SCHNIF-SCHNOF-SCHNORUM. Jeu de société.

SCIENCES ET ARTS. *(jeu des)* Jeu de société.

SECRÉTAIRE. *(jeu du)* Jeu de société en dialogue.

SELLETTE. *(la)* Jeu de société en dialogue.

SENTENCES. *(jeu des)* Jeu de société.

SIAM. *(jeu de quilles de)* Jeu d'exercice & d'adresse.

SIFLET. *(jeu du)* Jeu de société.

SIMILITUDE. *(jeu de la)* Jeu de société.

SINGE. *(jeu du)* Jeu d'attrape.

SOLITAIRE. *(jeu du)* On y joue seul.

T

TABLETTE. *(jeu de la)* Jeu de société.

TAROTS. *(jeu des)* Jeu de cartes particulières.

TIERS. *(jeu du)* Jeu de société.

TOILETTE. Jeu de société.

TOTON. *(jeu du)* Petit jeu de hasard.

TOTON EN DEZ. *(jeu du)* Ce jeu se joue sur un plateau où il y a six dez marqués.

TOUPIE. *(jeu de la)* Petit jeu d'écolier.

TRENTE-QUATRE. *(jeu de)* Petit jeu de société.

TROTTIN. Jeu de société.

TROU-MADAME. *(jeu du)* Jeu d'exercice & d'adresse.

TROU-MADAME A RESSORT. Autre jeu de société.

V

VÉRITÉS ET CONTRE-VÉRITÉS. *(jeu des)* Jeu de société.

VERTUS. *(jeu des)* Jeu de société.

VOLANT. *(jeu du)* Jeu d'exercice & d'adresse.

VOLIÈRE. *(jeu de la)* Jeu de société en dialogue.

VOYELLES. *(jeu des cinq)* Jeu de société en dialogue.

Fin de la Table alphabétique.